大数据应用与技术丛书

Scala和Spark大数据分析
函数式编程、数据流和机器学习

[德] 雷扎尔•卡里姆(Md. Rezaul Karim)
[美] 斯里达尔•阿拉(Sridhar Alla)　著

史跃东　译

清华大学出版社
北　京

北京市版权局著作权合同登记号　图字：01-2018-4396

图书在版编目(CIP)数据

Scala和Spark大数据分析：函数式编程、数据流和机器学习 / (德)雷扎尔·卡里姆(Md. Rezaul Karim)，(美)斯里达尔·阿拉(Sridhar Alla) 著；史跃东 译. —北京：清华大学出版社，2020.5（2021.12重印）
(大数据应用与技术丛书)
书名原文：Scala and Spark for Big Data Analytics: Explore the Concepts of Functional Programming, Data Streaming, and Machine Learning
ISBN 978-7-302-55196-6

Ⅰ. ①S… Ⅱ. ①雷… ②斯… ③史… Ⅲ. ①数据处理软件 Ⅳ. ①TP274

中国版本图书馆CIP数据核字(2020)第055695号

责任编辑：王　军
装帧设计：孔祥峰
责任校对：成凤进
责任印制：杨　艳

出版发行：清华大学出版社
网　　址：http://www.tup.com.cn，http://www.wqbook.com
地　　址：北京清华大学学研大厦A座　　邮　　编：100084
社 总 机：010-62770175　　邮　　购：010-62786544
投稿与读者服务：010-62776969，c-service@tup.tsinghua.edu.cn
质 量 反 馈：010-62772015，zhiliang@tup.tsinghua.edu.cn
印 装 者：小森印刷霸州有限公司
经　　销：全国新华书店
开　　本：170mm×240mm　　**印　　张**：39　　**字　　数**：996千字
版　　次：2020年6月第1版　　**印　　次**：2021年12月第2次印刷
定　　价：158.00元

产品编号：080800-01

译者序

和我此前翻译的几本书相比，这本书显然厚了许多，足足花了我一年多的时间来翻译和校对。

从某种程度讲，翻译就是一个再创作的过程，对于本书来说尤其如此。而想将一本专业类的书籍翻译到位，对于译者的要求也是极高的。这需要译者自身具有足够的技术能力，能够知晓原作所言；也需要译者有良好的英文阅读和理解功力，这样才能充分理解原作的本意；还需要译者具有扎实的中文功底，这样翻译出来的书才能让读者阅读的时候不至于磕磕绊绊。

回到本书，我之所以要翻译这本书，也是源于我对大数据生态圈的理解和判断。与传统的MR计算框架相比，Spark有着足够的性能和易编程方面的优势，并且Spark本身也正在形成自己的生态体系。而Spark的原生语言Scala将面向对象和函数式编程语言的优势融为一体，因此有着足够的理由让我看好。数据分析和机器学习，就更不必多言了。这都是当前IT领域最热门的技术方向。

正是基于上述考虑，我才决定翻译此书。当然，本书不是面向初学者的，要想发挥出本书的价值，你需要具备数据库、大数据、编程以及机器学习等方面的基础知识。换言之，如果想顺利地阅读本书，你可以是机器学习领域的一个新手，但你不能是一个IT领域的新手。

在本书的翻译过程中得到了诸多同事和好友的大力相助，在此一并谢过。尤其是我的妻子，在我翻译本书期间，正是她提供的始终如一的支持和理解，才让我的翻译工作能够如此持续不断地进行下去。

最后，谨以此翻译作品，献给我辛劳的父亲母亲，他们开明的态度和坚韧的精神，对我影响至深。

——史跃东

作者简介

Md. Rezaul Karim 是德国 Fraunhofer FIT 的研究学者，也是德国亚琛工业大学的博士学位研究生预科生。他拥有计算机科学的学士与硕士学位。在加盟 Fraunhofer FIT 之前，他曾作为研究员任职于爱尔兰的数据分析深入研究中心。更早之前，他还担任过三星电子公司全球研究中心的首席工程师；该研究中心分布于韩国、印度、越南、土耳其以及孟加拉。再早之前，他还在韩国庆熙大学的数据库实验室担任过助理研究员，在韩国的 BMTech21 公司担任过研发工程师，在孟加拉国的 i2 软件技术公司担任过软件工程师。

Karim 拥有超过 8 年的研发领域工作经验，并在如下算法和数据结构领域具有深厚的技术背景：C/C++、Java、Scala、R、Python、Docker、Mesos、Zeppelin、Hadoop 以及 MapReduce，并深入学习了如下技术：Spark、Kafka、DC/OS、DeepLearning4j 以及 H2O-Sparking Water。他的研究兴趣包括机器学习、深度学习、语义网络、关联数据(Linked Data)、大数据以及生物信息学。同时，他还是 Packt 出版社出版的以下两本书籍的作者：

- *Large-Scale Machine Learning with Spark*
- *Deep Learning with TensorFlow*

我非常感激我的父母，是他们一直鼓励我去不断追求新知识。也想感谢妻子 Saroar、儿子 Shadman，以及哥哥 Mamtaz 和姐姐 Josna，还有我的朋友们。因为他们总得长时间地忍受我关于本书内容的一些独白，还要鼓励我。另外，由于开源社区的令人赞叹的努力，以及 Apache Spark 和 Scala 相关的一些项目的卓越技术文档的存在，都使得本书的写作变得颇为容易。也要感谢 Packt 出版社的组稿、文稿以及技术编辑们(当然还有其他为本书做出贡献的出版社人员)，感谢他们真挚的沟通与协调。此外，若没有大量的研究人员和数据分析实践者们在出版物和各种演讲中分享自己的工作内容，公开自己的源代码，本书只怕也是无法面世的。

Sridhar Alla 是一位大数据专家，他曾帮助大大小小的诸多公司解决各种复杂的问题，例如数据仓库、数据治理、安全、实时数据处理、高频率的交易系统以及建立大规模的数据科学实践项目等。他也是敏捷技术的实践者，是一位获得认证的敏捷 DevOps 实践者和实施者。他在美国网域存储公司，以存储软件工程师的身份开始了自己的职业生涯。然后成为位于波士顿的 eIQNetworks 公司的 CTO，该公司是一家网络安全公司。在他的履历表中，还包括曾担任位于费城的 Comcast 公司的数据科学与工程总监。他是很多会议或者活动(如 Hadoop World、Spark 峰会等)的热心参与者，在多项技术上提供面授/在线培训。他在美国商标专利局(US PTO)也有多项专利技术，内容涉及大规模计算与分布式系统等。他还持有印度尼赫鲁科技大学计算机科学方向的学士学位。目前，他和妻子居住在新泽西州。

Alla 在 Scala、Java、C、C++、Python、R 以及 Go 语言上有超过 18 年的编程经验，他的技术研究范围也扩展到 Spark、Hadoop、Cassandra、HBase、MongoDB、Riak、Redis、Zeppelin、Mesos、Docker、Kafka、ElasticSearch、Solr、H2O、机器学习、文本分析、分布式计算以及高性能计算等领域。

我要感谢我贤惠的妻子 Rosie Sarkaria，在我写作本书的数个月中，她给了我无尽的爱与耐心，并给我写的内容进行了无数次的校订。我也想感谢父母 Ravi 和 Lakshmi Alla，他们也在一直支持我和鼓励我。也要感谢我的朋友们，尤其是 Abrar Hashmi 和 Christian Ludwig，他们不断地给我提供灵感并让我清晰地阐述书中的多个主题。如果没有神奇的 Apache 基金会，以及那些让 Spark 变得如此强大与优雅的大数据相关人员们，本书就无法付诸笔端了。我还要感谢 Packt 出版社的组稿、文稿以及技术编辑们(当然还有其他为本书做出贡献的出版社人员)，感谢他们真挚的沟通与协调。

审校者简介

Andre Baianov 是一位由经济学者转行而来的开发人员，他对数据科学有着极大的兴趣。他的学士论文是关于数据挖掘方面的，硕士论文是关于商业智能方面的。他从 2015 年开始从事 Scala 和 Spark 方面的工作。他现在是一名专业顾问，为国内和诸多国际客户提供服务，帮助这些客户建立反应式架构、机器学习框架以及函数式编程后台。

致妻子：在我们肤浅的不同之下，我们分享着同样的灵魂。

Sumit Pal 是 Apress 出版社出版的 *SQL on Big Data——Technology，Architecture and Innovations* 一书的作者。他在软件行业有超过 22 年的从业经历，并担任过不同职位，无论是初创公司还是大企业，他都在其中扮演过不同角色。

Pal 是一位大数据、数据可视化和数据科学领域的独立顾问，并且是建立端到端的、数据驱动的分析系统方面的软件架构师。在其 22 年的职业生涯中，他曾先后为微软(SQL Server 开发团队)、甲骨文(OLAP 开发团队)和 Verizon(大数据分析团队)等公司工作过。

目前，他正在为多个客户提供服务，在数据架构、大数据解决方案，以及如何使用 Spark、Scala、Java 和 Python 等语言进行开发方面，为客户提供咨询。

Pal 已经在如下大数据会议上发表演讲：数据峰会(纽约，2017 年 5 月)、大数据研讨会(波士顿，2017 年 5 月)、Apache Linux 基金会(加拿大温哥华，2017 年 5 月)和数据中心世界大会(拉斯维加斯，2016 年 3 月)。

前　　言

随着数据量的持续膨胀，企业决策也变得日益复杂。因此，如果你还想使用传统的分析方法来洞察数据从而推动企业前进的话，那么，不断增长的数据将给你带来巨大障碍。现在，大数据涉及的领域太广泛了，它与各种框架之间存在千丝万缕的关系。以至于大数据的定义也与这些框架能够处理的范围产生了联系。无论你在检查来自百万访问者的点击流数据，从而优化在线广告的投放位置，还是过滤数十亿的事务数据，以便鉴定危险或欺诈信息，这些行为都需要高级的分析技术，例如机器学习和图运算，从而能在远超以往的大量数据中进行自动洞察与分析操作。

作为大数据处理、分析以及跨越学术界和工业界的数据科学等领域的事实上的标准，Apache Spark 提供了机器学习和图运算程序包，从而能让企业基于高可扩展性及集群化的计算机设备，轻松地处理诸多复杂问题。不仅如此，Spark 还允许你使用 Scala 语言来编写分布式程序，就像为 Spark 编写普通程序那样简单。Spark 为 ETL 数据传输带来了巨大的性能提升，也能让那些原来的 MapReduce 程序员们从 Hadoop 复杂的编程模型中部分解脱出来。

在本书中，我们将竭力为你带来基于 Spark 和 Scala 的最先进数据分析技术，包括机器学习、图运算、流处理以及 Spark SQL。当然，也包括 MLlib、ML、SQL、GraphX 以及其他程序库。

我们先从 Scala 开始，然后逐步进入 Spark 部分，最后将涵盖基于 Spark 和 Scala 的大数据处理的一些高级主题。在附录中，将扩展你的 Scala 知识，介绍 SparkR、PySpark、Apache Zeppelin 以及基于内存的 Alluxio 等。本书的内容并不需要你逐章完整阅读，你可以根据自己的兴趣，随意跳跃性翻阅感兴趣的章节。

祝你阅读愉快！

内容简介

第 1 章“Scala 简介”将基于 Scala 语言使用 Spark 的 API，从而教给你大数据处理技术。Spark 本身就是用 Scala 编写的，因此，我们很自然地以 Scala 的简介作为本书的开始。简介包括 Scala 的历史、设计目的，以及如何在 Windows、Linux 以及 macOS 上安装 Scala。此后，我们将探讨 Scala 的 Web 框架。再后对 Java 和 Scala 做对比分析。最后将研究 Scala 程序设计从而开始使用 Scala。

第 2 章“面向对象的 Scala”讲述面向对象的程序设计(OOP)范例，提供了一个全新的抽象层。简单来说，该章描述面向对象程序设计语言的一些强大之处：可发现性、模块性和可扩展性。尤其将讲述如何处理 Scala 中的变量、方法、类和对象。还讨论包、包对象、特征以及特征的线性化。当然，还有与 Java 的互操作性。

第 3 章“函数式编程概念”将列出 Scala 中函数式编程的基本概念。具体而言，我们将学习如下几个议题，Scala 为何是数据科学的兵工厂，为何学习 Spark 范例、纯函数以及高阶函数(Higher-Order Function，HOF)很重要。同时将展示在真实世界中使用 HOF 的用户案例。然后，我们将了解如何使用 Scala 的标准库函数，来在集合之外处理高阶函数中的异常。最后，将学习函数式 Scala 如何影响对象的可变性。

第 4 章“集合 API”将介绍一个会影响大部分 Scala 用户的特性——集合 API。该特性很强大且颇具弹性。我们将展示 Scala 集合 API 的能力，以及如何有序地使用它来处理不同的数据类型，并解决各种复杂问题。在该章中，我们将探讨 Scala 的集合 API、类型以及层级，还有一些性能方面的议题，与 Java 的互操作性，还有 Scala 的隐式转换。

第 5 章“狙击大数据——Spark 加入战团”将简要描述数据分析与大数据。将讨论大数据带来的挑战如何被分布式计算以及函数式编程所处理。我们将介绍谷歌的 MapReduce、Apache Hadoop 和 Apache Spark。我们也将了解到为何 Apache Spark 会首先被创建出来；面对大数据分析与处理的挑战，Apache Spark 又能带来怎样的价值。

第 6 章“开始使用 Spark——REPL 和 RDD”将介绍 Spark 的工作原理，然后介绍 RDD(Apache Spark 的基本抽象概念)，讲述它们是怎样的分布式集合，以及如何使用类似 Scala 的 API 进行操作。我们也将了解 Apache Spark 在部署方面的一些选项，以及如何以 Spark shell 方式在本地运行。我们也将深入学习 Apache Spark 的一些内部原理，例如 RDD 的含义、DAG 和 RDD 的血统机制、transformation 算子以及 action 算子。

第 7 章“特殊 RDD 操作”将关注 RDD 是如何被冗余并满足各种不同需求的，以及 RDD 如何提供新功能。不仅如此，我们还将了解 Spark 提供的其他有用对象，如广播变量和累加器(accumulator)。我们也将学习聚合技术 shuffle。

第 8 章“介绍一个小结构——Spark SQL”将讲解如何使用 Spark 分析结构化数据，Spark 是如何将结构化数据作为 RDD 的高阶抽象来处理的，以及 Spark SQL 的 API 是如何让查询结构化数据变得简单并足够健壮。还将介绍数据集(dataset)，讲述数据集、DataFrame 以及 RDD 之间的区别。也将讨论如何使用 DataFrame API，从而利用连接操作和窗口函数执行复杂的数据分析。

第 9 章“让我流起来，Scotty——Spark Streaming”将讲述如何使用 Spark Streaming，并利用 Spark API 来高效地处理流式数据。不仅如此，在该章中，还将介绍处理实时数据流的不同方法，列举一个真实的案例来演示来自 Twitter 的信息是如何被使用和处理的。我们也将看到与 Apache Kafka 的集成。还将看到结构化的流数据，它们将能为应用提供实时查询功能。

第 10 章“万物互联——GraphX”旨在使你了解到，真实世界中的许多问题都通过图运算进行建模并加以解决。我们将看到基于 Facebook 的例子，分析如何使用图论，其中包含 Apache Spark 的图运算程序库 GraphX、VertexRDD、EdgeRDD、图操作、aggregateMessages、triangleCount、Pregel API 以及用户案例(如 PageRank 算法等)。

第 11 章“掌握机器学习——Spark MLlib 和 ML”旨在提供统计机器学习的一些概念性介绍。我们将关注 Spark 的机器学习 API(称为 Spark MLlib 和 ML)。接下来将讨论如何使用决策树和随机森林算法解决分类问题，以及如何使用线性回归算法解决回归问题。你也将看到，在训练分类模型前，我们是如何在特征提取中使用 OneHotEncoder 和降维算法来获得好处的。在该章的最后，还将一步步地展示一个例子，来讲述怎样开发一个基于协同过滤的电影推荐系统。

第 12 章“贝叶斯与朴素贝叶斯”讲述大数据与机器学习。大数据与机器学习已经成为一个激进的组合，给研究领域(无论是学术领域还是工业领域)带来巨大影响。大数据给机器学习、数据分析工具以及算法都带来了巨大挑战，因为它们都需要发现真正的价值。但是，基于现有的这些海量数据集来预测未来从来都不是容易的事情。在该章中，我们将深入研究机器学习，并找出如何使用简单但强大的方法，来创建一个具备可扩展性的分类模型，同时将介绍相关的概念，例如多元分类、贝叶斯分类、朴素贝叶斯、决策树，以及朴素贝叶斯与决策树之间的对比分析。

第 13 章“使用 Spark MLlib 对数据进行聚类分析”将介绍常见的聚类算法，并通过大量实例，让你掌握这一机器学习领域中被广泛应用的技术。

第 14 章“使用 Spark ML 进行文本分析”将简要讲解如何使用 Spark ML 进行文本分析。文本分析是机器学习领域中一个很宽广的区域，它在很多用户场景下都极为有用，例如情感分析、聊天机器人、垃圾邮件检测、自然语言处理(NLP)以及其他很多场景。我们将学到如何使用 Spark 进行文本分析，该用例来自包含 10 000 个样例集合的 Twitter 数据，我们要对其进行文本分类。我们也将学习 LDA(隐含狄利克雷分布)，这是一项颇为流行的技术，它能从文档中生成对应的主题而不必知晓真实的文档内容，然后我们会基于这些 Twitter 数据实施文本分类，看一下具体的结果会是怎样的。

第 15 章“Spark 调优”深入探究 Apache Spark 的内部机制，我们会觉得在使用 Spark 时，感觉就像是在使用另一个 Scala 集合一样，但不要忘了，Spark 实际上是在一个集群中运行的。因此，该章将关注如何监控 Spark 任务，如何进行 Spark 配置，如何处理 Spark 应用开发过程中经常遇到的错误，还将介绍一些优化技术。

第 16 章“该聊聊集群了——在集群环境中部署 Spark”将研究 Spark 及其底层架构是如何在集群中工作的。我们将了解集群中的 Spark 架构、Spark 生态系统以及集群管理等内容。当然，还有如何在独立服务器模式、Mesos、YARN 以及 AWS 集群上部署 Spark。我们也将探讨如何在一个基于云的 AWS 集群上部署应用。

第 17 章“Spark 测试与调试”将解释分布式应用的测试难度。我们将看到一些处理方法。我们也将看到如何在分布式环境中进行测试，以及如何测试和调试 Spark 应用。

第 18 章“PySpark 与 SparkR”将涵盖其他两个常用的 API。可使用 Python 或 R 语言来编写 Spark 代码，也就是 PySpark 和 SparkR。具体地说，将介绍如何使用 PySpark，以及如何与 DataFrame API 和 UDF 进行交互，然后我们就可以使用 PySpark 来执行一些数据分析了。然后将介绍如何使用 SparkR，也将介绍如何使用 SparkR 进行数据处理与操作，以及如何与 RDD 和 DataFrame 协同工作。最后，一些数据可视化工作也可以使用 SparkR。

第 19 章“高级机器学习最佳实践”从理论和实践两个方面探讨 Spark 机器学习的一些高级议题。我们将看到如何使用网格搜索、交叉检验以及超参调整等方法对机器学习模型进行调优，以获取更好的性能。接下来将研究如何使用 ALS 来开发一个可扩展的推荐系统。这里，ALS 是一个基于模型的推荐系统算法。最后将展示一个主题建模应用，作为文本聚类技术的一个示例。

附录 A“使用 Alluxio 加速 Spark”将展示如何使用 Alluxio 结合 Spark 来加快处理速度。Alluxio 是一个开源的内存存储系统，它对于很多跨平台的应用都很有用，能提升这些应用的处理速度。我们将研究使用 Alluxio 的可能性，以及集成 Alluxio 是如何在我们每次运行 Spark 任务时，不需要缓存数据就能提供更好性能的。

附录 B“利用 Apache Zeppelin 进行交互式数据分析”从数据科学的角度出发，讲述交互式可视化数据分析的重要性。Apache Zeppelin 是一个基于 Web 的记事本，可用于交互式和大规模数据分析，它可以使用多后端和解释器。该章将研究如何使用 Apache Zeppelin，并将 Spark 作为其后端解释器，来进行大规模数据分析。

学习本书时所需的准备工作

本书中的所有例子都基于 Ubuntu Linux 64 位版本，使用 Python 2.7 和 Python 3.5 实现，其中使用的 TensorFlow 函数库版本为 1.0.1。本书中展示的源代码是兼容 Python 2.7 的；兼容 Python 3.5+的源代码可从 Packt 出版社的资料库中自行下载。你也需要如下 Python 模块(最新版本尤佳)：

- Spark 2.0.0 或更高版本
- Hadoop 2.7 或更高版本
- Java(JDK 和 JRE)1.7+/1.8+
- Scala 2.11.x 或更高版本
- Python 2.7+/3.4+
- R 3.1+以及 RStudio 1.0.143 或更高版本
- Eclipse Mars、Oxygen 或 Luna(最新版本)
- Maven Eclipse plugin (2.9 或更高版本)
- Maven compiler plugin for Eclipse (2.3.2 或更高版本)
- Maven assembly plugin for Eclipse (2.4.1 或更高版本)

操作系统：优先推荐 Linux 发行版(包括 Debian、Ubuntu、Fedora、RHEL 以及 CentOS)，更精确地说，对于 Ubuntu，推荐版本为 64 位 14.04(LTS)或更新版本，推荐使用 VMWare player 12 或 Virtual box。可在 Windows(XP/7/8/10)或 Mac OS X(10.4.7+)上运行 Spark 任务。

硬件配置：处理器核心为 i3、i5(推荐)或 i7(可获得最佳效果)。但是，多核心处理器可以提供更快的数据处理和更好的可扩展性。对于独立服务器模式，需要至少 8～16GB 的内存(推荐配置)；对于集群而言，单一的 VM 或更多的 VM 则至少需要 32GB 内存。你也需要有足够的存储来执行工作量大的任务(具体取决于要处理的数据集的大小)，建议使用的存储至少有 50GB 的空闲空间(用于支持独立服务器模式以及 SQL 仓库)。

本书读者对象

所有期望使用强大的 Spark 来进行数据分析的人们，都会意识到本书的内容极具价值。你不需要具备 Spark 或 Scala 的相关知识，当然，如果你此前就有编程经验的话(尤其是掌握其他 JVM 编程语言)，在学习本书的相关概念时，你掌握知识的速度就会比较快。在过去数年间，Scala 语言正逐步为人们所接纳采用，一直呈现出稳定的上升态势，在数据科学与分析领域尤其如此。与 Scala 齐头并进的是 Apache Spark，它由 Scala 语言编写而成，并且在数据分析领域得到了极广泛的应用。本书将帮助你掌握这两种工具，从而让你在大数据处理领域大显身手。

约定

> 注意：
> 警示或重要提示。

> 小技巧：
> 技巧和诀窍。

读者反馈

我们一直希望能够收到读者的反馈意见。让我们知道你对这本书的看法——你喜欢的部分或不喜欢的部分——这对我们非常重要。因为它可以帮助我们真正编写出可以充分使用的书籍。如果想向出版社发送反馈，可以直接发送电子邮件至 feedback@packtpub.com，并在邮件中注明本书的书名即可。

下载样例代码

可访问 http://www.tupwk.com.cn/downpage/网站，输入本书 ISBN 或中文书名下载本书的样例代码。

一旦下载完本书的代码文件，就可以使用下列文件的最新版本来解压缩：

- 对于 Windows 平台而言，可使用 WinRAR/7-Zip。
- 对于 macOS 而言，可使用 Zipeg/iZip/UnRarX。
- 对于 Linux 而言，可使用 7-Zip/PeaZip。

另外，也可扫本书封底二维码下载相关资料。

勘误

尽管我们已经尽了最大努力来确保本书中内容的正确性，但错误依然无法避免。因此，如果你在阅读本书的过程中发现了错误——无论是代码错误还是文本错误，都请与我们联系，我们对此将深表感激。

侵权

互联网上版权材料的盗版问题一直存在。我们非常重视知识产权的保护。因此，如果你在互联网上发现了本书任何形式的非法副本，也请立即与我们联系。

问题

如果你在阅读本书的过程中发现了任何问题，请与我们联系。

目　录

第 1 章

Scala 简介

“我是 Scala，我是一个可扩展的、函数式的、面向对象的编程语言。我可以和你一起成长，也可以和我一起玩耍，比如以输入一行表达式然后就能立即得到结果的方式。”

——Scala 自述

在最近几年间，Scala 语言正处于稳步上升期，它逐渐被大的开发者和相关从业者所采纳。尤其是在数据科学和分析领域。另外，由 Scala 语言所编写的 Apache Spark 则成为快速而通用的大数据处理引擎。Spark 的成功可归功于多个方面：易用的 API 接口、清晰的编程模型，性能优势等。因此，很自然，Spark 也就为 Scala 提供了更多支持；与 Python 或 Java 相比，Scala 可用的 API 更多一些。并且，在一些新的 API 出现之后，首先是支持 Scala，而后才是 Java、Python 和 R 语言。

现在，在使用 Spark 和 Scala 开始数据处理编程工作前，我们先来熟悉一下 Scala 的函数式程序设计概念、面向对象特性，以及详细了解 Scala 的集合 API(第一部分)。作为一个开始，我们将在本章简要介绍 Scala 语言。本章内容将覆盖 Scala 的历史及其设计目标等一些基本方面。然后将介绍如何在不同平台(包括 Windows、Linux 和 macOS)上安装 Scala。这样，就可以在自己喜欢的编辑器或 IDE 上进行数据分析编程活动了。本章稍后也将对 Java 和 Scala 进行对比分析。本章最后将通过一些例子来带你深入了解 Scala 程序设计。

作为概括，本章将涵盖如下主题：

- Scala 的历史与设计目标
- 平台与编辑器
- 安装与创建 Scala
- Scala：可扩展的编程语言
- 面向 Java 编程人员的 Scala
- 面向初学者的 Scala
- 本章小结

1.1 Scala的历史与设计目标

Scala是一门通用的编程语言，它支持函数式编程，同时也是一个强静态类型的语言系统。Scala的源代码可被编译成Java的字节码，因此生成的可执行代码能在JVM上运行。

Martin Odersky于2001年在瑞士洛桑联邦理工学院(EPFL)开始了Scala语言的设计。该语言基于他当时使用的Funnel语言，并进行了扩展。Funnel也是一种程序设计语言，使用了函数式程序设计以及Petri网。Scala语言的第一个版本于2004年发布，但只支持Java平台。稍后，在2004年6月，.NET框架面世了。

Scala语言很快就变得流行起来，并被广泛采用，因为它不仅支持面向对象的程序设计范例，还拥抱了函数式程序设计的概念。此外，尽管与Java相比，Scala中的符号算子(symbolic operator)很难读懂，但大多数Scala的开发人员还是认为Scala更简洁更易读——Java则显得过于繁杂。

与其他程序设计语言一样，Scala语言也是为了某个特定的目标而建立并发展起来的。现在的问题是，Scala为什么会被设计出来？它当时是为了解决什么问题？为了回答这些问题，Odersky在他的博客中写道：

> “Scala的设计工作，源于我们想开发出一种用于更好地支持组件软件(component software)的语言。我们想在Scala语言中验证两个假设。第一个假设是用于组件软件的编程语言具备可扩展性，也就是说，无论该语言用来表述小对象或大对象，其概念都应该是相同的。因此，我们将注意力放在了抽象、组成以及分解等实现机制上。我们并未给Scala语言添加一大堆原语(primitive)，因为这些东西可能在某些扩展级别上很有用，但在其他扩展级别上就未必了。第二个假设是为组件软件提供的这种可扩展性支持能由编程语言提供，该编程语言应该是面向对象和函数式编程的统一和归纳。对于静态类型的语言来说，Scala语言则是一个实例，现在这两种范例之间的差别已经很大了。”

无论如何，现在Scala语言中也开始提供模式匹配和高阶函数等内容。这不是用来填平函数式编程与面向对象编程之间的鸿沟，而是因为这些本来就是函数式编程中的典型特性。因此，Scala语言就有了一些令人惊奇的强大的模式匹配特性，它们是一种基于角色(actor-based)的并发处理框架，还支持一阶或高阶函数。总的来说，其名称Scala是可扩展语言(**Sca**lable **la**nguage)的一个合成词，预示了该语言被设计为会随着用户需求的变化而不断增长。

1.2 平台与编辑器

Scala可在JVM上运行，这就使其成为Java开发人员的一个好选择，开发人员可在代码中添加一些函数式编程的风格。在编写Scala程序时，有足够多的编辑器供选择。可以花费一些时间，对可用的编辑器进行比较排序。如果你已经习惯了某个IDE，那么再使用其他编辑器的话，可能会比较痛苦。所以，你要花时间好好地挑选一下编辑器。如下是一些可供挑选的编辑器：

- Scala IDE
- Scala plugin for Eclipse
- IntelliJ IDEA

- Emacs
- VIM

使用 Eclipse 编写 Scala 程序有一些很明显的优势，可以使用相当数量的测试版插件。Eclipse 提供了一些非常优秀的特性，例如本地、远程以及高级别的调试功能，包括语义上的高亮显示，以及 Scala 中的代码辅助完成等。可使用 Eclipse 像编写 Java 代码一样编写 Scala 程序。但我也推荐你使用 Scala IDE(http://scala-ide.org/)——它是一个基于 Eclipse 的完全成熟的 Scala 编辑器，并且定制了一些很有趣的特性(如 Scala 工作单、ScalaTest 支持、Scala 重构等)。

在我看来，第二个最好用的编辑器是 IntelliJ IDEA。其第一个版本于 2001 年发布，是第一个集成了高级代码导航和重构功能的 Java IDE。由于 InfoWorld 的支持(可查看网站 http://www.infoworld.com/article/2683534/development-environments/infoworld-review--top-java-programming-tools.html)，使得在 4 个最受欢迎的 Java 编程 IDE 工具(Eclipse、IntelliJ IDEA、NetBeans 和 JDeveloper)中，IntelliJ 获得了最高分 8.5 分(满分 10 分)。

具体评分情况如图 1.1 所示。

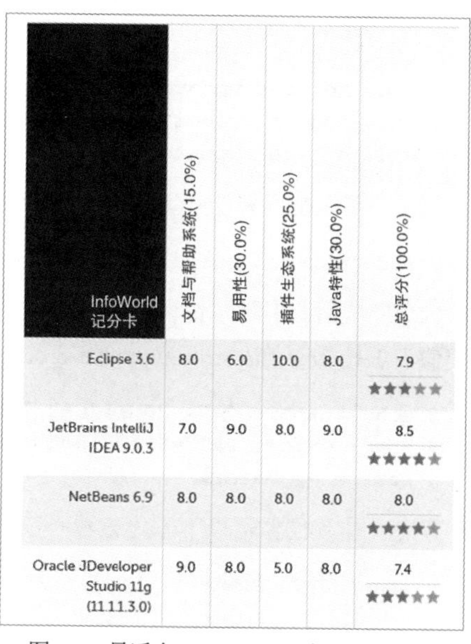

InfoWorld 记分卡	文档与帮助系统(15.0%)	易用性(30.0%)	插件生态系统(25.0%)	Java特性(30.0%)	总评分(100.0%)
Eclipse 3.6	8.0	6.0	10.0	8.0	7.9
JetBrains IntelliJ IDEA 9.0.3	7.0	9.0	8.0	9.0	8.5
NetBeans 6.9	8.0	8.0	8.0	8.0	8.0
Oracle JDeveloper Studio 11g (11.1.1.3.0)	9.0	8.0	5.0	8.0	7.4

图 1.1　最适合 Scala/Java 开发人员的 IDE

从图 1.1 来看，你可能也会对使用其他 IDE(如 NetBeans 或 Jdeveloper)感兴趣。从根本上讲，究竟哪个编辑器更好用，是开发人员之间永恒的争论话题。这意味着，最终使用哪个 IDE，完全由你自己来定。

1.3　安装与创建 Scala

由于 Scala 要使用 JVM，因此需要确保你的机器上已经安装了 Java。如果没有，可以参考后面的章节，其中展示了如何在 Ubuntu 上安装 Java。在这一节中，首先，将展示如何在 Ubuntu 上安装 Java 8。然后，我们来看看如何在 Windows、macOS 和 Linux 上安装 Scala。

1.3.1　安装 Java

为简单起见，在此仅展示如何在 Ubuntu 14.04 LTS 64 位机器上安装 Java 8。至于如何在 Windows 或 macOS 上安装 Java，你最好还是花时间使用 Google 搜索一番吧。对于 Windows 用户来说，可以访问 https://java.com/en/download/help/windows_manual_download.xml 来了解更多内容。

现在，让我们在 Ubuntu 上使用分步命令和说明来安装 Java 8。首先检查 Java 是否已经被安装：

```
$ java -version
```

如果返回消息 the program java cannot be found in the following packages，则表明尚未安装 Java。可执行如下命令进行安装：

```
$ sudo apt-get install default-jre
```

该命令将安装 JRE。但如果不想使用 JRE，也可以使用 JDK，它通常在 Apache Ant、Apache Maven、Eclipse 以及 IntelliJ IDEA 上编译 Java 应用时会用到。

Oracle JDK 是官方的 JDK，但 Oracle 已不再将其提供为 Ubuntu 的默认安装选项。你仍然可以使用 apt-get 命令来安装它。要安装任意版本的 JDK，需要先执行如下命令：

```
$ sudo apt-get install python-software-properties
$ sudo apt-get update
$ sudo add-apt-repository ppa:webupd8team/java
$ sudo apt-get update
```

然后，基于想安装的版本，执行如下命令：

```
$ sudo apt-get install oracle-java8-installer
```

安装完成后，不要忘记设置 JAVA_HOME 环境变量。只需要使用如下命令即可(为简单起见，我们假设 Java 安装在/usr/lib/jvm/java-8-oracle 目录下)：

```
$ echo "export JAVA_HOME=/usr/lib/jvm/java-8-oracle" >> ~/.bashrc
$ echo "export PATH=$PATH:$JAVA_HOME/bin" >> ~/.bashrc
$ source ~/.bashrc
```

现在，让我们使用以下方式查看一下 JAVA_HOME：

```
$ echo $JAVA_HOME
```

你在终端上应能看到如下结果：

```
/usr/lib/jvm/java-8-oracle
```

现在，让我们使用如下命令来确认 Java 已经被成功安装(这里，你可能会看到最新版本)：

```
$ java -version
```

你将得到如下输出：

```
java version "1.8.0_121"
Java(TM) SE Runtime Environment (build 1.8.0_121-b13)
Java HotSpot(TM) 64-Bit Server VM (build 25.121-b13, mixed mode)
```

现在你已经成功地在机器上安装了 Java，一旦安装好，就可以准备写 Scala 代码了。我们将在接下来的章节中完成该内容。

1.3.2 Windows

这一部分将关注如何在 Windows 7 的电脑上安装 Scala。但是在最后，无论你使用的 Windows 是什么版本，其实都没什么关系。

(1) 第一步，需要去官网下载 Scala 的安装压缩包。可在 https://www.Scala-lang.org/download/all.html 上找到它。在该页面的其他资源部分下面，可看到你能够安装的 Scala 归档文件。这里选择下载 Scala 2.11.8 安装包，如图 1.2 所示。

Archive	System	Size
scala-2.11.8.tgz	Mac OS X, Unix, Cygwin	27.35M
scala-2.11.8.msi	Windows (msi installer)	109.35M
scala-2.11.8.zip	Windows	27.40M
scala 2.11.8.deb	Debian	76.02M
scala-2.11.8.rpm	RPM package	108.16M
scala-docs-2.11.8.txz	API docs	46.00M
scala-docs-2.11.8.zip	API docs	84.21M
scala-sources-2.11.8.tar.gz	Sources	

图 1.2　在 Windows 上安装 Scala

(2) 下载完成后，对文件进行解压操作，并将其放置到你想要的目录下。可将该文件命名为 Scala，这样以后你查找起来也会比较方便。最后，需要在电脑上为 Scala 设置一个名为 PATH 的全局可见的变量。因此，需要导航到“计算机”|“属性”，如图 1.3 所示。

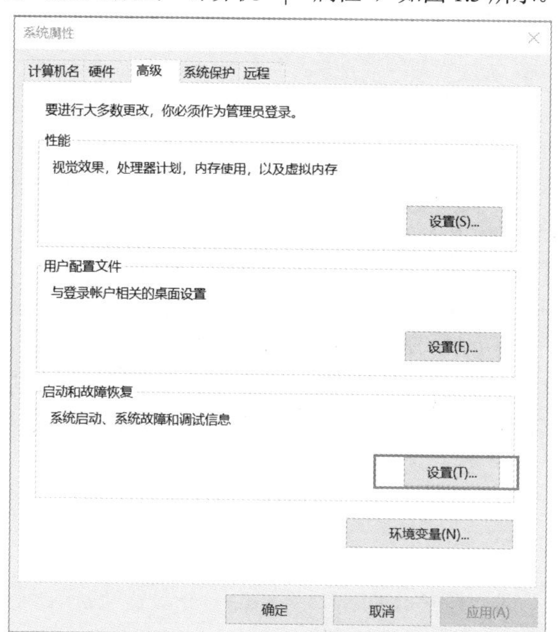

图 1.3　Windows 上的“环境变量”标签

(3) 从这里设置环境变量，获取 Scala 的 bin 目录的位置，将其扩展到 PATH 环境变量的后面。然后应用修改并单击“确定”，如图 1.4 所示。

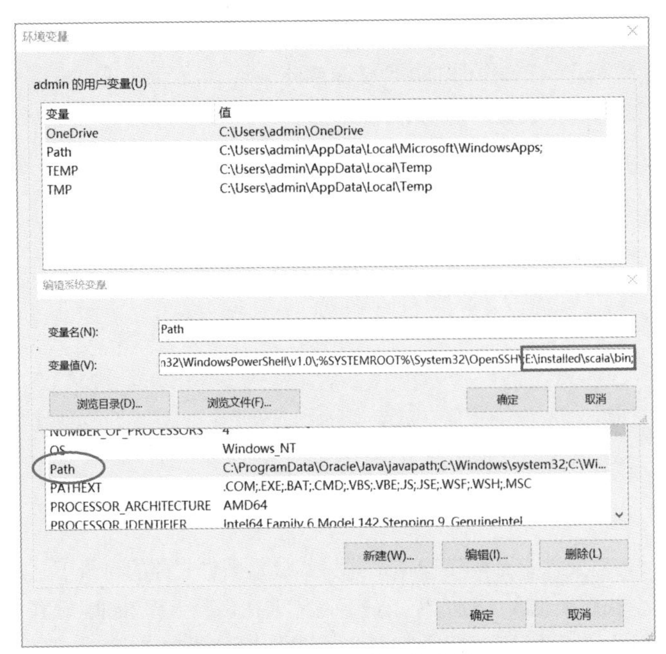

图 1.4 为 Scala 添加环境变量

(4) 现在，你已在 Windows 上做好了安装准备。打开 cmd 命令行，然后输入 scala。如果你在前面的安装和配置都是成功的，就能在屏幕上看到类似于图 1.5 的输出。

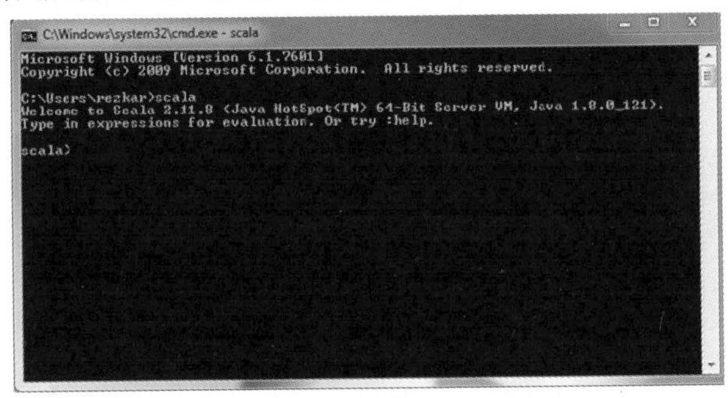

图 1.5 从 Scala shell 访问 Scala

1.3.3 macOS

现在可以在你的 macOS 上安装 Scala 了。在 macOS 上安装 Scala 有很多种方式。在这里，我们打算为你介绍其中的两种。

1. 使用 Homebrew 安装工具

(1) 首先，检查系统是否安装了 Xcode，因为这一步需要这一组件。可以从苹果公司的 Apple Store 上免费下载并安装。

(2) 接下来，需要在终端上执行如下命令来从内部安装 Homebrew。

```
$ /usr/bin/ruby -e "$(curl -fsSL
https://raw.githubusercontent.com/Homebrew/install/master/install)"
```

注意：

上述安装命令可能会被 Homebrew 的工作人员随时修改。如果该命令无法正常工作，可以通过 Homebrew 的网站(http://brew.sh/)获取最新的安装“咒语”。

(3) 现在，可在终端上执行 brew install scala 命令来安装 Scala。

(4) 最后，可在终端上简单地输入一些 Scala 代码了(第二行)，之后就可以看到如图 1.6 所示的内容。

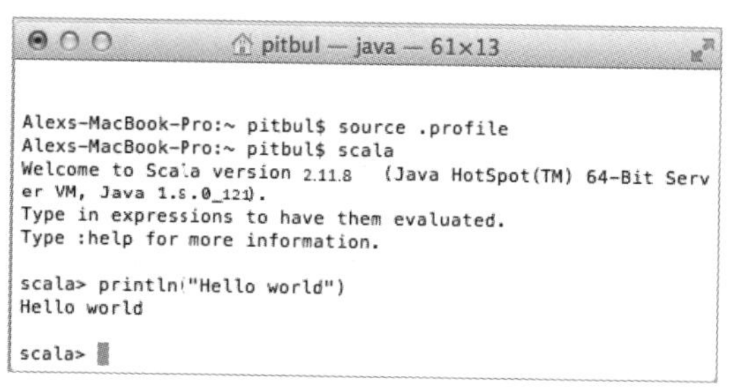

图 1.6　macOS 上的 Scala shell 窗口

2. 手工安装

在手工安装 Scala 之前，可在 http://www.Scala-lang.org/download/网站上选择你喜欢的 Scala 版本，并下载对应的.tgz 文件。在下载完你喜欢的 Scala 版本后，可按如下方式解压：

```
$ tar xvf scala-2.11.8.tgz
```

然后，以如下方式将其移到/usr/local/share 目录下：

```
$ sudo mv scala-2.11.8 /usr/local/share
```

现在，为保证安装结果能够持久，请执行如下命令：

```
$ echo "export SCALA_HOME=/usr/local/share/scala-2.11.8" >> ~/.bash_profile
$ echo "export PATH=$PATH: $SCALA_HOME/bin" >> ~/.bash_profile
```

这样就行了。现在，介绍一下在 Linux 发行版(例如 Ubuntu)上如何安装 Scala。

3. Linux

在这一章节中，我们将为你展示在 Linux 发行版 Ubuntu 上安装 Scala 的流程。在开始之前，让我们先确保 Scala 能够被正确安装。可以使用如下命令执行检查：

```
$ scala -version
```

如果你的系统上已经安装了 Scala，你将在终端上看到如下消息：

```
Scala code runner version 2.11.8 --Copyright 2002-2016, LAMP/EPFL
```

要注意这一点，在写作此安装过程时，我们使用的是当时最新的 Scala 版本。也就是 2.11.8。

如果你还没有在系统上安装 Scala，则在进行下一步之前要确保先安装完毕。可从 Scala 的官网下载最新版本(为清楚起见，可参考图 1.2)。为简便起见，我们下载 Scala 2.11.8，如下：

```
$ cd Downloads/
$ wget https://downloads.lightbend.com/scala/2.11.8/scala-2.11.8.tgz
```

等到下载完毕，就可在下载的文件夹中找到 Scala 的 tar 文件了。

注意：

用户应该使用如下命令进入 Downloads 目录：$ cd /Downloads/。当然，基于你的系统，选择的语言可能不同，Downloads 文件夹的名称也可能有所不同。

为将 Scala tar 文件从它所在的位置中抽取出来，可执行如下命令：

```
$ tar -xvzf scala-2.11.8.tgz
```

现在，通过执行如下命令将 Scala 移动到用户选定的位置(如/usr/local/share)，或者是手动移动：

```
$ sudo mv scala-2.11.8 /usr/local/share/
```

使用如下命令移动到用户的主目录：

```
$ cd ~
```

然后，使用如下命令设置 Scala 的主目录：

```
$ echo "export SCALA_HOME=/usr/local/share/scala-2.11.8" >> ~/.bashrc
$ echo "export PATH=$PATH:$SCALA_HOME/bin" >> ~/.bashrc
```

接下来，为让上述修改在会话中变得持久，可执行如下命令：

```
$ source ~/.bashrc
```

当安装完成后，你最好执行如下命令来检查安装结果：

```
$ scala -version
```

如果 Scala 在你的系统上已经配置成功，就可在终端上看到如下信息：

```
Scala code runner version 2.11.8 --Copyright 2002-2016, LAMP/EPFL
```

现在，让我们在终端上输入 scala 命令来进入 Scala shell。如图 1.7 所示。

```
asif@ubuntu:~$ cd /usr/local/share/
asif@ubuntu:/usr/local/share$ ls
ca-certificates  fonts  man  scala-2.11.8  sgml  texmf  xml
asif@ubuntu:/usr/local/share$ cd ~
asif@ubuntu:~$ echo "export SCALA_HOME=/usr/local/share/scala-2.11.8" >> ~/.bash
rc
asif@ubuntu:~$ echo "export PATH=$PATH:$SCALA_HOME/bin" >> ~/.bashrc
asif@ubuntu:~$ source  ~/.bashrc
asif@ubuntu:~$ scala
Welcome to Scala version 2.9.2 (Java HotSpot(TM) 64-Bit Server VM, Java 1.8.0_12
1).
Type in expressions to have them evaluated.
Type :help for more information.
```

图 1.7　Linux 上的 Scala shell(Ubuntu 发行版)

最后，也可以使用 apt-get 命令来安装 Scala，如下所示：

```
$ sudo apt-get install scala
```

该命令会下载最新版的 Scala(这里是 2.12.x)。但 Spark 尚未支持 Scala 2.12 版本(至少是在我们写作本章时)。因此，我们推荐使用前面的手动安装方式。

1.4 Scala：可扩展的编程语言

Scala 的代码从规模上可以很好地扩展到大型程序。对于其他编程语言可能需要编写数十行代码才能实现的功能，在 Scala 中能简便地实现；你能以简洁有效的方式获得表达编程的一般模式和概念的能力。本节将介绍 Odersky(Martin Odersky，Scala 语言之父)为我们创造的这些令人激动的特性。

1.4.1 Scala 是面向对象的

Scala 是面向对象编程语言的一个非常好的例子。为给你的对象定义类型或行为，需要使用类和特质的概念，这些内容将在第 2 章中展开讲述。Scala 并不支持直接多态集成，但是要实现这种架构，也可以使用 Scala 的子类扩展，或者是混合基成分(mixing-based composition)。这些内容也将在后续章节中讲述。

1.4.2 Scala 是函数式的

函数式编程通常将函数视为一等公民。在 Scala 中，则是通过语法糖(syntactic sugar)和扩展其特质的对象(例如 Function2)来实现的。但这是在 Scala 中实现函数式编程的方法。此外，Scala 也设计了一种简便的方式来定义匿名函数。并且 Scala 支持高阶函数，也允许函数嵌套。后面将深入介绍这些概念的语法。

另外，Scala 也能帮助你以不可变的方式进行编码，并且基于此，可以轻松地使用同步与并发机制来实现并行处理。

1.4.3 Scala 是静态类型的

不同于其他静态类型语言，例如 Pascal、Rust 等，Scala 并不期望你提供冗余的类型信息。在绝大部分情况下，你不必指定类型。更重要的是，你甚至不用再重复它们。

注意：

如果该语言的类型在编译时就是知道的，则该编程语言被称为是静态类型的。这也意味着，作为一名编程人员，需要确定每个变量的类型。Scala、Java、C、OCaml、Haskell 和 C++等都是静态类型语言。另一方面，Perl、Ruby、Python 等则是动态类型语言；这些语言中的类型，并不与变量或字段相关，而与运行时的值相关。

Scala 的静态类型天性，确保了所有种类的检查都是被编译器完成的。这是 Scala 的一个极其强大的特性，因为它可以帮助你及早发现/捕获大多数 bug 或错误。

1.4.4　在 JVM 上运行 Scala

与 Java 一样，Scala 代码也可被编译成字节码并在 JVM 上简单执行。这意味着 Scala 和 Java 的运行时平台是一样的。由于它们都是以字节码作为编译的输出结果，因此可以轻松地从 Java 转向 Scala，也可以轻松地将二者集成起来，甚至在你的 Android 应用中使用 Scala 来添加一个函数。

> 小技巧：
> 在 Scala 程序中使用 Java 代码相当容易，但反过来就很难了。这主要是因为 Scala 的语法糖特性。

另外，和使用 javac 命令将 Java 代码编译成字节码一样，Scala 也有一条 scalas 命令，它可将 Scala 代码编译成字节码。

1.4.5　Scala 可以执行 Java 代码

正如在前面提到的，Scala 也可以用来执行 Java 代码。它不仅可安装 Java 代码，甚至也允许你使用来自 Java SDK 的所有类，即便是你在 Scala 环境中已经有了自己的预定义类、项目或包。

1.4.6　Scala 可以完成并发与同步处理

对于 Scala 来说，你能以简洁有效的方式获得表达编程的一般模式和概念的能力。另外，Scala 也能帮助你以不可变的方式进行编码，并且基于此，可轻松地使用同步与并发机制来实现并行处理。

1.5　面向 Java 编程人员的 Scala

Scala 有着与 Java 完全不同的一些特性。本节将讨论其中一部分特性。对于那些具备 Java 编程背景，或者是对基本的 Java 语法有了解的编程人员而言，这一部分的内容将非常有用。

1.5.1　一切类型都是对象

Scala 中的每一个值看起来都像一个对象。这句话意味着一切看起来都像对象。但其中一部分并非真正的对象，你将在接下来的章节中看到对这些内容的解释。例如，在 Scala 中，引用类型和原生类型的区别依然存在，但大部分区别都已经被隐藏起来了；在 Scala 中，字符串已经被隐式地转换为字符集合，而在 Java 中却非如此！

1.5.2　类型推导

如果你不熟悉这个术语，这没什么，但是在编译时会出现类型推导(deduction of types)。等一下，难道这不是指动态类型吗？不是。注意这里我所说的类型推导，这与动态类型语言的处理完全不同，另一件事情是，这一推导是在编译时而非运行时完成。很多编程语言都内置了这一功能，但具体实现则完全不同。一开始，这可能造成疑惑，但当看到代码示例时就会清晰起来。让我们跳到 Scala REPL 来分析一些示例吧。

1.5.3　Scala REPL

Scala REPL 是一个非常强大的特性，它让我们在 Scala shell 中编写 Scala 代码变得直接又简单。REPL 指的是 Read-Eval-Print-Loop(读取-求值-输出-循环)，也被称为交互式解释器。这意味着对于一段程序来说，REPL 可以：

(1) 读取你输入的表达式。

(2) 使用 Scala 编译器求出在第(1)步输入的表达式的值。

(3) 打印出在第(2)步求出的结果。

(4) 以循环方式等待你输入更多表达式。

从图 1.8 中可以看到，这里并没有什么魔法，在编译时，变量会被自动推导出最合适的类型。如果尝试声明：

```
i:Int = "hello"
```

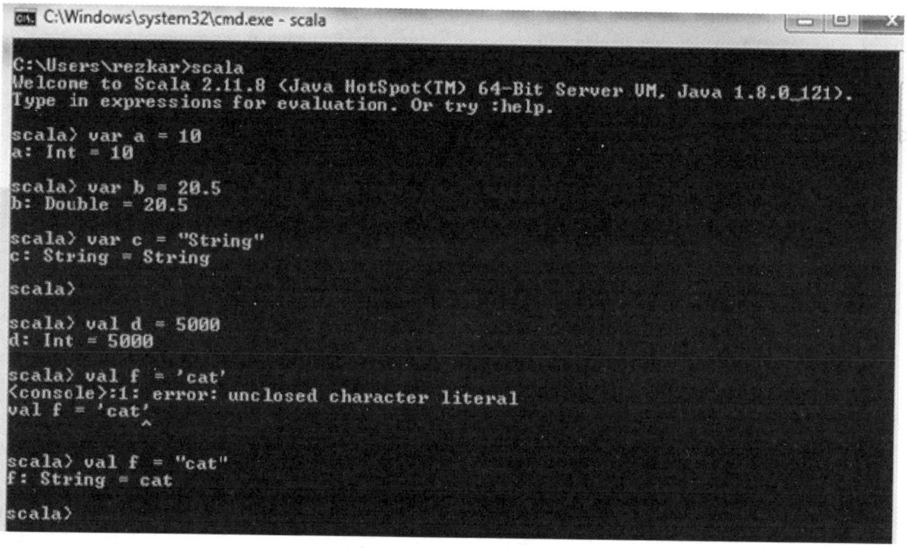

```
C:\Windows\system32\cmd.exe - scala

C:\Users\rezkar>scala
Welcome to Scala 2.11.8 (Java HotSpot(TM) 64-Bit Server VM, Java 1.8.0_121).
Type in expressions for evaluation. Or try :help.

scala> var a = 10
a: Int = 10

scala> var b = 20.5
b: Double = 20.5

scala> var c = "String"
c: String = String

scala>

scala> val d = 5000
d: Int = 5000

scala> val f = 'cat'
<console>:1: error: unclosed character literal
val f = 'cat'
            ^

scala> val f = "cat"
f: String = cat

scala>
```

图 1.8　Scala REPL 样例 1

Scala 会抛出如下错误：

```
<console>:11: error: type mismatch;
 found : String("hello")
```

```
required: Int
     val i:Int = "hello"
                 ^
```

按照 Odersky 的说法，“应该通过富字符串(RichString)将字符映射到字符映射从而再次生成一个富字符串，一如与 Scala REP 的交互”。这句话可使用下面的代码来证明：

```
scala> "abc" map (x => (x + 1).toChar)
res0: String = bcd
```

但如果有人使用了一个方法，将字符转换为整型或者字符串，将发生什么？在这个例子中，Scala 会将其作为一个整数向量进行转换，这也称为不可变性。这是 Scala 集合的一个特性。我们将在第 9 章讲解它。我们也将在第 4 章讲述 Scala 集合的更多细节。

```
"abc" map (x => (x + 1))
res1: scala.collection.immutable.IndexedSeq[Int] = Vector(98, 99, 100)
```

在这里，无论是对象的静态方法还是动态方法都是可用的。例如，如果你将字符串 hello 声明为 x，然后尝试访问 x 的静态方法和动态方法，则它们也都是可用的。在 Scala shell 中输入 x，接着输入.再输入<tab>，就可以找到这些可用的方法：

```
scala> val x = "hello"
x:  java.lang.String = hello
scala> x.re<tab>
reduce              reduceRight           replaceAll              reverse
reduceLeft          reduceRightOption     replaceAllLiterally
reverseIterator
reduceLeftOption    regionMatches         replaceFirst            reverseMap
reduceOption        replace               repr
scala>
```

这一切都是通过反射即时完成的。因此，甚至是你刚刚定义的匿名类同样可以访问：

```
scala> val x = new AnyRef{def helloWord = "Hello, world!"}
x: AnyRef{def helloWord: String} = $anon$1@58065f0c
  scala> x.helloWord
   def helloWord: String
  scala> x.helloWord
  warning: there was one feature warning; re-run with -feature for details
  res0: String = Hello, world!
```

上述两个例子也可以在 Scala shell 中展示出来，如图 1.9 所示。

“所以这就证明了，Scala 能根据传入函数参数的结果类型来匹配不同的类型！”

——Odersky

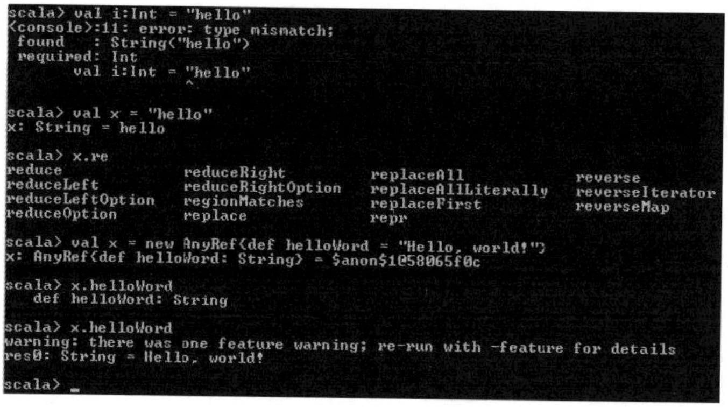

```
scala> val i:Int = "hello"
<console>:11: error: type mismatch;
 found   : String("hello")
 required: Int
       val i:Int = "hello"
                   ^

scala> val x = "hello"
x: String = hello

scala> x.re
reduce               reduceRight         replaceAll             reverse
reduceLeft           reduceRightOption   replaceAllLiterally    reverseIterator
reduceLeftOption     regionMatches       replaceFirst           reverseMap
reduceOption         replace             repr

scala> val x = new AnyRef{def helloWord = "Hello, world!"}
x: AnyRef{def helloWord: String} = $anon$1@58065f0c

scala> x.helloWord
   def helloWord: String

scala> x.helloWord
warning: there was one feature warning; re-run with -feature for details
res0: String = Hello, world!

scala> _
```

图 1.9　Scala REPL 样例 2

1.5.4　嵌套函数

编程语言为何需要支持嵌套函数？大多数情况下，是因为我们想让维护的方法一直都具有较少的代码行数，并避免重写大函数。Java 中，对此的一个典型解决方法是在类级别定义所有小函数，但其他方法可很容易地引用或访问这些函数。尽管这些只是一些辅助方法。但在 Scala 中，情况却有所不同。可在函数内部再定义函数。通过这种方式，阻止了对这些函数的外部访问：

```
def sum(vector: List[Int]): Int = {
  //Nested helper method (won't be accessed from outside this function
  def helper(acc: Int, remaining: List[Int]): Int = remaining match {
    case Nil => acc
    case _=> helper(acc + remaining.head, remaining.tail)
  }
  //Call the nested method
  helper(0, vector)
}
```

在此，我们并不期望你立刻就能理解这些代码片段，它只是为了展示 Scala 与 Java 之间的不同之处。

1.5.5　导入语句

在 Java 中，你只能在代码文件头部导入包，其位置是在包语句的右边。但是在 Scala 中情况就有所不同。可在源文件内部的几乎任意位置编写导入包的语句(例如，甚至可在一个类或方法的内部编写导入语句)。你只需要注意导入语句的作用域即可。因为它继承了方法中的本地变量或类成员的作用域。Scala 中的_(下画线)可用作导入时的通配符，它与你在 Java 中使用的*(星号)类似：

```
//Import everything from the package math
import math._
```

如果想使用{ }来表明导入的对象集合来自于同一个父包，只需要使用一行代码即可。在 Java 中，你可能需要使用多行代码来完成这样的工作。

```
//Import math.sin and math.cos
import math.{sin, cos}
```

与 Java 不同，Scala 中并没有静态导入的概念。换句话说，Scala 中并不存在静态的概念。但作为一名开发人员，很明显，可以使用一条正常的导入语句来导入一个或者多个对象。前面的例子已经展示了这样的内容。我们从一个名为 Math 的包对象中导入 sin 和 cos 方法。为展示这个例子，如果是从 Java 编程人员的角度出发，则应该按照如下方式定义前面的代码片段：

```
import static java.lang.Math.sin;
import static java.lang.Math.cos;
```

Scala 的另一个优美之处在于，在 Scala 中，也可以重命名你导入的包，以免与包含相似对象的包出现类型冲突。如下语句在 Scala 中是有效的：

```
//Import Scala.collection.mutable.Map as MutableMap
import Scala.collection.mutable.{Map => MutableMap}
```

最后，在导入时，你可能想排除包中的一些对象。可以使用通配符来完成这一操作：

```
//Import everything from math, but hide cos
import math.{cos => _, _}
```

1.5.6 作为方法的操作符

值得提醒的是，Scala 并不支持操作符重载。有人可能因此认为，Scala 中没有操作符。

作为调用只有一个参数的方法的一种替代，可以使用中缀语法。该语法为你提供了一个新的玩法，就像是你使用了操作符重载，跟你在 C++中的动作类似。例如：

```
val x = 45
val y = 75
```

在下面的例子中，+指的是类 Int 中的一个方法。如下代码是一个无转换方法的调用语法：

```
val add1 = x.+(y)
```

更正式一点，也可以使用中缀语法来完成这个操作，如下：

```
val add2 = x + y
```

不仅如此，还可以使用中缀语法。但该方法只有一个参数，如下：

```
val my_result = List(3, 6, 15, 34, 76) contains 5
```

这是使用中缀语法的一个特例。也就是说，如果方法的名称以:(冒号)结束，则调用就是向右关联(right associative)。这意味着该方法是在右边的参数上调用(左边的表达式作为参数)，而不是以另一种方式被调用。例如，下面的句子在 Scala 中是有效的：

```
val my_list = List(3, 6, 15, 34, 76)
```

是 my_list.+:(5)，而不是 5.+:(my_list)。更正式的写法是：

```
val my_result = 5 +: my_list
```

现在，让我们在 Scala REPL 中看一下前面这个例子：

```
scala> val my_list = 5 +: List(3, 6, 15, 34, 76)
 my_list: List[Int] = List(5, 3, 6, 15, 34, 76)
scala> val my_result2 = 5+:my_list
 my_result2: List[Int] = List(5, 5, 3, 6, 15, 34, 76)
scala> println(my_result2)
 List(5, 5, 3, 6, 15, 34, 76)
scala>
```

这里的操作符仅是方法，因此它们也像方法那样，可以被简单地进行重载。

1.5.7　方法与参数列表

在 Scala 中，一个方法可以有多个参数列表，或者是一个参数列表都没有。另外，在 Java 中，一个方法通常都有一个参数列表，可以是 0 个或者多个参数。例如，在 Scala 中，如下的方法定义语句是有效的(使用 currie 符号)，该方法有两个参数列表：

```
def sum(x: Int)(y: Int) = x + y
```

该语句不能写成如下形式：

```
def sum(x: Int, y: Int) = x + y
```

一个方法(这里将其称为 sum2)也可以没有一个参数列表，如下：

```
def sum2 = sum(2) _
```

现在，可调用方法 add2，它会返回带有一个参数的函数。然后，它使用参数 5 调用该函数，如下：

```
val result = add2(5)
```

1.5.8　方法内部的方法

有时，你想让应用代码更模块化一些，从而避免出现一些太长或太复杂的方法。Scala 为你提供了这样的功能，以免方法变得过于庞大。这样可将它们拆分成几个较小的方法。

另外，Java 则只允许你在类级别定义方法。例如，假设你有如下的方法定义：

```
def main_method(xs: List[Int]): Int = {
  //This is the nested helper/auxiliary method
  def auxiliary_method(accu: Int, rest: List[Int]): Int = rest match {
    case Nil => accu
    case _=> auxiliary_method(accu + rest.head, rest.tail)
  }
}
```

现在，可以按照如下方式来调用该辅助方法：

```
auxiliary_method(0, xs)
```

考虑一下上面的内容，如下是一个有效的完整代码段：

```
def main_method(xs: List[Int]): Int = {
  //This is the nested helper/auxiliary method
  def auxiliary_method(accu: Int, rest: List[Int]): Int = rest match {
    case Nil => accu
    case _ => auxiliary_method(accu + rest.head, rest.tail)
  }
  auxiliary_method(0, xs)
}
```

1.5.9 Scala 中的构造器

Scala 中令人惊奇的一件事情，就是 Scala 类体本身就是一个构造器。但事实上，Scala 是以更明确的方式来实现这一点的。此后，该类的一个实体就被创建出来并运行。不仅如此，在类的声明行里，还可以指定参数。

结论是，该类中定义的所有方法都可访问构造器的参数。例如，如下的类和构造器定义在 Scala 中都是有效的：

```
class Hello(name: String) {
  //Statement executed as part of the constructor
  println("New instance with name: " + name)
  //Method which accesses the constructor argument
  def sayHello = println("Hello, " + name + "!")
}
```

等价的 Java 类就像下面这样：

```
public class Hello {
  private final String name;
  public Hello(String name) {
    System.out.println("New instance with name: " + name);
    this.name = name;
  }
  public void sayHello() {
    System.out.println("Hello, " + name + "!");
  }
}
```

1.5.10 代替静态方法的对象

正如在前面提到的，Scala 中不存在静态。你无法进行静态导入，或给类添加静态方法。在 Scala 中，当你在同一个源文件中定义对象，并且该对象的名称与类名相同时，该对象就被称为类的伴生(companion)对象。你在类的伴生对象中定义的函数和 Java 中类的静态方法类似：

```
class HelloCity(CityName: String) {
  def sayHelloToCity = println("Hello, " + CityName + "!")
}
```

这里展示了你如何为类 Hello 定义一个伴生对象：

```
object HelloCity {
  //Factory method
  def apply(CityName: String) = new Hello(CityName)
}
```

在 Java 中等价的类则像下面这样：

```
public class HelloCity {
  private final String CityName;
  public HelloCity(String CityName) {
    this.CityName = CityName;
  }
  public void sayHello() {
    System.out.println("Hello, " + CityName + "!");
  }
  public static HelloCity apply(String CityName) {
    return new Hello(CityName);
  }
}
```

所以，这个简单的类中就有了这么冗长的内容，不是吗？Scala 中的应用方法是以不同方式被处理的。这样就可以找到一种特殊的快捷方式来调用它。如下是你熟悉的调用方法：

```
val hello1 = Hello.apply("Dublin")
```

下面则使用快捷方式来调用，与上面的方式等价：

```
val hello2 = Hello("Dublin")
```

要注意，这只有在代码中使用应用方法时才有效，因为 Scala 以这种特殊方法来对待指定的应用。

1.5.11　特质

Scala 提供了一个卓越功能来扩展并丰富类的行为。这些特质(trait)与你定义函数原型(function prototype)或签名的接口类似。因此，有了这项功能，就拥有了来自不同特质的混合功能，并基于此种方式，就丰富了类的行为。所以，Scala 中的特质有什么好处？因为它们使得来自不同特质的类进行组合成为可能，而这些特质可用来构建基块。与往常一样，我们来看一个例子。这是 Java 中常规的建立日志记录的方法。

要注意，尽管可按自己的想法混合任意数量的特质。但与 Java 一样，Scala 确实不支持多重继承。但无论是 Java 还是 Scala，一个子类都只能扩展一个超类。例如，在 Java 中：

```
class SomeClass {
  //First, to have to log for a class, you must initialize it
  final static Logger log = LoggerFactory.getLogger(this.getClass());
  ...
  //For logging to be efficient, you must always check, if logging level
  //for current message is enabled
```

```
    //BAD, you will waste execution time if the log level is an error, fatal,
    //etc.
    log.debug("Some debug message");
    ...
    //GOOD, it saves execution time for something more useful
    if (log.isDebugEnabled()) { log.debug("Some debug message"); }
    //BUT looks clunky, and it's tiresome to write this construct every time
    //you want to log something.
}
```

要了解关于此内容的更详细的讨论，请浏览 https://stackoverflow.com/questions/963492/in-log4j-does-checking-isdebugenabled-before-logging-improve-performance/963681#963681。

但特质则有所不同。经常检查被启用的日志级别其实是一件很无聊的事情。但如果你写了一次这种例行检查的代码，然后就在任意类中予以复用，这个就比较好了。Scala 中的特质使得这样的想法成为可能，例如：

```
trait Logging {
  lazy val log = LoggerFactory.getLogger(this.getClass.getName)
  //Let's start with info level...
  ...
  //Debug level here...
  def debug() {
    if (log.isDebugEnabled) log.info(s"${msg}")
}
  def debug(msg: => Any, throwable: => Throwable) {
    if (log.isDebugEnabled) log.info(s"${msg}", throwable)
  }
  ...
  //Repeat it for all log levels you want to use
}
```

如果你查看了上述代码，就会看到一个以 s 开头的字符串的例子。Scala 提供了一种从你提供的数据中创建字符串的机制，称为字符串插值(string interpolation)。

注意：
字符串插值允许你将被引用的变量直接插入字符串文本中。例如：

```
scala> val name = "John Breslin"
scala> println(s"Hello, $name") //Hello, John Breslin.
```

现在，我们就能获得一种高效的日志程序，并采用一种更传统的可复用代码块的形式。为对任意类都启用日志记录，只需要将其混入 Logging 特质即可！太神奇了！现在，下面就是将 Logging 特质添加进类的全部内容：

```
class SomeClass extends Logging {
  ...
  //With logging trait, no need for declaring a logger manually for every
  //class
  //And now, your logging routine is either efficient and doesn't litter
  //the code!
```

```
  log.debug("Some debug message")
  ...
}
```

并且，将多个特质进行混合也是可能的。例如，对于前述的特质(也就是 Logging)，可按如下顺序进行扩展：

```
trait Logging {
  override def toString = "Logging "
}
class A extends Logging {
  override def toString = "A->" + super.toString
}
trait B extends Logging {
  override def toString = "B->" + super.toString
}
trait C extends Logging {
  override def toString = "C->" + super.toString
}
class D extends A with B with C {
  override def toString = "D->" + super.toString
}
```

但需要注意，Scala 的类可一次性扩展多个特质，而 JVM 类一次则只能扩展一个父类。

现在，为调用上述特质和类，我们在 Scala REPL 中使用 new D() ，如图 1.10 所示。

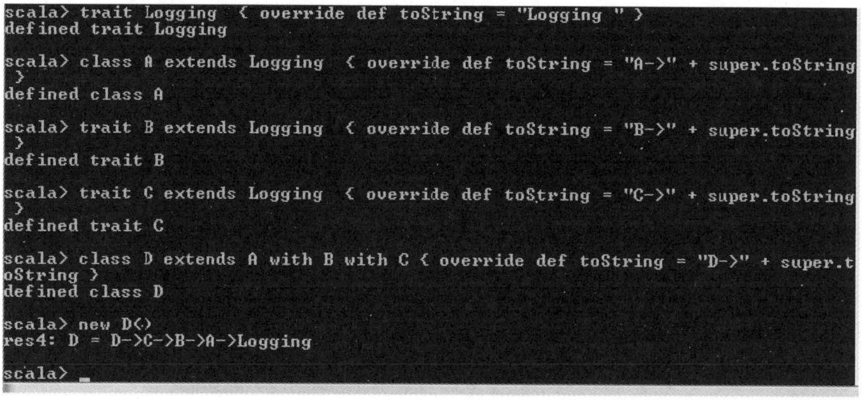

```
scala> trait Logging  { override def toString = "Logging " }
defined trait Logging

scala> class A extends Logging  { override def toString = "A->" + super.toString
 }
defined class A

scala> trait B extends Logging  { override def toString = "B->" + super.toString
 }
defined trait B

scala> trait C extends Logging  { override def toString = "C->" + super.toString
 }
defined trait C

scala> class D extends A with B with C { override def toString = "D->" + super.t
oString }
defined class D

scala> new D()
res4: D = D->C->B->A->Logging

scala>
```

图 1.10　混合多个特质

到目前为止，本章的一切内容看起来都很顺利。现在，让我们开始一个新的部分，这里将讨论一些与初学者相关的主题。

1.6　面向初学者的 Scala

在这部分，你将发现，我们会假设你已经对其他编程语言有了初步的理解。如果 Scala 是你进入代码世界所接触到的第一门编程语言，你将在互联网上找到大量专门为初学者解释 Scala 的材料、辅导内容、视频和课程。

> **小技巧：**
>
> 在 Coursera 上，有专门的关于 Scala 的内容：https://www.coursera.org/specializations/scala。该课程由 Scala 的创建者 Martin Odersky 亲自讲授。该在线课程采用了一种带有学院派风格的授课方式来讲解函数式编程的基础知识。通过完成一些编程的作业，你将学到很多关于 Scala 的知识。不仅如此，该网站上的这一部分还包含了 Apache Spark 相关的课程。此外，Kojo(http://www.kogics.net/sf:kojo)是一个交互式学习环境，在这里可使用 Scala 进行编程，从而探索数学、艺术、音乐、动画，当然还有游戏。

1.6.1 你的第一行代码

作为第一个例子，我们将使用相当流行的“Hello, world!”程序来展示如何使用 Scala 以及相关的工具，当然你不必对这些了解太多就可上手。打开你喜爱的编辑器(这里的例子是运行在 Windows 7 上的，当然也可运行在 Ubuntu 或 macOS 上)，也就是 Notepad++，然后输入如下代码行：

```
object HelloWorld {
  def main(args: Array[String]){
    println("Hello, world!")
  }
}
```

现在，将这些代码保存，并指定一个名字：HelloWorld.scala，如图 1.11 所示。

```
HelloWorld.scala ×
object HelloWorld{
        def main(args:Array[String]){
        println("Hello, world!")
    }
}
```

图 1.11　使用 Notepad++保存你的第一个 Scala 源代码

然后以如下方式编译该源文件：

```
C:\>scalac HelloWorld.scala
  C:\>scala HelloWorld
  Hello, world!
  C:\>
```

对于具备一些编程经验的人员而言，Scala 的程序看起来应该也是比较熟悉的。它有一个 main 方法用于在控制台上打印字符串“Hello, world!”。接下来，为了看清是如何定义 main 函数的，我们使用了 def main()这样奇怪的语法来定义它。def 是 Scala 的关键字，用于声明/定义一个方法。然后，我们使用 Array[String]作为该方法的一个参数。该参数是一个字符串的数组，可用来对程序进行初始化配置。如果省略它也是允许的。接下来使用通用的 println()方法，它带有一个字符串(可能是一个已经格式化的字符串)并将其打印到控制台上。一个简单的 HelloWorld 就开启了许多需要学习的主题。主要有三个：

- 方法(在稍后的章节中进行讲解)
- 对象与类(在稍后的章节中进行讲解)
- 类型推导(前面已解释过)

1.6.2 交互式运行 Scala！

scala 命令可以为你开始交互式 shell，这样就可以交互式地解释 Scala 的表达式：

```
> scala
Welcome to Scala 2.11.8 (Java HotSpot(TM) 64-Bit Server VM, Java 1.8.0_121).
Type in expressions for evaluation.Or try :help.
scala>
scala> object HelloWorld {
    |   def main(args: Array[String]){
    |     println("Hello, world!")
    |   }
    | }
defined object HelloWorld
scala> HelloWorld.main(Array())
Hello, world!
scala>
```

注意：

快捷方式:q 代表内部 shell 命令 quit，用于退出解释器。

1.6.3 编译

与 javac 命令相似，scalac 命令可用来编译一个或多个 Scala 源文件，并生成字节码作为输出，然后就可以在任意 JVM 上执行。为了编译 HelloWorld 对象，可使用如下命令：

```
> scalac HelloWorld.scala
```

默认情况下，scalac 会在当前工作目录下生成类文件。也可以使用-d 选项来指定不同的输出目录：

```
> scalac -d classes HelloWorld.scala
```

但要注意，这里的 classes 目录必须要在执行该命令之前就已创建完毕。

使用 scala 命令执行它

scala 命令执行由解释器生成的字节码：

```
$ scala HelloWorld
```

scala 命令允许我们指定不同的命令选项，例如-classpath(别名-cp)选项：

```
$ scala -cp classes HelloWorld
```

在使用 scala 命令执行源文件之前，你应该有一个 main 方法，它会作为应用程序的入口点。换言之，你应该有一个对象来扩展 Trait Scala.App，然后该对象中包含的所有代码都将被该命令执行。如下是同样的“Hello, world！”例子，但使用了 App 特质：

```
#!/usr/bin/env Scala
object HelloWorld extends App {
  println("Hello, world!")
}
HelloWorld.main(args)
```

上述脚本可以直接在命令 shell 中运行：

```
./script.sh
```

注意，这里假设文件 script.sh 具有执行权限：

```
$ sudo chmod +x script.sh
```

然后，scala 命令的搜索路径也已在$PATH 环境变量中予以设置。

1.7　本章小结

本章介绍了 Scala 编程语言的基础知识、特性和可用的编辑器，也简要探讨了 Scala 及其语法。对于初学者，尤其是初次接触 Scala 编程语言的人员来说，我们也展示了如何安装并建立开发环境。本章还讲述了如何编写、编译以及执行一段简单的 Scala 代码。不仅如此，为便于具有 Java 背景的人员学习，还进行了 Scala 和 Java 之间的比较。

Scala 是静态类型，但 Python 是动态类型。Scala 绝大部分情况下遵循函数式编程范例，而 Python 却非如此。Python 具有独特的语法，并且大部分情况下不使用括号，但是 Scala 大部分情况下则需要它们。在 Scala 中，几乎所有东西都是表达式，但在 Python 中显然并非如此。但有些特点看起来则错综复杂。另外，根据 https://stackoverflow.com/questions/1065720/what-is-the-purpose-of-scala-programming-language/5828684#5828684 所提供的文档，Scala 编译器就像一个自由测试工具，其文档太过复杂。如果能恰当地部署 Scala，它几乎能完成所有事情，原因在于 Scala 拥有其一致且连贯的 API。

第 2 章将指导你进一步掌握基础知识，以便你了解 Scala 如何实现面向对象的范例，该范例允许我们创建模块化的软件系统。

第 2 章

面向对象的 Scala

“面向对象的模型使得通过增加功能的方式来构建程序变得容易。它通常意味着，在实践中，它提供了一种结构化方式来编写像意大利面条那样顺滑的代码。”

——Paul Graham

在第 1 章中，你学习了如何使用 Scala 开始编程。如果你已经编写了在第 1 章为你提供的程序的话，就可以创建过程或者函数来实现这些代码的重用性。但如果继续的话，你的程序就会变得更长、更大、更复杂。到了某一个时间点，你就会发现，在进入生产之前，你已经没有什么其他更简单的方法来组织整个代码了。

与之相反，面向对象编程(Object-Oriented Programming，OOP)范例提供了一个全新的抽象层。可通过创建 OOP 实体(例如带有相关属性和方法的类)，将代码模块化。你甚至可通过使用继承或接口在这些实体之间定义关系。也可将那些拥有相似功能的类进行分组，如将它们作为辅助类。这样，能够让项目在忽然间就变得很宽广并且具有扩展性。简单地说，OOP 语言最大的优势在于它具备可发现性、模块化和可扩展性。

思考一下 OOP 语言的上述特性，在本章中，将探讨 Scala 的一些基础的面向对象特性。

作为概括，本章将涵盖如下主题：

- Scala 中的变量
- Scala 中的方法、类和对象
- 包与包对象
- Java 的互操作性

然后，我们也将讨论模式匹配，这是来自函数式编程的一个特性。另外，将探讨 Scala 中内置的一些概念，例如隐式与泛型。最后，将探讨一些被广泛使用的构建工具，它们在将开发的 Scala 应用程序构建成 jar 时非常有用。

2.1 Scala 中的变量

在我们深入探讨 OOP 的特性前，首先，需要知道 Scala 中各种不同的变量类型和数据类型。在 Scala 中，为了声明一个变量，需要使用 var 或 val 关键字。在 Scala 中声明一个变量的语法如下：

```
var VariableName : DataType = Initial_Value
```

其中的 var 可替换为 val。例如，让我们来看一下如何声明两个变量，其数据类型都是被显式指定的，如下：

```
var myVar : Int = 50
val myVal : String = "Hello World! I've started learning Scala."
```

你甚至可以声明一个变量，而不必指定其数据类型。例如，让我们看看如何使用 val 或 var 来声明一个变量，如下：

```
var myVar = 50
val myVal = "Hello World! I've started learning Scala."
```

Scala 中的变量有两种类型：可变型与不可变型。它们可按如下方式定义。

- 可变型：该变量的值可在稍后进行修改。
- 不可变型：该变量的值一旦被设置，你将无法进行修改。

一般来说，为声明一个可变型变量，可使用 var 关键字。另外，要指定一个不可变型变量，可使用 val 关键字。为显示一个使用可变型与不可变型变量的例子，查看下面的代码段：

```
package com.chapter3.OOP
object VariablesDemo {
  def main(args: Array[String]) {
    var myVar : Int = 50
    valmyVal : String = "Hello World! I've started learning Scala."
    myVar = 90
    myVal = "Hello world!"
    println(myVar)
    println(myVal)
  }
}
```

上述代码会很好地工作，一直到 myVar = 90，因为 myVar 是一个可变型变量。但若尝试修改一个不可变型变量(也就是 myVal)的值，正如前面显示的那样，你的 IDE 将显示编译错误，提示你正在为一个 val 重新赋值，如图 2.1 所示。

在你看到上述对象和方法时，不必担心。本章稍后将探讨类、方法和对象。到时候事情就会变得清晰起来了。

对于 Scala 的变量而言，我们有三种不同的作用域，这取决于你在何处定义这些变量。

- 字段：在你的 Scala 代码中，这些变量属于某一个类的一个实体。因此，这些字段就可以被对象内部的任意方法所访问。但取决于访问的修饰符，这些字段也可以被其他类的实例访问。

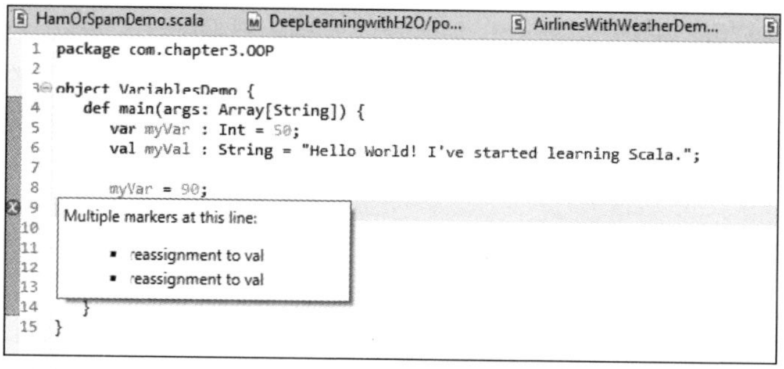

```
HamOrSpamDemo.scala    DeepLearningwithH2O/po...    AirlinesWithWeatherDem...
1  package com.chapter3.OOP
2
3  object VariablesDemo {
4     def main(args: Array[String]) {
5        var myVar : Int = 50;
6        val myVal : String = "Hello World! I've started learning Scala.";
7
8        myVar = 90;
9     Multiple markers at this line:
10
11       ▪ reassignment to val
12       ▪ reassignment to val
13
14    }
15 }
```

图 2.1　在 Scala 的变量作用域中为不可变型变量重新赋值是不允许的

注意：

正如前面讨论的，对象字段可以是可变型，也可以是不可变型(基于在声明其类型时是使用了 var 还是 val)。但对象字段不能既是可变型，又是不可变型。

- 方法参数：当方法被调用时，这些变量可用来在方法中传递值。方法参数只能在方法内部被访问，但被传输的对象则可能被外部访问。

注意：

需要提醒的是，方法的参数通常都是不可变型，无论指定的关键字是什么。

- 本地变量：这些变量在方法内部被声明，并能在该方法内部被访问。但调用该方法的代码可以访问其返回值。

2.1.1　引用与值不可变性

根据前面部分的内容，val 可用来声明不可变型变量，因此我们能否改变这些变量的值呢？它和 Java 中的 final 关键字相似吗？为了帮助我们更好地理解这些，使用了如下代码片段。

```
scala> var testVar = 10
testVar: Int = 10

scala> testVar = testVar + 10
testVar: Int = 20

scala> val testVal = 6
testVal: Int = 6

scala> testVal = testVal + 10
<console>:12: error: reassignment to val
       testVal = testVal + 10
               ^
scala>
```

如果运行上述代码，在编译时就会出现错误，它会告诉你正在尝试为一个 val 变量重新赋值。一般来说，可变型变量会带来性能优势。其原因在于，可变型变量更接近电脑本身的行为。因为若引入不可变型变量，在进行改变时将需要一个特定实例，这都会强制电脑去创建一个全新的对象实例。

2.1.2　Scala 中的数据类型

正如前面所提到的，Scala 是一种 JVM 语言。因此它与 Java 分享了很多共性的东西。这些共性中的一个就是数据类型。Scala 与 Java 分享了同样的数据类型。简单地说，Scala 与 Java 具有同样的数据类型，包括同样的精度。正如在第 1 章中提到的那样，对象在 Scala 中几乎无处不在。并且所有数据类型都是对象，可调用其中的方法，如表 2.1 所示。

表 2.1　Scala 数据类型、描述和范围

序号	数据类型与描述
1	Byte：8 位带符号值。范围：-128 到 127
2	Short：16 位带符号值。范围：-32 768 到 32 767
3	Int：32 位有符号值。范围：-2 147 483 648 到 2 147 483 647
4	Long：64 位带符号值。范围：-9 223 372 036 854 775 808 到 9 223 372 036 854 775 807
5	Float：32 位 IEEE 745 单精度浮点数
6	Double：64 位 IEEE 745 双精度浮点数
7	Char：16 位无符号 Unicode 字符。范围为 U+0000 到 U+FFFF
8	String：字符序列
9	Boolean：true 或 false
10	Unit：相当于无值
11	Null：Null 或空引用
12	Nothing：每个包含无值的其他类型的子类型
13	Any：any 类型 any 对象的子类型
14	AnyRef：any 参考类型的子类型

表 2.1 中列出的数据类型都是对象。但要注意这里并没有原生类型，和 Java 一样。这意味着可调用 Int、Long 等方法。

```
val myVal = 20
//use println method to print it to the console you will also notice that
//if will be inferred as Int
println(myVal + 10)
val myVal = 40
println(myVal * "test")
```

现在就可以开始使用这些变量了。让我们分析一下如何初始化一个变量，并使用类型注释。

1. 变量初始化

在 Scala 中，在声明变量时就对其进行初始化是一个很好的实践。但同样需要提醒的是，未初始化的变量不应该是 null(考虑一下 Int、Long、Double 和 Char 等类型)，也不应该是非 null(例如，val s:String = null)。其真正的理由如下：

- 在 Scala 中，类型是由所赋的值推断出来的。这意味着必须对变量进行赋值，这样编译器才能推断出其类型(例如，val a？由于没有赋值，因此编译器无法推断出其类型，也不知道该如何初始化它)。
- 在 Scala 中，大多数情况下你都会使用 val。既然这些都是不可变型变量，就无法先声明再初始化。
- 尽管 Scala 语言要求你在使用之前就先初始化实例变量，但 Scala 并未为变量提供默认值。相反，需要手动使用下画线通配符为其赋值，这样看起来也像是默认值，如下：

```
var name:String = _
```

相对于使用诸如 val1、val2 这样的名称，也可自行定义名称：

```
scala> val result = 6 * 5 + 8
result: Int = 38
```

可在接下来的表达式中使用这些名称，如下：

```
scala> 0.5 * result
res0: Double = 19.0
```

2. 类型注释(type annotation)

如果你使用了 val 或 var 关键字来声明一个变量，则该变量的类型就会根据你赋予的值自动推断得到。当然，也可在变量声明时显式注明其数据类型，这样就有点奢侈了。

```
val myVal : Integer = 10
```

现在，让我们看看，当我们在 Scala 中使用变量和数据类型时，我们还需要哪些方面的知识。我们从类型归属和 lazy val 开始。

类型归属(type ascription)

类型归属被用来告知编译器，对于某一个表达式，你期望的类型是什么(当然是从所有有效的类型中选取)。例如方差和类型声明是表达式的类型，适用于“是一种”，或者适用于范围内的转换。所以，从技术角度看，java.lang.String 扩展了 java.lang.Object，因此任何 String 也是一个 Object。例如：

```
scala> val s = "Ahmed Shadman"
s: String = Ahmed Shadman

scala> val p = s:Object
p: Object = Ahmed Shadman

scala>
```

lazy val

lazy val 的主要特征就是其绑定的表达式不会被立即计算，直到第一次被访问时才计算。这就是 val 与 lazy val 之间的主要区别。当第一次访问发生时，表达式就会被计算，其结果会绑定到该标识符上。当下一次被访问时，将不再发生计算动作。相反，已存储的结果会立即返回。让我们看一个有趣的例子：

```
scala> lazy val num = 1 /0
num: Int = <lazy>
```

如果你在 Scala REPL 中查看上述代码，就会发现这些代码运行得很好，并且没有抛出任何错误。即便你用一个整数来除以 0！让我们看一个更好的例子：

```
scala> val x = {println("x") 20}
x
x: Int = 20

scala> x
res1: Int = 20
scala>
```

上述代码也可以工作，并且在稍后需要时可访问变量 x 的值。这些只是少量使用 lazy val 的例子。感兴趣的读者可阅读如下网页来了解更多细节：https://blog.codecentric.de/en/2016/02/lazy-vals-scala-lookhood/。

2.2 Scala 中的方法、类和对象

在上一节中，我们看到了如何使用 Scala 变量、数据类型，学习了可变性与不可变性。在这一节中，为品味 OOP 概念，将探讨方法、对象和类；Scala 的这三个特性将帮助我们更好地理解 Scala 及其特性的面向对象天性。

2.2.1 Scala 中的方法

在这一部分，我们将讨论 Scala 中的方法。当你深入了解 Scala 时，就发现在 Scala 中有太多方式来定义方法。我们将展示其中一些方式：

```
def min(x1:Int, x2:Int) : Int = {
  if (x1 < x2) x1 else x2
}
```

上述方法的声明带有两个变量，并将返回这两个中较小的一个。在 Scala 中，所有方法都必须以 def 关键字开头，然后跟上该方法的名称。当然，也可以选择不为该方法传递参数，甚至不返回任何东西。你可能担心这个最小值如何返回；稍后将讨论这个问题。另外，在 Scala 中，你在定义方法时也可以不使用花括号：

```
def min(x1:Int, x2:Int):Int= if (x1 < x2) x1 else x2
```

如果你的方法中包含的代码不多，就可以使用上述方式。另外，使用花括号也是更好的做法，因为这样可以避免困惑。正如在前面提到的，如果需要的话，也可以不为方法传递参数：

```
def getPiValue(): Double = 3.14159
```

一个方法，带有或者不带有括号，表示其不存在或者存在副作用。并且，它与统一访问原则(uniform access principle)也有着很深的联系。因此，也可以不使用括号，如下：

```
def getValueOfPi : Double = 3.14159
```

同样也有一些方法，它们的返回值被显式地设置了返回类型。例如：

```
def sayHello(person :String) = "Hello " + person + "!"
```

需要提醒的是，上述代码能够正常工作主要是归功于 Scala 编译器，它能够推断出返回类型，就像值和变量一样。

可以在返回 Hello 时拼接传入的人名。例如：

```
scala> def sayHello(person :String) = "Hello " + person + "!"
sayHello: (person: String)String

scala> sayHello("Asif")
res2: String = Hello Asif!

scala>
```

Scala 中的返回值

在学习 Scala 的方法是如何返回数值之前，让我们回顾一下 Scala 中定义方法的语法结构：

```
def functionName ([list of parameters]) : [return type] = {
  function body
  value_to_return
}
```

从上述语法可以看出，返回类型可以是任意有效的 Scala 数据类型，而且参数列表是由逗号分隔的一系列参数。还有就是参数列表和返回类型都是可选的。现在我们来定义一个方法，它将两个正整数相加并返回结果，当然，返回结果也是一个整数值：

```
scala> def addInt( x:Int, y:Int ) : Int = {
|     var sum:Int = 0
|     sum = x + y
|     sum
|   }
addInt: (x: Int, y: Int)Int

scala> addInt(20, 34)
res3: Int = 54

scala>
```

如果你现在从 main()方法中使用真实值调用上述方法，如 addInt(10, 30)，则该方法会返回一个整型的求和值，也就是 40。这里的 return 关键字也是可选的，如果没有使用该关键字，则 Scala 编译器将返回最后一次赋值操作的结果。这种情况下，较大的值会被返回：

```
scala> def max(x1 : Int , x2: Int) = {
     |     if (x1>x2) x1 else x2
     | }
max: (x1: Int, x2: Int)Int

scala> max(12, 27)
res4: Int = 27

scala>
```

我们已经看到如何在 Scala REPL 中使用变量和声明方法。接下来，是时候看看如何将这些对象封装到 Scala 的方法和类中。

2.2.2 Scala 中的类

类通常被认为是一张蓝图，然后就可以实例化这个类，从而创建一些能够在内存中真正出现的东西。它们可包含方法、值、变量、类型、对象、特质和类。这些被统称为成员。让我们使用如下的例子来演示这些内容：

```
class Animal {
  var animalName = null
  var animalAge = -1
  def setAnimalName (animalName:String) {
    this.animalName = animalName
  }
  def setAnaimalAge (animalAge:Int) {
    this.animalAge = animalAge
  }
  def getAnimalName () : String = {
    animalName
  }
  def getAnimalAge () : Int = {
    animalAge
  }
}
```

我们有两个变量 animalName 和 animalAge，以及它们的 setter 和 getter 方法。现在，该如何使用这些对象来解决问题？这就涉及使用 Scala 中的对象。

2.2.3 Scala 中的对象

Scala 中的对象与传统 OOP 中的对象区别很小，这点区别应该解释一下。特别是，在 OOP 中，一个对象就是一个类的实例，但在 Scala 中，任意被声明为对象的东西都不能被实例化！object 是 Scala 中的一个关键字。在 Scala 中声明一个对象的基本语法如下。

```
object <identifier> [extends <identifier>] [{ fields, methods, and classes
}]
```

为理解上述语法，让我们重新看一下 Hello world 程序：

```
object HelloWorld {
  def main(args : Array[String]){
    println("Hello world!")
  }
}
```

这里的 Hello world 例子与 Java 中的例子非常相似。唯一的区别在于 main 方法不是在类的内部，而是在对象的内部。在 Scala 中，object 关键字可以有两种不同的含义：

- 和在 OOP 中一样，一个对象可以代表一个类的一个实例。
- 它是用于描述一个非常不同的实例对象类型的关键字，即单例(singleton)。

1. 单例对象与伴生对象

在这一节中，我们将看到单例对象在 Scala 和 Java 中的对比分析。单例模式的想法是为了确保一个类只有一个单例实例存在。如下是 Java 中的单例模式的例子：

```
public class DBConnection {
  private static DBConnection dbInstance;
  private DBConnection() {
  }
  public static DBConnection getInstance() {
    if (dbInstance == null) {
      dbInstance = new DBConnection();
    }
    return dbInstance;
  }
}
```

Scala 对象做了类似的事情，编译器会很好地完成这项工作。既然只能有一个实例，那就没有办法为该对象创建新的实例，如图 2.2 所示。

```
scala> object test { def printSomething() = {println("Inside an object")} }
defined object test

scala> test.printSomething
Inside an object

scala> val x = new test()
<console>:11: error: not found: type test
       val x = new test()
                   ^
```

图 2.2　Scala 中的对象创建

2. 伴生对象

当一个单例对象的名称与类相同时，就被称为伴生对象。伴生对象必须与类定义在同一个源文件中。让我们使用例子来展示。

```
class Animal {
  var animalName:String = "notset"
  def setAnimalName(name: String) {
    animalName = name
  }
  def getAnimalName: String = {
    animalName
  }
  def isAnimalNameSet: Boolean = {
    if (getAnimalName == "notset") false else true
  }
}
```

如下的例子展示了如何通过伴生对象来调用方法(可能使用相同的名称，这里是 Animal):

```
object Animal{
  def main(args: Array[String]): Unit= {
    val obj: Animal = new Animal
    var flag:Boolean = false
    obj.setAnimalName("dog")
    flag = obj.isAnimalNameSet
    println(flag) //prints true
    obj.setAnimalName("notset")
    flag = obj.isAnimalNameSet
    println(flag) //prints false
  }
}
```

等价的 Java 代码也很相似，如下所示:

```
public class Animal {
  public String animalName = "null";
  public void setAnimalName(String animalName) {
    this.animalName = animalName;
  }
  public String getAnimalName() {
    return animalName;
  }
  public boolean isAnimalNameSet() {
    if (getAnimalName() == "notset") {
      return false;
    } else {
      return true;
    }
  }

  public static void main(String[] args) {
    Animal obj = new Animal();
    boolean flag = false;
    obj.setAnimalName("dog");
    flag = obj.isAnimalNameSet();
    System.out.println(flag);
```

```
    obj.setAnimalName("notset");
    flag = obj.isAnimalNameSet();
    System.out.println(flag);
  }
}
```

到目前为止，我们已经看到如何使用 Scala 中的对象和类。但实现方法并解决数据分析问题则可能更重要。因此，我们现在简要看一下如何使用 Scala 方法。

```
object RunAnimalExample {
  val animalObj = new Animal
  println(animalObj.getAnimalName) //prints the initial name
  println(animalObj.getAnimalAge) //prints the initial age
  //Now try setting the values of animal name and age as follows:
  animalObj.setAnimalName("dog") //setting animal name
  animalObj.setAnaimalAge(10) //seting animal age
  println(animalObj.getAnimalName) //prints the new name of the animal
  println(animalObj.getAnimalAge) //Prints the new age of the animal
}
```

输出结果如下：

```
notset
-1
dog
10
```

3. 比较与差异：val 和 final

与 Java 一样，Scala 中也有 final 关键字。它的工作机制和 val 关键字有点类似。为了展示 Scala 中 val 与 final 的区别，让我们声明一个简单的 Animal 类，如下：

```
class Animal {
  val age = 2
}
```

正如在第 1 章中提到的那样，在列出 Scala 的特性时，Scala 可以重载那些在 Java 中不存在的变量：

```
class Cat extends Animal{
  override val age = 3
  def printAge ={
    println(age)
  }
}
```

现在，在我们深入之前，对关键字 extends 进行一个快速的探讨是很有必要的。可以参考以下内容来了解关于该关键字的一些细节。

注意：

在 Scala 中，类是可以扩展的。子类机制使用了 extends 关键字，通过继承给定父类的所有成员并定义额外的类成员，使得专门化一个类成为可能。来看如下的例子：

```
class Coordinate(xc: Int, yc: Int) {
val x: Int = xc
val y: Int = yc
def move(dx: Int, dy: Int): Coordinate = new Coordinate(x + dx, y + dy)
}

class ColorCoordinate(u: Int, v: Int, c: String) extends Coordinate(u, v) {
val color: String = c
def compareWith(pt: ColorCoordinate): Boolean = (pt.x ==x) && (pt.y == y) &&
(pt.color == color)
override def move(dx: Int, dy: Int): ColorCoordinate =
new ColorCoordinate(x + dy, y + dy, color)
}
```

但如果在 Animal 类中声明 age 变量为 final，则 Cat 类就无法重载它。然后会给出如下错误。此处，你应该学到何时可以使用 final 关键字。让我们来看下面这个例子：

```
scala> class Animal {
     |    final val age = 3
     | }
defined class Animal
scala> class Cat extends Animal {
     |    override val age = 5
     | }
<console>:13: error: overriding value age in class Animal of type Int(3)
 value age cannot override final member
          override val age = 5
                       ^

scala>
```

为了实现更好的封装——也被称为信息隐藏——你通常应该使用最小的可见性来声明方法。现在，让我们在下一节中简要回顾一下 Scala 类的可访问性与可见性。

4. 可访问性与可见性

在这一节中，我们将试着理解 Scala 变量的可访问性与可见性，同时分析 OOP 范例中不同的数据类型。让我们看一下 Scala 中的访问修饰符(access modifier)，如表 2.2 所示。

表 2.2 Scala 中的修饰符

修饰符	类	伴生对象	包	子类	项目
默认/无修饰符	是	是	是	是	是
受保护(protected)	是	是	是	否	否
私有(private)	是	是	否	否	否

公共成员：不同于私有或者受保护成员，我们不必为公共成员指定公共关键字。并且 Scala 中也没有显式定义公共成员的修饰符。可以从任意地方访问这些成员。例如：

```
class OuterClass { //Outer class
  class InnerClass {
    def printName() { println("My name is Asif Karim!") }
    class InnerMost { //Inner class
      printName() //OK
    }
  }
  (new InnerClass).printName() //OK because now printName() is public
}
```

私有成员：私有成员只有在包含该成员定义的类或对象内部才可见。让我们看一个例子，如下：

```
package MyPackage {
  class SuperClass {
    private def printName() { println("Hello world, my name is Asif Karim!") }
  }
  class SubClass extends SuperClass {
    printName() //ERROR
  }
  class SubsubClass {
    (new SuperClass).printName() //Error: printName is not accessible
  }
}
```

受保护成员：对于受保护的成员，只有在定义该成员的类的子类中才可以访问。让我们看一个例子，如下：

```
package MyPackage {
  class SuperClass {
    protected def printName() { println("Hello world, my name is Asif Karim!") }
  }
  class SubClass extends SuperClass {
    printName() //OK
  }
  class SubsubClass {
    (new SuperClass).printName() //ERROR: printName is not accessible
  }
}
```

Scala 中的访问修饰符可使用限定符进行扩充。修饰符的格式 private[X]或 protected[X]表示访问在 X 内部都是私有或受保护的，其中 X 可以是封闭包、类或单例对象。我们来分析一个例子：

```
package Country {
  package Professional {
    class Executive {
      private[Professional] var jobTitle = "Big Data Engineer"
```

```
      private[Country] var friend = "Saroar Zahan"
      protected[this] var secret = "Age"

      def getInfo(another : Executive) {
        println(another.jobTitle)
        println(another.friend)
        println(another.secret) //ERROR
        println(this.secret) //OK
      }
    }
  }
}
```

如下是关于上述代码段的简单解释：

- 变量 jboTitle 可被封闭的包 Professional 内的任意类所访问。
- 变量 friend 可被封闭的包 Country 内的任意类所访问。
- 变量 secret 只能被实例方法(this)内的隐式对象所访问。

如果你仔细查看了前面的例子，会发现我们使用了 package 关键字。但到目前为止我还没有探讨这个关键字。但不必担心，在本章稍后的内容中会有专门针对它的部分。对于任何面向对象的编程语言，构造器都是一个非常强大的特性，Scala 也不例外。现在，让我们来简要了解一下构造器。

5. 构造器

Scala 中构造器的概念和使用与 C#或 Java 中都略有不同。Scala 中有两种不同类型的构造器——主构造器和辅助构造器。主构造器就是类体本身，并且其参数列表出现在类名的后面。

例如，如下的代码段展示了在 Scala 中使用主构造器的方法：

```
class Animal (animalName:String, animalAge:Int) {
  def getAnimalName () : String = {
    animalName
  }
  def getAnimalAge () : Int = {
    animalAge
  }
}
```

现在，为了使用上述构造器，其实现方式就与前面的例子类似，只是没有 setter 和 getter 方法。相反，也可以获取动物的名称和年龄，如下：

```
object RunAnimalExample extends App{
  val animalObj = new animal("Cat",-1)
  println(animalObj.getAnimalName)
  println(animalObj.getAnimalAge)
}
```

在定义类时提供的参数就是为了描述构造器。如果我们声明了一个构造器，那么，当我们没有为构造器中指定的参数提供默认值时，就无法创建类。不仅如此，Scala 允许你在没有为对象的构造器提供必要参数的前提下实现对象的实例化：不过这只发生在当所有构造器参数都已经定义了默认值的情况下。

尽管使用辅助构造器存在约束，但还是可按自己的意愿来添加足够多的辅助构造器。辅助构造器位于代码体的第一行，必须调用一个此前就已经定义好的辅助构造器或主构造器。为遵循该规则，每个辅助构造器最终都要直接或间接地调用主构造器。

例如，如下代码段展示了 Scala 中辅助构造器的用法：

```
class Hello(primaryMessage: String, secondaryMessage: String) {
  def this(primaryMessage: String) = this(primaryMessage, "")
  //auxilary constructor
  def sayHello() = println(primaryMessage + secondaryMessage)
}
object Constructors {
  def main(args: Array[String]): Unit = {
    val hello = new Hello("Hello world!", " I'm in a trouble,please help me out.")
                        hello.sayHello()
  }
}
```

在前面的设置中，我们在主构造器中引入了次要消息。主构造器将实例化一个新的 Hello 对象。方法 sayHello()则会打印出拼接的消息。

> **注意：**
> 在 Scala 中，为一个类定义一个或者多个“辅助构造器”，能为用户提供多种不同的创建对象实例的方法。可以将辅助构造器定义为类中的方法，其名称为 this。可以定义多个辅助构造器，但它们必须具有不同的签名(参数列表)。此外，每个辅助构造器必须调用之前定义的一个构造器。

现在，让我们学习 Scala 中另一个重要但较新的概念，称之为特质。

6. Scala 中的特质

Scala 中的新特性之一就是特质。它与 Java 中接口的概念非常相似，除了它也可以包含具体方法之外。Java 8 已经引入了这种支持，而特质是 Scala 中的新概念之一。它们看起来就像抽象类，只是没有构造器。

7. 特质语法

为了声明一个特质，需要使用 trait 关键字，后面跟着特质的名称和代码体：

```
trait Animal {
  val age : Int
  val gender : String
  val origin : String
}
```

8. 扩展特质

为扩展一个特质或类，需要使用 extends 关键字。特质不能被实例化，因为它可能包含多个未实现的方法。因此，在特质中实现抽象成员就是必要的：

```
trait Cat extends Animal{ }
```

数值类不能用于扩展特质。为了允许数值类扩展特质，引入了通用特质的概念，它从 Any 扩展而来。例如，假设我们有如下的特质定义：

```
trait EqualityChecking {
  def isEqual(x: Any): Boolean
  def isNotEqual(x: Any): Boolean = !isEqual(x)
}
```

现在，为在 Scala 中扩展上述特质，我们使用了通用特质，我们使用了如下的代码段：

```
trait EqualityPrinter extends Any {
  def print(): Unit = println(this)
}
```

那么，一个抽象类与 Scala 中的特质有何区别？正像你已经看到的，一个抽象类可以有构造器参数、类型参数以及多个参数。但 Scala 中的特质则只有一个类型参数。

小技巧：
特质能够被互相操作，除非它没有包含任何具体实现代码。不仅如此，在 Scala 2.12 中，特质与 Java 接口也具有互操作性。因为 Java 8 也允许方法在其自己的接口中实现。

当然也有关于特质的其他情况。例如，一个抽象类可以扩展一个特质，如有必要，任意普通的类(包括 case 类)都可对已有的特质进行扩展。例如，一个抽象类也可以扩展特质：

```
abstract class Cat extends Animal { }
```

最后，一个普通的 Scala 类也可以扩展一个 Scala 特质。既然类是具体的(即可以创建实例)，那么特质的抽象成员就可以被实现。在后面的小节中，我们也将探讨 Java 与 Scala 代码的互操作性。现在我们先来研究一下每个 OOP 中都很重要的另一个概念，即抽象类。

9. 抽象类

Scala 中的抽象类可以有构造器参数，和类型参数一样。Scala 中的抽象类与 Java 具有完全的互操作性。换言之，直接从 Java 代码调用它们而不必经过任意的中间层封装是完全可能的。

如下是一个简单的关于抽象类的例子：

```
abstract class Animal(animalName:String = "notset") {
  //Method with definition/return type
  def getAnimalAge
  //Method with no definition with String return type
  def getAnimalGender : String
  //Explicit way of saying that no implementation is present
  def getAnimalOrigin () : String {}
```

```
    //Method with its functionality implemented
    //Need not be implemented by subclasses, can be overridden if required
    def getAnimalName : String = {
      animalName
    }
}
```

为使用其他类来对这个类进行扩展，需要先实现这些未实现的方法，例如 getAnimalAge、getAnimalGender 和 getAnimalOrigin。对于 getAnimalName，我们选择重载或不重载它。毕竟它已经被实现了。

10. 抽象类与重写关键字

如果你想从超类中重写一个已实现的方法，就需要使用重写修饰符。但如果你打算实现一个抽象方法，就没必要添加重写修饰符。Scala 使用 override 关键字来重写一个来自父类的方法。假设你有如下的抽象类，以及一个名为 printMessage()的方法来在控制台上输出消息：

```
abstract class MyWriter {
  var message: String = "null"
  def setMessage(message: String):Unit
  def printMessage():Unit
}
```

现在，为上述抽象类添加一个具体的实现，从而将内容输出到控制台上，如下：

```
class ConsolePrinter extends MyWriter {
  def setMessage(contents: String):Unit= {
    this.message = contents
  }

  def printMessage():Unit= {
    println(message)
  }
}
```

接下来，假设你想创建一个特质来修改上述具体类的行为，如下：

```
trait lowerCase extends MyWriter {
  abstract override def setMessage(contents: String) = printMessage()
}
```

如果认真观察上述代码段，就会发现两个修饰符(也就是 abstract 和 override)。现在，使用前述设置，可以使用上述类完成如下工作：

```
val printer:ConsolePrinter = new ConsolePrinter()
printer.setMessage("Hello! world!")
printer.printMessage()
```

总的来说，可在方法前面添加 override 关键字，令其按照我们期望的方式工作。

11. Scala中的case类

case类是一个可被实例化的类，它包含多个自动生成的方法。基于它自有的自动生成方法，它也可以包含一个自动生成的伴生对象。Scala中基本的case类的语法如下：

```
case class <identifier> ([var] <identifier>: <type>[, ...])[extends
<identifier>(<input parameters>)] [{ fields and methods }]
```

case类可以被模式匹配，并可拥有如下已实现的方法：hashCode(location/scope是一个类)、apply(location/scope是一个对象)、copy(location/scope是一个类)、equals(location/scope是一个类)、toString(location/scope是一个类)以及unapply(location/scope是一个对象)。

与普通类一样，case类也能自动定义构造器的getter方法参数。为更好地了解前述的case类的特性，查看以下代码段：

```
package com.chapter3.OOP
object CaseClass {
  def main(args: Array[String]) {
    case class Character(name: String, isHacker: Boolean) //defining a
    //class if a person is a computer hacker
    //Nail is a hacker
    val nail = Character("Nail", true)
    //Now let's return a copy of the instance with any requested changes
    val joyce = nail.copy(name = "Joyce")
    //Let's check if both Nail and Joyce are Hackers
    println(nail == joyce)
    //Let's check if both Nail and Joyce equal
    println(nail.equals(joyce))
    //Let's check if both Nail and Nail equal
    println(nail.equals(nail))
    //Let's the hashing code for nail
    println(nail.hashCode())
    //Let's the hashing code for nail
    println(nail)
    joyce match {
      case Character(x, true) => s"$x is a hacker"
      case Character(x, false) => s"$x is not a hacker"
    }
  }
}
```

上述代码段会生成如下输出：

```
false
false
true
-112671915
Character(Nail,true)
Joyce is a hacker
```

对于REPL以及正则表达式匹配的输出来说，如果你执行了上述代码(除了对象和main方法外)，你将得到如下更具交互性的输出结果，如图2.3所示。

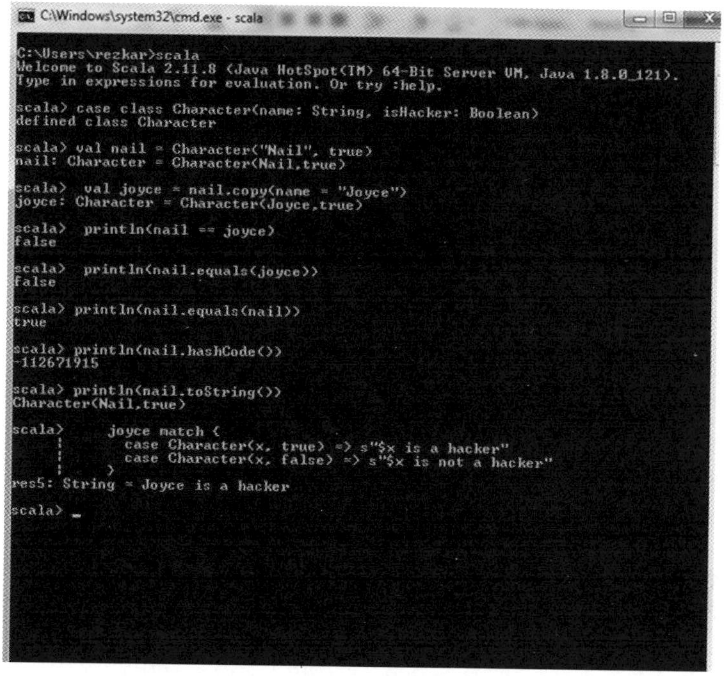

```
C:\Windows\system32\cmd.exe - scala
C:\Users\rezkar>scala
Welcome to Scala 2.11.8 (Java HotSpot(TM) 64-Bit Server VM, Java 1.8.0_121).
Type in expressions for evaluation. Or try :help.

scala> case class Character(name: String, isHacker: Boolean)
defined class Character

scala> val nail = Character("Nail", true)
nail: Character = Character(Nail,true)

scala>  val joyce = nail.copy(name = "Joyce")
joyce: Character = Character(Joyce,true)

scala>  println(nail == joyce)
false

scala>  println(nail.equals(joyce))
false

scala> println(nail.equals(nail))
true

scala> println(nail.hashCode())
-112671915

scala> println(nail.toString())
Character(Nail,true)

scala>      joyce match {
     |        case Character(x, true) => s"$x is a hacker"
     |        case Character(x, false) => s"$x is not a hacker"
     |      }
res5: String = Joyce is a hacker

scala> _
```

图 2.3　在 REPL 中使用 case 类

2.3　包与包对象

与 Java 一样，包是一个特殊容器或者对象，它包含/定义了对象、类甚至是包的一个集合。每个 Scala 文件均已自动导入如下对象：

- java.lang._
- scala._
- scala.Predef._

如下是一些基本导入操作的例子：

```
//import only one member of a package
import java.io.File
//Import all members in a specific package
import java.io._
//Import many members in a single import statement
import java.io.{File, IOException, FileNotFoundException}
//Import many members in a multiple import statement
import java.io.File
import java.io.FileNotFoundException
import java.io.IOException
```

在导入时，也可对导入对象重命名，这样可避免包和其包含的同名成员之间出现冲突。这种方法也称为类的别名。

```
import java.util.{List => UtilList}
import java.awt.{List => AwtList}
//In the code, you can use the alias that you have created
val list = new UtilList
```

正如在第 1 章中提到的，可导入一个包中的所有对象，但其中部分对象被称为成员隐藏：

```
import java.io.{File => _, _}
```

如果在 REPL 中尝试这样做，它就会告诉编译器已定义的类或对象的完整标准名称：

```
package fo.ba
class Fo {
  override def toString = "I'm fo.ba.Fo"
}
```

也可使用这种方式在花括号中定义包。可有一个包和一个嵌套包，也就是说，在一个包里还有一个包。例如，如下的代码段定义了一个名为 singlePack 的包，它包含了一个类 Test，Test 类则包含了一个方法 toString()：

```
package singlePack {
  class Test { override def toString = "I am SinglePack.Test" }
}
```

现在，可将这个包做成嵌套包。也就是说，可使用嵌套方式来拥有多个包。例如，对于下面的例子，我们有两个包，名称分别为 nestParentPack 和 nestChildPack，每个包都包含自己的类：

```
package nestParentPack {
  class Test { override def toString = "I am NestParentPack.Test" }

  package nestChildPack {
    class TestChild { override def toString = "I am
nestParentPack.nestChildPack.TestChild" }
  }
}
```

让我们创建一个新的对象(将其命名为 MainProgram)，然后在其中调用前面定义的方法和类：

```
object MainProgram {
  def main(args: Array[String]): Unit = {
    println(new nestParentPack.Test())
    println(new nestParentPack.nestChildPack.TestChild())
  }
}
```

可在互联网上找到更多关于包和包对象使用的例子。接下来，我们将探讨 Scala 代码的 Java 互操作性。

2.4 Java 的互操作性

Java 是最流行的语言之一，很多编程人员都在学习 Java，并将其作为进入编程世界的第一门语言。从 1995 年 Java 诞生开始，这种流行就一直在持续。Java 的流行有很多原因。其中之一就是它的平台设计，也就是任意 Java 代码都可被编译成字节码，然后在 JVM 上运行。基于这一关键特性，Java 语言能实现一次编写到处运行的功能。因此，Java 是一种跨平台的语言。

另外，Java 也有大量的社区支持，并提供了大量的包来帮助实现你的想法。对于 Scala 来说，它则具有 Java 不具备的很多特性，类型推导、可选的分号、不可变型集合等都已被集成到 Scala 内核中。并有其他很多特性(可参阅第 1 章)。与 Java 一样，Scala 也在 JVM 上运行。

注意：

Scala 中的分号是可选的，只有当多条命令应该写在一行中时，分号才是必需的。这可能也是如果分号出现在行尾而编译器不会抱怨的原因：编译器认为这是一段代码之后跟了一段空白代码，它们是在同一行中的。

如你所见，Scala 和 Java 都可在 JVM 上运行，这使得即使在同一程序中同时使用 Scala 和 Java，编译器也不会抱怨。让我们使用例子来演示这一点。考虑如下的 Java 代码：

```
ArrayList<String> animals = new ArrayList<String>();
animals.add("cat");
animals.add("dog");
animals.add("rabbit");
for (String animal : animals) {
  System.out.println(animal);
}
```

为使用 Scala 代码实现同样的功能，可使用 Java 包。让我们在 Java 集合(如 ArrayList)的帮助下将上例转换为 Scala：

```
import java.util.ArrayList
val animals = new ArrayList[String]
animals.add("cat")
animals.add("dog")
animals.add("rabbit")
for (animal <-animals) {
  println(animal)
}
```

上例混合使用了 Java 的标准包，但你也可能想使用一些未被封装进 Java 标准库中的其他库，或想使用自己的类，那就需要将这些库放到 classpath 指定的路径中。

2.5　模式匹配

Scala 中被广泛使用的特性之一是模式匹配。每个模式匹配都包含一个可选项的集合。每个可选项都以 case 关键字开头。每个可选项都有一个模式或表达式。如果匹配这些模式，就会计算表达式并用箭头标识=>来区分这些模式。如下是一个例子，它展示了如何匹配一个整数：

```
object PatternMatchingDemo1 {
```

```
  def main(args: Array[String]) {
    println(matchInteger(3))
  }
  def matchInteger(x: Int): String = x match {
    case 1 => "one"
    case 2 => "two"
    case _=> "greater than two"
  }
}
```

可将上述程序保存为 PatternMatchingDemo1.scala，然后执行如下命令来运行它：

```
>scalac Test.scala
>scala Test
```

你将得到如下输出结果：

```
Greater than two
```

这里使用了 case 语句作为一个函数，从而将整数映射到字符串上。如下是另一个例子，用于将其匹配到不同的类型上：

```
object PatternMatchingDemo2 {
  def main(args: Array[String]): Unit = {
    println(comparison("two"))
    println(comparison("test"))
    println(comparison(1))
  }
  def comparison(x: Any): Any = x match {
    case 1 => "one"
    case "five" => 5
    case _=> "nothing else"
  }
}
```

可按与前面的例子相同的方法来执行该例子，输出结果如下：

```
nothing else
nothing else
one
```

小技巧：

模式匹配是一种用于检查一个值是否匹配一个模式的机制。一次成功的匹配，也可以将一个值解构为其组成部分。它是 Java 中的 switch 语句的更强大版本。它也可用来代替一系列 if...else 语句。可查看 Scala 的官方文档来了解关于模式匹配的更多内容(http://www.scala-lang.org/files/archive/spec/2.11/08-pattern-matching.html)。

在下一节中，我们将讨论 Scala 中的一个重要特性，它允许我们自动传递一个值，也就是说，将一个值从一个类型自动转换到其他类型。

2.6 Scala 中的隐式

"隐式"是 Scala 中另一个激动人心的强大特性。它与如下内容相关：

- 值可以被自动传递。
- 类型转换会自动发送。
- 可用来扩展类的功能。

可使用 implicit def 来实现真正的自动类型转换，如下例所示(假设你使用了 Scala REPL)：

```
scala> implicit def stringToInt(s: String) = s.toInt
stringToInt: (s: String)Int
```

现在，既然有了上述代码，就可以执行如下操作了：

```
scala> def add(x:Int, y:Int) = x + y
add: (x: Int, y: Int)Int

scala> add(1, "2")
res5: Int = 3
scala>
```

其中一个被传递给 add()的参数是字符，而我们知道，add()需要提供两个整数，但由于当前作用域使用了隐式转换，因此允许编译器自动将字符转换成整数。很显然，这一特性可能会非常危险，因为它会降低代码的可读性。不仅如此，一旦定义了隐式转换，就很难告诉编译器什么时候使用它，而什么时候又要避免使用它。

隐式的第一个类型是一个值，它可自动传递一个隐式参数。当调用方法时，就会传递这些参数。但 Scala 的编译器会尝试自动填充它们。如果 Scala 的编译器自动填充这些参数失败，它就会抱怨了。下例展示了隐式的第一个类型：

```
def add(implicit num: Int) = 2 + num
```

这里，你要求编译器看一下 num 的隐式值(如果调用该方法时没有提供值)。可为编译器定义该隐式值，如下：

```
implicit val adder = 2
```

然后，就可以简单地调用该函数，如下：

```
add
```

由于没有传递参数，Scala 编译器会查看隐式值，这里是 2，然后返回 4 作为方法调用的输出。但会有很多其他状况导致问题出现，例如：

- 一个方法可以同时包含显式和隐式参数吗？答案是可以。让我们在 Scala REPL 上看如下例子：

```
scala> def helloWold(implicit a: Int, b: String) = println(a, b)
helloWold: (implicit a: Int, implicit b: String)Unit

scala> val i = 2
```

```
i: Int = 2

scala> helloWorld(i, implicitly)
(2,)

scala>
```

- 一个方法中可以包含多个隐式参数吗？答案是可以。让我们在 Scala REPL 上看如下例子：

```
scala> def helloWold(implicit a: Int, b: String) = println(a, b)

helloWold: (implicit a: Int, implicit b: String)Unit

scala> helloWold(i, implicitly)
(1,)

scala>
```

- 一个隐式参数可以被显式提供吗？答案是可以。让我们在 Scala REPL 上看如下例子：

```
scala> def helloWold(implicit a: Int, b: String) = println(a, b)
helloWold: (implicit a: Int, implicit b: String)Unit

scala> helloWold(20, "Hello world!")
(20,Hello world!)
scala>
```

如果同一个作用域中包含了多个隐式，会发生什么情况？以及这些隐式是如何被处理的？在处理这些隐式时，有什么顺序吗？要了解上述这些问题的答案，可以参考如下URL：http://stackoverflow.com/questions/9530893/good-example-of-implicit-parameter-in-scala。

在下一节中，我们将探讨 Scala 中的泛型，当然会列举一些例子。

2.7 Scala 中的泛型

泛型类是带了一个类型作为参数的类，它们对于集合类有用。泛型类可在任意的数据结构(如堆栈、队列、链表等)中实现。这里将分析一些例子。

定义泛型类

泛型类在中括号内使用一个类型作为参数。一种简便的做法是使用字母 A 作为类型参数标识符，当然也可以使用其他任意的参数名称。让我们在 Scala REPL 上看一个小例子，如下：

```
scala> class Stack[A] {
     |     private var elements: List[A] = Nil
     |     def push(x: A) { elements = x :: elements }
     |     def peek: A = elements.head
     |     def pop(): A = {
     |       val currentTop = peek
```

```
     |       elements = elements.tail
     |       currentTop
     |     }
     |   }
defined class Stack
scala>
```

上述 Stack 类的实现可以使用任意的类型 A 作为参数。这意味着接下来的 var elements: List[A] = Nil 就只能存储类型 A 的元素。过程 def push 则只接受类型为 A 的对象(注意 elements = x :: elements 对新列表进行了重新赋值，该列表由前面的 x 所创建)。让我们看一个例子，从中了解如何使用前面定义的类来实现一个堆栈：

```
object ScalaGenericsForStack {
  def main(args: Array[String]) {
    val stack = new Stack[Int]
    stack.push(1)
    stack.push(2)
    stack.push(3)
    stack.push(4)
    println(stack.pop) //prints 4
    println(stack.pop) //prints 3
    println(stack.pop) //prints 2
    println(stack.pop) //prints 1
  }
}
```

输出结果如下：

```
4
3
2
1
```

第二个用户案例也可以实现一个链表。例如，如果 Scala 没有链表类，然后你想写一个你自己的，就可按如下方式写一个具备基本功能的链表：

```
class UsingGenericsForLinkedList[X] {
//Create a user specific linked list to print heterogenous values
  private class Node[X](elem: X) {
    var next: Node[X] = _
    override def toString = elem.toString
  }

  private var head: Node[X] = _

  def add(elem: X) { //Add element in the linekd list
    val value = new Node(elem)
    value.next = head
    head = value
  }
```

```
  private def printNodes(value: Node[X]) { //prining value of the nodes
    if (value != null) {
      println(value)
      printNodes(value.next)
    }
  }
  def printAll() { printNodes(head) } //print all the node values at a time
}
```

现在，让我们看一下如何使用上述实现的链表：

```
object UsingGenericsForLinkedList {
  def main(args: Array[String]) {
    //To create a list of integers with this class, first create an instance of
    //it, with type Int:
    val ints = new UsingGenericsForLinkedList[Int]()
    //Then populate it with Int values:
    ints.add(1)
    ints.add(2)
    ints.add(3)
    ints.printAll()

    //Because the class uses a generic type, you can also create a LinkedList of
    //String:
    val strings = new UsingGenericsForLinkedList[String]()
    strings.add("Salman Khan")
    strings.add("Xamir Khan")
    strings.add("Shah Rukh Khan")
    strings.printAll()
    //Or any other type such as Double to use:
    val doubles = new UsingGenericsForLinkedList[Double]()
    doubles.add(10.50)
    doubles.add(25.75)
    doubles.add(12.90)
    doubles.printAll()
  }
}
```

输出结果如下：

```
3
2
1
Shah Rukh Khan
Aamir Khan
Salman Khan
12.9
25.75
10.5
```

总之，在基本层面上，在 Scala 中创建一个泛型类与在 Java 中创建一个泛型类差不多，只是括号上有些不同。到现在为止，我们就已经了解了 Scala 这一面向对象编程语言的一些基本特性。

但我们还没有研究其他方面。我们认为你应该继续前进。在第 1 章中，我们探讨了一些可用的 Scala 编辑器。接下来讨论如何创建你的构建环境。需要指出的是，这里提到三个构建系统：Maven、SBT 和 Gradle。

2.8　SBT 与其他构建系统

对于企业级软件项目而言，使用一个构建工具是很有必要的。这里有很多构建工具供你选择，例如 Maven、Gradle、Ant 和 SBT。选择一个好的构建工具的标准，是该工具能让你专注于代码开发，而不必关注编译的复杂性。

2.8.1　使用 SBT 进行构建

这里，我们简要介绍一下 SBT。在深入了解该工具前，需要使用官方的安装方法，来安装适合你的系统的 SBT(http://www.scala-sbt.org/release/docs/Setup.html)。

现在让我们开始演示如何在终端上使用 SBT。对于该工具，我们假设源代码文件已经放置在一个目录中了。需要完成如下工作：

(1) 打开终端，使用 cd 命令切换到存储源文件的目录。

(2) 创建一个构建文件，名称为 build.sbt。

(3) 然后，使用如下内容来编辑该构建文件：

```
name := "projectname-sbt"
organization :="org.example"
scalaVersion :="2.11.8"
version := "0.0.1-SNAPSHOT"
```

让我们看一下这些内容的含义：

- name 定义了项目名称。该名称会在生成的 jar 文件中使用。
- organization 是一个命名空间，用于阻止同名项目之间的冲突。
- sacalaVersion 设置了你想要使用的 Scala 版本。
- version 指定了项目的当前版本，可为该版本使用-SNAPSHOT 来表明该版本尚未发布。

构建文件创建完毕后，需要在终端上运行 sbt 命令，之后就会出现提示符>。在该提示符下，可以输入 compile 命令来编译 Scala 或 Java 源文件。当然，也可以运行命令来执行那些可执行的程序。或者可使用打包命令来生成.jar 文件。该文件会存储在 target 子目录下。要了解关于 SBT 的更多内容，可查看 SBT 的官方网站。

2.8.2 Maven 与 Eclipse

使用带有 Maven 的 Eclipse 作为 Scala IDE 是一种非常简单直接的方式。在本部分中，我们将使用多个界面来展示如何使用 Eclipse 和 Maven。为在 Eclipse 中使用 Maven，需要安装相应的插件。当然，Eclipse 版本不同，插件也不同。将 Maven 插件安装完毕后，你会发现它并非直接支持 Scala。为让 Maven 支持 Scala，需要安装一个名为 m2eclipse-scala 的连接器。

在使用 Eclipse 添加新软件时，如果你粘贴了 http://alchim31.free.fr/m2e-scala/update-site，会发现 Eclipse 能识别该 URL，并建议你安装一些插件，如图 2.4 所示。

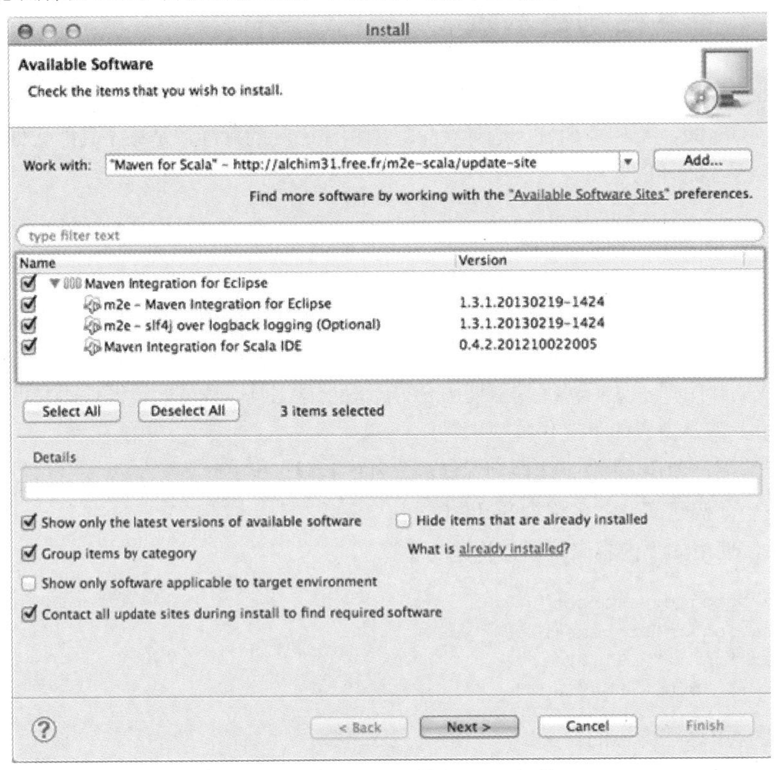

图 2.4 在 Eclipse 上安装 Maven 插件

安装完 Maven 以及支持 Scala 的连接器之后，我们就可以创建一个 Scala Maven 项目。要创建一个新的 Scala Maven 项目，需要导航到 New | Project | Other，再选择 Maven Project。然后选择 Group Id 为 net.alchim31.maven，如图 2.5 所示。

选择完毕后，需要使用向导来输入需要的值，例如 Group Id 等。然后单击 Finish，就在你的工作区内创建了第一个 Scala 项目。在项目的结构中，可以找到一个名为 pom.xml 的文件，可以添加依赖或其他内容。

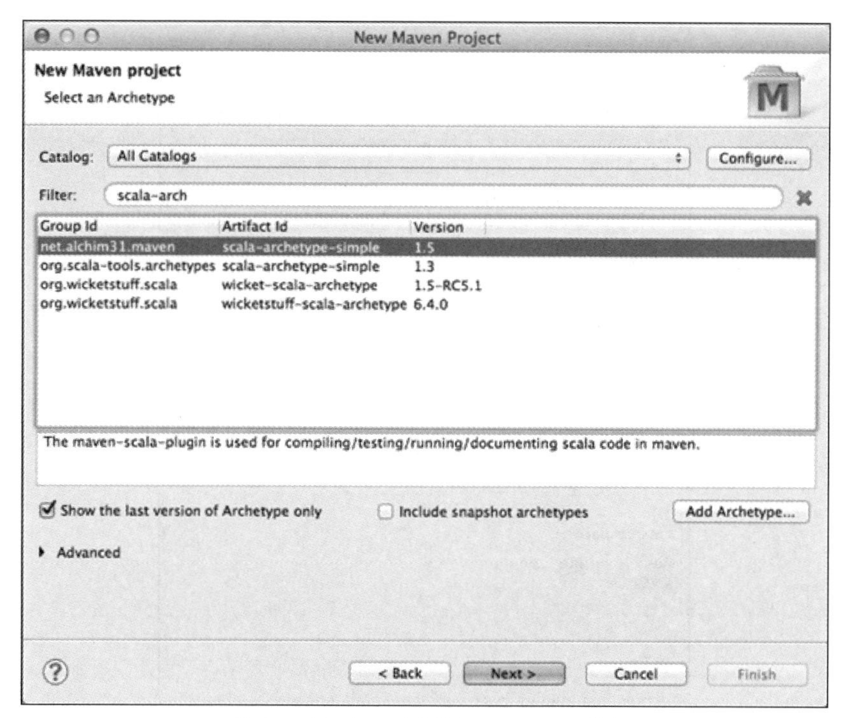

图 2.5　在 Eclipse 中创建 Scala Maven 项目

小技巧：

要了解关于如何向你的项目中添加依赖的更多信息，可以参阅如下链接：http://docs.scala-lang.org/tutorials/scalawith-maven.html。

作为本节内容的延续，我们将在后面的章节中展示如何使用 Scala 创建 Spark 应用程序。

2.8.3 Gradle 与 Eclipse

Gradle 公司提供了面向 Eclipse IDE 的 Gradle 工具和插件。它能让你在 Eclipse IDE 中创建或导入 Gradle 项目。此外，也允许运行 Gradle 任务，并监控任务的执行情况。

注意：

Eclipse 自己的项目称为 Buildship。该项目的源代码可在 GitHub 上得到：https://github.com/eclipse/Buildship。

有两种在 Eclipse 上安装 Gradle 插件的方法，如下：

- 使用 Eclipse 市场(Marketplace)
- 使用 Eclipse 更新管理器

首先，让我们看看如何使用 Marketplace 在 Eclipse 上为 Gradle 安装 Buildship 插件。可选择 Eclipse | Help | Eclipse Marketplace，如图 2.6 所示。

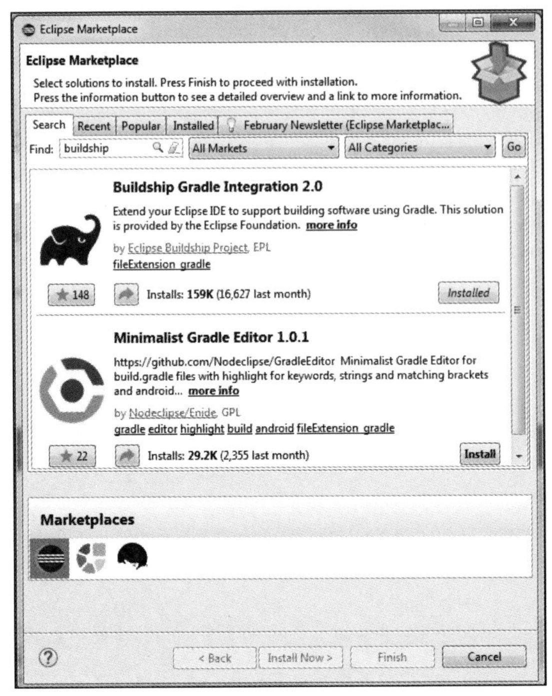

图 2.6　使用 Marketplace 在 Eclipse 上安装 Buildship 插件

在 Eclipse 上安装 Gradle 插件的第二个选项是从 Help | Install New Software...菜单路径中安装 Gradle 工具，如图 2.7 所示。

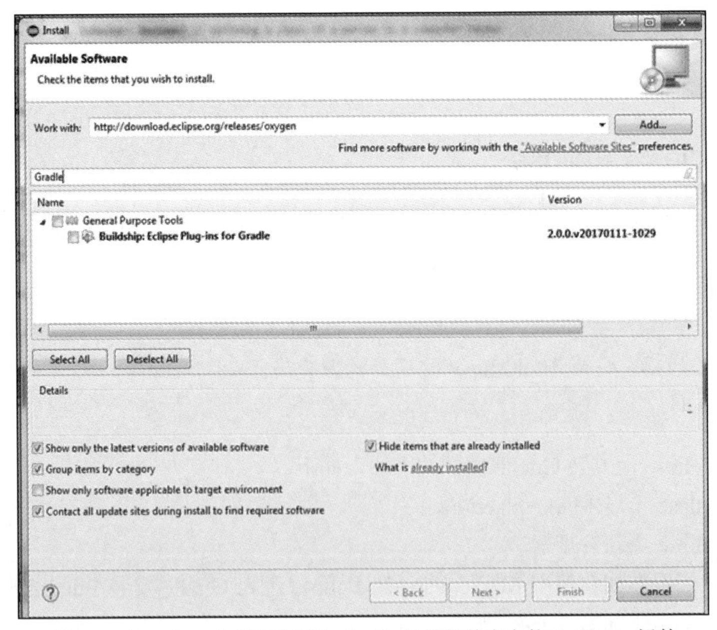

图 2.7　在 Eclipse 上使用选项为 Gradle 的新软件来安装 Buildship 插件

小技巧：

例如，如下的 URL 可用于 Eclipse 4.6(Neon)版本：http://download.eclipse.org/releases/neon。

一旦你使用上述任意一种方法安装完 Gradle 插件，Eclipse Gradle 就能帮助你创建基于 Scala 的 Gradle 项目。可选择 File | New | Project | Select a wizard | Gradle | Gradle Project，如图 2.8 所示。

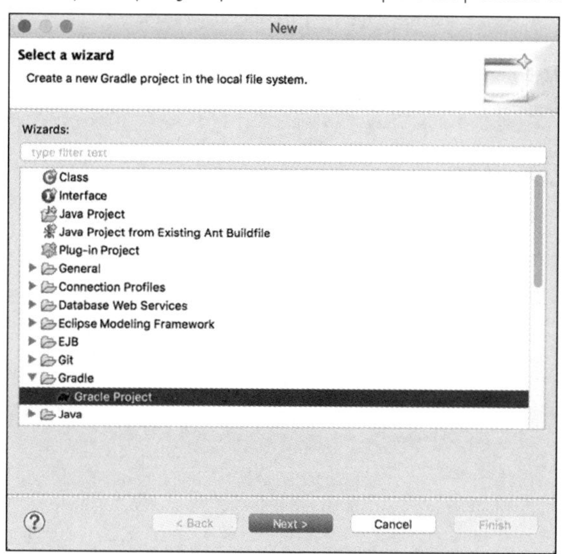

图 2.8　在 Eclipse 上创建 Gradle 项目

现在，如果单击 Next 按钮，就会进入如下向导，它会要求你输入项目名称，如图 2.9 所示。

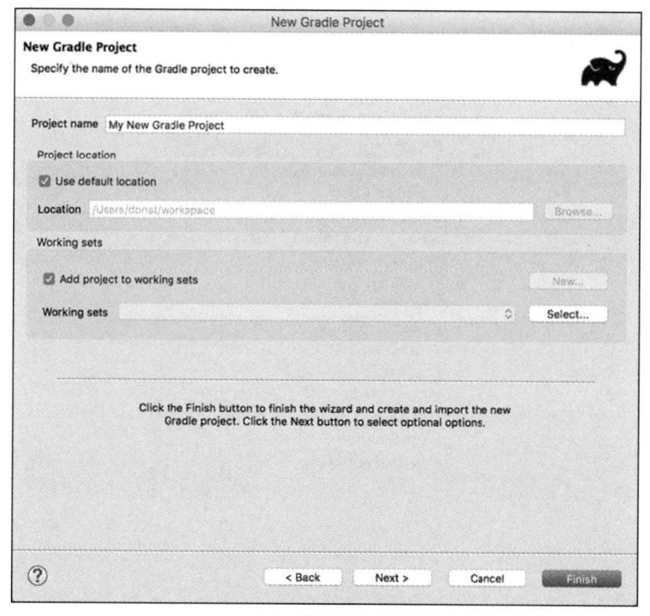

图 2.9　指定项目名称

最后，单击 Finish 按钮创建项目。单击 Finish 按钮实际上是触发了 Gradle 的 init --type java-library 命令，并将该项目导入。但在创建之前，如果你想要回顾一下前面的配置，也可以单击 Next 按钮进入如图 2.10 所示的向导。

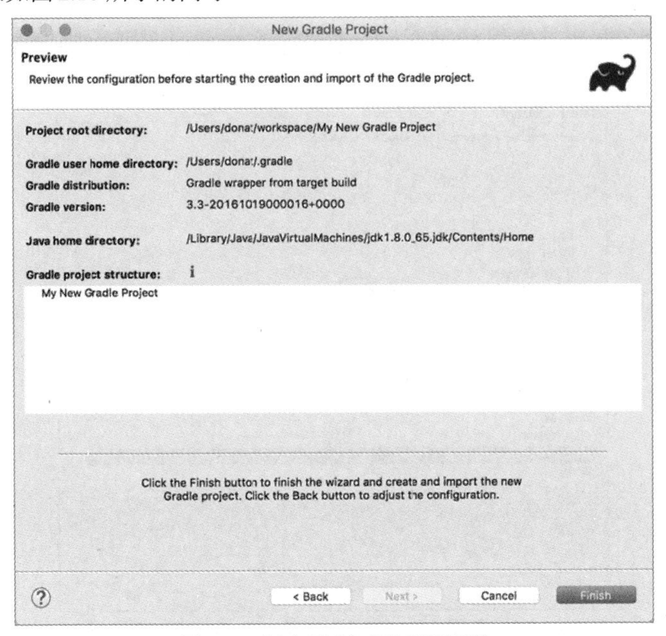

图 2.10　创建项目之前的配置回顾

最终，你将在 Eclipse 中看到如图 2.11 所示的项目结构。我们将在稍后的章节中分析如何使用 Maven、SBT 以及 Gradle 来创建 Spark 应用。其原因是，在开始你的项目之前，将 Scala 和 Spark 结合起来学习更重要。

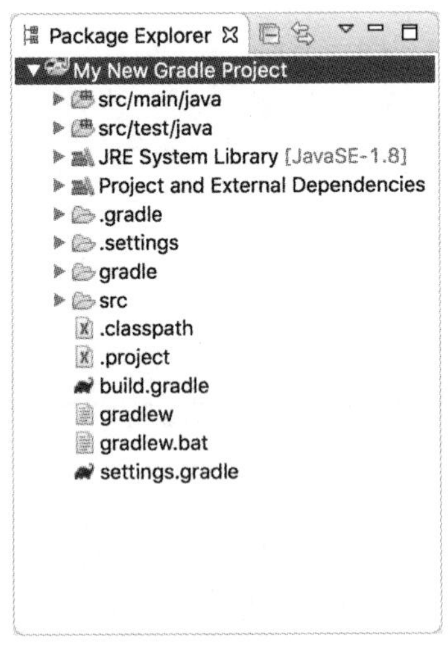

图 2.11　Eclipse 上的 Gradle 项目结构

在本节中已介绍了三个构建系统：SBT、Maven 和 Gradle。但在本章中，我们主要使用 Maven，原因在于 Maven 的简洁性和更好的代码兼容性。不过在后续章节中，我们将使用 SBT 为 Spark 应用创建 JAR。

2.9　本章小结

通过使用类和特质，可以健壮方式构建代码，同时使用泛型来提升代码的可重用性，然后结合标准和广泛流行的工具，来创建软件项目。这将提升你对 Scala 如何实现面向对象编程范例的认识，从而能构建模块化的软件系统。在本章中，我们探讨了 Scala 中的基础的面向对象特性，如类、对象、包、包对象和特质，还探讨了 Java 的互操作性、模式匹配、隐式和泛型。最后讨论了 SBT 以及其他构建系统。我们可使用这些工具或其他 IDE 在 Eclipse 上构建自己的 Spark 应用。

在第 3 章中，我们将探讨何为函数式编程，以及 Scala 是如何支持它的。我们将知晓函数式编程为何重要，以及使用它有何优势。然后，你将学习纯函数、高阶函数、Scala 集合基础(map、flatMap 和 filter)，并将其应用于复杂的一元处理。另外，将学习通过使用标准的 Scala 库来扩展集合之外的高阶函数。

第3章

函数式编程概念

“面向对象编程通过封装移动组件使代码易于理解，函数式编程则通过最小化移动组件使代码易于理解。”

——Michael Feathers

对于学习大数据分析而言，组合使用 Scala 和 Spark 是一个很好的选择。但是，相对于面向对象程序设计范例，我们也需要了解函数式编程的基本概念，这对于编写 Spark 应用来分析数据也是极为重要的。正如在前面的章节中所提到的，Scala 支持两种编程范例：面向对象的程序设计范例，以及函数式编程概念。在第 2 章中，我们探索了面向对象程序设计范例，也介绍了如何使用蓝图(类)来表示真实世界中的对象，以及如何将其实现为对象。

在本章中，我们将关注第二种范例(即函数式编程)。我们将了解什么是函数式编程，Scala 是如何支持该范例的，它为何如此重要，以及使用此概念的相对优势。不仅如此，我们还将学习一些关键主题，例如 Scala 为何是数据科学家的兵工厂，对于学习 Spark 范例而言它为何如此重要，并了解纯函数以及高阶函数(Higher-Order Function，HOF)。在本章中，我们还将展示使用高阶函数的真实案例。然后，我们再来介绍如何使用 Scala 的标准库，在集合之外处理高阶函数中的异常。最后，我们将学习函数式 Scala 是如何影响对象的可变性的。

作为概括，本章将涵盖如下主题：

- 函数式编程简介
- 面向数据科学家的函数式 Scala
- 学习 Spark 为何要掌握函数式编程和 Scala
- 纯函数与高阶函数
- 使用高阶函数
- 函数式 Scala 中的错误处理
- 函数式编程与数据可变性

3.1 函数式编程简介

在计算机科学中，函数式编程(Functional Programming，FP)是一种编程范例，也是一种构建计算机程序的架构和元素的独特风格。这种独特性，使得我们可将计算作为数学函数来处理，从而避免状态改变和可变性数据带来的影响。因此，通过学习函数式编程的概念，可以使用你自己的风格进行编程，并能确保数据的不可变性。换句话说，函数式编程(就是编写纯函数)尽可能删除隐藏的输入和输出。因此，我们的代码只需要尽量描述输入输出之间的关系即可。

这里几乎没有什么新概念，除了 lambda calculus。它在 20 世纪 30 年代被首次引入，为函数式编程提供了基础。但在程序设计语言的领域中，函数式编程这个术语代表了一种新的声明式程序设计范例，这意味着程序设计可在控制、声明或表达式的帮助下完成，从而代替了使用传统的编程语言(例如 C)来编写经典语句的方法。

函数式编程的优势

函数式编程范例中有一些令人激动并且很酷的特性。例如组合(composition)、流水线(pipelining)和高阶函数等，从而可以帮助你避免写一些非函数式代码。此外，至少在以后，非函数式程序被转换为函数式程序应该也是无可避免的。现在，介绍一下如何从计算机科学的角度来定义函数式编程这个术语。函数式编程是一个通用的计算机科学概念，在函数式编程中，计算和计算程序的构建被视为对数学函数的评估，能支持不可变性数据，也可避免状态概念。同时，在函数式编程中，每个函数对于相同的输入参数值，均具有相同的映射或输出结果。

随着对复杂软件的需求增加，软件也需要有足够好的结构化范例，并且编写起来也不应该太困难，调试也不要太复杂。我们也需要编写具备可扩展性的代码，从而能在将来节约程序开发成本，代码的开发和调试也能简化。软件更加模块化，扩展起来更容易，需要的编程投入也更少。得益于函数式编程的贡献，模块化、函数式编程对于软件开发而言，已经被认为是一个极大的优势。

在函数式编程中，其架构中有一个基础的构建块，称为函数，它几乎不会带来副作用。它会在代码中大量出现。由于没有副作用，因此计算顺序也就无所谓了。从编程语言的角度来审视，我们确实有方法来保证其按照特定顺序来完成。对于一些函数式编程语言(例如 Scheme 这种非常激进的语言)来说，它没有关于计算顺序的参数，可按 lambda 格式来嵌套这些表达式，如下：

```
  ((lambda (val1)
    ((lambda (val2)
      ((lambda (val3) (/(* val1 val2) val3))
        expression3)) ; evaluated third
          expression2))  ; evaluated second
expression1)             ; evaluated first
```

在函数式编程中，编写的数学函数的顺序并不会让代码具备更好的可读性。有时，人们会争辩说需要带有副作用的函数。实际上，这是大多数函数式编程语言的一个主要缺点，因为通常很难编写不需要任何 I/O 的函数；另一方面，这些需要 I/O 的函数很难在函数式编程中实现。从图 3.1 中可以看出 Scala 也是一种混合语言，通过从命令式语言(如 Java)和函数式语言(如 Lisp)中获取特性并进行发展。

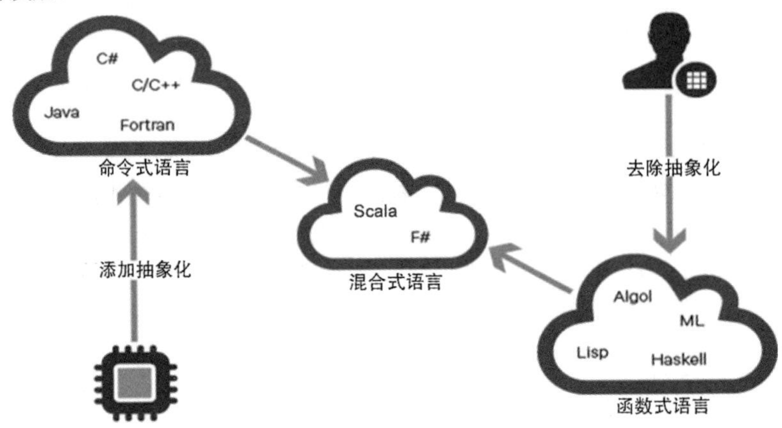

图 3.1 从概念的角度审视函数式编程语言

但幸运的是，这里我们使用的是一种混合语言，它包含了面向对象以及函数式编程的范例，这样就允许我们轻松编写具备 I/O 能力的函数。函数式编程也具备基本编程语言的优势，例如复杂功能与缓存能力。

函数式编程的主要优势之一是它的简洁性。因为使用函数式编程语言，可以编写更简洁的代码。此外，并发也是其主要优势之一，它在函数式编程语言中可以更简单地实现。因此，函数式编程语言(如 Scala)就能提供其他很多特性和工具，从而鼓励代码开发人员将已有的设计范例迁移到一个更数学化的思维方式上。

通过关注一些少量的可组合式抽象概念(如函数、函数组合和抽象代数等)，相比于其他编程范例，函数式编程概念能提供多种优势。例如：

- **更接近数学的思维方式：**你更倾向于按照数学定义的方式用格式化代码拼出你的想法，而不是使用迭代式程序。
- **无副作用(或几乎无副作用)：**你编写的函数不会影响其他函数，对于并发和并行处理来说，这一点尤为重要，对于代码调试来说也是如此。
- **更少的代码行，并且不会牺牲概念的清晰性：**与非函数式语言相比，Lisp 更强大。当然，对于你的项目来说，相对于写代码而言，你可能要思考的内容更多。你会发现你的工作效率更高。

由于这些令人激动的特性，函数式编程能提供极为强大的表达能力。例如，机器学习算法可能需要数百行命令代码来实现，但是对于函数式编程来说，可能用屈指可数的等式就可以处理了。

3.2　面向数据科学家的函数式 Scala

为进行交互式数据清洗、处理、整理和分析，很多数据科学家会使用 R 或 Python 作为其主要工具。但有很多数据科学家会与这些工具结合得越来越紧——也就是说，他们打算使用 Python 或 R 语言来解决所有数据分析问题。因此，让这些人员尝试使用新工具会很具挑战性。因为在使用新工具解决问题前，有更多的语法以及新的模式集合需要去学习。

在 Spark 中，也有使用 Python 或 R 写的一些 API，例如 PySpark 和 SparkR。可以使用这些 API。但是，大部分 Spark 的书籍和在线例子都是用 Scala 编写的。当然这一点也有争议：我们认为，作为一名数据科学家，学习如何使用 Spark 并将其与编写 Spark 代码的语言结合起来，会带来比其他语言(如 Java、Python 以及 R 语言)更多的优势，如下：

- 性能更好，并能移除数据处理的额外负载。
- 提供对最新和最强大的 Spark 特性的访问。
- 以透明方式辅助理解 Spark 哲学。

分析数据意味着需要编写 Scala 代码，并使用 Spark 及其 API(也就是 SparkR、Spark SQL、Spark Streaming、Spark MLlib 和 Spark GraphX)从集群中获取数据。此外，可使用 Scala 来开发应用并在你自己的机器上本地处理数据。综合上述两种情况，Scala 是你真正的朋友，并且随着时间的流逝，能给你带来足够的回报。

3.3　学习 Spark 为何要掌握函数式编程和 Scala

在这一节中，我们将讨论为何要学习 Spark 来解决数据分析问题。然后讨论对于数据科学家来说，Scala 中的函数式编程概念为何对于简化数据分析如此重要。我们也将讨论 Spark 编程模型以及其生态系统，从而让它们更清晰一些。

3.3.1　为何是 Spark?

Spark 是一个轻量级快速集群计算框架，并且其设计用于快速计算。Spark 基于 Hadoop 的 MapReduce 模型而设计，并使用了 MapReduce 多种格式和类型的计算处理，例如交互式查询以及流处理等。Spark 的一个主要特性就是内存处理，它提示了应用的性能和处理速度。Spark 支持广泛的应用和工作负载，例如：

- 批处理应用
- 此前无法快速执行的迭代式算法
- 交互式查询与流处理

此外，你不必花费太多时间就可以学习 Spark 并编写自己的应用程序。你不必深入理解并发和分布式系统的内部细节。Spark 于 2009 年由 UC Berkeley 的 AMPLab 实现。在 2010 年，他们决定将 Spark 贡献给开源社区。然后，在 2013 年，Spark 成为 Apache 中的一员，并从那时开始，Spark 逐渐成为最流行的 Apache 相关软件。Apache Spark 变得如此出名，主要是因为其具有如下特性。

- **快速计算** Spark 能为你提供远快于 Hadoop 的应用运行速度，这是由于它的黄金特性——内存处理。
- **支持多种编程语言** Apache Spark 提供多种内置的 API，为多种编程语言(如 Scala、Java、Python 甚至 R)提供支持。
- **更强大的分析能力** 正如前面提到的，Spark 支持 MapReduce 操作，也支持更高级的分析能力，例如机器学习(MLlib)、数据流处理以及用于图像处理的相关算法。

如前面提到的，Spark 是在 Hadoop 软件的顶层创建的，可使用不同方式部署 Spark。

- **独立集群** 这意味着 Spark 将运行在 HDFS 之上，其占用的空间将从 HDFS 中分配。
- **Hadoop YARN 集群** 这意味着 Spark 将在 YARN 上运行，不需要 root 权限和提前安装部署。
- **Mesos集群** 当驱动程序创建一个Spark任务并根据调度将不同的任务进行分配时，Mesos将决定哪个计算节点运行哪种任务。这里假设你已在机器上安装并配置好Mesos。
- **部署在按需付费(pay-as-you-go)集群上** 可将 Spark 任务部署在真实的集群节点上，例如 AWS EC2。为让应用在 Spark 集群模式下运行，并具备更好的扩展性，可考虑 AWS EC2 服务，也可考虑 IaaS 或 PaaS。

> **小技巧：**
> 可参考第 17 章或第 18 章来了解如何将使用 Scala 和 Spark 的数据分析应用部署到真实集群上。

3.3.2 Scala 与 Spark 编程模型

Spark 编程通常都从较小的数据集开始，这些数据一般都存储在分布式持久性存储上，例如 HDFS。一个由 Spark 提供的典型的 RDD(Resilient Distributed Dataset，弹性分布式数据集)编程模型可以描述如下。

- 来自可变环境，Spark 上下文(Spark shell 可为你提供一个 Spark 上下文，或者也可以自行创建一个，稍后将讲述这些内容)创建一个初始的数据集，称之为 RDD 对象。
- 对初始的 RDD 进行转换，从而创建出更多 RDD 对象，当然，这里按函数式编程的风格创建而成。
- 驱动程序将代码、算法或应用发送到集群中的管理节点。然后，集群管理员将副本提供给其他每个计算节点。
- 计算节点在其自身的分区中持有 RDD 的引用(当然，驱动程序也持有该数据的引用)。但是，计算节点也可以拥有集群管理员提供的输入数据集。
- 执行转换后(可通过窄转换或宽转换)，会生成一个全新的 RDD。初始 RDD 将不会改变。
- 最后，一个或多个 RDD 对象(具体地说，就是数据引用)会被物化，这是通过将 RDD 导出到存储上来实现的。
- 驱动程序会询问计算节点，来获取结果的一部分，从而用于数据分析或可视化。

等一下！到目前为止我们进行得还算顺利。我们假设你已将应用代码传输到集群的计算节点上。但你仍然需要将输入数据集上传或发送到集群上，从而将其分布在计算节点上。即便是在批量加载过程中，你仍然需要将数据通过网络进行传输。当然，我们也会争论，认为应用代码和结果的数量应该是微不足道的。另一个障碍是，如果你想使用 Spark 进行大规模的数据计算，那可能需要先将多个分区的数据进行合并。这意味着需要在工作/计算节点之间对数据进行重新洗牌(shuffle)，这一般是通过 partition()、intersection()和 join()等转换操作来实现的。

3.3.3 Scala 与 Spark 生态

为提供更好更多的大数据处理能力，可配置 Spark，从而在现有的基于 Hadoop 的集群上运行 Spark。另外，Spark 的核心 API 是使用 Java、Scala、Python 和 R 语言写成的。与 MapReduce 相比，Spark 能提供更通用、更强大的编程模型。同时，Spark 提供了多个库，从而形成 Spark 生态系统，以便实现更多功能，从而用于通用的数据处理、数据分析、图像处理、大规模结构化 SQL 和机器学习领域。

Spark 生态系统包含如下组件(也可参阅第 16 章来了解更多内容)。

- **Apache Spark core**：这是 Spark 平台的底层引擎，其他所有功能都基于此而创建。此外，它也是为 Spark 提供内存处理能力的组件。
- **Spark SQL**：Spark core 是底层的引擎，Spark SQL 就是基于 core 之上的组件，用于为不同的数据类型提供支持(结构化与半结构化数据)。
- **Spark Streaming**：该组件用于流式数据分析与处理，它可将数据流转换为微批量数据，从而在稍后进行分析。
- **MLlib(机器学习库)**：MLlib 是一个机器学习框架，用于在分布式状态下支持多种 ML 算法。
- **GraphX**：一个分布式图像处理框架，位于 Spark 的顶部，以并行方式表述用户定义的图像组件。

如前所述，大部分函数式程序设计语言都允许用户编写良好、模块化以及可扩展的代码。此外，函数式编程也鼓励以安全模式编写程序，也就是在编写函数时，使其看起来像是数学函数。现在，问题来了，Spark 是如何让所有 API 工作起来像一个单元呢？其原因在于硬件的提升，当然还有函数式编程的概念。当将语法糖添加进来，从而能够轻松地实现 lambda 表达式，但依然无法将编程语言变成函数式语言时，事情就开始了。

尽管 Spark 中的 RDD 概念工作得很好，但依然会有一些用户案例，由于 RDD 的不可变性而让事情变得有点复杂。如下是一个经典例子，它用于计算平均值。将源代码变得健壮并具有可读性。当然，为降低整体成本，我们并不会开始计算总和，然后计数，即便这些数据已经被缓存在内存中了：

```
val data: RDD[People] = ...
data.map(person => (person.name, (person.age, 1)))
.reduceByKey(_|+| _)
.mapValues { case (total, count) =>
  total.toDouble /count
}.collect()
```

DataFrame API 能产生等价且简洁可读的代码，同时函数式 API 能满足大多数用户场景并最小化 MapReduce 阶段；这里要进行很多洗牌操作从而带来大量成本，其关键原因在于：

- 大型代码需要静态类型来消除一些琐碎错误，如用 aeg 代替 age。
- 复杂代码需要透明的 API，以便与设计进行清晰的沟通。
- DataFrame API 能够基于底层的突变带来两倍的加速性能，也可通过面向对象编程，并使用 mapPartitions 和 combineByKey 封装状态来达成。
- 需要弹性以及 Scala 的特性来快速实现功能。

在巴克莱银行，Spark 结合面向对象编程以及函数式编程，能极大地简化复杂问题。例如，在巴克莱银行，最近开发了一个称为 Insights Engine(洞察引擎)的应用，它用于执行任意数量 N 的类似 SQL 的查询。该应用能随着数字 N 的增加而扩展。

现在，探讨一下纯函数、高阶函数和匿名函数。它们是 Scala 的函数式编程中的 3 个重要概念。

3.4 纯函数与高阶函数

从计算机科学的角度看，函数可有多种形式，例如一阶函数(first order function)、高阶函数或纯函数。从数学的角度来看也是如此。高阶函数指的是能完成如下操作之一的函数：

- 可使用一个或多个函数作为参数，从而完成某些操作。
- 返回一个函数作为其返回值。

除高阶函数之外的所有函数均为一阶函数。但从数学的角度看，高阶函数也可以被称为操作符或功能。另外，如果一个函数的返回值只能由其输入决定，并且显然没有显著的副作用，该函数就被称为纯函数。

在这一节中，我们将简要讨论如何在 Scala 中使用不同功能的范例。纯函数和高阶函数是我们讨论的重点。在本节结束时，我们也将回顾一下匿名函数。因为在使用 Scala 开发 Spark 应用时，匿名函数会被频繁使用。

3.4.1 纯函数

函数式编程中最重要的概念之一就是纯函数。那么什么是纯函数，以及我们为何需要关注它们？在本节中，我们将关注函数式编程的重要特性。函数式编程的最佳实践之一就是将程序/应用的核心用纯函数来实现，其他 I/O 函数或有副作用的网络负载和异常处理等功能则位于程序外层。

那么，使用纯函数的好处是什么？一般来说，纯函数比普通函数要小(尽管这也依赖于其他一些因素，例如使用的编程语言)，并且对于人类的大脑来说也更容易理解。因为它看起来就像一个数学函数。

但是，你可能仍想争论说，大部分开发人员仍然认为命令式编程语言才更易于理解。纯函数更易于实现和测试，下面用例子展示这一点。假设有如下两个函数：

```
def pureFunc(cityName: String) = s"I live in $cityName"
def notpureFunc(cityName: String) = println(s"I live in $cityName")
```

因此，在前面这两个例子中，如果你想测试一下纯函数pureFunc，我们只需要基于输入，断言来自该纯函数的返回值与我们期望的一样即可：

```
assert(pureFunc("Dublin") == "I live in Dublin")
```

另外，如果想测试notpureFunc这个非纯函数，需要重定向标准输出，然后使用断言。下一个实践技巧是，函数式编程能提高编程效率，这是因为，正如在前面提到的，纯函数更小且更容易编写，因此能轻松地将其进行组合。此外，代码的复制量也很小，可以轻松地重用代码。现在用更好的例子来展示这一优势。考虑如下两个函数：

```
scala> def pureMul(x: Int, y: Int) = x * y
pureMul: (x: Int, y: Int)Int

scala> def notpureMul(x: Int, y: Int) = println(x * y)
notpureMul: (x: Int, y: Int)Unit
```

但这里可能需要考虑可变性带来的副作用；使用一个纯函数(也就是说，没有可变性)就能帮助我们进行推理和代码测试：

```
def pureIncrease(x: Int) = x + 1
```

这是一个优势，且非常容易理解和使用。但我们来看另一个例子：

```
varinc = 0
def impureIncrease() = {
  inc += 1
  inc
}
```

现在，考虑一下这样能造成怎样的困扰：在一个多线程环境中，输出将是怎样的？如你所见，我们可以轻松地使用纯函数pureMul，来乘上任意序列的数字，这不同于非纯函数notpureMul。我们使用下例来展示：

```
scala> Seq.range(1,10).reduce(pureMul)
res0: Int = 362880
```

上例的完整代码如下(使用了一些真实值来调用方法)：

```
package com.chapter3.ScalaFP

object PureAndNonPureFunction {
  def pureFunc(cityName: String) = s"I live in $cityName"
  def notpureFunc(cityName: String) = println(s"I live in $cityName")
  def pureMul(x: Int, y: Int) = x * y
  def notpureMul(x: Int, y: Int) = println(x * y)
```

```
  def main(args: Array[String]) {
    //Now call all the methods with some real values
    pureFunc("Galway") //Does not print anything
    notpureFunc("Dublin") //Prints I live in Dublin
    pureMul(10, 25) //Again does not print anything
    notpureMul(10, 25) //Prints the multiplicaiton -i.e.250
    //Now call pureMul method in a different way
    val data = Seq.range(1,10).reduce(pureMul)
    println(s"My sequence is: " + data)
  }
}
```

上述代码的输出如下：

```
I live in Dublin 250
My sequence is: 362880
```

正如前面所讨论的，可将纯函数作为函数式编程中最重要的特性之一，并将其作为最佳实践。需要使用纯函数来编写应用程序的核心代码。

函数与方法

在编程领域中，一个函数就是一段代码，可以通过其名称进行调用。数据(作为参数)可以被传递给函数从而进行操作，并可返回数据(可选)。所有传输给函数的数据都需要进行显式传输。方法也是一段代码，并可通过其名称被调用。但方法通常都与对象相关。是不是听起来很像？很好！大部分情况下，方法就是函数，除了如下两个关键区别：

(1) 方法被调用时，可隐式地传递对象。

(2) 包含在类中的方法可以操作数据。

在前面的章节中，我们已经讲述了对象是类的实例——类是定义，对象是数据的实例。

现在，该学习高阶函数了。但在此之前，我们应该学习函数式 Scala 中另一个重要概念——匿名函数。通过它，我们也将学习如何在 Scala 中使用 lambda 表达式。

3.4.2 匿名函数

有时在你的代码中，在使用之前，你可能并不想定义一个函数。这可能是因为你只会在一个地方使用该函数。在函数式编程中，就有一种类型的函数非常适合这种情况。它被称为匿名函数。我们使用前面的货币兑换例子来展示这种函数的用法：

```
def TransferMoney(money: Double, bankFee: Double => Double): Double = {
  money + bankFee(money)
}
```

现在，使用一些数值来调用 TransferMoney()，如下：

```
TransferMoney(100, (amount: Double) => amount * 0.05)
```

lambda 表达式

如在前面提到的，Scala 支持一阶函数，这就意味着函数能够以函数文字的语法形式进行表达。函数可由对象表示，称为函数值。试一下如下的表达式，它为整数创建了一个后继函数：

```
scala> var apply = (x:Int) => x+1
apply: Int => Int = <function1>
```

现在 apply 变量就是一个函数，可按通常的方式使用它，如下：

```
scala> var x = apply(7)
x: Int = 8
```

我们这里完成的就是函数的核心部分：参数列表后面跟着箭头和函数体。这并不是什么黑科技，而是一个完整函数。只是缺少一个名称——也就是，匿名。如果你按照此方式定义了一个函数，就无法再引用该函数，因此不能在其他地方调用该函数了，因为它没名，也就是一个匿名函数。也可将其称为 lambda 表达式。也就是一个纯的、匿名定义的函数。

调用 TransferMoney()的结果如下：

```
105.0
```

因此在前面的例子中，相对于另外声明一个 callback 函数，我们直接传递了一个匿名函数，并完成了与 bankFee 函数相同的工作。也可以省略匿名函数中的类型，这样它就会基于被传递的参数进行类型推导，如下：

```
TransferMoney(100, amount => amount * 0.05)
```

上述代码的输出结果如下：

```
105.0
```

在 Scala shell 展示上例，如图 3.2 所示。

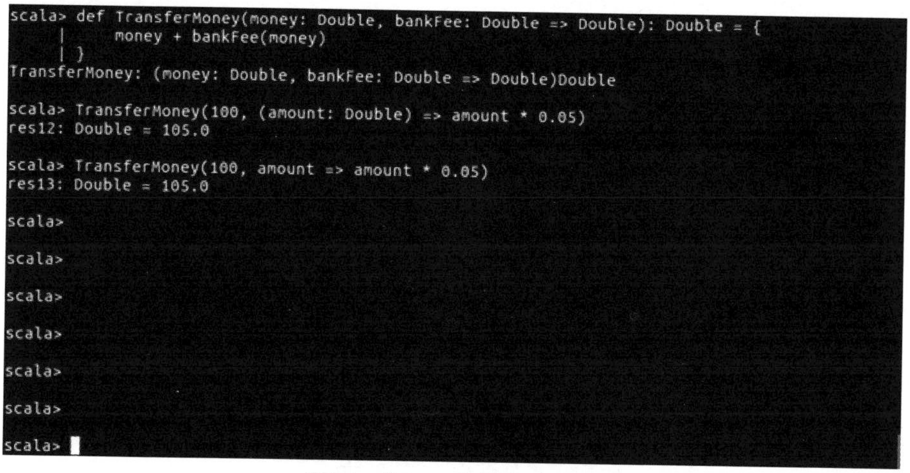

```
scala> def TransferMoney(money: Double, bankFee: Double => Double): Double = {
     |     money + bankFee(money)
     | }
TransferMoney: (money: Double, bankFee: Double => Double)Double

scala> TransferMoney(100, (amount: Double) => amount * 0.05)
res12: Double = 105.0

scala> TransferMoney(100, amount => amount * 0.05)
res13: Double = 105.0

scala>

scala>

scala>

scala>

scala>

scala>

scala>
```

图 3.2　在 Scala 中使用匿名函数

有些编程语言中则使用名称 lambda 函数替代匿名函数。

3.4.3 高阶函数

在 Scala 的函数式编程中，也可将函数作为参数进行传递，或从其他函数中返回一个函数作为结果。我们称这种函数为高阶函数。

我们使用例子来展示这一特性。考虑函数 testHOF，它使用了另一个函数 func，并将其作为自己的第二个参数值：

```
object Test {
  def main(args: Array[String]) {
    println( testHOF( paramFunc, 10) )
  }
  def testHOF(func: Int => String, value: Int) = func(value)
  def paramFunc[A](x: A) = "[" + x.toString() + "]"
}
```

在展示了 Scala 的函数式编程的基础知识后，现在我们要学习比较复杂的函数式编程案例。正如在前面提到的，我们可以定义一个高阶函数，然后接受其他函数作为参数，或将其作为结果返回。如果你本身具备了面向对象编程的背景，会发现函数式编程是一种完全不同的方法，但更简单。随着我们学习的进行，你逐渐会理解这一点。

让我们从定义一个简单函数开始：

```
def quarterMaker(value: Int): Double = value.toDouble/4
```

这个例子很简单，它接受一个 Int 值，然后以 Double 类型返回该值的 1/4。让我们来定义另一个简单函数：

```
def addTwo(value: Int): Int = value + 2
```

第二个函数 addTwo 比第一个还普通。它接受一个 Int 型的值，然后加 2。如你所见，这两个函数有些共同之处。它们都接受 Int 值然后返回另一个类型，我们称之为 AnyVal。现在让我们定义一个高阶函数，接受另外一个函数作为其参数之一：

```
def applyFuncOnRange(begin: Int, end: Int, func: Int => AnyVal): Unit = {
  for (i <-begin to end)
    println(func(i))
}
```

如你所见，applyFuncOnRange 函数接受两个 Int 值，将其作为一个序列的初始值和结束值。然后接受一个带有 Int => AnyVal 标签的函数，与我们此前定义的简单函数(quarterMaker 和 addTwo)一样。现在，让我们演示一下前面的这个高阶函数，将上述两个简单函数之一传递给该高阶函数，并作为其第三个参数(如果想传递自己的函数，需要保证该函数也有同样的 Int => AnyVal 标签)。

Scala 中的范围查找语法：

在 Scala 中使用范围查找的最简单语法如下。

```
for( var x <-range ){
statement(s)
}
```

这里，range 可以是一个数字的范围，从 i 到 j。其中的左箭头<-称为生成器，因为它会从范围中生成单个值。让我们看该特性的一个具体例子。

```
object UsingRangeWithForLoop {
  def main(args: Array[String]):Unit= {
    var i = 0;
    //for loop execution with a range
    for( i <- 1 to 10){
      println( "Value of i: " + i )
    }
  }
}
```

上述代码的输出结果如下：

```
Value of i: 1
Value of i: 2
Value of i: 3
Value of i: 4
Value of i: 5
Value of i: 6
Value of i: 7
Value of i: 8
Value of i: 9
Value of i: 10
```

在使用之前，先定义该函数，如图 3.3 所示。

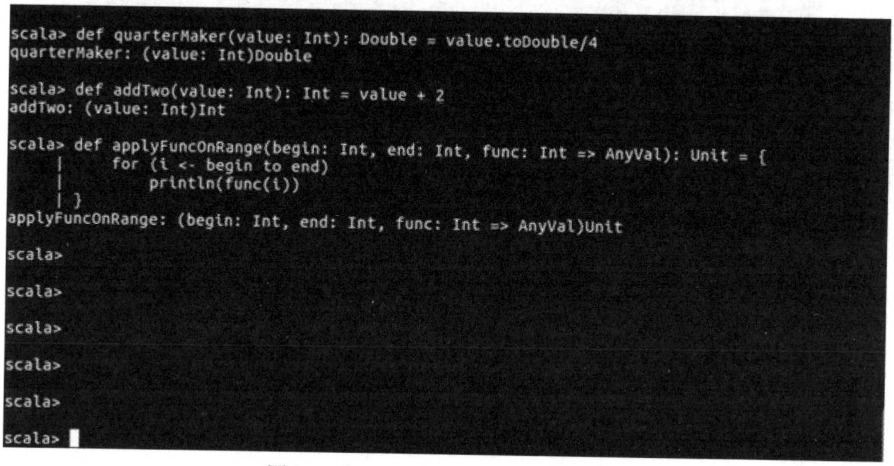

```
scala> def quarterMaker(value: Int): Double = value.toDouble/4
quarterMaker: (value: Int)Double

scala> def addTwo(value: Int): Int = value + 2
addTwo: (value: Int)Int

scala> def applyFuncOnRange(begin: Int, end: Int, func: Int => AnyVal): Unit = {
     |     for (i <- begin to end)
     |         println(func(i))
     | }
applyFuncOnRange: (begin: Int, end: Int, func: Int => AnyVal)Unit

scala>

scala>

scala>

scala>

scala>

scala>
```

图 3.3　在 Scala 中定义高阶函数的例子

现在开始调用 applyFuncOnRange 高阶函数，并将 quarterMaker 函数作为第三个参数进行传递，如图 3.4 所示。

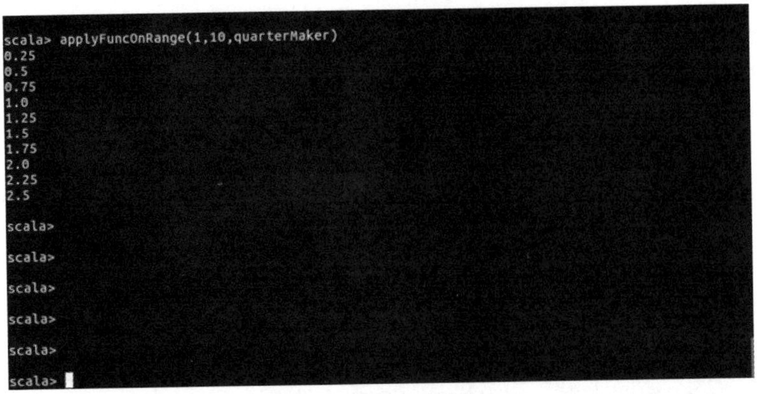

```
scala> applyFuncOnRange(1,10,quarterMaker)
0.25
0.5
0.75
1.0
1.25
1.5
1.75
2.0
2.25
2.5

scala>

scala>

scala>

scala>

scala>

scala>
```

图 3.4　调用高阶函数

也可应用其他函数，例如 addTwo，因为它具有同样的签名。如图 3.5 所示。

```
scala> applyFuncOnRange(1,10,addTwo)
3
4
5
6
7
8
9
10
11
12

scala>

scala>

scala>

scala>

scala>

scala>
```

图 3.5　另一种调用高阶函数的方式

在我们继续其他例子之前，先定义回调函数(callback function)。回调函数是一种函数，它能作为参数被传递给其他函数。其他函数一般都是普通函数。让我们介绍使用不同的回调函数的多个例子。考虑如下的高阶函数，它负责从账户中转移指定数额的金钱：

```
def TransferMoney(money: Double, bankFee: Double => Double): Double = {
  money + bankFee(money)
}
def bankFee(amount: Double) = amount * 0.05
```

然后使用 100 调用 TransferMoney 函数：

```
TransferMoney(100, bankFee)
```

输出结果如下：

```
105.0
```

从函数式编程的角度看，这些代码尚未做好被集成到银行系统的准备，因为需要为 money 参数应用不同类型的参数，例如，它需要是正数，并且比银行指定的数额大。不过，这里主要展示高阶函数以及回调函数的用法。

所以，这里的例子是按如下方式工作：你想将指定数额的金钱转移到其他银行账户或金融代理。银行有指定的手续费，会应用到你要转移的数额上，这里就轮到回调函数登场了。它会使用要转账的金额，并应用银行的手续费，从而返回最终数额。

TransferMoney 函数会使用两个参数：第一个是要转账的金额，第二个是带有签名 Double=>Double 的回调函数。该函数会应用到 money 参数上，从而决定要转账的金额应该收取多少银行手续费，如图 3.6 所示。

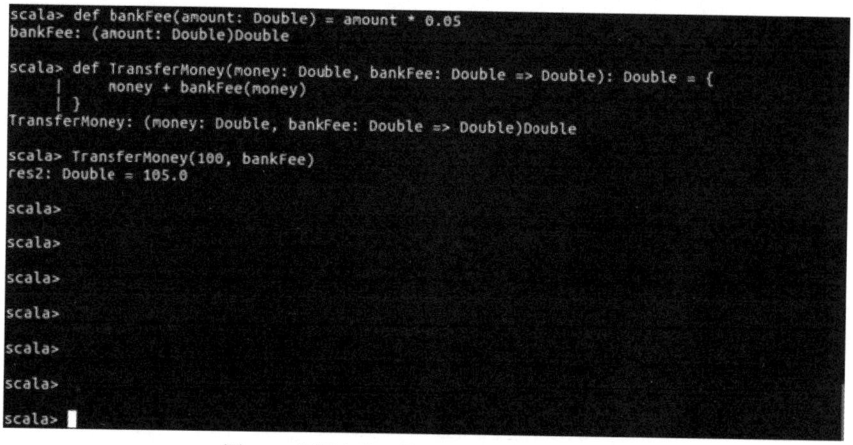

```
scala> def bankFee(amount: Double) = amount * 0.05
bankFee: (amount: Double)Double

scala> def TransferMoney(money: Double, bankFee: Double => Double): Double = {
     |     money + bankFee(money)
     | }
TransferMoney: (money: Double, bankFee: Double => Double)Double

scala> TransferMoney(100, bankFee)
res2: Double = 105.0

scala>

scala>

scala>

scala>

scala>

scala>

scala>
```

图 3.6　调用高阶函数并提供额外的强大功能

上例的完整代码如下(这里使用一些真实值来调用该方法)：

```
package com.chapter3.ScalaFP
object HigherOrderFunction {
  def quarterMaker(value: Int): Double = value.toDouble /4
  def testHOF(func: Int => String, value: Int) = func(value)
  def paramFunc[A](x: A) = "[" + x.toString() + "]"
  def addTwo(value: Int): Int = value + 2
  def applyFuncOnRange(begin: Int, end: Int, func: Int => AnyVal): Unit = {
    for (i <-begin to end)
      println(func(i))
  }
  def transferMoney(money: Double, bankFee: Double => Double): Double = {
    money + bankFee(money)
  }
  def bankFee(amount: Double) = amount * 0.05
  def main(args: Array[String]) {
    //Now call all the methods with some real values
    println(testHOF(paramFunc, 10)) //Prints [10]
    println(quarterMaker(20)) //Prints 5.0
    println(paramFunc(100)) //Prints [100]
    println(addTwo(90)) //Prints 92
    println(applyFuncOnRange(1, 20, addTwo)) //Prints 3 to 22 and ()
    println(TransferMoney(105.0, bankFee)) //prints 110.25
  }
}
```

上述代码的输出如下。

```
[10]
5.0
[100]
92
3 4 5 6 7 8 9 10 11 12 13 14 15 16 1718 19 20 21 22 ()
110.25
```

通过使用回调函数，就能为高阶函数提供额外的强大功能。因此，这是一种能够让程序变得优雅、具有弹性以及高效的强大机制。

3.4.4 以函数作为返回值

正如前面提到的，高阶函数也支持返回一个函数作为结果。让我们通过例子来展示这一点。

```
def transferMoney(money: Double) = {
  if (money > 1000)
    (money: Double) => "Dear customer we are going to add the following
                        amount as Fee: "+money * 0.05
  else
    (money: Double) => "Dear customer we are going to add the following
                        amount as Fee: "+money * 0.1
}
val returnedFunction = TransferMoney(1500)
returnedFunction(1500)
```

上述代码段将生成如下结果：

```
Dear customer, we are going to add the following amount as Fee: 75.0
```

让我们将上例在如图 3.7 所示的屏幕中执行。其中显示了如何使用函数作为返回值。

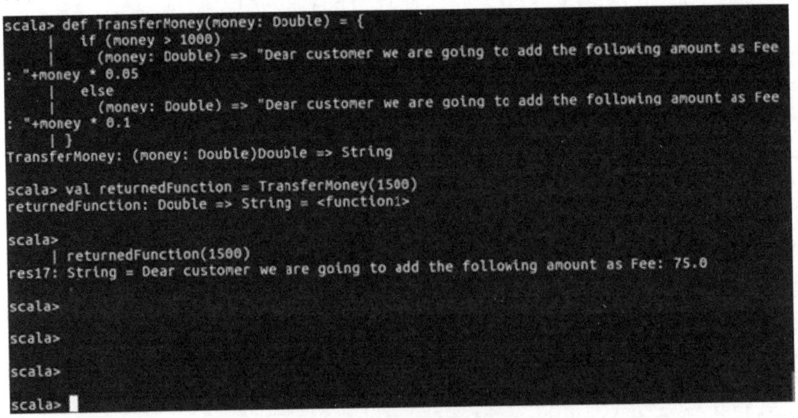

```
scala> def TransferMoney(money: Double) = {
     |   if (money > 1000)
     |     (money: Double) => "Dear customer we are going to add the following amount as Fee
: "+money * 0.05
     |   else
     |     (money: Double) => "Dear customer we are going to add the following amount as Fee
: "+money * 0.1
     | }
TransferMoney: (money: Double)Double => String

scala> val returnedFunction = TransferMoney(1500)
returnedFunction: Double => String = <function1>

scala>
     | returnedFunction(1500)
res17: String = Dear customer we are going to add the following amount as Fee: 75.0

scala>

scala>

scala>

scala>
```

图 3.7　作为返回值的函数

上例的完整代码如下：

```
package com.chapter3.ScalaFP
object FunctionAsReturnValue {
```

```
  def transferMoney(money: Double) = {
    if (money > 1000)
      (money: Double) => "Dear customer, we are going to add following
                          amount as Fee: " + money * 0.05
    else
      (money: Double) => "Dear customer, we are going to add following
                          amount as Fee: " + money * 0.1
  }
  def main(args: Array[String]) {
    val returnedFunction = transferMoney(1500.0)
    println(returnedFunction(1500)) //Prints Dear customer, we are
                          going to add following amount as Fee: 75.0
  }
}
```

上述代码的执行结果如下：

```
Dear customer, we are going to add following amount as Fee: 75.0
```

在我们停止讨论 HFO 之前，让我们看一个真实的例子，这里使用了 curry。

3.5　使用高阶函数

假设你在一个餐馆工作，你是一名厨师。你的同事问了你一个问题：实现一个 HOF(Higher-Order Function，高阶函数)，让它能够执行 curry。想找点线索？假设你的 HOF 有如下的签名：

```
def curry[X,Y,Z](f:(X,Y) => Z) : X => Y => Z
```

同样，可实现一个函数，它能执行 uncurry，如下：

```
def uncurry[X,Y,Z](f:X => Y => Z): (X,Y) => Z
```

现在，你如何使用 HOF 执行 curry 操作？可创建一个特质，它封装了两个 HOF 的签名(即 curry 和 uncurry)，如下：

```
trait Curry {
  def curry[A, B, C](f: (A, B) => C): A => B => C
  def uncurry[A, B, C](f: A => B => C): (A, B) => C
}
```

现在，可实现该特质并将其扩展为一个对象，如下：

```
object CurryImplement extends Curry {
  def uncurry[X, Y, Z](f: X => Y => Z): (X, Y) => Z = { (a: X, b: Y) =>f(a)(b) }
  def curry[X, Y, Z](f: (X, Y) => Z): X => Y => Z = { (a: X) => { (b: Y) =>f(a, b) } }
}
```

这里，我首先实现了 uncurry，因为它更简单。等号后面的一对花括号表明这是一个带有两个参数(即 a 和 b，对应的类型为 X 和 Y)的匿名函数文本。然后，这两个参数可以在函数中使用，并返回一个函数。接下来，将第二个参数传给被返回的函数。最后，它返回第二个函数的值。第二个函数的文本中使用一个参数并返回一个新函数，也就是 curry()。最后，当调用函数返回其他函数时，它也返回一个函数。

现在问题来了：如何在真实的实现中使用上述从基础特质扩展而来的对象。如下是一个例子。

```
object CurryingHigherOrderFunction {
  def main(args: Array[String]): Unit = {
    def add(x: Int, y: Long): Double = x.toDouble + y
    val addSpicy = CurryImplement.curry(add)
    println(addSpicy(3)(1L)) //prints "4.0"
    val increment = addSpicy(2)
    println(increment(1L)) //prints "3.0"
    val unspicedAdd = CurryImplement.uncurry(addSpicy)
    println(unspicedAdd(1, 6L)) //prints "7.0"
  }
}
```

在上述对象以及 main 方法中：

- addSpicy 持有一个函数，该函数使用 Long 作为其类型，并加 1，然后打印结果为 4.0。
- increment 持有一个函数，该函数使用 Long 作为其类型，并加 2，然后最终打印结果为 3.0。
- unspicedAdd 也持有一个函数，它加 1，并使用 Long 作为其类型，最终，它打印 7.0。

上述代码输出结果如下：

```
4.0
3.0
7.0
```

注意：

在数学和计算机科学中，curry 是这样一种技术，它能将一个带有多个参数(或多对参数)的函数计算转换为函数序列的计算。每个函数只带一个参数。curry 与部分应用(partial application)相关，又不尽相同；curry 无论在实践中还是理论上都极为有用。在函数式编程语言以及其他语言中，curry 都能提供一种如何将参数传递给函数或异常的自动管理方法。在理论计算机科学中，它提供了一种简单的理论模型，用于研究带有多个参数的函数，即将其转换为只有一个参数的函数。uncurry 是 curry 的二元转换，也可以被视为去功能化的形式；使用一个函数 f，返回值是另一个函数 g，并生成一个新函数 f'，新函数带有 f 和 g 的参数，返回的结果会按顺序将 f 和 g 应用到这些参数上。其处理可以是迭代式的。

到目前为止，我们已经看到如何处理 Scala 中的纯函数、高阶函数和匿名函数。下一节将简要回顾如何使用 throw、try、Either 和 Future 来扩展高阶函数。

3.6 函数式 Scala 中的错误处理

到目前为止，我们主要关注了 Scala 函数体主要能做哪些事情以及不能做哪些事情(即错误或异常)。现在，为避免产生容易出错的代码，需要了解在 Scala 中如何捕获异常并处理错误。我们将看到如何使用 Scala 的一些特性(如 try、Either 和 Future)在集合之外对高阶函数进行扩展。

3.6.1　Scala 中的故障与异常

首先让我们定义通常意义上的故障(可参阅 https://tersesystems.com/2012/12/27/error-handling-in-scala/)。

- **非期望的内部故障**：期望之外的操作失败，例如空指针引用、违反推断，或者就是简单的错误语句。
- **期望的内部故障**：由于内部状态而导致的操作失败，例如黑名单和断路器。
- **期望的外部故障**：该错误是由于要求其处理一些原始输入，但它又无法处理，因此出错。
- **非期望的外部故障**：该操作失败是因为系统依赖的资源不存在，如文件句柄丢失，数据库连接失败，或网络中断。

遗憾的是，并没有真正的方法可以阻止失败发生，除非这些失败是由于一些可管理的异常导致的。另外，Scala 让检查与未检查的异常处理变得非常简单，因为它没有已被检查过的异常。Scala 中的所有异常都是未被检查过的，甚至包括 SQLException 和 IOException 等。现在，让我们分析如何处理这些异常。

3.6.2　抛出异常

Scala 方法能够因非期望的工作流抛出异常。可创建一个异常对象，然后使用关键字 throw 抛出它。例如：

```
//code something
throw new IllegalArgumentException("arg 2 was wrong...");
//nothing will be executed from here.
```

要注意，使用异常处理的主要目的，并不是为了生成友好的消息，而是要让你从 Scala 程序中的正常处理流程中退出。

3.6.3　使用 try 和 catch 捕获异常

Scala 允许你在单一的代码块中使用 try/catch 来处理异常，然后使用 case 代码块进行模式匹配。在 Scala 中，使用 try...catch 的基本语法如下：

```
try
{
  //your scala code should go here
}
catch
{
  case foo: FooException => handleFooException(foo)
  case bar: BarException => handleBarException(bar)
  case _: Throwable => println("Got some other kind of exception")
}
finally
{
```

```
    //your scala code should go here, such as to close a database connection
  }
```

所以，如果你抛出一个异常，就需要使用 try...catch 代码块对它进行良好处理，从而避免代码崩溃并抛出内部异常消息：

```
package com.chapter3.ScalaFP
import java.io.IOException
import java.io.FileReader
import java.io.FileNotFoundException

object TryCatch {
  def main(args: Array[String]) {
    try {
      val f = new FileReader("data/data.txt")
    } catch {
      case ex: FileNotFoundException => println("File not found exception")
      case ex: IOException => println("IO Exception")
    }
  }
}
```

如果在你的项目树中，path/data 下没有 data.txt 文件，就会抛出 FileNotFoundException 异常，同时显示如下消息：

```
File not found exception
```

接下来，让我们看一个在 Scala 中使用 finally 的例子，从而完善 try...catch 代码块。

3.6.4 finally

假设你想执行你的代码，而不管它是否会有异常抛出，那就可以使用 finally 子句。可将其放置在 try 代码块中，如下：

```
try {
    val f = new FileReader("data/data.txt")
  } catch {
    case ex: FileNotFoundException => println("File not found exception")
  } finally { println("Dude! this code always executes") }
}
```

现在，如下是使用 try...catch...finally 的完整例子：

```
package com.chapter3.ScalaFP
import java.io.IOException
import java.io.FileReader
import java.io.FileNotFoundException

object TryCatch {
  def main(args: Array[String]) {
    try {
      val f = new FileReader("data/data.txt")
```

```
    } catch {
      case ex: FileNotFoundException => println("File not found exception")

      case ex: IOException => println("IO Exception")
    } finally {
      println("Finally block always executes!")
    }
  }
}
```

上述代码的输出如下：

```
File not found exception
Finally block always executes!
```

接下来，我们将讨论 Scala 中的另一个强大特性，称为 Either。

3.6.5 创建 Either

Either[X,Y]是一个实例，它包含 X 或 Y 的一个实体，但不是两个实体都包含。我们将其称为 Either 的左子类型和右子类型。创建一个 Either 也很简单。但对于你的程序来说，它有时会非常强大。

```
package com.chapter3.ScalaFP
import java.net.URL
import scala.io.Source
object Either {
  def getData(dataURL: URL): Either[String, Source] =
    if (dataURL.getHost.contains("xxx"))
      Left("Requested URL is blocked or prohibited!")
    else
      Right(Source.fromURL(dataURL))
  def main(args: Array[String]) {
      val either1 = getData(new URL("http://www.xxx.com"))
      println(either1)
     val either2 = getData(new URL("http://www.google.com"))
      println(either2)
  }
}
```

现在，如果传递任意不包含 xxx 的 URL，都将得到一个以 Right 子类型封装的 scala.io.Source 文件。如果该 URL 包含 xxx，我们将得到一个 String，以 Left 子类型封装。为让上述语句更清晰，让我们看一下上述代码段的输出结果。

```
Left(Requested URL is blocked or prohibited!) Right(non-empty iterator)
```

接下来，研究一下 Scala 中另一个有趣特性，称为 Future。它用于将任务以非代码块的方式予以执行。这是在程序运行结束时，另一种更好的处理结果的方法。

3.6.6 Future

如果想以非代码块的方式运行任务，并在任务运行结束时还有一种方法来处理结果，可利用 Scala 提供的 Future 特性。例如，你想以并行方式调用多个 Web 服务，并在这些被调用的多个 Web 服务都结束时处理结果。下面将列举一个使用 Future 的例子。

3.6.7 执行任务，而非代码块

下例展示了如何创建一个 Future，并锁定其执行顺序，从而等待执行结果。创建 Future 很简单，只需要将其传递给你想要的代码即可。下例展示了在 Future 执行 2+2 操作然后返回其结果：

```
package com.chapter3.ScalaFP
import scala.concurrent.ExecutionContext.Implicits.global
import scala.concurrent.duration._
import scala.concurrent.{Await, Future}

object RunOneTaskbutBlock {
  def main(args: Array[String]) {
    //Getting the current time in Milliseconds
    implicit val baseTime = System.currentTimeMillis
    //Future creation
    val testFuture = Future {
      Thread.sleep(300)
      2 + 2
    }
    //this is the blocking part
    val finalOutput = Await.result(testFuture, 2 second)
    println(finalOutput)
  }
}
```

Await.result 在 Future 返回结果前将等待 2 秒钟。如果没有在 2 秒钟内返回结果，它将抛出如下异常，你可能需要进行处理或捕获：

```
java.util.concurrent.TimeoutException
```

现在，是时候结束本章了。但我想借这个机会讨论一下关于 Scala 的函数式编程和对象可变性的一个重要观点。

3.7 函数式编程与数据可变性

在函数式编程中，纯函数编程是其最佳实践之一，你应该坚持这一点。编写纯函数能够让你的编程生活更简单，代码也更易于维护和扩展。此外，如果你想并行化代码，要是你写的是纯函数，这将很简单。

如果你是一个函数式编程的拥趸，那么使用 Scala 的函数式编程的缺点之一就是 Scala 同时支

持面向对象编程和函数式编程(可参见第 1 章)，因此，可能在同一代码中混合这两种编码风格。在这一章中，我们已经看到了很多例子，它们表明了编写纯函数很简单。但将其合并到一个完整应用中还是有些难度的。你可能也会同意，一些高级特性，如 monad(单子)，会让函数式编程看起来有点难度。

我曾经和很多人探讨过，有些人认为递归不太合理。当你使用一些不可变对象时，你永远不能使用其他东西来改变它们。也没有任意时刻允许你这样做。这就是不可变对象的全部意义！有时，我遇到的问题是，我把纯函数和数据输入以及输出混淆了。但当需要可变性时，就可以创建该对象的一个副本，并包含你想要的可变性部分。因此，从理论上讲，我们不必将其混淆。最后，只用不可变值以及递归可能导致一些潜在的性能问题。

3.8　本章小结

在本章，我们学习了 Scala 中的一些函数式编程概念。我们已经看到了什么是函数式编程，Scala 是如何支持它的，它为何重要，以及使用函数式编程概念的优势。我们也看到了为何在学习 Spark 范例时学习函数式编程的概念很重要。我们也探讨了纯函数、匿名函数和高阶函数，并配有合适的例子。在本章稍后的内容中，我们看到了如何在集合之外的高阶函数中处理异常，当然，这要使用 Scala 中的标准库。最后，我们了解到函数式 Scala 如何影响对象的可变性。

在第 4 章中，将对集合 API 进行深入分析，集合 API 是 Scala 的标准库中最著名的特性之一。

第4章 集合API

“我们能成为什么样的人，取决于所有的教授给我们教完课程之后我们自己所阅读的内容。最伟大的大学就是书籍。”

——Thomas Carlyle

Scala 最吸引用户的特性之一就是它的集合 API，它非常强大并极具弹性，随之也带来了很多相关的操作。其操作涉及的范围广，能让你处理任意类型的数据。接下来就开始介绍 Scala 的集合 API，我们将介绍它们的不同类型和层次结构，将其用于不同的数据类型，并解决一系列不同的问题。

作为概括，本章将涵盖如下主题：

- Scala 集合 API
- 类型与层次
- 性能特征
- Java 互操作性
- Scala 隐式的使用

4.1 Scala 集合 API

Scala 集合是一个易于理解并被频繁使用的编程抽象概念，它分为可变型集合和不可变型集合。可变型集合与可变型变量类似，在需要时能够被修改、更新或扩展。而不可变型集合与不可变型变量类似，不能被修改。大部分集合类都位于 scala.collection、scala.collection.immutable 和 scala.collection.mutable 包中。

Scala 的这一极其强大的特性，为你提供了如下能力来处理数据。

- **易用**：例如，它能帮助你消除迭代器和集合更新之间的干扰。其结果是，一个包含 20～50 个方法的小集合，就能解决数据分析方案中的大部分集合问题。

- **简明**：可通过轻量级语法和组合操作来使用集合操作，结果就是，你感觉就像在使用自定义代数。
- **安全**：在编写代码时能帮助你处理大部分问题。
- **快速**：大部分集合对象都是经过仔细调整和优化的。
- **统一**：集合能让你在任意类型、任何地方使用，并执行相同的操作。

在下一节，我们将解释 Scala 集合中的类型与相关的层次结构。我们会看到使用了大量集合 API 的相关例子。

4.2　类型与层次

如下的层次结构图(图 4.1)基于 Scala 的官方文档，展示了 Scala 集合 API 的层次结构。这些都是高阶抽象类或特质。图中也包含可变型与不可变型的实现。

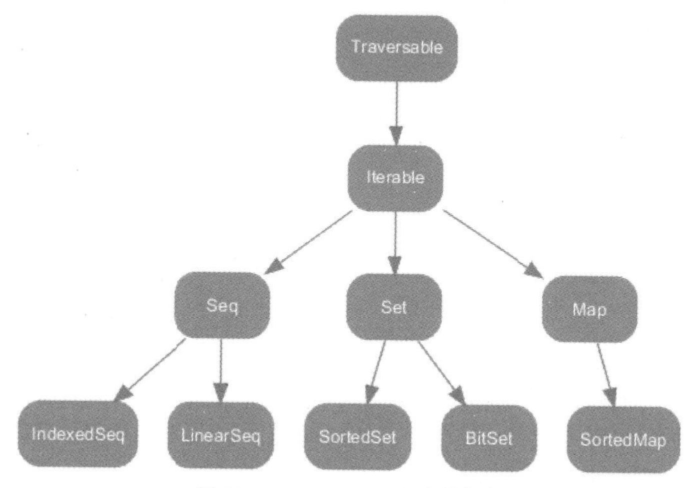

图 4.1　scala.collection 包中的集合

4.2.1　Traversable

Traversable(遍历)是集合层次的根节点。Traversable 中定义了多种 Scala 集合 API 提供的操作。其中只有一个抽象方法，即 foreach。

```
def foreach[U](f: Elem => U): Unit
```

该方法对于 Traversable 中的所有操作都至关重要。如果你已经学过数据结构，就会非常熟悉如何遍历一个数据结构中的元素，并在每个元素上执行一个函数。foreach 方式就是用于完成这项操作的。它会遍历集合中的元素，并在每个元素上执行函数 f。正如我们所提到的，它是一个抽象方法，设计用来为要使用它的不同集合实现不同的定义，从而保证能为每个集合提供高度优化的代码。

4.2.2 Iterable

Iterable 是 Scala 集合的层次结构图中的第二个根节点。它有一个抽象方法，称为 iterator。它需要在其他所有子集合中实现/定义。它也实现了来自根节点的 foreach 方法。但是正如我们提到的，所有派生的子集合都会覆盖这一实现，并在该子集合中进行特定的优化。

4.2.3 Seq、LinearSeq 和 IndexedSeq

序列与通常的 Iterable 存在很多差异，因为序列有定义好的长度和顺序。Seq 有两个子特质，例如 LinearSeq 和 IndexedSeq。让我们快速浏览一下这两个特质。

LinearSeq 是线性序列的基本特质。线性序列有合理有效的 isEmpty、head 和 tail 方法。如果这些方法提供了最快速的遍历集合的方式，则扩展了该特质的集合 Coll 也会扩展 LinearSeqOptimized[A,Coll[A]]。LinearSeq 包含如下三个具体方法。

- isEmpty：用来检查列表是否为空。
- head：返回列表/序列的第一个元素。
- tail：用于返回列表中除了第一个元素的其他所有元素。所有继承了 LinearSeq 的集合，都有针对这三个方法的实现，从而提供更好的性能。其中两个继承/扩展了这些方法的集合，就是流和列表。

注意：
要了解关于该主题的更多细节，请参阅 http://www.scala-lang.org/api/current/scala/collection/LinearSeq.html。

最后，IndexedSeq 定义了如下两个方法。

- apply：它通过索引查找元素。
- length：返回序列的长度。通过索引查找元素，需要子集和进行良好的方法实现。其中两种索引序列是 Vector 和 ArrayBuffer。

4.2.4 可变型与不可变型

在 Scala 中，可以看到可变型和不可变型集合。一个集合可以有可变型实现和不可变型实现。这也就是为什么在 Java 中，一个 List 不能既是 LinkedList 又是 ArrayList，但 List 既可以有 LinkedList 实现又可以有 ArrayList 实现的原因。图 4.2 中显示了 scala.collection.immutable 包中所有的集合。

Scala 中默认引入了不可变型集合，如果需要使用可变型集合，则需要自行导入。现在我们简要分析 scala.collection.mutable 包中的所有集合，如图 4.3 所示。

在每一种面向对象和函数式编程语言中，数组都是非常重要的集合类型，它能帮助我们存储数据对象，并在稍后轻松地进行访问。下面将使用一些例子来详细探讨数组。

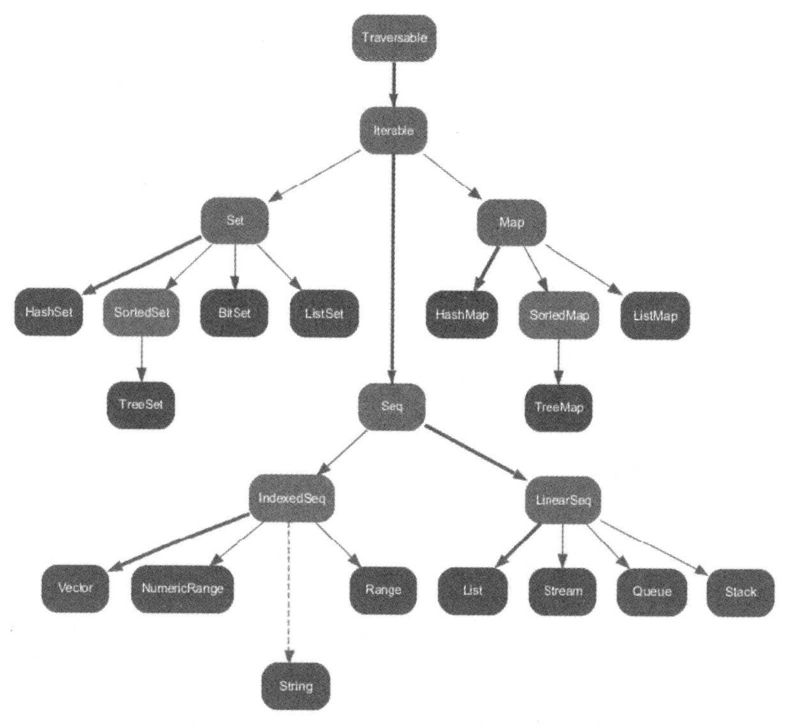

图 4.2　scala.collection.immutable 包中的所有集合

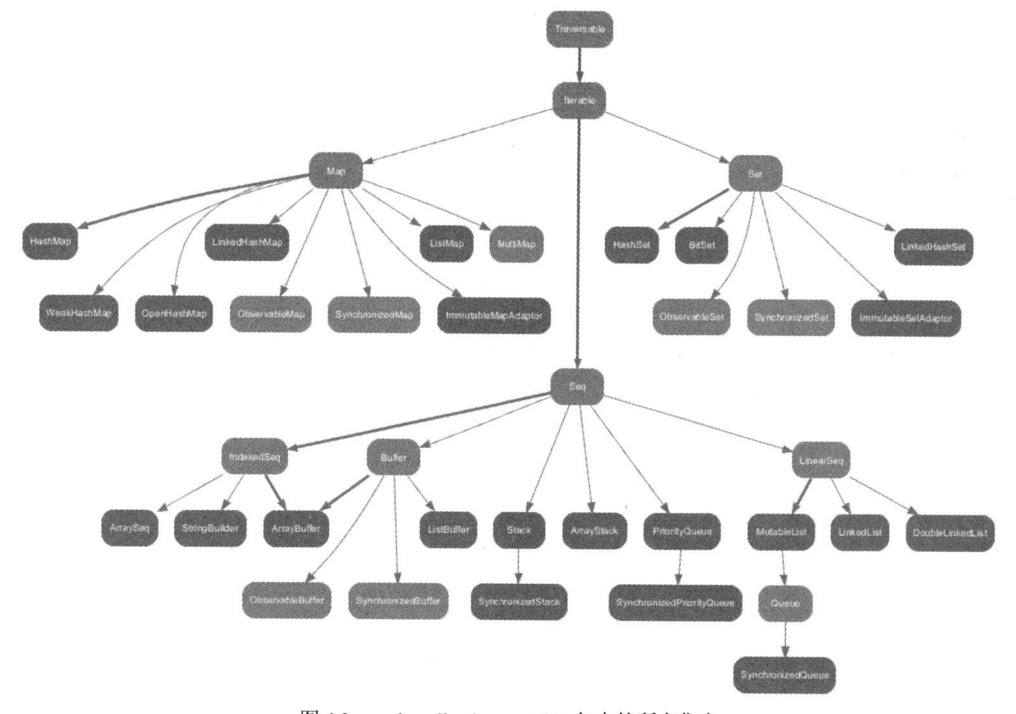

图 4.3　scala.collection.mutable 包中的所有集合

4.2.5 Array

Array(数组)是可变型集合。在数组中，元素的顺序会被保留，而且重复的元素也会被保留。由于它是可变的，因此可以通过元素的索引号对其进行访问并修改值。让我们列举一些例子来显示数组的用法。可使用如下的代码行来声明一个简单数组：

```
val numbers: Array[Int] = Array[Int](1, 2, 3, 4, 5, 1, 2, 3, 3, 4, 5) //A simple array
```

现在，打印出数组中的所有元素：

```
println("The full array is: ")
for (i <-numbers) {
  print(" " + i)
}
```

现在，打印特定的元素。例如，打印第 3 个元素：

```
println(numbers(2))
```

让我们对所有元素求和并打印：

```
var total = 0;
for (i <-0 to (numbers.length -1)) {
  total = total + numbers(i)
}
println("Sum: = " + total)
```

找出最小的元素：

```
var min = numbers(0)
for (i <-1 to (numbers.length -1)) {
  if (numbers(i) < min) min = numbers(i)
}
println("Min is: " + min)
```

找出最大的元素：

```
var max = numbers(0);
for (i <-1 to (numbers.length -1)) {
  if (numbers(i) > max) max = numbers(i)
}
println("Max is: " + max)
```

另一种创建和定义数组的方法是使用 range()方法，如下所示：

```
//Creating array using range() method
var myArray1 = range(5, 20, 2)
var myArray2 = range(5, 20)
```

第一行代码的含义是创建了一个数组，其元素在 5 到 20 之间，并且元素之间的距离差为 2。如果你没有指定第三个参数，Scala 会假设距离差为 1。

现在，让我们看一下如何访问元素，如下：

```
//Print all the array elements
```

```
for (x <-myArray1) {
  print(" " + x)
}
println()
for (x <-myArray2) {
print(" " + x)
}
```

你甚至可使用 concat()方法将两个数组进行拼接，如下：

```
//Array concatenation
var myArray3 = concat( myArray1, myArray2)
//Print all the array elements
for ( x <- myArray3 ) {
  print(" "+ x)
}
```

要注意，为使用 range()和 concat()方法，需要引入 Scala 中的 Array 包，如下：

```
Import Array._
```

最后，让我们定义和使用一个多维数组，如下：

```
var myMatrix = ofDim[Int](4,4)
```

现在，让我们使用上述代码创建一个矩阵，如下：

```
var myMatrix = ofDim[Int](4, 4)
//build a matrix
for (i <- 0 to 3) {
  for (j <- 0 to 3) {
      myMatrix(i)(j) = j
  }
}
println()
```

打印上述矩阵，如下：

```
//Print two dimensional array
for (i <- 0 to 3) {
  for (j <- 0 to 3) {
    print(" " + myMatrix(i)(j))
  }
  println()
}
```

上述例子的完整源代码如下：

```
package com.chapter4.CollectionAPI
import Array._
object ArrayExample {
  def main(args: Array[String]) {
    val numbers: Array[Int] = Array[Int](1, 2, 3, 4, 5, 1, 2, 3, 3, 4, 5)
    //A simple array
    //Print all the element of the array
```

```
println("The full array is: ")
for (i <- numbers) {
  print(" " + i)
}
//Print a particular element for example element 3
println(numbers(2))
//Summing all the elements
var total = 0
for (i <- 0 to (numbers.length -1)) {
  total = total + numbers(i)
}
println("Sum: = " + total)
//Finding the smallest element
var min = numbers(0)
for (i <- 1 to (numbers.length -1)) {
  if (numbers(i) < min) min = numbers(i)
}
println("Min is: " + min)
//Finding the largest element
var max = numbers(0)
for (i <- 1 to (numbers.length -1)) {
  if (numbers(i) > max) max = numbers(i)
}
println("Max is: " + max)
//Creating array using range() method
var myArray1 = range(5, 20, 2)
var myArray2 = range(5, 20)
//Print all the array elements
for (x <- myArray1) {
  print(" " + x)
}
println()
for (x <- myArray2) {
  print(" " + x)
}
//Array concatenation
var myArray3 = concat(myArray1, myArray2)
//Print all the array elements
for (x <- myArray3) {
  print(" " + x)
}
//Multi-dimensional array
var myMatrix = ofDim[Int](4, 4)
//build a matrix
for (i <- 0 to 3) {
  for (j <- 0 to 3) {
    myMatrix(i)(j) = j
  }
}
println();
//Print two dimensional array
```

```
    for (i <- 0 to 3) {
      for (j <- 0 to 3) {
        print(" " + myMatrix(i)(j))
      }
      println();
    }
  }
}
```

你将得到如下输出：

```
The full array is: 1 2 3 4 5 1 2 3 3 4 53
Sum: = 33
Min is: 1
Max is: 5
5 7 9 11 13 15 17 19 5 6 7 8 9 10 11 12 13 14 15 16 17 18 19 5 7 9 11 13 15 17
19 5 6 7 8 9 10 11 12 13 14 15 16 17 18 19
0 1 2 3
0 1 2 3
0 1 2 3
0 1 2 3
```

在 Scala 中，列表可保留其中元素的顺序，也保留重复的元素，并能检查其不可变性。现在，让我们看一些使用列表的例子。

4.2.6 List

如在前面讨论过的，Scala 提供了可变型和不可变型集合。其中不可变型集合是默认已导入的，如果你想使用可变型的话，需要自己导入。列表就是一个不可变型集合。当你想保持元素之间的顺序以及重复情况时就可以使用 List(列表)。让我们通过例子查看列表的这些属性：

```
scala> val numbers = List(1, 2, 3, 4, 5, 1, 2, 3, 4, 5)
numbers: List[Int] = List(1, 2, 3, 4, 5, 1, 2, 3, 4, 5)
scala> numbers(3) = 10
<console>:12: error: value update is not a member of List[Int]
numbers(3) = 10 ^
```

可使用两种不同的内置方式来定义列表。Nil 表示 List 的尾部，后面就是一个空的 List。因此，上例也可以重写为：

```
scala> val numbers = 1 :: 2 :: 3 :: 4 :: 5 :: 1 :: 2 :: 3:: 4:: 5 :: Nil
numbers: List[Int] = List(1, 2, 3, 4, 5, 1, 2, 3,4, 5
```

让我们在如下的详明例子中检查列表：

```
package com.chapter4.CollectionAPI

object ListExample {
  def main(args: Array[String]) {
    //List of cities
    val cities = "Dublin" :: "London" :: "NY" :: Nil
```

```
    //List of Even Numbers
    val nums = 2 :: 4 :: 6 :: 8 :: Nil

    //Empty List.
    val empty = Nil

    //Two dimensional list
    val dim = 1 :: 2 :: 3 :: Nil ::
                   4 :: 5 :: 6 :: Nil ::
                   7 :: 8 :: 9 :: Nil :: Nil
    val temp = Nil

    //Getting the first element in the list
    println( "Head of cities : " + cities.head )

    //Getting all the elements but the last one
    println( "Tail of cities : " + cities.tail )

    //Checking if cities/temp list is empty
    println( "Check if cities is empty : " + cities.isEmpty )
    println( "Check if temp is empty : " + temp.isEmpty )
    val citiesEurope = "Dublin" :: "London" :: "Berlin" :: Nil
    val citiesTurkey = "Istanbul" :: "Ankara" :: Nil

    //Concatenate two or more lists with :::
    var citiesConcatenated = citiesEurope ::: citiesTurkey
    println( "citiesEurope ::: citiesTurkey : "+citiesConcatenated )
    //using the concat method
    citiesConcatenated = List.concat(citiesEurope, citiesTurkey)
    println( "List.concat(citiesEurope, citiesTurkey) : " + citiesConcatenated )
  }
}
```

你将获得如下输出结果：

```
Head of cities : Dublin
Tail of cities : List(London, NY)
Check if cities is empty : false
Check if temp is empty : true
citiesEurope ::: citiesTurkey : List(Dublin, London, Berlin, Istanbul,Ankara)
List.concat(citiesEurope, citiesTurkey) : List(Dublin, London, Berlin,Istanbul,
Ankara)
```

现在，让我们快速回顾一下如何在 Scala 中使用 Set(集合)。

4.2.7 Set

Set 是使用最广泛的对象之一。在 Set 中，元素的顺序不会被保留，也不允许出现重复的元素。可将其认为是集合的数字符号。

让我们通过例子展示一下。我们将看到，Set 是如何不保留顺序及不允许出现重复元素的。

```
scala> val numbers = Set( 1, 2, 3, 4, 5, 1, 2, 3, 4, 5)
numbers: scala.collection.immutable.Set[Int] = Set(5, 1, 2, 3, 4)
```

如下的源代码显示了Scala程序中Set的不同用法：

```
package com.chapter4.CollectionAPI
object SetExample {
  def main(args: Array[String]) {
    //Empty set of integer type
    var sInteger : Set[Int] = Set()
    //Set of even numbers
    var sEven : Set[Int] = Set(2,4,8,10)
    //Or you can use this syntax
    var sEven2 = Set(2,4,8,10)
    val cities = Set("Dublin", "London", "NY")
    val tempNums: Set[Int] = Set()
    //Finding Head, Tail, and checking if the sets are empty
    println( "Head of cities : " + cities.head )
    println( "Tail of cities : " + cities.tail )
    println( "Check if cities is empty : " + cities.isEmpty )
    println( "Check if tempNums is empty : " + tempNums.isEmpty )
    val citiesEurope = Set("Dublin", "London", "NY")
    val citiesTurkey = Set("Istanbul", "Ankara")
    //Sets Concatenation using ++ operator
    var citiesConcatenated = citiesEurope ++ citiesTurkey
    println( "citiesEurope ++ citiesTurkey : " + citiesConcatenated )
    //Also you can use ++ as a method
    citiesConcatenated = citiesEurope.++(citiesTurkey)
    println( "citiesEurope.++(citiesTurkey) : " + citiesConcatenated )
    //Finding minimum and maximum elements in the set
    val evenNumbers = Set(2,4,6,8)
    //Using the min and max methods
    println( "Minimum element in Set(2,4,6,8) : " + evenNumbers.min )
    println( "Maximum element in Set(2,4,6,8) : " + evenNumbers.max )
  }
}
```

你将获得如下输出结果：

```
Head of cities : Dublin
Tail of cities : Set(London, NY)
Check if cities is empty : false
Check if tempNums is empty : true
citiesEurope ++ citiesTurkey : Set(London, Dublin, Ankara, Istanbul, NY)
citiesEurope.++(citiesTurkey) : Set(London, Dublin, Ankara, Istanbul, NY)
Minimum element in Set(2,4,6,8) : 2
Maximum element in Set(2,4,6,8) : 8
```

从我个人的经历来看，在使用Java和Scala开发Spark应用时，Tuple是频繁使用的对象，尤其是在不使用任意显式的类来对集合中的元素进行分组时。接下来我们就会看到如何在Scala中使用Tuple(元组)。

4.2.8 Tuple

Scala中的Tuple用于将不同数目的元素进行合并。这种分组方式的最终目的是用于匿名函数，从而能将这些元素作为一个整体进行传递。Tuple与Array或List的真正区别在于Tuple能包含不同类型的对象，并能保留这些对象的类型信息。这一点是Set无法实现的。Set无法使用常见的类型作为类型(例如，在前面的例子中，Set的类型应该是Set[Any])。

从计算的角度看，Scala 中的 Tuple 也是不可变型。换言之，元素使用了类来存储元素(如Tuple2、Tuple3、Tuple22等)。

下面是元组的一个例子，它包含一个整型、一个字符串和一个Console：

```
val tuple_1 = (20, "Hello", Console)
```

它是如下表述的语法糖(简写)：

```
val t = new Tuple3(20, "Hello", Console)
```

另外一个例子如下：

```
scala> val cityPop = ("Dublin", 2)
cityPop: (String, Int) = (Dublin,2)
```

在访问元组中的数据时，并没有已命名好的访问方式，需要使用基于位置的访问方式。该位置是从1开始的，而非从 0开始。

```
scala> val cityPop = ("Dublin", 2)
cityPop: (String, Int) = (Dublin,2)

scala> cityPop._1
res3: String = Dublin

scala> cityPop._2
res4: Int = 2
```

不仅如此，Tuple也可在模式匹配中进行完美匹配，如下：

```
cityPop match {
  case ("Dublin", population) => ...
  case ("NY", population) => ...
}
```

你甚至也可使用特殊操作符->更紧凑地声明一个包含两个值的元组。例如：

```
scala> "Dublin" -> 2
res0: (String, Int) = (Dublin,2)
```

如下是一个更详细的例子，用来展示Tuple的功能：

```
package com.chapter4.CollectionAPI
object TupleExample {
  def main(args: Array[String]) {
    val evenTuple = (2,4,6,8)
    val sumTupleElements =evenTuple._1 + evenTuple._2 + evenTuple._3 + evenTuple._4
```

```
        println( "Sum of Tuple Elements: " + sumTupleElements )
        //You can also iterate over the tuple and print it's element using the foreach
        //method
        evenTuple.productIterator.foreach{ evenTuple =>println("Value = " +
evenTuple )}
      }
    }
```

你将获得如下输出：

```
Sum of Tuple Elements: 20 Value = 2 Value = 4 Value = 6 Value = 8
```

现在，让我们看看如何在Scala中使用Map(映射)。这也是被广泛使用的对象，主要用于处理基本数据类型。

4.2.9 Map

Map(映射)是一个Iterable，由键值对构成。Map也称为mapping或association。Map也是被广泛使用的连接操作。例如：

```
scala> Map(1 -> 2)
res7: scala.collection.immutable.Map[Int,Int] = Map(1 -> 2)
scala> Map("X" -> "Y")
res8: scala.collection.immutable.Map[String,String] = Map(X -> Y)
```

Scala中的Predef对象提供了一种隐式转换机制，能让你书写key -> value来代替pair(key,value)。例如，Map("a" -> 10, "b" -> 15, "c" -> 16)与Map(("a", 10), ("b", 15), ("c",16))意义完全相同，但是前者具有更好的可读性。

不仅如此，Map也可被视为Tuple2的集合：

```
Map(2 -> "two", 4 -> "four")
```

上面的代码也可以被理解为：

```
Map((2, "two"), (4, "four"))
```

在本例中，我们可将Map视为一个可被存储的函数，这也是函数式程序设计语言中函数的关键特性：函数是优等公民，可被到处使用。

假设你有一个方法，用于查找数组中最大的元素，如下：

```
var myArray = range(5, 20, 2)
  def getMax(): Int = {
    //Finding the largest element
    var max = myArray(0)
    for (i <-1 to (myArray.length -1)) {
      if (myArray(i) > max)
        max = myArray(i)
    }
    max
  }
```

现在，让我们使用Map对这个可被存储的方法进行映射。

```
scala> val myMax = Map("getMax" -> getMax())
scala> println("My max is: " + myMax )
```

让我们来看另一个使用映射的例子：

```
scala> Map( 2 -> "two", 4 -> "four")
res9: scala.collection.immutable.Map[Int,String] = Map(2 -> two, 4 -> four)
scala> Map( 1 -> Map("X"-> "Y"))
res10:
scala.collection.immutable.Map[Int,scala.collection.immutable.Map[String,
String]] = Map(1 -> Map(X -> Y))
```

如下是一个详细展示 Map 功能的例子：

```
package com.chapter4.CollectionAPI
import Array._

object MapExample {
  var myArray = range(5, 20, 2)
  def getMax(): Int = {
    //Finding the largest element
    var max = myArray(0)
    for (i <-1 to (myArray.length -1)) {
      if (myArray(i) > max)
        max = myArray(i)
    }
    max
  }

   def main(args: Array[String]) {
  val capitals = Map("Ireland" -> "Dublin", "Britain" -> "London",
  "Germany" -> "Berlin")

    val temp: Map[Int, Int] = Map()
    val myMax = Map("getMax" -> getMax())
    println("My max is: " + myMax )

    println("Keys in capitals : " + capitals.keys)
    println("Values in capitals : " + capitals.values)
    println("Check if capitals is empty : " + capitals.isEmpty)
    println("Check if temp is empty : " + temp.isEmpty)

    val capitals1 = Map("Ireland" -> "Dublin", "Turkey" -> "Ankara","Egypt" -> "Cairo")
    val capitals2 = Map("Germany" -> "Berlin", "Saudi Arabia" ->"Riyadh")

    //Map concatenation using ++ operator
    var capitalsConcatenated = capitals1 ++ capitals2
    println("capitals1 ++ capitals2 : " + capitalsConcatenated)

    //use two maps with ++ as method
    capitalsConcatenated = capitals1.++(capitals2)
    println("capitals1.++(capitals2)) : " + capitalsConcatenated)
```

```
  }
}
```

你将获得如下输出结果：

```
My max is: Map(getMax -> 19)
Keys in capitals : Set(Ireland, Britain, Germany)
Values in capitals : MapLike(Dublin, London, Berlin)
Check if capitals is empty : false
Check if temp is empty : true
capitals1 ++ capitals2 : Map(Saudi Arabia -> Riyadh, Egypt -> Cairo,Ireland ->
Dublin, Turkey -> Ankara, Germany -> Berlin)
capitals1.++(capitals2)) : Map(Saudi Arabia -> Riyadh, Egypt -> Cairo,Ireland ->
Dublin, Turkey -> Ankara, Germany -> Berlin)
```

现在快速看一下 Scala 中 Option 的使用。它本质上是一个数据容器，用于持有数据。

4.2.10 Option

Option(选项)类型在 Scala 程序中是被频繁使用的。可将其与 Java 中的 null 值变量进行比较。Scala 中的 Option[T]是一个容器，用于为指定类型存储 0 个或 1 个元素。Option[T]可以是 Some[T]或者 None 对象。None 代表一个丢失的值。例如，对于 Scala 中的 get 方法，如果 value 对应的给定 key 被找到，会生成一个 Some(value)；如果在 Map 中没有找到给定的 key，则生成 None 对象。

Option 的基本特质如下所示：

```
trait Option[T] {
  def get: A //Returns the option's value.
  def isEmpty: Boolean //Returns true if the option is None, false otherwise.
  def productArity: Int //The size of this product.For a product A(x_1, ..., x_k),
returns k
  def productElement(n: Int): Any //The nth element of this product,0-based
  def exists(p: (A) => Boolean): Boolean //Returns true if this option is nonempty
  def filter(p: (A) => Boolean): Option[A] //Returns this Option if it is nonempty
  def filterNot(p: (A) => Boolean): Option[A] //Returns this Option if it is
      //nonempty or return None.
  def flatMap[B](f: (A) => Option[B]): Option[B] //Returns result of applying f
      //to this Option's
  def foreach[U](f: (A) => U): Unit //Apply given procedure f to the option's value,
      //if it is nonempty.
  def getOrElse[B >: A](default: => B): B //Returns the option's value if the option
      //is nonempty,
  def isDefined: Boolean //Returns true if the option is an instance of Some, false
      //otherwise.
  def iterator: Iterator[A] //Returns a singleton iterator returning Option's value
      //if it is nonempty
  def map[B](f: (A) => B): Option[B] //Returns a Some containing result of applying
      //f to this Option's
  def orElse[B >: A](alternative: => Option[B]): Option[B] //Returns this Option
      //if it is nonempty
```

```
  def orNull //Returns the option's value if it is nonempty, or null if it is empty.
}
```

例如，在下例中，我们尝试进行映射，并显示一些位于 India、Bangladesh、Japan 以及 USA 的一些大城市：

```
object ScalaOptions {
  def main(args: Array[String]) {
    val megacity = Map("Bangladesh" -> "Dhaka", "Japan" -> "Tokyo",
    "India" -> "Kolkata", "USA" -> "New York")
    println("megacity.get( \"Bangladesh\" ) : " +
    show(megacity.get("Bangladesh")))
    println("megacity.get( \"India\" ) : " +
    show(megacity.get("India")))
  }
}
```

现在，为让上述代码能够工作，需要定义 show()方法。在此可使用 Option 通过 Scala 中的模式匹配予以实现。

```
def show(x: Option[String]) = x match {
  case Some(s) => s
  case None => "?"
}
```

将这些代码按如下方式进行合并，就能打印出我们期望的精确结果：

```
package com.chapter4.CollectionAPI
object ScalaOptions {
  def show(x: Option[String]) = x match {
    case Some(s) => s
    case None => "?"
  }
  def main(args: Array[String]) {
    val megacity = Map("Bangladesh" -> "Dhaka", "Japan" -> "Tokyo",
    "India" -> "Kolkata", "USA" -> "New York")
    println("megacity.get( \"Bangladesh\" ) : " +
    show(megacity.get("Bangladesh")))
    println("megacity.get( \"India\" ) : " +
    show(megacity.get("India")))
  }
}
```

你将获得如下输出：

```
megacity.get( "Bangladesh" ) : Dhaka
megacity.get( "India" ) : Kolkata
```

可使用 getOrElse()方法，这样如果没有值出现的话，它也可以访问默认值。

```
//Using getOrElse() method:
val message: Option[String] = Some("Hello, world!")
val x: Option[Int] = Some(20)
```

```
val y: Option[Int] = None
println("message.getOrElse(0): " + message.getOrElse(0))
println("x.getOrElse(0): " + x.getOrElse(0))
println("y.getOrElse(10): " + y.getOrElse(10))
```

你将获得如下输出：

```
message.getOrElse(0): Hello, world!
x.getOrElse(0): 20
y.getOrElse(10): 10
```

还可以使用 isEmptry()方法，这样就可以检查该 Option 是否为 None。如下：

```
println("message.isEmpty: " + message.isEmpty)
println("x.isEmpty: " + x.isEmpty)
println("y.isEmpty: " + y.isEmpty)
```

以下是完整的代码：

```
package com.chapter4.CollectionAPI
object ScalaOptions {
  def show(x: Option[String]) = x match {
    case Some(s) => s
      case None => "?"
  }
  def main(args: Array[String]) {
    val megacity = Map("Bangladesh" -> "Dhaka", "Japan" -> "Tokyo",
    "India" -> "Kolkata", "USA" -> "New York")
    println("megacity.get( \"Bangladesh\" ) : " +
    show(megacity.get("Bangladesh")))
    println("megacity.get( \"India\" ) : " +
    show(megacity.get("India")))

    //Using getOrElse() method:
    val message: Option[String] = Some("Hello, world")
    val x: Option[Int] = Some(20)
    val y: Option[Int] = None

    println("message.getOrElse(0): " + message.getOrElse(0))
    println("x.getOrElse(0): " + x.getOrElse(0))
    println("y.getOrElse(10): " + y.getOrElse(10))

    //Using isEmpty()
    println("message.isEmpty: " + message.isEmpty)
    println("x.isEmpty: " + x.isEmpty)
    println("y.isEmpty: " + y.isEmpty)
  }
}
```

你会获得如下输出：

```
megacity.get( "Bangladesh" ) : Dhaka
megacity.get( "India" ) : Kolkata
```

```
message.getOrElse(0): Hello, world
x.getOrElse(0): 20
y.getOrElse(10): 10
message.isEmpty: false
x.isEmpty: false
y.isEmpty: true
```

让我们看一下另一个何时使用 Option 的例子。例如，Map.get()方法可使用 Option，来告诉用户其尝试访问的对象是否存在。如下：

```
scala> val numbers = Map("two" -> 2, "four" -> 4)
numbers: scala.collection.immutable.Map[String,Int] = Map(two -> 2, four ->4)
scala> numbers.get("four")
res12: Option[Int] = Some(4)
scala> numbers.get("five")
res13: Option[Int] = None
```

现在看一下如何使用 exists，它用于检查谓词是否适于遍历集合中包含元素的子集。

4.2.11 exists

exists 用于检查谓词是否适用于遍历集合中的至少一个元素。例如：

```
def exists(p: ((A, B)) ⇒ Boolean): Boolean
```

使用胖箭头：

=>被称为右箭头、胖箭头或火箭。它用于通过名称传递参数。这意味着当访问一个参数时，就会计算表达式。胖箭头其实是一个 0 参数函数 call: x: () => Boolean 的语法糖。让我们看一个使用该操作符的例子，如下：

```
package com.chapter4.CollectionAPI
object UsingFatArrow {
  def fliesPerSecond(callback: () => Unit) {
    while (true) { callback(); Thread sleep 1000 }
  }
  def main(args: Array[String]): Unit= {
    fliesPerSecond(() => println("Time and tide wait for none
    but fly like arrows ..."))
  }
}
```

你将获得如下输出：

```
Time and tide wait for none but flies like an arrow...
Time and tide wait for none but flies like an arrow...
Time and tide wait for none but flies like an arrow...
Time and tide wait for none but flies like an arrow...
Time and tide wait for none but flies like an arrow...
Time and tide wait for none but flies like an arrow...
```

如下是一个详细的例子。

```
package com.chapter4.CollectionAPI

object ExistsExample {
  def main(args: Array[String]) {
    //Given a list of cities and now check if "Dublin" is included in the list
    val cityList = List("Dublin", "NY", "Cairo")
    val ifExisitsinList = cityList exists (x => x == "Dublin")
    println(ifExisitsinList)

    //Given a map of countries and their capitals check if Dublin is included in
    //the Map
    val cityMap = Map("Ireland" -> "Dublin", "UK" -> "London")
    val ifExistsinMap = cityMap exists (x => x._2 == "Dublin")
    println(ifExistsinMap)
  }
}
```

输出结果如下：

```
true
true
```

注意：

可在Scala中使用中缀操作符。

在前面小节中，我们使用了Scala中的中缀符号。

假设你想使用一批Complex数字进行一些操作，并且包含一个case类，还带有add方法，用于对两个Complex数字进行相加：

```
case class Complex(i: Double, j: Double) {
  def plus(other: Complex): Complex = Complex(i + other.i, j + other.j)
}
```

现在为了访问该方法中的属性，需要创建如下对象：

```
val obj = Complex(10, 20)
```

并且，假设你定义了如下两个Complex数字：

```
val a = Complex(6, 9)
val b = Complex(3, -6)
```

现在为了从case类中访问plus()方法，需要完成如下事项：

```
val z = obj.plus(a)
```

这将输出Complex(16.0,29.0)。但如果你以如下方式调用该方法就不是太好了：

```
val c = a plus b
```

它工作起来就跟魔法一样，不是吗？如下是完整的例子：

```
package com.chapter4.CollectionAPI
object UsingInfix {
```

```
case class Complex(i: Double, j: Double) {
  def plus(other: Complex): Complex = Complex(i + other.i, j + other.j)
  }
  def main(args: Array[String]): Unit = {
    val obj = Complex(10, 20)
    val a = Complex(6, 9)
    val b = Complex(3, -6)
    val c = a plus b
    val z = obj.plus(a)
    println(c)
    println(z)
   }
}
```

中缀操作符的优先级由操作符的首字符决定。下面将字符按优先级递增的顺序列出。同一行的字符具有相同的优先级：

```
(所有字母)
    |
    ^
    &
    = !
    < >
    :
    + -
    * /%
    (所有其他特殊字符)
```

> **注意：**
> 不鼓励使用中缀标识符来调用常规、非符号性方法，除非这样做能显著提升可读性。使用中缀标识符的典型例子是 ScalaTest 中的匹配器和测试定义部分。

4.2.12 forall

Scala 集合包中的另一个有趣元素是 forall。它用于检查某一谓词是否对于 Traversable 集合中的每个元素都适用。

forall 可按如下方式进行定义：

```
def forall (p: (A) ⇒ Boolean): Boolean
```

让我们看另一个例子：

```
scala> Vector(1, 2, 8, 10) forall (x => x % 2 == 0)
res2: Boolean = false
```

4.2.13 filter

在编写 Scala 代码进行处理前，我们通常需要使用 filter(过滤器)来选择指定的数据对象。Scala

集合 API 中的 filter 特性就用于这样的场景。

filter 用于选择满足某一特定谓词的所有元素。它通常可按如下方式进行定义：

```
def filter(p: (A) ⇒ Boolean): Traversable[A]
```

让我们看一个例子，如下：

```
scala> //Given a list of tuples (cities, Populations)
scala> //Get all cities that has population more than 5 million
scala> List(("Dublin", 2), ("NY", 8), ("London", 8)) filter (x =>x._2 >= 5)
res3: List[(String, Int)] = List((NY,8), (London,8))
```

4.2.14 map

map 用于建立一个新集合，或元素的集合；通过将集合中的所有元素利用函数进行转换而得到。

map 可以定义如下。

```
def map[B](f: (A) ⇒ B): Map[B]
```

让我们看一下例子：

```
scala> //Given a list of integers
scala> //Get a list with all the elements square.
scala> List(2, 4, 5, -6) map ( x=> x * x)
res4: List[Int] = List(4, 16, 25, 36)
```

4.2.15 take

在 Scala 中使用集合 API 时，你通常需要选择列表或数组中的第 n 个元素。

take 用于获取集合中的第 n 个元素。使用 take 的一般定义如下：

```
def take(n: Int): Traversable[A]
```

让我们看一个例子：

```
//Given an infinite recursive method creating a stream of odd numbers.
def odd: Stream[Int] = {
  def odd0(x: Int): Stream[Int] =
    if (x%2 != 0) x #:: odd0(x+1)
    else odd0(x+1)
      odd0(1)
}//Get a list of the 5 first odd numbers.
odd take (5) toList
```

你将获得如下输出：

```
res5: List[Int] = List(1, 3, 5, 7, 9)
```

4.2.16 groupBy

在 Scala 中，如果你想使用特定的分区函数将某一集合进行分区，从而使其映射为另一个 Traversable 集合，就可以使用 groupBy()方法。

groupBy 可按照如下方式进行定义：

```
def groupBy[K](f: ((A, B)) ⇒ K): Map[K, Map[A, B]]
```

让我们看如下例子：

```
scala> //Given a list of numbers
scala> //Group them as positive and negative numbers.
scala> List(1,-2,3,-4) groupBy (x => if (x >= 0) "positive" else "negative")
res6: scala.collection.immutable.Map[String,List[Int]] = Map(negative ->
List(-2, -4), positive -> List(1, 3))
```

4.2.17 init

在 Scala 中，如果你想选择一个 Traversable 集合中除了最后一个元素之外的其他所有元素，就可以使用 init。

init 可以按照如下方式进行定义：

```
def init: Traversable[A]
```

让我们看一个例子，如下：

```
scala> List(1,2,3,4) init
res7: List[Int] = List(1, 2, 3)
```

4.2.18 drop

在 Scala 中，如果你想选择除了前 n 个元素之外的其他所有元素，可使用 drop。

drop 可按如下方式进行定义：

```
def drop(n: Int): Traversable[A]
```

让我们看一个例子，如下：

```
//Drop the first three elements
scala> List(1,2,3,4) drop 3
res8: List[Int] = List(4)
```

4.2.19 takeWhile

在 Scala 中，如果你想使用一个谓词来选择元素的集合，可以使用 takeWhile。

takeWhile 可按如下方式进行定义：

```
def takeWhile(p: (A) ⇒ Boolean): Traversable[A]
```

让我们看一个例子，如下：

```
//Given an infinite recursive method creating a stream of odd numbers.
def odd: Stream[Int] = {
  def odd0(x: Int): Stream[Int] =
    if (x%2 != 0) x #:: odd0(x+1)
     else odd0(x+1)
     odd0(1)
}
//Return a list of all the odd elements until an element isn't less then 9.
odd takeWhile (x => x < 9) toList
```

你将获得如下输出结果：

```
res11: List[Int] = List(1, 3, 5, 7)
```

4.2.20 dropWhile

在 Scala 中，如果你想在满足某一谓词之前省略部分元素，可使用 dropWhile。dropWhile 可按如下方式进行定义：

```
def dropWhile(p: (A) ⇒ Boolean): Traversable[A]
```

让我们看一个例子，如下：

```
//Drop values till reaching the border between numbers that are greater
//than 5 and less than 5
scala> List(2,3,4,9,10,11) dropWhile(x => x <5)
res1: List[Int] = List(9, 10, 11)
```

4.2.21 flatMap

在 Scala 中，如果你想使用自定义函数(UDF)，诸如在嵌套列表中使用某一个函数作为参数，并将其与返回的输出结果进行合并等，使用 flatMap()可能就是首选的做法。

flatMap 使用函数作为参数。作为参数提供给 flatMap()的函数不会作用于嵌套列表，但会生成新集合。它可按如下方式进行定义：

```
def flatMap[B](f: (A) ⇒ GenTraversableOnce[B]): Traversable[B]
```

让我们看一个例子，如下：

```
//Applying function on nested lists and then combining output back together
scala> List(List(2,4), List(6,8)) flatMap(x => x.map(x => x * x))
res4: List[Int] = List(4, 16, 36, 64)
```

到目前为止，我们基本已经探讨完 Scala 集合特性的各个方面。另外需要注意，Fold()、Reduce()、Aggregate()、Collect()、Count()、Find()和 Zip()等可用来在不同集合(如 toVector、toSeq、toSet 和 toArray 等)之间传输；你将在接下来的章节中看到这些内容。从现在开始，是时候来了解一下 Scala 集合中不同 API 之间的性能特征了。

4.3 性能特征

在 Scala 中，不同的集合有着不同的性能特征。基于这些特征，可以优先选择某种集合而非另一种集合。在本节中，我们将从操作及内存使用的角度出发，来判断 Scala 中各个集合对象的性能特征。在本节结尾处，我们也将提供一些指导原则，用于帮助你为代码和问题类型选择合适的集合对象。

4.3.1 集合对象的性能特征

如下是基于 Scala 的官方文档，整理出的 Scala 集合对象的性能特征。

- Const：操作所需的时间不变。
- eConst：操作会高效执行。但这可能依赖于一些假设，如 Vector 的最大长度或 Hash 值的分布情况。
- Linear：操作所需的时间与集合的大小呈线性关系增长。
- Log：操作所需的时间随着集合的大小呈指数级增长。
- aConst：操作需要固定时间的分摊。该操作的某些调用所需的时间可能变长。但如果执行了多次操作，则其平均时间为固定时间。
- NA：不支持该操作。

序列类型(不可变型)的性能特征如表 4.1 所示。

表 4.1 序列类型(不可变型)的性能特征

不可变型集合对象	Head	Tail	Apply	Update	Prepend	Append	Insert
列表(List)	Const	Const	Linear	Linear	Const	Linear	NA
流(Stream)	Const	Const	Linear	Linear	Const	Linear	NA
向量(Vector)	eConst	eConst	eConst	eConst	eConst	eConst	NA
栈(Stack)	Const	Const	Linear	Linear	Const	Linear	Linear
队列(Queue)	aConst	aConst	Linear	Linear	Const	Const	NA
范围(Range)	Const	Const	Const	NA	NA	NA	NA
字符串(String)	Const	Linear	Const	Linear	Linear	Linear	NA

表 4.2 中则显示了表 4.1 和表 4.3 中描述的操作的含义。

表 4.2 表 4.1 和表 4.3 中描述的操作的含义

操作	操作的含义
Head	用于选择现有序列中的第一个元素
Tail	用于选择除了第一个元素之外的其他所有元素，并作为一个新序列返回
Apply	用于索引目的
Update	用于对不可变型序列进行函数式更新。对于可变型序列，这是一种有副作用的更新(为可变型序列的更新)

(续表)

操作	操作的含义
Prepend	用于在现有序列前添加元素。这样会生成新的不可变型序列。对于可变型序列而言，现有的一个元素会被改变
Append	用于向现有序列的尾部添加元素。这样会生成新的不可变型序列。对于可变型序列而言，现有的一个元素会被改变
Insert	用于向现有序列中的随机位置插入一个元素。但该操作可以直接在可变型序列上执行

序列类型(可变型)的性能特征如表 4.3 所示。

表 4.3　序列类型(可变型)的性能特征

可变型集合对象	Head	Tail	Apply	Update	Prepend	Append	Insert
ArrayBufferr	Const	Linear	Const	Const	Linear	aConst	Linear
ListBuffer	Const	Linear	Linear	Linear	Const	Const	Linear
StringBuilder	Const	Linear	Const	Const	Linear	aConst	Linear
MutableList	Const	Linear	Linear	Linear	Const	Const	Linear
Queue	Const	Linear	Linear	Linear	Const	Const	Linear
ArraySeq	Const	Linear	Const	Const	NA	NA	NA
Stack	Const	Linear	Linear	Linear	Const	Linear	Linear
ArrayStack	Const	Linear	Const	Const	aConst	Linear	Linear
Array	Const	Linear	Const	Const	NA	NA	NA

注意：

要了解可变型集合以及其他集合类型的更多细节，可参阅 http://docs.scala-lang.org/overviews/collections/performance-characteristics.html。

集合与映射类型的性能特征如表 4.4 所示。

表 4.4　集合与映射类型的性能特征

集合类型	Lookup	Add	Remove	Min
不可变型	-	-	-	-
HashSet/HashMap	eConst	eConst	eConst	Linear
TreeSet/TreeMap	Log	Log	Log	Log
BitSet	Const	Linear	Linear	eConst*
ListMap	Linear	Linear	Linear	Linear
可变型	-	-	-	-
HashSet/HashMap	eConst	eConst	eConst	Linear
WeakHashMap	eConst	eConst	eConst	Linear
BitSet	Const	aConst	Const	eConst*
TreeSet	Log	Log	Log	Log

*适用于数据位被密集封装时

表 4.5 显示了表 4.4 中描述的各个操作的含义。

表 4.5　表 4.4 中描述的各个操作的含义

操作	含义
查找(Lookup)	用于检查某一元素是否包含在集合中。其次，它也可用于查找特定键对应的值
添加(Add)	用于向集合中添加新元素，也可用于向映射添加新的键值对
移除(Remove)	用于从集合中移除元素，或从映射中移除一个键
最小值(Min)	用于从集合中选择最小的元素，或映射中最小的键

对于集合对象而言，最基本的性能指标之一就是内存使用情况。接下来将提供一些指导，用于帮助你基于内存使用情况来度量这些指标。

4.3.2　集合对象的内存使用

有时，你会遇到一些基准测试问题，例如列表比向量快还是向量比列表快？使用未封口的数组来存储原始数据可以节省多少内存？当你使用一些性能调整技巧，如预分配数组，或使用 while 循环而非 foreach 调用时，这些技巧真的有用吗？你是使用 var l: List 还是 val b: mutable.Buffer？可使用不同的 Scala 基准测试代码来评估内存使用情况。例如，可参考 https://github.com/lihaoyi/scala-bench。

表 4.6 显示了不同的不可变型集合对象的估计大小(以字节为单位)，它们分别包含 0 个元素、1 个元素、4 个元素，按照 4 的次方递增，最终到 1 048 576 个元素。尽管这些数字都是确定的，但由于你的平台的不同也可能略有出入。

表 4.6　不同集合的估算大小(以字节为单位)

大小	0	1	4	16	64	256	1 024	4 096	16 192	65 536	262 144	1 048 576
Vector	56	216	264	456	1 512	5 448	21 192	84 312	334 440	1 353 192	5 412 168	21 648 072
Array[Object]	16	40	96	336	1 296	5 136	20 496	81 400	323 856	1 310 736	5 242 896	20 971 536
List	16	56	176	656	2 576	10 256	40 976	162 776	647 696	2 621 456	10 485 776	41 943 056
Stream(unforced)	16	160	160	160	160	160	160	160	160	160	160	160
Steam(forced)	16	56	176	656	2 576	10 256	40 976	162 776	647 696	2 621 456	10 485 776	41 943 056
Set	16	32	96	880	3 720	14 282	59 288	234 648	895 000	3 904 144	14 361 000	60 858 616
Map	16	56	176	1 648	6 800	26 208	109 112	428 592	1 674 568	7 055 272	26 947 840	111 209 368
SortedSet	40	104	248	824	3 128	12 334	49 208	195 368	777 272	3 145 784	12 582 968	50 331 704
Queue	40	80	200	680	2 600	10 280	41 000	162 800	647 720	2 621 480	10 485 800	41 943 080
String	40	48	48	72	168	552	2 088	8 184	32 424	131 112	524 328	2 097 192

表 4.7 则展示了 Scala 中不同大小的数组的估算大小(以字节为单位)，这些数字分布包含 0 个元素、1 个元素、4 个元素，并按照 4 的次幂递增，直到 1 048 576 个元素。尽管这些数字都是确定的，但是由于你的平台的不同也可能略有出入。

表 4.7　Scala 中的数组估算大小(以字节为单位)

大小	0	1	4	16	64	256	1 024	4 096	16 192	65 536	262 144	1 048 576
Array[Object]	16	40	96	336	1 296	5 136	20 496	81 400	323 856	1 310 736	5 242 896	20 971 536
Array[Boolean]	16	24	24	32	80	272	1 040	4 088	16 208	65 552	262 160	1 048 592
Array[Byte]	16	24	24	32	80	272	1 040	4 088	16 208	65 552	262 160	1 048 592
Array[Short]	16	24	24	48	144	528	2 064	8 160	32 400	131 088	524 304	2 097 168
Array[Int]	16	24	32	80	272	1 040	4 112	16 296	64 784	262 160	1 048 592	4 194 320
Array[Long]	16	24	48	144	528	2 064	8 208	32 568	129 552	524 304	2 097 168	8 388 624
封口的 Array[Boolean]	16	40	64	112	304	1 072	4 144	16 328	64 816	262 192	1 048 624	4 194 352
封口的 Array[Byte]	16	40	96	336	1 296	5 136	8 208	20 392	68 880	266 256	1 052 688	4 198 416
封口的 Array[Short]	16	40	96	336	1 296	5 136	20 496	81 400	323 856	1 310 736	5 230 608	20 910 096
封口的 Array[Int]	16	40	96	336	1 296	5 136	20 496	81 400	323 856	1 310 736	5 242 896	20 971 536
封口的 Array[Long]	16	48	128	464	1 808	7 184	28 688	113 952	453 392	1 835 024	7 340 048	29 360 144

注意：

关于 Scala 集合对象详细的基准测试记录及计时代码，可以参考 GitHub 上的 https://github.com/lihaoyi/scala-bench/tree/master/bench/src/main/scala/bench。

正如我们在第 1 章中提到的那样，Scala 有非常丰富的集合 API。对于 Java 来说也是如此，但这两者的集合 API 之间也存在很多差异。接下来列举一些与 Java 互操作性相关的例子。

4.4　Java 互操作性

Java 中也有大量的集合 API，但与 Scala 中的集合 API 存在不少差异。例如，两者的 API 中都包括 iterable、iterator、映射、集合和序列等。但 Scala 有一些优势。它更关注不可变型集合，并为此提供了更多操作，从而让你能生成其他集合。有时，你可能想使用或访问 Java 的集合，反之亦然。

小技巧：

JavaConversions 不再是一种合理的选择。它使得 Scala 与 Java 集合之后的转换变得显式了，更不用说你也不想使用隐式转换。

事实上，这样做也非常简单。因为 Scala 在 JavaConversions 对象中为这两类 API 提供了隐式转换。因此，你可能发现如下类型之间的双向转换：

```
Iterator                 <=>     java.util.Iterator
Iterator                 <=>     java.util.Enumeration
Iterable                 <=>     java.lang.Iterable
Iterable                 <=>     java.util.Collection
mutable.Buffer           <=>     java.util.List
mutable.Set              <=>     java.util.Set
mutable.Map              <=>     java.util.Map
mutable.ConcurrentMap    <=>     java.util.concurrent.ConcurrentMap
```

为使用上述各种转换，需要从 JavaConversions 对象中将其导入。如下：

```
scala> import collection.JavaConversions._
import collection.JavaConversions._
```

这样，就能自动实现 Scala 集合与其对应的 Java API 之间的转换：

```
scala> import collection.mutable._
import collection.mutable._
scala> val jAB: java.util.List[Int] = ArrayBuffer(3,5,7)
jAB: java.util.List[Int] = [3, 5, 7]
scala> val sAB: Seq[Int] = jAB
sAB: scala.collection.mutable.Seq[Int] = ArrayBuffer(3, 5, 7)
scala> val jM: java.util.Map[String, Int] = HashMap("Dublin" -> 2, "London"-> 8)
jM: java.util.Map[String,Int] = {Dublin=2, London=8}
```

也可以尝试将其他 Scala 集合转换为 Java 类型。例如：

```
Seq            =>    java.util.List
mutable.Seq    =>    java.utl.List
Set            =>    java.util.Set
Map            =>    java.util.Map
```

Java 并不提供区分可变型与不可变型集合的功能。List 就是 java.util.List，在尝试修改其元素时就会抛出异常。下例展示了这一点：

```
scala> val jList: java.util.List[Int] = List(3,5,7)
jList: java.util.List[Int] = [3, 5, 7]
scala> jList.add(9)
java.lang.UnsupportedOperationException
at java.util.AbstractList.add(AbstractList.java:148)
at java.util.AbstractList.add(AbstractList.java:108)
...33 elided
```

第 2 章中简单探讨了隐式。接下来将深入讨论 Scala 中隐式的使用。

4.5 Scala 隐式的使用

我们在此前的章节中已经看到了隐式的例子，但这里将列举更多例子。隐式参数与默认参数很像，但是在查找默认值时，它们采用了完全不同的机制。

隐式参数是会被传递给构造器或方法的参数，但会被标记为隐式。这意味着，如果你没有为其提供一个值，编译器会在其作用域内寻找一个隐式值。例如：

```
scala> def func(implicit x:Int) = print(x)
func: (implicit x: Int)Unit
scala> func
<console>:9: error: could not find implicit value for parameter x: Int
              func
              ^
scala> implicit val defVal = 2
defVal: Int = 2
scala> func(3)
3
```

隐式对集合 API 非常有用。例如，集合 API 可使用隐式参数，来为集合中的众多方法提供 CanBuildFrom 对象。这种情况会经常发生，因为用户并不关注这些参数。

但其限制在于，在每个方法中，你不能使用多个隐式关键字。并且该关键字必须位于参数列表的头部。如下是一些无效的例子：

```
scala> def func(implicit x:Int, y:Int)(z:Int) = println(y,x)
<console>:1: error: '=' expected but '(' found.
       def func(implicit x:Int, y:Int)(z:Int) = println(y,x)
                                      ^
```

隐式参数的数量：
需要注意的是，可以使用多个隐式参数。但你不能使用多组隐式参数。

下例中就使用了多组隐式参数：

```
scala> def func(implicit x:Int, y:Int)(implicit z:Int, f:Int) =
println(x,y)
<console>:1: error: '=' expected but '(' found.
       def func(implicit x:Int, y:Int)(implicit z:Int, f:Int) =
println(x,y)
                                      ^
```

函数的最后一个参数列表可被识别或标记为隐式。这意味着这些参数的值会根据其被调用的上下文而确定。换言之，如果在其作用域内，该精确的类型没有对应的隐式值，则使用了隐式的源代码是无法通过编译的。原因很简单：既然隐式参数必须被解析为一个确定的值类型，则将其类型指定为期望的类型，比出现隐式冲突要好得多。

不仅如此，在查找隐式时你也不必使用方法。例如：

```
//probably in a library
class Prefixer(val prefix: String)
def addPrefix(s: String)(implicit p: Prefixer) = p.prefix + s
//then probably in your application
implicit val myImplicitPrefixer = new Prefixer("***")
addPrefix("abc") //returns "***abc"
```

当 Scala 编译器在上下文中找到一个带有错误类型的表达式，就会为类型检查操作尝试寻找隐式的函数值。因此，它与常规方法的不同之处在于，当遇到一个 Double 类型，但需要 Int 类型时，被标记为隐式的参数会被编译器插入对应的值。下面列举一个例子。

```
scala> implicit def doubleToInt(d: Double) = d.toInt
val x: Int = 42.0
```

上述代码将按如下方式工作：

```
scala> def doubleToInt(d: Double) = d.toInt
val x: Int = doubleToInt(42.0)
```

这里我们手动插入了转换的值。但在前面，则是编译器自动完成的。这种转换是需要的，因为它基于左侧的类型注释。

在操作数据时，我们经常需要进行类型转换。Scala 的隐式类型转换为我们提供了这种功能。接下来将列举一些相关的例子。

Scala 中的隐式转换

一个从类型 S 到 T 的隐式转换是由一个隐式值定义的，具有函数类型 S=>T 的转换功能，或者有一个隐式方法能将其转换为对应的类型。隐式转换通常用于两种场景(可参见 http://docs.scala-lang.org/tutorials/tour/implicit-conversions)：

- 如果表达式 e 是 S 类型，并且 S 不符合表达式的预期类型 T。
- 在具有类型 S 的选择 e.m 中，如果选择器 m 不表示 S 的一个成员。

很好，我们已经看过在 Scala 中如何使用中缀操作符。现在，我们来看一些使用 Scala 隐式转换的例子。假设我们有如下的代码段：

```
class Complex(val real: Double, val imaginary: Double) {
  def plus(that: Complex) = new Complex(this.real + that.real,
this.imaginary + that.imaginary)
  def minus(that: Complex) = new Complex(this.real -that.real,
this.imaginary -that.imaginary)
  def unary(): Double = {
    val value = Math.sqrt(real * real + imaginary * imaginary)
    value
  }
  override def toString = real + " + " + imaginary + "i"
}
object UsingImplicitConversion {
  def main(args: Array[String]): Unit = {
    val obj = new Complex(5.0, 6.0)
    val x = new Complex(4.0, 3.0)
    val y = new Complex(8.0, -7.0)

    println(x) //prints 4.0 + 3.0i
    println(x plus y) //prints 12.0 + -4.0i
    println(x minus y) //-4.0 + 10.0i
    println(obj.unary) //prints 7.810249675906654
```

```
    }
  }
```

在上述代码中，我们定义了一些方法，用于对 Complex 类型的数字(即实数和虚数)进行加法、减法以及一元操作。 在 main()方法中，我们使用实数值调用了这些方法。其输出如下：

```
4.0 + 3.0i
12.0 + -4.0i
-4.0 + 10.0i
7.810249675906654
```

但如果想用一个常规数字来加一个 Complex 类型的数字，我们应该如何做？我们可以重载 plus 方法来使用 Double 类型的参数，从而支持如下的表达式：

```
val sum = myComplexNumber plus 6.5
```

为实现这一点，我们可使用 Scala 的隐式转换。它能将实数和 Complex 类型的数字进行类型转换，从而应用于数学运算。因此，可使用元组作为参数，来执行隐式转换，并将其转换为 Complex 类型，如下：

```
implicit def Tuple2Complex(value: Tuple2[Double, Double]) = new
Complex(value._1, value._2)
```

此外，可执行 Double 到 Complex 的转换，如下：

```
implicit def Double2Complex(value : Double) = new Complex(value,0.0)
```

为获得这种转换的好处，需要导入如下内容：

```
import ComplexImplicits._//for complex numbers
import scala.language.implicitConversions //in general
```

现在，就可在 Scala REPL/IDE 中执行如下一些操作：

```
val z = 4 plus y
println(z) //prints 12.0 + -7.0i
val p = (1.0, 1.0) plus z
println(p) //prints 13.0 + -6.0i
```

你将获得如下输出：

```
12.0 + -7.0i
13.0 + -6.0i
```

该例子的完整代码如下：

```
package com.chapter4.CollectionAPI
import ComplexImplicits._
import scala.language.implicitConversions
class Complex(val real: Double, val imaginary: Double) {
  def plus(that: Complex) = new Complex(this.real + that.real,
this.imaginary + that.imaginary)
  def plus(n: Double) = new Complex(this.real + n, this.imaginary)
  def minus(that: Complex) = new Complex(this.real -that.real,
this.imaginary -that.imaginary)
```

```
  def unary(): Double = {
    val value = Math.sqrt(real * real + imaginary * imaginary)
    value
  }
  override def toString = real + " + " + imaginary + "i"
}
object ComplexImplicits {
  implicit def Double2Complex(value: Double) = new Complex(value, 0.0)
  implicit def Tuple2Complex(value: Tuple2[Double, Double]) = new
Complex(value._1, value._2)
  }
object UsingImplicitConversion {
  def main(args: Array[String]): Unit = {
    val obj = new Complex(5.0, 6.0)
    val x = new Complex(4.0, 3.0)
    val y = new Complex(8.0, -7.0)
    println(x) //prints 4.0 + 3.0i
    println(x plus y) //prints 12.0 + -4.0i
    println(x minus y) //-4.0 + 10.0i
    println(obj.unary) //prints 7.810249675906654
    val z = 4 plus y
    println(z) //prints 12.0 + -7.0i
    val p = (1.0, 1.0) plus z
    println(p) //prints 13.0 + -6.0i
  }
}
```

我们已经大致介绍了 Scala 集合 API 的内容。当然，还有其他一些特性，但限于篇幅，我们不能涵盖全部这些内容了。感兴趣的读者可参阅 http://www.scala-lang.org/docu/files/collections-api/collections.html。

4.6 本章小结

通过本章，我们看到了很多使用 Scala 集合 API 的例子。它功能强大，颇具弹性，也带有很多相关的操作。这些广泛的操作能让你轻松地处理各种类型的数据。本章引入了 Scala 集合 API 及其各种不同的类型和层次，展示了 Scala 集合 API 的功能，分析如何使用它来操作不同类型的数据，并解决各种不同的问题。总之，我们已经学习了集合的类型和层次结构、性能特征、Java 互操作性和隐式。因此，或多或少，学习 Scala 可以告一段落了。但在后续章节中，你仍将继续学习 Scala 的各种高级主题和操作。

在下一章中，我们将对数据分析和大数据一探究竟，来看看大数据带来了怎样的挑战，以及大数据如何使用分布式计算和函数式编程来应对这些挑战。我们将学习 MapReduce、Apache Hadoop 以及 Apache Spark，了解为数据处理带来的提升和相关技术。

第5章

狙击大数据——Spark 加入战团

为准确的问题提供近似的答案，比为近似的问题提供准确的答案更有价值。

——John Tukey

本章将介绍数据分析和大数据。我们将看到大数据带来的挑战，以及如何应对这些挑战。我们将学习分布式计算以及由函数式编程带来的数据处理方法，也将学习 MapReduce、Apache Hadoop 和 Apache Spark。

作为概括，本章将涵盖如下主题：

- 数据分析简介
- 大数据简介
- 使用 Apache Hadoop 进行分布式计算
- Apache Spark 驾到

5.1 数据分析简介

数据分析是在检查数据时应用定性和定量技术的过程，其目的是提供有价值的洞察。通过各种技术和概念，数据分析能提供方法用于探索数据，即执行探索性数据分析(Exploratory Data Analysis，EDA)，或为验证性数据分析(Confirmatory Data Analysis，CDA)提供结论。EDA 和 CDA 都是数据分析的基本概念，理解这两者之间的区别也很重要。

EDA 包含方法论、工具和技术，用于探索数据，并尝试查找其中的模式或数据中不同元素之间的关系。CDA 也包含方法论、工具和技术，用于提供洞察或获得结论，它基于假设和统计技术，或对数据进行简单观察。

要理解上述内容，一个简单例子就是杂货铺，它期望你能提供一些方法，从而提升销售业绩，改善客户满意度，并使得运营成本保持在一个较低的水平上。

图 5.1 是一个杂货铺，其过道上摆满了各种商品。

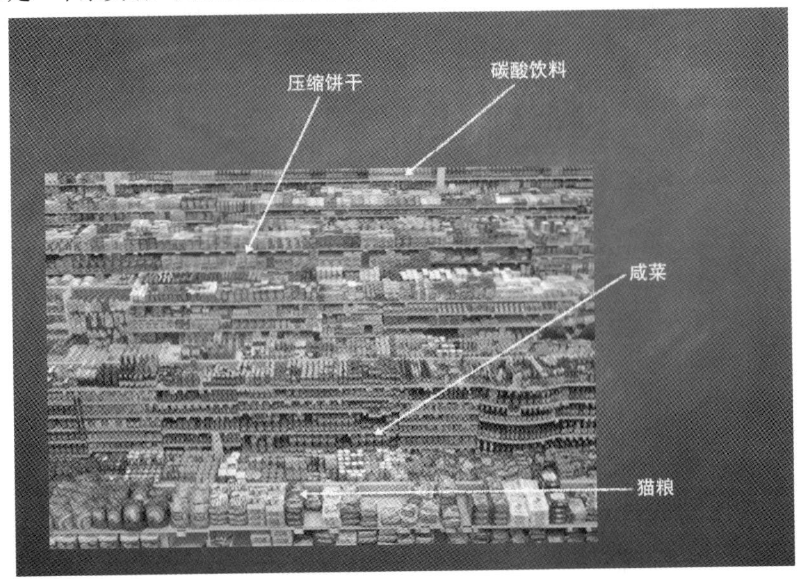

图 5.1　杂货铺

假设该杂货铺中销售的所有商品都存储在数据库中，而且你能访问过去 3 个月的销售数据。通常，企业会存储数年的数据，从而进行假设分析或模式发现。在这个例子中，我们的目标是基于客户的购买情况在货架上进行更好的商品摆放。其中一个假设是，客户通常会购买多种商品，这些产品基本都在客户的视线内，并摆放在一起。例如，如果牛奶放在杂货铺的一个拐角处，而酸奶在另一个地方，则客户可能只买牛奶或酸奶然后离开，这会带来业务损失。这些类似的情况一旦增加，就可能导致客户去其他物品摆放更合理的杂货铺，因为顾客会感觉在这里很难找到自己想要的东西。这种感觉一旦建立，就可能传递给客户的朋友或其他家庭成员，从而带来不好的社会效果。这种现象在真实世界中不太常见，但确实会导致一些企业成功，而另一些失败，尽管这些企业的商品和价格似乎都差不多。

有很多方法可解决这个问题。无论是从客户调查开始，还是使用专业的统计分析，或求助于机器学习科学家。我们的方法是设法理解从销售表中得到的信息。

图 5.2 的例子显示了销售表看起来是什么样子。

如下是 EDA 流程的一些步骤：

(1) 平均每天购买的商品数量 = 一天内售出的所有商品数量/当天所有的账单数量。

(2) 重复上述步骤，持续 1 周、1 个月或 1 个季度。

(3) 尝试理解周末与平时的购买数量之间存在的差异，或者是一天内不同时段(早上、中午和晚上)之间的差异。

(4) 对于每一件商品，列出其他所有商品的清单，以便检查哪些商品经常是一起被购买的(同一账单)。

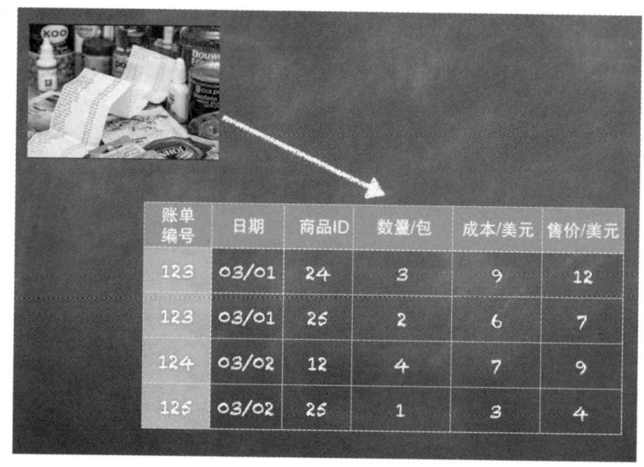

账单编号	日期	商品ID	数量/包	成本/美元	售价/美元
123	03/01	24	3	9	12
123	03/01	25	2	6	7
124	03/02	12	4	7	9
125	03/02	25	1	3	4

图 5.2　销售表

(5) 重复前一步骤，持续 1 天、1 周、1 个月或 1 个季度。

(6) 通过销售事务的数量(按照降序排列)，尝试决定哪些商品应该靠近摆放。

一旦完成上述 6 个步骤，就能接近得出 CDA 的某些结论了。

让我们假设表 5.1 是我们获取到的输出信息。

表 5.1　商品信息

商品	星期几	数量/包
牛奶	周日	1244
面包	周一	245
牛奶	周一	190

在这个例子中，我们可以看到，周日牛奶的销量更高，因此最好增加周日时牛奶的数量和种类。让我们看一下表 5.2。

表 5.2　商品售出信息

商品 1	商品 2	数量/包
牛奶	鸡蛋	360
面包	奶酪	335
洋葱	西红柿	310

在这个例子中可以看到，在一次采购中，顾客同时购买牛奶和鸡蛋的情况最多，其次是面包和奶酪。因此我们建议杂货铺应该重新摆放货架，从而将牛奶和鸡蛋靠近摆放。

得到的 2 个结论如下：

- 客户周末买的牛奶更多，因此最好在周末时增加牛奶商品的数量和种类。
- 牛奶和鸡蛋是顾客在一次采购中同时购买的最多的商品组合，其次是面包和奶酪。因此建议重新摆放货架，将牛奶和鸡蛋靠近一些。

注意：

通常会在一段时间内进行跟踪，以评估获得的收益。推荐的跟踪时段一般为 6 个月。如果在此时段后发现这样做对销售依然没有什么重大影响，就说明这样的建议并没有带来太好的投资回报(Return On Investment，ROI)。

同样，也可对利润率和定价优化进行一些分析。这也是为什么你通常能够看到单个商品的成本往往会高于大量购买同一商品的平均成本。例如，买一瓶洗发水需要 7 美元，但买两瓶则是 12 美元。

注意：

也可考虑一下杂货铺其他一些你能进行探索或推荐的方面。例如，你能否猜出诸如口香糖、杂志这些商品其实离收银台更近，毕竟这些商品与其他任何商品都没有太多相关性。

数据分析可以支持各种商业用途。例如，银行和信用卡公司可分析用户的提现和消费模式，从而阻止欺诈和身份盗用。广告公司可分析网站流量，以识别可能转化为客户的潜在客户。百货公司分析用户数据，从而确定更好的折扣是否对销售有所帮助。手机运营商可以确立定价策略。有线电视公司一直都在查找这样的客户：除非提供优惠或者促销价格，否则这些客户会转投别家。医院和制药公司则会分析数据以提供更好的产品、检查处方药的问题或衡量处方药的疗效。

深入数据分析流程

数据分析应用不只是分析数据。在规划任何数据分析前，还需要投入时间和精力来收集、集成以及准备数据，检查数据的质量，然后开发、测试和修改分析方法。一旦数据准备就绪，数据分析师和科学家们就可以使用统计方法(如 SAS 或使用 Spark ML 的机器学习模型)来探索和分析数据了。数据本身是由数据工程师团队准备的，并且数据质量团队检查收集的数据。数据治理也日渐成为确保数据能被正确收集和保护的一个关键因素。另一个不为人知的角色是数据管理员，该角色专门负责弄清楚数据究竟来自哪里，要发生的所有数据转换，以及业务真正需要的数据列或者字段是哪些。

注意：

商业中的不同实体可能以不同方式处理地址信息，如使用 123 N Main St，而非 123 North Main Street。答案是，我们的分析依赖于获取正确的地址字段，否则上述这两种地址信息就会被认为是不同的，我们的分析也就无法据此得到相同的准确性。

分析过程从数据收集开始，基于分析师可能需要从数据仓库中获取的内容，收集组织中的各种数据(销售、市场、雇员、薪酬、人力资源等)。数据管理员和治理团队在这里非常重要，他们需要确保收集到正确的数据，并且即便最终用户是普通雇员，也需要确保任何保密或隐私信息都不会外泄。

注意：

数据分析中包含社会保障号码和完整的地址信息可能不是一个好主意，因为这可能为组织带来很多问题。

需要建立数据质量流程，从而确保收集到的数据是正确的，并且符合数据科学家的要求。在此阶段，主要目标是找到并修复能影响分析需求准确性的数据质量问题。常用的技术是对数据进行分析和清理，以确保数据集中的信息是一致的，并已删除所有错误及重复的记录。

来自不同源系统的数据可能需要使用不同的数据工程技术，如分布式计算、MapReduce编程、流处理或SQL查询来进行合并、转换和标准化，然后将其存入Amazon S3、Hadoop集群、NAS或SAN存储设备，或存入传统的数据仓库，如Teradata。数据准备工作包含诸多技术，从而对数据进行计算和组织，并将其应用于规划好的分析工作。

一旦准备好数据，并检查了数据的质量，这些数据就能为数据科学家或分析人员所用了，此时真正的分析工作就开始了。数据科学家现在可使用一些预测分析模型工具或语言，如SAS、Python、R、Scala、Spark、H2O等来建立分析模型。然后模型就可在数据集的一个子集上运行来测试其准确性，此时所处的阶段为训练阶段。

在任何分析项目中，训练阶段往往都需要进行多次迭代。在模型级别进行一些调整后，或数据管理员收集数据或进行了准备后，模型的输出会逐渐趋好。最后，当继续进行调整已无法明显改变输出结果时，模型就达到一个稳定状态。这时，就可以认为该模型已经做好进入生产使用的准备了。

现在，该模型就可以在生产模式下运行，使用完整的数据集，并基于训练模型来生成结果或输出。在建立分析模型时所做的选择(无论是统计方法还是机器学习)，都将直接影响该模型的质量及使用目的。你无法仅通过查看杂货铺的销售额指出日本人会比墨西哥人购买更多的牛奶，因为这还需要人口统计中的其他一些指标。同样，如果我们的分析更侧重于客户体验(商品退货或更换)，那么它和我们关注收入或促销客户时使用的分析技术和模型必然也应该有所不同。

小技巧：

在稍后的章节中，你将看到很多集群学习技术。

因此，可跨越多个学科，使用多个团队或技能组合来分析应用程序。可生成分析报告，从而自动触发某种业务活动。例如，可简单地创建每日的销售报告，以便在每日早上8点通过电子邮件将其发送给所有经理。但也可将其与业务流程管理应用或一些自定义的股票交易应用进行集成，从而采取行动，如购买、出售或对股票市场中的某些活动发出警告。也可考虑接收新闻或社交媒体信息，从而进一步影响决策。

数据可视化也是数据分析中的一项重要内容。毕竟当你面对大量指标和计算时，你很难理解这些数字。因此，人们越来越依赖于一些商业智能(BI)工具，如Tableau、QlikView等，将这些工具应用于数据探索和分析。当然，大规模的可视化，如显示某国的Uber汽车，或显示纽约市的供水图，则需要更多的定制化应用或专业工具。

对于不同行业中不同规模的组织而言，管理并分析数据一直都是一个很大的挑战。各家企业也一直在努力寻找一种务实的方法来获取与客户、产品以及服务相关的信息。当公司的客户很少时，这并不是太困难，也不是什么大的挑战。但是随着时间的推移，公司业务开始增长，事情就变得逐渐复杂起来。现在，我们已经拥有了品牌信息和社交媒体，我们也有了通过互联网进行销售和采购的产品，需要提出不同的解决方案。Web 开发、组织、定价、社交网络以及细分市场等需要处理各种不同的数据，并且当我们尝试对数据进行处理、管理、组织，并期望从中获取洞察时，这也带来了更大的复杂度。

5.2 大数据简介

正如前文所见，数据分析结合了技术、工具和方法，以探索和分析数据，从而为业务产生可量化的结果。其结果可能是选择店面绘制颜色，或者是预测客户行为。随着业务的发展，越来越多的分析活动正在酝酿之中。在 20 世纪 80 年代或 90 年代，我们所能够获取到的，不过是 SQL 数据仓库中可用的内容；但是现在，很多外部因素也在影响企业的运营方式上扮演着重要角色。

> **小技巧：**
> Twitter、Facebook、Amazon、Verizon、Macy's 和 Whole Foods 等公司都在使用数据分析其运营业务并据此而做出决策。可以考虑一下他们收集的数据类型、可能收集的数据量，以及他们使用这些数据的方式。

让我们看一下之前提到的杂货铺的例子。如果商店开始扩张，然后建立了 100 多家店会是什么样子？当然，销售交易需要比单个商店多 100 倍的规模进行收集和存储。但没有业务是可以独立运作的。可从当地新闻、推文、评论、客户投诉、调查活动、来自其他商店的竞争信息、人口变化统计或当地区域经济状况等方面获取大量信息。所有这些信息都有助于更好地了解客户行为和收入模型。

例如，如果我们看到关于商店停车设施的负面情绪日益增加，就可以对此进行分析并采取措施纠正错误，例如对停车进行检查或与城市的公共交通部门进行协商以便提高列车或公交的发车频率等。

数据数量和种类的增加虽然能提供更好的分析，但也向那些试图存储、处理以及分析所有数据的 IT 组织提出挑战。事实上，现在见到 TB 级别的数据并不是什么稀奇的事情。

> **注意：**
> 每天，我们都会创造出超过 2EB 的数据。据估计，90%以上的数据都是在过去几年中创造的。
>
> ```
> 1KB=1024B
> 1MB=1024KB
> 1GB=1024MB
> 1TB=1024GB
> 1PB=1024TB
> 1EB=1024PB
> ```

自 1990 年以来，我们产生了如此庞大的数据，并随着理解数据的需求日益增长，产生了“大数据”这一术语。

“大数据”这一跨越计算机科学和统计/计量经济学的术语，可能起源于 20 世纪 90 年代中期；在与 Silicon Graphics 的午餐对话中，由 John Mashey 提出。

2001 年，当时的咨询公司 Meta Group(后被 Gartner 收购)的分析师 Doug Laney 提出了大数据的 3V(种类多样、处理速度快和体量大)特性。现在，我们用 4V 代替了 3V 特性，加入了数据准确性这一 V。

大数据的 4V

如下就是大数据的 4V，用于描述大数据的特性。

种类多样(Variety)

数据可以来自天气传感器、汽车传感器、统计数据、Facebook 更新、推文、交易、销售和市场行为等。数据格式可以是结构化和非结构化的。数据类型也可以各不相同：二进制、文本、JSON 或 XML。

处理速度快(Velocity)

数据可从数据仓库、批处理模式的文件存储、近实时的更新中获得，也可以从你刚预订的 Uber 乘车的实时更新中获取。

体量大(Volume)

数据可以收集并存储 1 个小时、1 个月、1 年甚至是 10 年。对于很多公司来说，其数据量已增长到 100TB 级别。

数据准确性(Veracity)

可分析数据以获取可操作的数据洞察结果，而若从数据源中分析包含所有类型的大量数据，则很难保证正确性和数据的准确性。

图 5.3 就是大数据的 4V 特性。

为了理解数据并将数据分析应用于大数据，需要对数据分析的概念进行扩展，从而更好地处理大数据的 4V 特性。这不仅会改变分析数据所用的工具、技术和方法，也会改变我们解决问题的方式。如果在 1999 年时我们使用 SQL 数据库来处理业务，那么现在要想处理同样的业务，就需要分布式 SQL 数据库。分布式 SQL 数据库能进行扩展，并能更好地适应大数据与传统处理之间的差异。

大数据分析应用通常包含来自系统内部和外部的数据，例如由第三方信息服务供应商提供的关于天气的数据，或关于消费者的人口统计数据。此外，流数据分析应用在大数据环境中也变得越来越常见。因为用户期望通过 Spark 的 Spark Streaming 模块，或其他开源的流处理引擎(如 Flink 和 Storm)，对提供给 Hadoop 系统的数据进行实时分析。

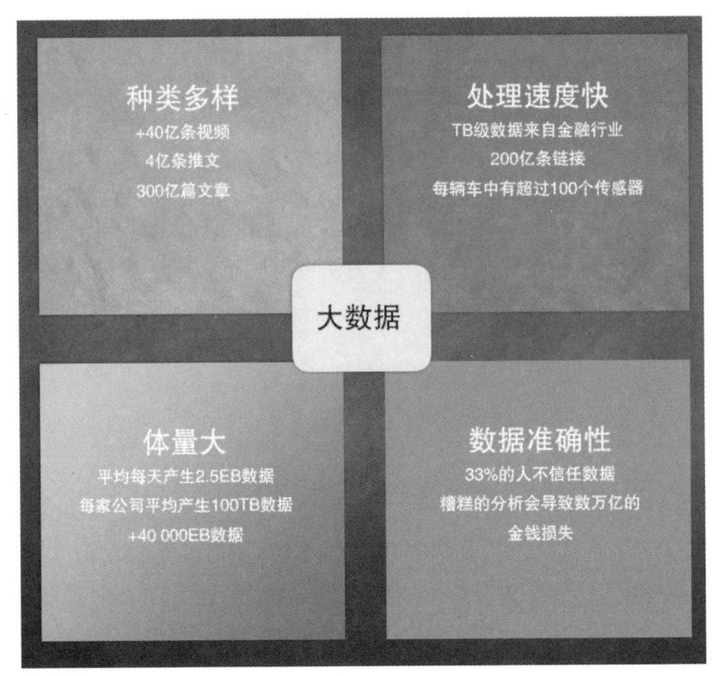

图 5.3 大数据的 4V

早期的大数据系统大部分都部署在客户的本地环境中，尤其是一些大型组织，从而对海量数据进行收集、组织和分析。但一些云平台供应商(如 AWS 和微软)已经使得在云端部署和管理 Hadoop 集群变得容易起来。像 Cloudera 和 Hortonworks(二者已在 2018 年 10 月合并)这样的 Hadoop 供应商也支持在 AWS 或微软的 Azure 云上部署大数据框架的发行版。现在用户可以在云上启动集群，然后根据需要运行它们，再使其离线。其费用不再是基于软件许可，而是根据使用情况收取了。

可能使企业在大数据分析上出现麻烦的潜在问题包括内部分析技能的缺乏，或为了弥补这一缺乏而雇用经验丰富的数据科学家和数据工程师带来的高昂成本。

通常，由于数据的体量及其多样性，可能带来数据管理上的一些问题。这包括数据质量、一致性和数据质量。此外，由于在大数据架构中使用了不同的平台和数据存储，也可能带来数据孤岛现象。不仅如此，为了满足企业的大数据分析需求，而将 Hadoop、Spark 及其他大数据工具紧密集成，这对于许多 IT 和分析团队来说都是一个颇具挑战性的命题。因为需要确定正确的技术组合，并将其整合起来。

5.3 使用 Apache Hadoop 进行分布式计算

我们的世界中充满了各种各样的设备，从智能冰箱、智能手表、手机、平板电脑，到机场信息亭、为你提供现金的 ATM 等。我们能做一些数年前我们还无法设想的事情。Instagram、Snapchat、Gmail、Facebook、Twitter 以及 Pinterest 已经是我们现在习以为常的一些应用。很难设想假如有一天无法访问这些应用时会是什么样子。

随着云计算的出现，只需要点击几下，我们就可以在 AWS、Azure(微软)或谷歌的云上申请 100 台，或 1000 台机器，并使用这些巨大的资源来实现各种业务目标。

云计算为我们引入了 IaaS、PaaS 以及 SaaS 的概念，使得我们能构建和运营具备可扩展性的基础架构，从而满足不同的用户场景和商业需求。

注意：
IaaS(基础架构即服务)——不需要数据中心、电源线、空调等，就能提供可靠的硬件。
PaaS(平台即服务)——位于 IaaS 之上，提供诸如 Windows、Linux、数据库等可管理平台。
SaaS(软件即服务)——提供给所有人的可管理服务，例如 SalesForce、kayak.com 等。

这一切的背后，就是具备高可扩展性的分布式计算世界，它让存储和处理 PB 级别的数据成为可能。

注意：
1EB = 1024PB (5000 万蓝光电影)
1PB = 1024TB (5 万部蓝光电影)
1TB = 1024GB (50 部蓝光电影)
一部蓝光电影的平均大小约为 20GB。

现在，分布式计算已经不算是太新的主题了，并且在过去几十年间，尤其是在研究机构和一些商业公司中，一直在进行相关的探索。大规模并行处理(MPP)技术，则是在几十年前就在海洋学、地震监测和太空探索等领域中使用了。某些公司(如 Teradata 等)也实施了 MPP 平台并提供相关的产品和应用。最后，谷歌和亚马逊等科技公司则将可扩展的分布式计算领域推向一个新的发展阶段，最终导致加州大学伯克利分校创立了 Apache Spark。

与谷歌文件系统(GFS)一样，谷歌也发布了与 Map Reduce(MR)相关的论文，它将分布式计算的概念带给了所有人。当然，这也应当归功于 Doug Cutting，正是他实现了谷歌发表的论文中提到的概念，并为全世界带来了 Hadoop。

Apache Hadoop 框架是一个开源的软件框架，用 Java 编写而成。该框架提供的两个主要领域为存储和处理。对于存储，Apache Hadoop 框架使用了 Hadoop 分布式文件系统(HDFS)，它是基于谷歌在 2003 年 10 月份发布的白皮书构建而成的。对于处理或者计算，Hadoop 框架则依赖于 MapReduce，它是基于谷歌在 2004 年 12 月份发布的关于 MR 的论文实现的。

注意：
MapReduce 框架已经从 v1 版本(基于 Job Tracker 和 Task Tracker)进化到 v2 版本(基于 YARN)。

5.3.1 Hadoop 分布式文件系统(HDFS)

HDFS 是一个基于软件的文件系统，它由 Java 编写，位于原生的文件系统之上。HDFS 的主要概念就是将文件分为块(典型大小为 128MB)，而不是将其作为整体进行处理。这样就能使用多台机器来完成基于块的处理，诸如分布式、复制、故障恢复以及其他重要的分布式处理。

小技巧：

块的大小可以是 64MB、128MB、256MB 或 512MB。这可以根据你的目的而设置。对于一个 1GB 大小的文件，如果使用 128MB 的块，则有 1024MB /128MB = 8 个块。如果你将复制因子设为 3，则一共有 24 个块。

HDFS 提供了一个带有容错机制和故障恢复能力的分布式存储系统。HDFS 有两个主要组件：命名节点和数据节点(可以有多个)。命名节点包含了文件系统中所有内容的元数据，数据节点则连接到命名节点，并依赖于命名节点提供的关于所有内容的元数据。如果命名节点不知道任何信息，那么数据节点将无法把数据提供给想要对 HDFS 进行读取/写入操作的任意一个客户端。

图 5.4 是 HDFS 的架构图。

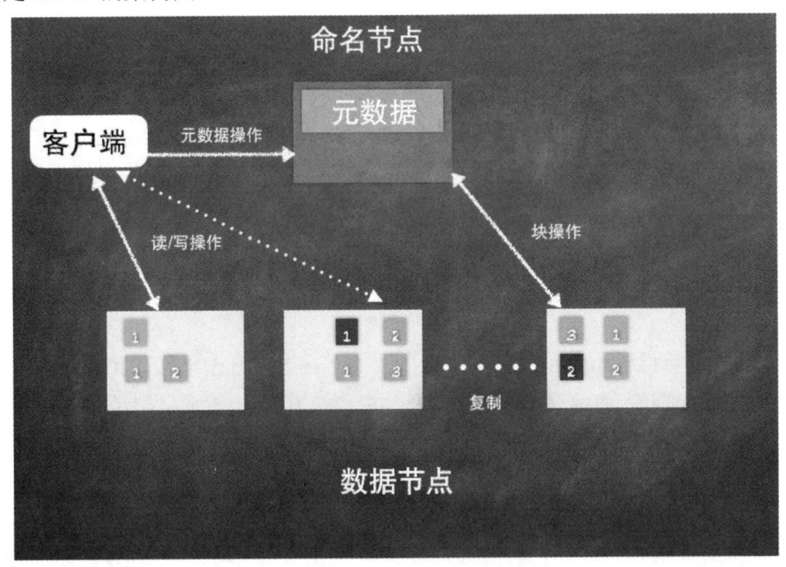

图 5.4　HDFS 架构图

命名节点和数据节点均为 JVM 进程，因此任意支持 Java 的机器都可以运行命名节点和数据节点进程。Hadoop 架构中只有 1 个命名节点(如果你配置了高可用模式的话，则还会有一个备用命名节点)，但是数据节点可以有 100 个或 1000 个。

小技巧：

其实不建议一个 Hadoop 集群中有上千个数据节点，因为在真实的生产环境中，来自如此多的数据节点操作会让命名节点处理不过来，尤其是有大量的数据密集型应用时。

整个集群中只有一个命名节点，这让系统的架构变得简单起来。命名节点是仲裁者，也是 HDFS 所有元数据的资料库，并且对于任意客户端，如果想读取/写入数据，都要先联系命名节点来获取元数据信息。并且在进行数据读写操作时，数据从来都不会经过命名节点，这就使得使用 1 个命名节就能管理上百个数据节点(PB 级别的数据)。

HDFS 也支持传统的层次型文件组织结构，即使用目录和文件，这和其他文件系统类似。可以创建、删除、移动或删除目录。命名节点维护文件系统的命名空间，并记录下文件系统的所有状态更改信息。应用可以设置存储在 HDFS 中的文件的副本数量，这一信息也存储在命名节点中。

HDFS 的设计目标就是在包含大量数据节点的集群中，以分布方式将极大的文件可靠地存储在多台机器上。为了实现数据复制、容错以及分布式计算，HDFS 将文件按照块的方式进行顺序存储。

命名节点会做出与块复制相关的所有决策。这主要取决于接收到的来自集群中数据节点的块信息报告，该报告是按照心跳间隔定期发送的。块信息报告中包含数据节点上存储的所有块的列表，对应的元数据则存储在命名节点中。

命名节点将所有元数据都存储在内存中，从而为来自客户端的所有 HDFS 的读写请求提供服务。但由于命名节点是管理 HDFS 中所有数据的元数据的主节点，因此保证这些元数据的一致性和可靠性就至关重要。如果这些信息丢失，就无法访问 HDFS 上的内容。

为此，HDFS 命名节点使用了称为 EditLog 的事务日志。该日志会持久记录文件系统的元数据发生的每次更改。创建一个新文件会更新 EditLog，移动文件、重命名文件或删除文件也是如此。整个文件系统的命名空间，包括块到文件的映射，以及文件系统的属性等，则存储在一个称为 Fsimage 的文件中。命名节点会将所有信息都缓存在内存中。当命名节点进程启动时，它会加载 EditLog 和 Fsimage 进行初始化，从而设置 HDFS。

但数据节点并不了解 HDFS，它只是知道自己存储的数据块。数据节点完全依赖命名节点来进行操作。即使是客户端想要进行连接来读取或写入文件，那也是命名节点来告诉客户端应该连接到哪里。

1. HDFS 高可用

HDFS 是一个主-从结构的集群，其中命名节点是主节点，其他的 100 个或 1000 个数据节点都是从节点，它们都受主节点的管理。这就为集群引入了单点故障(SPOF)，一旦主命名节点由于某些原因出现故障，则整个集群都将处于不可用状态。HDFS 1.0 版本中支持使用的另一个主节点被称为备用命名节点，用来帮助集群进行恢复。这是通过维护一份文件系统中所有元数据的副本来实现的，但这并非一个无需人工干预和维护的高可用系统。HDFS 2.0 版本则添加了对完全高可用性(HA)的支持，从而将整个集群的可用性提高到一个新水平。

高可用的工作原理，是保持两个命名节点处于主动-被动模式，也就是一个命名节点为主动状态，另一个为被动。一旦主命名节点出现故障，则被动命名节点将接管主节点的角色。

图 5.5 展示了如何部署主动-被动命名节点。

2. HDFS 联邦机制

HDFS 的联邦机制，是采用多个命名节点，从而将文件系统的命名空间进行拆分。不同于 HDFS 的首个版本，它只是简单地使用一个命名节点来管理整个集群，因为这样做确实无法随着集群的增大而伸缩。HDFS 联邦机制能够支持超大规模的集群，并通过使用多个联邦命名节点来实现命名节点或命名服务的线性扩展。让我们看一下图 5.6。

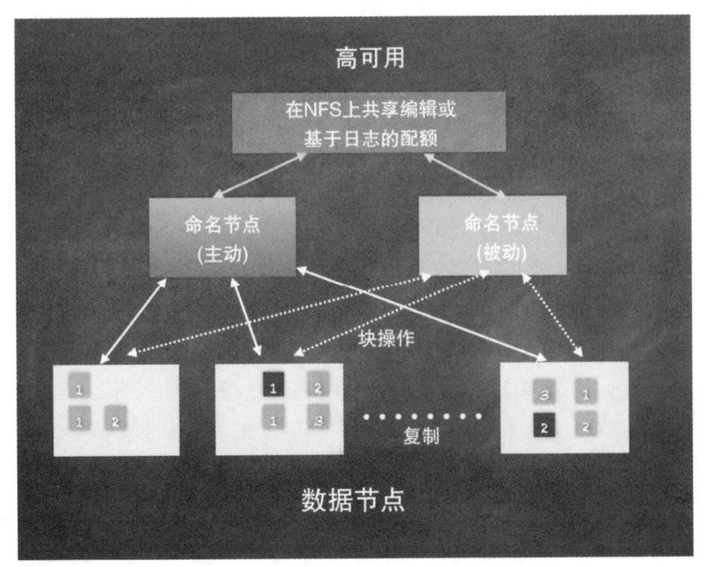

图 5.5　命名节点的主动-被动模式

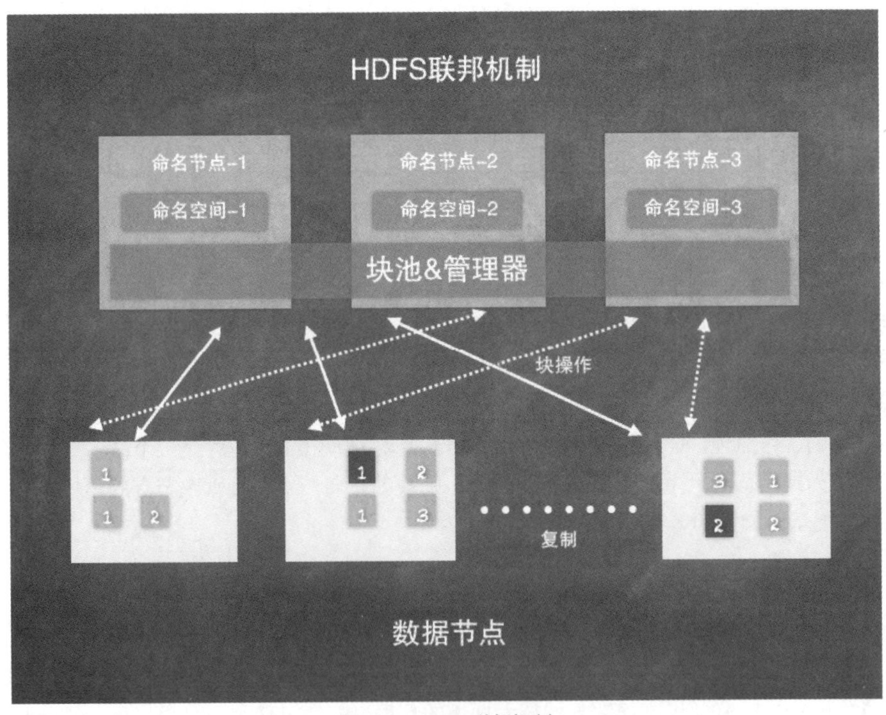

图 5.6　HDFS 联邦机制

3. HDFS 快照

HDFS 2.0 版本也添加了一个新功能：为存储在数据节点上的文件系统(数据块)创建快照(只读副本或可写副本)。使用快照，可通过使用命名节点上数据块的元数据来获得目录的副本。快照创建是即时的，并且不需要其他任何 HDFS 操作。

图 5.7 展示了如何在特定目录上创建快照。

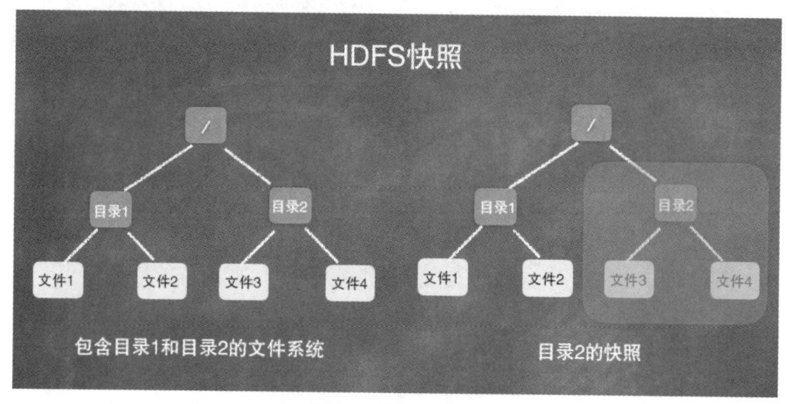

图 5.7　HDFS 快照

4. HDFS 读操作

客户端连接到命名节点，并使用文件名称来请求文件。命名节点查找该文件对应的数据块的位置，并将信息返回给客户端。然后客户端就可以连接到对应的数据节点并读取所需的数据块。命名节点并不参与数据传输。

图 5.8 就是来自客户端读请求对应的流程图。首先，客户端获取位置信息，并从数据节点上获得数据块。如果在此期间数据节点出现故障，则客户端从其他数据节点获取数据的副本。

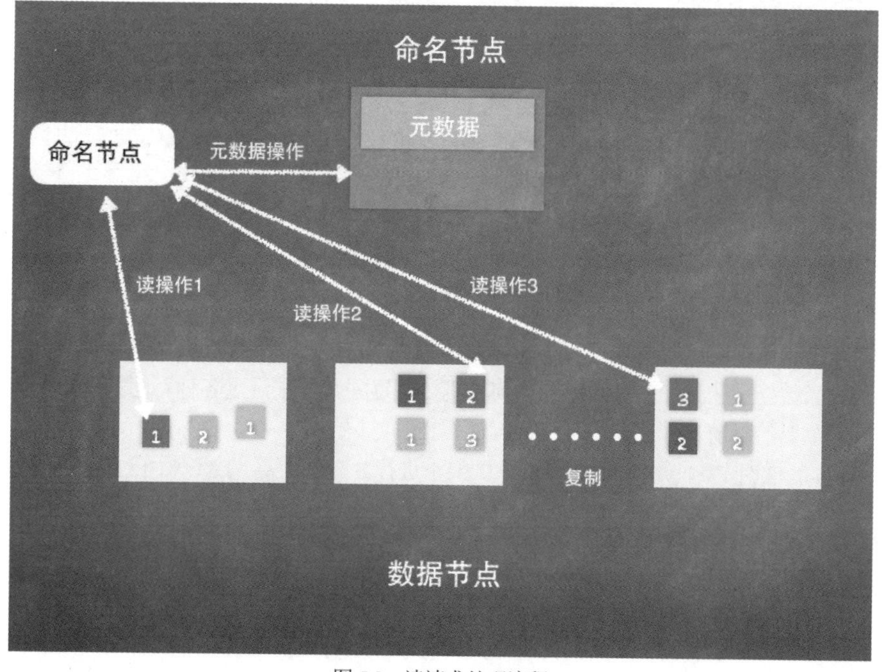

图 5.8　读请求处理流程

5. HDFS 写操作

客户端连接到命名节点，然后请求数据节点，来完成将数据写入 HDFS 的操作。命名节点将查找信息，规划数据块，规划用于存储数据块的数据节点，然后使用合适的复制策略。命名节点不会处理任何数据，它只是告诉客户端应该将数据写往何处。一旦第一个数据节点接收到数据块，命名节点会基于使用的复制策略，告诉第一个数据节点需要把数据复制到何处。因此，从客户端接收到数据块的数据节点会把块发送到第二个数据节点(数据块副本将要被写到的地方)，此后第二个数据节点将块发送给第三个数据节点(如果复制因子为 3)。

图 5.9 显示了来自客户端的写请求处理流程。首先，客户端获取位置信息并将数据块写入第一个数据节点。接收到块的数据节点将数据复制到应该存储数据副本的数据节点。所有来自客户端的数据块都将进行这样的处理。如果在此期间有数据节点出现故障，数据块将被复制到其他数据节点，这由命名节点确定。

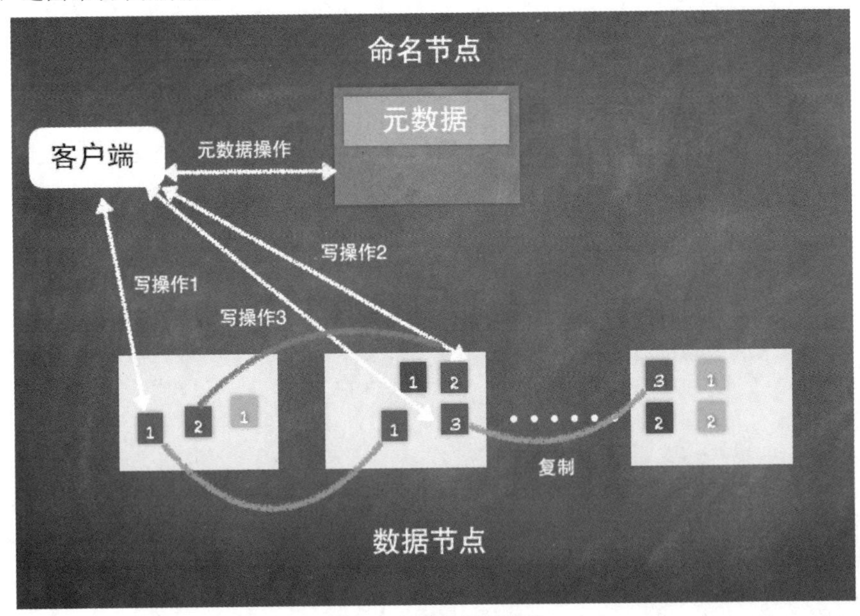

图 5.9 写请求处理流程

到目前为止，我们已经看到了 HDFS 如何使用块、命名节点和数据节点来提供一个分布式文件系统的。当数据量达到 PB 级别时，如何真正处理这些数据来满足各种不同的用户业务需求就成了一件很重要的事情。

在 Hadoop 框架中，使用了 MapReduce 框架来进行分布式计算。接下来将对此进行深入探讨。

5.3.2 MapReduce 框架

MapReduce(MR)框架使得你能够编写分布式应用来处理来自 HDFS 等文件系统中的大量数据，并且是以一种可靠及具备容错能力的方式。当你想使用 MapReduce 框架来处理数据时，该框架以创建作业的方式来工作，然后在框架上运行，以便完成所需的任务。

MapReduce 作业通常会将输入数据进行拆分，从而在不同的工作节点上以并行方式运行 Mapper 任务。此时，无论发生 HDFS 级别还是 Mapper 任务级别的错误，都会被框架的容错能力自动处理。一旦 Mapper 任务完成，其执行结果就会通过网络复制到运行 Reducer 任务的其他机器上。

理解这些概念的一个简单方法就是设想一个如下的场景：你和朋友们想把一堆水果进行分类排序然后装箱。为完成这件事情，你想给每个人都分配任务，让他们分别整理一个水果篮子(篮子中的水果混在一起)，然后将水果分类分别装到不同的盒子里面。每个人都会完成同样的任务，来处理一个水果篮子。

最后，就从所有的朋友那里得到了全部装了水果的盒子。然后就可以将装有同样水果的盒子进行组合并整理到一个盒子里面，对盒子进行称重，并封装以便销售。

图 5.10 展示了处理水果篮子并按照水果种类进行分组的方法。

图 5.10　按照种类对水果进行分类

MapReduce 框架由一个资源管理器和多个节点管理器(通常节点管理器与 HDFS 的数据节点协同分布)构成。当想要运行应用程序时，客户端就会调用应用管理程序(Application Master，AM)，然后 AM 就会与资源管理器进行沟通，以容器的方式获得资源。

小技巧：

容器代表了在一个节点上分配的 CPU(核数)和内存的容量，从而用于运行任务和处理数据。容器由节点管理器进行监控，由资源管理器进行调度。容器的例子如下：

1 核+4GB RAM

2 核+6GB RAM

4 核+20GB RAM

有些容器会被分配给 Mapper，其他则会被分配给 Reducer。所有这些容器都会被 AM 和资源管理器进行协同管理。这种管理框架被称为“另一种资源协调器”(YARN)。

图 5.11 是 YARN 的示意图。

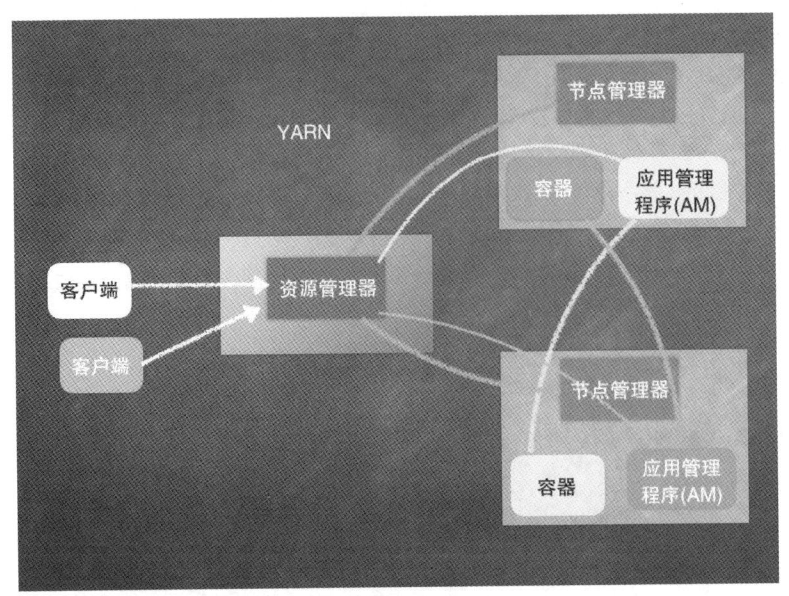

图 5.11 YARN

一个经典的用于显示 MapReduce 框架工作原理的例子是单词统计程序。图 5.12 展示了对输入数据进行处理的各个阶段。在多个工作节点之间对输入数据进行拆分，最终生成单词的计数信息。

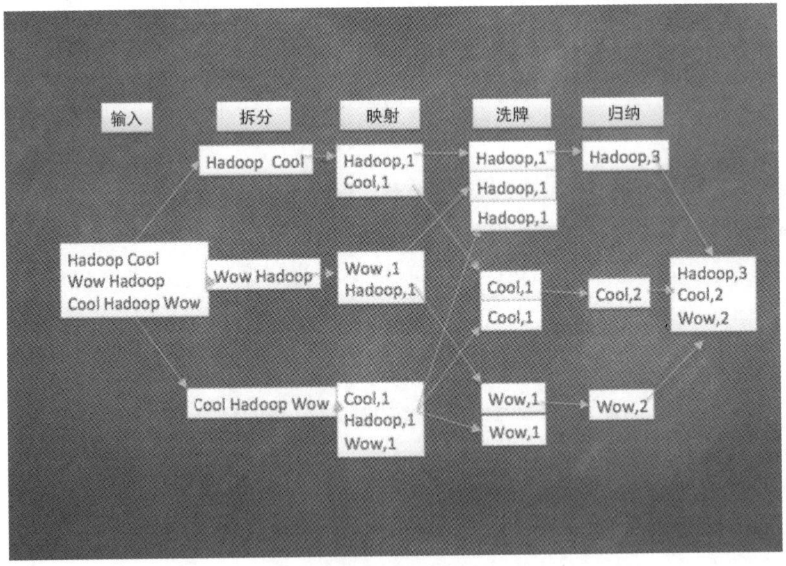

图 5.12 单词统计

尽管 MapReduce 框架非常成功，也已被很多公司所采用，但它仍然容易出现问题，这主要是因为它处理数据的方式。目前已经有一些技术被引入 MapReduce，来尝试让 MapReduce 变得更易用，例如 Hive 和 Pig，但是 MR 本身的复杂度依然存在。

Hadoop MapReduce 具有类似如下的限制：

- 基于磁盘的处理容易遇到性能瓶颈
- 批处理模式无法满足所有需求
- 代码编写冗长又复杂
- 任务调度缓慢，因为资源无法复用
- 没有好的方法来进行实时事件处理
- 机器学习消耗的时间太长。因为机器学习通常涉及迭代计算，而 MR 在这方面太慢了。

注意：

Hive 是由 Facebook 创建的，用于为 MR 提供类似于 SQL 的编程接口。Pig 则由雅虎创建，用于为 MR 提供脚本接口。不仅如此，还有其他一些工具，例如 Tez(Hortonworks)和 LLAP(Hive 2.0)，使用了内存优化技术，以便绕过 MR 的一些限制。

在接下来的小节中，我们将分析 Apache Spark，它已经很好地解决了 Hadoop 技术的一些限制。

5.4　Apache Spark 驾到

Apache Spark 是一个可跨越不同工作负载和平台的统一的分布式计算引擎。Spark 可以通过自有的各种组件(如 Spark Streaming、Spark ML、Spark SQL 和 Spark GraphX)连接到不同平台，并处理各种不同的数据工作负载，

Apache Spark 是一个基于内存的快速数据处理引擎，它具有优雅且极具表现力的 API，允许高效地处理流数据机器学习，也允许 SQL 工作负载对数据集进行快速的交互式访问。Apache Spark 由 Spark core 和一组库文件组成。Spark core 是一个分布式执行引擎，其包含的 Java、Scala 以及 Python API 为分布式应用开发提供了一个良好平台。构建在 Spark core 上的其他库文件则能处理流数据、SQL、图处理以及与机器学习相关的工作负载。例如，Spark ML 专为数据科学而设计，它的抽象化概念让数据科学变得更容易。

Spark 提供了对实时流数据、查询、机器学习和图处理的支持。在 Apache Spark 之前，需要为不同类型的工作负载使用不同的技术，一种技术用于批量分析，另一种用于交互式查询，还有一种用于机器学习算法。而 Apache Spark 则可使用 Spark 完成所有这些操作，而不是使用那些没有集成的多种技术。

注意：

使用 Apache Spark，所有类型的工作负载都能进行处理，并且 Spark 支持使用 Scala、Java、R 和 Python 语言来编写客户端代码。

Apache Spark 是一个开源的分布式计算引擎，与 MR 框架相比，它具有如下核心优势。

- 尽可能在内存中进行数据处理
- 通用引擎，可用来处理批量、实时工作负载

- 与 YARN 和 Mesos 兼容
- 能与 HBase、Cassandra、MongoDB、HDFS、Amazon S3 以及其他文件系统和数据源良好集成。

Spark 由加州大学伯克利分校在 2009 年创建，它也是 Mesos 项目的结果之一。Mesos 是一个集群管理框架，用于支持不同类型的集群计算系统。我们来看一下表 5.3。

表 5.3　Spark 版本中的里程碑

版本	发布日期	里程碑
0.5	2012-10-07	首次发布可用于非生产环境的版本
0.6	2013-02-07	带有多个变化的修正版本发布
0.7	2013-07-16	带有多个变化的修正版本发布
0.8	2013-12-19	带有多个变化的修正版本发布
0.9	2014-07-23	带有多个变化的修正版本发布
1.0	2014-08-05	第一个生产版本就绪，也是一个反向兼容版本。包含 Spark Batch、Streaming、Shark、MLlib 和 GraphX
1.1	2014-11-26	带有多个变化的修正版本发布
1.2	2015-04-17	支持结构化数据，引入 SchemaRDD(随后演化为 DataFrame)
1.3	2015-04-17	引入统一的 API，用于从结构化及半结构化数据源中读取数据
1.4	2015-07-15	改进了 SparkR、DataFrame API 和 Tungsten
1.5	2015-11-09	带有多个变化的修正版本发布
1.6	2016-11-07	引入数据集 DSL
2.0	2016-11-14	DataFrame 和数据集 API 成为 ML 的基础层，改进了结构化 Streaming、SparkR
2.1	2017-05-02	改进 EventTime、WaterMark、ML 与 GraphX

注意：

在 2017 年 07 月 11 日，Spark 2.2 版本发布，该版本包含了几项重大提升，尤其是在结构化 Streaming 方面。在 2019 年 03 月 31 日，Spark 2.4.1 版本发布。

Spark 是一个分布式计算平台，它具有如下特性：

- 通过简单的 API 可在多个节点上透明地处理数据。
- 弹性处理故障。
- 尽量使用内存进行数据处理，在数据溢出时将其存入磁盘。
- 支持 Java、Scala、Python、R 和 SQL API。
- Spark core 可在独立服务器模式下运行，也可在 Hadoop YARN、Mesos 以及云端运行。

小技巧：

Scala 的一些特性，如隐式、高阶函数和结构化类型等，能让我们简单地创建 DSL，并将其与开发语言进行集成。

Apache Spark 并不提供存储层，它依赖于 HDFS 或 Amazon S3 等。因此，即便一些 Apache Hadoop 技术被 Apache Spark 替代，也仍然需要 HDFS 来提供可靠的存储层。

注意：

Apache Kudu 提供了 HDFS 的另一种选择，现在已出现了 Apache Spark 与 Kudu 存储层之间的集成，这进一步实现了 Apache Spark 与 Hadoop 生态之间的解耦。

Hadoop 与 Apache Spark 都是流行的大数据处理框架，但用于不同目的。Hadoop 提供了分布式存储功能和 MR 分布式计算框架，而 Spark 则是一个数据处理框架，可在由其他技术提供的分布式数据存储上执行操作。

通常来说，Spark 比 MR 快得多，因为它处理数据的方式不同。MR 使用磁盘操作来拆分数据，Spark 则以比 MR 更高效的方式来处理数据集，Apache Spark 性能提升的背后原因在于使用了创新的内存处理方式，而不是基于磁盘的缓慢数据处理。

小技巧：

如果你要处理的数据和所需的报表都比较稳定，MR 的数据处理风格也是有效的。因为此时可使用批处理方式来满足需求。而若需要对流数据进行分析，或需要多阶段的处理逻辑，你可能就想使用 Spark 了。

Spark 栈有三层。底层是集群管理器。该层可以是独立服务器模式、YARN 或 Mesos。

小技巧：

如果你使用了本地模式，就不需要集群管理器了。

在中间层，也就是集群管理器之上，是 Spark core，它提供了所有的底层 API，用于执行任务调度，并与存储进行交互。

顶层是运行在 Spark core 上的模块。如 Spark SQL 用于提供交互式查询，Spark Streaming 用于实时分析，Spark ML 用于机器学习，Spark GraphX 用于图处理。

三层结构如图 5.13 所示。

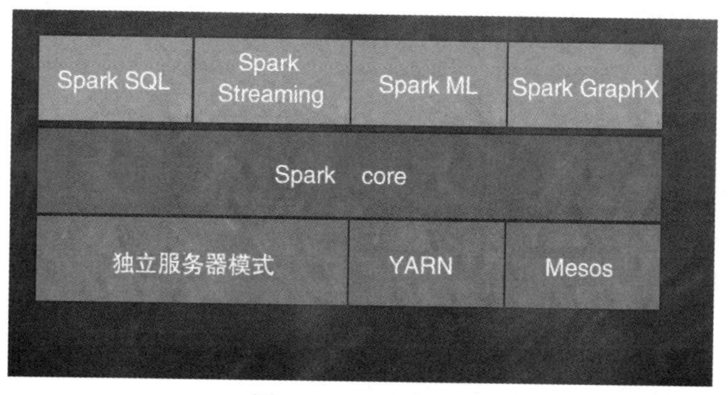

图 5.13　Spark 的结构

正如在上图中所见到的，不同的库，例如 Spark SQL、Spark Streaming、Spark ML 和 GraphX

都位于 Spark core 之上，这就是中间层。底层则显示了不同的集群管理器选项。

现在，让我们来简要看一下各个组件。

5.4.1 Spark core

Spark core 是 Spark 平台的基础通用执行引擎，所有其他的功能都是基于此而构建的。Spark core 包含了运行作业所需要的基本 Spark 功能，也包含其他组件所需的功能。它为外部存储系统中的数据提供内存计算和参考数据集，这其中，最重要的概念就是弹性分布式数据集(RDD)。

此外，Spark core 中包含访问不同文件系统的处理逻辑，例如访问 HDFS、Amazon S3、HBase、Cassandra、关系数据库等。Spark core 也提供了基础功能，用于支持网络、安全、调度以及数据重新洗牌等，从而为分布式计算建立一个具备高扩展性，并带有容错能力的平台。

> **注意：**
> 我们将在第 6 章和第 7 章中深入探讨 Spark core。

数据帧(DataFrame)和数据集在 RDD 上创建，它们和 Spark SQL 一道被引入，并已在很多用户场景中替代了 RDD。虽然现在 RDD 在处理完全非结构化数据方面仍具备足够的弹性，但在将来，数据集 API 可能最终成为核心 API。

5.4.2 Spark SQL

Spark SQL 是 Spark core 上的一个组件，它引入了新的数据抽象，称为 SchemaRDD，能为结构化和半结构化数据提供支持。Spark SQL 使用 SQL 函数来处理大量分布式结构化数据，这些函数是 Spark 和 Hive QL(HQL)支持的 SQL 的一个子集。作为 Tungsten 首创功能的一部分，Spark SQL 通过数据帧和数据集的方式，在更高的性能水平上简化了对结构化数据的处理。Spark SQL 也支持从各种结构化格式和数据源、文件、parquet、orc、关系数据库、Hive、HDFS、S3 等读取或写入数据。Spark SQL 还提供了一个称为 catalyst 的查询优化框架来优化所有操作，以便提高速度(与 RDD 相比，Spark SQL 快了好几倍)。Spark SQL 还包含一个 Thrift 服务器，外部系统可通过它来使用经典的 JDBC 或 ODBC 协议查询数据。

> **注意：**
> 我们将在第 8 章中深入探讨 Spark SQL。

5.4.3 Spark Streaming

Spark Streaming 利用 Spark core 提供的快速调度能力，通过从各种来源(如 HDFS、Kafka、Flume、Twitter、ZeroMQ、Kinesis 等)获取实时流数据来进行流式分析。Spark Streaming 使用微批方式来处理数据块，并使用一种称为 DStream 的概念。Spark Streaming 可以在 RDD 上运行，并在 Spark core API 中将其作为常规的 RDD 来对待，使用 transformation 和 action 算子对其进行处理。Spark Streaming 的操作可以自动使用各种技术从故障中恢复。Spark Streaming 可与其他 Spark 组件在单个程序中结合使用，例如将机器学习、SQL 和图处理与实时处理结合起来。

注意：
我们将在第 9 章中详细探讨 Spark Streaming。

此外，新的 Spark 结构化 Streaming API 使得 Spark Streaming 应用程序变得与 Spark 批处理程序更像了，并且现在也允许在流数据之上进行实时查询，而在 Spark 2.0+之前的版本中，使用 Spark Streaming 库是很难处理这样的查询的。

5.4.4 Spark GraphX

GraphX 是位于 Spark 栈顶部的分布式图处理框架。图是一种数据结构，由点和连接这些点的边界构成。GraphX 提供了用于创建图的功能，它将图表示为 Graph RDD。它提供表达图计算的 API，从而可以使用 Pregel 抽象 API 对用户定义的图进行建模。并为此抽象概念提供了优化的运行时环境。GraphX 还包含了最重要的图论算法的事项，例如 PageRank、连接组件(connected component)、最短路径和 SVD++等。

注意：
我们将在第 10 章中深入探讨 Spark GraphX。

一个较新的为人所知的模块就是 GraphFrame，它正处于快速开发当中。与基于数据帧的图处理相比，这种方式使用起来更简单。GraphX 之于 RDD，就像是 GraphFrame 之于数据帧/数据集。目前，这些是与 GraphX 分开的，并且也期望在将来，GraphFrame 能支持 GraphX 的所有功能，从而切换到 GraphFrame。

5.4.5 Spark ML

MLlib 位于 Spark core 之上，是一个分布式机器学习框架，用于处理以 RDD 方式转换的数据集的机器学习模型。Spark MLlib 是一个机器学习的算法库，提供了各种各样的算法，例如逻辑回归、朴素贝叶斯分类、支持向量机(SVM)、决策树、随机森林、线性回归，交替最小二乘(ALS)，以及 K-均值聚类算法。Spark ML 与 Spark core、Spark Streaming、Spark SQL 和 GraphX 完美集成，从而提供真正集成的平台，能够以实时或批量的方式来处理数据。

注意：
我们将在第 11 章中深入探讨 Spark ML。

此外，PySpark 和 SparkR 现在也可以使用 Python 或 R API 来与 Spark 集群进行交互。Python 和 R 与 Spark 的集成，真正为数据科学家和机器学习建模人员开辟了新天地。数据科学家最常使用的语言是 Python 和 R，Spark 支持与 Python 和 R 集成，这样避免了需要学习 Scala 这样的新语言的成本高昂的过程。另一个原因是，现有的很多代码都是用 Python 和 R 语言编写的，如果我们能利用这些现有的代码，那么相对于从头重新构建所有的代码，这将大大提高团队的生产效率。

Jupyter 和 Zeppelin 这样的笔记本技术正在变得越来越流行，也正在越来越得到广泛应用，这使得它们与 Spark 的交互变得更容易。这一点在 Spark ML 中尤为有用，因为这里会用到大量的假设和分析。

5.4.6 PySpark

PySpark 使用基于 Python 的 SparkContext 和 Python 脚本作为任务，然后使用套接字和管道执行进程，以便在基于 Java 的 Spark 集群和 Python 脚本之间进行通信。PySpark 还使用了 Py4J，Py4J 是一个集成在 PySpark 中的很流行的库，使得 Python 接口能动态使用基于 Java 的 RDD。

> **小技巧：**
> Python 需要安装在所有运行 Spark 执行程序的工作节点上。

图 5.14 展示了 PySpark 如何通过在 Java 处理和 Python 脚本之间进行通信来工作。

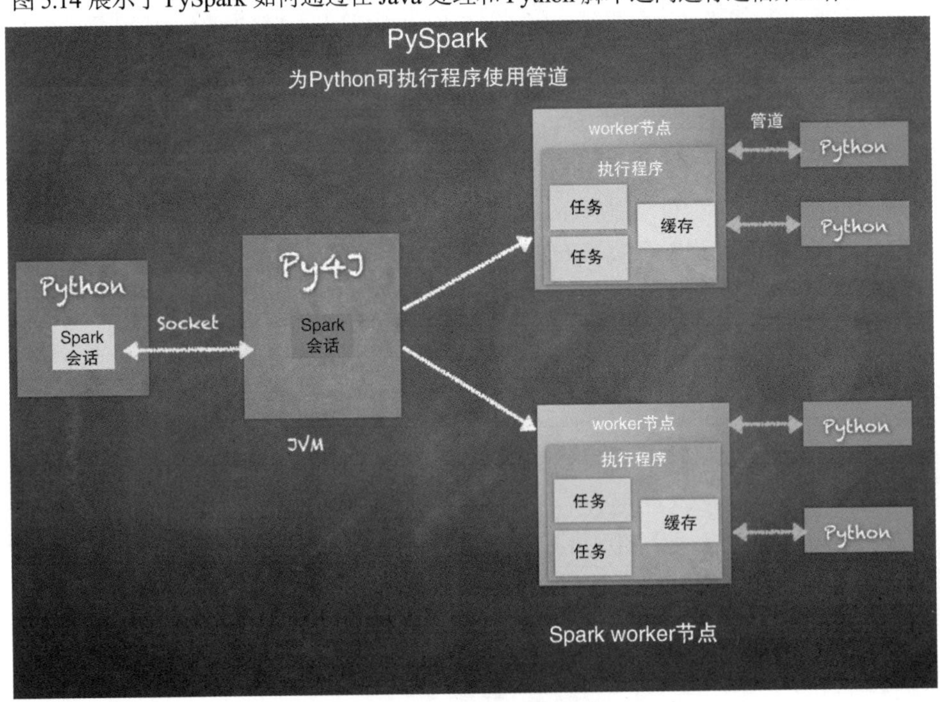

图 5.14 PySpark 工作原理

5.4.7 SparkR

SparkR 是一个 R 语言包，提供了一个轻量级前端供 R 使用 Apache Spark。SparkR 提供一个分布式数据帧实现方式，用于支持选择、过滤、聚集等操作。SparkR 也支持使用 MLlib 的分布式机器学习。SparkR 使用了基于 R 语言的 SparkContext 以及 R 脚本作为任务，然后使用 JNI 和管道来执行进程，从而实现基于 Java 的 Spark 集群和 R 语言脚本之间的通信。

小技巧：
R 需要安装在运行 Spark 执行程序的所有工作节点上。

图 5.15 展示了 SparkR 如何通过在 Java 和 R 语言脚本之间进行通信来工作的。

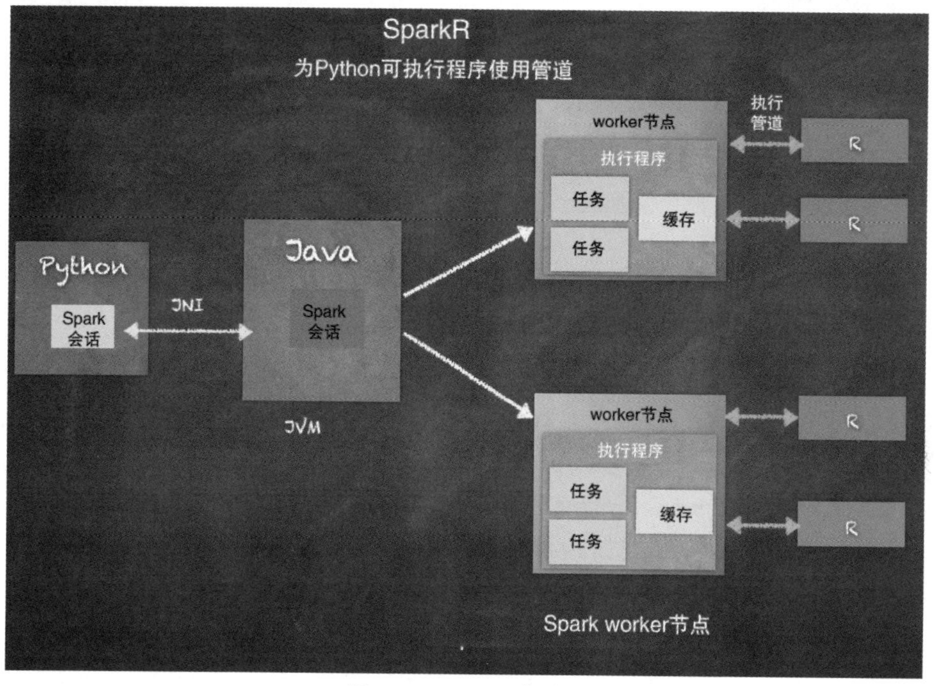

图 5.15 SparkR 工作原理

5.5 本章小结

本章探究了 Hadoop 和 MR 框架的进化过程，也探讨了 YARN、HDFS 读写操作。之后讨论了 Apache Spark 的进化过程，为何 Apache Spark 会被优先创建出来，以及它所带来的价值。

最后介绍 Apache Spark 中的各个组件，例如 Spark core、Spark SQL、Spark Streaming、Spark GraphX 和 Spark ML，还有 PySpark 和 SparkR 这两个能将 Python 和 R 语言代码与 Apache Spark 进行集成的工具。

现在，我们已经看到了大数据分析，Hadoop 分布式计算平台的空间及其发展过程，Apache Spark 真正的发展过程，以及 Apache Spark 如何解决一些挑战。我们现在已经做好了学习 Spark 以及在用户场景中使用它的准备。

在第 6 章中，我们将进一步研究 Apache Spark。

第 6 章

开始使用 Spark——REPL 和 RDD

“所有这些现代的技术，都是为了让我们能够一次性完成所有的事情。”

——Bill Watterson

在本章中，你将学习 Spark 是如何工作的；然后将学习 RDD，RDD 是 Apache Spark 中最基础的抽象概念。你还将学习如何使用像 Scala 一样的 API 来简单地处理分布式数据集合。你还会看到如何下载 Spark，并通过 Spark shell 让其在本地运行。

作为概括，本章将涵盖如下主题：

- 深入理解 Apache Spark
- 安装 Apache Spark
- RDD 简介
- 使用 Spark shell
- action 与 transformation 算子
- 缓存
- 加载和保存数据

6.1 深入理解 Apache Spark

Apache Spark 是一种快速的内存数据处理引擎，它具有优雅的且富有表现力的开发 API，允许有效地执行流数据机器学习，也允许 SQL 类型的工作负载对数据集进行快速的交互式访问。Apache Spark 由 Spark core 和一组库文件组成。Spark core 是一个分布式执行引擎，提供了 Java、Scala 以及 Python 等语言的 API，为分布式应用开发提供了一个良好的平台。

构建在 Spark core 之上的库能用于处理类似于流数据、SQL、图处理和机器学习等的工作负载。例如，Spark ML 专为数据科学而设计，其中的抽象概念使得数据科学处理起来更容易。

为规划和执行分布式计算，Spark 引入了作业(job)的概念。作业通过 stage 和 task 在多个 worker

节点上执行。Spark 中还包含一个 driver，用于在 worker 节点集群内协调任务执行。driver 还负责跟踪所有 worker 节点，以及所有 worker 节点上正在执行的工作。

让我们再深入了解一下这些组件。其中的关键组件是 driver 和 executor，它们都是 JVM 进程(Java 进程)。

- driver：driver 包含应用程序和 main 程序。如果你使用了 Spark shell，它就成为 driver 程序，并会在集群内调用 executor，同时会控制 task 的执行。
- executor：接下来就是 executor，它会在集群中的 worker 节点上运行。在 executor 内部，会运行单独的任务或计算工作。在每个 worker 节点上可以有一个或多个 executor，同样，一个 executor 也可运行一个或多个任务。当 driver 与集群管理器进行通信时，集群管理器会将资源分配给 executor。

> **小技巧：**
> 集群管理器可以是一个独立服务器的集群管理器，也可以是 YARN 或 Mesos。

集群管理器负责在组成集群的计算节点之间调度和分配资源。一般来说，这由一个管理员进程来完成，用于管理集群中的资源，并向诸如 Spark 的请求进程分配资源。后面将介绍三种不同的集群管理器：独立服务器模式下的集群管理器、YARN 和 Mesos。

图 6.1 从较高层次展示了 Spark 的工作方式。

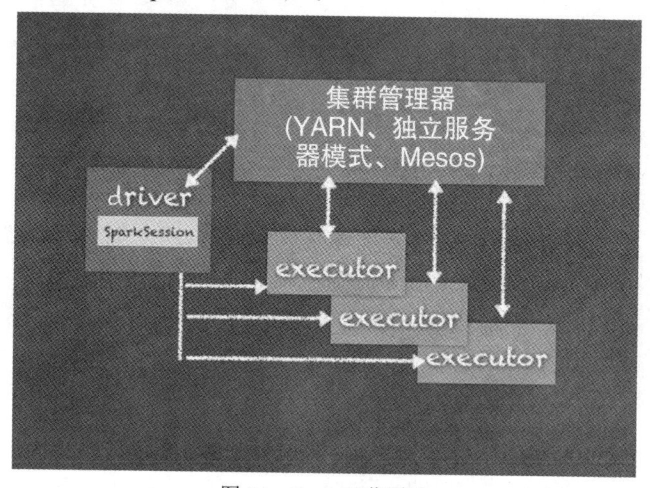

图 6.1 Spark 工作原理

Spark 程序的主入口点被称为 SparkContext，位于 driver 之内，表示与集群的连接，同时包含执行调度和任务分发与编排的代码。

> **小技巧：**
> Spark 2.x 中引入一个新的被称为 SparkSession 的变量。SparkContext、SQLContext 和 HiveContext 现在都是 SparkSession 的成员变量。

当你启动 driver 程序时，命令就会被 SparkContext 提交到集群，然后 executor 就开始执行这些指令。一旦执行结束，driver 程序会完成作业。此时，就可以提交更多命令来执行更多作业。

注意：

对 SparkContext 进行维护和重用的能力是 Apache Spark 架构的关键优势之一。这与 Hadoop 框架不同。在 Hadoop 中，无论是 MR 作业、Hive 查询还是 Pig 脚本，我们想要执行的任务都需要从头开始，并使用成本较高的磁盘操作，而不是内存操作。

SparkContext 可用来创建 RDD、累加数据或在集群中广播变量。在每个 JVM/Java 进程上，只能有一个 SparkContext 处于活动状态。在创建新的之前，需要先调用 stop()来停止原有的处于活动状态的 SparkContext。

driver 程序解析代码，然后将解析后的字节级代码串行发给将要执行的 executor。在我们执行任意计算任务时，计算实际上都是在集群中的每个节点上本地完成的，并且使用的是内存处理。

处理代码解析以及规划执行任务是 driver 进程的核心工作。

图 6.2 展示了 Spark driver 是如何在集群中协调执行任务的。

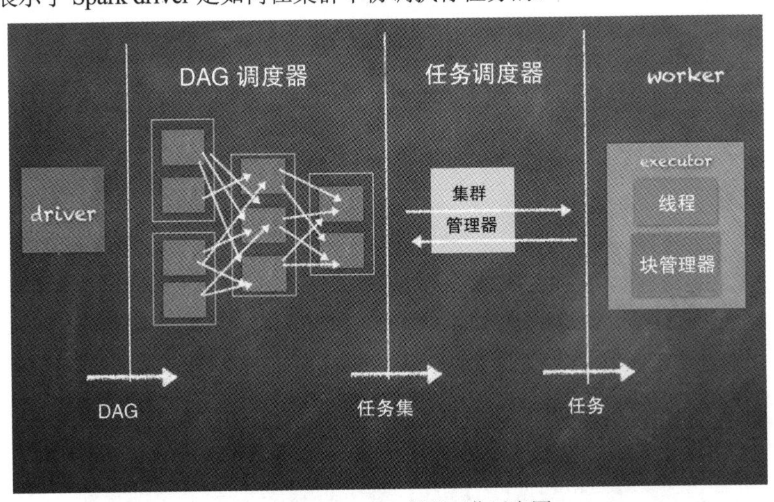

图 6.2 Spark driver 进程工作示意图

DAG(有向无环图)是 Spark 框架中的秘密武器。driver 会为你用分布式处理框架运行的代码创建包含任务的 DAG。然后，该 DAG 实际上按照阶段(stage)和任务(task)的方式执行。DAG 代表作业，而作业又被拆分为子集，称为阶段。每个阶段以任务方式执行，而每个任务在执行时，使用一个 Spark core。

如下的两张图展示了一个简单的作业，表明了 DAG 如何被拆分为阶段和任务。图 6.3 展示了作业本身，图 6.4 则展示了作业中的阶段和任务。

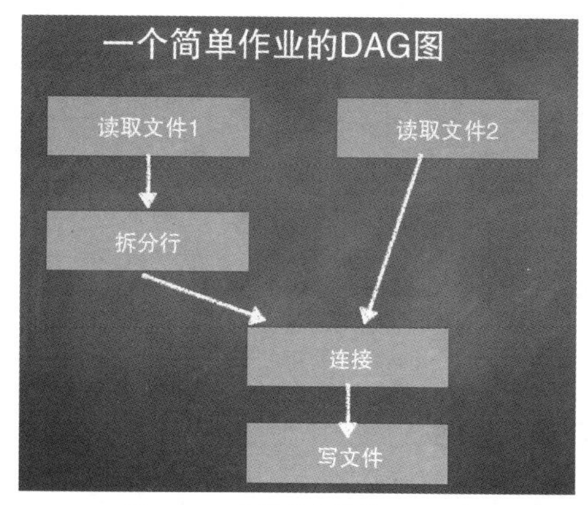

图 6.3　一个简单作业的 DAG 图

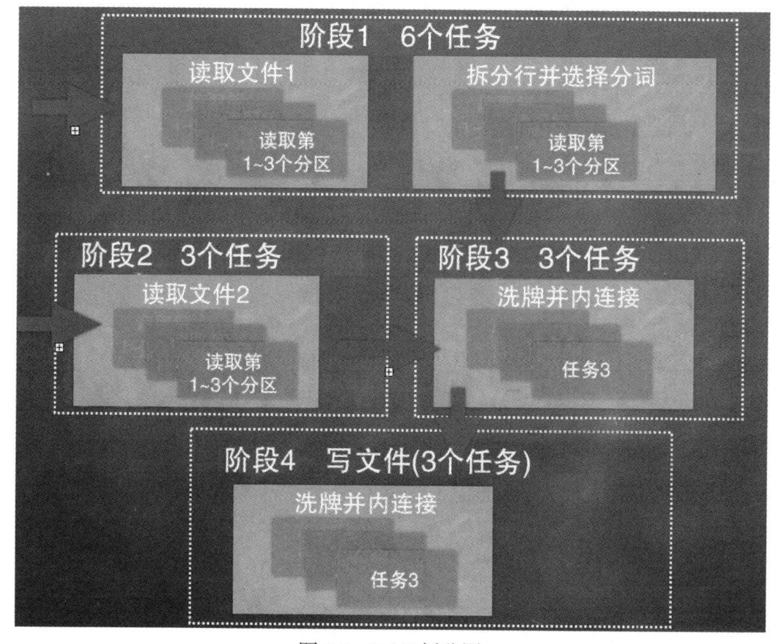

图 6.4　DAG 拆分图

阶段的个数以及每个阶段中包含的内容由操作的类型决定。一般来讲，转换操作往往在同一个阶段中，但 reduce 或 shuffle 操作则往往生成新的执行阶段。任务是阶段的一部分，并通常直接使用一个 Spark core，用来在 executor 上执行操作。

注意：

如果你使用 YARN 或 Mesos 作为集群管理器，则在完成更多工作时，需要使用动态 YARN 调度器来增加 executor 的数量，也可以杀死处于空闲状态的 executor。

driver 负责管理整个执行过程中的容错机制。一旦 driver 执行完一个作业，其输出就可以写到文件、数据库，或者是干脆写到控制台。

小技巧：

driver 程序中的代码，包括所有变量和对象，都必须能够完全串行化。经常看到的异常之一是不可串行化造成的，例如在代码块外部包含一个全局变量。

因此，driver 程序负责管理整个执行过程，它会监控并管理资源使用情况(例如监控 executor、阶段和任务，从而确保所有事情都按规划执行)，并能处理故障(例如某个 executor 节点上任务执行失败，或整个 executor 上的任务失败)。

6.2　安装 Apache Spark

Apache Spark 是一个跨平台的框架，可在 Linux、Windows 和 macOS 机器上进行部署，只要我们在这些机器上安装了 Java 即可。在本节中，我们来看一下如何安装 Apache Spark。

小技巧：

可访问如下网址来下载 Apache Spark：http://spark.apache.org/downloads.html。

首先，让我们看一下安装 Apache Spark 的机器需要哪些先决条件。

- Java 8+(必需组件，因为所有 Spark 软件都作为 JVM 进程运行)
- Python 3.4+(可选组件，只在你想使用 PySpark 时安装)
- R 3.1+(可选组件，在你想使用 SparkR 时安装)
- Scala 2.11+(可选组件，在你想编写 Spark 程序时安装)

Spark 有下三种主要的部署模式，我们将对其进行探讨。

- Spark 独立服务器模式
- 基于 YARN 的 Spark
- 基于 Mesos 的 Spark

6.2.1　Spark 独立服务器模式

独立服务器模式使用内置的调度器，因而不需要任何外部调度器，如 YARN 或 Mesos。要以独立服务器模式安装 Spark，需要将 Spark 的二进制安装文件复制到集群的所有机器上。

在独立服务器模式下，客户端可通过 spark-submit 或 Spark shell 与集群通信。无论是哪种情况，driver 都会与 Spark 主节点通信，以便获取 worker 节点的信息，此后 executor 将在 worker 节点上启动来执行应用。

注意：

多个客户端可同时与集群通信，然后在 worker 节点上创建各自的 executor。当然，每个客户端也都有自己的 driver 组件。

图 6.5 展示了 Spark 的独立服务器部署模式，使用了主节点和 worker 节点。

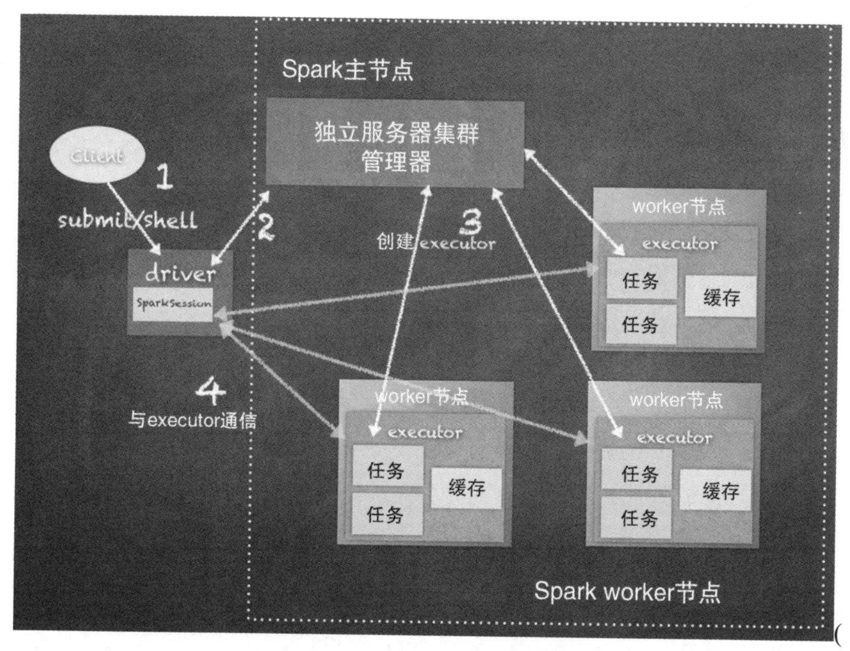

图 6.5　Spark 独立服务器部署模式

现在，让我们使用 Linux/Mac 下载并以独立服务器模式安装 Spark。

(1) 从链接 http://spark.apache.org/downloads.html 下载 Apache Spark，如图 6.6 所示。

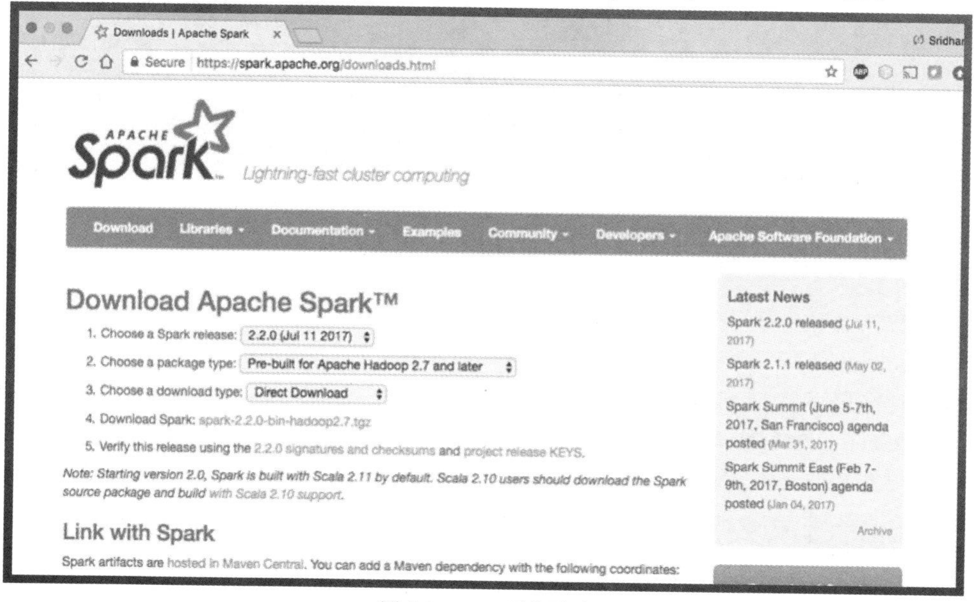

图 6.6　Spark 下载页面

(2) 在本地目录中解压软件包。

```
tar -xvzf spark-2.2.0-bin-hadoop2.7.tgz
```

(3) 将目录修改为新创建的位置。

```
cd spark-2.2.0-bin-hadoop2.7
```

(4) 按照如下步骤设置 JAVA_HOME 和 SPARK_HOME 环境变量。

a. JAVA_HOME 应该设置为你安装 Java 的位置。在 macOS 终端上，可以是如下这样：

```
export JAVA_HOME=/Library/Java/JavaVirtualMachines/
                    jdk1.8.0_65.jdk/Contents/Home/
```

b. SPARK_HOME 可以是解压后的目录。在 macOS 上，可以如下：

```
export SPARK_HOME= /Users/myuser/spark-2.2.0-bin-hadoop2.7
```

(5) 执行 Spark shell 看设置是否有效。如果不生效，则检查 JAVA_HOME 和 SPARK_HOME 的环境变量设置：./bin/spark-shell。

(6) 接下来，将看到如图 6.7 的输出。

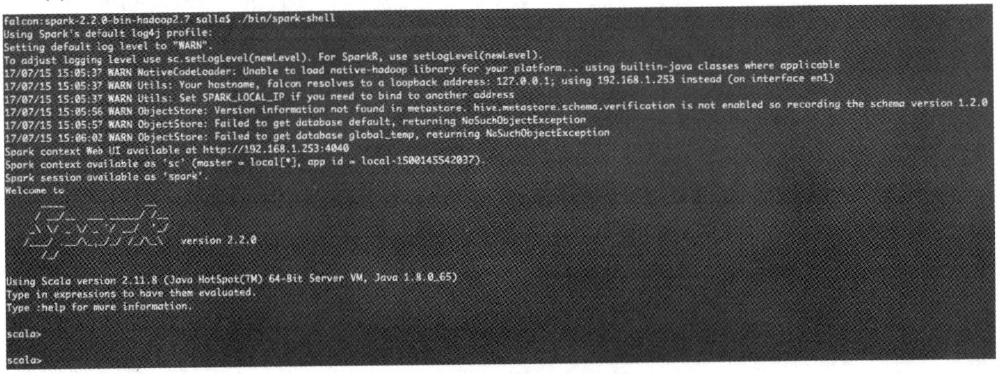

```
falcon:spark-2.2.0-bin-hadoop2.7 salla$ ./bin/spark-shell
Using Spark's default log4j profile:
Setting default log level to "WARN".
To adjust logging level use sc.setLogLevel(newLevel). For SparkR, use setLogLevel(newLevel).
17/07/15 15:05:37 WARN NativeCodeLoader: Unable to load native-hadoop library for your platform... using builtin-java classes where applicable
17/07/15 15:05:37 WARN Utils: Your hostname, falcon resolves to a loopback address: 127.0.0.1; using 192.168.1.253 instead (on interface en1)
17/07/15 15:05:37 WARN Utils: Set SPARK_LOCAL_IP if you need to bind to another address
17/07/15 15:05:56 WARN ObjectStore: Version information not found in metastore. hive.metastore.schema.verification is not enabled so recording the schema version 1.2.0
17/07/15 15:05:57 WARN ObjectStore: Failed to get database default, returning NoSuchObjectException
17/07/15 15:06:02 WARN ObjectStore: Failed to get database global_temp, returning NoSuchObjectException
Spark context Web UI available at http://192.168.1.253:4040
Spark context available as 'sc' (master = local[*], app id = local-1500145542037).
Spark session available as 'spark'.
Welcome to
      ____              __
     / __/__  ___ _____/ /__
    _\ \/ _ \/ _ `/ __/  '_/
   /___/ .__/\_,_/_/ /_/\_\   version 2.2.0
      /_/

Using Scala version 2.11.8 (Java HotSpot(TM) 64-Bit Server VM, Java 1.8.0_65)
Type in expressions to have them evaluated.
Type :help for more information.

scala>

scala>
```

图 6.7　Spark shell 输出结果

(7) 然后就可以看到 Scala/Spark shell。现在就可以与 Spark 集群进行交互了。

```
scala>
```

现在，我们就有了一个连接到本地集群的Spark shell。这是在本地机器上启动Spark的最快捷方式。但你仍可连接到其他集群(独立服务器模式、YARN 或 Mesos 的集群)上来控制 worker/executor。这就是Spark的能力，可以让你在测试集群上进行交互式测试，然后快速地将作业部署到大型集群上。这种无缝的集成带来了极大好处。而这是Hadoop或其他技术无法实现的。

> **小技巧：**
> 也可参考如下官方文档来了解更多设置：http://spark.apache.org/docs/latest/。

下面展示了多种启动 Spark shell 的方法。稍后将看到更多选项，并更细致地展示 Spark shell。

- 本地机器上的默认 shell，会自动将本地机器作为 Spark 的主节点。

```
./bin/spark-shell
```

- 本地机器上的默认 shell，可使用 n 个线程将本地机器设置为主节点。

```
./bin/spark-shell --master local[n]
```

- 本地机器上的默认 shell，可连接到指定的 Spark 主节点上。

```
./bin/spark-shell --master spark://<IP>:<Port>
```

- 本地机器上的默认 shell，可使用客户端模式连接到 YARN 集群上。

```
./bin/spark-shell --master yarn --deploy-mode client
```

- 本地机器上的默认 shell，可使用集群模式连接到 YARN 集群上。

```
./bin/spark-shell --master yarn --deploy-mode cluster
```

Spark driver 也有一个 Web UI，它能帮助你更好地理解 Spark 集群、executor、作业、任务、环境变量和缓存的方方面面。当然，最重要的用途是监控作业。

> **小技巧：**
> 在本地 Spark 集群中启动 Web UI：http://127.0.0.1:4040/jobs/。

图 6.8 是 Web UI 中的作业页面。

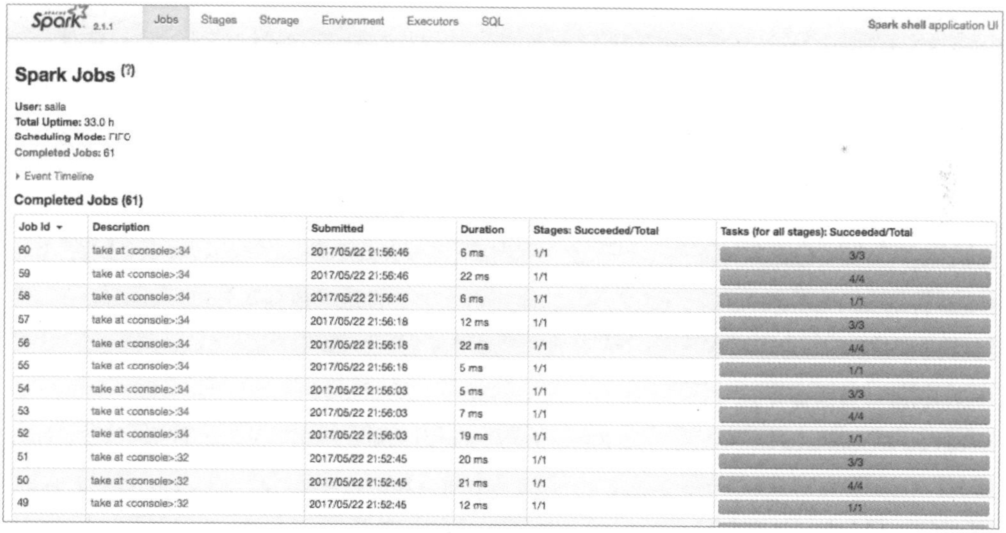

Spark 2.1.1　Jobs　Stages　Storage　Environment　Executors　SQL　　Spark shell application UI

Spark Jobs (?)

User: saila
Total Uptime: 33.0 h
Scheduling Mode: FIFO
Completed Jobs: 61

▸ Event Timeline

Completed Jobs (61)

Job Id ▾	Description	Submitted	Duration	Stages: Succeeded/Total	Tasks (for all stages): Succeeded/Total
60	take at <console>:34	2017/05/22 21:56:46	6 ms	1/1	3/3
59	take at <console>:34	2017/05/22 21:56:46	22 ms	1/1	4/4
58	take at <console>:34	2017/05/22 21:56:46	6 ms	1/1	1/1
57	take at <console>:34	2017/05/22 21:56:18	12 ms	1/1	3/3
56	take at <console>:34	2017/05/22 21:56:18	22 ms	1/1	4/4
55	take at <console>:34	2017/05/22 21:56:18	5 ms	1/1	1/1
54	take at <console>:34	2017/05/22 21:56:03	5 ms	1/1	3/3
53	take at <console>:34	2017/05/22 21:56:03	7 ms	1/1	4/4
52	take at <console>:34	2017/05/22 21:56:03	19 ms	1/1	1/1
51	take at <console>:32	2017/05/22 21:52:45	20 ms	1/1	3/3
50	take at <console>:32	2017/05/22 21:52:45	21 ms	1/1	4/4
49	take at <console>:32	2017/05/22 21:52:45	12 ms	1/1	1/1

图 6.8　Spark Web UI 中的作业页面

图 6.9 则显示了集群中的所有 executor。

Spark 2.1.1 Jobs Stages Storage Environment executor SQL Spark shell application UI

executor

Summary

	RDD Blocks	Storage Memory	Disk Used	Cores	Active Tasks	Failed Tasks	Complete Tasks	Total Tasks	Task Time (GC Time)	Input	Shuffle Read	Shuffle Write
Active(1)	4	93.6 KB / 384.1 MB	0.0 B	8	0	0	141	141	5 s (0 ms)	46.3 KB	0.0 B	0.0 B
Dead(0)	0	0.0 B / 0.0 B	0.0 B	0	0	0	0	0	0 ms (0 ms)	0.0 B	0.0 B	0.0 B
Total(1)	4	93.6 KB / 384.1 MB	0.0 B	8	0	0	141	141	5 s (0 ms)	46.3 KB	0.0 B	0.0 B

executor

Show 20 entries　　Search:

executor ID	Address	Status	RDD Blocks	Storage Memory	Disk Used	Cores	Active Tasks	Failed Tasks	Complete Tasks	Total Tasks	Task Time (GC Time)	Input	Shuffle Read	Shuffle Write	Thread Dump
driver	192.168.1.253:60407	Active	4	93.6 KB / 384.1 MB	0.0 B	8	0	0	141	141	5 s (0 ms)	46.3 KB	0.0 B	0.0 B	Thread Dump

Showing 1 to 1 of 1 entries　　Previous 1 Next

图 6.9　Spark Web UI 中的 executor 页面

6.2.2　基于 YARN 的 Spark

在 YARN 模式下，客户端与 YARN 的资源管理器进行通信，从而获得容器来运行 Spark 应用。可将其视为你自己使用的小型 Spark 集群。

在使用 YARN 运行 Spark 应用时，可使用 YARN 客户端模式或 YARN 集群模式。

1. YARN 客户端模式

在 YARN 客户端模式下，driver 在集群之外的节点(一般都是客户端节点)上运行。driver 首先需要与资源管理器通信，从而请求资源并运行 Spark 作业。资源管理器会分配容器(0 号容器)并响应 driver。driver 在 0 号容器中启动 Spark 应用主节点。Spark 应用主节点然后在资源管理器分配的容器中创建 executor。YARN 容器可位于集群中由节点管理器控制的任意节点上。因此，所有资源分配都由资源管理器负责。

然后 Spark 应用主节点需要与资源管理器进行沟通，以获取其他容器来启动 executor。

图 6.10 展示了 Spark 的 YARN 客户端部署模式。

2. YARN 集群模式

在 YARN 集群模式下，driver 在集群中的某个节点(一般是应用程序的主节点)上运行。客户端首先与资源管理器通信，请求资源并运行 Spark 作业。资源管理器分配一个容器(0 号容器)并响应客户端。然后客户端向集群提交代码，并在 0 号容器内启动 driver 和 Spark 应用主节点。driver 与 Spark 应用主节点协同工作，然后在由资源管理器分配的容器上创建 executor。YARN 容器可位于由节点管理器控制的任意集群节点上。因此，所有资源分配都由资源管理器负责。

然后 Spark 应用主节点需要与资源管理器进行沟通，以获取其他容器来启动 executor。

图 6.11 展示了 Spark 的 YARN 集群部署模式。

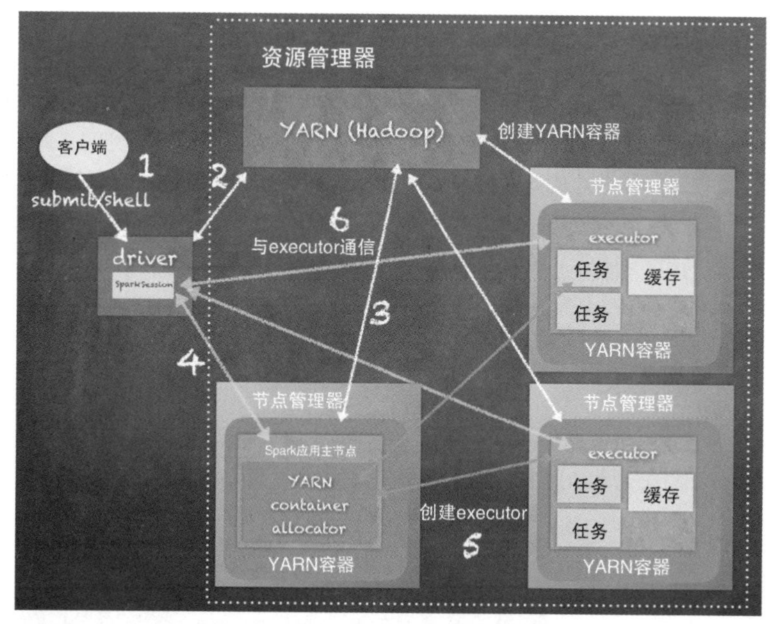

图 6.10　Spark YARN 客户端部署模式

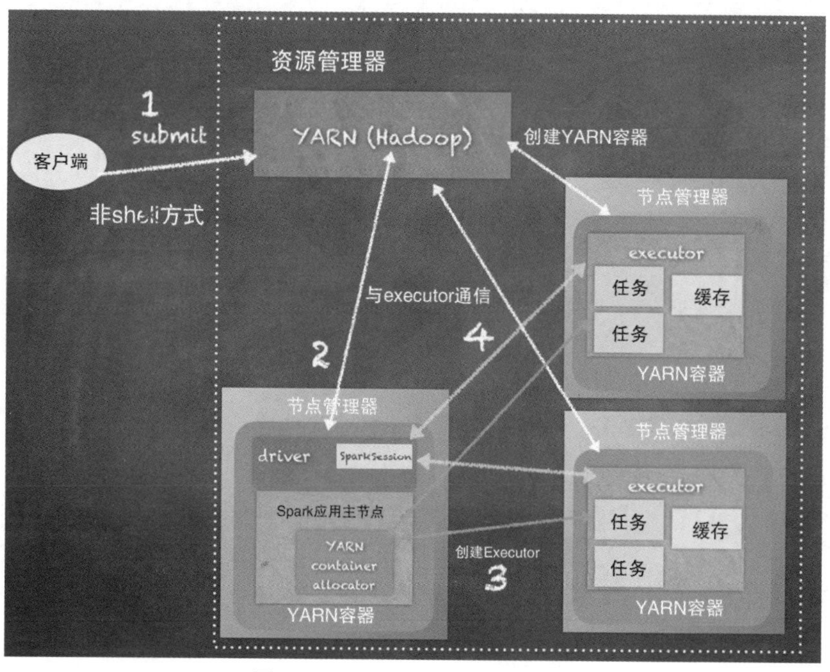

图 6.11　Spark YARN 集群部署模式

小技巧：

在 YARN 集群模式下，没有 shell。因为 driver 本身在 YARN 内部运行。

6.2.3 基于 Mesos 的 Spark

基于 Mesos 的部署模式与 Spark 的独立服务器部署模式类似。driver 与 Mesos 的主节点通信，然后该主节点分配用于运行 executor 的资源。正如在独立服务器模式时看到的，此后 driver 会与 executor 通信，以便运行作业。因此，Mesos 中的 driver 会先与主节点通信，然后从 Mesos 所有的从属节点上处理请求。

将容器分配给 Spark 作业后，driver 就会让 executor 启动，然后在 executor 中运行代码。如果 Spark 作业完成，而 driver 还存在，就会通知 Mesos 主节点，然后 Mesos 从属节点中所有以容器形式存在的资源都会被释放。

注意：

多个客户端与集群交互，从而在从属节点上创建各自的 executor。此外，每个客户端也都有自己的 driver 组件。Mesos 中的客户端和集群模式与 YARN 相似。

图 6.12 展示了基于 Mesos 的 Spark 部署模式，图中显示 driver 连接到了 Mesos 主节点，该主节点也有集群管理器，用于管理所有 Mesos 从属节点上的资源。

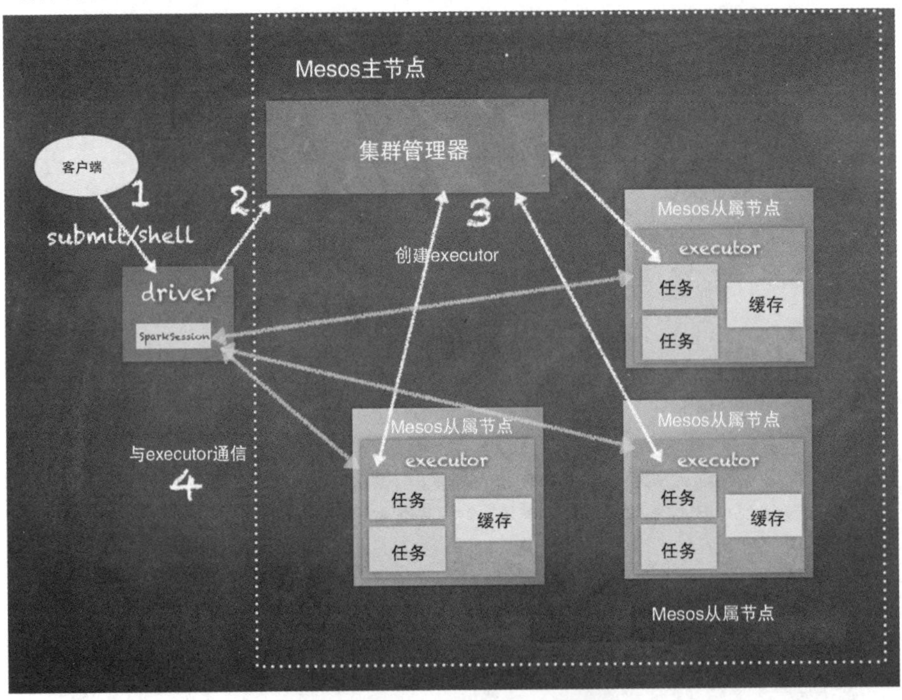

图 6.12　基于 Mesos 的 Spark 部署模式

6.3 RDD 简介

一个分布式弹性数据集(RDD)是一个不可变型分布式对象集合。Spark RDD 是弹性的，并具备容错能力，它使得 Spark 能在出现故障时恢复 RDD。不可变性使得 RDD 一旦被创建就是只读的。可对 RDD 进行转换从而创建新的 RDD，但原始 RDD 在创建后是永远都不会被修改的。这使得 RDD 能不受争用和其他同步问题的影响。

RDD 的分布式天性则是由于 RDD 只包含数据的一个引用，而实际数据则以分区形式存储在集群中的节点上。

> **小技巧：**
> 从概念上讲，RDD 是一个分布式元素集合，这些元素分布在集群中的多个节点上。

RDD 实质上是一个数据集，被分区到集群中的多个节点上，这些分区可来自 HDFS(Hadoop 分布式文件系统)、HBase 表、Cassandra 表或 Amazon S3。

从内部讲，每个 RDD 具备如下五个主要特性。

- 是一个分区的列表。
- 是一个对每个分片都进行计算的函数。
- 基于其他 RDD 的一个依赖列表。
- 有时，是一个键值型 RDD 的分区器(例如，可以说 RDD 是 hash 分区的)。
- 有时，是一个计算每个分片的优先位置列表(例如，一个 HDFS 文件的块地址)。

让我们来看图 6.13。

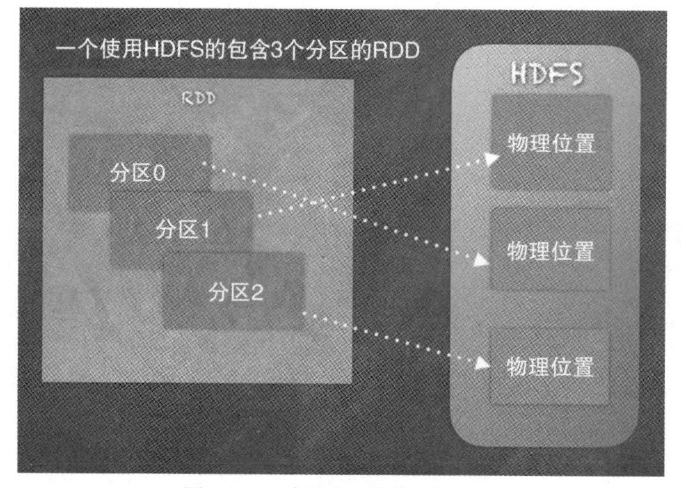

图 6.13　一个包含 3 个分区的 RDD

在程序中，driver 将 RDD 对象视为分布式数据的句柄。这类似于使用了一个指向数据的指针，而不是直接使用真实数据；只有在需要时，才访问真实数据。

默认情况下，RDD 使用 hash 分区器在集群内对数据进行分区。其分区个数与集群中的节点个数无关。因此经常发生集群中的一个节点上分布了多个分区的数据这样的情况。现有数据的分区个数取决于集群中的节点数量和数据量。如果你观察节点上任务的执行情况，就可以发现，该 worker 节点上的任务处理的数据主要来自本地节点，或部分来自远程节点。这称为数据的本地化，执行任务时会尽可能选择本地数据。

小技巧：

数据本地化会严重影响任务的性能。数据本地化的默认选择顺序为：进程本地化(PROCESS_LOCAL)>节点本地化(NODE_LOCAL)>无首选位置(NO_PREF)>机架本地化(RACK_LOCAL)>跨机架(ANY)。

并不能保证一个节点可获取多少个分区。这会影响 executor 的处理效率，因为如果一个节点上有太多分区，那么处理这些分区的时间就会变长，会让 executor 上的 Spark core 过载，从而减缓该阶段的处理速度，进而直接降低整个作业的执行效率。事实上，数据的分区问题，是提升 Spark 作业性能的关键。参考如下命令：

```
class RDD[T: ClassTag]
```

让我们更深入地了解一下 RDD 加载数据时看起来会是什么样子。图 6.14 就是一个例子。它展示了 Spark 如何使用不同的 worker 来加载不同的分区或对数据进行拆分。

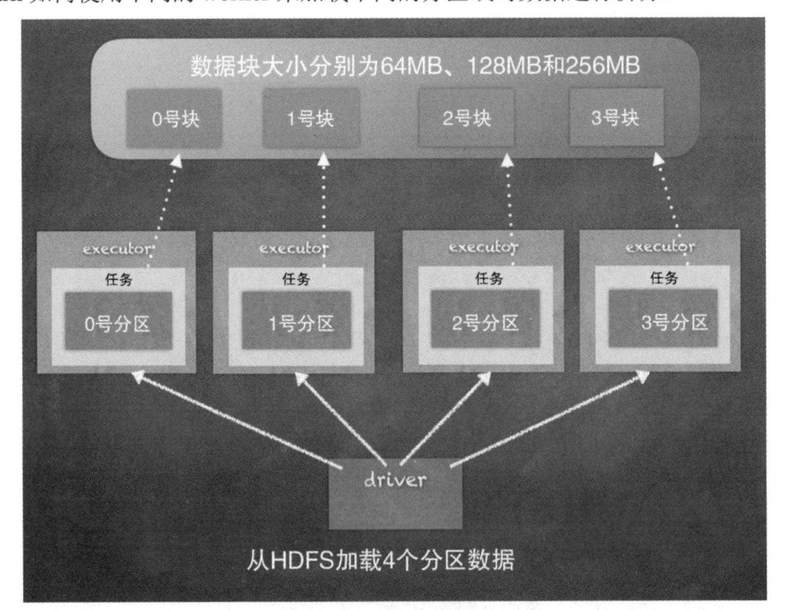

图 6.14 RDD 加载数据

无论 RDD 是如何创建的，初始的 RDD 都被称为基础 RDD，使用各种操作创建的后继 RDD 都是该 RDD 血统的一部分。这是另一个需要记住的关键特性，它是 RDD 实现容错能力和恢复能力的秘诀。driver 会维护 RDD 的血统，并且当 RDD 中的任意块丢失时，都使用该血统进行恢复。

图 6.15 就是一个例子，展示了通过不同操作而创建的多个 RDD。基础 RDD 包含 24 个元素，然后生成另一个 RDD，即 carsRDD(它只包含 3 个元素)。

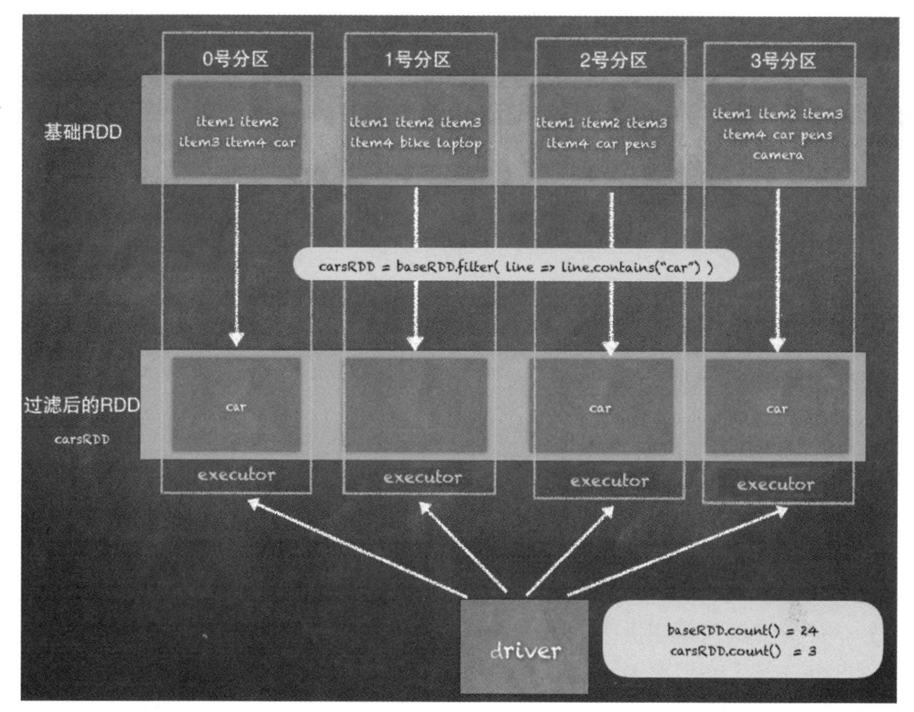

图 6.15　创建新的 RDD

小技巧：

在这样的操作之后，分区数量不会发生改变。每个 executor 都会在内存中使用 filter 转换算子，并基于原始的 RDD 分区来生成新的 RDD 分区。

现在，让我们看一下如何创建 RDD。

创建 RDD

RDD 是 Apache Spark 中使用的基本对象。它们是不可变型集合，用于表示数据，并且内置了可靠性以及故障恢复能力。RDD 可基于任意的 transformation 或 action 算子来生成新的 RDD。RDD 也会存储其血统机制，从而用于从故障中进行恢复。我们在此前的章节中已经看到了如何创建 RDD 的一些细节，以及哪些类型的操作可应用在 RDD 上。

RDD 可按如下方式创建：

- 并行处理集合
- 从现有数据源中读取数据
- 对现有 RDD 进行转换
- Streaming API

1. 并行处理集合

并行处理集合可通过在集合上调用 parallelize()来实现，这是在 driver 程序内部完成的。当 driver

尝试并行处理集合时，会将集合拆分为分区，并将数据分区分布到集群中。

如下是一个使用SparkContext和parallelize()函数从一个数字序列创建RDD的例子。parallelize()函数隐式地拆分数字序列，使其成为一个分布式集合，也就是RDD。

```
scala> val rdd_one = sc.parallelize(Seq(1,2,3))
rdd_one: org.apache.spark.rdd.RDD[Int] = ParallelCollectionRDD[0] at
parallelize at <console>:24

scala> rdd_one.take(10)
res0: Array[Int] = Array(1, 2, 3)
```

2. 从现有数据源中读取数据

第二种创建RDD的方法,就是从现有的外部分布式数据源(如Amazon S3、Cassandra和HDFS等)读取数据。例如，如果你想从HDFS创建RDD，则HDFS中的分布式数据块就会被Spark集群中的各个节点读取。

Spark集群中的各个节点都会隐式地执行输入-输出操作，并且每个节点都独立地读取HDFS中的一个或多个数据块。一般来讲，Spark会将尽可能多的RDD放入内存。这就是Spark的数据缓存能力，从而降低输入-输出操作，使得Spark集群中的节点能避免频繁的数据读操作。因为对于HDFS块来说，它们可能离Spark集群比较远。这里有一系列数据缓存策略，可以在Spark程序中使用。我们将在后面了解缓存机制。

如下是一个文本行的RDD例子，使用了SparkContext和textFile()函数从文本文件中加载数据而得到。textFile()函数以文本文件(每行都以\n结束，并成为RDD中的一个元素)的方式加载输入数据。该函数也会自动使用HadoopRDD来检测并加载分布在集群中、以分区形式存在的所需数据。

```
scala> val rdd_two = sc.textFile("wiki1.txt")
rdd_two: org.apache.spark.rdd.RDD[String] = wiki1.txt MapPartitionsRDD[8]
at textFile at <console>:24

scala> rdd_two.count
res6: Long = 9

scala> rdd_two.first
    res7: String = Apache Spark provides programmers with an application programming
interface centered on a data structure called the resilient distributed dataset (RDD),
a read-only multiset of data items distributed over a cluster of machines, that is
maintained in a fault-tolerant way.
```

3. 对现有RDD进行转换

RDD天然就是不可变型。因此，可对现有RDD应用transformation算子来创建新的RDD。filter就是一种典型的transformation算子。

如下是一个简单的整型RDD，我们对其中的每个整数都乘以2来进行转换。当然，我们又一次使用了SparkContext和parallelize函数将一个整数序列转换为一个RDD。这通过将该序列处理为分区的形式来实现。然后，我们使用map()函数将每个数字乘以2，从而将其转换成另一个RDD。

```
scala> val rdd_one = sc.parallelize(Seq(1,2,3))
rdd_one: org.apache.spark.rdd.RDD[Int] = ParallelCollectionRDD[0] at
parallelize at <console>:24

scala> rdd_one.take(10)
res0: Array[Int] = Array(1, 2, 3)

scala> val rdd_one_x2 = rdd_one.map(i => i * 2)
rdd_one_x2: org.apache.spark.rdd.RDD[Int] = MapPartitionsRDD[9] at map at
<console>:26

scala> rdd_one_x2.take(10)
res9: Array[Int] = Array(2, 4, 6)
```

4. Streaming API

也可使用 Spark Streaming 来创建 RDD。这些 RDD 被称为离散化流式 RDD(DStream RDD)。我们将在第 9 章中详细探讨。

下面，我们将创建 RDD，并使用 Spark shell 来完成一些操作。

6.4　使用 Spark shell

Spark shell 提供了一种简单的执行交互式数据分析的方法。它通过快速地尝试各种 API，来让你学习 Spark 提供的 API。此外，Spark shell 的简便性及其对 Scala API 的支持，也能让你快速地适应 Scala 语言结构，从而更好地使用 Spark API。

> **注意：**
> Spark shell 实现了 REPL 的概念，它能通过输入代码然后计算的方式让你与 shell 进行交互。输出结果会打印在控制台上，不需要编译就可以建立可执行代码。

首先在你安装 Spark 的目录下执行如下命令：

```
./bin/spark-shell
```

Spark shell 会自动启动，并创建 SparkSession 以及 SparkContext 对象。SparkSession 以 Spark 形式使用，SparkContext 则以 sc 形式使用。

spark shell 能以多个选项启动，如下片段就展示了这些选项(最关键的一些选项以粗体显示)：

```
./bin/spark-shell --help
Usage: ./bin/spark-shell [options]
Options:
--master MASTER_URL spark://host:port, mesos:host:port, yarn, or local.
--deploy-mode DEPLOY_MODE Whether to launch the driver program locally ("client")
or on one of the worker machines inside the cluster ("cluster") (Default: client).
--class CLASS_NAME Your application's main class (for Java /Scala apps).
--name NAME A name of your application.
```

```
    --jars JARS Comma-separated list of local jars to include on the driver and executor
classpaths.
    --packages Comma-separated list of maven coordinates of jars to include on the
driver and executor classpaths.Will search the local maven repo, then maven central
and any additional remote repositories given by --repositories.The format for the
coordinates should be groupId:artifactId:version.
    --exclude-packages Comma-separated list of groupId:artifactId, to exclude while
    resolving the dependencies provided in --packages to avoid dependency conflicts.
     --repositories Comma-separated list of additional remote repositories to search
for the maven coordinates given with --packages.
    --py-files PY_FILES Comma-separated list of .zip, .egg, or .py files to place
    on the PYTHONPATH for Python apps.
    --files FILES Comma-separated list of files to be placed in the working directory
of each executor.
    --conf PROP=VALUE Arbitrary Spark configuration property.
    --properties-file FILE Path to a file from which to load extra properties.If not
    specified, this will look for conf/spark-defaults.conf.
    --driver-memory MEM Memory for driver (e.g.1000M, 2G) (Default: 1024M).
    --driver-Java-options Extra Java options to pass to the driver.
    --driver-library-path Extra library path entries to pass to the driver.
    --driver-class-path Extra class path entries to pass to the driver.Note that
    jars added with --jars are automatically included in the classpath.

    --executor-memory MEM Memory per executor (e.g.1000M, 2G) (Default: 1G).
    --proxy-user NAME User to impersonate when submitting the application.This
argument does not work with --principal /--keytab.
    --help, -h Show this help message and exit.
    --verbose, -v Print additional debug output.
    --version, Print the version of current Spark.

    Spark standalone with cluster deploy mode only:
    --driver-cores NUM Cores for driver (Default: 1).

    Spark standalone or Mesos with cluster deploy mode only:
    --supervise If given, restarts the driver on failure.
    --kill SUBMISSION_ID If given, kills the driver specified.
    --status SUBMISSION_ID If given, requests the status of the driver specified.

     Spark standalone and Mesos only:
    --total-executor-cores NUM Total cores for all executors.

    Spark standalone and YARN only:
    --executor-cores NUM Number of cores per executor.(Default: 1 in YARN mode,
    or all available cores on the worker in standalone mode) YARN-only:
    --driver-cores NUM Number of cores used by the driver, only in cluster mode
    (Default: 1).
    --queue QUEUE_NAME The YARN queue to submit to (Default: "default").
    --num-executors NUM Number of executors to launch (Default: 2).If dynamic
allocation is enabled, the initial number of executors will be at least NUM.
    --archives ARCHIVES Comma separated list of archives to be extracted into the
    working directory of each executor.
```

```
--principal PRINCIPAL Principal to be used to login to KDC, while running on
secure HDFS.
--keytab KEYTAB The full path to the file that contains the keytab for the principal
specified above.This keytab will be copied to the node running the Application Master
via the Secure Distributed Cache, for renewing the login tickets and the delegation
tokens periodically.
```

采用可执行 Java jar 包的形式提交 Spark 代码，这样就能在集群中执行作业。一般来说，当你已经使用 shell 实现了一个可工作的解决方案时，可以这样做。

> **小技巧：**
> 在向集群(本地模式、YARN 或 Mesos)提交 Spark 作业时可以使用./bin/spark-submit 命令。

如下是可用的 shell 命令(最重要的部分用粗体标出)：

```
scala> :help
All commands can be abbreviated, e.g., :he instead of :help.
:edit <id>|<line> edit history
:help [command] print this summary or command-specific help
:history [num] show the history (optional num is commands to show)
:h? <string> search the history
:imports [name name ...] show import history, identifying sources of names
:implicits [-v] show the implicits in scope
:javap <path|class> disassemble a file or class name
:line <id>|<line> place line(s) at the end of history
:load <path> interpret lines in a file
:paste [-raw] [path] enter paste mode or paste a file
:power enable power user mode
:quit exit the interpreter
:replay [options] reset the repl and replay all previous commands
:require <path> add a jar to the classpath
:reset [options] reset the repl to its initial state, forgetting all
session entries
:save <path> save replayable session to a file
:sh <command line> run a shell command (result is implicitly => List[String])
:settings <options> update compiler options, if possible; see reset
:silent disable/enable automatic printing of results
:type [-v] <expr> display the type of an expression without evaluating it
:kind [-v] <expr> display the kind of expression's type
:warnings show the suppressed warnings from the most recent line which had any
```

使用 Spark shell，我们将一些数据加载为 RDD：

```
scala> val rdd_one = sc.parallelize(Seq(1,2,3))
rdd_one: org.apache.spark.rdd.RDD[Int] = ParallelCollectionRDD[0] at parallelize
at <console>:24

scala> rdd_one.take(10)
res0: Array[Int] = Array(1, 2, 3)
```

如你所见，我们是逐条执行这些命令。此外，也可以粘贴这些命令。

```
scala> :paste
//Entering paste mode (ctrl-D to finish)

val rdd_one = sc.parallelize(Seq(1,2,3))
rdd_one.take(10)

//Exiting paste mode, now interpreting.
rdd_one: org.apache.spark.rdd.RDD[Int] = ParallelCollectionRDD[10] at
parallelize at <console>:26
res10: Array[Int] = Array(1, 2, 3)
```

在下一节，我们将深入了解这些操作。

6.5 action 与 transformation 算子

RDD 是不可变型的，并且针对 RDD 的每个操作都将创建一个新的 RDD。现在，可在 RDD 上执行两种类型的操作：transformation 和 action。

transformation 算子会改变 RDD 中的元素，例如对输入元素进行拆分、过滤某些元素或执行一些计算操作。多个 transformation 算子可按顺序操作；但在 transformation 阶段，并不会真正执行任务。

> **注意：**
> 对于 transformation 算子，Spark 会将其加入包含了计算的 DAG 中。并且只有在 driver 需要数据时，该 DAG 才会真正执行。这称为懒惰计算(lazy evaluation)。

Spark 可据此对所有 transformation 算子进行查看，从而利用 driver 对所有操作的理解来规划执行过程。例如，如果在其他某些 transformation 算子之后又使用了一个过滤器 transformation 算子，Spark 就可以优化该执行，这样每个 executor 就能在数据的每个分区上高效执行 transformation。现在，Spark 可以等待，直到需要执行时才执行 transformation 算子的操作。

action 也是操作，它会真正触发计算动作。在遇到 action 算子前，Spark 程序中的执行计划都以 DAG 形式创建，但不执行任何动作。很显然，执行计划中可能有多个 transformation 算子，并且具有不同的排序组合方式，但在遇到 action 算子前，什么也不会发生。

图 6.16 是对一些随机数据执行不同操作的描述，我们想移除各种笔和自行车，从而只统计汽车数量。图中的每一个打印语句都是一个 action 算子，它会基于执行计划来触发 DAG 中到 action 算子为止的所有 transformation 算子步骤。

例如，DAG 中的 action 算子 count 将触发一直到基础 RDD 为止的所有 transformation 算子。如果中间还有一个 action 算子，则生成一个新的执行链条。这是一个很清晰的例子，它解释了为何在 DAG 的不同阶段都可以缓存数据，并能极大地加快下一阶段中程序的执行。另一种优化执行的方式则是重用上一阶段的执行结果中输出的 shuffle 文件。

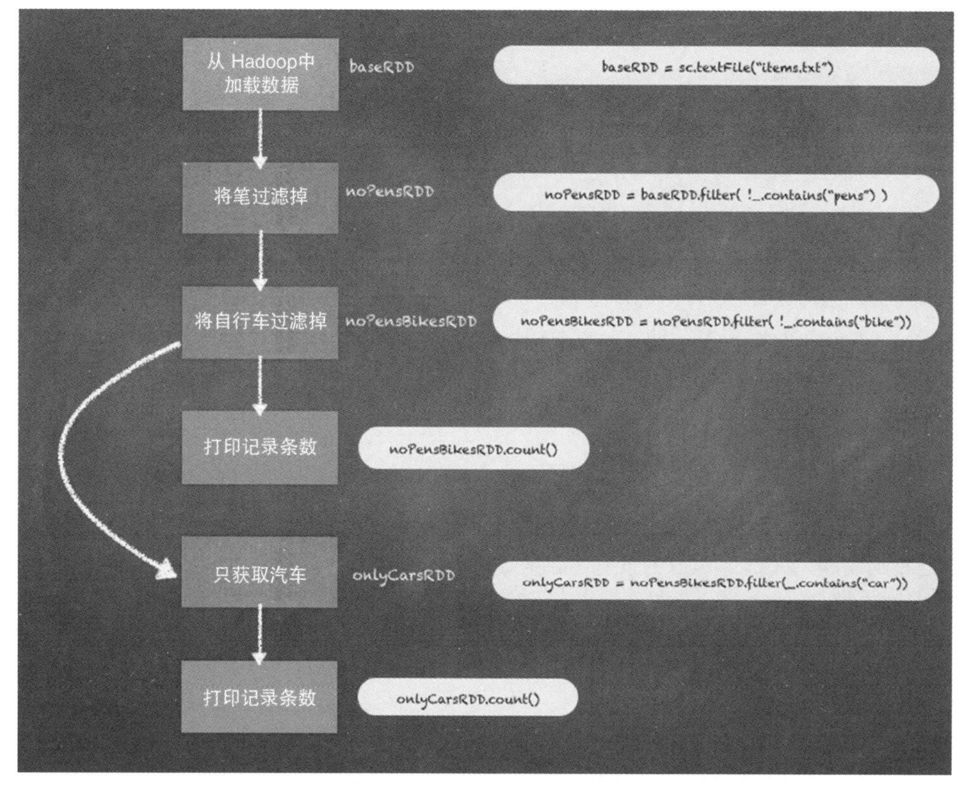

图 6.16　transformation 算子与 action 算子执行过程

另一个 action 算子的例子是 collect，它将来自所有节点的数据进行收集或者拉取，然后提供给 driver。在调用 collect 来选择性地拉取数据时，也可使用 partial 函数。

6.5.1　transformation 算子

transformation 通过对现有 RDD 中的每个元素应用转换逻辑来生成新的 RDD。一些转换函数可以对元素进行拆分、过滤掉某些元素或按某种排序执行计算。可以按顺序执行多个 transformation 算子。但在规划阶段，不会执行任何真正的任务。

transformation 算子可被分为如下四种类型。

1. 通用 transformation 算子

通用 transformation 算子是一些转换函数，可用于处理大部分通用性用户场景。它对已有的 RDD 应用转换逻辑来生成新的 RDD。常见的操作为聚集、过滤等，都被称为通用 transformation 算子。

常见的通用 transformation 算子如下：

- map
- filter
- flatMap

- groupByKey
- sortByKey
- combineByKey

2. 数学/统计 transformation 算子

数学或者统计性 transformation 算子也是一个转换函数，用于完成一些统计功能，这些通常会在已有的 RDD 上应用一些数学或统计性操作，从而生成新的 RDD。采样 transformation 算子就是这样的例子，也是 Spark 中常用的算子。

这样的 transformation 算子的一些例子如下：

- sampleByKey
- randomSplit

3. 集合论/关系型 transformation 算子

集合论(set theory)/关系型transformation算子也是一些转换函数，用于完成一些诸如对数据集进行连接的功能，或执行其他关系型代数函数(如cogroup)，这些函数将转换逻辑应用到已有的RDD上来生成新的RDD。

此类 transformation 算子的例子如下：

- cogroup
- join
- subtractByKey
- fullOuterJoin
- leftOuterJoin
- rightOuterJoin

4. 基于结构化数据的 transformation 算子

基于结构化数据的 transformation 算子也是一些转换函数，它用于操作 RDD 的底层数据结构或 RDD 分区。通过这些函数，可以直接操作分区，而不必接触 RDD 内部的数据或元素。除了 Spark 中的那些简单程序，这些算子是 Spark 中的关键部分，不过这里需要对集群中的分区，以及分区的分布进行控制。通常来说，可根据集群的状态、数据量的大小以及具体的用户场景，来重新考虑数据的分区，从而实现性能提升。

此类 transformation 算子的例子如下：

- partitionBy
- repartition
- zipwithIndex
- coalesce

表 6.1 中列出了 Spark 2.1.1 中可用的一些 transformation 算子。

表 6.1　Spark 2.1.1 中可用的 transformation 算子列表

transformation 算子	含义
map(func)	将源数据中的每个元素都传递给函数 func，返回一个新的分布式数据集
filter(func)	选择源数据中 func 函数值为 true 的元素，从而返回一个新的数据集
flatMap(func)	与 map 类似。但每个输入元素都可映射到 0 个或多个输出元素(即这里的 func 会返回一个 seq 而非单个元素)
mapPartitions(func)	与 map 类似。但会基于 RDD 的分区分别返回。如果 RDD 的类型为 T，则 func 的类型为 Iterator<T> => Iterator<U>
mapPartitionsWithIndex(func)	与 mapPartitions 类似，但会为 func 函数提供一个整数值来表示分区的索引。当 RDD 的类型为 T，则 func 的类型为(Int,Iterator<T>)=> Iterator<U>
sample(withReplacemment，fraction，seed)	数据的部分采样，包含或者不包含替换，使用了给定的随机数字生成器 seed
union(otherDataset)	返回一个新的数据集，其中包含源数据集和参数数据集中的元素的并集
intersection(otherDataset)	返回一个新的数据集，其中包含源数据集和参数数据集中的元素的差集
distinct([numTasks])	返回一个新的数据集，其中包含源数据集中的不同元素
groupByKey([numTasks])	当调用一个包含(K,V)对的数据集时，将返回一个包含(K,Iterator<V>)对的数据集。如果你对每个 key 进行分组以便执行某种聚集操作(例如求和或求平均值)，可使用 reduceByKey 或 aggregateByKey 来获得更好的性能。注意，默认情况下，输出的并行度依赖于父 RDD 中的分区数量。也可选用 num Tasks 参数来设置不同的任务数量。该参数为可选参数
reduceByKey(func,[numTasks])	当在包含(K,V)对的数据集上调用该算子时，将返回一个包含(K,V)对的数据集。其中每个 key 的 value 都是使用给定的 reduce 函数 func 而聚集生成的。func 的类型必须是(V,V)=> V。与 groupByKey 一样，reduce 任务的数量由第二个参数控制，这个参数也是可选参数
aggregateByKey(zeroValue)(seqOp,combOp,[numTasks])	当在一个包含(K,V)对的数据集上调用该算子时，返回的是一个包含(K,U)对的数据集。并且每个 value 都使用给定函数与中性 0 值的组合聚集生成。这里也允许聚集后的 value 类型与输入的 value 类型不同。这是为了避免不必要的数据分配操作。与 groupByKey 一样，reduce 任务的数量由第二个参数控制，这个参数也是可选参数
sortByKey([ascending],[numTasks])	在包含(K,V)对的数据集上调用该算子，此时 Key 已排序完毕，返回一个包含(K,V)对的数据集。该数据集按照 key 进行升序或降序排列，由布尔型参数 ascending 指定
join(otherDataset,[numTasks])	在类型为(K,V)和(K,W)的数据集上调用该算子，返回一个包含(K,(V,W))的数据集，即为每个key返回一个元素对。并通过leftOuterJoin、rightOuterJoin和fullOuterJoin这样算子支持外连接
cogroup(otherDataset,[numTasks])	当在类型为(K,V)以及(K,W)的数据集上调用该算子，返回类型为(K,(Iterator<V>,Iterator<W>))元组的数据集。该操作也被称为 groupWith

(续表)

transformation 算子	含义
cartesian(otherDataset)	在类型为 T 和 U 的数据集上调用该算子，返回类型为(T,U)对的数据集(所有元素的对)
pipe(command,[envVars])	通过 shell 命令对 RDD 的所有分区执行管道操作。例如可使用 Perl 或 bash 脚本。RDD 的元素被写入进程的 stdin，行输出则被传递给进程的 stdout，并以字符串 RDD 形式返回
coalesce(numPartitions)	将 RDD 的分区数量减至 numPartitons。这样可将一个大数据集过滤成小数据集，从而执行更高效的操作
repartition(numPartitons)	对 RDD 中的数据随机地进行重新洗牌，从而生成更多或者更少的分区，以便均衡访问这些数据。这通常需要通过网络对所有数据执行 shuffle 操作
repartitionAndSortWithinPartitions (partitioner)	基于给定的分区器对RDD进行重新分区。在每个生成的分区中，按照key对记录进行排序。该操作比repartition更高效，并能在每个分区中进行排序。因为该算子能将排序操作下推到执行shuffle操作的机器上

我们来看一些常用 transformation 算子的例子。

map()函数

map()会对输入的分区应用转换函数，从而在输出的 RDD 中生成新分区。

如下代码片段所示，这里展示了如何为一个文本文件 RDD 使用 map，从而将其映射为包含文本行长度的 RDD：

```
scala> val rdd_two = sc.textFile("wiki1.txt")
rdd_two: org.apache.spark.rdd.RDD[String] = wiki1.txt MapPartitionsRDD[8] at textFile at <console>:24

scala> rdd_two.count
res6: Long = 9

scala> rdd_two.first
res7: String = Apache Spark provides programmers with an application programming interface centered on a data structure called the resilient distributed dataset (RDD), a read-only multiset of data items distributed over a cluster of machines, that is maintained in a fault-tolerant way.

scala> val rdd_three = rdd_two.map(line => line.length)
res12: org.apache.spark.rdd.RDD[Int] = MapPartitionsRDD[11] at map at <console>:2

scala> rdd_three.take(10)
res13: Array[Int] = Array(271, 165, 146, 138, 231, 159, 159, 410, 281)
```

图 6.17 解释了 map()函数是如何工作的。可以看到每个 RDD 中的分区都生成了新的 RDD 中的一个分区，并对 RDD 中的所有元素都执行转换操作。

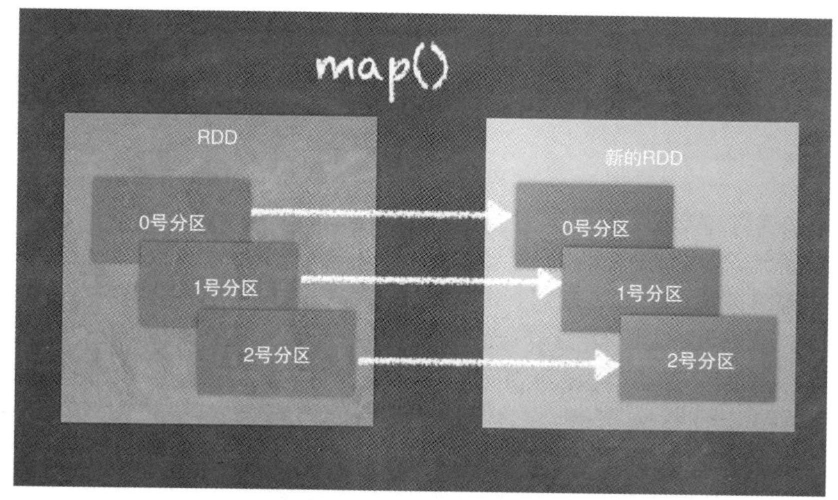

图 6.17 map()工作原理图

flatMap()函数

flatMap()与 map()一样，也是对输入的分区应用转换函数，从而生成输出 RDD 中的分区。但 flatMap()也会平滑处理输入 RDD 元素中的集合。

如以下代码片段所示，我们可为一个包含文本文件的 RDD 使用 flatMap()，从而将文本中的行转换为一个包含不同单词的 RDD。我们也会在 RDD 上调用 flatMap()前调用 map()，不过只是为了显示二者的不同之处：

```
scala> val rdd_two = sc.textFile("wiki1.txt")
rdd_two: org.apache.spark.rdd.RDD[String] = wiki1.txt MapPartitionsRDD[8] at textFile at <console>:24

scala> rdd_two.count
res6: Long = 9

scala> rdd_two.first
res7: String = Apache Spark provides programmers with an application programming interface centered on a data structure called the resilient distributed dataset (RDD), a read-only multiset of data items distributed over a cluster of machines, that is maintained in a fault-tolerant way.

scala> val rdd_three = rdd_two.map(line => line.split(" "))
rdd_three: org.apache.spark.rdd.RDD[Array[String]] = MapPartitionsRDD[16] at map at <console>:26

scala> rdd_three.take(1)
res18: Array[Array[String]] = Array(Array(Apache, Spark, provides, programmers, with, an, application, programming, interface, centered, on, a, data, structure, called, the, resilient, distributed, dataset, (RDD),, a, read-only, multiset, of, data, items, distributed, over, a, cluster, of, machines,, that, is, maintained, in, a, fault-tolerant, way.)
```

```
scala> val rdd_three = rdd_two.flatMap(line => line.split(" "))
rdd_three: org.apache.spark.rdd.RDD[String] = MapPartitionsRDD[17] at flatMap at
<console>:26

scala> rdd_three.take(10)
res19: Array[String] = Array(Apache, Spark, provides, programmers, with, an,
application, programming, interface, centered)
```

图 6.18 解释了 flatMap()是如何工作的。可看到 RDD 中的每个分区都生成了新的 RDD 中的分区。并对 RDD 中的所有元素执行了转换操作。

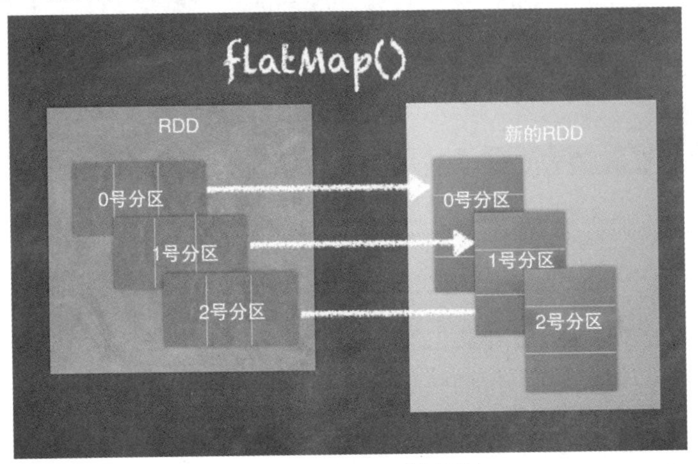

图 6.18　flatMap()工作原理图

filter()函数

filter()将转换应用于输出的分区，从而在输出的 RDD 中生成过滤后的分区。

如下的代码片段展示了如何对一个文本文件 RDD 进行过滤，来生成一个只包含关键字 Spark 的 RDD。

```
scala> val rdd_two = sc.textFile("wiki1.txt")
rdd_two: org.apache.spark.rdd.RDD[String] = wiki1.txt MapPartitionsRDD[8] at
textFile at <console>:24

scala> rdd_two.count
res6: Long = 9

scala> rdd_two.first
res7: String = Apache Spark provides programmers with an application programming
interface centered on a data structure called the resilient distributed dataset (RDD),
a read-only multiset of data items distributed over a cluster of machines, that is
maintained in a fault-tolerant way.

scala> val rdd_three = rdd_two.filter(line => line.contains("Spark"))
rdd_three: org.apache.spark.rdd.RDD[String] = MapPartitionsRDD[20] at filter at
<console>:26
```

```
scala>rdd_three.count
res20: Long = 5
```

图 6.19 解释了 filter()是如何工作的。可看到 RDD 中的每个分区都生成了新 RDD 中的分区，并对 RDD 中的所有元素执行了转换操作。

> **小技巧：**
> 要注意这里的分区并未发生变化，使用 filter 后，有些分区可能成为空分区。

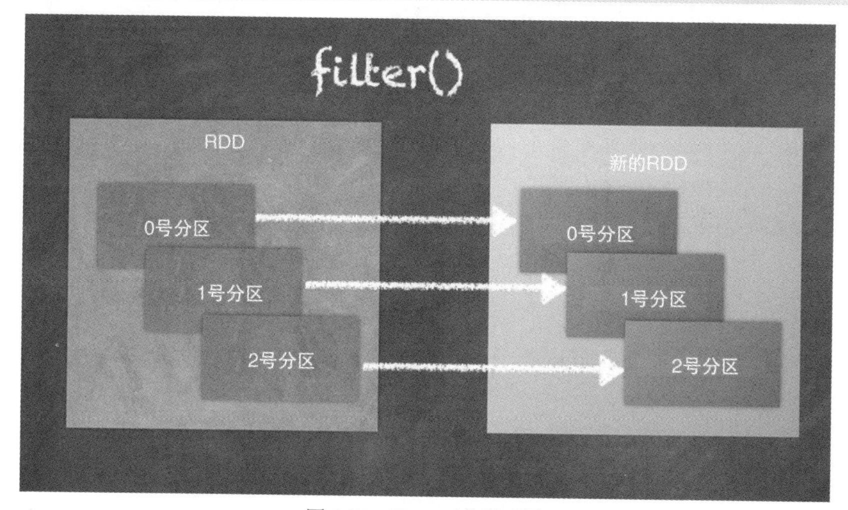

图 6.19　filter()工作原理图

coalesce()

coalesce()对输入分区使用转换函数，从而将输入分区进行合并，使得输出 RDD 中包含更少的分区。

如以下的代码片段所示，我们可将所有分区合并成一个分区：

```
scala> val rdd_two = sc.textFile("wiki1.txt")
rdd_two: org.apache.spark.rdd.RDD[String] = wiki1.txt MapPartitionsRDD[8] at
textFile at <console>:24

scala> rdd_two.partitions.length
res21: Int = 2

scala> val rdd_three = rdd_two.coalesce(1)
rdd_three: org.apache.spark.rdd.RDD[String] = CoalescedRDD[21] at coalesce at
<console>:26

scala> rdd_three.partitions.length
res22: Int = 1
```

图 6.20 解释了 coalesce()是如何工作的。可看到从原有的 RDD 生成了一个新的 RDD，并根据需要合并分区使得分区的数量减少。

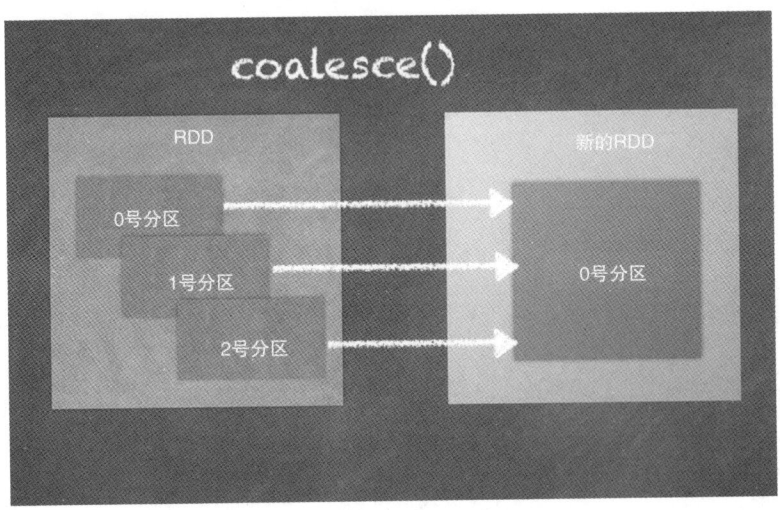

图 6.20 coalesce()工作原理图

repartition()

repartition()使用了 transformation 算子，从而将输入的分区转换为输出 RDD 中更多或者更少的输出分区。

如以下的代码片段所示，我们可将一个文本文件 RDD 映射为一个包含了更多分区的 RDD：

```
scala> val rdd_two = sc.textFile("wiki1.txt")
rdd_two: org.apache.spark.rdd.RDD[String] = wiki1.txt MapPartitionsRDD[8] at
textFile at <console>:24

scala> rdd_two.partitions.length
res21: Int = 2

scala> val rdd_three = rdd_two.repartition(5)
rdd_three: org.apache.spark.rdd.RDD[String] = MapPartitionsRDD[25] at
repartition at <console>:26

scala> rdd_three.partitions.length
res23: Int = 5
```

图 6.21 解释了 repartition()是如何工作的。可看到使用原有的 RDD 生成了新的 RDD，并根据需要对原有分区进行了合并/拆分。

6.5.2 action 算子

action 算子会触发 DAG(Directed Acyclic Graph，有向无环图)中到现在为止创建的所有 transformation 算子。它会将这些 transformation 算子物化，然后执行对应的代码块和函数。此时由 DAG 指定的操作都将被触发。

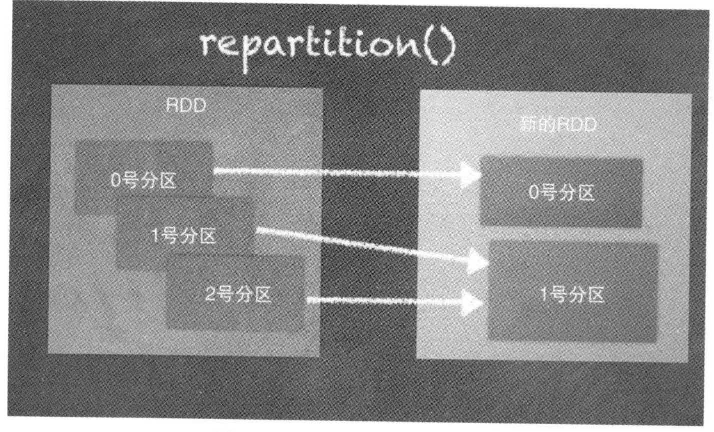

图 6.21　repartition()工作原理图

有如下两种类型的 action 操作。

- driver：其中一种 action 算子就是 driver。例如集合计数、按 key 计数等。此类 action 算子会在远程 executor 上执行某些计算操作，并将结果拉回到 driver。

小技巧：

基于 driver 的 action 算子存在一些问题。在大数据集上执行 action 操作时，可能导致 driver 所在机器上的内存超载，从而导致应用运行失败。因此需要明智地使用包含 action 算子的 driver 程序。

- 分布式：另一种 action 算子是分布式 action。它在集群的所有节点上执行。分布式 action 的一个例子是 saveAsTextFile()。大多数常见的 action 算子都属于此类型。

表 6.2 列出了 Spark 2.1.1 中所有可用的 action 算子。

表 6.2　Spark 2.1.1 中可用的 action 算子列表

action 算子	含义
reduce(func)	使用 func 函数(两个输入参数返回一个值)对数据集中的元素进行聚集操作。该函数应该是聚集函数，这样就能正确地执行并行计算
collect()	在 driver 程序中以数组形式返回数据集中的所有元素。这通常是在使用 filter 后或返回一个明显较小的数据子集时比较有用
count()	返回数据集中的元素个数
first()	返回数据集中的第一个元素(类似于 take(1))
take(n)	以数组形式返回数据集中的前 n 个元素
takeSample(withReplacement, num,[seed])	以随机采样的方式返回数据集中的 num 个元素。包含或不包含替换。也可指定一个随机数生成器 seed(可选)
takeOrdered(n,[ordering])	返回 RDD 的前 n 个元素；基于自然顺序，或指定的比较器(comparator)返回

(续表)

action 算子	含义
saveAsTextFile(path)	将数据集的元素以文本文件(或文本文件集合)的格式写入本地文件系统，或者写入 HDFS、Hadoop 支持的其他文件系统中的指定目录。Spark 会为每个元素调用 toString 函数，将其转换为文件中的文本行
saveAsSequenceFile(path) (Java 和 Scala)	将数据集的元素以Hadoop SequenceFile格式写入本地文件系统，或者写入HDFS、Hadoop 支持的其他文件系统中的指定目录。它可在实现了 Hadoop 的 Writable 接口的键值对的 RDD 上使用。在 Scala 中，它也可在可隐式转换为 Writable 的类型上使用(Spark 包含对 Int、Double、String 等基本类型的转换)
saveAsObjectFile(path) (Java 和 Scala)	使用 Java 串行化接口以简单格式写入数据集中的元素。该接口可以使用 SparkContext.objectFile()进行加载
countByKey()	只对类型为(K,V)的 RDD 可用。返回(K,Int)对的哈希图(hashmap)，并带有每个 key 的计数信息
foreach(func)	为数据集中的每个元素执行函数 func。这通常用于副作用处理，例如更新一个累加器(http://spark.apache.org/docs/latest/programming-guide.html#accumulators)或与外部存储系统进行交互等。 注意，修改 foreach()之外的变量(而非累加器)可能导致未定义的行为。可查看 http://spark.apache.org/docs/latest/programmingguide.html#understanding-closures-anameclosureslinka 来了解更多细节

reduce()

reduce()为 RDD 中的所有元素应用 reduce()函数并将其发送给 driver。

如下的代码就展示了这一情况。可使用 SparkContext 以及并行函数从一个整数序列中创建一个 RDD。然后可在该 RDD 上使用 reduce()函数将所有数字相加。

小技巧：
由于这是一个 action 算子，因此在运行 reduce()函数时，其结果会立即被打印出来。

下面的代码是从一个小的数字数组中创建了一个简单的 RDD，然后在该 RDD 上使用了 reduce()函数：

```
scala> val rdd_one = sc.parallelize(Seq(1,2,3,4,5,6))
rdd_one: org.apache.spark.rdd.RDD[Int] = ParallelCollectionRDD[26] at
parallelize at <console>:24

scala> rdd_one.take(10)
res28: Array[Int] = Array(1, 2, 3, 4, 5, 6)

scala> rdd_one.reduce((a,b) => a +b)
res29: Int = 21
```

图 6.22 是 reduce()的一个示例。driver 在 executor 上执行 reduce()函数并收集最终结果。

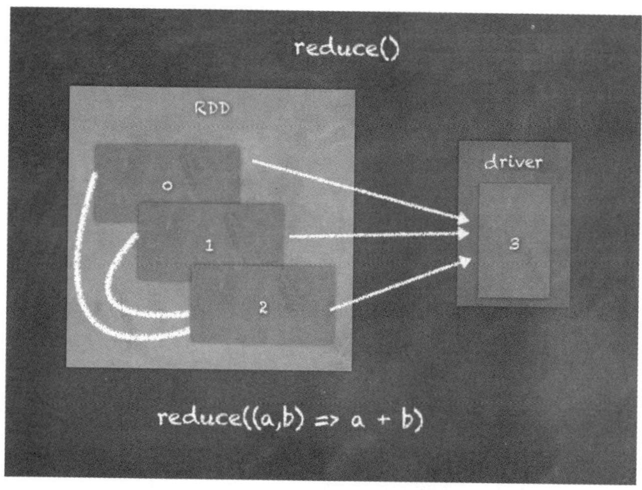

图 6.22　reduce()执行示意图

count()

count()将 RDD 中的元素进行简单的数量统计，并将其发送给 driver。

如下是该函数的一个例子。我们使用 SparkContext 和并行函数从一个整数序列中创建了一个新的 RDD，然后调用 count()打印出 RDD 中的元素个数。

```
scala> val rdd_one = sc.parallelize(Seq(1,2,3,4,5,6))
rdd_one: org.apache.spark.rdd.RDD[Int] = ParallelCollectionRDD[26] at
parallelize at <console>:24

scala> rdd_one.count
res24: Long = 6
```

图 6.23 是 count()的一个例子。driver 要求每个 executor 或任务统计其处理的分区中的元素数量，然后在 driver 层对所有任务的结果进行累加。

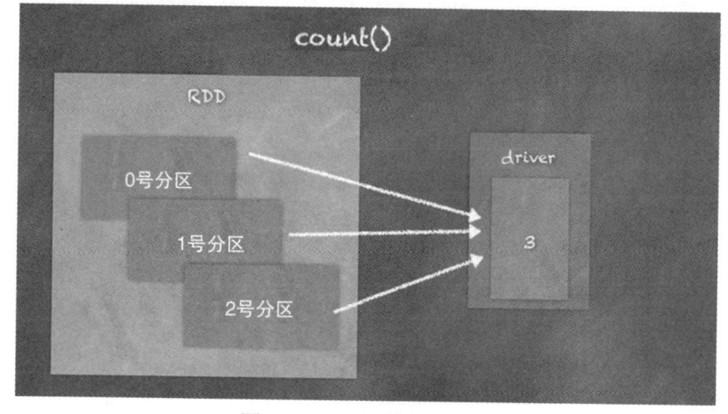

图 6.23　count()执行示意图

collect()

collect()简单地收集 RDD 中的所有元素并将其发送给 driver。

下例展示了collect()是如何工作的。当你在RDD上调用collect()时，driver会通过对RDD的所有元素进行拉取来收集它们。

> **小技巧：**
> 在大的RDD上调用collect()可能导致driver出现内存溢出问题。

以下代码展示了如何收集并显示RDD中的内容：

```
scala> rdd_two.collect
res25: Array[String] = Array(Apache Spark provides programmers with an application programming interface centered on a data structure called the resilient distributed dataset (RDD), a read-only multiset of data items distributed over a cluster of machines, that is maintained in a fault tolerant way., It was developed in response to limitations in the MapReduce cluster computing paradigm, which forces a particular linear dataflow structure on distributed programs., "MapReduce programs read input data from disk, map a function across the data, reduce the results of the map,and store reduction results on disk.", Spark's RDDs function as a working set for distributed programs that offers a (deliberately) restricted form of distributed shared memory., The availability of RDDs facilitates t...
```

图6.24是collect()的一个例子。使用collect()，driver从所有分区中拉取RDD中的全部元素。

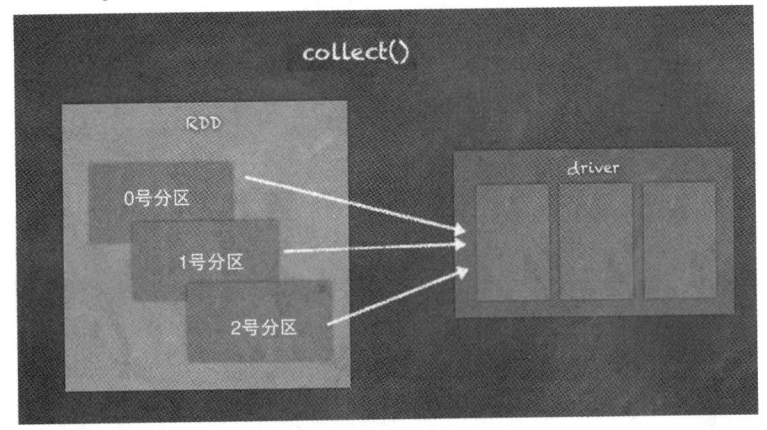

图6.24 collect()工作示意图

6.6 缓存

缓存技术使得Spark能在计算与操作的过程中持久保持数据。事实上，这可能是Spark使用的最重要加速技术之一，尤其在处理交互式计算时。

缓存的工作原理就是在内存中存储尽可能多的RDD。如果没有足够的内存，就会清除当前部分数据，如使用LRU策略。如果准备缓存的数据量远大于可用内存，则系统性能会下降，因为此时需要用磁盘来替代内存。

可使用persist()或cache()将RDD标记为“已缓存”。

小技巧：

cache()是 persist(MEMORY_ONLY)的一个简单同义词。

persist 可使用内存或磁盘，或同时使用这两者：

```
persist(newLevel: StorageLevel)
```

表 6.3 列出了所有存储级别。

表 6.3 RDD 的存储级别

存储级别	含义
MEMORY_ONLY	将 RDD 作为反序列化 Java 对象存储在 JVM 中。如果 RDD 无法全部存储在内存中，则部分分区将不会缓存，并在需要时对其进行重新计算。这是默认的存储级别
MEMORY_AND_DISK	将 RDD 以反序列化 Java 对象存储在 JVM 中。如果 RDD 无法全部存储在内存中，则在内存中存储不适合存储在磁盘上的分区，并在需要时读取它们
MEMORY_ONLY_SER (Java 和 Scala)	以序列化 Java 对象的方式存储 RDD(每个分区一个字节数组)。与反序列化对象相比，这样能更高效地使用空间。尤其在使用了快速序列化，但需要读取 CPU 密集型数据时
MEMORY_AND_DISK_SER (Java 和 Scala)	与 MEMORY_ONLY_SER 类似，但将不适合存储在内存的分区存储在磁盘上，而非在每次需要时重新计算它们
DISK_ONLY	仅在磁盘上存储 RDD 分区
MEMORY_ONLY_2、MEMORY_AND_DISK_2 等	与上述存储级别相同。但在两个集群节点上复制各个分区
OFF_HEAP(实验性质)	与 MEMORY_ONLY_SER 类似，但数据存储在堆外(off-heap)内存中。这需要启动堆外内存

存储级别的选择依赖于如下情形。

- 如果 RDD 适合内存，则使用 MEMORY_ONLY，从而为执行性能提供最快速的选项。
- 如果此时正在使用序列化对象，并打算让对象变小一些，可尝试使用 MEMORY_ONLY_SER。
- 不建议使用 DISK 存储级别，除非你的计算量很大。
- 如果你能分出所需的额外内存，建议使用复制化的存储来提供容错能力。这能阻止对丢失分区的重新计算，从而提供最好的可用性。

小技巧：

unpersist()会简单地将缓存的内容释放。

下面列举一些使用不同存储类型(内存或磁盘)来调用 persist()的例子：

```
scala> import org.apache.spark.storage.StorageLevel
import org.apache.spark.storage.StorageLevel

scala> rdd_one.persist(StorageLevel.MEMORY_ONLY)
res37: rdd_one.type = ParallelCollectionRDD[26] at parallelize at <console>:24
```

```
scala> rdd_one.unpersist()
res39: rdd_one.type = ParallelCollectionRDD[26] at parallelize at <console>:24

scala> rdd_one.persist(StorageLevel.DISK_ONLY)
res40: rdd_one.type = ParallelCollectionRDD[26] at parallelize at <console>:24

scala> rdd_one.unpersist()
res41: rdd_one.type = ParallelCollectionRDD[26] at parallelize at <console>:24
```

下例则展示了使用缓存技术带来的性能提升。

首先，我们执行如下代码：

```
scala> val rdd_one = sc.parallelize(Seq(1,2,3,4,5,6))
rdd_one: org.apache.spark.rdd.RDD[Int] = ParallelCollectionRDD[0] at parallelize
at <console>:24

scala> rdd_one.count
res0: Long = 6

scala> rdd_one.cache
res1: rdd_one.type = ParallelCollectionRDD[0] at parallelize at <console>:24

scala> rdd_one.count
res2: Long = 6
```

可以使用 Web UI 来查看所达到的优化效果，如图 6.25 所示。

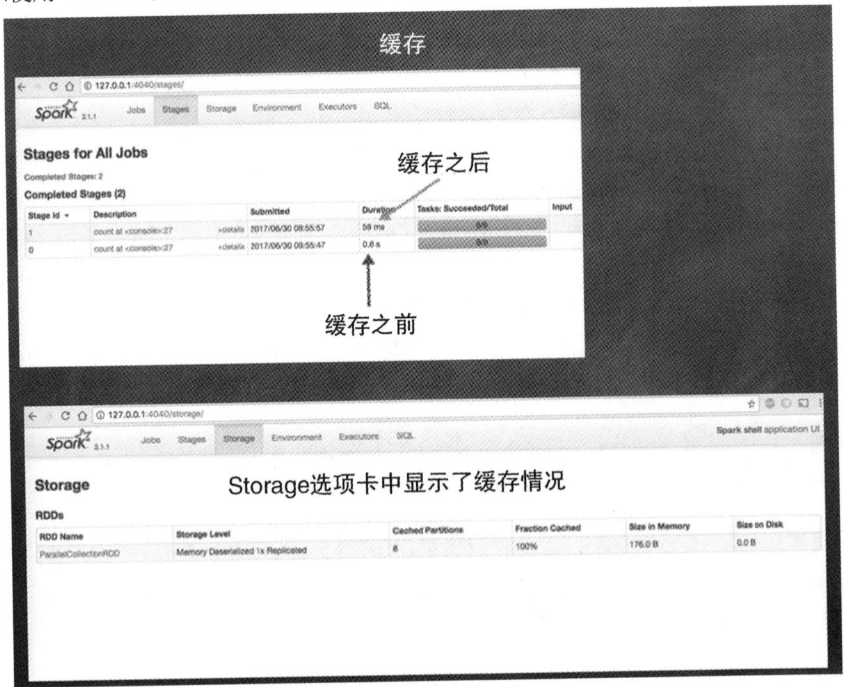

图 6.25　缓存技术带来的性能提升

6.7 加载和保存数据

可采用多种方法将数据加载到 RDD 或保存到输出系统。我们将在本节探讨较常见的一些方法。

6.7.1 加载数据

可使用 SparkContext 将数据加载到 RDD。较常用的方法如下：

- textFile
- wholeTextFiles
- 从 JDBC 数据源加载数据

1. textFile

可以使用 textFile()将文本文件加载到 RDD。文件中的每一行都将成为 RDD 中的一个元素。

```
sc.textFile(name, minPartitions=None, use_unicode=True)
```

下例显示了使用 textFile()将 textfile 加载到 RDD：

```
scala> val rdd_two = sc.textFile("wiki1.txt")
rdd_two: org.apache.spark.rdd.RDD[String] = wiki1.txt MapPartitionsRDD[8] at
textFile at <console>:24

scala> rdd_two.count
res6: Long = 9
```

2. wholeTextFiles

wholeTextFiles()用于将多个文本文件加载到一个成对的 RDD，该 RDD 中包含了<filename, textOfFile>对，用于表示文件名称以及文件的完整内容。这在加载多个小的文本文件时非常有用。它与 textFile API 不同，因为一旦使用了 wholeTextFiles()，则整个文件的内容会作为一条记录而被加载：

```
sc.wholeTextFiles(path, minPartitions=None, use_unicode=True)
```

下面的例子展示了如何使用 wholeTextFiles()将 textfile 加载到 RDD：

```
scala> val rdd_whole = sc.wholeTextFiles("wiki1.txt")
rdd_whole: org.apache.spark.rdd.RDD[(String, String)] = wiki1.txt
MapPartitionsRDD[37] at wholeTextFiles at <console>:25

scala> rdd_whole.take(10)
res56: Array[(String, String)] =
Array((file:/Users/salla/spark-2.1.1-bin-hadoop2.7/wiki1.txt,Apache Spark
provides programmers with an application programming interface centered on a data
structure called the resilient distributed dataset (RDD), a readonly multiset of data
```

3. 从 JDBC 数据源加载数据

也可从支持 JDBC 的外部数据源加载数据。使用 JDBC 驱动程序，可连接到诸如 MySQL 的关系数据库上，然后将表的内容加载到 Spark。如下面的代码片段所示：

```
sqlContext.load(path=None, source=None, schema=None, **options)
```

如下是一个从 JDBC 数据源加载数据的例子：

```
val dbContent = sqlContext.load(source="jdbc",
url="jdbc:mysql://localhost:3306/test", dbtable="test", partitionColumn="id")
```

6.7.2 保存 RDD

将 RDD 保存到文件系统中可采取如下两种方法之一：

- saveAsTextFile
- saveAsObjectFile

如下是一个将 RDD 保存到文本文件的例子：

```
scala> rdd_one.saveAsTextFile("out.txt")
```

可采用很多方式来加载或保存数据，尤其在与 HBase、Cassandra 等进行集成时。

6.8 本章小结

本章探讨了 Apache Spark 的内部机制，分析了 RDD、DAG 和 RDD 的血统机制，介绍了 transformation 和 action 算子，也讲述了 Apache Spark 的各种部署模式(包括独立服务器模式、YARN 或 Mesos 模式)。我们也在本地机器上进行了 Spark 的安装，学习了 Spark shell。

此外，我们也看到了如何将数据加载到 RDD，如何将 RDD 保存到外部系统中，还了解到 Spark 杰出性能的秘密，学习了缓存功能以及如何使用内存和/或磁盘来优化性能。

第 7 章将深入探究 RDD API 及其工作原理。

第 7 章

特殊 RDD 操作

“就算是自动化，你也得按下按钮。”

——John Brunner

在本章中，你将学会 RDD 如何被裁剪以便用于满足不同需求，以及这些 RDD 如何提供一些新功能(有些是危险的)。不止如此，我们也将研究 Spark 提供的其他有用对象，如广播变量和累加器等。

本章主要涵盖如下主题：

- RDD 的类型
- 聚合操作
- 分区与 shuffle
- 广播变量
- 累加器

7.1 RDD 的类型

RDD 是 Apache Spark 中使用的基本对象。RDD 是不可变型集合，用于表示数据集，并且内置了可靠性与故障恢复能力。基于 transformation 或 action 算子，RDD 天生就能创建新的 RDD。并且 RDD 也存储了其血统机制，从而用于故障恢复。我们在此前的章节中，已经看到了创建 RDD，以及将操作应用于 RDD 的各种细节。

图 7.1 是 RDD 血统机制的一个简单示意图。

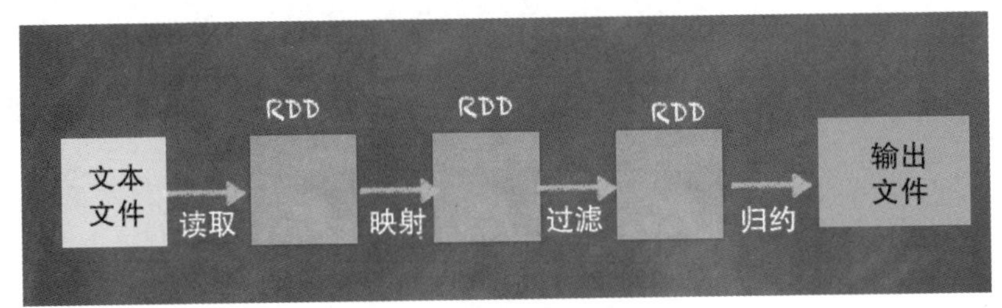

图 7.1　RDD 的血统机制

让我们再一次看一下最简单的 RDD，它从一个数字序列创建而来：

```
scala> val rdd_one = sc.parallelize(Seq(1,2,3,4,5,6))
rdd_one: org.apache.spark.rdd.RDD[Int] = ParallelCollectionRDD[28] at
parallelize at <console>:25

scala> rdd_one.take(100)
res45: Array[Int] = Array(1, 2, 3, 4, 5, 6)
```

上述例子展示了一个包含整数的 RDD，以及哪些操作可以用在 RDD 上，从而生成新的 RDD。例如，如果将 RDD 中的元素都乘以 3，其结果就如下代码片段所示：

```
scala> val rdd_two = rdd_one.map(i => i * 3)
rdd_two: org.apache.spark.rdd.RDD[Int] = MapPartitionsRDD[29] at map at
<console>:27

scala> rdd_two.take(10)
res46: Array[Int] = Array(3, 6, 9, 12, 15, 18)
```

让我们再执行一些操作，为每个元素加上 2，并打印出所有 3 个 RDD：

```
scala> val rdd_three = rdd_two.map(i => i+2)
rdd_three: org.apache.spark.rdd.RDD[Int] = MapPartitionsRDD[30] at map at
<console>:29

scala> rdd_three.take(10)
res47: Array[Int] = Array(5, 8, 11, 14, 17, 20)
```

可使用 toDebugString 来查看每个 RDD 的血统：

```
scala> rdd_one.toDebugString
res48: String = (8) ParallelCollectionRDD[28] at parallelize at <console>:25 []

scala> rdd_two.toDebugString
res49: String = (8) MapPartitionsRDD[29] at map at <console>:27 []
| ParallelCollectionRDD[28] at parallelize at <console>:25 []

scala> rdd_three.toDebugString
res50: String = (8) MapPartitionsRDD[30] at map at <console>:29 []
| MapPartitionsRDD[29] at map at <console>:27 []
| ParallelCollectionRDD[28] at parallelize at <console>:25 []
```

图 7.2 展示了 Spark Web UI 中的 RDD 血统。

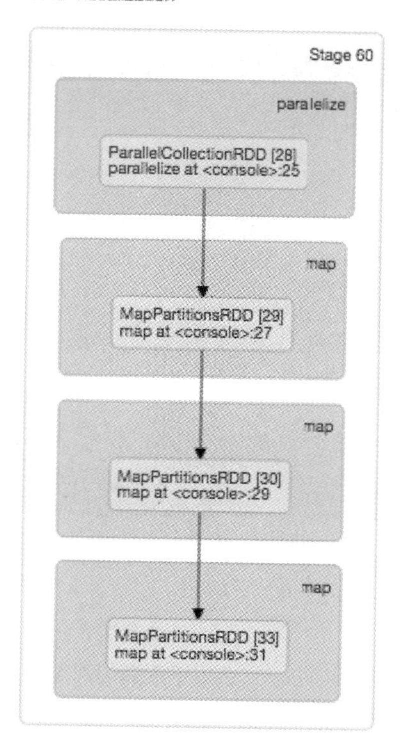

图 7.2　RDD 的血统

RDD 不必与第一个 RDD(整型)保持相同的数据类型。如下是 RDD 的一个例子，它使用了包含两种数据类型(string 和 integer)的元组：

```
scala> val rdd_four = rdd_three.map(i => ("str"+(i+2).toString, i-2))
rdd_four: org.apache.spark.rdd.RDD[(String, Int)] = MapPartitionsRDD[33] at map
at <console>:31

scala> rdd_four.take(10)
res53: Array[(String, Int)] = Array((str7,3), (str10,6), (str13,9),(str16,12),
(str19,15), (str22,18))
```

下面的 RDD 则使用 statesPopulation 文件，其中的每条记录都被转换为大写：

```
scala> val upperCaseRDD = statesPopulationRDD.map(_.toUpperCase)
upperCaseRDD: org.apache.spark.rdd.RDD[String] = MapPartitionsRDD[69] at map at
<console>:27

scala> upperCaseRDD.take(10)
res86: Array[String] = Array(STATE,YEAR,POPULATION,
ALABAMA,2010,4785492,ALASKA,2010,714031,
ARIZONA,2010,6408312, ARKANSAS,2010,2921995,
CALIFORNIA,2010,37332685, COLORADO,2010,5048644, DELAWARE,2010,899816,
DISTRICT OF COLUMBIA,2010,605183, FLORIDA,2010,18849098)
```

图 7.3 展示了上述转换过程。

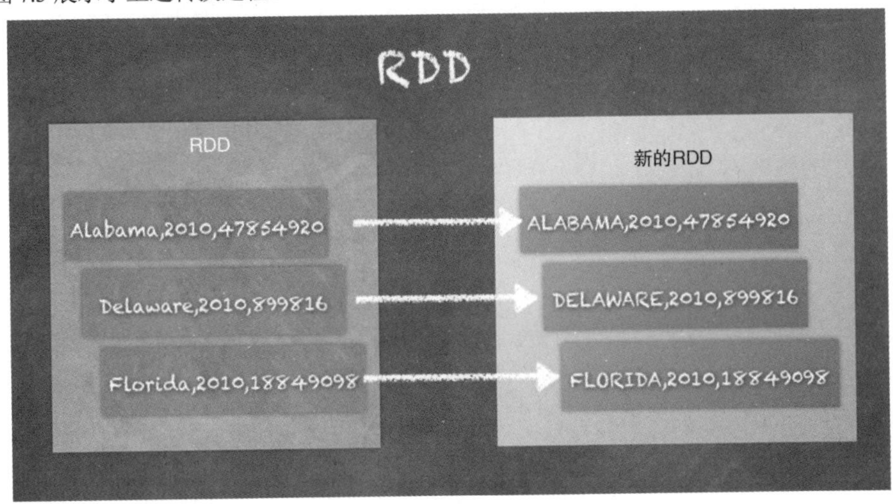

图 7.3 RDD 转换过程

7.1.1 pairRDD

pairRDD 是由键值元组组成的 RDD。它适用于众多用户场景，例如聚合操作、排序以及数据连接等。key 和 value 都可以是简单数据类型，如 integer 或 string；也可以是复杂数据类型，如 case 类、数组、列表或其他集合类型。基于键值对的可扩展数据类型提供了诸多优势，也是 MapReduce 编程范例的基本概念。

可将转换应用于任意 RDD 来生成包含键值对的 RDD，从而创建一个 pairRDD。

我们使用 SparkContext 将 statesPopulation.csv 文件读入 RDD，即为 sc。

下例展示一个使用国家人口统计信息创建的 RDD；还展示如何将该 RDD 记录中的州名和人口数量拆分为元组(对)，从而创建 pairRDD：

```
scala> val statesPopulationRDD = sc.textFile("statesPopulation.csv")
statesPopulationRDD: org.apache.spark.rdd.RDD[String] =
statesPopulation.csv MapPartitionsRDD[47] at textFile at <console>:25

scala> statesPopulationRDD.first
res4: String = State,Year,Population

scala> statesPopulationRDD.take(5)
res5: Array[String] = Array(State,Year,Population, Alabama,2010,4785492,
Alaska,2010,714031, Arizona,2010,6408312, Arkansas,2010,2921995)

scala> val pairRDD = statesPopulationRDD.map(record =>
(record.split(",")(0), record.split(",")(2)))
pairRDD: org.apache.spark.rdd.RDD[(String, String)] = MapPartitionsRDD[48] at map
at <console>:27
```

```
scala> pairRDD.take(10)
res59: Array[(String, String)] = Array((Alabama,4785492), (Alaska,714031),
(Arizona,6408312), (Arkansas,2921995), (California,37332685),
(Colorado,5048644), (Delaware,899816), (District of Columbia,605183),
(Florida,18849098))
```

图 7.4 展示了上述例子如何将 RDD 中的元素转换为键值对。

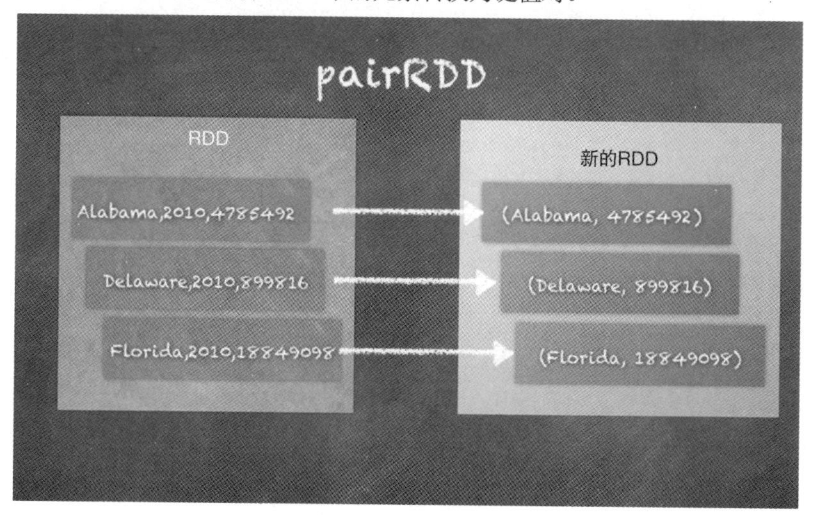

图 7.4 生成 pairRDD

7.1.2 DoubleRDD

DoubleRDD 是由 Double 值的集合组成的 RDD。基于此特性，很多统计函数就可用在 DoubleRDD 上。

下例展示了如何从一个 Double 数字序列创建 DoubleRDD:

```
scala> val rdd_one = sc.parallelize(Seq(1.0,2.0,3.0))
rdd_one: org.apache.spark.rdd.RDD[Double] = ParallelCollectionRDD[52] at
parallelize at <console>:25

scala> rdd_one.mean
res62: Double = 2.0

scala> rdd_one.min
res63: Double = 1.0

scala> rdd_one.max
res64: Double = 3.0

scala> rdd_one.stdev
res65: Double = 0.816496580927726
```

图 7.5 是 DoubleRDD 的一个示例，也展示了如何在 DoubleRDD 上使用 sum()。

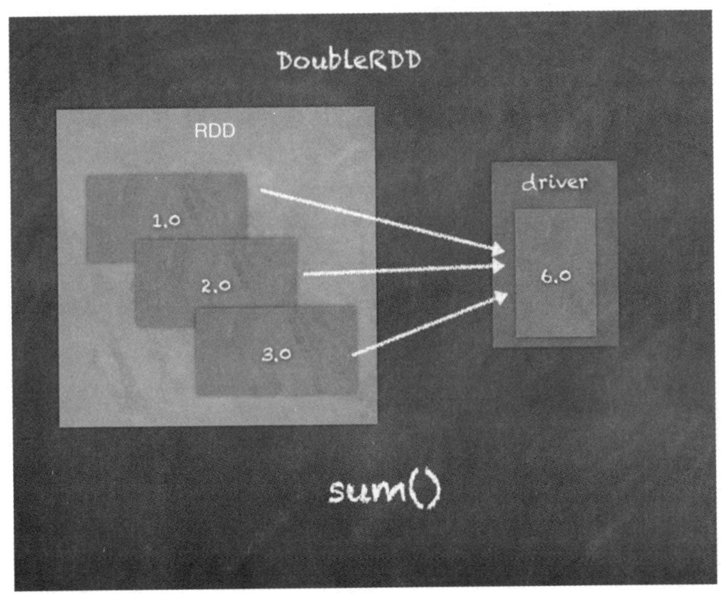

图 7.5 DoubleRDD 示例图

7.1.3 SequenceFileRDD

SequenceFileRDD 是从 SequenceFile 创建而来的 RDD。SequenceFile 是 Hadoop 文件系统中使用的文件格式，可以是压缩格式，也可以是非压缩格式。

小技巧：

MapReduuce 处理可以使用 SequenceFile，SequemleFile 是由 key 和 value 组成的对。key 和 value 都是 Hadoop 中可写的数据类型，如 Text、IntWritable 等。

如下是 SequenceFileRDD 的一个例子，展示了如何对 SequenceFile 执行读写操作。

```
scala> val pairRDD = statesPopulationRDD.map(record =>
(record.split(",")(0), record.split(",")(2)))
pairRDD: org.apache.spark.rdd.RDD[(String, String)] = MapPartitionsRDD[60] at map
at <console>:27

scala> pairRDD.saveAsSequenceFile("seqfile")

scala> val seqRDD = sc.sequenceFile[String, String]("seqfile")
seqRDD: org.apache.spark.rdd.RDD[(String, String)] = MapPartitionsRDD[62]
at sequenceFile at <console>:25

scala> seqRDD.take(10)
res76: Array[(String, String)] = Array((State,Population),
(Alabama,4785492), (Alaska,714031), (Arizona,6408312), (Arkansas,2921995),
(California,37332685), (Colorado,5048644), (Delaware,899816), (District of
Columbia,605183), (Florida,18849098))
```

图 7.6 是 SequenceFileRDD 的一个示例图，它就是我们在上面看到的例子。

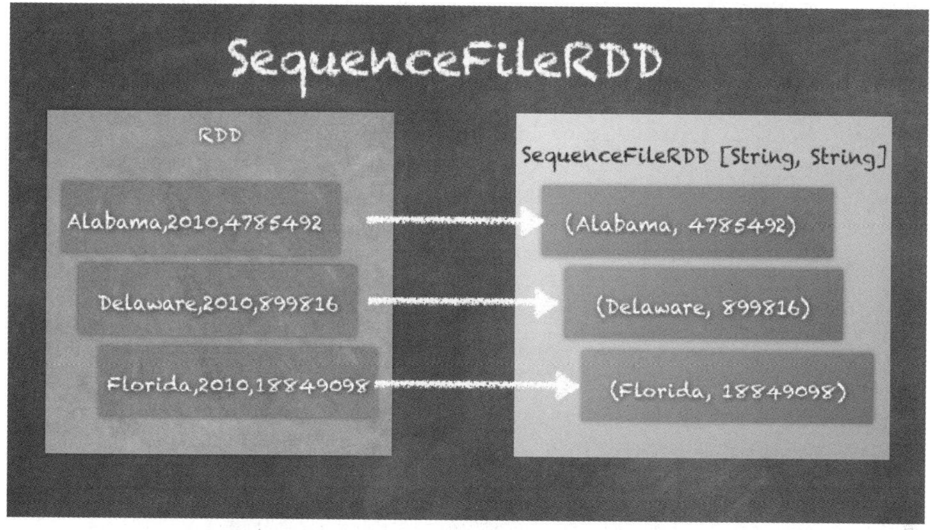

图 7.6　SequenceFileRDD 示意图

7.1.4　CoGroupedRDD

CoGroupedRDD 是对其父 RDD 进行分组而得到的 RDD，两个父 RDD 都必须是 pairRDD。所生成的 CoGroupedRDD 由来自两个父 RDD 的公共 key 和所有 value 列表组合而成。让我们看一下如下的代码段：

```
class CoGroupedRDD[K] extends RDD[(K, Array[Iterable[_]])]
```

如下是 CoGroupedRDD 的一个例子，我们通过两个 pairRDD 来进行分组，其中一个 RDD 包含了“州, 人口统计”对，另一个则包含“州, 年”对：

```
scala> val pairRDD = statesPopulationRDD.map(record =>
(record.split(",")(0), record.split(",")(2)))
pairRDD: org.apache.spark.rdd.RDD[(String, String)] = MapPartitionsRDD[60]
at map at <console>:27

scala> val pairRDD2 = statesPopulationRDD.map(record =>
(record.split(",")(0), record.split(",")(1)))
pairRDD2: org.apache.spark.rdd.RDD[(String, String)] = MapPartitionsRDD[66]
at map at <console>:27

scala> val cogroupRDD = pairRDD.cogroup(pairRDD2)
cogroupRDD: org.apache.spark.rdd.RDD[(String, (Iterable[String],
Iterable[String]))] = MapPartitionsRDD[68] at cogroup at <console>:31

scala> cogroupRDD.take(10)
res82: Array[(String, (Iterable[String], Iterable[String]))] =
Array((Montana,(CompactBuffer(990641, 997821, 1005196, 1014314, 1022867,
1032073, 1042520),CompactBuffer(2010, 2011, 2012, 2013, 2014, 2015,
```

```
2016))), (California,(CompactBuffer(37332685, 37676861, 38011074, 38335203,
38680810, 38993940, 39250017),CompactBuffer(2010, 2011, 2012, 2013, 2014,
2015, 2016))),
```

图7.7是一个例子，展示了通过为每个key创建对，将pairRDD和pairRDD2进行分组的过程。

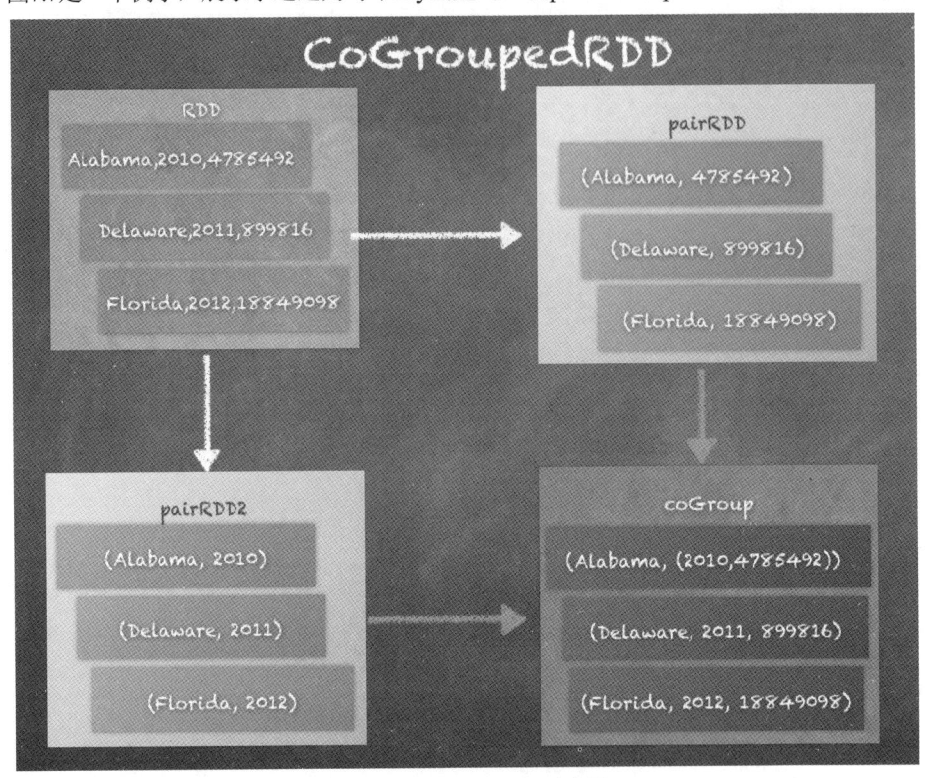

图 7.7 CoGroupedRDD 示意图

7.1.5 ShuffledRDD

ShuffledRDD 按照 key 对 RDD 元素进行重新排序，从而在相同的 executor 上对 key 进行累加，来实现聚合操作或合并逻辑。一个很好的例子是在 pairRDD 上调用 reduceByKey()，来看看会发生些什么：

```
class ShuffledRDD[K, V, C] extends RDD[(K, C)]
```

下例展示了在 pairRDD 上执行 reduceByKey 操作，从而按照 State 对记录进行聚合：

```
scala> val pairRDD = statesPopulationRDD.map(record =>(record.split(",")(0), 1))
pairRDD: org.apache.spark.rdd.RDD[(String, Int)] = MapPartitionsRDD[82] at
map at <console>:27

scala> pairRDD.take(5)
res101: Array[(String, Int)] = Array((State,1), (Alabama,1),
(Alaska,1),(Arizona,1), (Arkansas,1))
```

```
scala> val shuffledRDD = pairRDD.reduceByKey(_+_)
shuffledRDD: org.apache.spark.rdd.RDD[(String, Int)] = ShuffledRDD[83] at
reduceByKey at <console>:29

scala> shuffledRDD.take(5)
res102: Array[(String, Int)] = Array((Montana,7), (California,7),
(Washington,7), (Massachusetts,7), (Kentucky,7))
```

图 7.8 展示了按照 key 进行重新排序，并按照 key 将记录发送给同样的分区。

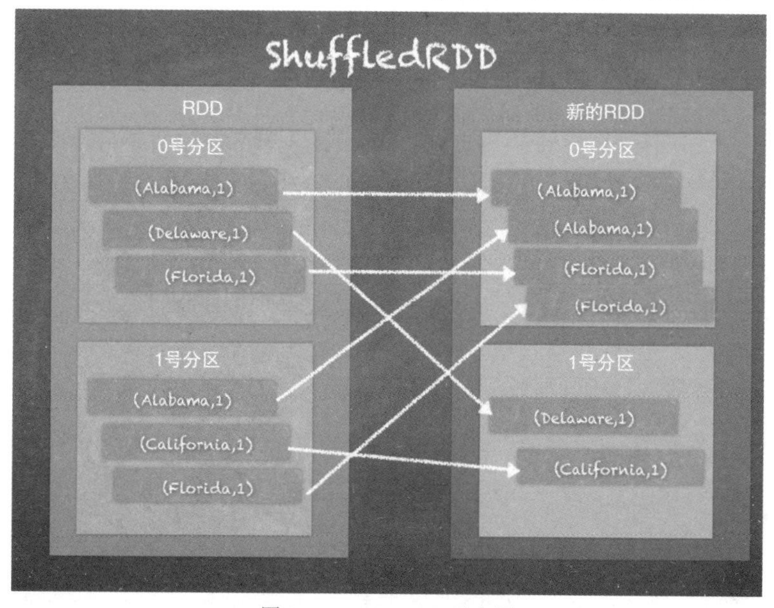

图 7.8　ShuffledRDD 示意图

7.1.6 UnionRDD

UnionRDD 是两个 RDD 进行并集操作的结果。它简单地将两个 RDD 中的元素进行合并来创建新的 RDD。可分析如下的代码段：

```
class UnionRDD[T: ClassTag]( sc: SparkContext, var rdds: Seq[RDD[T]])
extends RDD[T](sc, Nil)
```

如下代码展示了如何调用 API，通过将两个 RDD 中的元素进行合并来创建 UnionRDD：

```
scala> val rdd_one = sc.parallelize(Seq(1,2,3))
rdd_one: org.apache.spark.rdd.RDD[Int] = ParallelCollectionRDD[85] at
parallelize at <console>:25

scala> val rdd_two = sc.parallelize(Seq(4,5,6))
rdd_two: org.apache.spark.rdd.RDD[Int] = ParallelCollectionRDD[86] at
parallelize at <console>:25

scala> val rdd_one = sc.parallelize(Seq(1,2,3))
```

```
rdd_one: org.apache.spark.rdd.RDD[Int] = ParallelCollectionRDD[87] at
parallelize at <console>:25

scala> rdd_one.take(10)
res103: Array[Int] = Array(1, 2, 3)

scala> val rdd_two = sc.parallelize(Seq(4,5,6))
rdd_two: org.apache.spark.rdd.RDD[Int] = ParallelCollectionRDD[88] at
parallelize at <console>:25

scala> rdd_two.take(10)
res104: Array[Int] = Array(4, 5, 6)

scala> val unionRDD = rdd_one.union(rdd_two)
unionRDD: org.apache.spark.rdd.RDD[Int] = UnionRDD[89] at union at
<console>:29

scala> unionRDD.take(10)
res105: Array[Int] = Array(1, 2, 3, 4, 5, 6)
```

图 7.9 就是 UnionRDD 的示意图。将来自 RDD1 和 RDD2 的元素进行合并，从而生成了新的 RDD。

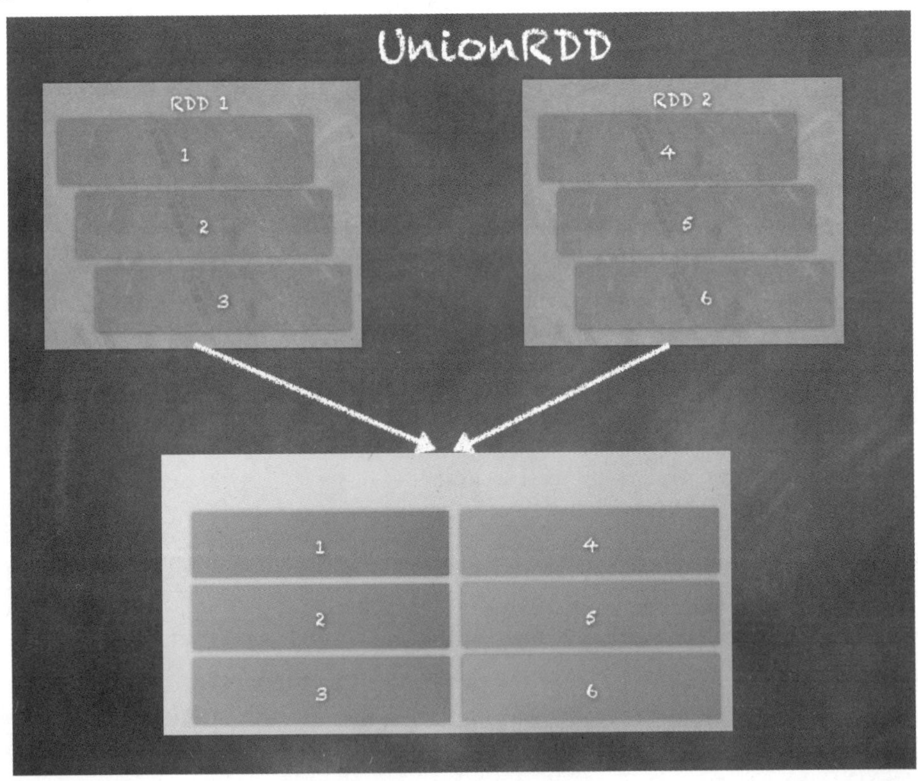

图 7.9 UnionRDD 示意图

7.1.7　HadoopRDD

HadoopRDD 为读取存储在 HDFS 中的数据提供了核心功能。可使用来自 Hadoop 1.x 版本的库的 MapReduce API 来完成这一动作。HadoopRDD 是默认的 RDD，当你将数据从任意文件系统加载到 RDD 时都可以看到它：

```
class HadoopRDD[K, V] extends RDD[(K, V)]
```

从 CSV 中加载国家人口统计数据记录时，底层使用的 RDD 其实就是 HadoopRDD。如下面的代码所示：

```
scala> val statesPopulationRDD = sc.textFile("statesPopulation.csv")
statesPopulationRDD: org.apache.spark.rdd.RDD[String] =
statesPopulation.csv MapPartitionsRDD[93] at textFile at <console>:25

scala> statesPopulationRDD.toDebugString
res110: String =
(2) statesPopulation.csv MapPartitionsRDD[93] at textFile at <console>:25
[]
| statesPopulation.csv HadoopRDD[92] at textFile at <console>:25 []
```

图 7.10 是一个例子，用于展示如何通过从文件系统中将文本文件加载到 RDD 来创建 HadoopRDD。

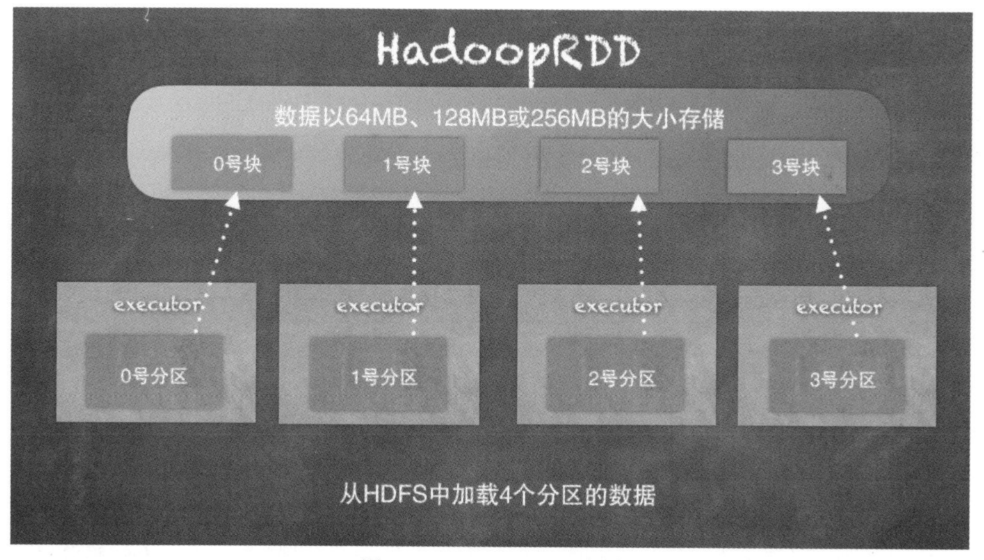

图 7.10　HadoopRDD 示意图

7.1.8　NewHadoopRDD

NewHadoopRDD 为读取存储在 HDFS、HBase 和 Amazon S3 中的数据提供了核心功能。可使用 Hadoop 2.x 中的 libraries.NewHadoopRDD 这一新的 MapReduce API 来完成读取动作。它也可读取其他不同的数据格式，因此常用来与各种外部系统交互。

注意：

在 NewHadoopRDD 之前，HadoopRDD 是唯一可用的选项。HadoopRDD 使用了来自 Hadoop 1.x 中的旧 MapReduce API。

```
class NewHadoopRDD[K, V](
  sc : SparkContext,
  inputFormatClass: Class[_ <: InputFormat[K, V]],
  keyClass: Class[K],
  valueClass: Class[V],
  @transient private val _conf: Configuration)
extends RDD[(K, V)]
```

正如在上述代码段中看到的，NewHadoopRDD 使用了输入格式类、key 类和 value 类。让我们分析一些 NewHadoopRDD 例子。

最简单的例子是使用 SparkContext 的 wholeTextFiles 函数来创建一个 wholeTextFileRDD。现在，wholeTextFileRDD 实际上扩展了 NewHadoopRDD，如以下的代码段所示：

```
scala> val rdd_whole = sc.wholeTextFiles("wiki1.txt")
rdd_whole: org.apache.spark.rdd.RDD[(String, String)] = wiki1.txt
MapPartitionsRDD[3] at wholeTextFiles at <console>:31

scala> rdd_whole.toDebugString
res9: String =
(1) wiki1.txt MapPartitionsRDD[3] at wholeTextFiles at <console>:31 []
 | WholeTextFileRDD[2] at wholeTextFiles at <console>:31 []
```

让我们来看另一个例子。我们将使用 SparkContext 的 newAPIHadoopFile 函数：

```
import org.apache.hadoop.mapreduce.lib.input.KeyValueTextInputFormat

import org.apache.hadoop.io.Text

val newHadoopRDD = sc.newAPIHadoopFile("statesPopulation.csv",
classOf[KeyValueTextInputFormat], classOf[Text],classOf[Text])
```

7.2 聚合操作

聚合技术能让你以随意的方式对 RDD 中的元素进行组合，从而执行各种计算。事实上，聚合操作可能是大数据分析中最重要的部分。没有聚合，我们就无法生成报表或执行分析。当提供了包含过去 200 年的国家人口统计数据时，就可能会问到这样的逻辑问题。另一个较简单的例子是统计 RDD 中的元素个数，这会要求 executor 统计每个分区中的元素个数并将其发送给 driver。然后 driver 会将这些子集进行累加，并计算出 RDD 中的元素个数。

在本节中，我们主要关注按照 key 对数据进行收集或合并的聚合操作。正如本章前面所述，pairRDD 是包含 key-value(键值)对的 RDD；其中的 value 是随意的，可以按照不同的用户场景进行定制。

在我们的国家人口统计例子中，一个 pairRDD 可以是由<State, <Population, Year>>对组成的 RDD。这意味着 State 被视为 key，然后<Population, Year>则被视为 value。这种对 key 和 value 进行分解的方式，就能生成诸如每个州哪些年份的人口最多这样的聚合结果。相反，一旦我们想处理与年份相关的聚合结果，例如每年哪些州的人口最多，我们就可以使用一个包含<Year, <State, Population>>对的 pairRDD。

下面是一个简单的代码例子，用于从 statesPopulaption 数据集生成一个 pairRDD，这里将 State 和 Year 都作为 key：

```
scala> val statesPopulationRDD = sc.textFile("statesPopulation.csv")
statesPopulationRDD: org.apache.spark.rdd.RDD[String] =
statesPopulation.csv MapPartitionsRDD[157] at textFile at <console>:26

scala> statesPopulationRDD.take(5)
res226: Array[String] = Array(State,Year,Population, Alabama,2010,4785492,
Alaska,2010,714031, Arizona,2010,6408312, Arkansas,2010,2921995)
```

现在，我们可以生成一个新的 pairRDD，其中 State 作为 key，而<Year,Population>元组作为 value，如下代码段所示：

```
scala> val pairRDD = statesPopulationRDD.map(record =>
record.split(",")).map(t => (t(0), (t(1), t(2))))
pairRDD: org.apache.spark.rdd.RDD[(String, (String, String))] =
MapPartitionsRDD[160] at map at <console>:28

scala> pairRDD.take(5)
res228: Array[(String, (String, String))] =
Array((State,(Year,Population)), (Alabama,(2010,4785492)),
(Alaska,(2010,714031)), (Arizona,(2010,6408312)),(Arkansas,(2010,2921995)))
```

如前所述，也可以生成一个新的 RDD，其中 Year 作为 key，<State,Population>元组作为 value，如下代码段所示：

```
scala> val pairRDD = statesPopulationRDD.map(record =>
record.split(",")).map(t => (t(1), (t(0), t(2))))
pairRDD: org.apache.spark.rdd.RDD[(String, (String, String))] =
MapPartitionsRDD[162] at map at <console>:28

scala> pairRDD.take(5)
res229: Array[(String, (String, String))] =
Array((Year,(State,Population)), (2010,(Alabama,4785492)),
(2010,(Alaska,714031)), (2010,(Arizona,6408312)),(2010,(Arkansas,2921995)))
```

接下来，我们将看一下如何在包含<State,<Year,Population>>元组的 pairRDD 上使用这些常见的聚合操作：

- groupByKey
- reduceByKey
- aggregateByKey
- combineByKey

7.2.1 groupByKey

groupByKey 按照 key 对 RDD 中的 value 进行分组，从而生成单一的序列。groupByKey 也可以通过传递分区器的方式，对结果键-值对 RDD 中的分区进行控制。默认情况下，使用的是 HashPartitioner，但也可使用客户分区器作为给定参数。每个分组中的元素顺序是无保证的，在每次执行结果 RDD 计算时可能都不相同。

> **小技巧：**
> groupByKey 是一个成本高昂的操作，因为它对需要的全部数据进行重新排序。reduceByKey 或 aggregateByKey 能提供更好的性能。见稍后的描述。

可使用客户的分区器或默认分区器 HashPartitioner 来调用 groupByKey，如下面的代码段所示：

```
def groupByKey(partitioner: Partitioner): RDD[(K, Iterable[V])]

def groupByKey(numPartitions: Int): RDD[(K, Iterable[V])]
```

> **注意：**
> 一旦使用，groupByKey 需要将所有 key 对应的键值对存储在内存中。如果一个 key 有太多 value，则可能导致 OutOfMemoryError(内存溢出错误)。

groupByKey 工作时，会将分区的所有元素都发给由分区器指定的分区，因此对于同样的 key，所有的键值对都将包含在同一个分区中。等此动作完成后，聚合操作就很容易完成了。

图 7.11 展示了当 groupByKey 被调用时会发生些什么。

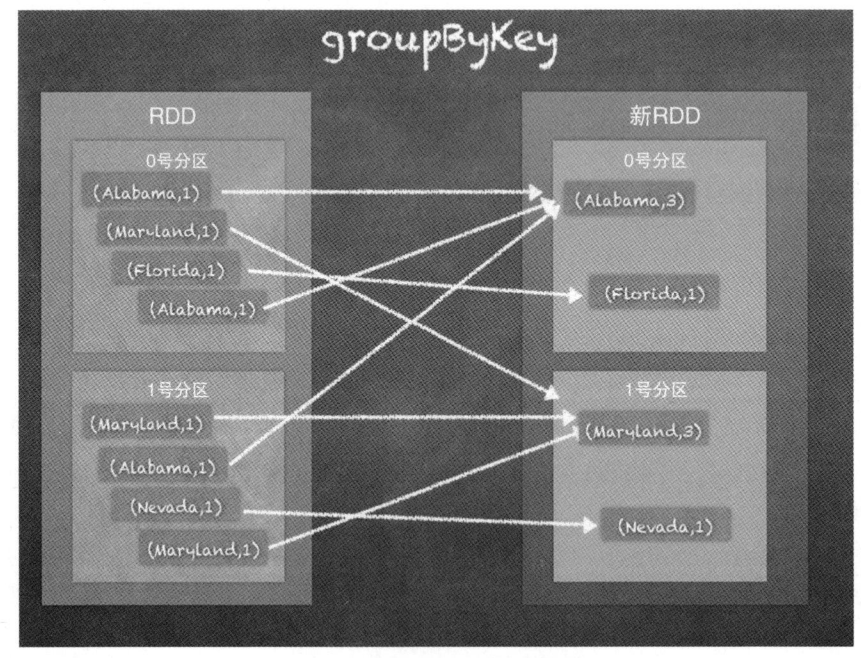

图 7.11　groupByKey 工作示意图

7.2.2 reduceByKey

groupByKey 包含大量 shuffle 操作，而 reduceByKey 则更能提升性能，因为它不必发送 pairRDD 中的所有元素，会使用本地合并器先在本地完成基本的聚合操作，然后发送结果元素，这和 groupByKey 中的做法一样。这极大地降低传输的数据量，因为我们不必发送所有数据。reduceByKey 通过使用组合计算的 reduce 函数将每个 key 对应的 value 进行合并。当然，将结果发送给 reducer 之前，这些合并操作首先在本地的每个 mapper 上完成。

> **小技巧：**
> 如果你对 Hadoop 中的 MR 比较熟悉的话，会发现它和 MR 编程中的 combiner 十分相似。

reduceByKey 可使用自定义的分区器，或默认的 HashPartitioner，如以下的代码段所示：

```
def reduceByKey(partitioner: Partitioner, func: (V, V) => V): RDD[(K, V)]

def reduceByKey(func: (V, V) => V, numPartitions: Int): RDD[(K, V)]

def reduceByKey(func: (V, V) => V): RDD[(K, V)]
```

reduceByKey 工作时，会将分区所有的元素发送给基于分区器指定的分区，这样所有具有相同 key 的键值对都将被发送给同一个分区。但在 shuffle 之前，所有本地聚合操作也已完成，因此降低了需要执行 shuffle 操作的数据量。此后，最后分区中的聚合操作就很容易完成了。

图 7.12 是一个示例，它展示了当 reduceByKey 被调用时发生了什么。

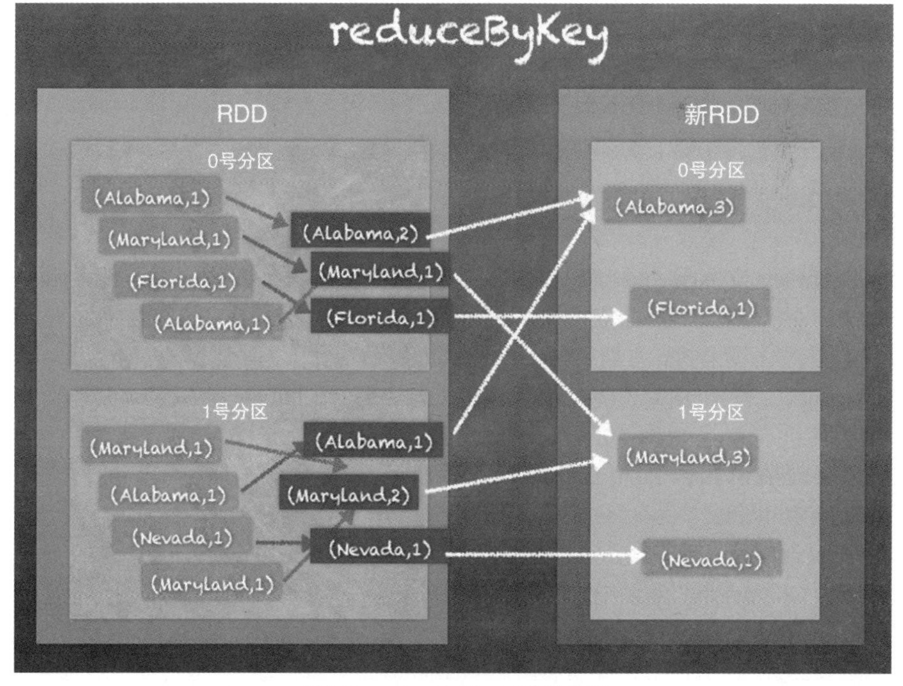

图 7.12　reduceByKey 工作示意图

7.2.3 aggregateByKey

aggregateByKey 与 reduceByKey 极为相似，不过，aggregateByKey 在分区内进行聚合操作时更具弹性和定制化，在分区之间能处理更复杂的用户场景。这些复杂的用户场景包括生成所有<Year,Population>对列表，或一次函数调用就计算出每个州的总人口数等。

aggregateByKey 工作时，会按照 key 对 value 进行聚合操作；可以使用给定的组合函数，或者使用中性的初始值或 0 值。

该函数可以返回与 RDD 的类型 V 不同的结果类型 T。这就是最大的差别所在。因此，需要一个操作将 V 合并为 U，然后需要一个操作将两个 U 合并。前面的操作用于在分区中进行 value 合并，后面的操作则用于在分区之间进行 value 的合并。为避免内存匹配，所有这些函数都允许修改并返回其第一个参数，而非创建一个新的 U：

```
def aggregateByKey[U: ClassTag](zeroValue: U, partitioner:Partitioner)(seqOp: (U, V) => U, combOp: (U, U) => U): RDD[(K, U)]

def aggregateByKey[U: ClassTag](zeroValue: U, numPartitions: Int)(seqOp:(U, V) => U, combOp: (U, U) => U): RDD[(K, U)]

def aggregateByKey[U: ClassTag](zeroValue: U)(seqOp: (U, V) => U,combOp: (U, U) => U): RDD[(K, U)]
```

aggregateByKey 工作时，会在分区内所有的元素上执行聚合操作，然后在分区合并时使用其他聚合逻辑。基本上，对于相同 key 的键值对，都会收集到同一个分区中。但是，如何执行聚合操作，以及如何生成输出，则并非在 groupByKey 或 reduceByKey 中进行定义。而使用 aggregateByKey 时，则具有更大的弹性和定制能力。

图 7.13 展示了当 aggregateByKey 被调用时会发生些什么。相对于 groupByKey 和 reduceByKey 的计数相加，这里直接生成了每个 key 的 value 列表。

7.2.4 combineByKey

combineByKey 与 aggregateByKey 非常相似。事实上，combineByKey 内部调用 combineByKeyWithClassTag，该对象也为 aggregateByKey 所调用。与 aggregateByKey 一样，combineByKey 也在每个分区中执行聚合操作，然后在各个分区之间执行合并操作。

combineByKey 将 RDD[K,V]转换为 RDD[K,C]。其中，C 是相同的 K 之下，收集或合并而得到的 V 的列表。

当调用 combineByKey 时，有三个函数可供使用。

- createCombiner 将 V 转换为 C，这是一个单元素列表。
- mergeValue 将 V 合并到 C，是通过将 V 添加到列表末端来实现的。
- mergeCombiners 将两个 C 合并为一个。

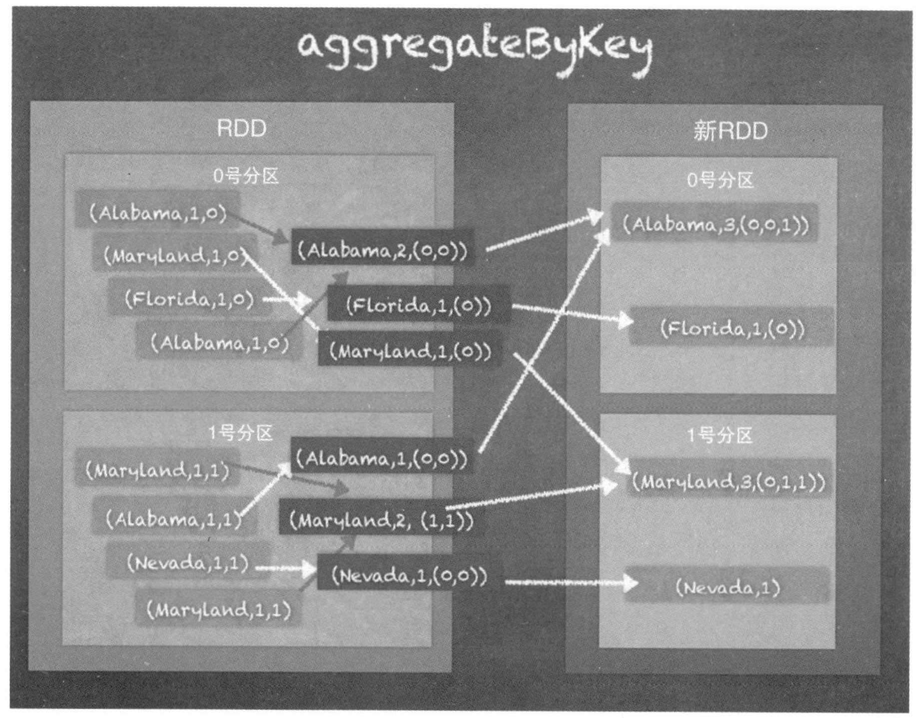

图 7.13　aggregateByKey 工作示意图

小技巧：

在 aggregateByKey 中，第一个参数通常是 0 值，但在 combineByKey 中，我们提供了初始化函数，它接收当前值作为参数。

combineByKey 可使用自定义分区器或默认的 HashPartitioner 来调用，如下面的代码段所示：

```
def combineByKey[C](createCombiner: V => C, mergeValue: (C, V) => C,
mergeCombiners: (C, C) => C, numPartitions: Int): RDD[(K, C)]

def combineByKey[C](createCombiner: V => C, mergeValue: (C, V) => C,
mergeCombiners: (C, C) => C, partitioner: Partitioner, mapSideCombine:
Boolean = true, serializer: Serializer = null): RDD[(K, C)]
```

combineByKey 工作时，会在分区的每个元素上应用聚合操作，然后在合并分区时使用其他聚合逻辑。对于具有相同 key 的键值对来说，它们会被收集到同一个分区中。但如何进行聚合操作，以及如何生成输出，则并非在 groupByKey 或 reduceByKey 中进行定义。而使用 combineByKey 时，则具有更大的弹性和定制能力。

图 7.14 展示了当 combineByKey 被调用时会发生什么。

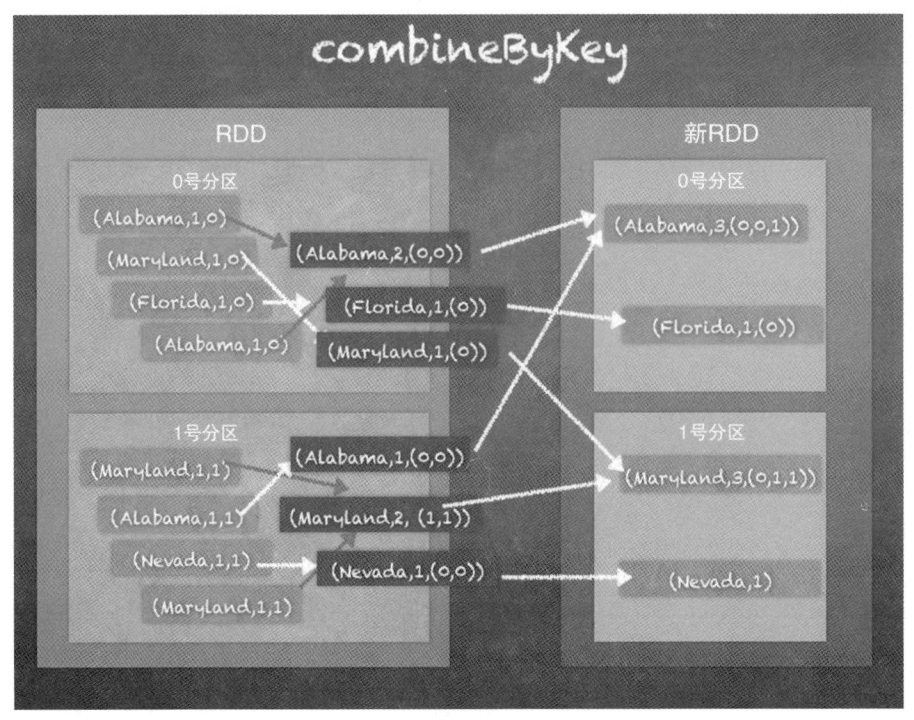

图 7.14　combineByKey 工作示意图

7.2.5　groupByKey、reduceByKey、combineByKey 和 aggregateByKey 之间的对比

让我们考虑如下的关于国家人口统计的例子，它能生成<State,<Year,Population>>的 pairRDD。

如前所见，groupByKey 会为该 pairRDD 进行 hash 分区，为 key 生成 hash 值，然后对数据执行 shuffle 操作，并将包含相同 key 的 value 收集到同一个分区中。很明显，这会需要大量的 shuffle 操作。

reduceByKey 则对 groupByKey 进行了提升，它在 shuffle 阶段使用了本地的 combiner 逻辑来尽量减少需要发送的数据量。其结果与 groupByKey 类似，但更具竞争力。

aggregateByKey 的工作方式与 reduceByKey 极为类似，但有一个很大的不同之处。这使得 aggregateByKey 成为三者中最强大的一个。aggregateByKey 不必在相同的数据类型上执行操作，它能在分区内执行不同的聚合操作，然后在分区之间执行其他聚合操作。

combineByKey 在性能方面与 aggregateByKey 极为相似，除了它需要使用初始化函数来创建 combiner 外。

使用哪种函数，取决于你的用户场景。当你在挑选合适函数时，如果有所怀疑，就可参考本节的内容。此外，你也应该关注 7.3 节的内容。

下面的代码展示了按照 State 来计算总人口的方法。

步骤 1　初始化 RDD：

```
scala> val statesPopulationRDD =
sc.textFile("statesPopulation.csv").filter(_.split(",")(0) != "State")
statesPopulationRDD: org.apache.spark.rdd.RDD[String] =
statesPopulation.csv MapPartitionsRDD[1] at textFile at <console>:24

scala> statesPopulationRDD.take(10)
res27: Array[String] = Array(Alabama,2010,4785492, Alaska,2010,714031,
Arizona,2010,6408312, Arkansas,2010,2921995, California,2010,37332685,
Colorado,2010,5048644, Delaware,2010,899816, District of
Columbia,2010,605183, Florida,2010,18849098, Georgia,2010,9713521)
```

步骤 2　将其转换为 pairRDD：

```
scala> val pairRDD = statesPopulationRDD.map(record =>
record.split(",")).map(t => (t(0), (t(1).toInt, t(2).toInt)))
pairRDD: org.apache.spark.rdd.RDD[(String, (Int, Int))] =
MapPartitionsRDD[26] at map at <console>:26

scala> pairRDD.take(10)
res15: Array[(String, (Int, Int))] = Array((Alabama,(2010,4785492)),
(Alaska,(2010,714031)), (Arizona,(2010,6408312)),
(Arkansas,(2010,2921995)), (California,(2010,37332685)),
(Colorado,(2010,5048644)), (Delaware,(2010,899816)), (District of
Columbia,(2010,605183)), (Florida,(2010,18849098)),
(Georgia,(2010,9713521)))
```

步骤 3　groupByKey——对 value 进行分组并计算人口：

```
scala> val groupedRDD = pairRDD.groupByKey.map(x => {var sum=0;
x._2.foreach(sum += _._2); (x._1, sum)})
groupedRDD: org.apache.spark.rdd.RDD[(String, Int)] =MapPartitionsRDD[38] at map
at <console>:28

scala> groupedRDD.take(10)
res19: Array[(String, Int)] = Array((Montana,7105432),
(California,268280590), (Washington,48931464), (Massachusetts,46888171),
(Kentucky,30777934), (Pennsylvania,89376524), (Georgia,70021737),
(Tennessee,45494345), (North Carolina,68914016), (Utah,20333580))
```

步骤 4　reduceByKey——按照 key 对 value 执行 reuce 操作，并计算人口：

```
scala> val reduceRDD = pairRDD.reduceByKey((x, y) => (x._1,
x._2+y._2)).map(x => (x._1, x._2._2))
reduceRDD: org.apache.spark.rdd.RDD[(String, Int)] = MapPartitionsRDD[46] at map
at <console>:28

scala> reduceRDD.take(10)
res26: Array[(String, Int)] = Array((Montana,7105432),
(California,268280590), (Washington,48931464), (Massachusetts,46888171),
(Kentucky,30777934), (Pennsylvania,89376524), (Georgia,70021737),
(Tennessee,45494345), (North Carolina,68914016), (Utah,20333580))
```

步骤 5 aggregateByKey——按照 key 进行人口聚合操作，并将其相加：

```
Initialize the array
scala> val initialSet = 0
initialSet: Int = 0

provide function to add the populations within a partition
scala> val addToSet = (s: Int, v: (Int, Int)) => s+ v._2
addToSet: (Int, (Int, Int)) => Int = <function2>

provide funtion to add populations between partitions
scala> val mergePartitionSets = (p1: Int, p2: Int) => p1 + p2
mergePartitionSets: (Int, Int) => Int = <function2>

scala> val aggregatedRDD = pairRDD.aggregateByKey(initialSet)(addToSet,
mergePartitionSets)
aggregatedRDD: org.apache.spark.rdd.RDD[(String, Int)] = ShuffledRDD[41] at
aggregateByKey at <console>:34

scala> aggregatedRDD.take(10)
res24: Array[(String, Int)] = Array((Montana,7105432),
(California,268280590), (Washington,48931464), (Massachusetts,46888171),
(Kentucky,30777934), (Pennsylvania,89376524), (Georgia,70021737),
(Tennessee,45494345), (North Carolina,68914016), (Utah,20333580))
```

步骤 6 combineByKey——分区内合并以及分区间合并：

```
createcombiner function
scala> val createCombiner = (x:(Int,Int)) => x._2
createCombiner: ((Int, Int)) => Int = <function1>

function to add within partition
scala> val mergeValues = (c:Int, x:(Int, Int)) => c +x._2
mergeValues: (Int, (Int, Int)) => Int = <function2>

function to merge combiners
scala> val mergeCombiners = (c1:Int, c2:Int) => c1 + c2
mergeCombiners: (Int, Int) => Int = <function2>

scala> val combinedRDD = pairRDD.combineByKey(createCombiner, mergeValues,
mergeCombiners)
combinedRDD: org.apache.spark.rdd.RDD[(String, Int)] = ShuffledRDD[42] at
combineByKey at <console>:34

scala> combinedRDD.take(10)
res25: Array[(String, Int)] = Array((Montana,7105432),
(California,268280590), (Washington,48931464), (Massachusetts,46888171),
(Kentucky,30777934), (Pennsylvania,89376524), (Georgia,70021737),
(Tennessee,45494345), (North Carolina,68914016), (Utah,20333580))
```

如你所见，所有这四种聚合操作都产生相同了的结果。这里只是为了展示它们的工作方式有何不同之处。

7.3　分区与 shuffle

我们已经看到，与 Hadoop 相比，Apache Spark 能更好地处理分布式计算。我们也看到了 Spark 的内部工作原理，尤其是被称为 RDD 的基本数据结构。RDD 是不可变型集合，用于表示数据，并具备可靠性及故障恢复能力。RDD 并非将数据作为一个整体进行处理，而是管理和操作分布在集群中多个节点上的分区。因此，对于调用 Apache Spark 作业中合适的函数来说，数据分区的概念至关重要，它会在很大程度上影响性能，也会影响到资源如何使用。

RDD 由数据的分区组成，所有操作也都发生在 RDD 内的数据分区上。其中一些操作(如 transformation 算子)是由 executor 在 RDD 中某些特定的分区上执行。但并非所有操作都由 executor 在隔离的分区上完成。诸如聚合这样的操作，需要数据在集群内进行移动，这就是 shuffle。在本节中，我们将深入研究分区与 shuffle 的概念。

让我们从一个包含整数的简单 RDD 开始，我们先执行如下代码。SparkContext 的 parallelize 函数从整数序列中创建 RDD。然后使用 getNumPartitions()函数，就能获取到该 RDD 的分区个数：

```
scala> val rdd_one = sc.parallelize(Seq(1,2,3))
rdd_one: org.apache.spark.rdd.RDD[Int] = ParallelCollectionRDD[120] at
parallelize at <console>:25

scala> rdd_one.getNumPartitions
res202: Int = 8
```

该 RDD 可用图 7.15 表示，显示出该 RDD 包含 6 个分区。

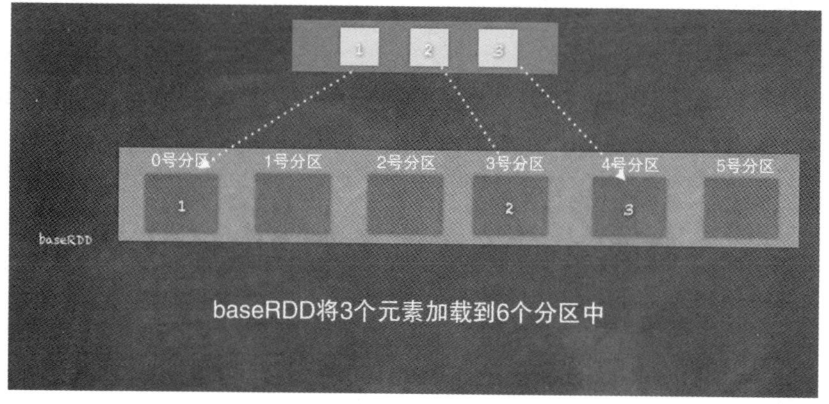

图 7.15　RDD 示意图

分区的数量非常重要，因为该数量直接影响运行 RDD 转换操作的任务数量。如果数量太少，我们就只能用很少的 CPU/核数来处理大量数据，从而出现严重的性能问题，使得集群无法充分发挥其性能。另一方面，如果分区数量过多，你要使用比实际需要还多的资源，在一个多租户环境中时，这会导致你或者团队中其他人运行的另一些作业缺乏资源。

7.3.1 分区器

RDD 的分区由分区器完成。分区器为 RDD 中的元素分配一个分区索引。同一分区中的所有元素均具有相同的分区索引。

Spark 中使用了两种分区器：HashPartitioner 和 RangePartitioner。此外，也可使用你自己的分区器。

1. HashPartitioner

HashPartitioner 是 Spark 中默认的分区器。它会计算出 RDD 中每个元素的 hash 值，所有具有相同 hash 码的元素最终都会在同一分区中，如下面的代码段所示：

```
partitionIndex = hashcode(key) % numPartitions
```

如下是字符函数 hashCode()的例子，显示了如何生成分区索引：

```
scala> val str = "hello"
str: String = hello

scala> str.hashCode
res206: Int = 99162322

scala> val numPartitions = 8
numPartitions: Int = 8

scala> val partitionIndex = str.hashCode % numPartitions
partitionIndex: Int = 2
```

> **小技巧：**
> 默认分区个数由 Spark 的配置参数 spark.default.parallelism 或集群的 CPU 核数确定。

图 7.16 展示了 hash 分区是如何工作的。我们有一个包含 a、b、c 这 3 个元素的 RDD。使用字符函数 hashcode，我们可基于 6 个分区来得到每个元素的分区索引。

2. RangePartitioner

RangePartitioner 使用大致的等值范围将 RDD 进行分区。由于每个分区都有已知的开始 key 和结束 key，因此在使用 RangePartitioner 之前，需要先对 RDD 进行排序。

RangePartitioner 首先需要基于 RDD 为分区设置合理的边界。然后创建函数为 key 生成分区索引。最终，需要基于 RangePartitioner 对 RDD 进行重分区，从而将 RDD 中的元素分布到确定的范围中。

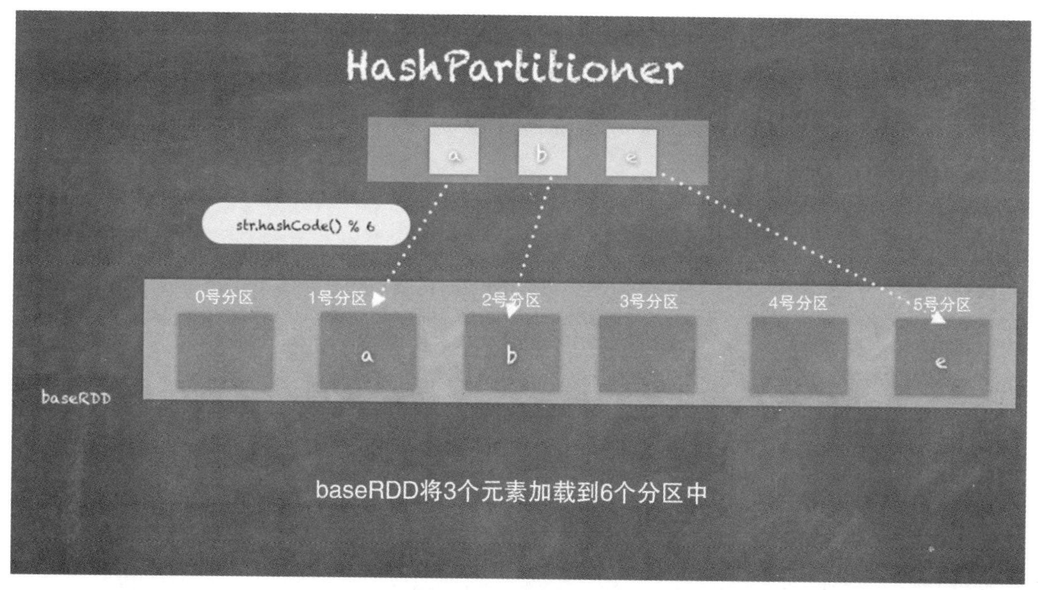

图 7.16　HashPartitioner

下例展示了我们如何为 pairRDD 使用 RangePartitioner。也可以看到，在我们使用 RangePartitioner 对 RDD 进行重分区后，分区发生了怎样的变化：

```
    import org.apache.spark.RangePartitioner scala> val statesPopulationRDD =
sc.textFile("statesPopulation.csv")
    statesPopulationRDD: org.apache.spark.rdd.RDD[String] =
    statesPopulation.csv MapPartitionsRDD[135] at textFile at <console>:26

    scala> val pairRDD = statesPopulationRDD.map(record =>
    (record.split(",")(0), 1))
    pairRDD: org.apache.spark.rdd.RDD[(String, Int)] = MapPartitionsRDD[136] at
    map at <console>:28

    scala> val rangePartitioner = new RangePartitioner(5, pairRDD)
    rangePartitioner: org.apache.spark.RangePartitioner[String,Int] =
    org.apache.spark.RangePartitioner@c0839f25

    scala> val rangePartitionedRDD = pairRDD.partitionBy(rangePartitioner)
    rangePartitionedRDD: org.apache.spark.rdd.RDD[(String, Int)] =
    ShuffledRDD[130] at partitionBy at <console>:32

    scala> pairRDD.mapPartitionsWithIndex((i,x) => Iterator(""+i +
    ":"+x.length)).take(10)
    res215: Array[String] = Array(0:177, 1:174)

    scala> rangePartitionedRDD.mapPartitionsWithIndex((i,x) => Iterator(""+i +
    ":"+x.length)).take(10)
    res216: Array[String] = Array(0:70, 1:77, 2:70, 3:63, 4:71)
```

图 7.17 就是 RangePartitioner，它展示了我们刚才看到的例子。

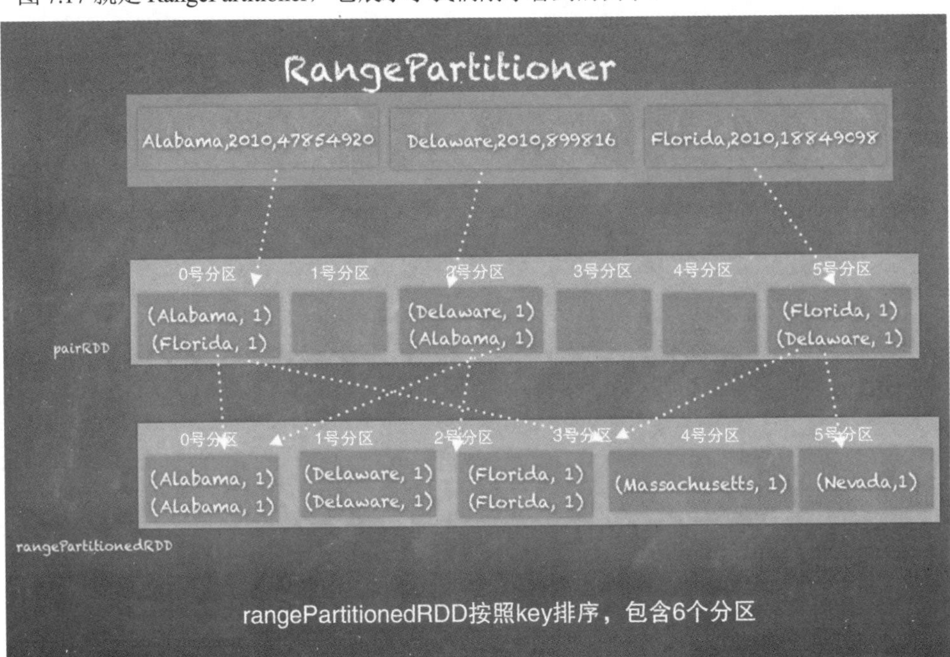

图 7.17　RangePartitioner

7.3.2　shuffle

不管使用何种分区器，其操作都会导致 RDD 中的数据在分区之间进行重分区。新的分区被创建出来，同时有些分区被分解或合并。所有基于重分区操作而需要移动的数据被称为 shuffle(洗牌)。在编写 Spark 作业时，这也是需要理解的一个重要概念。由于此时计算并不是在同一个 executor 的内存中完成，而是通过网络在 executor 之间交换数据，因此 shuffle 操作可能导致严重的性能滞后。

一个好的例子是 groupByKey()。很明显，大量数据在 executor 之间流动，从而保证对于同一个 key，所有 value 应该被收集到同一个 executor 上，进而完成 groupByKey 操作。

shuffle 也会决定 Spark 作业的执行顺序，同时影响作业是如何被拆分为 stage 的。正如本章及前面章节中所述，Spark 会持有 RDD 的 DAG，这不仅会被 Spark 用于规划作业的执行，也可用于处理丢失的 executor 的恢复。当 RDD 执行转换操作时，Spark 会尝试确保该操作与处理的数据在同一节点上。但很多时候需要执行连接操作、reduce 操作、分组或其他一些聚合操作，这些都会有意无意地造成重分区动作。此时，就轮到 shuffle 来决定一个 stage 从哪里结束，以及新的 stage 从哪里开始。

图 7.18 展示了一个 Spark 作业时如何被拆分为 stage 的。在该例中，会过滤 pairRDD，调用 groupByKey，最后使用 map()执行转换操作。

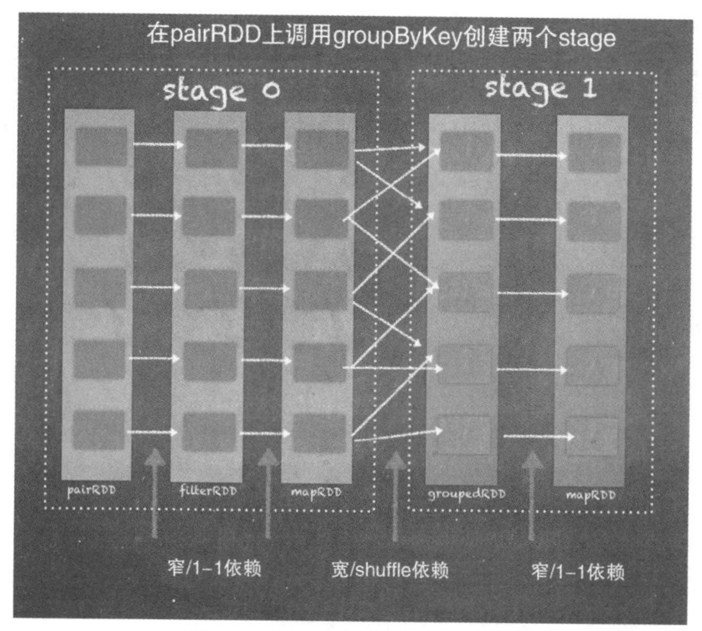

图 7.18　Spark 中的 stage 划分示意图

shuffle 动作越多，作业执行过程中的 stage 也越多，这样会影响性能。Spark driver 会基于两方面的因素来确定 stage。这是通过定义 RDD 的两种依赖类型来完成的，窄依赖和宽依赖。

1. 窄依赖

当一个 RDD 可由其他 RDD 通过使用简单的 1-1 转换，如 filter()函数、map()函数、flatMap()函数等得到时，就可以说子 RDD 与父 RDD 之间存在 1-1 的依赖关系。这种依赖被称为窄依赖。此时，数据会在包含原始的 RDD/父 RDD 分区的节点上进行转换，不必通过网络与其他 executor 进行数据传输。

小技巧：
在作业执行中，窄依赖中的父子 RDD 均位于同一个 stage 内。

图 7.19 展示了窄依赖如何将一个 RDD 转换为另一个 RDD。它对 RDD 中的元素进行了 1-1 的转换操作。

2. 宽依赖

当一个RDD可通过一个或多个RDD进行转换生成，并且该转换需要通过网络进行数据交换、重分区，或者需要使用诸如aggregateByKey、reduceByKey的函数进行数据重分布时，我们就可以说该子RDD以shuffle操作的方式依赖于父RDD的参与。这种依赖也被称为宽依赖。此时数据无法在包含原始RDD/父RDD分区的同一节点上进行转换，因此需要通过网络与其他executor进行数据传输。

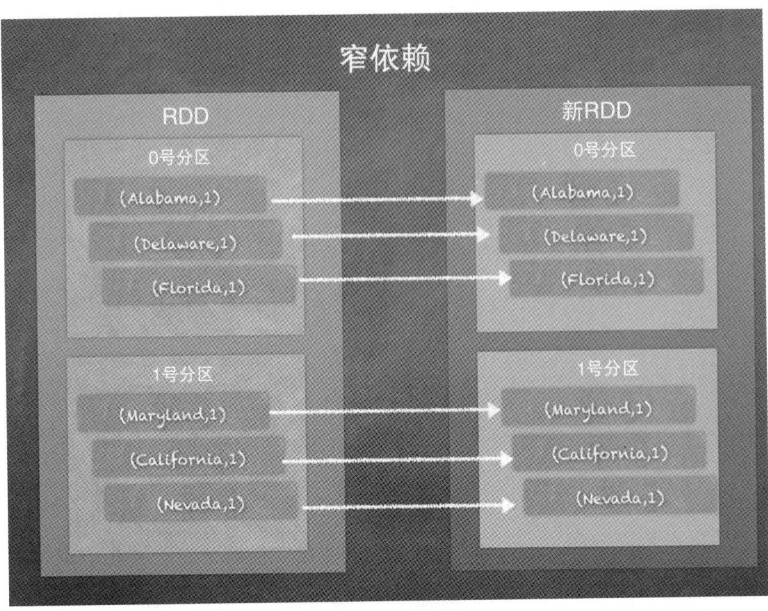

图 7.19　窄依赖

> **小技巧：**
> 宽依赖为作业执行引入了新的 stage。

图 7.20 展示了宽依赖如何将一个 RDD 转换为其他 RDD，并在 executor 之间对数据执行 shuffle 操作。

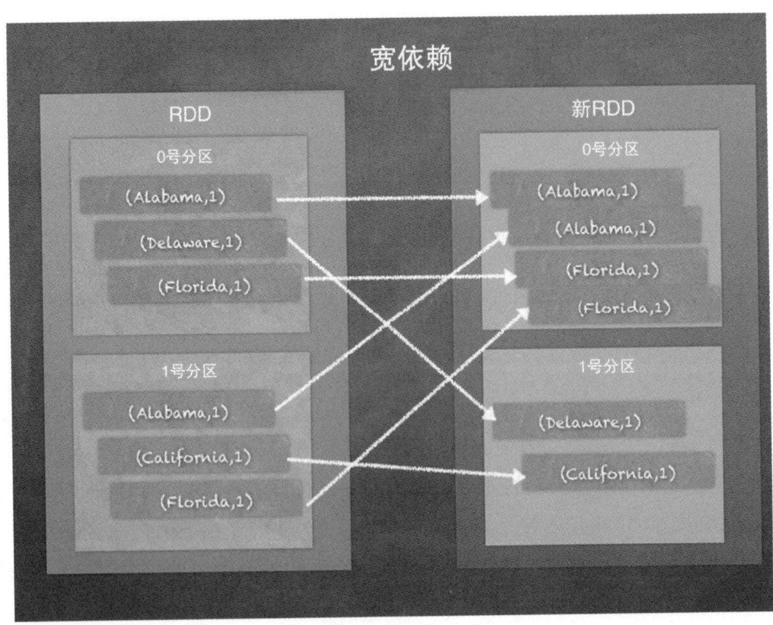

图 7.20　宽依赖

7.4　广播变量

广播变量是 executor 之间的共享变量。广播变量在 driver 中一次性创建，executor 对这些变量只能进行读取操作。虽然可将广播变量理解为简单的数据类型(如整型)，但从概念上讲，广播变量比简单变量大得多。可在 Spark 集群中广播整个数据集，这样所有 executor 都可访问这些广播数据。在 executor 上运行的所有任务都可访问这些广播变量。

广播使用了各种优化技术，来确保广播数据能为所有 executor 使用。如果要广播的数据量太大，就会面临很大挑战。你不能期望连接到 driver 上的 100 个或 1000 个 executor 都来拉取广播的数据集。不仅如此，executor 通过 HTTP 连接来拉取数据，新添加的数据则类似于 BitTorrent，即数据集本身就像集群中的 Torrent 进行分布。这就需要一种更具弹性的方式将广播变量分发给所有 executor，而不是让每个 executor 一个接一个地从 driver 中拉取数据。因为当你有很多个 executor 时，很容易导致 driver 出现问题。

> **小技巧：**
> driver 只能广播它拥有的数据，你无法以引用的方式来广播一个 RDD。这是因为只有 driver 知道如何理解该 RDD。

如果你深入了解广播的工作机制，就会看到，driver 首先将序列化对象拆分为较小的 chunk，然后将这些 chunk 存储在 driver 的块管理器(BlockManager)中。当代码将要在 executor 上顺序执行时，每个 executor 就会先尝试从其内部的块管理器中获取对象。如果已经获取广播变量，则 executor 会发现并使用它。但如果该对象不存在，则 executor 会通过远程获取技术，从 driver 和/或其他可用的 executor 处获取对象的 chunk。一旦 executor 获得 chunk，会将该 chunk 存储到自有的块管理器中，以作好让其他 executor 获取的准备。这样就避免了在发送广播数据(每个 executor 一份)的大量副本时，driver 可能成为整个系统瓶颈的问题。

图 7.21 展示了 Spark 集群中广播是如何工作的。

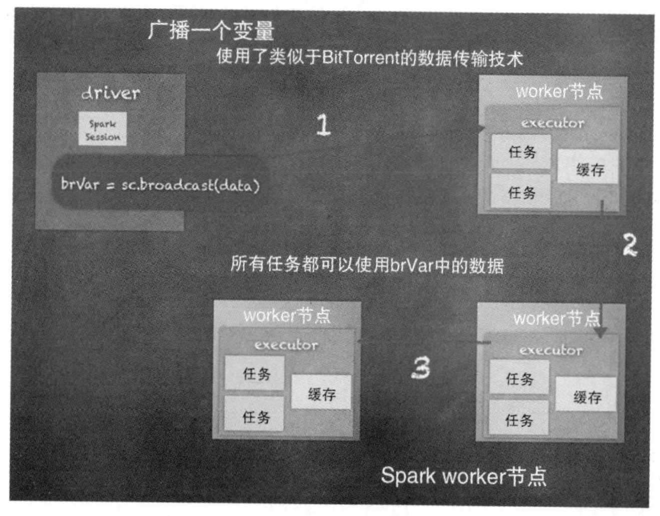

图 7.21　广播变量

广播变量可被创建或销毁。我们来看一下它们是如何被创建和销毁的。我们也将看到一种从内存中移除广播变量的方法。

7.4.1 创建广播变量

可通过使用 SparkContext 中的 broadcast()函数来创建一个广播变量，可以在任意数据或数据类型上创建，只要数据/变量是可序列化的。

让我们来看一下如何广播一个整型变量，然后在一个 executor 上的转换操作内部使用该广播变量：

```
scala> val rdd_one = sc.parallelize(Seq(1,2,3))
rdd_one: org.apache.spark.rdd.RDD[Int] = ParallelCollectionRDD[101] at
parallelize at <console>:25

scala> val i = 5
 i: Int = 5

scala> val bi = sc.broadcast(i)
bi: org.apache.spark.broadcast.Broadcast[Int] = Broadcast(147)

scala> bi.value
res166: Int = 5

scala> rdd_one.take(5)
res164: Array[Int] = Array(1, 2, 3)

scala> rdd_one.map(j => j + bi.value).take(5)
res165: Array[Int] = Array(6, 7, 8)
```

广播变量也可在非原始的数据类型上创建，如下例所示，这里在 driver 中广播了一个 HashMap。

下面为一个整型 RDD 执行简单的转换操作，为该 RDD 中的每个元素都乘以从 HashMap 中找到的一个整数。这个包含“1,2,3”的 RDD 被转换为 1×2、2×3 和 3×4，即“2,6,12”。

```
scala> val rdd_one = sc.parallelize(Seq(1,2,3))
rdd_one: org.apache.spark.rdd.RDD[Int] = ParallelCollectionRDD[109] at
parallelize at <console>:25

scala> val m = scala.collection.mutable.HashMap(1 -> 2, 2 -> 3, 3 -> 4)
m: scala.collection.mutable.HashMap[Int,Int] = Map(2 -> 3, 1 -> 2, 3 -> 4)

scala> val bm = sc.broadcast(m)
bm:
org.apache.spark.broadcast.Broadcast[scala.collection.mutable.HashMap[Int,
Int]] = Broadcast(178)

scala> rdd_one.map(j => j * bm.value(j)).take(5)
res191: Array[Int] = Array(2, 6, 12)
```

7.4.2　移除广播变量

广播变量会占据所有 executor 的内存，其占据的内存大小依赖于该变量中包含的数据量大小。在某些时刻，这可能导致一些资源问题。这里提供了一种从所有 executor 的内存中移除广播变量的方法。

为广播变量调用 unpersist()，就能从所有 executor 的内存中移除广播变量包含的数据，并释放资源。如果该变量又被使用了，则会为该 executor 转播数据，从而让 executor 再次使用。但如果持有内存的 driver 并不持有该广播变量包含的数据，则广播变量将不再有效。

> **小技巧：**
> 稍后将看到如何销毁一个广播变量。

下面的例子展示了如何为一个广播变量调用 unpersist()。在调用 unpersist 后，如果又访问该广播变量，它依然会正常工作，但 executor 需要为该变量重新拉取数据。

```
scala> val rdd_one = sc.parallelize(Seq(1,2,3))
rdd_one: org.apache.spark.rdd.RDD[Int] = ParallelCollectionRDD[101] at
parallelize at <console>:25

scala> val k = 5
k: Int = 5

scala> val bk = sc.broadcast(k)
bk: org.apache.spark.broadcast.Broadcast[Int] = Broadcast(163)

scala> rdd_one.map(j => j + bk.value).take(5)
res184: Array[Int] = Array(6, 7, 8)

scala> bk.unpersist

scala> rdd_one.map(j => j + bk.value).take(5)
res186: Array[Int] = Array(6, 7, 8)
```

7.4.3　销毁广播变量

也可以销毁一个广播变量，将其从所有 executor 和 driver 中移除，使其不再可用。在管理资源以优化集群访问时，这一操作就很有用处了。

为广播变量调用 destroy()，就可以销毁指定广播变量所有的数据和元数据。一旦一个广播变量被销毁了，就无法再被使用了，除非我们重建它。

下面的例子展示了如何销毁一个广播变量：

```
scala> val rdd_one = sc.parallelize(Seq(1,2,3))
rdd_one: org.apache.spark.rdd.RDD[Int] = ParallelCollectionRDD[101] at
parallelize at <console>:25

scala> val k = 5
```

```
k: Int = 5

scala> val bk = sc.broadcast(k)
bk: org.apache.spark.broadcast.Broadcast[Int] = Broadcast(163)

scala> rdd_one.map(j => j + bk.value).take(5)
res184: Array[Int] = Array(6, 7, 8)

scala> bk.destroy
```

> 小技巧：
> 如果你尝试使用一个已经被销毁的广播变量，则程序会抛出异常。

下面的例子展示了尝试重用一个已被销毁的广播变量：

```
scala> rdd_one.map(j => j + bk.value).take(5)
17/05/27 14:07:28 ERROR Utils: Exception encountered
org.apache.spark.SparkException: Attempted to use Broadcast(163) after it
was destroyed (destroy at <console>:30)
  at org.apache.spark.broadcast.Broadcast.assertValid(Broadcast.scala:144)
  at
org.apache.spark.broadcast.TorrentBroadcast$$anonfun$writeObject$1.apply$mc
V$sp(TorrentBroadcast.scala:202)
  at org.apache.spark.broadcast.TorrentBroadcast$$anonfun$wri
```

因此，广播功能可以极大地提升 Spark 作业的弹性和性能。

7.5　累加器

累加器是 executor 之间的共享变量，通常用于在 Spark 程序中对计数器进行加法操作。如果你有 Spark 程序，并想知道所有错误或处理的记录数量，或这两者你都想知道，可使用两种方式来实现。其中一种是添加额外逻辑来统计错误或记录总数。在处理所有可能的计算时，这样做显得很复杂。另一种方法是让原有代码和逻辑保持不变，只添加一个累加器。

> 小技巧：
> 累加器只能通过加上数值进行更新。

如下是一个创建 Long 类型的例子，它使用了 SparkContext 和 LongAccumulator 函数，将新创建的累加器初始为 0。该累加器在 map 转换中使用，然后累加器将增长。在操作结束时，累加器保存的值为 351。

```
scala> val acc1 = sc.longAccumulator("acc1")
acc1: org.apache.spark.util.LongAccumulator = LongAccumulator(id: 10355,
name: Some(acc1), value: 0)

scala> val someRDD = statesPopulationRDD.map(x => {acc1.add(1); x})
someRDD: org.apache.spark.rdd.RDD[String] = MapPartitionsRDD[99] at map at
```

```
<console>:29

scala> acc1.value
res156: Long = 0 /*there has been no action on the RDD so accumulator did
not get incremented*/

scala> someRDD.count
res157: Long = 351

scala> acc1.value
res158: Long = 351

scala> acc1
res145: org.apache.spark.util.LongAccumulator = LongAccumulator(id: 10355,
name: Some(acc1), value: 351)
```

如下内置的累加器可用于诸多用户场景。

- LongAccumulator：64 位整型，用于计算求和、计数以及平均值操作。
- DoubleAccumulator：双精度浮点数字，用于计算求和、计数和平均值操作。
- CollectionAccumulator[T]：用于处理包含元素列表的集合。

所有上述累加器都基于 AccumulatorV2 类而创建。基于同样的逻辑，我们可构建足够复杂和定制化的累加器，并将其应用于我们的项目。

可通过扩展 AccumulatorV2 类来创建自己的累加器。下例展示了需要实现的一些必要函数。出现在下述代码中的 AccumulatorV2[Int,Int]意味着该累加器的输入和输出都是整型：

```
class MyAccumulator extends AccumulatorV2[Int, Int] {
  //simple boolean check
  override def isZero: Boolean = ???

  //function to copy one Accumulator and create another one
  override def copy(): AccumulatorV2[Int, Int] = ???

  //to reset the value
  override def reset(): Unit = ???

  //function to add a value to the accumulator
  override def add(v: Int): Unit = ???

  //logic to merge two accumulators
  override def merge(other: AccumulatorV2[Int, Int]): Unit = ???

  //the function which returns the value of the accumulator
  override def value: Int = ???
}
```

现在，让我们看一个真实的客户累加器的例子。这里又用到了statesPopulation.csv文件。我们的目标是计算一年的数据之和，以及在一个自定义的累加器中计算人口之和。

步骤 1 导入包含 AccumulatorV2 类的包：

```
import org.apache.spark.util.AccumulatorV2
```

步骤 2 使用包含 year 和 population 的 case 类：

```
case class YearPopulation(year: Int, population: Long)
```

步骤 3 扩展 AccumulatorV2 类来创建 StateAccumulator 类：

```
class StateAccumulator extends AccumulatorV2[YearPopulation,
YearPopulation] {
  //declare the two variables one Int for year and Long for population
  private var year = 0
  private var population:Long = 0L

  //return iszero if year and population are zero
  override def isZero: Boolean = year == 0 && population == 0L

  //copy accumulator and return a new accumulator
  override def copy(): StateAccumulator = {
    val newAcc = new StateAccumulator
    newAcc.year = this.year
    newAcc.population = this.population
    newAcc
  }

  //reset the year and population to zero
  override def reset(): Unit = { year = 0 ; population = 0L }

  //add a value to the accumulator
  override def add(v: YearPopulation): Unit = {
    year += v.year
    population += v.population
  }

  //merge two accumulators
  override def merge(other: AccumulatorV2[YearPopulation,
YearPopulation]): Unit = {
      other match {
        case o: StateAccumulator => {
              year += o.year
              population += o.population
        }
        case _ =>
      }
  }

  //function called by Spark to access the value of accumulator
  override def value: YearPopulation = YearPopulation(year,population)
}
```

步骤 4　创建新的 StateAccumulator，并将其注册到 SparkContext：

```
val statePopAcc = new StateAccumulator

sc.register(statePopAcc, "statePopAcc")
```

步骤 5　以 RDD 形式读取 statesPopulation.csv：

```
val statesPopulationRDD =
sc.textFile("statesPopulation.csv").filter(_.split(",")(0) != "State")

scala> statesPopulationRDD.take(10)
res1: Array[String] = Array(Alabama,2010,4785492, Alaska,2010,714031,
Arizona,2010,6408312, Arkansas,2010,2921995, California,2010,37332685,
Colorado,2010,5048644, Delaware,2010,899816, District of
Columbia,2010,605183, Florida,2010,18849098, Georgia,2010,9713521)
```

步骤 6　使用 StateAccumulator：

```
statesPopulationRDD.map(x => {
   val toks = x.split(",")
   val year = toks(1).toInt
   val pop = toks(2).toLong
   statePopAcc.add(YearPopulation(year, pop))
   x
}).count
```

步骤 7　现在，我们可以检查 StateAccumulator 的结果了：

```
scala> statePopAcc
res2: StateAccumulator = StateAccumulator(id: 0, name: Some(statePopAcc),
value: YearPopulation(704550,2188669780))
```

在这一节中，我们测试了累加器，创建了一个自定义的累加器。因此，使用上述展示的例子，可以创建复杂的累加器来满足自己的需求。

7.6　本章小结

本章探讨了多种类型的 RDD，如 ShuffledRDD、pairRDD、SequenceFileRDD 和 HadoopRDD 等；也介绍了三种重要的聚合操作类型，即 groupByKey、reduceByKey 和 aggregateByKey。我们也深入学习了分区是如何工作的，及其为何对于生成正确的执行计划并提升性能如此重要。我们也了解了 shuffle，以及宽依赖和窄依赖的概念，它们是 Spark 作业被拆分为 stage 的重要依据。最后，我们学习了两个重要概念，广播变量和累加器。

RDD 强大的弹性使得它适用于绝大部分用户场景，并能完成各种需要的操作来达成目标。

在第 8 章中，我们将把视角切换到 RDD 的更高层抽象上，关注作为 Tungsten 计划的一部分被称为数据帧(DataFrame)和 Spark SQL 的两个关键对象，并讨论它们是如何结合在一起的。

第8章

介绍一个小结构——Spark SQL

“一台机器可以完成50个普通人的工作。但没有机器能够完成一个智力非凡的人的工作。”

——Elbert Hubbard

在本章，我们将学会如何使用Spark对结构化数据进行分析。我们将看到数据帧/数据集如何在这里成为数据处理的基石，Spark的SQL API如何简单而高效地查询结构化数据。此外，我们也将了解数据集的概念，并看一下数据集、数据帧和RDD之间的区别。

作为概括，本章将涵盖如下主题：

- Spark SQL与数据帧
- 数据帧与SQL API
- 结构化数据
- 数据集加载与保存
- 聚合
- 连接

8.1 Spark SQL与数据帧

在Apache Spark之前，当有人想在海量数据上执行类似于SQL的查询时，一般会考虑使用Apache Hive。Apache Hive会将SQL查询在内部转换为类似于MR的处理逻辑，因此在处理各种类型的分析工作时，就能使用Hive轻松实现。而不必使用Java或Scala来编写复杂的代码。

随着Apache Spark的到来，在海量数据上执行分析时，我们所使用的工具已经发生了改变。Spark SQL提供了一个基于Apache Spark的分布式处理能力的简单易用且类似于SQL的处理层。事实上，Spark SQL甚至可作为一个在线的分析处理数据库使用。在图8.1中，可看到Spark SQL的解析过程。

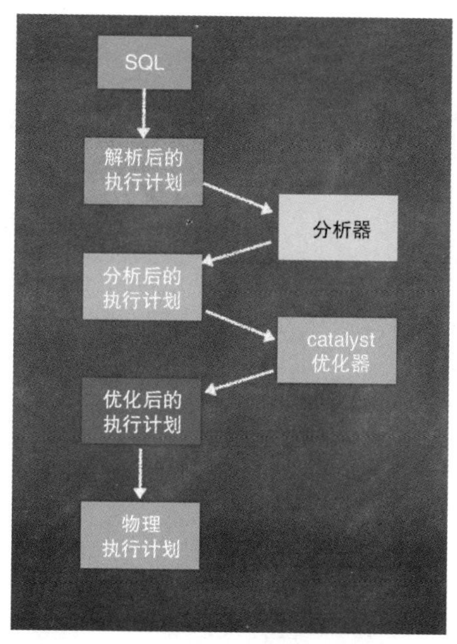

图 8.1　Spark SQL 的解析过程

Spark SQL 工作时，会将类似于 SQL 的语句解析为 AST(Abstract Syntax Tree，抽象语法树)，然后将其转换为逻辑执行计划，并对其进行优化，从而生成可执行的物理执行计划。最终执行时，会在底层使用数据帧 API，这样就能让人们随意地通过类 SQL 的接口来使用数据帧 API，而不必学习所有的内部知识。本书将探讨数据帧 API，并展示其不同的使用方式。

数据帧 API 位于 Spark SQL 的底层。本章将为你展示如何使用不同的技术来创建数据帧，这包括执行 SQL 查询，以及在数据帧上执行操作。

数据帧是 RDD 的一种抽象。它能使用经由 catalyst 优化器优化过的一些高级函数，并通过 Tungsten 初始化技术来提供更好的性能。可将数据集视为 RDD 的高效率的表，它使用了大量优化过的二进制格式来表示数据。该二进制格式的数据表示是通过编码器实现的。编码器会将各种对象序列化为二进制结构，以获得比 RDD 更好的性能。由于数据帧在内部使用 RDD，因此数据帧/数据集的分布与 RDD 一样，也是分布式数据集。很显然，这意味着数据集也是不可变型。

图 8.2 展示了数据的二进制表示形式。

数据集自 Spark 1.6 版本引入，它提供了在数据帧之上的强类型好处。事实上，从 Spark 2.0 开始，数据帧一般都被视为数据集的别名。

注意：

org.apache.spark.sql 将数据帧类型定义为 dataset[Row]。这意味着大部分 API 能同时使用数据集和数据帧：type DataFrame = dataset[Row]。

图 8.2 数据的二进制表示

从概念上来说，数据帧与关系数据库中的表相似，如图 8.3 所示。因此，数据帧中包含数据行，每行由多个列组成。

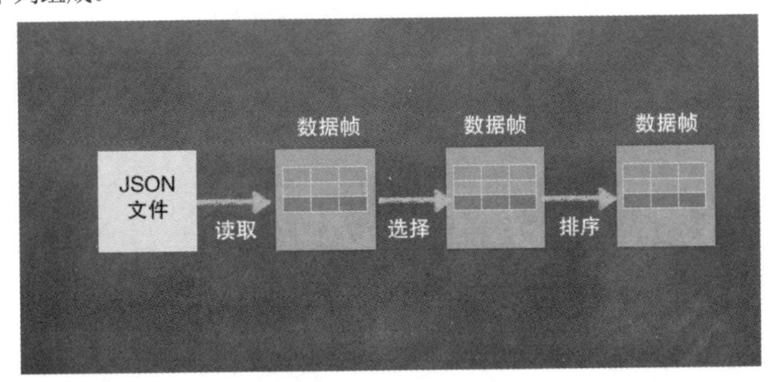

图 8.3 基于数据帧的操作

我们首先需要牢记在心的一件事情是，与 RDD 一样，数据帧也是不可变型。数据帧的不可变型特性，意味着对数据帧的所有 transformation 或 action 算子操作，都将创建一个新的数据帧。

让我们更深入地看一下数据帧，分析它们与 RDD 究竟有什么区别。如前所述，RDD 在 Apache Spark 中代表的是低级的数据操作 API。数据帧是在 RDD 之上创建的，它将 RDD 的低级内部工作机制进行抽象，并公开表示为高级 API。这些 API 更易于使用，并提供了诸多开箱即用的功能。数据帧使用 Python pandas 包、R 语言和 Julia 语言中的类似概念创建而成。

正如我们前面提到的，数据帧将 SQL 代码和 DSL(Domain Specific Language)表达式转换为优化过的执行计划，从而在 Spark core API 之上运行，以便支持范围广泛的各种操作。数据帧支持许多不同类型的输入数据源和各种类型的操作。这包括所有的 SQL 操作类型，例如大部分数据库都支持的连接、分组、聚合和窗口函数等。Spark SQL 与 Hive 查询语言也很相似，并且由于 Spark 为 Apache Hive 提供了一个天然的适配器，因此使用 Apache Hive 的用户就可以很容易传递其工作的内容，从而将内容应用到 Spark SQL 上，这样就能最大限度地缩短代码转换时间。

如前所述，数据帧主要依赖于表的概念。基于表的操作方式，与 Apache Hive 的工作方式极为相似。事实上，Apache Spark 中表上的很多操作与 Hive 的处理方式类似。可将数据帧以表的形式进行注册，并使用 Spark SQL 语句来代替数据帧 API 对数据进行处理。

数据帧依赖于 catalyst 优化器和 Tungsten 带来的性能提升，因此我们来简要了解一下 catalyst 的工作原理。catalyst 优化器会将输入的 SQL 解析为一个逻辑执行计划，然后通过查看该 SQL 中使用的所有属性和列对其进行分析。一旦创建了分析过的执行计划，catalyst 优化器就会继续尝试对该执行计划进行优化，通过对某些操作进行合并，或重排其执行逻辑等，以便获得更好的性能。

> **注意：**
> 为了更好地理解 catalyst 优化器，可将其视为一个常见的逻辑优化器。可对过滤器和转换等操作进行重新排序，有时将多个操作分为一组，以便最大限度地减少 worker 节点之间的数据 shuffle 操作。例如，catalyst 优化器可在执行不同数据集之间的连接操作时，对较小的数据集进行广播。可使用解释功能来查看任意数据帧的执行计划。catalyst 优化器还可以统计数据帧中列和分区的信息，从而提高执行速度。

例如，如果在数据分区上有 transformation 算子和 filter 操作，那么过滤数据的顺序以及我们应用 transformation 算子的方式会在很大程度上影响整体性能。在优化动作完成后，就会生成优化过的逻辑执行计划，然后将其转换为物理执行计划。显然，同一个逻辑执行计划可转换为多个物理执行计划，并产生相同的结果。此时，优化器会根据成本优化法则和对统计信息的评估来确定并选择更优的物理执行计划。

与早先的版本(如 Spark 1.6 或更早版本)相比，Spark 2.x 版本能提供卓越性能的原因在于 Tungsten 带来的性能提升。Tungsten 实现了对内存管理和其他性能的全面提升。最重要的内存方面的提升在于，它使用了对象的二进制编码技术，并在堆外和堆内存储器中引用它们。因此，Tungsten 允许使用二进制编码机制来使用内存，并对所有对象进行编码。使用二进制编码技术能让对象占用更少的内存空间，并且 Tungsten 也改善了 shuffle 的性能。

通常，数据都通过 DataFrameReader 被加载到数据帧，然后使用 DataFrameWriter 将数据帧中的数据进行保存。

8.2　数据帧 API 与 SQL API

可通过如下方式创建数据帧：

- 执行 SQL 查询。
- 加载诸如 Parquet、JSON、CSV、text、Hive、JDBC 的外部数据。
- 将 RDD 转换为数据帧。

可以通过加载 CSV 文件来创建数据帧。我们来看一下 statesPopulation.csv 文件。

该文件具有如表 8.1 所示的格式，它包含从 2010 年到 2016 年美国各州的人口统计情况。

表 8.1 statesPopulation 表(示例)

State	Year	Population
Alabama	2010	4785492
Alaska	2010	714031
Arizona	2010	6408312
Arkansas	2010	2921995
California	2010	37332685

这个 CSV 文件包含标题信息，因此我们可使用隐式的 schema 检测将其加载到数据帧：

```
scala> val statesDF = spark.read.option("header",
"true").option("inferschema", "true").option("sep",
",").csv("statesPopulation.csv")
statesDF: org.apache.spark.sql.DataFrame = [State: string, Year: int ...1 more
field]
```

一旦加载数据帧，就可以进行 schema 检测了：

```
scala> statesDF.printSchema
root
  |--State: string (nullable = true)
  |--Year: integer (nullable = true)
  |--Population: integer (nullable = true)
```

小技巧：

option("header","true").option("inferschema", "true").option("sep",",")是为了告诉 Spark 该 CSV 文件包含标题。逗号用于分隔字段/列，其 schema 也会被 Spark 隐式推断出来。

DataFrame 解析逻辑执行计划，分析逻辑机制计划，然后优化计划，最终执行物理执行计划。可在数据帧上使用解释功能来显示执行计划：

```
scala> statesDF.explain(true)
== Parsed Logical Plan ==
Relation[State#0,Year#1,Population#2] csv
== Analyzed Logical Plan ==
State: string, Year: int, Population: int
Relation[State#0,Year#1,Population#2] csv
== Optimized Logical Plan ==
Relation[State#0,Year#1,Population#2] csv
== Physical Plan ==
*FileScan csv [State#0,Year#1,Population#2] Batched: false, Format: CSV,
Location: InMemoryFileIndex[file:/Users/salla/states.csv],
PartitionFilters: [], PushedFilters: [], ReadSchema:
struct<State:string,Year:int,Population:int>
```

数据帧也可以使用表名进行注册(如下所示)，这样就可像关系型数据库一样执行 SQL 语句了。

```
scala> statesDF.createOrReplaceTempView("states")
```

一旦有了数据帧，并将其作为一个结构化的数据帧，或一张表，我们就可以执行命令来操作数据了：

```
scala> statesDF.show(5)
scala> spark.sql("select * from states limit 5").show
+----------+----+----------+
|     State|Year|Population|
+----------+----+----------+
|   Alabama|2010|   4785492|
|    Alaska|2010|    714031|
|   Arizona|2010|   6408312|
|  Arkansas|2010|   2921995|
|California|2010|  37332685|
+----------+----+----------+
```

查看上述代码，就可以发现这里写的是类似 SQL 的语句，并使用 spark.sql API 来调用。

小技巧：

要注意，这里的 spark.sql 会被简单地转换为数据帧 API 然后执行。这里的 SQL 只是 DSL，令其便于使用而已。

在数据帧上使用排序操作，就可以将数据帧按照任意列进行排序。我们可以使用 Population 列对其进行降序排列，如下所示。

```
scala> statesDF.sort(col("Population").desc).show(5)
scala> spark.sql("select * from states order by Population desc limit 5").show
+----------+----+----------+
|     State|Year|Population|
+----------+----+----------+
|California|2016|  39250017|
|California|2015|  38993940|
|California|2014|  38680810|
|California|2013|  38335203|
|California|2012|  38011074|
+----------+----+----------+
```

使用 groupBy，我们就可以使用任意列对数据帧进行分组操作。下面的例子按照 State 进行分组，并为每个 State 统计 Population。

```
scala> statesDF.groupBy("State").sum("Population").show(5)
scala> spark.sql("select State, sum(Population) from states group by State limit
5").show
+---------+---------------+
|    State|sum(Population)|
+---------+---------------+
|     Utah|       20333580|
|   Hawaii|        9810173|
|Minnesota|       37914011|
|     Ohio|       81020539|
```

```
| Arkansas| 20703849|
+---------+---------------+
```

使用 agg 操作，我们可在数据帧的列上执行任意聚合操作，如查找某一列的最大值、最小值和平均值等。也可在执行操作时对列进行重命名，以便满足你的需要。

```
scala>statesDF.groupBy("State").agg(sum("Population").alias("Total")).show(5)
scala> spark.sql("select State, sum(Population) as Total from states group by State limit
5").show
+---------+--------+
| State| Total|
+---------+--------+
| Utah|20333580|
| Hawaii| 9810173|
|Minnesota|37914011|
| Ohio|81020539|
| Arkansas|20703849|
+---------+--------+
```

一般来说，处理逻辑越复杂，则生成的执行计划也就越复杂。让我们来看一下前面调用 groupBy 和 agg API 时生成的执行计划，以便更好地理解其底层的工作机制。下面显示了对应的执行计划，以及每个州的人口之和：

```
scala>statesDF.groupBy("State").agg(sum("Population").
alias("Total")).explain(true)

== Parsed Logical Plan ==
'Aggregate [State#0], [State#0, sum('Population) AS Total#31886]
+-Relation[State#0,Year#1,Population#2] csv

== Analyzed Logical Plan ==
State: string, Total: bigint
Aggregate [State#0], [State#0, sum(cast(Population#2 as bigint)) AS Total#31886L]
+-Relation[State#0,Year#1,Population#2] csv

== Optimized Logical Plan ==
Aggregate [State#0], [State#0, sum(cast(Population#2 as bigint)) AS Total#31886L]
+-Project [State#0, Population#2]
+-Relation[State#0,Year#1,Population#2] csv

== Physical Plan ==
*HashAggregate(keys=[State#0], functions=[sum(cast(Population#2 as bigint))],
output=[State#0, Total#31886L])
+-Exchange hashpartitioning(State#0, 200)
+-*HashAggregate(keys=[State#0], functions=[partial_sum(cast(Population#2 as
bigint))], output=[State#0, sum#31892L])
+-*FileScan csv [State#0,Population#2] Batched: false, Format: CSV,
Location: InMemoryFileIndex[file:/Users/salla/states.csv],
PartitionFilters: [], PushedFilters: [], ReadSchema:
struct<State:string,Population:int>
```

数据帧可以很好地链接在一起，以便更好地发挥基于成本的优化法则的优势(Tungsten 带来的性能提升和 catalyst 优化器协同工作)。

我们还可在一条语句中将操作链接在一起。如下所示，这里不仅按照 State 对数据进行分组，对 Population 求和，还可按求和结果对数据帧进行排序：

```
scala>statesDF.groupBy("State").agg(sum("Population").
alias("Total")).sort(col("Total").desc).show(5)
scala> spark.sql("select State, sum(Population) as Total from states group
by State order by
Total desc limit 5").show
+----------+---------+
| State| Total|
+----------+---------+
|California|268280590|
| Texas|185672865|
| Florida|137618322|
| New York|137409471|
| Illinois| 89960023|
+----------+---------+
```

上述链接操作包含了 transformation 和 action 算子操作，可以图 8.4 进行可视化展示。

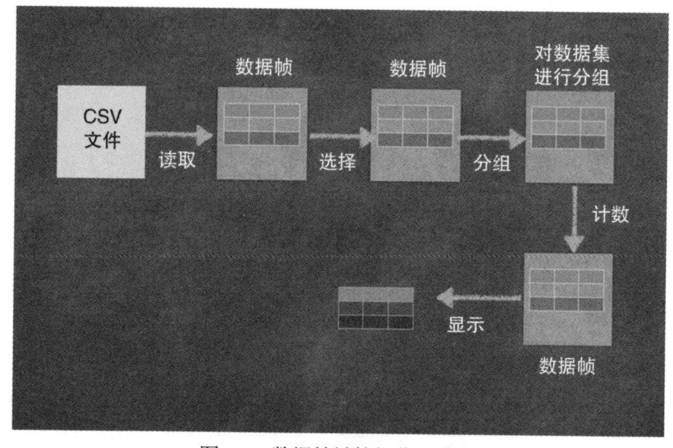

图 8.4　数据帧链接操作示意图

也可同时执行多个聚合操作，如下：

```
scala> statesDF.groupBy("State").agg(
          min("Population").alias("minTotal"),
          max("Population").alias("maxTotal"),
          avg("Population").alias("avgTotal"))
        .sort(col("minTotal").desc).show(5)
scala> spark.sql("select State, min(Population) as minTotal,
max(Population) as maxTotal, avg(Population) as avgTotal from states group
by State order by minTotal desc limit 5").show
+----------+--------+--------+--------------------+
| State|minTotal|maxTotal| avgTotal|
```

```
+----------+--------+--------+--------------------+
|California|37332685|39250017|3.8325798571428575E7|
|     Texas|25244310|27862596|       2.6524695E7|
|  New York|19402640|19747183| 1.962992442857143E7|
|   Florida|18849098|20612439|1.9659760285714287E7|
|  Illinois|12801539|12879505|1.2851431857142856E7|
+----------+--------+--------+--------------------+
```

8.2.1 pivot

pivot(转换)是一个对表进行转换的极佳方式，可创建不同的视图，从而更适用于某些求和或聚合操作。这是通过获得列的值，并将这些值转换为真实的列来实现的。

为更好地理解上述内容，让我们按照 Year 对数据帧执行 pivot 操作，并检查其结果。现在，Year 列创建出了一些新列，这是通过将每个唯一值转换为真正的列来实现的。其结果是，相对于初始的 Year 列，我们使用了 Year 的每个列来执行求和以及聚合操作。

```
scala> statesDF.groupBy("State").pivot("Year").sum("Population").show(5)
+---------+--------+--------+--------+--------+--------+--------+--------+
|    State|    2010|    2011|    2012|    2013|    2014|    2015|    2016|
+---------+--------+--------+--------+--------+--------+--------+--------+
|     Utah| 2775326| 2816124| 2855782| 2902663| 2941836| 2990632| 3051217|
|   Hawaii| 1363945| 1377864| 1391820| 1406481| 1416349| 1425157| 1428557|
|Minnesota| 5311147| 5348562| 5380285| 5418521| 5453109| 5482435| 5519952|
|     Ohio|11540983|11544824|11550839|11570022|11594408|11605090|11614373|
| Arkansas| 2921995| 2939493| 2950685| 2958663| 2966912| 2977853| 2988248|
+---------+--------+--------+--------+--------+--------+--------+--------+
```

8.2.2 filter

数据帧也支持 filter(过滤器)操作，我们可用它对数据帧进行快速过滤，从而生成新的数据帧。此时 filter 就能对数据进行关键的 transformation 算子操作，使得数据帧能够满足需求。例如，如果你只想分析加利福尼亚州的数据，就可以使用 filter API 来消除每个分区中不满足要求的行，从而提升操作性能。

让我们来查看如下的执行计划，这里使用了 filter，从而只考虑加利福尼亚州的数据：

```
scala> statesDF.filter("State == 'California'").explain(true)

== Parsed Logical Plan ==
'Filter ('State = California)
+-Relation[State#0,Year#1,Population#2] csv

== Analyzed Logical Plan ==
State: string, Year: int, Population: int
Filter (State#0 = California)
+-Relation[State#0,Year#1,Population#2] csv

== Optimized Logical Plan ==
```

```
Filter (isnotnull(State#0) && (State#0 = California))
+-Relation[State#0,Year#1,Population#2] csv

== Physical Plan ==
*Project [State#0, Year#1, Population#2]
+-*Filter (isnotnull(State#0) && (State#0 = California))
+-*FileScan csv [State#0,Year#1,Population#2] Batched: false, Format:
CSV, Location: InMemoryFileIndex[file:/Users/salla/states.csv],
PartitionFilters: [], PushedFilters: [IsNotNull(State),
EqualTo(State,California)], ReadSchema:
struct<State:string,Year:int,Population:int>
```

现在我们就看到了执行计划，下面执行 filter 命令，如下：

```
scala> statesDF.filter("State == 'California'").show
+----------+----+----------+
| State|Year|Population|
+----------+----+----------+
|California|2010| 37332685|
|California|2011| 37676861|
|California|2012| 38011074|
|California|2013| 38335203|
|California|2014| 38680810|
|California|2015| 38993940|
|California|2016| 39250017|
+----------+----+----------+
```

8.2.3 用户自定义函数(UDF)

UDF 可以定义一些新的基于列的函数，从而对 Spark SQL 提供的功能进行扩展。很多时候，Spark 内置的函数可能无法精准地满足我们的需求。这种情况下，Apache Spark 开始支持创建 UDF。

> **注意：**
> UDF 在内部将 case 类称为 User-Defined Function，将自身称为 ScalaUDF。

我们来看一个简单的 UDF 例子，它将 State 列的值转换为大写。

首先，我们在 Scala 中创建需要的函数。

```
import org.apache.spark.sql.functions._

scala> val toUpper: String => String = _.toUpperCase
toUpper: String => String = <function1>
```

然后将创建的函数 UDF 封装，来创建 UDF。

```
scala> val toUpperUDF = udf(toUpper)
toUpperUDF: org.apache.spark.sql.expressions.UserDefinedFunction =
UserDefinedFunction(<function1>,StringType,Some(List(StringType)))
```

现在，我们就创建好了 UDF，然后可用它对 State 列进行大写转换了。

```
scala> statesDF.withColumn("StateUpperCase",
toUpperUDF(col("State"))).show(5)
+----------+----+----------+--------------+
| State|Year|Population|StateUpperCase|
+----------+----+----------+--------------+
| Alabama|2010| 4785492| ALABAMA|
| Alaska|2010| 714031| ALASKA|
| Arizona|2010| 6408312| ARIZONA|
| Arkansas|2010| 2921995| ARKANSAS|
|California|2010| 37332685| CALIFORNIA|
+----------+----+----------+--------------+
```

8.2.4 结构化数据

schema 用于描述数据的结构，可隐式或显式地完成。

既然数据帧在 Spark 内部其实是基于 RDD 的，那么有两种主要方法可将已有的 RDD 转换为数据集。第一种通过使用反射来推断 RDD 的 schema。创建数据集的第二种方法则是通过编程接口获取现有的 RDD，并使用 schema 将 RDD 转换为带有 schema 的数据集。

为使用反射推断 schema 的方式从 RDD 创建数据帧，用于 Spark 的 Scala API 提供了可用于定义表 schema 的 case 类。数据帧可从 RDD 以编程方式得到，因为 case 类在大部分情况下使用起来都不是很容易。例如，在一个包含 1000 列的表上创建 case 类是很耗时的。

1. 隐式 schema

让我们来看一个例子，这里将一个 CSV 文件加载到数据帧。只要该 text 文件包含标题，则读取 API 就能通过读取这些标题行来推断其 schema。也可以指定分隔符，从而拆分 text 文件中的行。

我们读取 csv 文件，并通过标题行来推断其 schema，同时使用逗号作为分隔符。我们也使用了 schema 和 printSchema 命令来检查输入文件中的 schema。

```
scala> val statesDF = spark.read.option("header", "true")
                                .option("inferschema", "true")
                                .option("sep", ",")
                                .csv("statesPopulation.csv")
statesDF: org.apache.spark.sql.DataFrame = [State: string, Year: int ...1
more field]

scala> statesDF.schema
res92: org.apache.spark.sql.types.StructType = StructType(
StructField(State,StringType,true),
StructField(Year,IntegerType,true),
StructField(Population,IntegerType,true))

scala> statesDF.printSchema
root
```

```
|--State: string (nullable = true)
|--Year: integer (nullable = true)
|--Population: integer (nullable = true)
```

2. 显式 schema

schema 可使用 StructType 进行描述，StructType 是 StructField 对象的集合。

注意：

StructType 和 StructField 都属于 org.apache.spark.sql.types 包。诸如 IntegerType、StringType 的类型也属于这个包。

将这些对象进行导入，就可自定义显式 schema。

首先导入所需的类：

```
scala> import org.apache.spark.sql.types.{StructType, IntegerType,
StringType}
import org.apache.spark.sql.types.{StructType, IntegerType, StringType}
```

定义一个包含 Integer 和 String 列的 schema：

```
scala> val schema = new StructType().add("i", IntegerType).add("s",
StringType)
schema: org.apache.spark.sql.types.StructType =
StructType(StructField(i,IntegerType,true), StructField(s,StringType,true))
```

打印出新创建的 schema 就很容易了：

```
scala> schema.printTreeString
root
 |--i: integer (nullable = true)
 |--s: string (nullable = true)
```

也可打印 JSON 格式的输出，使用 prettyJson 函数，如下所示：

```
scala> schema.prettyJson
res85: String =
{
  "type" : "struct",
  "fields" : [ {
  "name" : "i",
  "type" : "integer",
  "nullable" : true,
  "metadata" : { }
}, {
"name" : "s",
"type" : "string",
"nullable" : true,
"metadata" : { }
} ]
}
```

Spark SQL 所有的类型都位于 org.apache.spark.sql.types 包中。可按如下方式访问它们：

```
import org.apache.spark.sql.types._
```

3. 编码器

Spark 2.x 版本则支持其他方法为复杂的数据类型定义 schema。首先，让我们看一个简单例子。

如果你想使用编码器，需要使用如下的导入语句：

```
import org.apache.spark.sql.Encoders
```

我们定义了一个元组作为数据类型，以便在后面的数据集 API 中使用：

```
scala> Encoders.product[(Integer, String)].schema.printTreeString
root
 |--_1: integer (nullable = true)
 |--_2: string (nullable = true)
```

这些代码在我们使用时看起来比较复杂，因此也可根据需要定义一个 case 类，然后使用它。我们可以定义一个包含两个字段(一个 Integer 和一个 String)的 case 类 Record：

```
scala> case class Record(i: Integer, s: String)
defined class Record
```

使用 Encoders，我们可以很简单地在 case 类上创建一个 schema，这样就可以使用不同的 API 了：

```
scala> Encoders.product[Record].schema.printTreeString
root
|--i: integer (nullable = true)
|--s: string (nullable = true)
```

Spark SQL 的所有数据类型都位于 org.apache.spark.sql.types 包中。可使用如下语句来访问它们：

```
import org.apache.spark.sql.types._
```

可在你的代码中使用 DataTypes，从而创建复杂的 Spark SQL 类型，如数组或者映射，如下：

```
scala> import org.apache.spark.sql.types.DataTypes
import org.apache.spark.sql.types.DataTypes

scala> val arrayType = DataTypes.createArrayType(IntegerType)
arrayType: org.apache.spark.sql.types.ArrayType =ArrayType(IntegerType,true)
```

Spark SQL API 支持如表 8.2 所示的数据类型。

表 8.2　Spark SQL API 中支持的数据类型

数据类型	Scala 中的数值类型	访问或创建该数据类型的 API
ByteType	Byte	ByteType
ShortType	Short	ShortType
IntegerType	Int	IntegerType
LongType	Long	LongType
FloatType	Float	FloatType
DoubleType	Double	DoubleType
DecimalType	java.math.BigDecimal	DecimalType
StringType	String	StringType
BinaryType	Array[Byte]	BinaryType
BooleanType	Boolean	BooleanType
TimestampType	java.sql.Timestamp	TimestampType
DateType	java.sql.Date	DateType
ArrayType	scala.collection.Seq	ArrayType(elementType,[containsNull])
MapType	scala.collection.Map	MapType(keyType, valueType, [valueContainsNull]) 注意：valueContainsNull 的默认值为 true
StructType	org.apache.spark.sql.Row	StructType(fields) 注意：fields 为包含 StructFields 的一个序列。此外，不允许包含同名的字段

8.2.5　加载和保存数据集

需要将数据读入集群作为输入，然后将数据作为输出或结果写回到存储，以便完成各种实际工作。输入数据可从各种数据集或数据源(如文件、Amazon S3 存储、数据库、NoSQL、Hive)获取，输出则可保存为文件、S3、数据库、Hive 等。

很多系统都可通过连接器来实现对 Spark 的支持，并且支持的系统数量正逐渐增长。因此更多系统都可将数据加载到 Spark 的处理框架中。

1. 加载数据集

Spark SQL 可通过 DataFrameReader 接口从外部系统(如文件、Hive 表和 JDBC 数据库)读取数据。

调用 API 的格式为 spark.read.inputtype。

- Parquet
- CSV
- Hive 表

- JDBC
- ORC
- 文本
- JSON

让我们看两个将数据从 CSV 文件读入数据帧的例子：

```
scala> val statesPopulationDF = spark.read.option("header",
"true").option("inferschema", "true").option("sep",
",").csv("statesPopulation.csv")
statesPopulationDF: org.apache.spark.sql.DataFrame = [State: string, Year:
int ...1 more field]

scala> val statesTaxRatesDF = spark.read.option("header",
"true").option("inferschema", "true").option("sep",
",").csv("statesTaxRates.csv")
statesTaxRatesDF: org.apache.spark.sql.DataFrame = [State: string, TaxRate:
double]
```

2. 保存数据集

Spark SQL 可通过 DataFrameWriter 接口，将数据保存到文件、Hive 表和 JDBC 数据库等外部存储系统中。

调用 API 的格式为 dataframe.writer.outputtype。

- Parquet
- ORC
- 文本
- Hive 表
- JSON
- CSV
- JDBC

让我们看两个将数据帧保存到 CSV 文件的例子：

```
scala> statesPopulationDF.write.option("header",
"true").csv("statesPopulation_dup.csv")

scala> statesTaxRatesDF.write.option("header",
"true").csv("statesTaxRates_dup.csv")
```

8.3 聚合操作

聚合是基于某些条件来收集数据并对数据进行分析的方法。对于任意数量的数据，聚合都是能让其发挥作用的重要方式。因为在大部分用户场景下，仅拥有原始数据是不够的。

例如，对于如表 8.3 的表格，你想得到聚合后的视图。很显然，原始的记录无法帮助你更好地理解这些数据。

表 8.3 展示了三座城市不同日期的平均温度。

表 8.3　三座城市不同日期的平均温度记录

城市	日期	温度
波士顿	12/23/2016	32
纽约	12/24/2016	36
波士顿	12/24/2016	30
费城	12/25/2016	34
波士顿	12/25/2016	28

如果想从上表中计算出每个城市在我们所测量的这些天中的平均温度，就可以看到如表 8.4 的结果。

表 8.4　各个城市的平均温度

城市	平均温度
波士顿	(32+30+28)/3
纽约	36
费城	34

8.3.1　聚合函数

大部分聚合操作都可使用 org.apache.spark.sql.functions 包中的函数来完成。此外，你也创建用户自定义的聚合函数，称为 UDAF(User Defined Aggregation Function)。

小技巧：
基于你指定的聚合操作，每个分组操作都会返回 RelationalGroupeddataset。

在本节中，我们将使用一些简单例子来展示不同聚合函数的类型：

```
val statesPopulationDF = spark.read.option("header",
"true").option("inferschema", "true").option("sep",
",").csv("statesPopulation.csv")
```

1. count

count 是最基本的聚合函数了，它能统计指定列中的行数。它的一个扩展是 countDistinct，用于消除重复记录。

count API 可以有不同的实现方式，如下所示。使用哪种 API 则取决于特定的用户场景。

```
def count(columnName: String): TypedColumn[Any, Long]
Aggregate function: returns the number of items in a group.

def count(e: Column): Column
```

```
Aggregate function: returns the number of items in a group.

def countDistinct(columnName: String, columnNames: String*): Column
Aggregate function: returns the number of distinct items in a group.

def countDistinct(expr: Column, exprs: Column*): Column
Aggregate function: returns the number of distinct items in a group.
```

让我们通过例子来查看一下如何在数据帧上调用 count 和 countDistinct 来打印行记录数：

```
import org.apache.spark.sql.functions._
scala> statesPopulationDF.select(col("*")).agg(count("State")).show
scala> statesPopulationDF.select(count("State")).show
+------------+
|count(State)|
+------------+
| 350|
+------------+

scala> statesPopulationDF.select(col("*")).agg(countDistinct("State")).show
scala> statesPopulationDF.select(countDistinct("State")).show
+---------------------+
|count(DISTINCT State)|
+---------------------+
| 50|
```

2. first

用于在 RelationalGroupeddataset 中返回首条记录。

first API 可以有不同的实现方式，如下所示。使用哪种 API 则取决于特定的用户场景：

```
def first(columnName: String): Column
Aggregate function: returns the first value of a column in a group.

def first(e: Column): Column
Aggregate function: returns the first value in a group.

def first(columnName: String, ignoreNulls: Boolean): Column
Aggregate function: returns the first value of a column in a group.

def first(e: Column, ignoreNulls: Boolean): Column
Aggregate function: returns the first value in a group.
```

让我们来看一下如何在数据帧上调用 first 来输出第一行：

```
import org.apache.spark.sql.functions._
scala> statesPopulationDF.select(first("State")).show
+-------------------+
|first(State, false)|
+-------------------+
| Alabama|
+-------------------+
```

3. last

用于获取 RelationalGroupeddataset 中的最后一条记录。

last API 可有不同的实现方式，如下所示。使用哪种 API 则取决于特定的用户场景：

```
def last(columnName: String): Column
Aggregate function: returns the last value of the column in a group.

def last(e: Column): Column
Aggregate function: returns the last value in a group.

def last(columnName: String, ignoreNulls: Boolean): Column
Aggregate function: returns the last value of the column in a group.

def last(e: Column, ignoreNulls: Boolean): Column
Aggregate function: returns the last value in a group.
```

让我们看一个在数据帧上调用 last 来输出最后一行的例子：

```
import org.apache.spark.sql.functions._
scala> statesPopulationDF.select(last("State")).show
+-------------------+
|last(State, false)|
+-------------------+
| Wyoming|
+-------------------+
```

4. approx_count_distinct

与进行精确的 distinct 值统计相比，近似 distinct 值统计能提供快得多的查询性能，而前者通常需要很多 shuffle 和其他操作才能完成。虽然近似统计无法 100%准确，但在很多用户场景下，这已经足够了。

approx_count_distinct API 可有不同的实现方式，如下所示。使用哪种 API 则取决于特定的用户场景：

```
def approx_count_distinct(columnName: String, rsd: Double): Column
Aggregate function: returns the approximate number of distinct items in a group.

def approx_count_distinct(e: Column, rsd: Double): Column
Aggregate function: returns the approximate number of distinct items in a group.

def approx_count_distinct(columnName: String): Column
Aggregate function: returns the approximate number of distinct items in a group.

def approx_count_distinct(e: Column): Column
Aggregate function: returns the approximate number of distinct items in a group.
```

让我们来看一个在数据帧上调用 approx_count_distinct 来打印近似统计的例子：

```
import org.apache.spark.sql.functions._
scala>statesPopulationDF.select(col("*")).
```

```
agg(approx_count_distinct("State")).show
+----------------------------+
|approx_count_distinct(State)|
+----------------------------+
| 48|
+----------------------------+
scala> statesPopulationDF.select(approx_count_distinct("State", 0.2)).show
+----------------------------+
|approx_count_distinct(State)|
+----------------------------+
| 49|
+----------------------------+
```

5. min

用于获取数据帧中某一列的最小值。确定某座城市的最低温度就是一例。

min API 可以有不同的实现方式，如下所示。使用哪种 API 则取决于特定的用户场景：

```
def min(columnName: String): Column
Aggregate function: returns the minimum value of the column in a group.

def min(e: Column): Column
Aggregate function: returns the minimum value of the expression in a group.
```

让我们看一个在数据帧上调用 min 来打印最小人口数的例子：

```
import org.apache.spark.sql.functions._
scala> statesPopulationDF.select(min("Population")).show
+---------------+
|min(Population)|
+---------------+
| 564513|
+---------------+
```

6. max

用于获取数据帧中某一列的最大值。确定某一座城市的最高温度就是一例。

max API 可以有不同的实现方式，如下所示。使用哪种 API 则取决于特定的用户场景：

```
def max(columnName: String): Column
Aggregate function: returns the maximum value of the column in a group.

def max(e: Column): Column
Aggregate function: returns the maximum value of the expression in a group.
```

让我们看一个在数据帧上调用 max 来打印最大人口数的例子：

```
import org.apache.spark.sql.functions._
scala> statesPopulationDF.select(max("Population")).show
+---------------+
|max(Population)|
+---------------+
```

```
| 39250017|
+---------------+
```

7. avg

值的平均值可通过对这些数值进行求和然后除以数值的个数来得到。

avg API 可有不同的实现方式，如下所示。使用哪种 API 则取决于特定的用户场景：

```
def avg(columnName: String): Column
Aggregate function: returns the average of the values in a group.

def avg(e: Column): Column
Aggregate function: returns the average of the values in a group.
```

让我们看一个在数据帧上调用 avg 来打印平均人口数的例子：

```
import org.apache.spark.sql.functions._
scala> statesPopulationDF.select(avg("Population")).show
+-----------------+
| avg(Population)|
+-----------------+
|6253399.371428572|
+-----------------+
```

8. sum

用于计算列值之和。你也可使用 sumDistinct 来计算列中不同值的和。

sum API 可以有不同的实现方式，如下所示。使用哪种 API 则取决于特定的用户场景：

```
def sum(columnName: String): Column
Aggregate function: returns the sum of all values in the given column.

def sum(e: Column): Column
Aggregate function: returns the sum of all values in the expression.

def sumDistinct(columnName: String): Column
Aggregate function: returns the sum of distinct values in the expression

def sumDistinct(e: Column): Column
Aggregate function: returns the sum of distinct values in the expression.
```

让我们来看一个在数据帧上调用 sum 来打印人口总数的例子：

```
import org.apache.spark.sql.functions._
scala> statesPopulationDF.select(sum("Population")).show
+---------------+
|sum(Population)|
+---------------+
| 2188689780|
+---------------+
```

9. kurtosis(峰度)

kurtosis 是一种用于量化分布形态差异的方法。它可能在某些方面上看起来和均值以及方差相似，但实际上是不同的。某些情况下，与分布的中间形态相比，kurtosis 成为用于评估分布的尾部形态权重的合适度量指标。

kurtosis API 可以有不同的实现方式，如下所示。使用哪种 API 则取决于特定的用户场景：

```
def kurtosis(columnName: String): Column
Aggregate function: returns the kurtosis of the values in a group.

def kurtosis(e: Column): Column
Aggregate function: returns the kurtosis of the values in a group.
```

让我们看一个在数据帧的 Population 列上调用 kurtosis 的例子：

```
import org.apache.spark.sql.functions._
scala> statesPopulationDF.select(kurtosis("Population")).show
+--------------------+
|kurtosis(Population)|
+--------------------+
| 7.727421920829375|
+--------------------+
```

10. skewness(偏度)

skewness 用于衡量数据中值的不对称性，包括平均值或均值。

skewness API 可以有不同的实现方式，如下所示。使用哪种 API 则取决于特定的用户场景：

```
def skewness(columnName: String): Column
Aggregate function: returns the skewness of the values in a group.

def skewness(e: Column): Column
Aggregate function: returns the skewness of the values in a group.
```

让我们看一个在数据帧的 Population 列上调用 skewness 的例子：

```
import org.apache.spark.sql.functions._
scala> statesPopulationDF.select(skewness("Population")).show
+--------------------+
|skewness(Population)|
+--------------------+
| 2.5675329049100024|
+--------------------+
```

11. 方差

方差是每个值与平均值的平方差的平均值。

var API 可以有不同的实现方式，如下所示。使用哪种 API 则取决于特定的用户场景：

```
def var_pop(columnName: String): Column
Aggregate function: returns the population variance of the values in a group.
```

```
def var_pop(e: Column): Column
Aggregate function: returns the population variance of the values in a group.

def var_samp(columnName: String): Column
Aggregate function: returns the unbiased variance of the values in a group.

def var_samp(e: Column): Column
Aggregate function: returns the unbiased variance of the values in a group.
```

现在 ，让我们看一个在数据帧上调用 var_pop 用于度量 Population 的方差的例子：

```
import org.apache.spark.sql.functions._
scala> statesPopulationDF.select(var_pop("Population")).show
+--------------------+
| var_pop(Population)|
+--------------------+
|4.948359064356177E13|
+--------------------+
```

12. 标准差

标准差是方差的平方根。

stddev API 可以有不同的实现方式，如下所示。使用哪种 API 则取决于特定的用户场景：

```
def stddev(columnName: String): Column
Aggregate function: alias for stddev_samp.

def stddev(e: Column): Column
Aggregate function: alias for stddev_samp.

def stddev_pop(columnName: String): Column
Aggregate function: returns the population standard deviation of the expression
in a group.

def stddev_pop(e: Column): Column
Aggregate function: returns the population standard deviation of the expression
in a group.

def stddev_samp(columnName: String): Column
Aggregate function: returns the sample standard deviation of the expression
in a group.

def stddev_samp(e: Column): Column
Aggregate function: returns the sample standard deviation of the expression
in a group.
```

让我们看一个在数据帧上调用 stddev 来打印出 Population 标准差的例子：

```
import org.apache.spark.sql.functions._
scala> statesPopulationDF.select(stddev("Population")).show
```

```
+-----------------------+
|stddev_samp(Population)|
+-----------------------+
| 7044528.191173398|
+-----------------------+
```

13. 协方差

协方差是用于描述两个随机变量之间的联合变异性的度量值。如果一个变量的较大值主要对应于另一个变量的较大值，并且较小值对应于另一个变量的较小值，则这两个变量之间倾向于显示出相似的行为，此时协方差为正。如果相反，即一个变量的较大值与另一个变量的较小值相对应，则协方差为负。

covar API 可以有不同的实现方式，如下所示。使用哪种 API 则取决于特定的用户场景：

```
def covar_pop(columnName1: String, columnName2: String): Column
Aggregate function: returns the population covariance for two columns.

def covar_pop(column1: Column, column2: Column): Column
Aggregate function: returns the population covariance for two columns.

def covar_samp(columnName1: String, columnName2: String): Column
Aggregate function: returns the sample covariance for two columns.

def covar_samp(column1: Column, column2: Column): Column
Aggregate function: returns the sample covariance for two columns.
```

让我们来看一个例子，我们在数据帧上调用 covar_pop，来计算 Year 与 Population 之间的协方差：

```
import org.apache.spark.sql.functions._
scala> statesPopulationDF.select(covar_pop("Year", "Population")).show
+---------------------------+
|covar_pop(Year, Population)|
+---------------------------+
| 183977.56000006935|
+---------------------------+
```

8.3.2 groupBy

数据分析中一个很常见的任务，就是将数据分为不同的种类，然后在分组的结果上执行计算操作。

> **小技巧：**
> 为快速理解分组概念，可以设想你要快速评估办公室所需的各种供应品。你环顾四周，将不同类型的东西(如钢笔、纸张、订书机等)分组，然后分析你所拥有的以及你所需要的。

让我们在数据帧上执行 groupBy 函数，来打印出每个州的计数信息。

```
scala> statesPopulationDF.groupBy("State").count.show(5)
+---------+-----+
|    State|count|
+---------+-----+
|     Utah|    7|
|   Hawaii|    7|
|Minnesota|    7|
|     Ohio|    7|
| Arkansas|    7|
+---------+-----+
```

也可调用 groupBy，然后使用前面提到的各种聚合操作，如 min、max、avg、stddev 等：

```
import org.apache.spark.sql.functions._
scala> statesPopulationDF.groupBy("State").agg(min("Population"),
avg("Population")).show(5)
+---------+---------------+--------------------+
|    State|min(Population)|     avg(Population)|
+---------+---------------+--------------------+
|     Utah|        2775326|  2904797.1428571427|
|   Hawaii|        1363945|  1401453.2857142857|
|Minnesota|        5311147|   5416287.285714285|
|     Ohio|       11540983|1.1574362714285715E7|
| Arkansas|        2921995|   2957692.714285714|
+---------+---------------+--------------------+
```

8.3.3　rollup

rollup(向上归纳)是一种多维聚合方法，用于执行基于层次的聚合操作，或执行嵌套运算。例如，如果你按照 State+Year 进行分组，然后显示出每个分组中记录数，则对于每个 State(为每个 State 统计所有年份的数据)都可以使用 rollup，如下：

```
scala> statesPopulationDF.rollup("State", "Year").count.show(5)
+------------+----+-----+
|       State|Year|count|
+------------+----+-----+
|South Dakota|2010|    1|
|    New York|2012|    1|
|  California|2014|    1|
|     Wyoming|2014|    1|
|      Hawaii|null|    7|
+------------+----+-----+
```

rollup 会统计基于 State 和 Year 的人口数，例如加利福尼亚州在 2014 年的人口数或加利福尼亚州的总人口(所有年份)。

8.3.4　cube

与 rollup 相似，cube 也是一种多维聚合方法，用于执行基于层次的计算，或执行嵌套计算。

但区别在于，cube 会在所有维度上执行相同的操作。例如，如果我们想显示出每个 State 和 Year 组中的记录数，以及每个 State(基于所有的年份统计)中的记录数，我们可与前面一样使用 rollup。此外，也可使用 cube 来显示每年的统计总数(同样不论年份如何)：

```
scala> statesPopulationDF.cube("State", "Year").count.show(5)
+------------+----+-----+
| State|Year|count|
+------------+----+-----+
|South Dakota|2010| 1|
| New York|2012| 1|
| null|2014| 50|
| Wyoming|2014| 1|
| Hawaii|null| 7|
+------------+----+-----+
```

8.3.5 窗口函数

窗口函数能让你在数据的一个窗口上执行聚合操作，而并非在所有数据或过滤出来的一部分数据上执行此类操作。适用窗口函数的用户场景如下：

- 累计求和
- 相同 key 的前值增量计算
- 加权移动平均值

图 8.5 有助于你理解窗口函数。可以设想如下情形，在一个较大的数据集上有一个滑动窗口。可以设置一个窗口，其中包含 T-1、T 和 T+1 三行数据。然后基于这个窗口执行一些计算。也可指定一个包含过去 10 条记录的窗口。

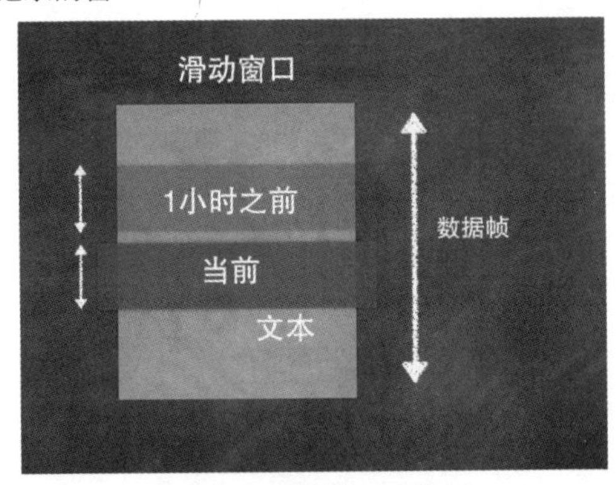

图 8.5 理解窗口函数

调用窗口函数需要设置三个属性，partitionBy()、orderBy()和 rowsBetween()。partitionBy 将数据划分为指定的分区，orderBy 则用于将每个分区中的数据进行排序。

rowsBetween()则用于指定窗口的帧数或滑动窗口的跨度，从而用于执行计算。

为使用窗口函数，需要导入如下的包。可直接导入这些需要的包，如下：

```
import org.apache.spark.sql.expressions.Window
```

```
import org.apache.spark.sql.functions.col
import org.apache.spark.sql.functions.max
```

现在，你已经做好写一些代码来学习窗口函数的准备了。让我们来创建一个窗口，它使用 State 进行分区，然后使用 Population 进行排序。此外，我们还将到现在为止的所有记录作为窗口的一部分：

```
val windowSpec = Window
.partitionBy("State")
.orderBy(col("Population").desc)
.rowsBetween(Window.unboundedPreceding, Window.currentRow)
```

然后，基于指定的窗口来计算 rank。其结果将是一个排名(行号)，该排名会被添加到每一行上，只要该记录落在指定的窗口之内。在这个例子中，我们选用 State 划分出来的分区，然后在每个 State 中对数据进行降序排列。因此，所有 State 行都有它们自己被分配的排名。

```
import org.apache.spark.sql.functions._
scala> statesPopulationDF.select(col("State"), col("Year"),
max("Population").over(windowSpec), rank().over(windowSpec)).sort("State",
"Year").show(10)
+-------+----+--------------------------------------------------------------
-----------------------------------------------------------------+---------
---------------------------------------------------------------------------
--------------------------------+
| State|Year|max(Population) OVER (PARTITION BY State ORDER BY Population
DESC NULLS LAST ROWS BETWEEN UNBOUNDED PRECEDING AND CURRENT
ROW)|RANK() OVER (PARTITION BY State ORDER BY Population DESC NULLS LAST ROWS
BETWEEN UNBOUNDED PRECEDING AND CURRENT ROW)|
+-------+----+--------------------------------------------------------------
-----------------------------------------------------------------+---------
---------------------------------------------------------------------------
--------------------------------+
|Alabama|2010| 4863300| 6|
|Alabama|2011| 4863300| 7|
|Alabama|2012| 4863300| 5|
|Alabama|2013| 4863300| 4|
|Alabama|2014| 4863300| 3|
```

ntile

ntile 是一种常见的基于窗口的聚合操作。它通常用于将输入的数据集分为 n 个部分。例如，在推断性分析(predictive analytics)中，通常会首先使用十分位将数据分为 10 部分，从而获得相对均衡的数据分布。这是窗口函数的一项天然功能，因此 ntile 是一个非常好的例子，在这里窗口函数能很好地发挥作用。

例如，如果我们想按照 State(此前设置的窗口)对 statesPopulationDF 进行分区，然后按照 Population 进行排序，再将其分为两个分区，我们就可以在 windowSpec 上使用 ntile:

```
import org.apache.spark.sql.functions._
scala> statesPopulationDF.select(col("State"), col("Year"),
```

```
ntile(2).over(windowSpec), rank().over(windowSpec)).sort("State",
"Year").show(10)
+-------+----+-----------------------------------------------------------
-----------------------------------------------------------+-------------
------------------------------------------------------------------------
--------------------------+
| State|Year|ntile(2) OVER (PARTITION BY State ORDER BY Population DESC
NULLS LAST ROWS BETWEEN UNBOUNDED PRECEDING AND CURRENT ROW)|RANK()
OVER (PARTITION BY State ORDER BY Population DESC NULLS LAST ROWS BETWEEN
UNBOUNDED PRECEDING AND CURRENT ROW)|
+-------+----+-----------------------------------------------------------
-----------------------------------------------------------+-------------
------------------------------------------------------------------------
--------------------------+
|Alabama|2010| 2| 6|
|Alabama|2011| 2| 7|
|Alabama|2012| 2| 5|
|Alabama|2013| 1| 4|
|Alabama|2014| 1| 3|
|Alabama|2015| 1| 2|
|Alabama|2016| 1| 1|
| Alaska|2010| 2| 7|
| Alaska|2011| 2| 6|
| Alaska|2012| 2| 5|
+-------+----+-----------------------------------------------------------
-----------------------------------------------------------+-------------
-------------------------------------------------------------
```

如上所示，我们同时使用了窗口函数和 ntile()，将每个 State 中的行拆分为两个大小相同的分区。

> **小技巧：**
> 该函数的一个流行的用法是在数据科学模型中计算十分位。

8.4 连接

在传统数据库中，join 用于将事务表和其他查找表进行连接，从而生成复杂的数据视图。例如，如果你有一张在线交易表，包含客户的 ID，另一张表则包含客户所在的城市以及客户 ID，就可以连接这两张表来生成城市交易报表。

表 8.5 是交易表。表中包含 3 列：CustomerID、Purchased item 以及 Price Paid(客户为这些商品支付的费用)。

表 8.5　客户信息表

CustomerID	Purchased item	Price Paid
1	Headphone	25.00
2	Watch	100.00
3	Keyboard	20.00
1	Mouse	10.00
4	Cable	10.00
3	Headphone	30.00

表 8.6 是客户信息表。表中包含两列：CustomerID 以及客户居住的 City。

表 8.6　客户信息表

CustomerID	City
1	Boston
2	New York
3	Philadelphia
4	Boston

将交易表和客户信息表进行连接，就能生成如表 8.7 所示的视图。

表 8.7　连接后生成的视图

CustomerID	Purchased item	Price Paid	City
1	Headphone	25.00	Boston
2	Watch	100.00	New York
3	Keyboard	20.00	Philadelphia
1	Mouse	10.00	Boston
4	Cable	10.00	Boston
3	Headphone	30.00	Philadelphia

现在，就可以使用该视图来生成每个城市的总销售额，如表 8.8 所示。

表 8.8　每个城市的总销售额

City	#Items	Total sale price
Boston	3	45.00
Philadelphia	2	50.00
New York	1	100.00

连接也是 Spark SQL 中的重要函数。它可将两个数据集合并到一起，如前所示。当然，Spark 不仅可使用连接来生成报表，也可在 PB 级别的数据上处理实时的流式应用、机器学习或一些简单分析。为达到这些目标，Spark 提供了所需的 API 函数。

在两个数据集之间，经常发生的连接操作是使用左边和右边的数据集中的一个或多个 key，并在 key 的集合上执行一些条件表达式，例如布尔型表达式。如果该布尔型的表达式返回结果为 true，则连接成功。否则生成的数据帧不包含对应的连接结果。

join API 有 6 种不同的实现方式：

```
join(right: dataset[_]): DataFrame
Condition-less inner join

join(right: dataset[_], usingColumn: String): DataFrame
Inner join with a single column

join(right: dataset[_], usingColumns: Seq[String]): DataFrame
Inner join with multiple columns

join(right: dataset[_], usingColumns: Seq[String], joinType: String):DataFrame
Join with multiple columns and a join type (inner, outer,....)

join(right: dataset[_], joinExprs: Column): DataFrame
Inner Join using a join expression

join(right: dataset[_], joinExprs: Column, joinType: String): DataFrame
Join using a Join expression and a join type (inner, outer, ...)
```

我们将使用其中的一个 API，以便更好地理解如何这些 API。当然，也可以基于用户场景来选用其他 API：

```
def join(right: dataset[_], joinExprs: Column, joinType: String):DataFrame
Join with another DataFrame using the given join expression

right: Right side of the join.
joinExprs: Join expression.
joinType : Type of join to perform.Default is inner join

//Scala:
import org.apache.spark.sql.functions._
import spark.implicits._
df1.join(df2, $"df1Key" === $"df2Key", "outer")
```

下面将详细探讨各种连接类型。

8.4.1 内连接工作机制

连接操作在数据帧的分区上完成，它会同时使用多个 executor。但实际操作以及后续的性能表现则依赖于连接类型，以及被连接的数据集的特性。我们接下来看一下不同类型的连接。

shuffle 连接

在两个大的数据集上执行连接操作，会调用 shuffle 连接。此时左边和右边数据集中的分区会分布在不同的 executor 上。shuffle 操作成本极高，但对于分析逻辑来说也极为重要。只有保证分区的适当分布，shuffle 才能高效完成。图 8.6 展示了 shuffle 连接的内部工作原理。

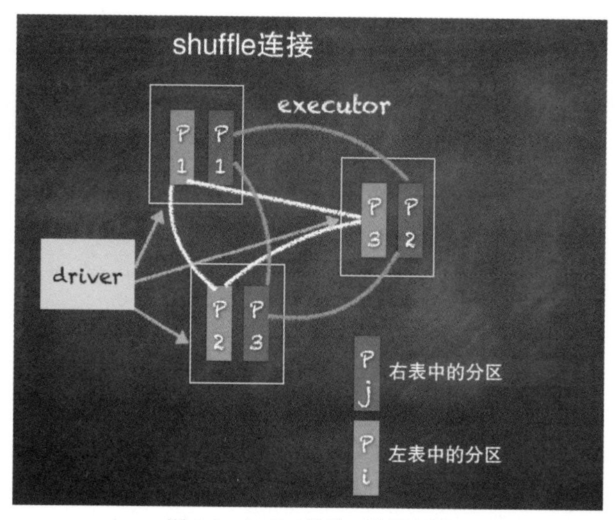

图 8.6　shuffle 连接工作原理图

8.4.2　广播连接

在一个大的数据集和一个较小的数据集之间发生连接操作时，可将较小的数据集广播给所有的 executor，此时这些 executor 持有另一个数据集的分区。图 8.7 展示了广播连接的内部工作原理。

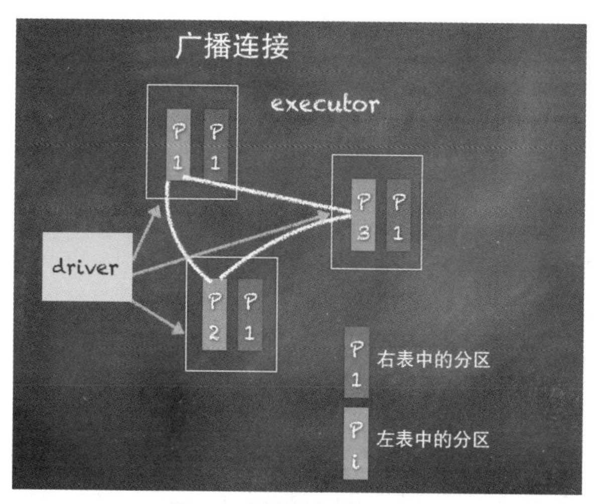

图 8.7　广播连接工作原理图

8.4.3　连接类型

表 8.9 列出了不同的连接类型。连接的类型很重要，为两个数据集选择不同的连接类型，就会生成完全不同的输出结果，其性能表现也会不同。

表 8.9　连接类型

连接类型	描述
内连接	内连接会比较来自左边的每一行和右边的每一行，然后将匹配的行进行合并。两边都不包含 null 值
交叉连接	交叉连接会将左边的每一行都和右边的行进行匹配，从而生成一个笛卡尔连接结果
外连接、全连接、全外连接	对于全外连接来说，如果左边的行包含 null，则返回右边的行，否则返回左边的行
左反连接	左反连接只返回左边表中的行，且不匹配右边的行
左连接、左外连接	左外连接会返回左边所有的行，以及左边和右边的公共行(内连接)。如果在右边不存在，则填充为 null
左半连接	左半连接会只返回左边的行(如果右边匹配的行存在)。它不包含右边的值
右连接、右外连接	右外连接会返回右边所有的行，以及左边和右边的公共行(内连接)。如果在左边不存在，则填充为 null

我们使用一些简单的数据集来查看这些不同连接类型的工作方式：

```
scala> val statesPopulationDF = spark.read.option("header",
"true").option("inferschema", "true").option("sep",
",").csv("statesPopulation.csv")
statesPopulationDF: org.apache.spark.sql.DataFrame = [State: string,
Year:int ...1 more field]

scala> val statesTaxRatesDF = spark.read.option("header",
"true").option("inferschema", "true").option("sep",
",").csv("statesTaxRates.csv")
statesTaxRatesDF: org.apache.spark.sql.DataFrame = [State: string,
TaxRate:double]

scala> statesPopulationDF.count
res21: Long = 357

scala> statesTaxRatesDF.count
res32: Long = 47

%sql
statesPopulationDF.createOrReplaceTempView("statesPopulationDF")
statesTaxRatesDF.createOrReplaceTempView("statesTaxRatesDF")
```

1. 内连接

当两个数据集中的 state 都是非 null 时，内连接返回同时存在于 statesPopulationDF 和 statesTaxRatesDF 中的行。图 8.8 显示了内连接。

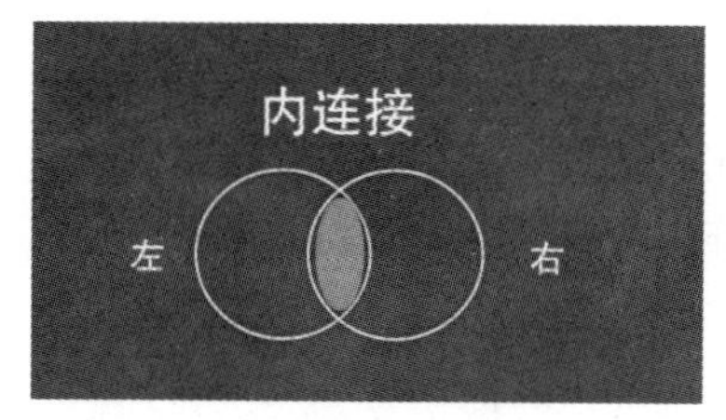

图 8.8　内连接

使用 State 列将两个数据集进行连接，如下：

```
val joinDF = statesPopulationDF.join(statesTaxRatesDF,
statesPopulationDF("State") === statesTaxRatesDF("State"), "inner")

%sql
val joinDF = spark.sql("SELECT * FROM statesPopulationDF INNER JOIN
statesTaxRatesDF ON statesPopulationDF.State = statesTaxRatesDF.State")

scala> joinDF.count
res22: Long = 329

scala> joinDF.show
+--------------------+----+----------+--------------------+-------+
| State|Year|Population| State|TaxRate|
+--------------------+----+----------+--------------------+-------+
| Alabama|2010| 4785492| Alabama| 4.0|
| Arizona|2010| 6408312| Arizona| 5.6|
| Arkansas|2010| 2921995| Arkansas| 6.5|
| California|2010| 37332685| California| 7.5|
| Colorado|2010| 5048644| Colorado| 2.9|
| Connecticut|2010| 3579899| Connecticut| 6.35|
```

可在 joinDF 上执行解释命令来查看其执行计划：

```
scala> joinDF.explain
== Physical Plan ==
*BroadcastHashJoin [State#570], [State#577], Inner, BuildRight
:-*Project [State#570, Year#571, Population#572]
: +-*Filter isnotnull(State#570)
: +-*FileScan csv [State#570,Year#571,Population#572] Batched: false,
Format: CSV, Location:
InMemoryFileIndex[file:/Users/salla/spark-2.1.0-binhadoop2.7/
statesPopulation.csv], PartitionFilters: [], PushedFilters:
[IsNotNull(State)], ReadSchema:
struct<State:string,Year:int,Population:int>
+-BroadcastExchange HashedRelationBroadcastMode(List(input[0, string,true]))
+-*Project [State#577, TaxRate#578]
+-*Filter isnotnull(State#577)
+-*FileScan csv [State#577,TaxRate#578] Batched: false, Format: CSV,
Location: InMemoryFileIndex[file:/Users/salla/spark-2.1.0-binhadoop2.7/
statesTaxRates.csv], PartitionFilters: [], PushedFilters:
[IsNotNull(State)], ReadSchema: struct<State:string,TaxRate:double>
```

2. 左外连接

左外连接返回 statesPopulationDF 中所有的行，包含 statesPopulationDF 和 statesTaxRatesDF 中的公共行。图 8.9 显示了左外连接。

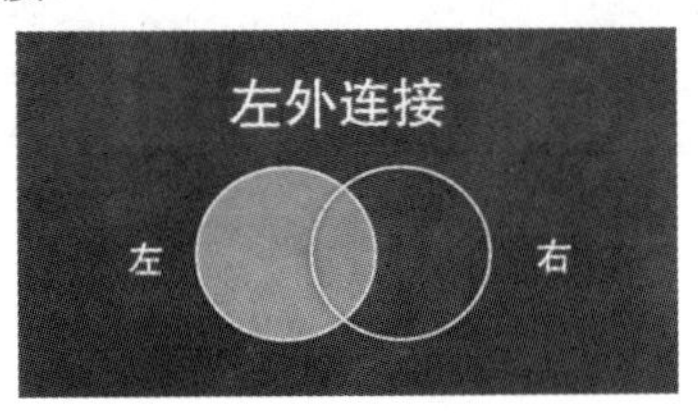

图 8.9　左外连接

我们使用 State 列将这两个数据集进行连接，如下：

```
val joinDF = statesPopulationDF.join(statesTaxRatesDF,
statesPopulationDF("State") === statesTaxRatesDF("State"), "leftouter")

%sql
val joinDF = spark.sql("SELECT * FROM statesPopulationDF LEFT OUTER JOIN
statesTaxRatesDF ON statesPopulationDF.State = statesTaxRatesDF.State")

scala> joinDF.count
res22: Long = 357

scala> joinDF.show(5)
+----------+----+----------+----------+-------+
| State|Year|Population| State|TaxRate|
+----------+----+----------+----------+-------+
| Alabama|2010| 4785492| Alabama| 4.0|
| Alaska|2010| 714031| null| null|
| Arizona|2010| 6408312| Arizona| 5.6|
| Arkansas|2010| 2921995| Arkansas| 6.5|
|California|2010| 37332685|California| 7.5|
+----------+----+----------+----------+-------+
```

3. 右外连接

右外连接返回 statesTaxRatesDF 中所有的行，包含 statesPopulationDF 和 statesTaxRatesDF 中的公共行。图 8.10 显示了右外连接。

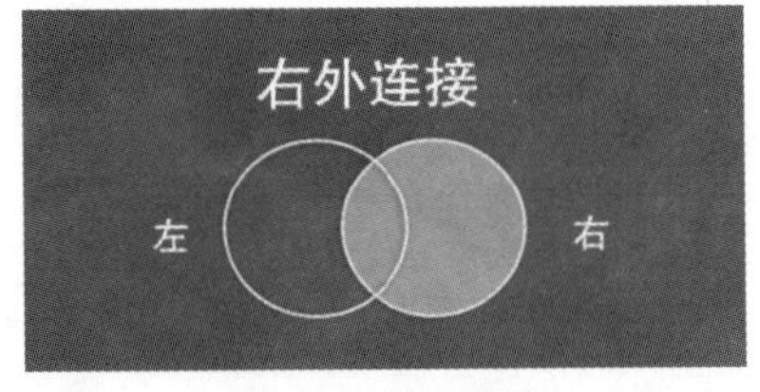

图 8.10　右外连接

我们使用 State 列将这两个数据集进行连接，如下。

```
val joinDF = statesPopulationDF.join(statesTaxRatesDF,
statesPopulationDF("State") === statesTaxRatesDF("State"), "rightouter")

%sql
val joinDF = spark.sql("SELECT * FROM statesPopulationDF RIGHT OUTER JOIN
statesTaxRatesDF ON statesPopulationDF.State = statesTaxRatesDF.State")

scala> joinDF.count
res22: Long = 323

scala> joinDF.show
+--------------------+----+----------+--------------------+-------+
| State|Year|Population| State|TaxRate|
+--------------------+----+----------+--------------------+-------+
| Colorado|2011| 5118360| Colorado| 2.9|
| Colorado|2010| 5048644| Colorado| 2.9|
| null|null| null|Connecticut| 6.35|
| Florida|2016| 20612439| Florida| 6.0|
| Florida|2015| 20244914| Florida| 6.0|
| Florida|2014| 19888741| Florida| 6.0|
```

4. 外连接

外连接返回 statesPopulationDF 和 statesTaxRatesDF 中的所有行。图 8.11 显示了全外连接。

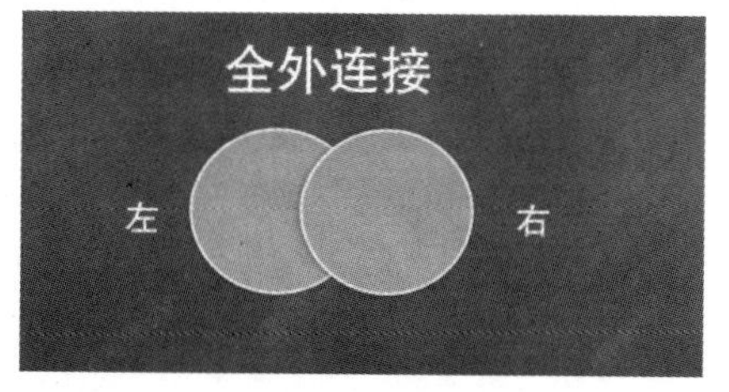

图 8.11 全外连接

我们使用 state 列将这两个数据集进行连接，如下：

```
val joinDF = statesPopulationDF.join(statesTaxRatesDF,
statesPopulationDF("State") === statesTaxRatesDF("State"), "fullouter")

%sql
val joinDF = spark.sql("SELECT * FROM statesPopulationDF FULL OUTER JOIN
statesTaxRatesDF ON statesPopulationDF.State = statesTaxRatesDF.State")

scala> joinDF.count
res22: Long = 351

scala> joinDF.show
+--------------------+----+----------+--------------------+-------+
| State|Year|Population| State|TaxRate|
+--------------------+----+----------+--------------------+-------+
| Delaware|2010| 899816| null| null|
```

```
| Delaware|2011| 907924| null| null|
| West Virginia|2010| 1854230| West Virginia| 6.0|
| West Virginia|2011| 1854972| West Virginia| 6.0|
| Missouri|2010| 5996118| Missouri| 4.225|
| null|null| null| Connecticut| 6.35|
```

5. 左反连接

左反连接只包含来自 statesPopulationDF 中的数据，并且只在 statesTaxRatesDF 中不存在对应行时执行。图 8.12 显示了左反连接。

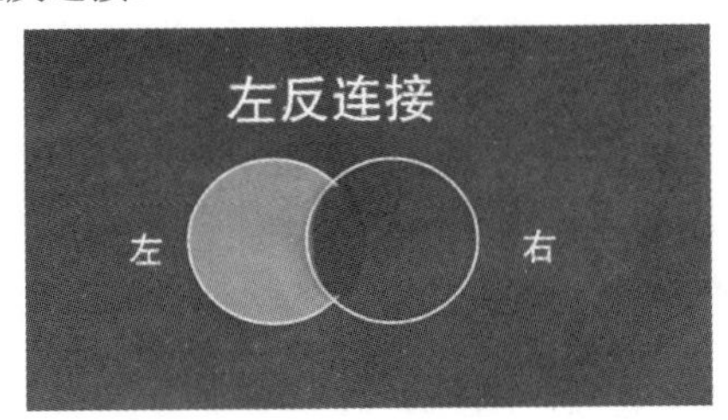

图 8.12　左反连接

使用 State 列将这两个数据集进行连接，如下：

```
val joinDF = statesPopulationDF.join(statesTaxRatesDF,
statesPopulationDF("State") === statesTaxRatesDF("State"), "leftanti")

%sql
val joinDF = spark.sql("SELECT * FROM statesPopulationDF LEFT ANTI JOIN
statesTaxRatesDF ON statesPopulationDF.State = statesTaxRatesDF.State")

scala> joinDF.count
res22: Long = 28

scala> joinDF.show(5)
+--------+----+----------+
| State|Year|Population|
+--------+----+----------+
| Alaska|2010| 714031|
|Delaware|2010| 899816|
| Montana|2010| 990641|
| Oregon|2010| 3838048|
| Alaska|2011| 722713|
+--------+----+----------+
```

6. 左半连接

左半连接只返回 statesPopulationDF 中的行，并且只在 statesTaxRatesDF 中存在对应关系的行时执行。图 8.13 显示了左半连接。

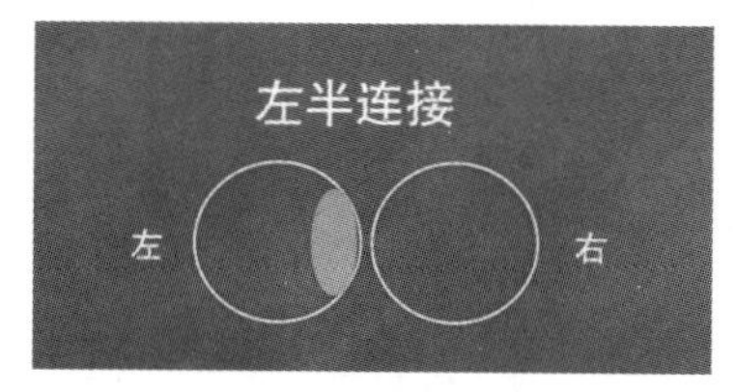

图 8.13　左半连接

使用 State 列将这两个数据集进行连接，如下：

```
val joinDF = statesPopulationDF.join(statesTaxRatesDF,
statesPopulationDF("State") === statesTaxRatesDF("State"), "leftsemi")

%sql
val joinDF = spark.sql("SELECT * FROM statesPopulationDF LEFT SEMI JOIN
statesTaxRatesDF ON statesPopulationDF.State = statesTaxRatesDF.State")

scala> joinDF.count
res22: Long = 322

scala> joinDF.show(5)
+----------+----+----------+
| State|Year|Population|
+----------+----+----------+
| Alabama|2010| 4785492|
| Arizona|2010| 6408312|
| Arkansas|2010| 2921995|
|California|2010| 37332685|
| Colorado|2010| 5048644|
+----------+----+----------+
```

7. 交叉连接

交叉连接将左边所有的行与右边所有的行进行匹配，从而生成笛卡尔积，如图 8.14 所示。

图 8.14　交叉连接

使用 State 列将这两个数据集进行连接，如下：

```
scala> val joinDF=statesPopulationDF.crossJoin(statesTaxRatesDF)
joinDF: org.apache.spark.sql.DataFrame = [State: string, Year: int ...3
more fields]

%sql
val joinDF = spark.sql("SELECT * FROM statesPopulationDF CROSS JOIN
statesTaxRatesDF")
```

```
scala> joinDF.count
res46: Long = 16450

scala> joinDF.show(10)
+-------+----+----------+----------+-------+
| State|Year|Population| State|TaxRate|
+-------+----+----------+----------+-------+
|Alabama|2010| 4785492| Alabama| 4.0|
|Alabama|2010| 4785492| Arizona| 5.6|
|Alabama|2010| 4785492| Arkansas| 6.5|
|Alabama|2010| 4785492| California| 7.5|
|Alabama|2010| 4785492| Colorado| 2.9|
|Alabama|2010| 4785492|Connecticut| 6.35|
|Alabama|2010| 4785492| Florida| 6.0|
|Alabama|2010| 4785492| Georgia| 4.0|
|Alabama|2010| 4785492| Hawaii| 4.0|
|Alabama|2010| 4785492| Idaho| 6.0|
+-------+----+----------+----------+-------+
```

小技巧：

也可使用带有交叉连接类型的连接，而非调用交叉连接 API：statesPopulationDF.join(statesTaxRatesDF,statesPopulationDF("State").isNotNull, "cross").count。

8.4.4 连接的性能启示

选择的连接类型会影响连接的性能，这是因为连接操作需要在执行任务的 executor 之间对数据执行 shuffle 操作。因此在使用连接时，不同的连接类型，甚至是不同的连接顺序，都需要纳入考虑范围。

在书写连接代码时，可以参考表 8.10。

表 8.10 不同连接类型的性能考量与技巧

连接类型	性能考量与技巧
内连接	内连接需要左表和右表具有相同的列。如果在左表或右表中，用于连接的 key 列包含重复的值，则内连接会被快速放大为笛卡尔连接。如果正确设计，最小化重复的值，就不必耗费太长时间了
交叉连接	交叉连接会将左表中的每一行和右表中的每一行进行匹配，从而生成笛卡尔积结果。使用此种连接时需要谨慎，因为它是性能最差的连接方式，通常只用于某些特定的用户场景
外连接、全连接、全外连接	如果右表或左表中为 null，全外连接会返回左表或右表中所有的行。如果该连接用在包含少量相同记录的表上，则很容易生成很大的结果集，从而降低性能
左反连接	左反连接基于不存在于右表中的记录而返回只存在于左表中的行。此时，该连接只检查一张表中的全部记录，另一张表只用于检查连接条件

(续表)

连接类型	性能考量与技巧
左连接、左外连接	左外连接返回左表中所有的行，加上左表和右表中公共的行(内连接)。如果该行在右表中不存在，则以 null 填充。如果该连接用在包含少量相同记录的表上，则很容易生成很大的结果集，从而降低性能
左半连接	左半连接基于右表中存在的行，只返回左表中的行。但返回结果中不包含右表中的值。它具有很好的性能表现，此时，该连接只检查一个表中的全部记录，另一个表只用于检查连接条件
右连接、右外连接	右外连接返回右表中所有的行，加上左表和右表中公共的行(内连接)。如果该行在左表中不存在，则以 null 填充。其性能表现与前面的左外连接相似

8.5　本章小结

本章探讨了数据帧的起源，以及 Spark SQL 是如何基于数据帧来提供 SQL 接口的。数据帧的威力在于其执行时间比原来的 RDD 的计算时间降低了许多倍。拥有如此强大的功能层，以及类似于 SQL 的简单接口使得它们变得足够强大。本章也研究了各种 API 来创建和操作数据帧，还深入分析了聚合操作的各种复杂功能，其中包括 groupBy、窗口函数、rollup 和 cube 等。最后，研究了数据集的连接概念，以及各种可能的连接类型，如内连接、外连接和交叉连接等。

接下来，第 9 章将探索令人兴奋的实时数据处理与分析的世界。

第9章

让我流起来，Scotty——Spark Streaming

“我真的很喜欢流服务。流服务是帮我找到自己节奏的好方法。”

——Kygo

在本章中，将学习 Spark 的流处理技术，并尝试发现在使用 Spark API 来处理流数据时有哪些优势。不止如此，还将学习不同的处理实时流数据的方法，列举一个关于消费和处理来自 Twitter 的推文的例子。

作为概括，本章将涵盖如下主题：

- 关于流的简要介绍
- Spark Streaming
- 离散流
- 有状态/无状态转换
- 检查点
- 与流处理平台(Apache Kafka)的互操作
- 结构化流

9.1 关于流的简要介绍

在现今这个充斥着互联设备和服务的世界中，我们基本上每天都要花费几小时的时间来阅读 Facebook，或订购 Uber，或发布关于刚买的汉堡的推文，或查看最新资讯，以及浏览喜爱的球队的信息等。我们现在已经依赖手机和互联网来完成很多事情了，例如使用浏览器，或者给你朋友发送一封 E-mail。

其结果就是，智能设备无处不在，并且也一直在生成大量数据。这种现象也被广泛称为物联网，已改变了数据的动态处理方式。无论何时，你都可以使用 iPhone、Android 以及 Windows 手机上的服务或应用，进行实时的数据处理。由于应用程序的质量和价值取决于很多因素，因此不管是初创公司，还是老牌公司，都在强调如何应对 SLA(Service Level Agreement，服务水平协议)带来的复杂挑战，以及如何满足数据处理的实用性和及时性。

目前，各种组织和服务供应商正在研究和采用的范例之一，就是在非常尖端的平台或基础架构上构建具备可扩展性的准实时或实时处理框架。一切都需要快速处理，包括对变化和失败做出反应。如果你的 Facebook 每小时只更新一次，或者你每天只收到一封邮件，你可能就不会再喜欢它了。因此，数据流、处理以及使用都需要尽可能接近实时。我们感兴趣或监控的大部分系统都在生成大量数据，从而生成无限连续的事件流。

与其他任何数据处理系统一样，我们在数据收集、存储以及处理方面也面临着诸多基础性挑战。带来的额外复杂性是平台需要满足实时性需求。为了收集此类不确定的事件流，对所有此类事件进行处理，并生成可操作的洞察结果，需要使用具备高可扩展性的专用架构来处理这些事件。因此，从 AMQ、RabbitMQ、Storm、Kafka、Spark、Flink、Gearpump、Apex 等开始，几十年间已经创建了大量的类似系统。

为处理如此大量的流数据，现代系统的灵活和可扩展的技术不仅非常高效，而且和以前相比，能更好地实现业务目标。使用这些技术，可以消费来自各种不同数据源的数据，然后几乎可以立即在各种用户场景中使用它们。

当你拿出智能手机并预订 Uber 乘车前往机场会发生些什么？通过智能手机屏幕上的几次单击，可以选择一个点，选择信用卡付款，然后预订。完成交易后，可在手机地图上实时监控车辆的进度。当车辆向你开过来的时候，可以准确监控汽车的位置，你还可决定在当地的星巴克咖啡厅等汽车来接你。

你还可通过查看车辆预计的到达时间来做出有关汽车和随后的机场之旅的明智选择。如果看起来汽车需要较长时间才能接到你，而这将对你赶上飞机造成风险，就可以取消这次预订并乘坐附近的出租车。或者，如果碰巧交通状况也不允许你准时到达机场，那你也可做出重新安排，或者取消航班。

现在，为了理解这种实时流式架构如何提供如此有价值的信息，需要了解流式架构的基本原则。一方面实时流式架构能高速处理大量数据，另一方面也要确保正在被收集的数据被合理地处理。

图 9.1 展示了一个通用的流式处理系统，生产者将事件放入消息系统，同时，消费者从消息系统中读取事件。

对实时流式数据的处理，一般可分为如下三种主要范例：

- 至少处理一次(at least once processing)
- 至多处理一次(at most once processing)
- 精确处理一次(exactly once processing)

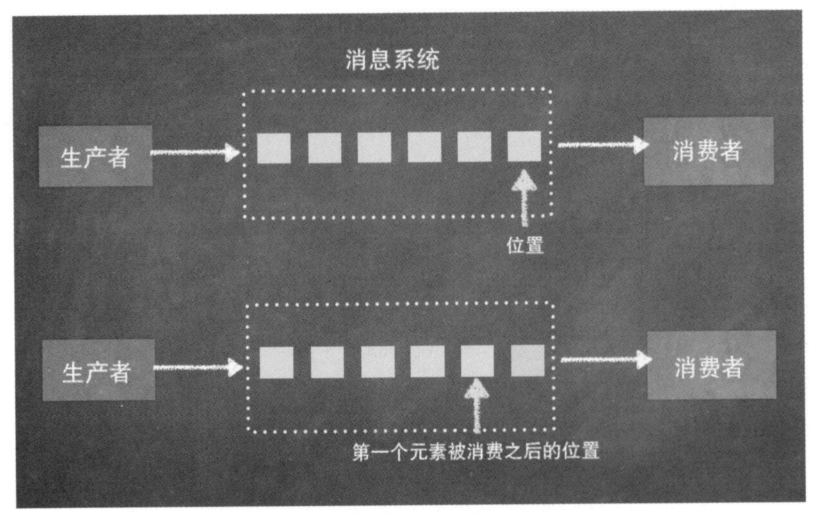

图 9.1 通用的流式处理系统架构

让我们来看一下，这三种流式处理范例对于我们的商业用户场景意味着什么。虽然其中的精确处理一次确实是最好的解决方案，但在不同场景下总是很难实现这一目标。在某些场景下，当实施的复杂程度已经超过精确处理一次所带来的好处时，需要作出一些妥协。

9.1.1 至少处理一次

这种处理方式引入了一种机制，用于仅在事件被真正处理后才保留所接收到的最后一个事件的位置，并且处理结果也会在某处持久存在。这样，当出现故障并且消费者重新启动时，消费者会再次读取旧事件并对其进行处理。但由于无法确认接收的事件是完全未处理，还是只处理了一部分，因此在再次接收事件时，会导致事件的重复处理。这会导致对事件进行至少处理一次的结果。

“至少处理一次”机制适用于某些包含对瞬时自动收报机进行更新，或显示当前值的一些应用。任何包含累计求和、计数或依赖于聚合操作(sum，groupBy 等)的准确性的应用，都不适用此种处理范例。因为重复的事件处理会导致错误结果。

消费者的操作顺序如下：

(1) 保留结果

(2) 保留偏移量

图 9.2 中展示了当出现故障并且消费者重启时，发生了什么。由于事件已经被处理，但位置尚未保存，因此消费者会读取上次保留的偏移量，这会导致重复的事件处理。在图的下半部分，事件 0 被处理了两次。

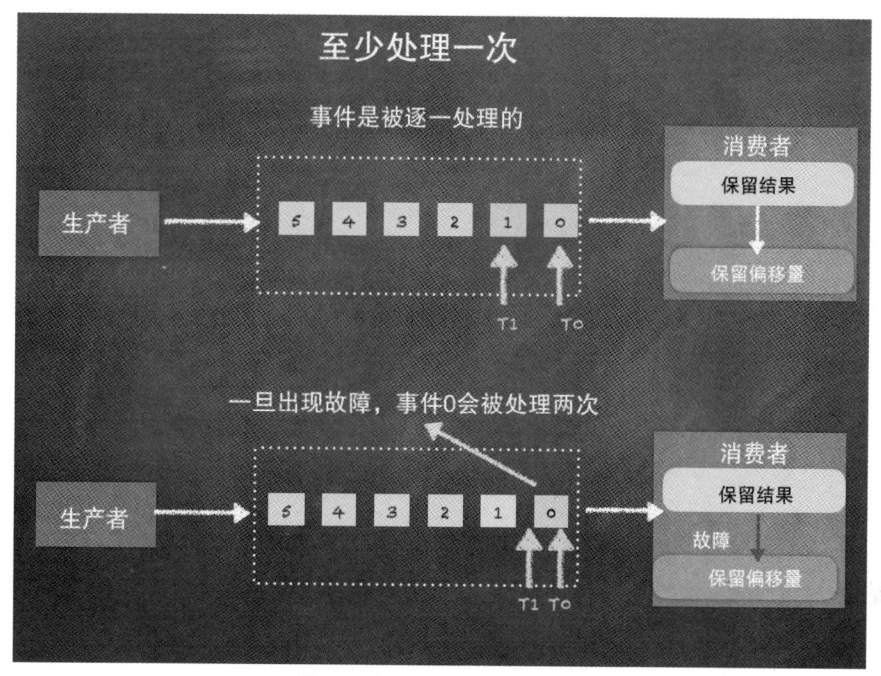

图 9.2　至少处理一次工作示意图

9.1.2　至多处理一次

这种处理机制会保留事件在真正处理之前所接收到的最后一个事件的位置，并将结果在某处持久保持。这样，如果出现故障并且消费者重启，消费者就不会再尝试去读取旧事件。但是无法保证所有已经接收到的事件全部都被处理完毕，可能会丢失事件，因为它们永远不会再被读取了。这就导致了事件至多被处理一次，或不会再被处理。

“至多处理一次”这种范例适用于包含对某些瞬时自动收报机进行更新，或用于显示当前值的计量器，以及包含累计求和、计数器或其他聚合操作的任意应用。前提是对准确性的要求不是强制性的，或应用程序并不真正需要所有事件。任何丢失的事件都会造成不正确的结果。

此时消费者操作的顺序为：

(1) 保留偏移量

(2) 保留结果

图 9.3 展示的是当出现故障并且消费者重启会发生些什么。由于事件尚未处理，但保留了偏移量，因此消费者将从保留的偏移量开始读取，从而导致与消费的事件之间存在差距。在图的下半部分，事件 0 永远不会被处理。

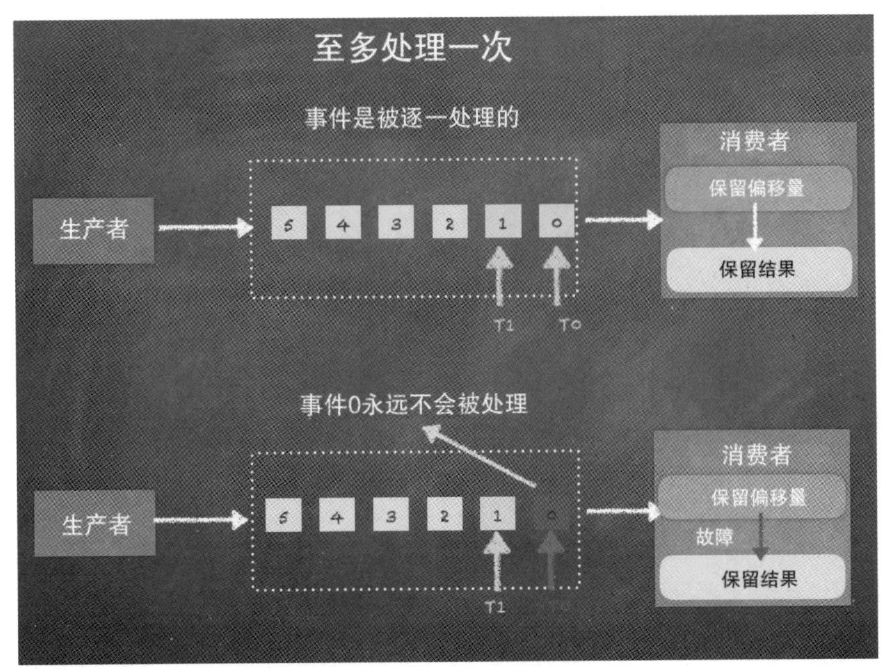

图 9.3　至多处理一次工作示意图

9.1.3　精确处理一次

此种处理范例与至少处理一次很相似，其处理机制是保留上一次接收事件的位置(但仅在该事件被真正处理后)，并且结果也会在某处长久保留。这样当出现故障并且消费者重启时，消费者就可以再次读取旧事件并处理它们。但与至少处理一次范例不同的是，重复事件不会被处理，而是被丢弃，因此产生精确处理一次的结果。

精确处理一次范例适用于任意包含精确计数、聚合的应用，或者是需要每个事件都被处理一次并且只能一次(不会有事件丢失)的应用。

此时消费者的操作顺序如下：

(1) 保留结果

(2) 保留偏移量

图 9.4 展示了当出现故障并且消费者重启时会发生些什么。由于事件已经被处理但偏移量还没有保留，此时消费者会从此前保留的偏移量位置进行读取，因此可能造成事件重复。图的下半部分中的事件 0 只会被处理一次，因为消费者会丢弃重复的事件 0。

精确处理一次范例如何丢弃重复事件？这里有两种技术可以用到：

(1) 幂等更新

(2) 事务性更新

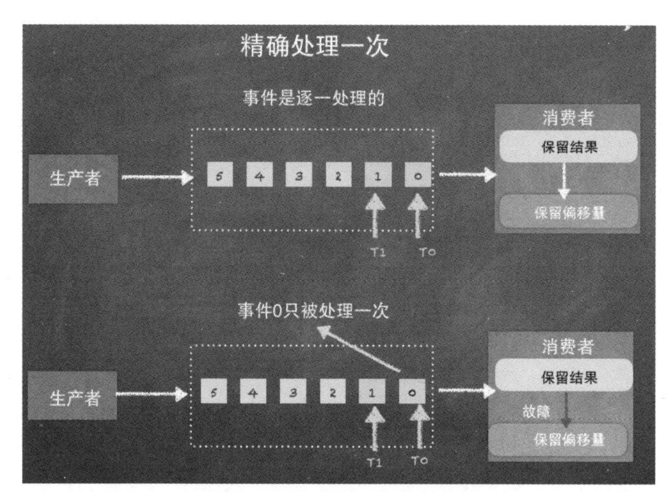

图 9.4　精确处理一次工作示意图

> 小技巧：
> Spark Streaming 在 Spark 2.0+中也实现了结构化流数据处理，它也支持开箱即用的精确处理一次的范例。你将在稍后看到相关介绍。

幂等更新(idempotent update)基于生成的一些唯一 ID/key 来保留结果。这样，如果出现重复，则生成的唯一性 ID/key 就已经在结果(如数据库)中存在。因此消费者可删除这些重复的内容，而不必更新结果。但这样做比较复杂，因为有时生成唯一的 key 是不可能的或者不太容易。并且这样也需要在消费者终端上执行一些额外处理。另外一点是，可以使用分离的数据库来存储结果和偏移量。

事务性更新则以批量方式保留结果，并且这里有一个事务开始和提交的阶段。因此，当提交动作发生时，就知道事件已被成功处理了。所以，当接收到重复事件时，就可以丢弃它们而不必更新结果。这种处理方式比幂等更新还复杂，因为我们还需要额外的事务数据存储。另外一点就是，这里只能用同一个数据库来存储结果和偏移量。

> 小技巧：
> 你应该检查你正在处理的用户场景，从而确认“至少处理一次”或“至多处理一次”这些范例能否合理地进行扩展，从而满足可接受的性能和准确性要求。

我们在学习 Spark Streaming 时会更深入地了解这些范例，接下来将学习如何使用 Spark Streaming 来消费来自 Apache Kafka 的事件。

9.2　Spark Streaming

Spark Streaming 并不是现有的第一个流式处理架构。目前已经有多种技术用于应对实时处理，从而满足不同的业务用户场景。其中，Twitter 使用的 Storm 是第一种流行的流式处理技术，目前已被很多组织使用，来满足各种业务需求。

Apache Spark 提供了一个流处理的库，然后迅速发展成一个被广泛使用的技术。与其他技术相比，它具有明显优势。首先，Spark Streaming API 与 Spark core API 紧密集成，使得构建同时具备实时和批量处理双重目的的分析平台成为可能。另外，Spark Streaming 还与 Spark ML、Spark SQL 和 GraphX 进行了集成，使其成为最强大的流式处理技术，可为很多独特而又复杂的用户场景提供服务。在本节中，将深入探究 Spark Streaming 的方方面面。

> **小技巧：**
> 要了解 Spark Streaming 的更多信息，可以参考 https://spark.apache.org/docs/2.1.0/streaming-programming-guide.html。

Spark Streaming 支持多个数据源，并将结果写入多个 sink 中，如图 9.5 所示。

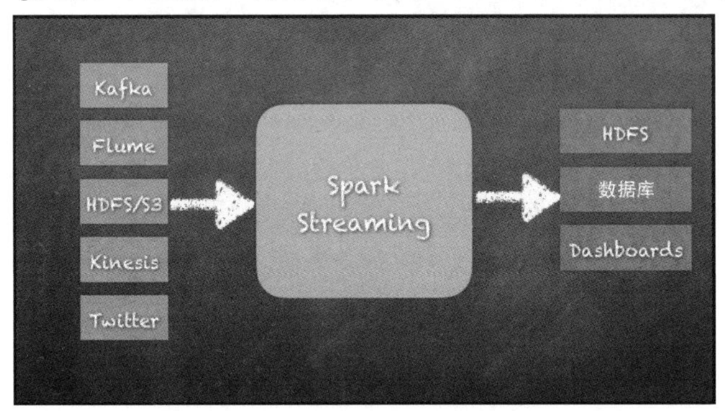

图 9.5　Spark Streaming 架构简图

虽然 Flink、Heron(Twitter Storm 的继任者)以及 Samza 都能以最小的延迟收集并处理事件，但 Spark Streaming 能处理连续的数据流，并以微批(micro-batch)方式来处理。微批最小为 500 毫秒。

> **小技巧：**
> Apache Apex、Gear pump、Flink、Samza、Heron 或其他即将出现的技术在某些用户场景下与 Spark Streaming 之间存在竞争关系。如果需要真正通过逐一处理事件来处理数据，那么 Spark Streaming 就是最适合用户场景的选择。

Spark Streaming 的工作方式是按配置的固定时间间隔创建批量事件，并根据指定的间隔来传输微批数据，然后进行后续处理，如图 9.6 所示。

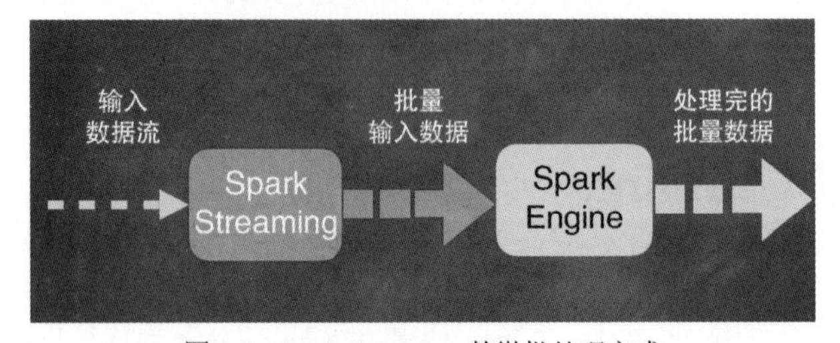

图 9.6　Spark Streaming 的微批处理方式

与 SparkContext 相似，Spark Streaming 也有一个 StreamingContext，它是流式作业/应用的主入口点。StreamingContext 依赖于 SparkContext。事实上，SparkContext 可以直接在流式作业中使用。StreamingContext 与 SparkContext 很相似，除了 StreamingContext 还需要编程来设置时间间隔，或批处理间隔的持续时间(可以是毫秒级或分钟级)。

小技巧：

要注意 SparkContext 是主入口点，调度的任务和资源管理是 SparkContext 的一部分，因此这里的 StreamingContext 会重用这些逻辑。

9.2.1　StreamingContext

StreamingContext 是用于流式处理的主入口点，并且会管理流式应用程序，包括检查点，以及基于 RDD 的 DStream 的 transformation 和 action 算子操作。

1. 创建 StreamingContext

可以使用如下的两种方式来创建一个新的 StreamingContext。

(1) 使用已有的 SparkContext 来创建一个 StreamingContext：

```
StreamingContext(sparkContext: SparkContext, batchDuration: Duration)
scala> val ssc = new StreamingContext(sc, Seconds(10))
```

(2) 通过为新的 SparkContext 提供必要的设置来创建 StreamingContext：

```
StreamingContext(conf: SparkConf, batchDuration: Duration)
scala> val conf = new SparkConf().setMaster("local[1]").setAppName("TextStreams")

scala> val ssc = new StreamingContext(conf, Seconds(10))
```

(3) 第三种方法是使用 getOrCreate()，即可从检查点数据重建一个 StreamingContext，或者创建一个新的 StreamingContext。如果提供的 checkpointPath 中存在检查点数据，则会重建 StreamingContext。如果检查点数据不存在，则会通过提供的 creatingFunc 来创建 StreamingContext：

```
def getOrCreate(
checkpointPath: String,
creatingFunc: () => StreamingContext,
hadoopConf: Configuration = SparkHadoopUtil.get.conf,
createOnError: Boolean = false
): StreamingContext
```

2. 启动 StreamingContext

start()方法可用来启动流式数据的执行，它由 StreamingContext 定义，可以启动整个流式处理程序：

```
def start(): Unit
scala> ssc.start()
```

3. 停止 StreamingContext

停止 StreamingContext，将停止所有处理。如果你想重启应用，那需要重建一个新的 StreamingContext，并调用 start()。在停止流式应用时，有两个有用的 API。

立即停止流式执行(不必等待接收所有要处理的数据)：

```
def stop(stopSparkContext: Boolean)
scala> ssc.stop(false)
```

停止流式执行，但允许所有接收到的数据被处理完毕：

```
def stop(stopSparkContext: Boolean, stopGracefully: Boolean)
scala> ssc.stop(true, true)
```

9.2.2 输入流

这里有多种类型的输入流，如receiverStream和fileStream等，这些都可以使用StreamingContext 进行创建。

1. receiverStream

使用任意用户自己实现的接收器来创建一个输入流。它可以进行定制，从而满足用户场景。

如下是 receiverStream 的 API 声明：

```
def receiverStream[T: ClassTag](receiver: Receiver[T]):
ReceiverInputDStream[T]
```

2. socketTextStream

使用它可从 TCP 源 hostname:port 创建输入流。使用 TCP 套接字来接收数据，以字节为单位来接收，编码格式为 UTF8，以\n 为行分隔符：

```
def socketTextStream(hostname: String, port: Int,
      storageLevel: StorageLevel = StorageLevel.MEMORY_AND_DISK_SER_2):
   ReceiverInputDStream[String]
```

3. rawSocketStream

从网络源 hostname:port 创建输入流，数据以序列化块(使用 Spark 的 serializer 进行序列化)的方式接收，然后将数据直接推送给块管理器，而不必反序列化它们。这是最高效的接收数据的方法。

```
def rawSocketStream[T: ClassTag](hostname: String, port: Int,
      storageLevel: StorageLevel = StorageLevel.MEMORY_AND_DISK_SER_2):
   ReceiverInputDStream[T]
```

4. fileStream

通过监控 Hadoop 兼容的文件系统获取新文件，并使用给定的键值类型和输入格式来读取这些文件，从而创建输入流。需要在同一文件系统中将其他目录下的文件写入监控的目录下。同时，以点(.)开头的文件将被忽略。原来需要使用原子文件重命名函数来调用以(.)开头的文件，现在可将其重命名为实际可用的文件名，从而让 fileStream 获取它们并处理内容：

```
def fileStream[K: ClassTag, V: ClassTag, F <: NewInputFormat[K, V]:
ClassTag] (directory: String): InputDStream[(K, V)]
```

5. textFileStream

监控 Hadoop 兼容的文件系统来获取新文件，并将其作为文本文件(key 为 LongWritable，value 为文本，输入格式为 TextInputFormat)进行读取，从而创建输入流。需要在同一文件系统中将其他目录下的文件写入监控的目录下。以点(.)开头的文件将被忽略：

```
def textFileStream(directory: String): DStream[String]
```

6. binaryRecordsStream

监控 Hadoop 兼容的文件系统，来获取新文件，然后将其作为普通二进制文件进行读取，从而创建输入流。这里假设一条记录的长度是固定的，每条记录可以生成一个字节数组。需要在同一文件系统中将其他目录下的文件写入监控的目录下。以点(.)开头的文件将被忽略：

```
def binaryRecordsStream(directory: String, recordLength: Int):
DStream[Array[Byte]]
```

7. queueStream

从一个 RDD 队列中创建输入流。在每个批次里，它都会处理该队列返回的一个或多个 RDD：

```
def queueStream[T: ClassTag](queue: Queue[RDD[T]], oneAtATime: Boolean =
true): InputDStream[T]
```

9.2.3　textFileStream 样例

下面是一个使用 textFileStream 的简单例子。在这个例子中，我们在 SparkContext(sc)中创建一个 StreamingContext，时间间隔为 10 秒。然后启动 textFileStream，它将监控名为 streamfiles 的目录，并处理该目录中新生成的所有文件。在这个例子中，我们只是简单地将 RDD 中的元素个数打印出来：

```
scala> import org.apache.spark._
scala> import org.apache.spark.streaming._

scala> val ssc = new StreamingContext(sc, Seconds(10))
scala> val filestream = ssc.textFileStream("streamfiles")
scala> filestream.foreachRDD(rdd => {println(rdd.count())})
scala> ssc.start
```

9.2.4 twitterStream 样例

让我们来看另一个例子，来分析如何使用 Spark Streaming 处理来自 Twitter 的推文。

(1) 首先，打开一个终端，并将目录切换到 spark-2.1.1-bin-hadoop2.7。

(2) 在该目录下创建一个名为 streamouts 的目录。当应用运行时，将该目录下收集到的推文存储为文本文件。

(3) 将如下的 jar 包下载到目录中：

- http://central.maven.org/maven2/org/apache/bahir/sparkstreaming-twitter_2.11/2.1.0/spark-streaming-twitter_2.11-2.1.0.jar
- http://central.maven.org/maven2/org/twitter4j/twitter4j-core/4.0.6/twitter4j-core-4.0.6.jar
- http://central.maven.org/maven2/org/twitter4j/twitter4jstream/4.0.6/twitter4j-stream-4.0.6.jar

(4) 使用所需的 jar 包调用 spark shell：

```
./bin/spark-shell --jars twitter4j-stream-4.0.6.jar,
                         twitter4j-core-4.0.6.jar,
                         spark-streaming-twitter_2.11-2.1.0.jar
```

(5) 现在，就可以书写代码了。如下的代码可用于测试推文事件的处理过程：

```
import org.apache.spark._
import org.apache.spark.streaming._
import org.apache.spark.streaming.Twitter._
import twitter4j.auth.OAuthAuthorization
import twitter4j.conf.ConfigurationBuilder

//you can replace the next 4 settings with your own Twitter account settings.
System.setProperty("twitter4j.oauth.consumerKey",
                   "8wVysSpBc0LGzbwKMRh8hldSm")
System.setProperty("twitter4j.oauth.consumerSecret",
                   "FpV5MUDWliR6sInqIYIdkKMQEKaAUHdGJkEb4MVhDkh7dXtXPZ")
System.setProperty("twitter4j.oauth.accessToken",
                   "817207925756358656-yR0JR92VBdA2rBbgJaF7PYREbiV8VZq")
System.setProperty("twitter4j.oauth.accessTokenSecret",
                   "JsiVkUItwWCGyOLQEtnRpEhbXyZS9jNSzcMtycn68aBaS")

val ssc = new StreamingContext(sc, Seconds(10))

val twitterStream = TwitterUtils.createStream(ssc, None)

twitterStream.saveAsTextFiles("streamouts/tweets", "txt")
ssc.start()

//wait for 30 seconds

ss.stop(false)
```

你将看到 streamouts 目录中包含了一些推文的输出。可以检查一下这些输出结果。

9.3　离散流

Spark Streaming 是基于离散流的抽象概念而建立的，即 DStream。一个 DStream 相当于一个 RDD 序列，其中的每个 RDD 都是在一定的时间间隔内创建出来的。DStream 可按常规 RDD 进行处理，并使用相同的概念，如 DAG 等。因此，transformation 和 action 算子成为处理 DStream 的执行计划的一部分。

从本质上讲，DStream 是按一定时间间隔，将无穷无尽的数据流划分为小块(chunk)，也就是所谓的微批(micro-batch)。然后将这些划分出来的微批物化成一个个 RDD，从而将其作为常规的 RDD 进行处理。这样的微批都会被独立进行处理，并且不同的微批之间也不会维护各自的状态，从而使得微批的处理天生就是无状态的。比如，我们假设时间间隔为 5 秒，则当事件被消费时，实时数据流会按 5 秒的间隔被创建成不同的微批，然后将其作为常规的 RDD，以便用于后续处理。Spark Streaming 的一个主要优势在于，用于处理微批事件的 API 与 Spark 紧密集成，因而保证了与 Spark 的架构无缝集成。创建微批后，它就会被转化为 RDD，这样就可以使用 Spark 的 API 对其进行处理了。

DStream 类在源代码中看起来像下面这样，其中最重要的变量是 HashMap[Time,RDD]对：

```
class DStream[T: ClassTag] (var ssc: StreamingContext)

//hashmap of RDDs in the DStream
var generatedRDDs = new HashMap[Time, RDD[T]]()
```

图 9.7 是一个 DStream 的示例，它展示了每隔 T 秒创建的 RDD。

在下面的例子中，创建了一个 StreamingContext，用来创建每隔 5 秒的微批，从而创建 RDD，它就像是 Spark core 的 API RDD。这个位于 DStream 中的 RDD 可像其他 RDD 一样被处理。

用于创建流处理应用的步骤如下：

(1) 从 SparkContext 中创建 StreamingContext。

(2) 从 StreamingContext 中创建 DStream。

(3) 提供 transformation 和 action 算子，以便应用于每个 RDD。

(4) 最后，该流处理应用通过在 StreamingContext 中调用 start()来启动。这将启动整个处理流程，包括对实时事件的消费和处理。

小技巧：

一旦 Spark 流处理应用启动，就不能再向其添加任何操作了。而已经停止的 context 是无法重启的，可根据需要创建一个新的 StreamingContext。

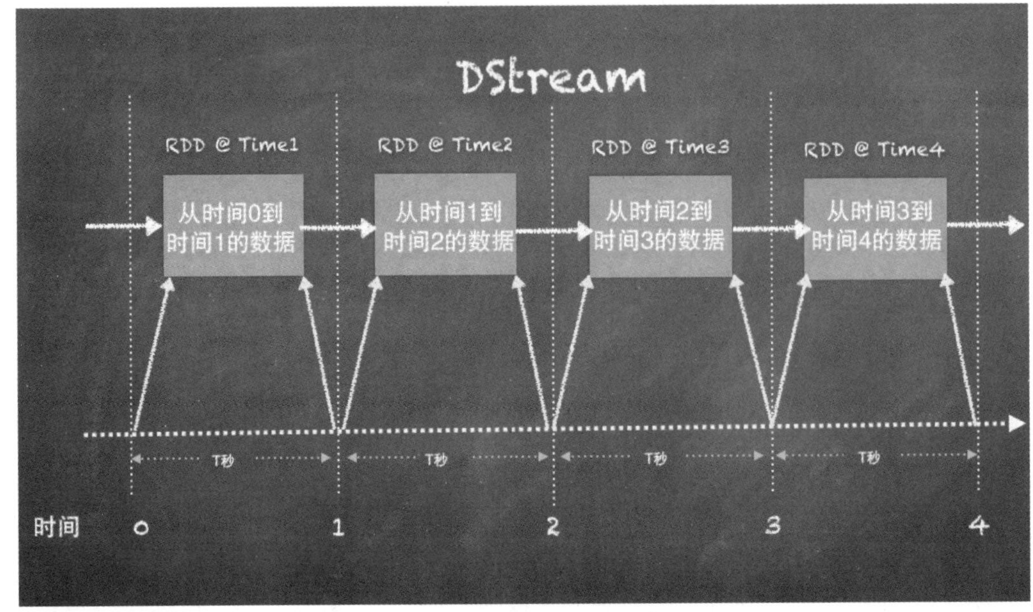

图 9.7 DStream 示意图

下面是一个例子，用于展示如何创建一个简单的流数据处理作业来访问推文。

(1) 从 SparkContext 中创建 StreamingContext：

```
scala> val ssc = new StreamingContext(sc, Seconds(5))
ssc: org.apache.spark.streaming.StreamingContext =
  org.apache.spark.streaming.StreamingContext@8ea5756
```

(2) 从 StreamingContext 中创建 DStream：

```
scala> val twitterStream = TwitterUtils.createStream(ssc, None)
twitterStream: org.apache.spark.streaming.dstream
.ReceiverInputDStream[twitter4j.Status] =
org.apache.spark.streaming.Twitter.TwitterInputDStream@46219d14
```

(3) 提供 transformation 和 action 算子，以便应用于每个 RDD：

```
val aggStream = twitterStream
  .flatMap(x => x.getText.split(" ")).filter(_.startsWith("#"))
  .map(x => (x, 1))
  .reduceByKey(_+ _)
```

(4) 最后，该流处理应用通过在 StreamingContext 中调用 start()来启动。这将启动整个处理流程，包括对实时事件的消费和处理：

```
ssc.start()
//to stop just call stop on the StreamingContext
ssc.stop(false)
```

(5) 创建一个类型为 ReceiverInputDStream 的 DStream，它被定义为一个抽象类，用来定义任意的 InputDStream，从而在 worker 节点上启动接收器，来接收外部数据。这里，我们是从 Twitter

上接收流数据：

```
class InputDStream[T: ClassTag](_ssc: StreamingContext) extends
                               DStream[T](_ssc)

class ReceiverInputDStream[T: ClassTag](_ssc: StreamingContext)
                          extends InputDStream[T](_ssc)
```

(6) 如果你在 twitterStream 上运行 transformation 算子 flatMap()，将得到一个 FlatMappedDStream，如下所示：

```
scala> val wordStream = twitterStream.flatMap(x => x.getText().split(" "))
wordStream: org.apache.spark.streaming.dstream.DStream[String] =
org.apache.spark.streaming.dstream.FlatMappedDStream@1ed2dbd5
```

9.3.1　转换

应用于 DStream 的 transformation 算子与 Spark core RDD 使用的算子一样。由于 DStream 由 RDD 构成，因此应用于 RDD 的 transformation 算子会为每个 RDD 生成一个转换后的 RDD，因此也就生成一个转换后的 DStream。每个 transformation 算子都会生成一个特定的 DStream 派生类。

图 9.8 展示了 DStream 类的层次结构，从父类 DStream 开始。可以看到从父类继承的不同的类。

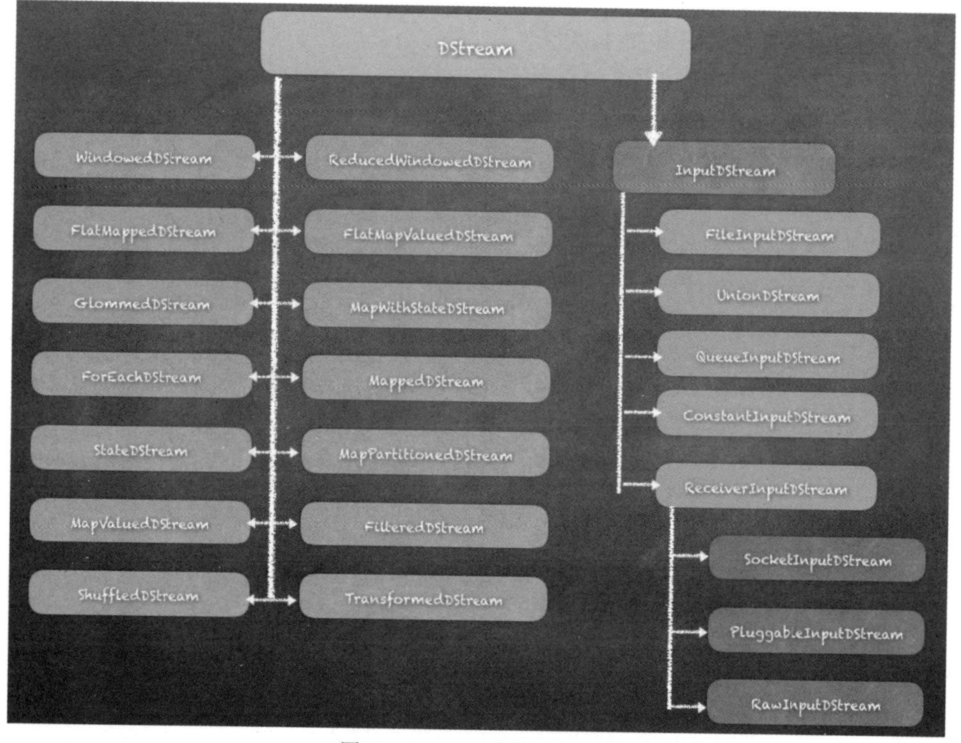

图 9.8　DStream 类的层次结构

这里包含了很多 DStream 类，以便用于不同的用途，例如 map 算子、窗口函数、reduce 算子以及不同类型的输入流，它们都是通过使用不同的 DStream 派生类来实现的。

图 9.9 是一个例子，用于展示如何对一个基础 DStream 进行转换，从而生成一个过滤后的 DStream。同样，其他任意的 transformation 算子都可用于该 DStream。

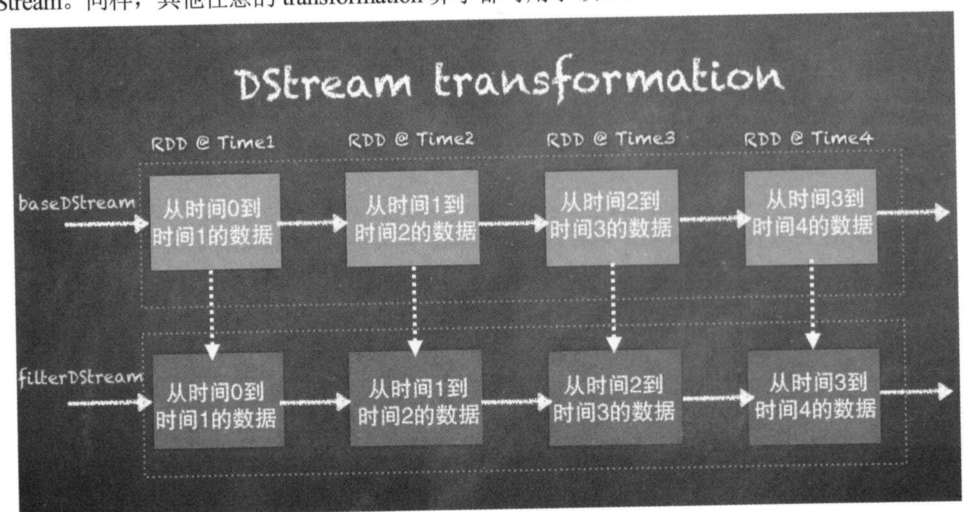

图 9.9　DStream 转换示意图

可以参考表 9.1 来获取可用的转换类型信息。

表 9.1　适用于 DStream 的 transformation 算子列表

转换类型	含义
map(func)	将转换函数用于 DStream 中的每个元素，并返回一个新的 DStream
flatMap(func)	与 map 类似。但就像 RDD 中的 flatMap 与 map，使用 flatMap 会对每个元素执行操作，并应用 flatMap，从而为每个输入生成多个输出元素
filter(func)	为 DStream 执行记录过滤操作，从而返回一个新的 DStream
repartition(numPartitions)	用于生成更多或者更少的分区，从而将数据进行重分布，以便修改并行度
union(otherStream)	将两个 DStream 源中的元素进行合并，返回新的 DStream
count()	通过计算源 DStream 中每个 RDD 中的元素个数来返回新的 DStream
reduce()	通过将 reduce 函数应用到源 DStream 中的每个元素上来返回新的 DStream
countByValue()	计算每个 key 的出现频率，从而返回一个新的 DStream，其中包含(key, long)对
reduceByKey(func,[numTasks])	将源 DStream 中 RDD 中的 key 进行数据聚合操作，从而返回一个新的 DStream，其中包含(key, value)对
join(otherStream,[numTasks])	用于将包含(K,V)和(K,W)对的两个 DStream 进行连接，从而返回一个包含(K,(V,W))对的 DStream

(续表)

转换类型	含义
cogroup(otherStream,[numTasks])	在包含(K,V)和(K,W)对的 DStream 上调用该算子，将返回一个包含(K,Seq[V],Seq[W])元组的新 DStream
transform(func)	在源 DStream 中的每个 RDD 上都使用转换函数来返回一个新的 DStream
updateStateByKey(func)	在此前 key 的状态和 key 的新值上应用给定函数，从而更新每个 key 的状态。通常，它用于维护状态机

9.3.2 窗口操作

Spark Streaming 也提供了基于窗口的处理能力，这使得你能将转换操作应用于事件的滑动窗口。该滑动窗口基于指定的间隔创建。当窗口在源 DStream 上滑动时，源 RDD(即落入该指定窗口中的 RDD)将被合并，并执行操作，从而生成窗口化 DStream。在使用窗口时需要指定两个参数：

- **窗口长度**：用于指定被视为窗口的区间长度。
- **滑动间隔**：创建窗口的时间间隔。

> **小技巧：**
> 窗口长度和滑动间隔都必须是块间隔的倍数。

图 9.10 是一个带有滑动窗口的 DStream 的例子。它展示了旧窗口(虚线矩阵)是如何向右滑动到新窗口(实线矩阵)的。

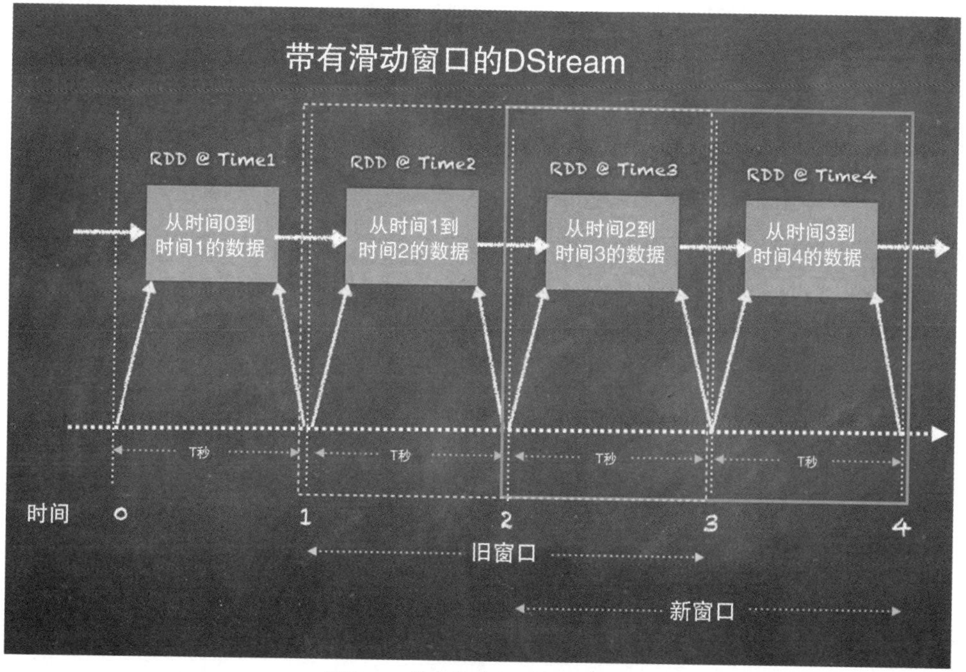

图 9.10 带有滑动窗口的 DStream

一些常用的窗口操作如表 9.2 所示。

表 9.2 常用的窗口操作

转换操作	含义
window(windowLength,slideInterval)	用于在源 DStream 上创建窗口，并返回同样的新 DStream
countByWindow(windowLength,slideInterval)	通过应用滑动窗口，返回 DStream 中的元素个数
reduceByWindow(func, windowLength,slideInterval)	在使用 windowLength 为长度创建滑动窗口后，通过在源 DStream 上为每个元素应用 reduce 函数，返回新的 DStream
reduceByKeyAndWindow(func, windowLength,slideInterval,[numTasks])	在应用于源 DStream 的 RDD 上的窗口内，按照 key 对数据进行聚合操作。并返回新的 DStream，包含(key，value)对。其中的聚合操作由 func 提供
reduceByKeyAndWindow(func,invFunc, windowLength,slideInterval,[numTasks])	在应用于源 DStream 的 RDD 上的窗口内，按照 key 对数据进行聚合操作。返回新的 DStream，包含(key，value)对。与上个操作的不同之处在于 invFunc，其提供的操作在滑动窗口就开始完成
countByValueAndWindow(windowLength,slideInterval, [numTasks])	在指定的滑动窗口中，计算每个 key 的出现频率，并返回包含(key, long)对的新 DStream

下面详细介绍一下处理推文流数据的例子。我们的目标是打印出每个 5 秒内在推文中使用频率最高的 5 个单词。使用的窗口长度为 15 秒，每 10 秒滑动一次。这样，就能找到 15 秒内出现频率最高的 5 个单词。

要运行代码，需要完成如下步骤。

(1) 首先，打开一个终端并将目录切换为 spark-2.1.1-bin-hadoop2.7。

(2) 在该目录下创建一个名为 streamouts 的子目录，在这里你已经安装好了 spark。当应用运行时，streamouts 目录中就会保留被转换为文本格式的推文。

(3) 将如下的 jar 包下载到目录中：

- http://central.maven.org/maven2/org/apache/bahir/sparkstreamingtwitter_2.11/2.1.0/spark-streaming-twitter_2.11-2.1.0.jar
- http://central.maven.org/maven2/org/twitter4j/twitter4j-core/4.0.6/twitter4j-ore-4.0.6.jar
- http://central.maven.org/maven2/org/twitter4j/twitter4jstream/4.0.6/twitter4j-stream-4.0.6.jar

(4) 使用所需的 jar 包启动 spark-shell：

```
./bin/spark-shell --jars twitter4j-stream-4.0.6.jar,
                         twitter4j-core-4.0.6.jar,
                         spark-streaming-twitter_2.11-2.1.0.jar
```

(5) 现在，可以编写代码了。下面显示的代码就可以用于测试推文事件的处理：

```
import org.apache.log4j.Logger
import org.apache.log4j.Level
Logger.getLogger("org").setLevel(Level.OFF)

import java.util.Date
import org.apache.spark._
import org.apache.spark.streaming._
import org.apache.spark.streaming.Twitter._
import twitter4j.auth.OAuthAuthorization
import twitter4j.conf.ConfigurationBuilder

System.setProperty("twitter4j.oauth.consumerKey","8wVysSpBc0LGzbwKMRh8hldSm")
System.setProperty("twitter4j.oauth.consumerSecret",
"FpV5MUDWliR6sInqIYIdkKMQEKaAUHdGJkEb4MVhDkh7dXtXPZ")
System.setProperty("twitter4j.oauth.accessToken",
"817207925756358656-yR0JR92VBdA2rBbgJaF7PYREbiV8VZq")
  System.setProperty("twitter4j.oauth.accessTokenSecret",
"JsiVkUItwWCGyOLQEtnRpEhbXyZS9jNSzcMtycn68aBaS")

val ssc = new StreamingContext(sc, Seconds(5))

val twitterStream = TwitterUtils.createStream(ssc, None)

val aggStream = twitterStream
    .flatMap(x => x.getText.split(" "))
    .filter(_.startsWith("#"))
    .map(x => (x, 1))
    .reduceByKeyAndWindow(_ + _, _-_, Seconds(15),
                          Seconds(10), 5)

ssc.checkpoint("checkpoints")
aggStream.checkpoint(Seconds(10))

aggStream.foreachRDD((rdd, time) => {
  val count = rdd.count()

  if (count > 0) {
    val dt = new Date(time.milliseconds)
    println(s"\n\n$dt rddCount = $count\nTop 5 words\n")
    val top5 = rdd.sortBy(_._2, ascending = false).take(5)
    top5.foreach {
      case (word, count) =>
      println(s"[$word] -$count")
    }
  }
})

ssc.start
```

```
//wait 60 seconds
ss.stop(false)
```

(6) 每隔 15 秒显示在控制台的输出如下所示。

```
Mon May 29 02:44:50 EDT 2017 rddCount = 1453
Top 5 words

[#RT] -64
[#de] -24
[#a] -15
[#to] -15
[#the] -13

Mon May 29 02:45:00 EDT 2017 rddCount = 3312
Top 5 words

[#RT] -161
[#df] -47
[#a] -35
[#the] -29
[#to] -29
```

9.4 有状态/无状态转换

如前所见，Spark Streaming 其实使用了 DStream 的概念。它就是微批的数据，类似于 RDD。并且我们也看到了可用于 DStream 的转换操作类型。用于 DStream 的转换可分为两种类型：无状态转换和有状态转换。

在无状态转换中，每个微批数据的处理都不依赖于此前的批数据。每个批数据都有自己的处理方式，与此前的任何事情没有关系。

在有状态转换中，微批数据的处理会部分或全部依赖于此前的批数据。这就是有状态转换。每个批数据在被处理时都需要考虑此前的批数据处理情况，并将信息应用到当前的批数据处理上。

9.4.1 无状态转换

无状态转换通过将转换操作应用到 DStream 中的每个 RDD 上，来生成新的 DStream。诸如 map()、flatMap()、union()、join()和 reduceByKey 的转换操作都是无状态转换的例子。

图 9.11 展示了 map()转换操作的例子，它作用于 inputDStream，并生成新的 mapDStream。

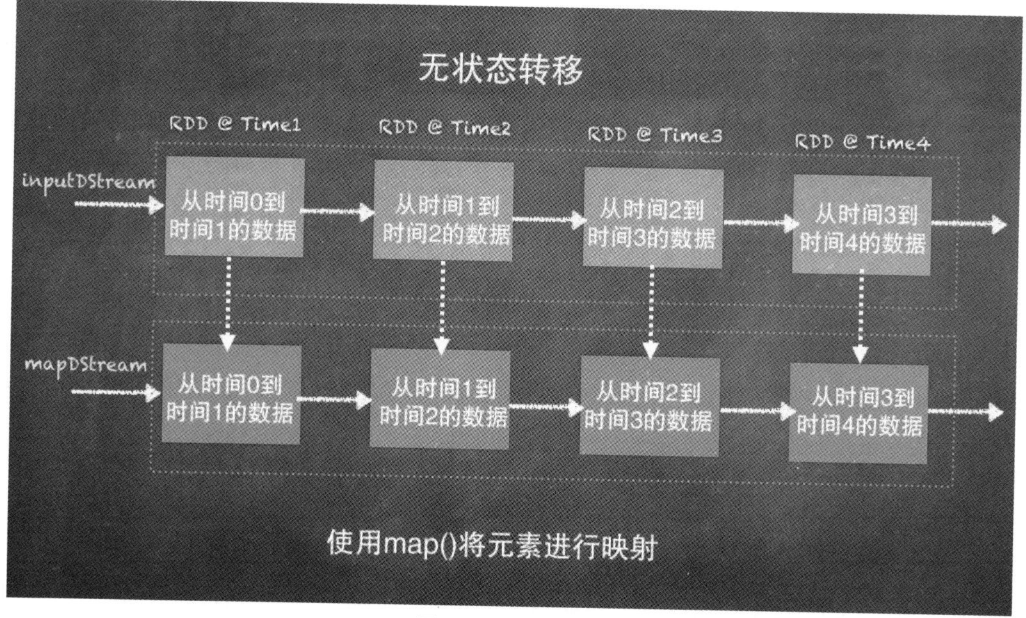

图 9.11　无状态转换

9.4.2　有状态转换

有状态转换会对 DStream 进行操作，但其操作依赖于之前的处理状态。countByValueAndWindow、reduceByKeyAndWindow、mapWithState 和 updateStateByKey 等都是有状态转换的例子。事实上，所有基于窗口的转换都是有状态转换，这是因为对于所有定义的窗口操作，我们都需要跟踪 DSteam 的窗口长度和滑动间隔。

9.5　检查点

实时流数据应用程序旨在能够长期运行，适于处理各种故障。Spark Streaming 实现了一种检查点机制，可维护足够的信息以便从故障中恢复。

有两种类型的数据需要执行检查点操作：

- 元数据检查点
- 数据检查点

可通过在 StreamingContext 上调用 checkpoint()函数来启用检查点，如下：

```
def checkpoint(directory: String)
```

需要指定目录，以便存储检查点数据。

> 小技巧：
> 这里必须使用具备容错能力的文件系统，如 HDFS。

一旦设置了检查点目录，任意 DStream 都可以基于指定的间隔将检查点数据写入指定的目录。让我们看如下的推文例子，可每隔 10 秒钟将检查点数据写入目录 checkpoints 中：

```
val ssc = new StreamingContext(sc, Seconds(5))

val twitterStream = TwitterUtils.createStream(ssc, None)

val wordStream = twitterStream.flatMap(x => x.getText().split(" "))

val aggStream = twitterStream
  .flatMap(x => x.getText.split(" ")).filter(_.startsWith("#"))
  .map(x => (x, 1))
  .reduceByKeyAndWindow(_+ _, _-_, Seconds(15), Seconds(10), 5)

ssc.checkpoint("checkpoints")

aggStream.checkpoint(Seconds(10))

wordStream.checkpoint(Seconds(10))
```

数秒钟之后，checkpoints 目录看起来如图 9.12 所示。这里显示出了元数据、RDD 和日志文件都是检查点操作生成内容的组成部分。

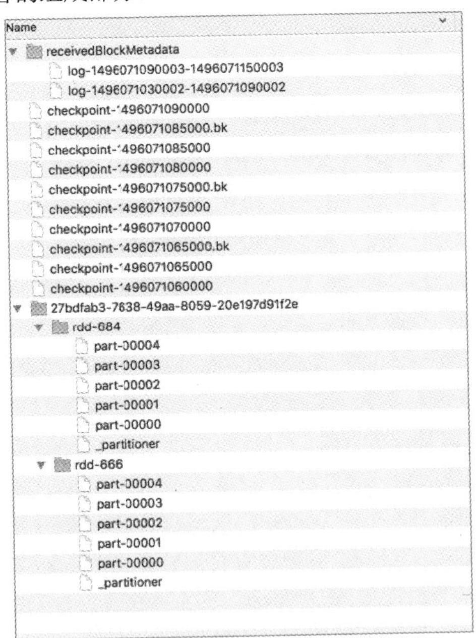

图 9.12　检查点目录的内容

9.5.1　元数据检查点

元数据检查点将定义流数据操作的内容(即由 DAG 表示的信息)写入 HDFS。这些信息可用来恢复 DAG。如果出现故障并且应用被重启，driver 会重启，从 HDFS 中读取元数据，然后重建

DAG，并恢复崩溃之前所有的操作状态。

元数据包含如下内容。

- **配置**：用于创建流数据应用的配置信息。
- **DStream 操作**：定义流数据应用的 DStream 操作集合。
- **未完成的批处理**：作业将尚未处理完毕的批数据放入队列。

9.5.2 数据检查点

数据检查点将真正的 RDD 保存到 HDFS。这样，当流数据应用出现故障时，应用就能恢复已开启检查点功能的 RDD，并接着继续处理。流数据应用恢复是使用数据检查点的一个很好的用户场景。检查点也有助于实现更好的性能。例如，在某些 RDD 由于清理缓存或 executor 出现故障而丢失时，检查点可通过实例化来生成 RDD，而不必等待血统中所有的父 RDD(DAG)都被重新计算。

在具有如下需求时，都需要为应用启用检查点功能。

- **使用了有状态转换时**：如果在应用中使用了 updateStateByKey 或 reduceByKeyAndWindow (带有反函数)，则必须提供检查点目录，从而允许之前的 RDD 执行检查点操作。
- **driver 运行应用时从故障中进行恢复**：可使用元数据检查点通过进度信息进行恢复。

如果你的流数据应用中没有使用有状态转移，则该应用也可以不启用检查点功能。

> **小技巧：**
> 不过此时，你的流数据应用中，可能会丢失已经接收但尚未处理的数据。

要注意的是，为 RDD 启用检查点功能会增加成本，因为它需要将每个 RDD 都保存到存储上。如果有 RDD 开启检查点功能，这可能导致处理时间的增加。因此，需要小心设置检查点发生的时间间隔，以尽量避免引起性能问题。当批很小时(我们假设为 1 秒)，太过频繁的检查点操作会极大地降低操作的吞吐量。与此相反，频繁的检查点操作会引起血统和任务量的增加，这可能导致处理出现延迟，因为要保留的数据流太大。

对于有状态转换来说，RDD 检查点是需要的，其默认的间隔一般为批处理间隔的整数倍，最小为 10 秒。

> **小技巧：**
> 将 DStream 的检查点间隔设置为 5～10 个滑动间隔是一个良好开端。

9.5.3 driver 故障恢复

driver 的故障恢复可通过使用 StreamingContext.getOrCreate()来完成。要么从现有的检查点初始化 StreamingContext，要么创建一个新的 StreamingContext。

一个流数据应用启动的两个场景如下。

- 当程序被初次启动时，它需要创建一个新的 StreamingContext，建立所有的流，然后调用 start()。

- 当程序在故障之后被启动时，它需要从检查点目录的数据中重新初始化一个 StreamingContext，然后调用 start()。

这里将实现一个 createStreamContext()函数，它会创建 StreamingContext，并建立不同的 DStream 来解析推文并使用窗口在每个 15 秒内生成 5 个推文 hashtag。但相对于先调用 createStreamContext()然后调用 ssc.start()，这里将调用 getOrCreate()。这样，如果检查点目录存在，则 context 将从检查点数据中重建。如果目录不存在(该应用初次被运行)，则 createStreamContext()函数将通过调用来创建新的 context 并建立 DStream：

```
val ssc = StreamingContext.getOrCreate(checkpointDirectory,
                                        createStreamContext _)
```

下面的内容展示了定义该函数的代码，以及如何调用 getOrCreate()：

```
val checkpointDirectory = "checkpoints"

//Function to create and setup a new StreamingContext
def createStreamContext(): StreamingContext = {
  val ssc = new StreamingContext(sc, Seconds(5))

  val twitterStream = TwitterUtils.createStream(ssc, None)

  val wordStream = twitterStream.flatMap(x => x.getText().split(" "))

  val aggStream = twitterStream
    .flatMap(x => x.getText.split(" ")).filter(_.startsWith("#"))
    .map(x => (x, 1))
    .reduceByKeyAndWindow(_+ _, _-_, Seconds(15), Seconds(10), 5)

  ssc.checkpoint(checkpointDirectory)

  aggStream.checkpoint(Seconds(10))

  wordStream.checkpoint(Seconds(10))

  aggStream.foreachRDD((rdd, time) => {
    val count = rdd.count()

    if (count > 0) {
      val dt = new Date(time.milliseconds)
      println(s"\n\n$dt rddCount = $count\nTop 5 words\n")
      val top10 = rdd.sortBy(_._2, ascending = false).take(5)
      top10.foreach {
        case (word, count) => println(s"[$word] -$count")
      }
    }
  })
  ssc
}
```

```
//Get StreamingContext from checkpoint data or create a new one
val ssc = StreamingContext.getOrCreate(checkpointDirectory,
createStreamContext _)
```

9.6 与流处理平台(Apache Kafka)的互操作

Spark Streaming 与 Apache Kafka 有着良好的集成能力。Kafka 是当前最流行的消息平台。Kafka 集成了多种方法，并且随着时间的推移，这些方法也随之发展，从而提供更好的性能和可靠性。

将 Spark Streaming 和 Kafka 进行集成主要有三种方法：

- 基于接收器的方法
- direct 流的方法
- 结构化流数据

9.6.1 基于接收器的方法

基于接收器的方法是第一种将 Spark 和 Kafka 进行集成的方法。在这种方法中，driver 在 executor 上启动接收器，从而使用高阶 API 从 Kafka 的 broker 中拉取数据。由于接收器是从 Kafka 的 broker 拉取事件，接收器会将偏移量更新到 Zookeeper 中。Zookeeper 也是 Kafka 集群使用的组件。其关键因素是使用了 WAL(Write Ahead Log，预写日志)，接收器在消费来自 Kafka 的数据时持续写入。因此，当出现问题，并且 executor 或接收器丢失或重启时，WAL 就能用来进行事件恢复并继续处理它们。因此，这种基于日志的设计同时提供了耐用性和一致性。

每个接收器都从 Kafka 主题中创建事件的输入 DStream，同时查询 Zookeeper 来获取 Kafka 的主题、broker、偏移量等。此后将继续讨论 DStream。

随着接收器的长时间运行，将使并行操作变得复杂。随着我们对应用的扩展将很难正确地分配工作负载。对 HDFS 的依赖也是一个问题，与此同时还有重复的写操作。至于精确处理一次所需的可靠性，则只有幂等方法才有效。事务方法在基于接收器的方法中之所以不起作用，是因为无法从 HDFS 位置或 Zookeeper 中访问偏移范围。

> 小技巧：
> 基于接收器的方法可在任意消息系统中发挥作用，因此具有更广泛的用途。

可通过调用 createStream() API 来创建一个基于接收器的流，如下：

```
def createStream(
  ssc: StreamingContext, //StreamingContext object
  zkQuorum: String, //Zookeeper quorum (hostname:port,hostname:port,..)
  groupId: String, //The group id for this consumer
  topics: Map[String, Int], //Map of (topic_name to numPartitions) to
          //consume. Each partition is consumed in its own thread
  storageLevel: StorageLevel = StorageLevel.MEMORY_AND_DISK_SER_2
  Storage level to use for storing the received objects
  (default: StorageLevel.MEMORY_AND_DISK_SER_2)
```

```
): ReceiverInputDStream[(String, String)] //DStream of (Kafka message key,
Kafka message value)
```

下面的例子展示了如何创建一个基于接收器的流，从而从 Kafka broker 中拉取消息：

```
val topicMap = topics.split(",").map((_, numThreads.toInt)).toMap
val lines = KafkaUtils.createStream(ssc, zkQuorum, group,topicMap).map(_._2)
```

图 9.13 展示了 driver 如何在 executor 上启用接收器，从而使用高阶 API 从 Kafka 中拉取数据。接收器从 Kafka Zookeeper 集群中拉取主题的偏移范围，然后更新 Zookeeper。

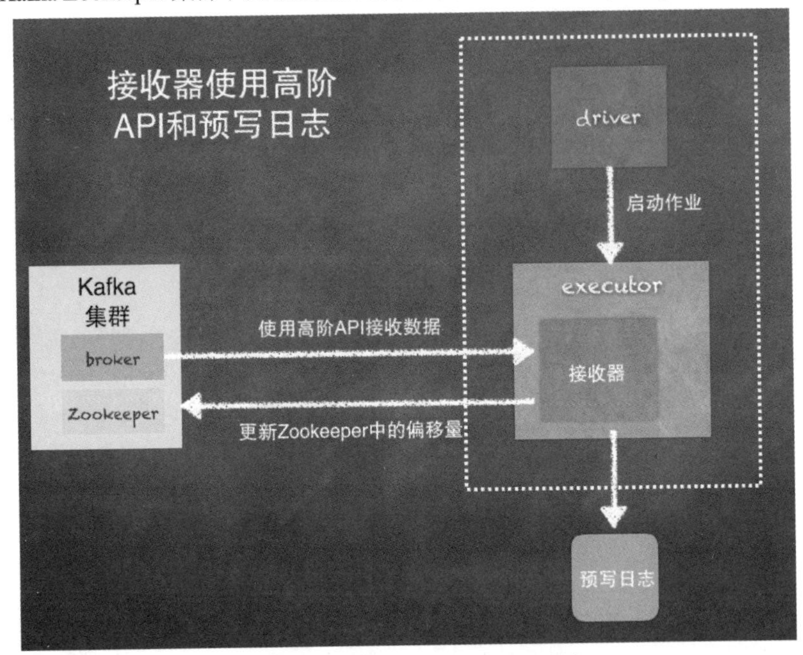

图 9.13 基于接收器的集成 Kafka 方法

9.6.2 direct 流

基于 direct 流的方法是一种与 Kafka 进行集成的较新方法，它使用 driver 直接连接到 Kafka 的 broker 并拉取事件。其关键在于使用了 direct 流 API，当你查看 spark 分区时，会发现 Spark 任务与 Kafka 主题/分区之间是 1:1 的比例。它不依赖于 HDFS 或 WAL，从而使其变得更灵活。此外，从现在开始就可以直接访问偏移量了，也可为精确处理一次使用幂等方法或事务方法。

可创建一个输入流，直接从 Kafka broker 中拉取消息，而不必使用任何接收器。这种流能保证所有来自 Kafka 的消息都会在转换中被精确处理一次。

direct 流的特性如下。

- **无接收器**：该数据流不需要任何接收器，而是直接查询 Kafka。
- **偏移量**：不必使用 Zookeeper 来存储偏移量，偏移量的消耗由流自行跟踪。可从已生成的 RDD 中访问任意批中使用的偏移量。

- **故障恢复**：为从 driver 故障中进行恢复，需要在 StreamingContext 中启用检查点。
- **端到端的语义**：此种流能够确保每条记录都被高效接收，并精确转换一次，但无法保证被转换的数据会精确输出一次。

可使用 KafkaUtils 中的 createDirectStream() API 来创建一个 direct 流：

```
def createDirectStream[
  K: ClassTag, //K type of Kafka message key
  V: ClassTag, //V type of Kafka message value
  KD <: Decoder[K]: ClassTag, //KD type of Kafka message key decoder
  VD <: Decoder[V]: ClassTag, //VD type of Kafka message value decoder
  R: ClassTag //R type returned by messageHandler
](
  ssc: StreamingContext, //StreamingContext object
  KafkaParams: Map[String, String],
  /*
  KafkaParams Kafka <a
href="http://Kafka.apache.org/documentation.html#configuration">
configuration parameters</a>.Requires "metadata.broker.list" or
"bootstrap.servers"
to be set with Kafka broker(s) (NOT zookeeper servers) specified in
host1:port1,host2:port2 form.
  */
  fromOffsets: Map[TopicAndPartition, Long], //fromOffsets Pertopic
//partition Kafka offsets defining the (inclusive) starting point of the stream
  messageHandler: MessageAndMetadata[K, V] => R //messageHandler Function
//for translating each message and metadata into the desired type
): InputDStream[R] //DStream of R
```

下例展示如何创建 direct 流，并从 Kafka 主题中拉取数据来创建 DStream：

```
val topicsSet = topics.split(",").toSet
val KafkaParams : Map[String, String] =
        Map("metadata.broker.list" -> brokers,
            "group.id" -> groupid )

val rawDstream = KafkaUtils.createDirectStream[String, String,
StringDecoder, StringDecoder](ssc, KafkaParams, topicsSet)
```

> **小技巧：**
> direct 流 API 只能结合 Kafka 使用，因此它并非用于通用目的。

图 9.14 展示了 driver 如何从 Zookeeper 中拉取偏移量信息，并指示 executor 启动任务，从而根据 driver 规定的偏移范围从 broker 中拉取事件。

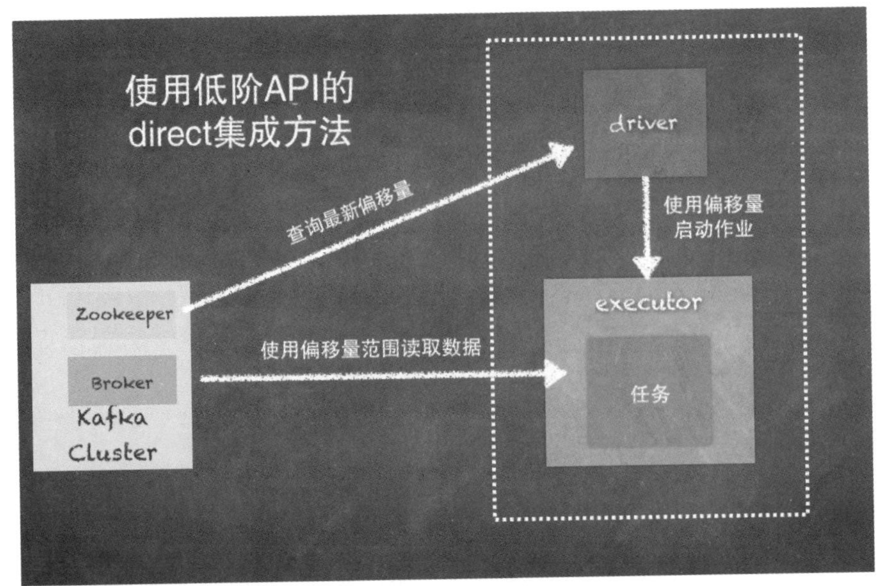

图 9.14　基于 direct 流的 Kafka 集成方法

9.6.3　结构化流示例

结构化流是 Apache Spark 2.0+中的新功能，现在 Spark 2.2 也已经发布了 GA 版本。你将在下一节中看到更详细的内容，以及如何使用结构化流的相关例子。

小技巧：

要了解关于使用结构化流进行 Kafka 集成的更多内容，请参考 https://spark.apache.org/docs/latest/structured-streaming-kafkaintegration.html。

在结构化流中使用 Kafka 作为源数据流的例子如下：

```
val ds1 = spark
  .readStream
  .format("Kafka")
  .option("Kafka.bootstrap.servers", "host1:port1,host2:port2")
  .option("subscribe", "topic1")
  .load()

ds1.selectExpr("CAST(key AS STRING)", "CAST(value AS STRING)")
  .as[(String, String)]
```

另一个使用 Kafka 源来代替源数据流的例子如下：

```
val ds1 = spark
  .read
  .format("Kafka")
  .option("Kafka.bootstrap.servers", "host1:port1,host2:port2")
  .option("subscribe", "topic1")
```

```
  .load()

ds1.selectExpr("CAST(key AS STRING)", "CAST(value AS STRING)")
  .as[(String, String)]
```

9.7　结构化流

结构化流是基于 Spark SQL 引擎而创建的具备可扩展性和容错能力的流数据处理引擎。这使得流处理和计算更贴近批处理，并且避免使用 DStream 范例，以及消除使用 Spark Streaming API 而带来的诸多挑战。结构化流引擎可以直接处理多个挑战，例如精确一次的流处理、处理结果的增量更新和聚合操作等。

结构化流 API 也提供了解决 Spark Streaming 巨大挑战的方法，即 Spark Streaming 以微批方式处理传入的数据，并使用接收时间作为拆分数据的手段，因此不必考虑数据实际的事件时间。结构化流使得可以在接收的数据中指定此类事件的时间，以便自动处理任何延迟的数据。

小技巧：

结构化流在 Spark 2.2 中已经免费可用，对应的 API 也已经免费可用，可以参考 https://spark.apache.org/ docs/latest/structuredstreaming-programming-guide.html。

结构化流背后的关键思路在于，它将实时的数据流看成一个无界表，能被来自流的事件进行持续追加。然后可像通常对批处理数据那样在此无界表上进行运算和 SQL 查询，如图 9.15 所示。例如，一个 Spark SQL 查询就能对此无界表进行处理。

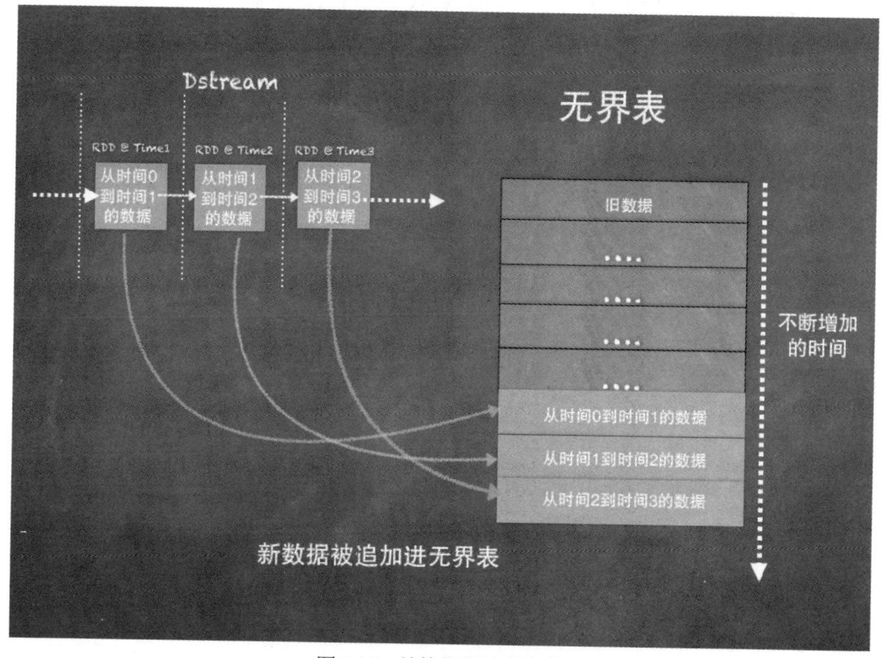

图 9.15　结构化流处理方式

由于 DStream 随着时间不断变化，越来越多的数据将被处理，以便生成结果。因此，无界的输入表用于生成结果表。输出或结果表可写入被称为输出的外部接收器(sink)。

输出可用于数据写出，并能定义为不同模式。

- **完全模式**：此模式下，完整的更新后的结果将被写到外部存储中。此时由存储连接器来确定如何处理整张表的数据写操作。
- **追加模式**：自上次触发操作之后，只有那些被追加到结果表中的新行会被写入外部存储中。这只适用于结果表中的数据不希望被更新的情况。
- **更新模式**：自上次触发操作后，只有结果表中被更新的行才被写入外部存储。要注意，这与完全模式不同。区别在于，此模式下只输出自上次触发操作以来发生改变的行。如果查询操作不包含聚合运算，则等价于追加模式。

图 9.16 展示了无界表的输出情况。

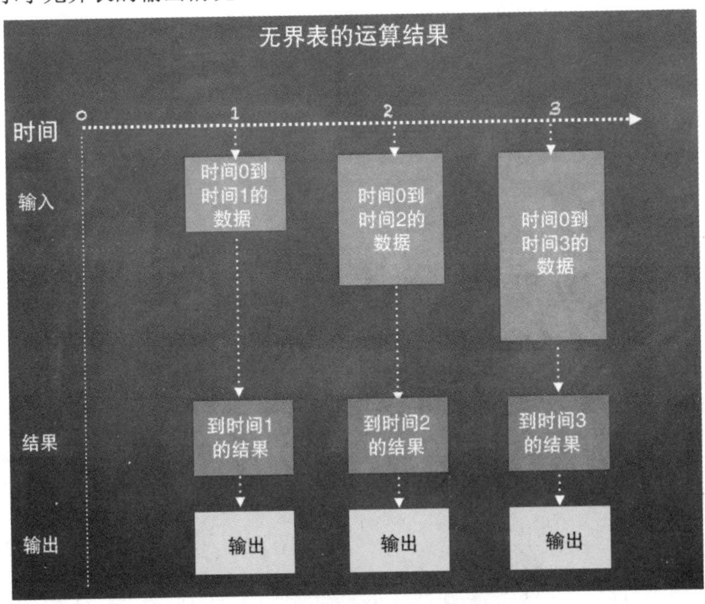

图 9.16　无界表的运算结果输出情况

这里，将展示一个创建结构化流数据查询的例子，它通过监听 localhost 上 9999 端口的输入来实现。

> **小技巧：**
> 如果使用的是 Linux 或 macOS，就可以很容易地在服务器端口 9999 上执行 nc -lk 9999。

如下是一个例子，我们通过调用 SparkSession 的 readStream API 来创建一个 inputStream，然后从行中抽取单词。在将结果写入到输出流之前，我们对单词进行分组，并计算其出现频率：

```
//create stream reading from localhost 9999
val inputLines = spark.readStream
  .format("socket")
  .option("host", "localhost")
```

```
  .option("port", 9999)
  .load()
inputLines: org.apache.spark.sql.DataFrame = [value: string]

//Split the inputLines into words
val words = inputLines.as[String].flatMap(_.split(" "))
words: org.apache.spark.sql.Dataset[String] = [value: string]

//Generate running word count
val wordCounts = words.groupBy("value").count()
wordCounts: org.apache.spark.sql.DataFrame = [value: string, count: bigint]

val query = wordCounts.writeStream
  .outputMode("complete")
  .format("console")
query:
org.apache.spark.sql.streaming.DataStreamWriter[org.apache.spark.sql.Row] =
org.apache.spark.sql.streaming.DataStreamWriter@4823f4d0

query.start()
```

如果你在终端上不断输入单词，则该查询会不断更新并生成结果，然后将其打印到控制台上：

```
scala> -------------------------------------------
Batch: 0
-------------------------------------------
+-----+-----+
|value|count|
+-----+-----+
|  dog|    1|
+-----+-----+

-------------------------------------------
Batch: 1
-------------------------------------------
+-----+-----+
|value|count|
+-----+-----+
|  dog|    1|
|  cat|    1|
+-----+-----+

scala> -------------------------------------------
Batch: 2
-------------------------------------------
+-----+-----+
|value|count|
+-----+-----+
|  dog|    2|
|  cat|    1|
+-----+-----+
```

9.7.1 处理事件时间(event-time)和延迟数据

事件时间就是数据内部的时间。在传统的 Spark Streaming 中，我们只是将时间作为 DStream 的接收时间进行处理。但对于很多需要事件时间的应用来说，这还远远不够。例如，如果你希望获取推文中每分钟出现标签的次数，就应该使用生成数据的时间，而非 Spark 接收事件时的时间。为将事件时间也包含到处理中，需要将事件时间视为行/事件中的列，这在结构化流中很容易实现。这样，就能使用事件时间(而非接收时间)来运行基于窗口的各种聚合操作。此外，这种模型也能很自然地处理那些事件时间晚于预期的数据，这基于事件时间来判断。由于此时 Spark 正在更新结果表，因此当存在延迟数据时，它能完全控制原有的聚合操作，从而对其进行更新，同时也可以清理原有的聚合操作，以限制中间状态数据的大小。它还支持水位事件流(watermark event stream)的处理。它允许用户设置延迟数据的阈值，从而使得处理引擎可以清除相应的旧数据状态。

水位使得引擎能跟踪当前的事件时间。并通过检查可接收数据的延迟阈值来确定事件是需要处理，还是已经被处理完毕。例如，如果事件时间由 eventTime 表示，而延迟数据的阈值间隔为 laterThreshold，则通过检查 max(eventTime)-laterThreshold 的值与从时间 T 开始的指定窗口之间的差异，引擎可确定该窗口内的事件是否需要处理。

下例是对前面监听端口 9999 输出的结构化流处理的扩展。这里为输入数据启用了 Timestamp，以便在无界表上执行窗口操作，从而生成结果：

```
import java.sql.Timestamp
import org.apache.spark.sql.SparkSession
import org.apache.spark.sql.functions._

//Create DataFrame representing the stream of input lines from connection
//to host:port
val inputLines = spark.readStream
  .format("socket")
  .option("host", "localhost")
  .option("port", 9999)
  .option("includeTimestamp", true)
  .load()

//Split the lines into words, retaining timestamps
val words = inputLines.as[(String, Timestamp)].flatMap(line =>
  line._1.split(" ")
  .map(word => (word, line._2))).toDF("word", "timestamp")

//Group the data by window and word and compute the count of each group
val windowedCounts = words.withWatermark("timestamp", "10 seconds")
  .groupBy(
window($"timestamp", "10 seconds", "10 seconds"), $"word")
  .count().orderBy("window")

//Start running the query that prints the windowed word counts to the console
val query = windowedCounts.writeStream
```

```
    .outputMode("complete")
    .format("console")
    .option("truncate", "false")

query.start()
query.awaitTermination()
```

9.7.2　容错语义

提供端到端的精确处理一次的语义是结构化流设计背后的关键目标之一。它实现了结构化的流数据源、输出接收器和执行引擎。从而可靠地跟踪处理的精确进度，以便通过重启和/或重新处理的方式来处理运行过程中遇到的各种故障。假设每个流数据源都使用了偏移量(类似于 Kafka 中的偏移量)来跟踪流数据中的读取位置，引擎就可以使用检查点和预写日志技术来处理每个触发器中正在处理的数据的偏移范围。流数据接收器被设计为使用幂等功能来完成重新处理。同时，结合使用可重放的流数据源和幂等接收器，结构化流能确保在任何故障下，都能提供端到端的精确处理一次的语义。

> **小技巧：**
> 要记住，在传统的流处理中，使用精确处理一次的范例往往更复杂一些，因为需要使用额外的数据库或存储来维护偏移量等信息。

结构化流处理目前仍然在进化当中，在得到更广泛的使用之前，它依然有一些挑战需要解决。其中一些挑战如下：

- 在流式数据集上，尚不支持多流的聚合操作。
- 在流式数据集上，限制返回行数，或提取前 N 行这样的功能也还不支持。
- 在流式数据集上，尚不支持进行 distinct 操作。
- 只有在流式数据集上进行聚合操作之后才能进行排序。
- 尚不支持两个流式数据集之间任意类型的连接操作。
- 只支持部分接收器类型——文件接收器和 foreach 接收器。

9.8　本章小结

本章探讨了流数据处理系统的概念、Spark Streaming 和 Apache Spark 的 DStream。并探讨了 DStream 是什么，讲述了 DAG 和 DStream 的血统机制，以及 transformation 和 action 算子等内容。我们了解了流数据处理的窗口概念，看到了一些使用 Spark Streaming 进行推文消费的真实例子。

此外，我们也学习了使用基于接收器以及 direct 流的方法，来消费源自 Kafka 的数据。最后，我们也了解了新的结构化流技术；该技术能处理诸多挑战，如容错机制，和在流上进行精确处理一次的语义等。我们也学习了结构化流如何简化与 Kafka 或其他消息系统的集成。

在第 10 章中，将了解图处理及其工作原理。

第10章 万物互联——GraphX

“技术使得大规模人口的出现成为可能；而现在的大规模人口又使得技术变得不可或缺。”

——Joseph Wood Krutch

在本章中，将学习如何使用图技术将真实世界中的问题进行建模；将了解 Apark Spark 及其自带的图库文件，以及如何使用 RDD(点 RDD 和边 RDD)。

作为概括，本章将涵盖如下主题：

- 关于图论的简要介绍
- GraphX
- VertexRDD 和 EdgeRDD
- 图操作
- Pergel API
- PageRank

10.1 关于图论的简要介绍

为了更好地理解图，让我们看一下 Facebook，以及你通常都是如何使用它的。每天，你都会使用智能手机在朋友圈发布消息，或者是更新状态。你的朋友们也会发布消息或视频。

你有朋友，然后你的朋友还有他们各自的朋友，以此类推。Facebook 允许你将新朋友添加到朋友列表，或把他们删除。Facebook 也提供了相应的权限，从而实现一些更精细的控制，例如谁能看到你发布的消息，或者谁能跟谁进行交流等。

现在，你考虑一下，目前已经有数十亿的 Facebook 用户，他们的朋友以及朋友的朋友列表正变得日益庞大和复杂。这就导致理解和管理所有朋友关系，或者其他不同的关系都变得困难起来。

因此，如果有人想知道你和另一个人 X 之间是否存在关联，他们就可以简单地查找你所有的朋友，然后查找你朋友的朋友，从而尝试找到 X。如果 X 是你朋友的朋友，那么你和 X 之间就存在间接关联。

> **小技巧：**
> 可在 Facebook 上搜索一两个名人，然后看他的朋友中是否有人也是你的朋友。这样就可以将这些名人加为朋友了。

需要创建存储，然后获取诸如个人及其朋友的相关信息，这样就可以回答如下问题了：

(1) X 是 Y 的朋友吗？

(2) X 与 Y 之间存在直接关联？还是两步内就能关联上？

(3) X 有多少个朋友？

可首先尝试处理一个简单的数据结构，例如一个数组，每个人都有一个包含朋友信息的数组。这样就很容易了，可以获取数组的长度来回答上面的问题(3)。也可以扫描数组从而快速回答问题(1)。问题(2)需要我们稍微花点功夫，需要拿到 X 的朋友数组，然后对其中的每个朋友都扫描其各自的朋友数组。

可以通过一个专门的数据结构来解决这个问题。如下例所示，我们创建一个 case 类 Person，然后添加朋友来建立一个像这样的关系：John | Ken | Mary | Dan：

```
case class Person(name: String) {
val friends = scala.collection.mutable.ArrayBuffer[Person]()

def numberOfFriends() = friends.length

def isFriend(other: Person) = friends.find(_.name == other.name)

def isConnectedWithin2Steps(other: Person) = {
  for {f <-friends} yield {f.name == other.name || f.isFriend(other).isDefined}
}.find(_== true).isDefined
}

scala> val john = Person("John")
john: Person = Person(John)

scala> val ken = Person("Ken")
ken: Person = Person(Ken)

scala> val mary = Person("Mary")
mary: Person = Person(Mary)

scala> val dan = Person("Dan")
dan: Person = Person(Dan)

scala> john.numberOfFriends
res33: Int = 0
```

```
scala> john.friends += ken
res34: john.friends.type = ArrayBuffer(Person(Ken)) //john -> ken

scala> john.numberOfFriends
res35: Int = 1

scala> ken.friends += mary
res36: ken.friends.type = ArrayBuffer(Person(Mary)) //john -> ken ->mary

scala> ken.numberOfFriends
res37: Int = 1

scala> mary.friends += dan
res38: mary.friends.type = ArrayBuffer(Person(Dan)) //john -> ken -> mary -> dan

scala> mary.numberOfFriends
res39: Int = 1

scala> john.isFriend(ken)
res40: Option[Person] = Some(Person(Ken)) //Yes, ken is a friend of john

scala> john.isFriend(mary)
res41: Option[Person] = None //No, mary is a friend of ken not john

scala> john.isFriend(dan)
res42: Option[Person] = None //No, dan is a friend of mary not john

scala> john.isConnectedWithin2Steps(ken)
res43: Boolean = true //Yes, ken is a friend of john

scala> john.isConnectedWithin2Steps(mary)
res44: Boolean = true //Yes, mary is a friend of ken who is a friend of john

scala> john.isConnectedWithin2Steps(dan)
res45: Boolean = false //No, dan is a friend of mary who is a friend of ken
who is a friend of john
```

如果我们为 Facebook 中的所有用户都创建 Person()实例，然后按照前面代码所示将他们的朋友都添加到数组中，那么最终可执行很多查询，例如谁是谁的朋友，以及任意两个用户之间是何种关系等。

图 10.1 展示了数据结构 Person()的示例，以及在逻辑上是如何关联的。

如果你想找出 John 的朋友，以及其朋友的朋友等，就可以非常快速地找到他的直接朋友、间接朋友(2 级朋友)以及 3 级朋友(朋友的朋友的朋友)。可以看到如图 10.2 所示的图像。

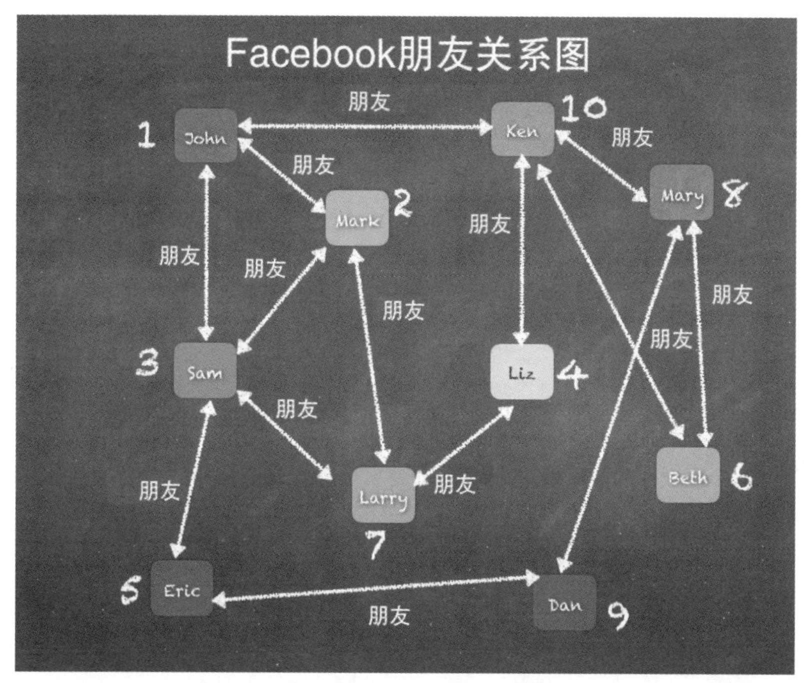

图 10.1　Facebook 上的朋友关系图

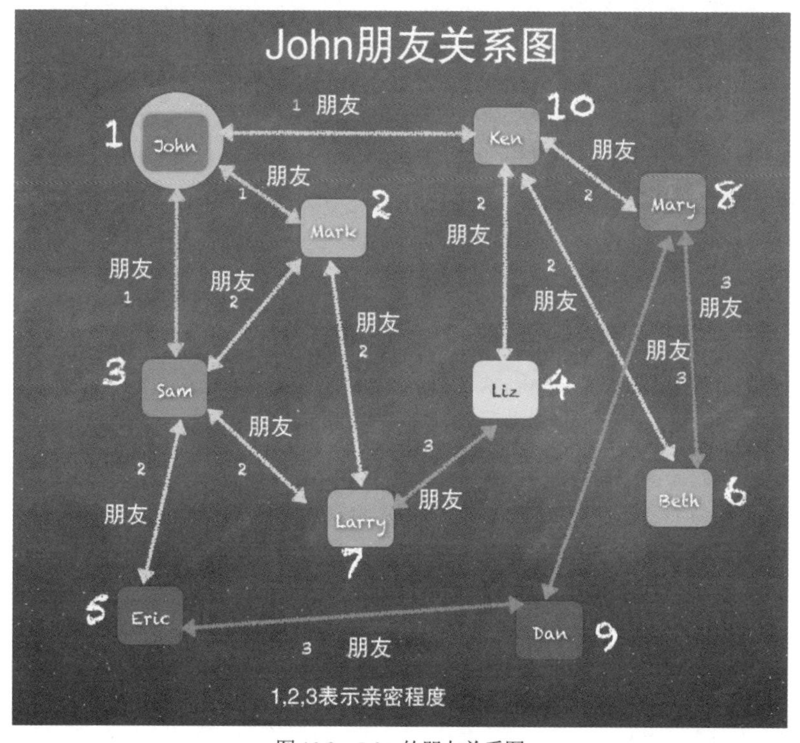

图 10.2　John 的朋友关系图

可以轻松地对 Person()类进行扩展，从而提供更多功能，来回答不同问题。当然这不是重点，我们想要的是，通过前面的图像可以显示出 Person 及其朋友，以及如何基于 Person 之间的关系网格图，来绘制出每个 Person 的所有朋友。

现在，我们来介绍图论。该名称源自于数学领域。图论将图定义为由顶点、节点或点构成的结构，通过边、弧或线进行连接。如果你将一组顶点视为 V，将一组边视为 E，则可以将图 G 定义为包含 V 和 E 的有序对。如下：

```
Graph G = (V, E)
V - 顶点的集合
E - 边的集合
```

在我们的 Facebook 朋友的例子中，可简单地将每个 Person 视为是顶点集合中的一个顶点，任意两个 Person 之间的连接视为边集合中的一条边。

基于这样的逻辑，可列出所有的顶点和边，如图 10.3 所示。

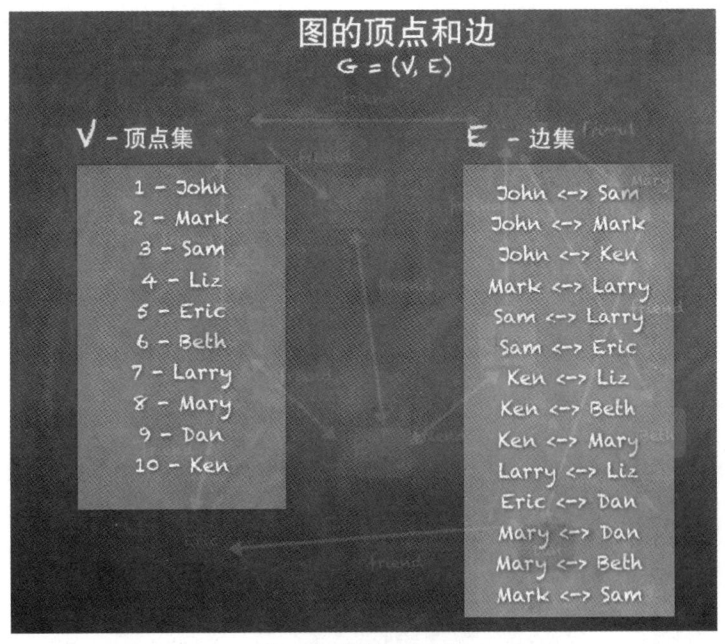

图 10.3 图的顶点和边

这种使用数学图表进行描述的形式，产生了使用数学进行遍历，以及对图表进行查询的各种方法。当这些技术应用于计算机科学，并作为开发编程方法来执行必要的数学计算时，其正确的方法就是开发出一些算法，从而在可扩展的有效级别上实现对应的数学规则。

我们已经尝试使用 case 类来实现一个简单的类图程序，但是这只是最简单的用户案例。很明显，可对其进行各种可能的复杂扩展，如下的问题需要回答。

- 从 X 到 Y 的最佳路径是什么？类似这种问题的一个例子就是，你的车载 GPS 是否可以告知你去杂货店的最佳方式。

- 能否识别出对图进行分区的关键边？这种问题的一个例子就是如何确定连接某一州中各城市的互联网服务/水管/电力线的关键链路。关键边能够打破连通性，并产生两个连接良好的城市的子图，但是两个子图之间则没有任何连接。

对这几个问题的回答，产生了几种相应的算法，例如最小生成树、最短路径、PageRank、ALS(交替最小二乘)以及最大切割最小流(max-cut min-flow)算法等。它们适用于众多的用户场景。

其他例子还包括领英上的个人资料和关联、推特上的关注者、谷歌的 PageRank、航班时刻表以及汽车上的 GPS 等，你都可以清楚地看到由顶点和边构成的图。使用图算法，我们在前面看到的 Facebook、领英、谷歌例子中出现的图，就可以使用各种算法进行分析，从而满足不同业务的用户需求。

图 10.4 显示的是图的一些实际应用案例，可在其中使用图和相关的图算法：

- 帮助确定机场之间的航线规划
- 规划如何为当地所有的家庭布置输水管道
- 让你的车载 GPS 规划开车到杂货店的路线
- 设计互联网的流量如何从城市到城市，从州到州，或从国家到国家

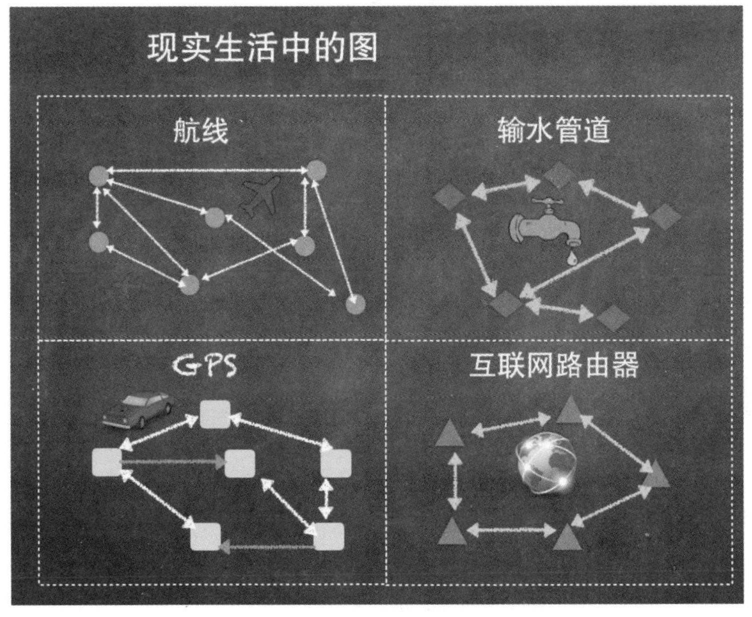

图 10.4 现实生活中的图

接下来将深入讲述如何使用 Spark GraphX。

10.2 GraphX

正如上一节所述，可将很多真实生活中的用户案例以图的形式进行建模，使用顶点的集合，以及将这些顶点连接到一起的边的集合。我们已经写了一些简单代码，来尝试实现一些基本的图

操作，并完成诸如“X 是不是 Y 的朋友”这样的查询。但随着我们研究的深入，算法也会逐渐复杂，所处理的图也会越来越大，直到一台机器无法处理为止。

注意：
使用一台机器或少量机器来完成对十亿 Facebook 用户及其朋友关系的分析是不可能的。

需要做的是超越一台或几台机器，考虑使用高度可扩展的架构来实现复杂的图算法，这些算法可以处理大量数据以及数据元素之间的复杂连接。我们已经介绍了 Spark，以及它是如何解决分布式计算和大数据分析所带来的挑战的。我们也介绍了实时流处理和 Spark SQL，同时还有数据帧和 RDD。那么，我们能解决图算法带来的挑战吗？Spark 对此的答案是 GraphX。它由 Apache Spark 提供，与其他库一样，也位于 Spark core 之上。

GraphX 通过在 RDD 的概念之上提供图抽象的方式对 Spark RDD 进行扩展。GraphX 中的图是使用顶点或节点的概念，以及用于描述对象之间关系的边或者连接来创建的。GraphX 提供了很多方法来实现用户案例，并且这些都适合图处理的范例。在本节中，将学习 GraphX，以及如何创建顶点、边，如何创建由顶点和边构成的图。我们还将编写代码，并通过一些实例来学习与图算法和处理相关的一些技术。

首先，需要导入如下的包：

```
import org.apache.spark._
import org.apache.spark.graphx._
import org.apache.spark.rdd.RDD

import org.apache.spark.graphx.GraphLoader
import org.apache.spark.graphx.GraphOps
```

GraphX 中基本的数据结构就是图，它使用图形来抽象地表示任意对象；这些对象包含顶点，使用边进行关联。图提供了访问和操作与顶点、边以及底层结构相关的数据的基本操作方式。与 Spark RDD 类似，图是一种函数式数据结构，可对其进行操作来返回新图。图对象天生的不可变性，使得可对其进行大规模并行计算，而不必担心会遇到同步问题。

注意：
在很多程序中，由于需要对对象进行并发更新或修改操作，我们不得不使用复杂的多线程编程方式。

图定义了基本数据结构，这里有一个帮助性类 GraphOps。该类包含其他一些简便操作和图算法。

图的定义如下。作为一个类模板，其中的两个属性用于指定构成图的两部分数据类型，也就是顶点和边：

```
class Graph[VD: ClassTag, ED: ClassTag]
```

图由顶点和边构成，这个我们前面已经讨论过了。顶点集放在一个被称为 VertexRDD 的特殊数据结构中。同样，边集则放在一个被称为 EdgeRDD 的特殊数据结构中。顶点和边构成图，可以使用这两个数据结构来完成各种后续操作。

因此，类 Graph 的声明如下所示。

```
class Graph[VD, ED] {
  //A RDD containing the vertices and their associated attributes.
  val vertices: VertexRDD[VD]

  //A RDD containing the edges and their associated attributes.
    The entries in the RDD contain just the source id and target id
    along with the edge data.
  val edges: EdgeRDD[ED]

  //A RDD containing the edge triplets, which are edges along with the
    vertex data associated with the adjacent vertices.
  val triplets: RDD[EdgeTriplet[VD, ED]]
}
```

现在看一下 Graph 类的两个主要组件：VertexRDD 和 EdgeRDD。

10.3 VertexRDD 和 EdgeRDD

VertexRDD 包含位于一个特殊数据结构中的顶点或者节点的集合，EdgeRDD 则是在特殊的数据结构中包含边或连接的集合，这些边或连接位于节点/顶点之间。VertexRDD 和 EdgeRDD 都基于 RDD。VertexRDD 用于处理图中的每个节点，EdgeRDD 则包含所有节点之间的所有连接。在本节中，将介绍如何创建 VertexRDD 和 EdgeRDD，然后在构建图时使用这些对象。

10.3.1 VertexRDD

如前所见，VertexRDD 包含顶点及其相关属性。RDD 中的每个元素都代表图中的一个顶点或节点。为了维护每个顶点的唯一性，需要有一种方法，来为每个顶点都赋予一个唯一的 ID。基于此，GraphX 定义了一个非常重要的标识符，称为 VertexID。

注意：

VertexID 是一个 64 位的顶点标识符，它能够唯一地确定图中的一个顶点。除了唯一性外，它不必遵循任何顺序或约束方面的要求。

VertexID 的声明如下，它就像一个 Long 类型的 64 位数字：

```
type VertexID = Long
```

VertexRDD 扩展了由 RDD [(VertexID,VD)]表示的包含了 VertexID 和顶点属性的 RDD。它还确保每个顶点只有一个条目，并通过对条目预先索引，从而实现快速高效的连接操作。具有相同索引的两个 VertexRDD 能够高效地进行连接。

```
class VertexRDD[VD]() extends RDD[(VertexID, VD)]
```

VertexRDD 也实现了很多函数，从而提供了与图操作相关的很多重要功能。通常每个函数都接收由 VertexRDD 表示的顶点作为输入。

现在，让将顶点加载到 user VertexRDD。为完成这项操作，我们首先声明一个 case 类 User，如下所示：

```
case class User(name: String, occupation: String)
```

现在，使用 users.txt 文件来创建 VertexRDD。该文件的内容如表 10.1 所示。

表 10.1 users.txt

VertexID	Name	Occupation
1	John	Accountant
2	Mark	Doctor
3	Sam	Lawyer
4	Liz	Doctor
5	Eric	Accountant
6	Beth	Accountant
7	Larry	Engineer
8	Marry	Cashier
9	Dan	Doctor
10	Ken	Librarian

可见，文件 users.txt 中的每一行都包含 VertexID、Name(姓名)和 Occupation(职业)。所以这里可以使用 String 的拆分函数：

```
scala> val users = sc.textFile("users.txt").map{ line =>
  val fields = line.split(",")
  (fields(0).toLong, User(fields(1), fields(2)))
}
users: org.apache.spark.rdd.RDD[(Long, User)] = MapPartitionsRDD[2645] at
map at <console>:127

scala> users.take(10)
res103: Array[(Long, User)] = Array((1,User(John,Accountant)),
(2,User(Mark,Doctor)), (3,User(Sam,Lawyer)), (4,User(Liz,Doctor)),
(5,User(Eric,Accountant)), (6,User(Beth,Accountant)),
(7,User(Larry,Engineer)), (8,User(Mary,Cashier)), (9,User(Dan,Doctor)),
(10,User(Ken,Librarian)))
```

10.3.2 EdgeRDD

EdgeRDD 表示顶点之间的边集，也是 Graph 类的成员。这些内容我们在前面已经看到了。EdgeRDD 与 VertexRDD 一样，也是从 RDD 进行扩展并获取边和顶点的属性。

EdgeRDD [ED,VD]通过在每个分区上以列的格式存储边，从而对 RDD[Edge [ED]]进行扩展，并以此提升性能。它还可存储与每条边关联的顶点的属性，从而提供三元视图。

```
class EdgeRDD[ED]() extends RDD[Edge[ED]]
```

EdgeRDD 也实现了很多函数，这些函数提供与图操作相关的重要功能。每个函数通常都接收由 EdgeRDD 表示的边作为输入。每个 Edge 由源 VertexID、目标 VertexID 和边属性(如 String、Integer 或 case 类)构成。在下例中，我们使用 String friends 作为属性。在本章的稍后部分，将使用以英里为单位的距离(Integer)作为属性。

可使用如表 10.2 所示的包含 VertexID 对的文件来创建 EdgeRDD。

表 10.2　friends.txt

源 VertexID	目标 VertexID	距离/英里
1	3	5
3	1	5
1	2	1
2	1	1
4	10	5
10	4	5
1	10	5
10	1	5
2	7	6
7	2	6
7	4	3
4	7	3
2	3	2

friends.txt 文件中的每一行都包含源 VertexID、目标 VertexID，因此可使用 String 拆分函数：

```
scala> val friends = sc.textFile("friends.txt").map{ line =>
  val fields = line.split(",")
  Edge(fields(0).toLong, fields(1).toLong, "friend")
}
friends: org.apache.spark.rdd.RDD[org.apache.spark.graphx.Edge[String]] =
MapPartitionsRDD[2648] at map at <console>:125

scala> friends.take(10)
res109: Array[org.apache.spark.graphx.Edge[String]] =
Array(Edge(1,3,friend), Edge(3,1,friend), Edge(1,2,friend),
Edge(2,1,friend), Edge(4,10,friend), Edge(10,4,friend), Edge(1,10,friend),
Edge(10,1,friend), Edge(2,7,friend), Edge(7,2,friend))
```

现在，就有了顶点和边，是时候将这些东西放到一起，然后从这些顶点和边的列表中创建 Graph 了：

```
scala> val graph = Graph(users, friends)
graph: org.apache.spark.graphx.Graph[User,String] =
org.apache.spark.graphx.impl.GraphImpl@327b69c8
```

```
scala> graph.vertices
res113: org.apache.spark.graphx.VertexRDD[User] = VertexRDDImpl[2658] at
RDD at VertexRDD.scala:57

scala> graph.edges
res114: org.apache.spark.graphx.EdgeRDD[String] = EdgeRDDImpl[2660] at RDD
at EdgeRDD.scala:41
```

使用 Graph 对象，就可以使用 collect()函数来查看顶点和边，它可以显示所有的顶点和边。每个顶点的格式为(VertexID,User)，每条边的格式为(srcVertexID,dstVertexID,edgeAttribute)。

```
scala> graph.vertices.collect
res111: Array[(org.apache.spark.graphx.VertexID, User)] =
Array((4,User(Liz,Doctor)), (6,User(Beth,Accountant)),
(8,User(Mary,Cashier)), (10,User(Ken,Librarian)), (2,User(Mark,Doctor)),
(1,User(John,Accountant)), (3,User(Sam,Lawyer)), (7,User(Larry,Engineer)),
(9,User(Dan,Doctor)), (5,User(Eric,Accountant)))

scala> graph.edges.collect
res112: Array[org.apache.spark.graphx.Edge[String]] =
Array(Edge(1,2,friend), Edge(1,3,friend), Edge(1,10,friend),
Edge(2,1,friend), Edge(2,3,friend), Edge(2,7,friend), Edge(3,1,friend),
Edge(3,2,friend), Edge(3,10,friend), Edge(4,7,friend), Edge(4,10,friend),
Edge(7,2,friend), Edge(7,4,friend), Edge(10,1,friend), Edge(10,4,friend),
Edge(3,5,friend), Edge(5,3,friend), Edge(5,9,friend), Edge(6,8,friend),
Edge(6,10,friend), Edge(8,6,friend), Edge(8,9,friend), Edge(8,10,friend),
Edge(9,5,friend), Edge(9,8,friend), Edge(10,6,friend), Edge(10,8,friend))
```

现在，我们已经创建了一个图，下一节我们来了解一些不同的操作。

10.4 图操作

让我们首先分析一些能够直接使用 Graph 对象的操作(如基于对象的某些属性)来过滤图的顶点和边。我们也将看到 mapValues()的例子，它能将图转换为自定义的 RDD。

让我们使用前面创建的图，检查顶点和边，然后执行一些与图相关的操作。

```
scala> graph.vertices.collect
res111: Array[(org.apache.spark.graphx.VertexID, User)] =
Array((4,User(Liz,Doctor)), (6,User(Beth,Accountant)),
(8,User(Mary,Cashier)), (10,User(Ken,Librarian)), (2,User(Mark,Doctor)),
(1,User(John,Accountant)), (3,User(Sam,Lawyer)), (7,User(Larry,Engineer)),
(9,User(Dan,Doctor)), (5,User(Eric,Accountant)))

scala> graph.edges.collect
res112: Array[org.apache.spark.graphx.Edge[String]] =
Array(Edge(1,2,friend), Edge(1,3,friend), Edge(1,10,friend),
Edge(2,1,friend), Edge(2,3,friend), Edge(2,7,friend), Edge(3,1,friend),
Edge(3,2,friend), Edge(3,10,friend), Edge(4,7,friend), Edge(4,10,friend),
```

```
Edge(7,2,friend), Edge(7,4,friend), Edge(10,1,friend), Edge(10,4,friend),
Edge(3,5,friend), Edge(5,3,friend), Edge(5,9,friend), Edge(6,8,friend),
Edge(6,10,friend), Edge(8,6,friend), Edge(8,9,friend), Edge(8,10,friend),
Edge(9,5,friend), Edge(9,8,friend), Edge(10,6,friend), Edge(10,8,friend))
```

10.4.1 filter

可以调用 filter()函数，从而将顶点集限制为满足给定谓词条件的顶点集。该操作会保留原有索引，以便与原始的 RDD 进行有效连接，并在位掩码(bitmask)中设置其位，而不是分配新的内存：

```
def filter(pred: Tuple2[VertexID, VD] => Boolean): VertexRDD[VD]
```

使用过滤器，可以过滤掉除用户 Mark 之外的所有顶点内容，这可以通过使用 VertexID 或 User.name 属性来完成。也可过滤 User.occupation 属性。

下面的代码就是为了完成类似目的：

```
scala> graph.vertices.filter(x => x._1 == 2).take(10)
res118: Array[(org.apache.spark.graphx.VertexID, User)] =
Array((2,User(Mark,Doctor)))

scala> graph.vertices.filter(x => x._2.name == "Mark").take(10)
res119: Array[(org.apache.spark.graphx.VertexID, User)] =
Array((2,User(Mark,Doctor)))

scala> graph.vertices.filter(x => x._2.occupation == "Doctor").take(10)
res120: Array[(org.apache.spark.graphx.VertexID, User)] =
Array((4,User(Liz,Doctor)), (2,User(Mark,Doctor)), (9,User(Dan,Doctor)))
```

也可也在边上执行 filter 操作，可以使用源 VertexID 或目标 VertexID。因此可以过滤掉其他的边，而只显示一条边，也就是来自 John(VertexID = 1)的边：

```
scala> graph.edges.filter(x => x.srcId == 1)
res123: org.apache.spark.rdd.RDD[org.apache.spark.graphx.Edge[String]] =
MapPartitionsRDD[2672] at filter at <console>:134

scala> graph.edges.filter(x => x.srcId == 1).take(10)
res124: Array[org.apache.spark.graphx.Edge[String]] =
Array(Edge(1,2,friend), Edge(1,3,friend), Edge(1,10,friend))
```

10.4.2 mapValues

mapValues()会对每个顶点的属性进行映射操作，但它会保留索引并不修改 VertexID。一旦修改 VertexID，就会修改索引，这样后续操作就会失败并且该顶点将无法访问。因此不修改 VertexID 是一件很重要的事情。

该函数的声明如下：

```
def mapValues[VD2: ClassTag](f: VD => VD2): VertexRDD[VD2]
//A variant of the mapValues() function accepts a vertexId in addition to the
//vertices.
def mapValues[VD2: ClassTag](f: (VertexID, VD) => VD2): VertexRDD[VD2]
```

mapValues()也可在边上执行操作，它会在边的分区中映射值，保留其结构，但会对值进行更改：

```
def mapValues[ED2: ClassTag](f: Edge[ED] => ED2): EdgeRDD[ED2]
```

如下是一个例子，它在顶点和边上调用 mapValues()，将顶点转换为包含(vertexID,User.name)对的列表，将边转换为三元组(srcID,dstID,string)：

```
scala> graph.vertices.mapValues{(id, u) => u.name}.take(10)
res142: Array[(org.apache.spark.graphx.VertexID, String)] = Array((4,Liz),
(6,Beth), (8,Mary), (10,Ken), (2,Mark), (1,John), (3,Sam), (7,Larry),
(9,Dan), (5,Eric))

scala> graph.edges.mapValues(x => s"${x.srcId} -> ${x.dstId}").take(10)
7), Edge(3,1,3 -> 1), Edge(3,2,3 -> 2), Edge(3,10,3 -> 10), Edge(4,7,4 ->7))
```

10.4.3 aggregateMessages

GraphX 中的核心聚合操作是 aggregateMessages。它会先在图中每条边的三元组上应用用户自定义的 sendMsg 函数，然后在目标顶点上使用 mergeMsg 函数将这些消息进行聚合。aggregateMessages 在很多图算法中都会被用到，此时需要在顶点之间交换信息。

该 API 的签名如下：

```
def aggregateMessages[Msg: ClassTag](
  sendMsg: EdgeContext[VD, ED, Msg] => Unit,
  mergeMsg: (Msg, Msg) => Msg,
  tripletFields: TripletFields = TripletFields.All)
  : VertexRDD[Msg]
```

其关键函数为 sendMsg 和 mergeMsg，它们确定了将哪些内容发送给边的源顶点或目标顶点。mergeMsg 函数则处理从所有边上接收到的消息并执行计算或聚合操作。

如下是一个简单例子，它在 Graph 图上调用 aggregateMessages，这里将一条消息发送给所有的目标顶点。每个顶点上的合并策略是将所有接收到的消息相加：

```
scala> graph.aggregateMessages[Int](_.sendToDst(1), _+ _).collect
res207: Array[(org.apache.spark.graphx.VertexID, Int)] = Array((4,2),
(6,2), (8,3), (10,4), (2,3), (1,3), (3,3), (7,2), (9,2), (5,2))
```

10.4.4 triangleCount

如果一个顶点的两个邻居通过边相连接，则会创建出一个三角形。换句话说，用户可以使用彼此为朋友的两个朋友创建出三角形。

函数 triangleCount()用于计算图中的三角形。

下面的代码用来在图中统计三角形。它首先调用 triangleCount 函数，然后将三角形与顶点(users)进行连接，从而生成每个用户以及用户所属的各个三角形。

```
scala> val triangleCounts = graph.triangleCount.vertices
triangleCounts: org.apache.spark.graphx.VertexRDD[Int] =
VertexRDDImpl[3365] at RDD at VertexRDD.scala:57

scala> triangleCounts.take(10)
res171: Array[(org.apache.spark.graphx.VertexID, Int)] = Array((4,0),
(6,1), (8,1), (10,1), (2,1), (1,1), (3,1), (7,0), (9,0), (5,0))

scala> val triangleCountsPerUser = users.join(triangleCounts).map {
case(id, (User(x,y), k)) => ((x,y), k) }
triangleCountsPerUser: org.apache.spark.rdd.RDD[((String, String), Int)] =
MapPartitionsRDD[3371] at map at <console>:153

scala> triangleCountsPerUser.collect.mkString("\n")
res170: String =
((Liz,Doctor),0)
((Beth,Accountant),1) //1 count means this User is part of 1 triangle
((Mary,Cashier),1) //1 count means this User is part of 1 triangle
((Ken,Librarian),1) //1 count means this User is part of 1 triangle
((Mark,Doctor),1) //1 count means this User is part of 1 triangle
((John,Accountant),1) //1 count means this User is part of 1 triangle
((Sam,Lawyer),1) //1 count means this User is part of 1 triangle
((Larry,Engineer),0)
((Dan,Doctor),0)
((Eric,Accountant),0)
```

这里计算出来的两个三角形(John, Mark, Sam)以及(Ken, Mary, Beth)如图 10.5 所示。

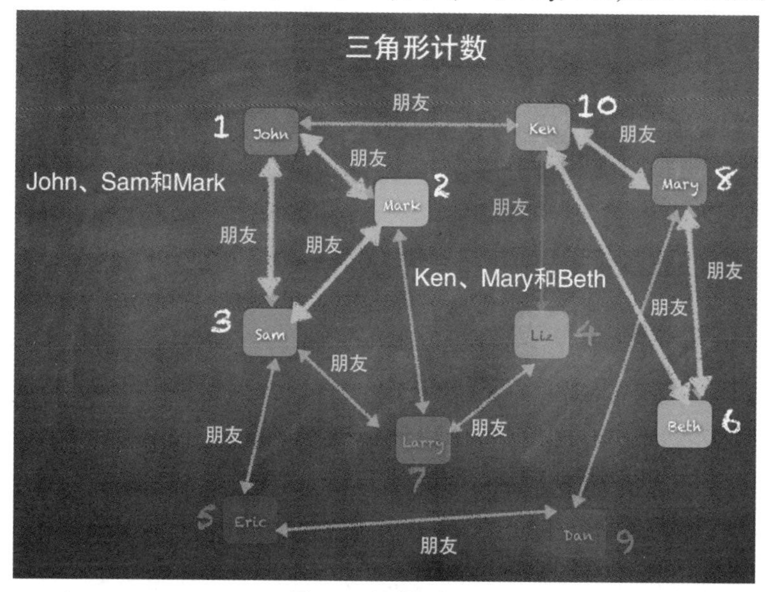

图 10.5　计算三角形

10.5 Pregel API

从本质上说，图其实就是递归的数据结构。因为每个顶点的属性取决于它的邻居的属性，而这些属性则又取决于它们各自的邻居的属性。因此，很多重要的图算法都迭代计算每个顶点的属性，最终达到定点条件。目前为止，人们已经提出了一系列基于图的并行抽象概念来表达这些迭代算法。其中之一的 Pergel API 就是 GraphX 的变体。

从更高层次上说，GraphX 中的 Pregel 操作符是一种大规模的同步并行消息传递的抽象，会受到图拓扑情况的约束。Pregel 操作符在一系列步骤中执行，其中顶点会从前一个步骤中接收其入站消息的总和，从而计算当前顶点属性的新值，然后在下一个步骤将消息发送到相邻的顶点。使用 Pregel，消息以并行方式进行计算，作为边三元组的一个函数，并且消息计算可同时访问源和目标顶点的属性。如果有顶点在此过程中没有接收到消息，则跳过此顶点。直到没有剩余的消息时，Pregel 操作符终止迭代操作并返回最终的结果图。

使用 Pregel API 内置的一些算法如下：

- connectedComponents
- 最短路径
- 旅行商问题
- PageRank(10.6 节讲述)

Pregel API 的签名如下，它显示了所需的各个参数。该 API 的具体用法将在后面演示，因此在这里可以了解一下它的声明：

```
def pregel[A]
  (initialMsg: A, //the initial message to all vertices
  maxIter: Int = Int.MaxValue, //number of iterations
  activeDir: EdgeDirection = EdgeDirection.Out)
  //incoming or outgoing edges
  (vprog: (VertexID, VD, A) => VD,
  sendMsg: EdgeTriplet[VD, ED] => Iterator[(VertexID, A)],
  //send message function
  mergeMsg: (A, A) => A) //merge strategy
  : Graph[VD, ED]
```

10.5.1 connectedComponents

连通体问题本质上是查找图中的子图。图中的顶点以某种方式彼此连接。这意味着同一组件中的每个顶点都与该组件中的其他顶点之间存在连接的边。如果不存在将该顶点连接到组件中其他顶点的边，则可使用该顶点来创建新组件。这个过程会一直进行下去，直到所有顶点都在某个组件中为止。

图对象提供了一个 connectComponents()函数，用来计算连通体。它会使用 Pregel API 来计算各个顶点所属的组件。如下是计算图中连通体的代码。显然，在这个例子中，我们只有一个连通体，因此它只为所有用户显示一个组件号。

```
scala> graph.connectedComponents.vertices.collect
```

```
res198: Array[(org.apache.spark.graphx.VertexID,
org.apache.spark.graphx.VertexID)] = Array((4,1), (6,1), (8,1), (10,1),
(2,1), (1,1), (3,1), (7,1), (9,1), (5,1))

scala> graph.connectedComponents.vertices.join(users).take(10)
res197: Array[(org.apache.spark.graphx.VertexID,
(org.apache.spark.graphx.VertexID, User))] =
Array((4,(1,User(Liz,Doctor))), (6,(1,User(Beth,Accountant))),
(8,(1,User(Mary,Cashier))), (10,(1,User(Ken,Librarian))),
(2,(1,User(Mark,Doctor))), (1,(1,User(John,Accountant))),
(3,(1,User(Sam,Lawyer))), (7,(1,User(Larry,Engineer))),
(9,(1,User(Dan,Doctor))), (5,(1,User(Eric,Accountant))))
```

10.5.2 旅行商问题(TSP)

旅行商问题试图通过遍历每个顶点的无向图来找到最短路径。例如，用户 John 想要开车到其他每个用户处，并且总距离要最短。而随着顶点和边的数量增加，排列组合的数量会以多项式的级别增加，从而覆盖从顶点到顶点的所有可能路径。解决该问题的时间复杂度也会以多项式的级别增加，最终可能需要很长时间才能解决。可使用广为人知的贪心算法来尽可能获取该问题的最优解。

为解决 TSP，贪心算法需要快速选择最短的边，但如果进一步做深度遍历，这样选择出来的边就未必是最佳选择了。

基于用户和朋友关系图的贪心算法如图 10.6 所示。在这里可以看到，遍历算法在每个顶点都选择了最小加权值的边。另外需要注意，顶点 Larry(7)和 Liz(4)从未被访问到。

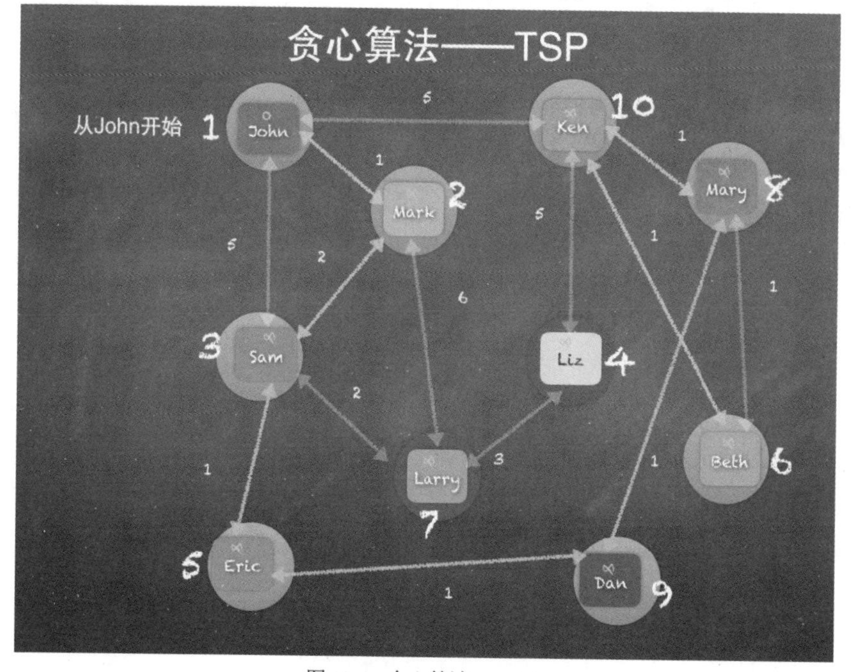

图 10.6 贪心算法——TSP

10.5.3 最短路径

最短路径算法用于查找两个顶点之间的路径，它先从源顶点开始，然后遍历该顶点连接到其他顶点上的边，直到抵达目标顶点为止。最短路径算法通过在不同顶点之间交换消息来达成目标。此外，该最短路径算法也不是 Graph 或 GraphOps 对象的直接组成部分，需要调用 lib.ShortestPaths()：

```
scala> lib.ShortestPaths.run(graph,Array(1)).vertices.join(users).take(10)

res204: Array[(org.apache.spark.graphx.VertexID,
(org.apache.spark.graphx.lib.ShortestPaths.SPMap, User))] = Array((4,(Map(1
-> 2),User(Liz,Doctor))), (6,(Map(1 -> 2),User(Beth,Accountant))),
(8,(Map(1 -> 2),User(Mary,Cashier))), (10,(Map(1 ->
1),User(Ken,Librarian))), (2,(Map(1 -> 1),User(Mark,Doctor))), (1,(Map(1 ->
0),User(John,Accountant))), (3,(Map(1 -> 1),User(Sam,Lawyer))), (7,(Map(1
-> 2),User(Larry,Engineer))), (9,(Map(1 -> 3),User(Dan,Doctor))), (5,(Map(1
-> 2),User(Eric,Accountant))))
```

ShortestPaths 算法根据两个顶点之间的跳转次数来选择最短路径。图 10.7 显示了 John 可以到达 Larry 的三条路径。其中两条路径长度为 2，另一条为 3。从前面的代码中可以看出，选择的从 Larry 到 John 的路径长度为 2。

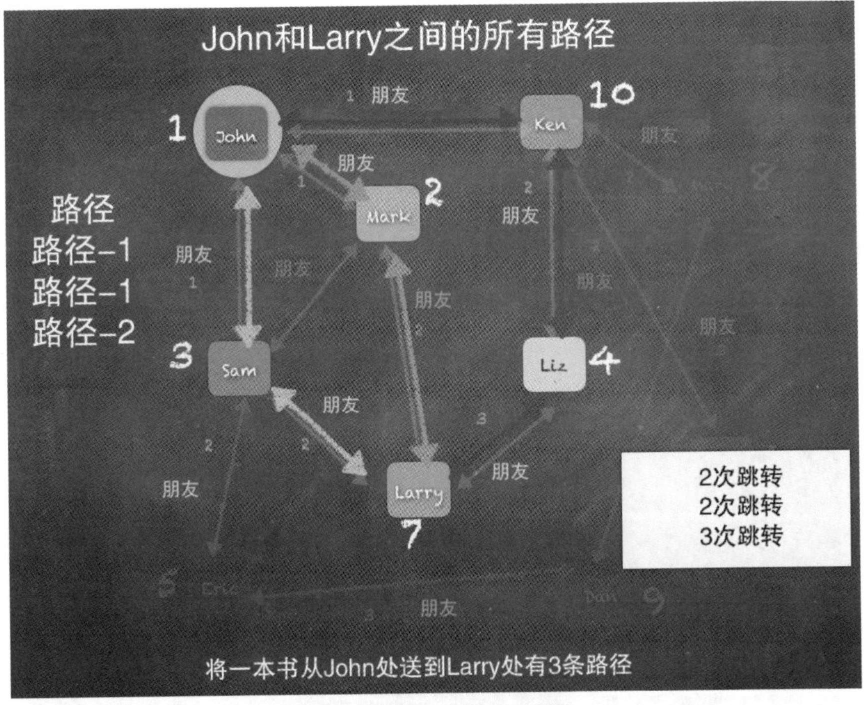

图 10.7 最短路径算法示意图

上述代码的输出中也显示了同样的内容，其返回结果是一个包含路径长度和节点的向量

(7,(Map(1->2),User(Larry,Engineer)))。

也可以使用带有加权值的边来计算最短路径，这意味着连接用户的每条边都不相同。例如，如果将边的值/加权值/属性视为不同用户居住地之间的距离，就可以得到一个包含加权值的图。这种情况下，要计算最短路径，就需要使用不同用户之间的距离：

```
scala> val srcId = 1 //vertex ID 1 is the user John
srcId: Int = 1

scala> val initGraph = graph.mapVertices((id, x) => if(id == srcId) 0.0
else Double.PositiveInfinity)
initGraph: org.apache.spark.graphx.Graph[Double,Long] =
org.apache.spark.graphx.impl.GraphImpl@2b9b8608

scala> val weightedShortestPath = initGraph.pregel(Double.PositiveInfinity,
5)(
  | (id, dist, newDist) => math.min(dist, newDist),
  | triplet => {
  | if (triplet.srcAttr + triplet.attr < triplet.dstAttr) {
  | Iterator((triplet.dstId, triplet.srcAttr + triplet.attr))
  | }
  | else {
  | Iterator.empty
  | }
  | },
  | (a, b) => math.min(a, b)
  | )
weightedShortestPath: org.apache.spark.graphx.Graph[Double,Long] =
org.apache.spark.graphx.impl.GraphImpl@1f87fdd3

scala> weightedShortestPath.vertices.take(10).mkString("\n")
res247: String =
(4,10.0)
(6,6.0)
(8,6.0)
(10,5.0)
(2,1.0)
(1,0.0)
(3,3.0)
(7,7.0)
(9,5.0)
(5,4.0)
```

图 10.8 展示了如何使用 Pregel API 来计算从 John 到 Larry 的单源最短路径。我们从初始化开始，然后进行迭代，直到获得最佳路径为止。

该图的初始化过程如下：将表示 John 的顶点的值设置为 0，然后其他顶点的值设置为正无穷大。

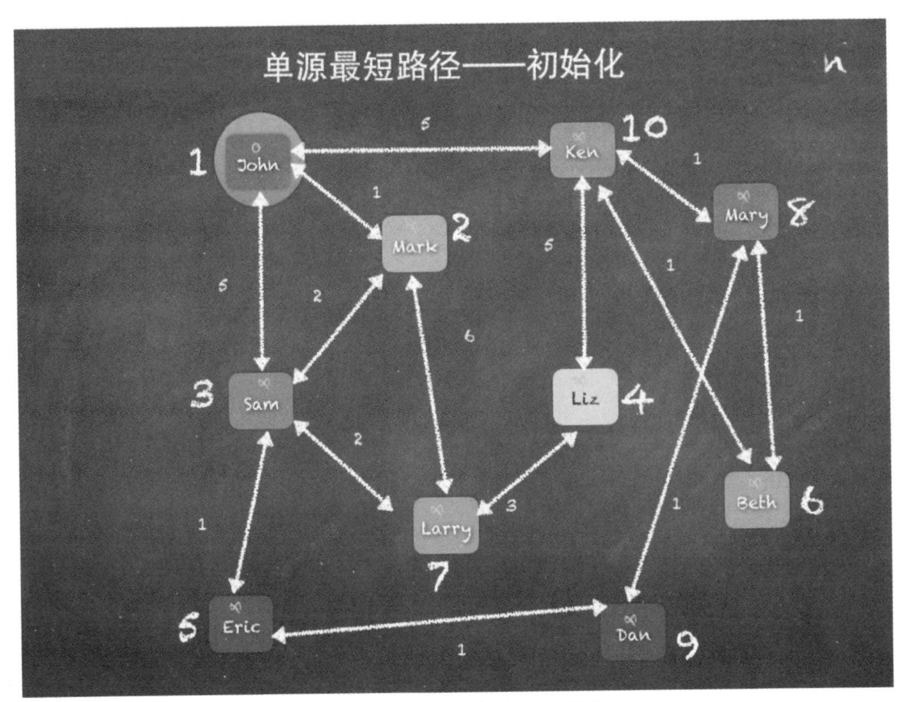

图 10.8 单源最短路径——初始化

一旦初始化完毕，就可以使用 Pregel 执行 4 次迭代操作，从而重复计算顶点的值。在每次迭代操作中，我们都要遍历所有顶点，并且在每个顶点处，都要检查是否存在一条从源顶点到目标顶点的更好路径。如果有这样的路径，该顶点的值就进行更新。

让我们定义两个函数：distance(v)和 distance(s,t)，前者用于给出顶点的值，后者用于给出连接 s 和 t 的边的值。

在第一次迭代时，除了 John 之外的每个用户都设置为无穷大，John 设置为 0。因为 John 为源点。现在，我们使用 Pregel 来遍历所有顶点，并检查是否存在比无穷大更好的值。例如，我们使用 Ken，可以检查 distance("John") + distance("Jonh","Ken")是否小于 distance("Ken")。

这等价于检查 0 + 5 是否小于无穷大，答案为 true。所以将 Ken 的距离更新为 5。

同样，我们检查 Mary，distance("Ken") + distance("Ken","Mary")是否小于 distance("Mary")? 其结果为 false。此时仍将 Ken 设置为无穷大。因此在第一次迭代时，我们只更新那些连接到 John 的用户。

在下一次迭代中，将更新 Mary、Liz 和 Eric 等，因为在第一次迭代中，我们已经更新了 Ken、Mark 和 Sam 的值。该过程将持续多次，这由调用 Pregel API 时指定的迭代次数控制。

图 10.9 展示了计算单源最短路径时不同的迭代情况。

经过 4 次迭代计算后，从 John 到 Larry 的最短路径为 5 英里。从 John 到 Larry 的路径如图 10.10 所示，也就是 John | Mark | Sam | Larry。

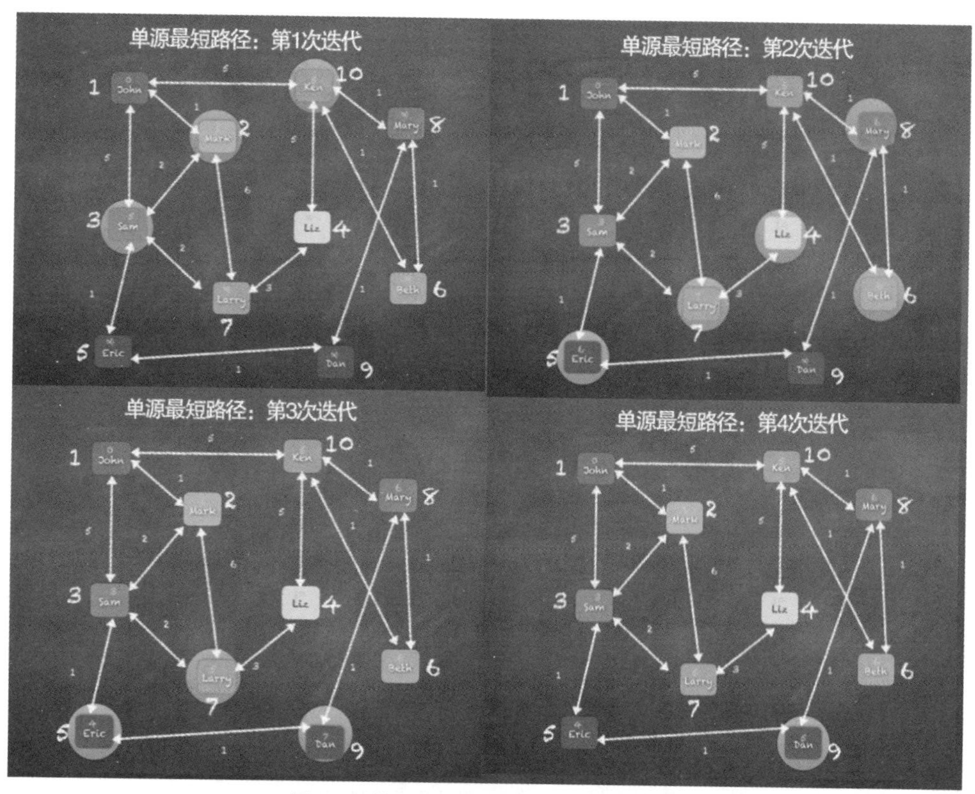

图 10.9　单源最短路径计算的 4 次迭代过程

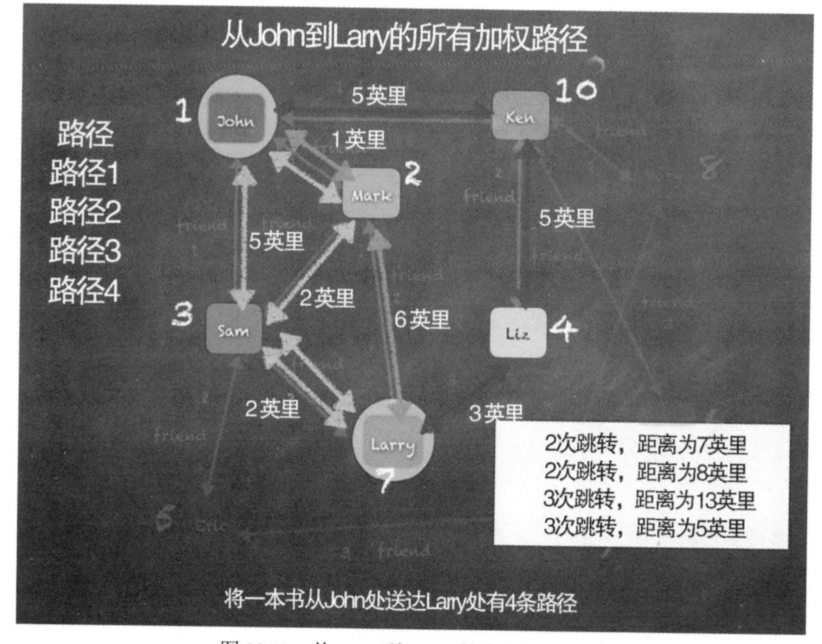

图 10.10　从 John 到 Larry 的所有加权路径

10.6 PageRank

PageRank 可能是图处理领域最重要的算法之一。该算法源自谷歌，是由谷歌的创始人 Larry Page 提出。该算法目前已发展成处理基于边或关系对顶点或节点进行排序的用户场景的诸多实用类型。

> **注意：**
> 谷歌的 PageRank 算法的工作原理是计算各个页面的链接的数量及其质量，从而对网站的重要性进行评估。其基本假设是：网站越重要，则接收到其他网站的链接也越多。要了解该算法的更多信息，请参考 https://en.wikipedia.org/wiki/PageRank。

以谷歌的 PageRank 算法为例，可通过在其他热门网站或技术博客上推广网页，以提高这些网页在公司网站或博客上的相对重要性。使用这种方法，如果有很多第三方网站显示你的博客或内容，那么在谷歌搜索的结果中，你的博客网站可能比其他同类内容显示的位置要高。

> **注意：**
> 搜索引擎优化(Search Engine Optimization，SEO)是营销领域最大的行业之一。几乎每个网站都在该项技术上进行了投资。SEO 涉及各种技术和策略，主要是为了改善网站在搜索某些关键字时在不同搜索引擎中的出现位置。其概念也是基于类似谷歌 PageRank 的算法来实现的。

如果你将网页视为节点/顶点，然后将网页之间的超链接视为边，就能创建出一张图来。现在，你将网页排名计算看成指向网页的超链接/边的数量，例如你的 myblog.com 网站上有 cnn.com 或 msnbc.com 的链接，这样用户可以单击这些链接并转到 myblog.com 页面。这可能是表示 myblog.com 这个顶点是否重要的因素。如果将这个简单逻辑进行递归应用，最终就能得到每个顶点的排名，而其中每个顶点又使用基于源顶点的排名接入边和 PageRank 算法计算得到。具有高排名的页面本身会包含多个链接。让我们来看一下如何使用 Spark GraphX 在大数据上解决 PageRank 问题。正如我们已经见到的，PageRank 会度量图中每个顶点的重要性，这里假设从 a 到 b 的边表示了 b 被 a 提升的值。例如，如果某一推特用户有很多追随者或粉丝，则该用户的排名会很高。

GraphX 带有 PageRank 的动态和静态实现方法，它们均可作用在 PageRank 对象上。静态 PageRank 实现方法将运行固定次数的迭代操作，而动态方法则会一直进行迭代，直到排名收敛为止。GraphOps 允许在图上将这些算法作为方法直接调用：

```
scala> val prVertices = graph.pageRank(0.0001).vertices
prVertices: org.apache.spark.graphx.VertexRDD[Double] = VertexRDDImpl[8245]
at RDD at VertexRDD.scala:57

scala> prVertices.join(users).sortBy(_._2._1, false).take(10)
res190: Array[(org.apache.spark.graphx.VertexID, (Double, User))] =
Array((10,(1.4600029149839906,User(Ken,Librarian))),
(8,(1.1424200609462447,User(Mary,Cashier))),
(3,(1.1279748817993318,User(Sam,Lawyer))),
(2,(1.1253662371576425,User(Mark,Doctor))),
```

```
(1,(1.0986118723393328,User(John,Accountant))),
(9,(0.8215535923013982,User(Dan,Doctor))),
(5,(0.8186673059832846,User(Eric,Accountant))),
(7,(0.8107902215195832,User(Larry,Engineer))),
(4,(0.8047583729877394,User(Liz,Doctor))),
(6,(0.783902117150218,User(Beth,Accountant))))
```

运行 PageRank 算法的示意图如图 10.11 所示。

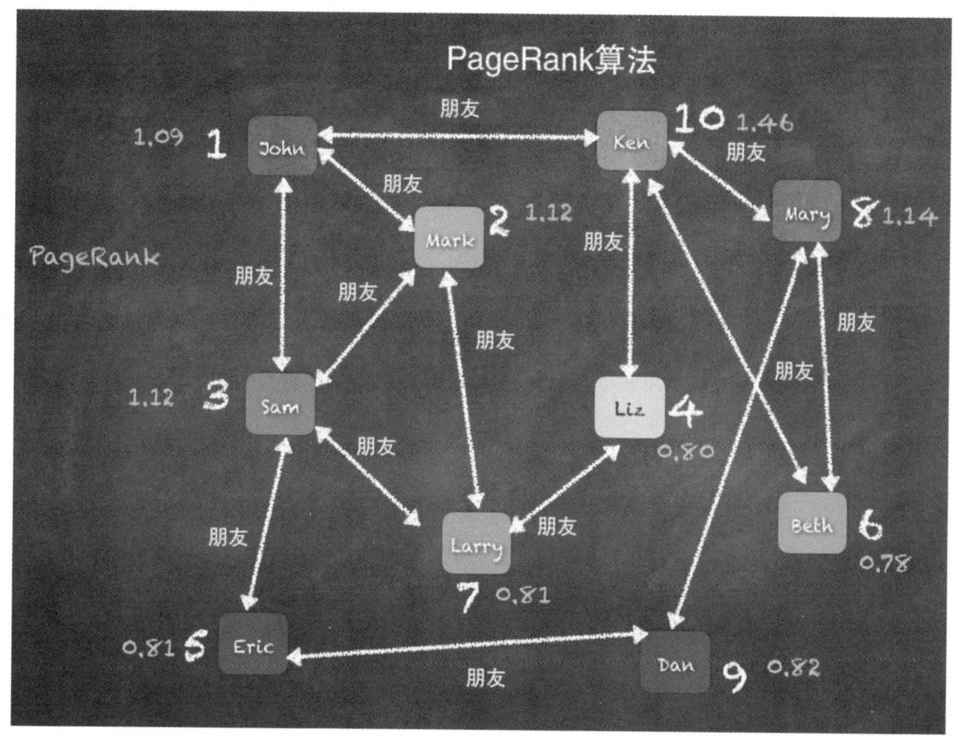

图 10.11　PageRank 算法示意图

10.7　本章小结

本章以 Facebook 为例介绍了图论，讲述了 Apache Spark 中的图处理库 GraphX(包括 VertexRDD 和 EdgeRDD)。还讨论了图操作，如 aggregateMessages、triangleCount 和 Pregel API 等。还有不少用户案例，如 PageRank 算法等。我们也看到了 TSP 以及连通体问题等，学习了如何通过 GraphX API 来利用 Scala 语言开发图处理算法。

第 11 章将探究 Apache Spark 中的机器学习这个精彩的世界。

第 11 章

掌握机器学习 Spark MLlib 和 ML

“我们每个人其实都是数据科学家。我们从传感器接收数据，然后对数据进行处理，以获得抽象的规则来感知我们所处的环境，并控制我们在该环境中的行为，以最小化疼痛和/或最大化愉悦之感。”将这些规则存储在我们的大脑中，然后在需要的时候可以唤起它们。学习是终身的；当环境发生变化时，就会忘记那些不再适用的规则，或者修改它们。

——Ethem Alpaydin

本章旨在向那些在通常的统计知识培训过程中不会接触机器学习的人们简单介绍统计机器学习技术。本章的目的还在于使新手从知道极少的机器学习知识开始，一路成长为知识渊博的相关行业从业者。将介绍 Spark 的机器学习 API，也就是 Spark MLlib 和 ML。此外，也将介绍一些案例，包括特征提取、特征转换、降维、回归和分类分析等。

作为概括，本章将涵盖如下主题：

- 机器学习简介
- Spark 的机器学习 API
- 特征提取与转换
- PCA 和降维
- 二元分类与多元分类

11.1 机器学习简介

在本节中，将尝试从计算机科学、统计学以及数据分析的角度定义机器学习。机器学习(ML)是计算机科学的一个分支，能为计算机提供学习能力，而不必进行显式的编程操作。其研究领域是从人工智能中的模式识别和计算机学习理论的研究中演变而来的。

更具体地说，ML 在尝试探索如何从启发式学习中进行学习，从而构建对数据进行预测的算法。这种算法从样本输入中构建模型，通过数据驱动的预测或决策来突破严格的静态程序指令的限制。现在，让我们了解一下 Tom M. Mitchell 教授关于机器学习的定义。他从计算机科学的角度解释了机器学习的真正含义：

如果一个计算机程序能从经验 E 中学习某类任务 T 和性能度量 P，并且该程序在任务 T 中的性能(由 P 度量)能随着经验 E 而改善，则称该程序具有学习能力。

根据上述定义，可以推知计算机程序或者机器可以：

- 从数据和历史中进行学习
- 随着经验而改善
- 通过交互方式可以增强用于预测问题结果的模型

典型的机器学习任务包括概念学习、预测建模、聚类，以及查找有用的模式。其最终目标是能以这样的方式改进学习，或者使之变得自动化，从而不需要与人类交互，或者尽可能降低与人类的交互水平。尽管机器学习有时会与 KDDM(Knowledge Discovery and Data Mining，知识发现与数据挖掘)相混淆，但是 KDDM 更侧重于探索性数据分析，并且通常被称为无监督学习。典型的机器学习则可分为科学知识发现，以及其他更多的商业应用。其范围覆盖从机器人或人机交互(Human-Computer Interaction，HCI)，到垃圾邮件过滤和推荐系统等众多领域。

11.1.1 典型的机器学习工作流

一个典型的机器学习应用通常有多个步骤，涉及输入、处理和输出等内容。这就形成了一个机器学习工作流，如图 11.1 所示。典型的机器学习应用通常包含如下步骤。

(1) 加载样例数据。

(2) 将数据解析为算法所需要的输入格式。

(3) 预处理数据，并处理缺失的值。

(4) 将数据拆分为两个集合：一个用于建立模型(训练数据集)；另一个用于测试模型(验证数据集)。

(5) 运行算法来建立或者训练 ML 模型。

(6) 使用训练数据进行预测并观察结果。

(7) 使用测试数据测试和评估模型，或者使用第三个数据集(验证数据集)，通过交叉验证器技术来验证模型。

(8) 调整模型，以获得更好的性能或准确性。

(9) 扩展模型，以便将来能处理大量数据集。

(10) 将 ML 模型进行商业化部署。

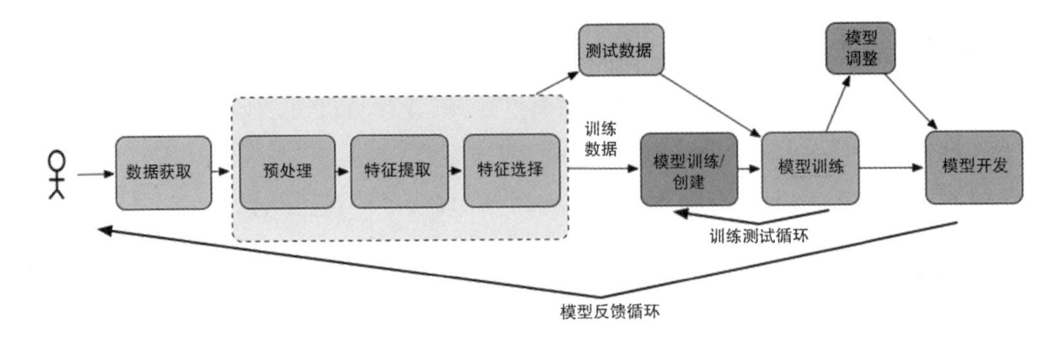

图 11.1　机器学习工作流

一般来讲，机器学习算法都有一些方法来处理数据集中的倾斜现象。尽管如此，有时这种倾斜也很严重。 在步骤(4)中，将实验数据集随机进行拆分，通常分为训练集和测试集，这称为抽样。训练数据集用于训练模型，而测试数据集则用于评估最终的最佳模型的性能。

更好的做法是尽可能多地使用训练数据集来提高模型的泛化性能。另外，则是建议只使用一次测试数据集，以避免在计算预测误差和相关指标时出现过拟合问题。

11.1.2　机器学习任务

根据学习系统可用的学习反馈性质，ML任务或过程一般被分为三大类：有监督学习、无监督学习以及加强学习，如图 11.2 所示。此外，也有其他一些机器学习任务，如降维、推荐系统或频繁模式挖掘等。

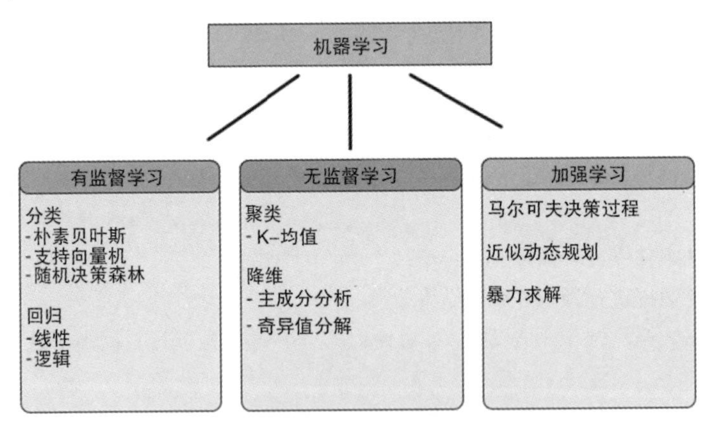

图 11.2　机器学习任务

1. 有监督学习

有监督学习基于一组样例进行预测，其目标是生成将输入和输出进行映射的规则，并将其与现实世界保持一致。例如，垃圾邮件过滤的数据集通常包含垃圾邮件和非垃圾邮件。因此，我们能够判断训练集中的消息是垃圾邮件还是“火腿”。尽管如此，也可以使用此类消息来训练模型，以便对看不见的新消息进行分类。图 11.3 是有监督学习的示意图。在算法找到所需的模式后，就可以使用这些模式对未标记的测试数据进行预测。这是最受欢迎和最有用的机器学习任务类型，Spark 也不例外。Spark 中的大多数算法都是有监督学习算法。

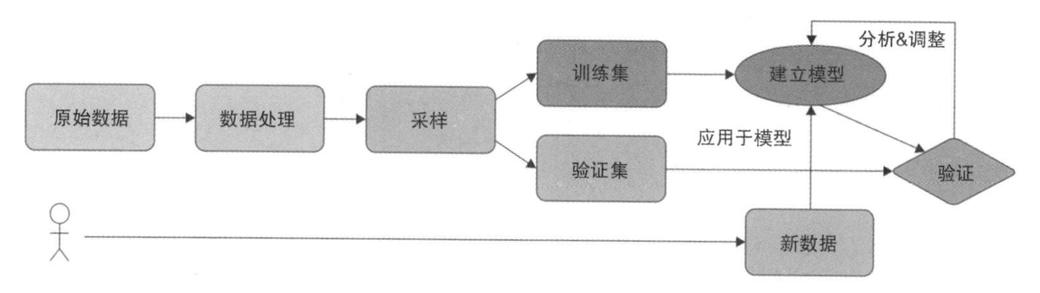

图 11.3　有监督学习算法示意图

有监督学习的例子包括分类与回归算法。本书将提供几个有监督学习的例子，例如逻辑回归、随机森林、决策树、朴素贝叶斯和一对多(One-vs-the-Rest)分类法。但是，为更具体地进行讨论，本章只讨论逻辑回归和随机森林。其他算法将在第 12 章探讨，也将介绍一些例子。

2. 无监督学习

在无监督学习中，数据点并无与之相关的标签。因此，需要通过算法为其放置标签，如图 11.4 所示。换言之，无监督学习使用的训练数据集中包含的类别是否正确是未知的。所以，需要从非结构化数据集中推断出所包含的类，这就意味着无监督学习算法的目标就是通过描述数据的结构，使用某些结构化方法来预处理数据。

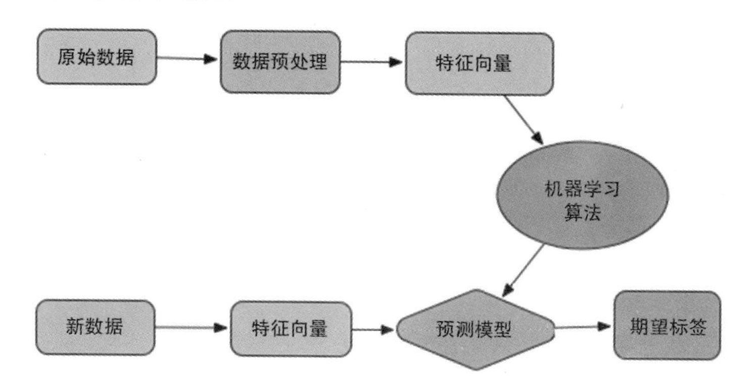

图 11.4　无监督学习

为克服无监督学习中的这一障碍，通常使用聚类技术基于某些相似性度量对未标记的样本进行分组。因此，这种任务中包含挖掘隐含模式以进行特征学习。聚类是对数据集中的条目进行智能分类的过程。其总体思路是，相对于其他条目，同一个聚类中的两个条目会更“接近”。这是一般性定义，“接近”的解释通常比较开放。

为解决无监督学习问题(也可用于有监督学习问题)，将在本书中提供几个无监督学习的例子，例如 K-均值、二等分 K-均值、高斯混合模型以及隐含狄利克雷分布(Latent Dirichlet)等。我们也将展示如何通过回归分析在有监督学习中使用主成分分析(PCA)或奇异值分解(SVD)等降维算法。

降维(Dimensionality Reduction，DR)

是一种用于在某些考虑因素下减少随机变量数量的技术。它可以用于有监督学习和无监督学习。使用降维技术的典型优点如下：

- 降低机器学习任务所需的时间和存储空间。
- 有助于消除多重共线性并提高机器学习模型的性能。
- 当将数据模型降低到较小的维度，例如 2D 或 3D 时，数据可视化就变得比较容易。

3. 加强学习

作为人类，我们都可以从过去的经历中进行学习。我们也不是瞬间就变得如此迷人。多年的积极赞美和负面批评，都有助于塑造我们今天的成绩。可通过与朋友、家人甚至陌生人进行交流来了解让人开心的事情，也可以通过尝试不同的肌肉运动方式来探索如何骑自行车。并且，当你完成某些操作时，你还可能得到一些奖励。例如，在附件找到一个购物中心可能产生即时的满足感。其他时候，奖励不会马上出现。例如，为了找到一个特别的吃饭地点，你可能需要进行一次长途旅行。这些都是关于加强学习(Reinforcement Learning，RL)的内容。

因此，加强学习是一门技术，其中的模型能从一系列动作或行为中学习。数据集的复杂性或样本的复杂性对于算法能否成功学习目标函数所需的加强学习至关重要。此外，需要对每个数据点进行响应以实现最终目标，这需要确保在与外部环境进行交互时，能最大化奖励功能，如图 11.5 所示。

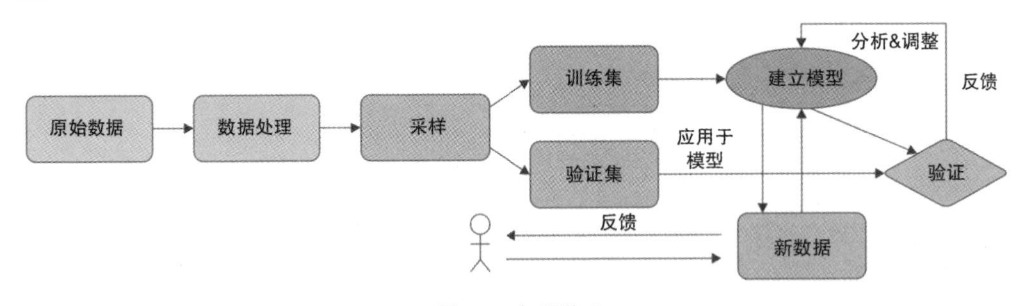

图 11.5 加强学习

加强学习可应用于多个领域。如下是一个简短列表：

- 广告有助于提升排名，可以对新兴项目使用一次性学习，新用户将带来更多收益。
- 为机器人讲解新的任务，同时保留先前的知识。
- 从国际象棋的开局，到交易策略路由问题，得出复杂的分层方案。例如，运输车队的管理，哪些卡车/司机应该分配哪些货物。
- 在机器人技术中，算法需要根据一组传感器的数据读取来确定机器人的下一步动作。
- 非常适合物联网(IoT)领域，其中计算机程序与动态环境进行交互，在该环节中它需要执行某个目标而不需要明确的指导者。
- 最简单的加强学习问题之一是 n 个武装匪徒(n-armed bandits)的问题。其描述是这样的，有多个自动老虎机，每个老虎机都有不同的固定支付概率。目标是如何选择具有最佳支付的机器使得利润最大化。

- 新兴的应用领域是股票市场交易。此时交易者的行为类似于强化剂，因为买卖(即行动)特定股票会产生利润或造成损失，从而改变交易者的状态。

4. 推荐系统

推荐系统是信息过滤系统的子类，它用于查找预测用户通常为条目提供的评价或偏好。近年来推荐系统的概念已经流程化，也被用到不同的应用中，如图 11.6 所示。

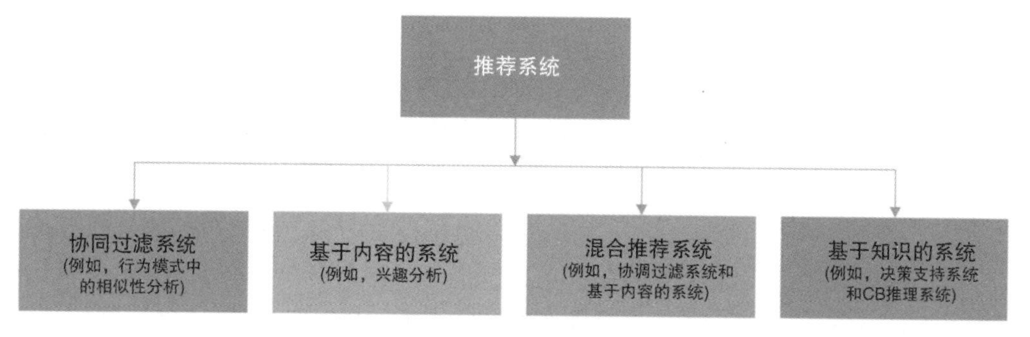

图 11.6　不同的推荐系统

其中最受欢迎的是产品推荐系统(如电影、音乐、图书、研究文章、新闻、搜索查询和社交标签等)。推荐系统通常可分为如下四类。

- **协同过滤系统**。也称为社交过滤，通过使用其他人的建议来过滤信息。其原理是，过去曾经对某些条目的评价达成一致的人，可能在将来再次达成一致。例如，想要观看电影的人可能向他/她的朋友寻求推荐信息。现在，一旦收到一些有相似兴趣的朋友的建议，这些建议就会比其他人的建议更值得信赖。这些信息可以用于决定去看哪些电影。
- **基于内容的系统**。也称为认知过滤，它基于条目的内容和用户的个人档案之间的比较来推荐条目。每个条目的内容表示为一组描述符，通常都是文档中出现的单词。用户的个人档案也使用同样的条目表示，并通过分析用户已有的条目内容来创建。但在实施这种类型的推荐系统时，需要考虑多个问题。首先，可以自动或手动分配条目。对于自动分配，需要选择一种方法，以便可以从条目列表中提取出这些条目。其次，需要以某种方式表示条目，以便可以使用有意义的方式来比较用户个人档案和条目。必须明智地选择算法，以便能基于已有的观察者(即已经看到的条目)来学习用户个人档案，并基于该用户的个人档案做出适当推荐。基于内容的过滤系统主要用于文本文档，其中的条目解析器用于从文档中选择单个单词。向量空间模型和潜在语义索引是使用这些条目将文档表示为多维空间中的向量的两种方法。此外，它还可应用于相关性反馈(relevance feedback)、遗传算法、神经网络和贝叶斯分类器等，以便用于学习用户的个人档案信息。
- **混合推荐系统**。是最近流行起来的研究方向，它是一种混合型方法(也就是说，结合了协同过滤和基于内容的过滤两种推荐系统)。Netflix 就是推荐系统的一个好例子。该系统使用受限玻尔兹曼机(Restricted Boltzmann Machine，RBM)和矩阵分解算法的形式，并将其应用于大型电影数据库，如 IMDb(更多信息请参考 https://pdfs.semanticscholar.org/789a/

d4218d1e2e920b4d192023f840fe8246d746.pdf)。通过比较相似用户的观看和搜索习惯来简单地进行电影、喜剧或流媒体推荐。该推荐被称为评级预测。

- **基于知识的系统**。使用感知树、决策支持系统以及基于案例的推理系统，通过与用户和产品相关的知识，来推理出可能满足用户需求的内容。

在本章中，将讨论基于协同过滤的推荐系统，并将其用于电影推荐。

5. 半监督学习

在有监督学习和无监督学习之间，还有一个小领域，称为半监督学习。此时，ML 模型通常会接收到不完整的训练信号。从概率统计上讲，ML 模型会接收训练集，但部分目标输出缺失。半监督学习在一定程度上是基于假设的。它经常使用三种假设算法作为未标记数据集的学习算法。使用的假设算法如下：平滑度、聚类和流形(manifold)。换言之，半监督学习还可用来表示弱监督学习，或用于包含大量隐含信息的未标记数据，从而提升从少量标记数据中进行学习的能力。

如上所述，为学习问题获取所需的标记数据，通常需要熟练的人工干预。因此，由于需要对数据进行标记而带来的成本，某些时候可能使得获取完全标记的数据集的行为变得不可行，而获取未标记的数据则比较便宜。

例如，转录一些音频片段，确定蛋白质的 3D 结构，确定某些特定地理位置是否有油气资源等。这些情况下，半监督学习具有很高的实用价值。

11.2 Spark 机器学习 API

在本节中，将探讨由 Spark 机器学习库引入的两个关键概念(Spark MLlib 和 Spark ML)，以及最广泛使用的一些算法。这些算法与我们此前讨论的有监督学习和无监督学习是一致的。

Spark 机器学习库

如前所述，在 Spark 出现之前，大数据建模人员通常使用统计语言(如 R、STATA 和 SAS 等)来构建 ML 模型。但是，这种工作流程(即这些 ML 算法的执行流程)比较缺乏效率，在可扩展性、吞吐量和准确性上，都存在问题。当然，其执行时间也比较长。

之后，数据工程师通常会使用 Java 来重现这些模型，从而在 Hadoop 平台上进行部署。但是使用 Spark 的话，就可以重建或直接采用和部署相同的 ML 模型，从而使得整个工作流程更加高效、强大和快捷，使你能提供真实的操作洞察力以提高性能。此外，在 Hadoop 中实现这些算法，意味着它们可以并行执行。而在 R、STATA 以及 SAS 中显然是无法做到这一点的。在 Spark 中，机器学习库分为两个包：Spark MLlib(spark.mllib)和 Spark ML(spark.ml)。

1. Spark MLlib

MLlib 是 Spark 的可扩展机器学习库，是 Spark core API 的扩展。它提供了一个易于学习的机器学习算法库。Spark 的算法使用 Scala 实现，然后为 Java、Scala、Python 以及 R 语言等公开调用 API。Spark 支持存储在单个机器上的本地向量和矩阵数据类型，也支持由一个或多个 RDD 提供的分布式矩阵数据。Spark MLlib 的优势很多；例如，其算法具有高度的可扩展性，并能充分发挥 Spark 在处理大数据方面的能力。

- 专为并行计算设计，其操作基于内存。与 MR 数据处理相比，某些场景下速度可能会快上百倍(当然也支持基于磁盘的操作，与 MR 相比，其速度提升在 10 倍以上)。
- 功能多样。其算法涵盖回归分析、分类、聚类、推荐系统、文本分析以及频繁模式挖掘的通用算法。也涵盖了构建可扩展的机器学习应用需要的全部步骤。

2. Spark ML

Spark ML 添加了一组新的机器学习 API，使得用户可在数据集上快速构建和配置实用的机器学习 pipeline。Spark ML 旨在为用户提供基于数据帧(而非 RDD)的统一的高级 API，从而帮助用户创建和调整机器学习流程。Spark ML API 标准化的机器学习算法使得学习任务能更轻松地组合多个算法，从而满足数据科学家构建单个学习 pipeline 或数据工作流程的需要。Spark ML 使用数据帧和数据集的概念，这些概念是在 Spark 1.6(作为实验性质)中引入的，然后在 Spark 2.0+中正式使用。

小技巧：

在 Scala 和 Java 中，数据帧和数据集是一样的。也就是说，数据帧只不过是包含行的数据集的一个类型别名。但在 Python 和 R 语言中，由于缺乏类型安全性，数据帧成了主要的编程接口。

数据集包含各种数据类型，例如可存储文本、特征向量或真正数据标签的列。此外，Spark ML 也可使用转换器(transformer)将一个数据帧转换为另一个数据帧，反之亦然。其中，评估器(estimator)的概念适用于数据帧，从而生成新的转换器。另外，pipeline API 也可使用多个转换器和评估器，以便对指定的 ML 数据流进行约束。

3. Spark MLlib 还是 Spark ML？

Spark ML 提供了一个基于数据帧构建的更高级 API，从而用于构建 ML pipeline。基本上，Spark ML 为你提供了一个工具集，可用来创建不同的机器学习相关转换的 pipeline。这样就使得链特征提取、降维以及将一个分类器训练成模型等工作变得相当容易。训练成的模型以后还可作为一个整体在稍后用于分类算法。不过，由于 Spark MLlib 的使用时间较长，开发时间也长，因此具有更多功能。我们建议使用 Spark ML，因为 API 能更灵活、更具弹性地使用数据帧。

11.3　特征提取与转换

假设你正打算建立一个机器学习模型，从而用于预测信用卡交易中的欺诈行为。现在，基于可用的背景知识和数据分析相关的内容，你可能会决定哪些数据(或特征)对于你的模型训练来说比较重要。例如，数量、客户名称、公司名称以及持卡人地址等信息对于整个机器学习的流程来说是有价值的。如果只是提供一个随机生成的交易 ID，它将不会携带任何信息，也就没有用处。所以，如果你确定了要在训练集中包含哪些特征，就需要对这些特征进行转换，然后训练模型，从而获得更好的学习效果。特征转换可帮助你向训练数据添加一些额外的背景信息。这些信息将使得学习模型最终能从这种体验中受益。为使前面这些讨论的内容更具体一些，假设你有如下的客户地址信息，以字符串形式表示：

```
"123 Main Street, Seattle, WA 98101"
```

可以看到，上述地址信息缺乏正确的语义。也就是说，该字符串缺乏表现力。例如，该地址只能用于学习与数据库中的精确地址相关的地址模式。将其进行分解，从而得到各个基本信息就能提供其他功能了：

- “地址”(123 Main Street)
- “城市”(Seattle)
- “州”(WA)
- “邮编”(98101)

如果你能够查看到上述模式，你的 ML 算法现在就可将更多不同的交易组合在一起，以便发现更广泛的模式。这很正常，因为某些用户的邮编信息，相对于其他用户，能为欺诈分析提供更多贡献。Spark 实现了数种用于特征提取的算法，并使得转换操作更为容易。例如，Spark 的当前版本能为特征提取提供如下算法：

- TF-IDF(Term-Frequency-Inverse Document Frequency，词频-逆文本频率分析算法)
- Word2vec(词向量算法)
- CountVectorizer

另外，特征转换器也是一个抽象概念，它包含特征转换器和学习模型。从技术角度看，转换器实现了一个名为 transform()的方法，该方法通常通过附加一个或多个列，将数据帧转换为新的数据帧。Spark 支持如下将 RDD 转换为数据帧的转换器：

- Tokenizer(分词器)
- StopWordsRemover
- n-gram(n 元文法)
- Binarizer
- PCA(主成分分析)
- PolynomialExpansion(多项式展开)
- DCT(离散余弦变换)
- StringIndexer
- IndexToString
- OneHotEncoder
- VectorIndexer
- Interaction
- Normalizer
- StandardScaler

- MinMaxScaler
- MaxAbsScaler
- Bucketizer(分箱器)
- ElementwiseProduct(元素智能乘积)
- SQLTransformer
- VectorAssembler
- QuantileDiscretizer

由于页面限制，这里并未列出所有转换器。但将讨论一些广泛使用的算法，如 CountVectorizer、Tokenizer、StringIndexer、StopWordsRemover 和 OneHotEncoder。PCA 是在降维分析中经常使用的算法，将在 11.5.2 节中探讨。

11.3.1 CountVectorizer

CountVectorizer 和 CountVectorizerModel 旨在将文本文档集合转换为单词计数的向量。CountVectorizer 可用作评估器，来提取词汇表，并生成 CountVectorizerModel。该模型为词汇表上的文档生成稀疏型表示，然后就可将其传递给其他算法，如 LDA。

假设我们有如图 11.7 所示的文本库。

```
+---+-----------------+
|id |name             |
+---+-----------------+
|0  |[Jason, David]   |
|1  |[David, Martin]  |
|2  |[Martin, Jason]  |
|3  |[Jason, Daiel]   |
|4  |[Daiel, Martin]  |
|5  |[Moahmed, Jason] |
|6  |[David, David]   |
|7  |[Jason, Martin]  |
+---+-----------------+
```

图 11.7　只包含名称的文本库

现在，如果我们想将上述文本集合转换为单词计数的向量，就可以使用 Spark 提供的 CountVectorizer() API 来完成。首先，让我们为上述表格创建一个简单的数据帧，如下：

```
val df = spark.createDataFrame(
Seq((0, Array("Jason", "David")),(1, Array("David", "Martin")),(2,
Array("Martin", "Jason")),
(3, Array("Jason", "Daiel")),(4, Array("Daiel", "Martin")),(5, Array("Moahmed",
"Jason")),
(6, Array("David", "David")),(7, Array("Jason", "Martin")))).toDF("id", "name")
df.show(false)
```

大多数情况下，可使用 setInputCol 来设置输入列。让我们看一个相关的例子。然后使用上述文本库来创建一个 CountVectorizerModel 对象，如下：

```
val cvModel: CountVectorizerModel = new CountVectorizer()
.setInputCol("name")
.setOutputCol("features")
```

```
.setVocabSize(3)
.setMinDF(2)
.fit(df)
```

现在，让我们使用提取器来继续处理该向量：

```
val feature = cvModel.transform(df)
spark.stop()
```

然后，做一个检查，查看其是否工作正常：

```
feature.show(false)
```

上述代码生成的输出如图 11.8 所示。

```
+---+----------------+--------------------+
|id |name            |features            |
+---+----------------+--------------------+
|0  |[Jason, David]  |(3,[0,1],[1.0,1.0]) |
|1  |[David, Martin] |(3,[1,2],[1.0,1.0]) |
|2  |[Martin, Jason] |(3,[0,2],[1.0,1.0]) |
|3  |[Jason, Daiel]  |(3,[0],[1.0])       |
|4  |[Daiel, Martin] |(3,[2],[1.0])       |
|5  |[Moahmed, Jason]|(3,[0],[1.0])       |
|6  |[David, David]  |(3,[1],[2.0])       |
|7  |[Jason, Martin] |(3,[0,2],[1.0,1.0]) |
+---+----------------+--------------------+
```

图 11.8　名称文本库已被提取

现在，让我们转向特征转换器。这其中，最重要的一个转换器就是分词器，它被广泛用于机器学习任务，从而处理分类数据。将在下一节中分析如何使用这一转换器。

11.3.2　Tokenizer

所谓分词，就是从原始文本(如单词或句子)中处理具有迷惑性的部分，从而将元素文本分解为单个条目(也称为单词)的过程。如果你想在正则表达式匹配上进行更高级的分词操作，regexTokenizer 就是一个很好的选择。默认情况下，参数 pattern(正则表达式，默认值是 s+)用作将输入文本进行拆分的分隔符。否则，也可将参数 gaps 设置为 false，正则表达式 pattern 用于表示 token，而不是拆分标识。这样，就可找到所有匹配的结果，并将其作为分词结果。

假设你有如下语句：

- Tokenization, is the process of enchanting words, from the raw text.
- If you want, to have more advance tokenization, RegexTokenizer, is a good option.
- Here, will provide a sample example on how to tokenize sentences.
- This way, you can find all matching occurrences.

现在，你想将这四句话中有意义的单词分离出来。可使用这些语句来创建一个数据帧，如下：

```
val sentence = spark.createDataFrame(Seq(
(0, "Tokenization,is the process of enchanting words,from the raw text"),
(1, " If you want,to have more advance tokenization,RegexTokenizer,is a good
option"),
```

```
(2, " Here,will provide a sample example on how to tockenize sentences"),
(3, "This way,you can find all matching occurrences")))
.toDF("id","sentence")
```

现在，让我们通过将 Tokenizer() API 实例化来创建一个分词器，如下：

```
val tokenizer = new Tokenizer().setInputCol("sentence").setOutputCol("words")
```

接下来，使用 UDF 计算每条语句中的分词数量，如下：

```
import org.apache.spark.sql.functions._
val countTokens = udf { (words: Seq[String]) => words.length }
```

然后，从每条语句中进行分词，如下：

```
val tokenized = tokenizer.transform(sentence)
```

最后，显示出每条原始语句中的每个分词，如下：

```
tokenized.select("sentence", "words")
.withColumn("tokens", countTokens(col("words")))
.show(false)
```

上述代码将打印出已分词的数据帧，其中也包含原始的语句、词袋(bag of words)和分词的计数，如图 11.9 所示。

sentence	words	tokens
Tokenization,is the process of enchanting words,from the raw text	[tokenization,is, the, process, of, enchanting, words,from, the, raw, text]	9
If you want,to have more advance tokenization,RegexTokenizer,is a good option	[, if, you, want,to, have, more, advance, tokenizatio1,regextokenizer,is, a, good, option]	11
Here,will provide a sample example on how to tockenize sentences	[, here,will, provide, a, sample, example, on, how, to, tockenize, sentences]	11
This way,you can find all matching occurrences	[this, way,you, can, find, all, matching, occurrences]	7

图 11.9 从原始文本中分离出的词语

但是，如果你使用 regexTokenizer API，你将获得更好的结果。对 regexTokenize() API 进行实例化，来创建一个正则表达式分词器，如下：

```
val regexTokenizer = new RegexTokenizer()
                     .setInputCol("sentence")
                     .setOutputCol("words")
                     .setPattern("\\W+")
                     .setGaps(true)
```

然后，对每条语句进行分词，如下：

```
val regexTokenized = regexTokenizer.transform(sentence)
regexTokenized.select("sentence", "words")
.withColumn("tokens", countTokens(col("words")))
.show(false)
```

上述代码将生成如图 11.10 所示的结果。

sentence	words	tokens
Tokenization,is the process of enchanting words,from the raw text	[tokenization, is, the, process, of, enchanting, words, from, the, raw, text]	11
If you want,to have more advance tokenization,RegexTokenizer,is a good option	[if, you, want, to, have, more, advance, tokenization, regextokenizer, is, a, good, option]	13
Here,will provide a sample example on how to tockenize sentences	[here, will, provide, a, sample, example, on, how, to, tockenize, sentences]	11
This way,you can find all matching occurrences	[this, way, you, can, find, all, matching, occurrences]	8

图 11.10 使用 regexTokenizer 来生成更好的分词结果

11.3.3 StopWordsRemover

停用词(stop word)指的是应该从输入中排除的词。通常都是些经常出现但是又没什么含义的单词。Spark 的 StopWordsRemover 将一系列字符串作为输入，并使用 Tokenizer 或 regexTokenizer 进行分词。然后从输入序列中删除所有的停用词。停用词列表由 stopWords 参数指定。StopWordsRemover API 当前支持丹麦语、荷兰语、芬兰语、法语、德语、匈牙利语、意大利语、挪威语、葡萄牙语、俄语、西班牙语、瑞典语、土耳其语和英语。例如，可以对上一节的 Tokenizer 例子进行简单的扩展，因为它们已经被分词处理了。但是，对于这个例子，这里使用 regexTokenizer API。

首先，从 StopWordsRemover() API 来创建一个停用词移除器实例，如下：

```
val remover = new StopWordsRemover()
              .setInputCol("words")
              .setOutputCol("filtered")
```

然后，让我们移除所有的停用词并打印结果，如下：

```
val newDF = remover.transform(regexTokenized)
newDF.select("id", "filtered").show(false)
```

上述代码的输出结果如图 11.11 所示，它是一个过滤后的数据帧，不包含停用词。

```
+---+-----------------------------------------------------------+
|id |filtered                                                   |
+---+-----------------------------------------------------------+
|0  |[tokenization, process, enchanting, words, raw, text]      |
|1  |[want, advance, tokenization, regextokenizer, good, option]|
|2  |[provide, sample, example, tockenize, sentences]           |
|3  |[way, find, matching, occurrences]                         |
+---+-----------------------------------------------------------+
```

图 11.11 过滤后的分词结果

11.3.4 StringIndexer

StringIndexer 将标签的字符串列进行编码，使之成为带有索引的标签列。索引范围为[0,numLabel]，按照标签出现的频率排序，最常使用标签的索引值为 0。如果输入列为数字型，可以将其转换为字符串并将其索引。当下游的 pipeline 组件(如评估器或转换器)使用此带有索引的标签时，则需要将该组件的输入列设置为此字符串索引列的名词。在很多情况下，你都可以使用 setInputCol 来设置输入列。假设你有这样的分类数据，格式如图 11.12 所示。

```
+---+-------+-----------+
|id |name   |address    |
+---+-------+-----------+
|0  |Jason  |Germany    |
|1  |David  |France     |
|2  |Martin |Spain      |
|3  |Jason  |USA        |
|4  |Daiel  |UK         |
|5  |Moahmed|Bangladesh |
|6  |David  |Ireland    |
|7  |Jason  |Netherlands|
+---+-------+-----------+
```

图 11.12 准备应用 StringIndexer 的数据帧

现在，我们想对 name 列添加索引，这样频繁出现的人名(这里是 Jason)的索引值就是 0。为完成这一操作，Spark 提供了 StringIndexer API。对于我们这个例子，可按如下方式来实现。

首先为上述表格创建一个简单的数据帧：

```
val df = spark.createDataFrame(
Seq((0, "Jason", "Germany"),
(1, "David", "France"),
(2, "Martin", "Spain"),
(3, "Jason", "USA"),
(4, "Daiel", "UK"),
(5, "Moahmed", "Bangladesh"),
(6, "David", "Ireland"),
(7, "Jason", "Netherlands"))).toDF("id", "name", "address")
```

然后让将 name 列进行索引处理，如下：

```
val indexer = new StringIndexer()
.setInputCol("name")
.setOutputCol("label")
.fit(df)
```

接下来使用转换器将 indexer 传入下游处理，如下：

```
val indexed = indexer.transform(df)
```

再检查其是否正常工作：

```
indexed.show(false)
```

图 11.13 显示了使用 String Indexer 创建的标签。

另一个重要的转换器是 OneHotEncoder，它在机器学习任务中也被频繁使用，用于处理分类数据。在下面的小节中，将看到如何使用这个转换器。

```
+---+-------+-----------+-----+
|id |name   |address    |label|
+---+-------+-----------+-----+
|0  |Jason  |Germany    |0.0  |
|1  |David  |France     |1.0  |
|2  |Martin |Spain      |3.0  |
|3  |Jason  |USA        |0.0  |
|4  |Daiel  |UK         |4.0  |
|5  |Moahmed|Bangladesh |2.0  |
|6  |David  |Ireland    |1.0  |
|7  |Jason  |Netherlands|0.0  |
+---+-------+-----------+-----+
```

图 11.13　使用 StringIndexer 创建的标签

11.3.5　OneHotEncoder

OneHotEncoder 用于将一列标签索引映射到一列二元向量，并且最多只会有一个值。这种编码方式允许那些期望有连续特征的算法(如逻辑回归)能使用分类特征。假设你有如图 11.14 所示格式的一些分类数据(与上一节描述 StringIndexer 时使用的数据相同)。

id	name	address
0	Jason	Germany
1	David	France
2	Martin	Spain
3	Jason	USA
4	Daiel	UK
5	Moahmed	Bangladesh
6	David	Ireland
7	Jason	Netherlands

图 11.14 准备应用 OneHotEncoder 的数据帧

频繁出现的人名(Jason)的索引值是 0。但是，仅仅索引它们，其用途是什么呢？换句话说，可以进一步对它们进行矢量化，然后可将该数据帧提供给任意的 ML 模型。由于我们在上一节已经看到了如何创建数据帧，这里只展示如何将它们处理为向量：

```
val indexer = new StringIndexer()
.setInputCol("name")
.setOutputCol("categoryIndex")
.fit(df)
val indexed = indexer.transform(df)
val encoder = new OneHotEncoder()
.setInputCol("categoryIndex")
.setOutputCol("categoryVec")
```

然后，我们使用转换器将其转换为向量，并查看其内容，如下：

```
val encoded = encoder.transform(indexed)
encoded.show()
```

其结果数据帧的内容如图 11.15 所示。

id	name	address	categoryIndex	categoryVec
0	Jason	Germany	0.0	(4,[0],[1.0])
1	David	France	1.0	(4,[1],[1.0])
2	Martin	Spain	3.0	(4,[3],[1.0])
3	Jason	USA	0.0	(4,[0],[1.0])
4	Daiel	UK	4.0	(4,[],[])
5	Moahmed	Bangladesh	2.0	(4,[2],[1.0])
6	David	Ireland	1.0	(4,[1],[1.0])
7	Jason	Netherlands	0.0	(4,[0],[1.0])

图 11.15 使用 OneHotEncoder 创建分类索引和向量

现在，可以看到，一个包含了特征向量的列被添加到结果数据帧中。

11.3.6 Spark ML pipeline

MLlib 的目标是使有实用价值的机器学习算法具备可扩展性，并且简单易用。Spark 引入了 pipeline API，从而可以轻松创建和调整实际的 ML pipeline。如前所述，在创建的 ML pipeline 中，可以通过特征工程来抽取有意义的知识，该 pipeline 是一个包括数据收集、预处理、特征提取、特征选择、模型拟合、模型验证和评估等多个阶段的一个序列。例如，对文本文档进行分类，可能涉及文本拆分、清理、提取特征以及通过交叉验证来调整分类模型等阶段。大多数 ML 库都不是为分布式计算设计的，或者说，它们不会为创建 pipeline 和调优提供原生支持。

1. 数据集抽象化

从其他编程语言(如 Java)中运行 SQL 查询时，其结果会以数据帧的方式返回。数据帧是分布式的数据集合，数据以带有名称的列的形式进行组织。另外，数据集则尝试在 Spark SQL 之外提供一个具有 RDD 优势的接口。可从一些 JVM 对象构建数据集，如基本类型(String、Integer 和 Long 等)、Scala 的 case 类或 Java Bean 等。ML pipeline 涉及一系列数据集转换和模型。每次转换都接收输入的数据集，并输出转换后的数据集，该数据集则会成为下一个 stage 的输入。因此，数据的导入和导出就是 ML pipeline 的起点和终点。为了让这些任务变得更容易，Spark MLlib 和 Spark ML 为部分特定的应用程序提供了针对数据集、数据帧、RDD 和模型的导入导出实用程序，包括：

- 用于分类和回归的标注点(LabeledPoint)。
- 用于交叉验证和 LDA(隐含狄利克雷分布)的标注文档(LabeledDocument)。
- 用于协同过滤的评级与排名。

但是，真实的数据集往往包含多种数据类型，如用户 ID、条目 ID、标签、时间戳和原始记录等。遗憾的是，Spark 当前的这些工具无法轻松地处理由这些类型构成的数据集，尤其是时间序列数据集。因此，特征转换往往是一个真实 ML pipeline 中的重要构成部分，可以将特征转换视为从现有的列中进行追加，或删除一个新列。

在图 11.16 中你将看到，文本分词器将文档拆分为一个词袋。之后，TF-IDF 算法将词袋转换成一个特征向量。在转换过程中，需要为模型拟合阶段保留标签。

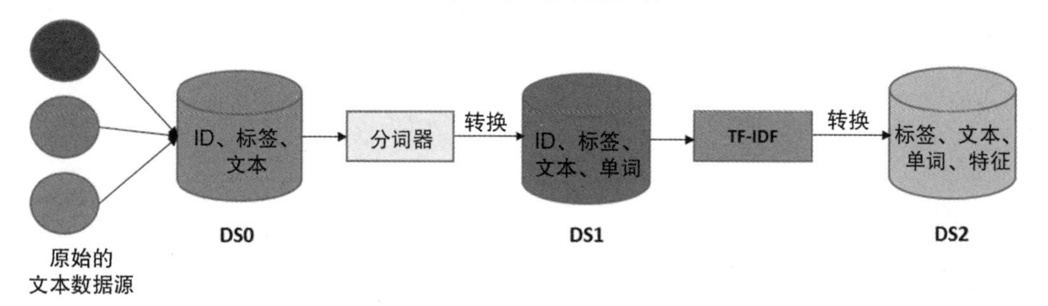

图 11.16　机器学习模型中的文本处理(DS 为数据源)

这里，转换过程中会关注标签、文本和单词等。它们在进行预测和模型检查时会非常有用。但对应于模型拟合，它们实际上不是必要的。如果预测数据集中只包含预测的标签，那么这些也提供不了太多信息。因此，如果你想检查预测的指标，例如准确率、精度、召回率、加权 tp、加权 fp 等，那么查看预测标签、原始输入文本以及拆分后的单词都是很有用的。同样的建议也适用于 Spark ML 和 Spark MLlib 的其他机器学习程序。

因此，对于内存、磁盘或外部数据源(如 Hive 和 Avro)，实现 RDD、数据集和数据帧之间的轻松转换都成为可能。虽然使用 UDF 能很容易地从现有列创建新列，但数据集的表现往往是一种 lazy 型操作。相反，数据集只支持一些标准的数据类型。但为了提高可用性并更好地适应机器学习模型，Spark 还添加了对 Vector 类型的支持，并将其作为用户定义的类型，来支持

mllib.linalg.DenseVector 和 mllib.linalg.Vector 下的密集和稀疏特征向量。

完整的数据帧、数据集和 RDD 的例子可在 Spark 发布版的 examples/src/main 目录下找到，这些例子是使用 Java、Scala 和 Python 写成的。感兴趣的读者也可查阅 Spark 的用户指南，链接为 http://spark.apache.org/docs/latest/sqlprogramming-guide.html，可了解到更多关于数据帧、数据集以及它们所支持的各种操作等相关信息。

11.4 创建一个简单的 pipeline

Spark 在 Spark ML 提供了 pipeline 的 API。pipeline 由一系列包含转换器和评估器的 stage 组成。这里有两种基本类型的 pipeline 阶段，称为转换器和评估器。

- 转换器会将数据集作为输入，并生成一个经过扩充的数据集作为输出。这样输出就可以被送到下一步进行继续处理。例如，Tokenizer(分词器)和 HashingTF 就是两个转换器。前者将带有文本的数据集转换为带有标记化单词的数据集。HashingTF 则产生条目的出现频率。这两种转换器的概念通常应用于文本挖掘或文本分析。
- 与之相反，评估器则需要第一个作用于输入的数据集上，从而生成一个模型。这种情况下，模型本身会用作转换器，用于将输入的数据集转换为增强后的输出数据集。例如，将训练数据集与相应的标签和特征进行拟合后，就可将逻辑回归或线性回归作为评估器。

之后，就可生成逻辑或线性回归模型，这意味着 pipeline 的开发非常简单易行。因此，需要做的就是要声明所需的阶段，然后配置相关阶段的参数，最后将它们链接到 pipeline 对象，如图 11.17 所示。

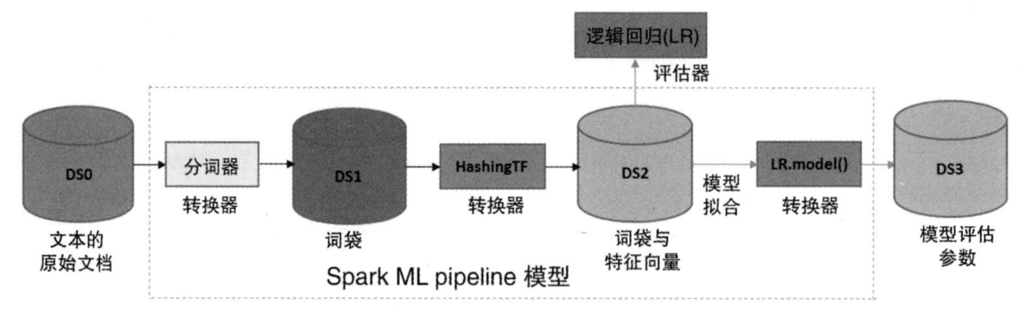

图 11.17 使用逻辑回归评估器的 Spark ML pipeline 模型

(这里，DS 表示数据存储，虚线内的步骤则仅在 pipeline 拟合期间发生)

拟合模型由分词器、HashingTF 特征提取器以及拟合逻辑回归模型构成。拟合 pipeline 在这里充当了转换器，可用于预测、模型验证、模型检测，以及最后的模型部署。但为了提高预测精度，需要对模型进行调整。

现在，我们了解到 Spark MLlib 和 ML 中的可用算法，现在是时候继续了。接下来将正式使用这些算法来解决有监督学习和无监督学习中相应的问题。在下一节中，我们从特征提取和转换开始。

11.5　无监督机器学习

在本节中，为使讨论更加具体化，对于文本聚类分析，将讨论使用 PCA 进行主题建模的降维处理方法。对于其他用于无监督学习的算法，将在第 12 章中列举一些真实案例。

11.5.1　降维

降维是一种减少所考虑的变量数量的过程。它可以用于从原始的和包含噪声的特征中提取潜在特征，或者在保持原结构的同时压缩数据。Spark MLlib 基于 RowMatrix 类(行矩阵类)为降维操作提供支持。用于降低数据维度的常用算法包括 PCA 和 SVD(奇异值分解)。但在本节中，我们只讨论 PCA，以使讨论更具体一些。

11.5.2　PCA

PCA 本质上是一个统计过程，它使用正交变换将一组包含可能相关变量的观察值，转换为一组称为主成分的线性非相关变量的值。PCA 算法可用于将向量投射到低维空间。然后，基于减少后的特征向量，来训练 ML 模型。下例展示如何将一个 6D 特征向量投射到 4D 主成分上。这里假设你有如下的特征向量：

```
val data = Array(
Vectors.dense(3.5, 2.0, 5.0, 6.3, 5.60, 2.4),
Vectors.dense(4.40, 0.10, 3.0, 9.0, 7.0, 8.75),
Vectors.dense(3.20, 2.40, 0.0, 6.0, 7.4, 3.34) )
```

现在，我们基于上述向量创建一个数据帧，如下：

```
val df = spark.createDataFrame(data.map(Tuple1.apply)).toDF("features")
df.show(false)
```

上述代码会为 PCA 生成一个包含 6D 特征向量的特征数据帧，如图 11.18 所示。

```
+-------------------------+
|features                 |
+-------------------------+
|[3.5,2.0,5.0,6.3,5.6,2.4] |
|[4.4,0.1,3.0,9.0,7.0,8.75]|
|[3.2,2.4,0.0,6.0,7.4,3.34]|
+-------------------------+
```

图 11.18　为 PCA 创建特征数据帧(6D 特征向量)

然后，我们设置需要的参数来初始化该 PCA 模型，如下：

```
val pca = new PCA()
          .setInputCol("features")
          .setOutputCol("pcaFeatures")
          .setK(4)
```

```
        .fit(df)
```

为了让它有点不同，我们使用 setOutputCol()方法将输出列设置为 pcaFeatures。然后，我们设置 PCA 的维度。最后，我们使用该数据帧进行转换。需要注意的是，PCA 模型包含 explainedVariance 成员。因此，可使用较旧的数据加载模型，但此时 explainedVariance 将包含一个空向量。现在，让我们展示最终特征：

```
val result = pca.transform(df).select("pcaFeatures")
result.show(false)
```

上述代码使用 PCA 生成了一个具有 4D 特征向量作为主成分的特征数据帧，如图 11.19 所示。

```
+---------------------------------------------------------------------------+
|pcaFeatures                                                                |
+---------------------------------------------------------------------------+
|[-5.149253129088702,3.2157431427730385,-6.828533673828153,5.774261462142295] |
|[-12.372614091904445,0.804196667817684,-6.828533673828154,5.774261462142296] |
|[-5.649682494292658,-2.189177804885822,-6.828533673828155,5.7742614621422925]|
+---------------------------------------------------------------------------+
```

图 11.19 4D 主成分(PCA 特征)

1. 使用 PCA

在降维处理中被广泛应用的 PCA，其实是一个统计方法。它能够帮助找到旋转矩阵。假设我们想检查第一个坐标是否具有最大方差。此外，它也有助于检查是否有任意的后续坐标能返回最大方差。

最终，PCA 模型会计算这些参数并将它们作为旋转矩阵返回。旋转矩阵的列被称为主成分。Spark MLlib 支持 PCA，可用于以行格式存储高瘦矩阵或任何其他向量。

2. 回归分析——PCA 真实应用案例

在本节中，将首先探索用于回归分析的 MSD(Million Song Dataset，百万歌曲数据集)。然后将展示如何使用 PCA 来降低数据集的维度。最后，将评估线性回归模型的回归质量。

数据集收集与探索

在本节中，将描述著名的 MNIST 数据集。该数据集将贯穿本章。该手写数字的 MNIST 数据库(可从 https://www.csie.ntu.edu.tw/~cjlin/libsvmtools/datasets/multiclass.html 下载)包含 60 000 个实例的训练集以及 10 000 个实例的测试集。它是基于 NIST 的更大集合的一个子集。该数据集已经过标准化处理，并且图像的尺寸也已固定。因此，对于那些想在真实数据上学习模式识别技术，又不想在数据预处理和格式化方面花费太多的人而言，这是一个非常好的示例数据集。来自 MIST 的原始黑白图像(双层)都进行了尺寸标准化，即均为 20×20 像素，同时保留了外观显示比例。

MNIST 数据库由 NIST 的特殊数据库 3 和特殊数据库 1 构成，包含手写数字的二元图像，图 11.20 给出了该数据集的示例。

```
+-----+--------------------+
|label|            features|
+-----+--------------------+
|  5.0|(780,[152,153,154...|
|  0.0|(780,[127,128,129...|
|  4.0|(780,[160,161,162...|
|  1.0|(780,[158,159,160...|
|  9.0|(780,[208,209,210...|
|  2.0|(780,[155,156,157...|
|  1.0|(780,[124,125,126...|
|  3.0|(780,[151,152,153...|
|  1.0|(780,[152,153,154...|
|  4.0|(780,[134,135,161...|
|  3.0|(780,[123,124,125...|
|  5.0|(780,[216,217,218...|
|  3.0|(780,[143,144,145...|
|  6.0|(780,[72,73,74,99...|
|  1.0|(780,[151,152,153...|
|  7.0|(780,[211,212,213...|
|  2.0|(780,[151,152,153...|
|  8.0|(780,[159,160,161...|
|  6.0|(780,[100,101,102...|
|  9.0|(780,[209,210,211...|
|  4.0|(780,[129,130,131...|
|  0.0|(780,[129,130,131...|
|  9.0|(780,[183,184,185...|
|  1.0|(780,[158,159,160...|
|  1.0|(780,[99,100,101,...|
|  2.0|(780,[124,125,126...|
|  4.0|(780,[185,186,187...|
|  3.0|(780,[150,151,152...|
|  2.0|(780,[145,146,147...|
|  7.0|(780,[240,241,242...|
+-----+--------------------+
只显示前30行
```

图 11.20　MNIST 数据集示例

可以看到，这里共有 780 个特征。因此，有时由于数据集的高维特性，很多机器学习算法都会失败。为解决这个问题，下一节中将展示如何在不牺牲机器学习任务质量的前提下减少数据尺寸，如减少分类等。但在深入研究前，我们先了解一下回归分析的背景知识。

何为回归分析？

线性回归属于回归算法家族。回归的目的是找到变量之间的关系或依赖。它模拟了连续标量因变量 Y(也就是机器学习术语中的标签或目标)与一个或多个解释变量 X(也就是自变量，或输入遍历、特征、观测数据、观察值、属性、维度、数据点等)之间的关系。它使用线性函数来表示。在回归分析中，其目标是预测连续的目标变量，如图 11.21 所示。

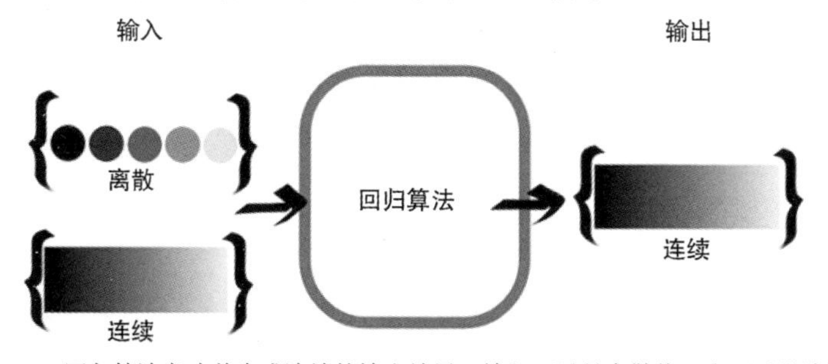

图 11.21　回归算法意味着生成连续的输出结果。输入可以是离散值，也可以是连续值

现在，你可能会对分类与回归问题之间有什么基本的区别产生疑惑，可阅读下面的解释。

回归 VS 分类：

另一个称为分类的领域，是关于如何从有限的数据集中预测标签，不过这些标签是离散值。知道回归和分类之间的区别很重要，因为离散值通过分类处理，往往能获得更好的处理，这将在后续章节中进行探讨。

包含输入变量线性组合的多元回归模型通常采用如下形式：

```
y = ss0 + ss1x1 + ss2x2 + ss3x3 +...+ e
```

图 11.22 展示了一个简单的线性回归模型，它只包含一个自变量(x 轴)。该模型(线)使用训练数据(点)计算得到，其中每个点都是一个已知的标签(y 轴)，从而通过最小化所选的损失函数来尽可能准确地拟合该点。然后，就可以使用该模型来预测未知的标签(即通过 x 值来预测 y 值)。

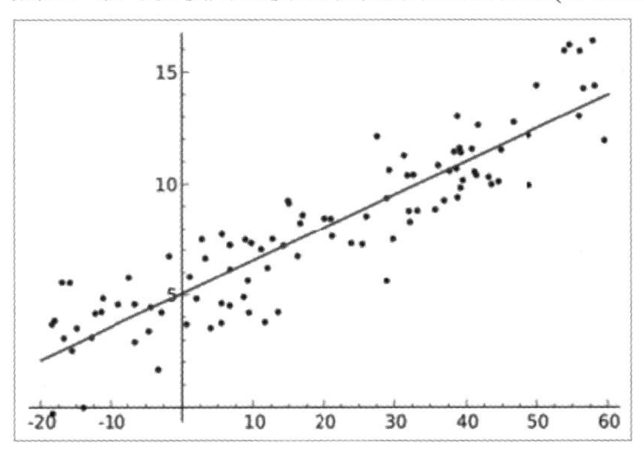

图 11.22 包含离散数据点的回归图形(点[.]表示图中的数据点，细线表示回归)

注意：

Spark 提供了基于 RDD 的线性回归算法实现。也可以使用随机梯度下降来训练没有正则化的线性回归模型。这就解决了最小二乘回归公式 f (weights) = 1/n ||A weights-y||^2(均方误差)。这里，数据矩阵有 n 行，并且输入的 RDD 保持 A 的行集合，每行具有对应的右侧标签 y。要了解更多信息，请参阅 https://github.com/apache/spark/blob/master/mllib/src/main/scala/org/apache/spark/mllib/regression/LinearRegression.scala。

步骤 1 加载数据集并创建 RDD

为将 MNIST 数据集加载为 libsvm 格式，这里使用了 Spark MLlib 中预置的称为 MLUtils 的 API：

```
val data = MLUtils.loadLibSVMFile(spark.sparkContext, "data/mnist.bz2")
```

步骤 2 计算特征数量，简化降维操作

```
val featureSize = data.first().features.size
println("Feature Size: " + featureSize)
```

这将生成如下输出结果：

```
Feature Size: 780
```

因此，该数据集包含 780 个列或特征，因此该数据集可被视为一个高维数据集。需要降低该数据集的维度。

步骤 3　准备训练集和测试集

这里需要将 LinearRegressionwithSGD 模型训练两次。第一次使用常规的数据集(也就是包含原始特征维度的数据集)进行训练。第二次使用一半的特征。对于原始数据集，训练集和测试集准备如下：

```
val splits = data.randomSplit(Array(0.75, 0.25), seed = 12345L)
val (training, test) = (splits(0), splits(1))
```

现在，对于降维后，训练集准备如下：

```
val pca = new PCA(featureSize/2).fit(data.map(_.features))
val training_pca = training.map(p => p.copy(features =pca.transform(p.features)))
val test_pca = test.map(p => p.copy(features = pca.transform(p.features)))
```

步骤 4　训练线性回归模型

现在，分别使用原始特征集和降维特征集，将 LinearRegressionWithSGD 模型迭代训练 20 次，如下：

```
val numIterations = 20
val stepSize = 0.0001
val model = LinearRegressionWithSGD.train(training, numIterations)
val model_pca = LinearRegressionWithSGD.train(training_pca, numIterations)
```

要当心！有时 LinearRegressionwithSGD()可能返回 NaN。在我看来，出现这种情况主要有两个原因：

- stepSize 太大。这种情况下，可使用较小的值，例如 0.0001,0.001,0.01,0.03,0.1,0.3,1.0 等。
- 训练数据中包含 NaN。这样结果也就可能是 NaN。因此，在训练模型之前，建议删除 null 值。

步骤 5　评估这两个模型

在我们评估模型之前，首先准备计算常规数据的 MSE(均方误差)，从而确定降维操作对原始预测的影响。很显然，需要一种正式方法来量化模型的准确性，从而设法提升模型的精度并避免过拟合现象。不过，可通过残差分析做到这一点。此外，也有必要分析如何选择用于模型构建和评估的训练及测试数据集。最后，选择技术能帮助你描述模型的各种属性：

```
val valuesAndPreds = test.map { point =>
                      val score = model.predict(point.features)
                      (score, point.label)
                      }
```

接下来，计算 PCA 的预测集：

```
val valuesAndPreds_pca = test_pca.map { point =>
val score = model_pca.predict(point.features)
            (score, point.label)
}
```

现在，为不同的情况计算 MSE 并打印：

```
val MSE = valuesAndPreds.map { case (v, p) => math.pow(v -p 2) }.mean()
val MSE_pca = valuesAndPreds_pca.map { case (v, p) => math.pow(v -p, 2)}.mean()
println("Mean Squared Error = " + MSE)
println("PCA Mean Squared Error = " + MSE_pca)
```

你将获得如下输出：

```
Mean Squared Error = 2.9164359135973043E78
PCA Mean Squared Error = 2.9156682256149184E78
```

要注意，MSE 实际上是使用如下公式计算的。

$$\mathrm{RMSD} = \sqrt{\frac{\sum_{t=1}^{n}(\hat{y}_t - y_t)^2}{n}}.$$

步骤 6　观察这两个模型的模型系数

按照如下方式计算模型系数：

```
println("Model coefficients:"+ model.toString())
println("Model with PCA coefficients:"+ model_pca.toString())
```

现在可在你的终端/控制台上看到如下输出：

```
Model coefficients: intercept = 0.0, numFeatures = 780
Model with PCA coefficients: intercept = 0.0, numFeatures = 390
```

11.6 分类

二元分类器用于将给定数据集中的元素分为两个可能的分组之一(如欺诈与非欺诈)，它通常是多元分类的特殊情况。大多数二元分类度量都可推广到多元分类度量。多元分类描述了分类问题，其中每个数据点有 $M>2$ 个可能的标签($M=2$ 的情况就是二元分类问题)。

对于多类度量，正负概念则略有不同。预测和标签仍然可以是正或者负的，但是必须在特定场景下考虑它们。每个标签和预测都会是多个类中的某一个值。因此它们被认为对于它们的特定类是正值，而对于其他类则是负值。所以，只要预测和标签匹配，就会出现真正类(True Positive，TP)，当预测和标签都没有采用给定类的值时，就会出现真负类(True Negative，TN)。通过这种约定，对于给定的数据样本，就可能存在多个真负类。而从这些正类和负类的定义进行扩展，也就出现了假正类(False Positive，FP)和假负类(False Negative，FN)。

11.6.1 性能度量

虽然存在着多种不同类型的分类算法，但其评估度量则或多或少具有相似的原则。在有监督分类问题中，存在每个数据点的真实输出，以及模型生成的预测输出。因此，每个数据点的结果均可分配到如下四个类别之一。

- 真正类(TP)：标签为正，预测为正。

- 真负类(TN)：标签为负，预测为负。
- 假正类(FP)：标签为负，预测为正。
- 假负类(FN)：标签为正，预测为负。

为了更好地理解这些参数，请参考图 11.23。

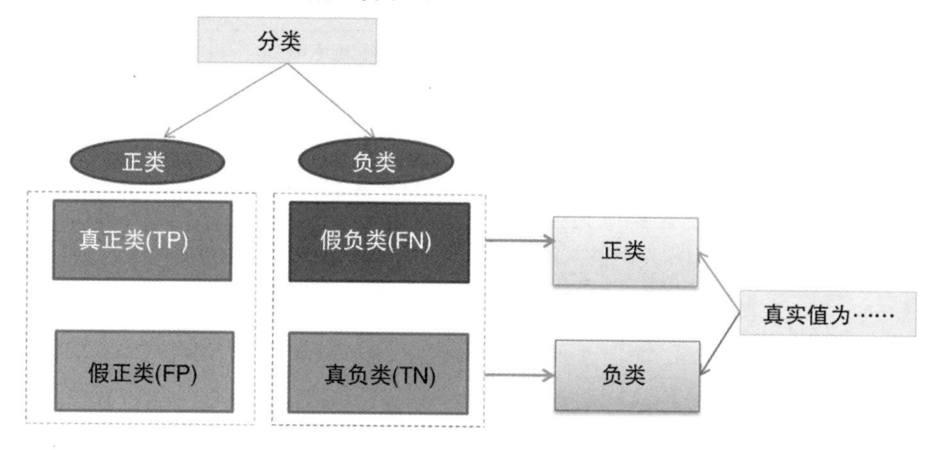

图 11.23　预测结果分类(也就是混淆矩阵)

TP、FP、TN、FN 是大多数分类器评估指标的组成模块。在对分类器进行评估时，一个基本的原则是，纯粹的准确性(即预测正确或错误)通常不是一个好的评估指标。其原因在于数据集可能是高度不平衡的。例如，如果设计的模型用于对数据集进行欺诈预测，并且其中 95%的数据点不是欺诈行为，5%的数据点是欺诈行为。我们假设一个朴素分类器能预测非欺诈行为的准确率为 95%(不考虑输入)。基于这个原因，我们通常会考虑准确率和召回率等指标，因为它们会考虑错误的类型。在大多数应用中，准确率和召回率之间存在一个可以接受的平衡。可将两者进行合并，从而得到一个单一度量，称为 *F* 值(*F*-measure)。

准确率表示有多少正分类是相关的。另外，召回率则展示了测试在检测正类方面有多好。在二元分类中，召回率被称为敏感性。需要注意，准确率可能不会随着召回率而降低。可在图的阶梯区域中看到召回率与准确率之间的关系：

- 受试者工作特征(ROC)
- ROC 曲线下面积
- 准确率-召回率曲线下面积

上述曲线通常都在二元分类中使用，用于研究分类器的输出结果。但有时在两个模型之间做选择时，将准确率和召回率进行合并往往是一个较好的方法。但同时使用准确率和召回率，并结合多数字评估度量的话，会让算法比较变得很困难。假设你有两个算法，如表 11.1 所示。

表 11.1　两种分类算法的表现

分类器	准确率	召回率
X	96%	89%
Y	99%	84%

在这里，这两种算法谁更优秀并没有明显地表现出来，因此你很难立即根据这些指标选出更好的那种。但使用 F1 分数，可将准确率和召回率合并在一起(也就是说，准确率和召回率的调和平均值)，因此就能获得平衡的 F1 分数。让我们计算出对应的 F1 分数，如表 11.2 所示。

表 11.2　两种算法的 F1 分数

分类器	准确率	召回率	F1 分数
X	96%	89%	92.36%
Y	99%	84%	90.885%

因此，当需要从大量的分类器中进行选择时，F1 分数可以帮助我们做出决策。它为这些算法提供了清晰的打分排名，因此我们很容易就能做出判断，应该选择分类器 X。

对于二元分类，前面提到的性能度量指标，都可通过图 11.24 的公式进行计算。

度量	定义
准确率(正类预测值)	$\mathrm{PPV}=\frac{\mathrm{TP}}{\mathrm{TP}+\mathrm{FP}}$
召回率(真正类比例)	$\mathrm{TPR}=\frac{\mathrm{TP}}{P}=\frac{\mathrm{TP}}{\mathrm{TP}+\mathrm{FN}}$
F 值	$F(\beta)=\left(1+\beta^2\right)\cdot\left(\frac{\mathrm{PPV}\cdot\mathrm{TPR}}{\beta^2\cdot\mathrm{PPV}+\mathrm{TPR}}\right)$
受试者工作特征(ROC)	$\mathrm{FPR}(T)=\int_T^{\infty}P_0(T)\mathrm{d}T$ $\mathrm{TPR}(T)=\int_T^{\infty}P_0(T)\mathrm{d}T$
ROC 曲线下面积	$\mathrm{AUROC}=\int_0^1\frac{\mathrm{TP}}{P}\mathrm{d}\left(\frac{\mathrm{FP}}{N}\right)$
准确率-召回率曲线下面积	$\mathrm{AUPRC}=\int_0^1\frac{\mathrm{TP}}{\mathrm{TP}+\mathrm{FP}}\mathrm{d}\left(\frac{\mathrm{TP}}{P}\right)$

图 11.24　二元分类器的性能度量计算公式

但对于多元分类问题，则有超过两个预测标签，计算这些度量就更复杂一些。可以使用图 11.25 中的公式进行计算。

这里的 $\hat{\delta}(x)$ 称为修正delta函数。其定义如下(来源：https://spark.apache.org/docs/2.1.0/mllib-evaluation-metrics.html)。

$$\hat{\delta}(x)=\begin{cases}1 & x=0\\0 & \text{其他情形}\end{cases}$$

度量	定义
混淆矩阵	$C_{ij}=\sum_{k=0}^{N-1}\hat{\delta}(\boldsymbol{y}_k-\ell_i)\cdot\hat{\delta}(\hat{\boldsymbol{y}}_k-\ell_j)$ $\begin{pmatrix}\sum_{k=0}^{N-1}\hat{\delta}(\boldsymbol{y}_k-\ell_1)\cdot\hat{\delta}(\hat{\boldsymbol{y}}_k-\ell_1) & \ldots & \sum_{k=0}^{N-1}\hat{\delta}(\boldsymbol{y}_k-\ell_1)\cdot\hat{\delta}(\hat{\boldsymbol{y}}_k-\ell_N)\\ \vdots & \ddots & \vdots\\ \sum_{k=0}^{N-1}\hat{\delta}(\boldsymbol{y}_k-\ell_N)\cdot\hat{\delta}(\hat{\boldsymbol{y}}_k-\ell_1) & \cdots & \sum_{k=0}^{N-1}\hat{\delta}(\boldsymbol{y}_k-\ell_N)\cdot\hat{\delta}(\hat{\boldsymbol{y}}_k-\ell_N)\end{pmatrix}$
精度	$\mathrm{ACC}=\frac{\mathrm{TP}}{\mathrm{TP}+\mathrm{FP}}=\frac{1}{N}\sum_{i=0}^{N-1}\hat{\delta}(\hat{\boldsymbol{y}}_i-\boldsymbol{y}_i)$
基于标签的准确率	$\mathrm{PPV}(\ell)=\frac{\mathrm{TP}}{\mathrm{TP}+\mathrm{FP}}=\frac{\sum_{i=0}^{N-1}\hat{\delta}(\hat{\boldsymbol{y}}_i-\ell)\cdot\hat{\delta}(\hat{\boldsymbol{y}}_i-\ell)}{\sum_{i=0}^{N-1}\hat{\delta}(\hat{\boldsymbol{y}}_i-\ell)}$
基于标签的召回率	$\mathrm{TPR}(\ell)=\frac{\mathrm{TP}}{P}=\frac{\sum_{i=0}^{N-1}\hat{\delta}(\hat{\boldsymbol{y}}_i-\ell)\cdot\hat{\delta}(\hat{\boldsymbol{y}}_i-\ell)}{\sum_{i=0}^{N-1}\hat{\delta}(\hat{\boldsymbol{y}}_i-\ell)}$
基于标签的 F 值	$F(\beta,\ell)=\left(1+\beta^2\right)\cdot\left(\frac{\mathrm{PPV}(\ell)\cdot\mathrm{TPR}(\ell)}{\beta^2\cdot\mathrm{PPV}(\ell)+\mathrm{TPR}(\ell)}\right)$
加权准确率	$\mathrm{PPV}_w=\frac{1}{N}\sum_{\ell\in L}\mathrm{PPV}(\ell)\cdot\sum_{i=0}^{N-1}\hat{\delta}(\boldsymbol{y}_i-\ell)$
加权召回率	$\mathrm{TPR}_w=\frac{1}{N}\sum_{\ell\in L}\mathrm{TPR}(\ell)\cdot\sum_{i=0}^{N-1}\hat{\delta}(\boldsymbol{y}_i-\ell)$
加权 F 值	$F_w(\beta)=\frac{1}{N}\sum_{\ell\in L}F(\beta,\ell)\cdot\sum_{i=0}^{N-1}\hat{\delta}(\boldsymbol{y}_i-\ell)$

图 11.25　多元分类器的性能度量计算公式

1. 使用逻辑回归的二元分类

逻辑回归广泛应用于预测二元响应。这是一种线性方法，其数学计算公式如下：

$$L(\boldsymbol{w};\boldsymbol{x},\boldsymbol{y}):=\log(1+\exp(-\boldsymbol{y}\boldsymbol{w}^T\boldsymbol{x}))$$

在上述等式中，$L(\boldsymbol{w};\boldsymbol{x},y)$就是损失函数，称为逻辑损失。

对于二元分类问题，算法将产生二元逻辑回归模型。给定一个新数据点，以 $\boldsymbol{x}$ 表示，模型就可以应用如下逻辑函数进行预测。

$$f(z)=1/(1+\mathrm{e}-z)$$

这里，$z=\boldsymbol{w}^T\boldsymbol{x}$，并且在默认情况下，如果$f(\boldsymbol{w}^T\boldsymbol{x})>0.5$，则输出结果为正值，否则为负值。尽管它与线性 SVM 不同，逻辑回归模型的原始输出$f(z)$具有概率性解释(也就是说，$\boldsymbol{x}$ 为正值的概率)。

线性 SVM 是近年来最新的高速机器学习(数据挖掘)算法，它用于解决超大型数据集中的多元分类问题，该算法实现了用于设计线性支持向量机的切割平面算法的初始版本(来源：www.linearsvm.com/)。

2. 使用 Spark ML 的逻辑回归来预测乳腺癌

在本节中，我们来学习如何使用 Spark ML 开发一个用于诊断癌症的 pipeline。这里将使用一个真实的数据集来预测乳腺癌的发病概率。更精确一点，这里使用的是威斯康星乳腺癌数据集。

数据集收集

这里使用结构化的简化数据集，从而用于机器学习应用程序开发。当然，其中的很多数据集都显示出良好的分类准确性。这个来自 UCI 机器学习库的威斯康星乳腺癌数据集(来源：https://archive.ics.uci.edu/ml/datasets/Breast+Cancer+Wisconsin+(Original))包含了威斯康星大学研究人员捐赠的数据，内容包括乳房肿块细针抽吸活检测试结果的数字化图像。下述的部分示例数据描述了数字图像中存在的细胞核的特征：

```
0.Sample code number id number
1.Clump Thickness 1 -10
2.Uniformity of Cell Size 1 -10
3.Uniformity of Cell Shape 1 -10
4.Marginal Adhesion 1 -10
5.Single Epithelial Cell Size 1 -10
6.Bare Nuclei 1 -10
7.Bland Chromatin 1 -10
8.Normal Nucleoli 1 -10
9.Mitoses 1 -10
10.Class: (2 for benign, 4 for malignant)
```

使用 Spark ML 开发 pipeline

现在将一步一步地展示如何预测乳腺癌的发病概率：

步骤 1　加载并解析数据

```
val rdd = spark.sparkContext.textFile("data/wbcd.csv")
val cancerRDD = parseRDD(rdd).map(parseCancer)
```

parseRDD()方法如下：

```
  def parseRDD(rdd: RDD[String]): RDD[Array[Double]] = {
rdd.map(_.split(",")).filter(_(6) !="?").map(_.drop(1)).map(_.map(_.toDouble))
}
```

parseCancer()方法如下：

```
def parseCancer(line: Array[Double]): Cancer = {
Cancer(if (line(9) == 4.0) 1 else 0, line(0), line(1), line(2), line(3),line(4),
line(5), line(6), line(7), line(8))
}
```

这样，就有了一个简化的数据集。对于值 4.0，将其转换为 1.0，其他值则为 0.0。Cancer 类为 case 类，可按如下方式定义：

```
case class Cancer(cancer_class: Double, thickness: Double, size: Double,
```

```
shape: Double, madh: Double, epsize: Double, bnuc: Double, bchrom: Double,
nNuc: Double, mit: Double)
```

步骤 2　为 ML pipeline 将 RDD 转换为数据帧

```
import spark.sqlContext.implicits._
val cancerDF = cancerRDD.toDF().cache()
cancerDF.show()
```

该数据帧看来如图 11.26 所示。

cancer_class	thickness	size	shape	madh	epsize	bnuc	bchrom	nNuc	mit
0.0	5.0	1.0	1.0	1.0	2.0	1.0	3.0	1.0	1.0
0.0	5.0	4.0	4.0	5.0	7.0	10.0	3.0	2.0	1.0
0.0	3.0	1.0	1.0	1.0	2.0	2.0	3.0	1.0	1.0
0.0	6.0	8.0	8.0	1.0	3.0	4.0	3.0	7.0	1.0
0.0	4.0	1.0	1.0	3.0	2.0	1.0	3.0	1.0	1.0
1.0	8.0	10.0	10.0	8.0	7.0	10.0	9.0	7.0	1.0
0.0	1.0	1.0	1.0	1.0	2.0	10.0	3.0	1.0	1.0
0.0	2.0	1.0	2.0	1.0	2.0	1.0	3.0	1.0	1.0
0.0	2.0	1.0	1.0	1.0	2.0	1.0	1.0	1.0	5.0
0.0	4.0	2.0	1.0	1.0	2.0	1.0	2.0	1.0	1.0
0.0	1.0	1.0	1.0	1.0	1.0	1.0	3.0	1.0	1.0
0.0	2.0	1.0	1.0	1.0	2.0	1.0	2.0	1.0	1.0
1.0	5.0	3.0	3.0	3.0	2.0	3.0	4.0	4.0	1.0
0.0	1.0	1.0	1.0	1.0	2.0	3.0	3.0	1.0	1.0
1.0	8.0	7.0	5.0	10.0	7.0	9.0	5.0	5.0	4.0
1.0	7.0	4.0	6.0	4.0	6.0	1.0	4.0	3.0	1.0
0.0	4.0	1.0	1.0	1.0	2.0	1.0	2.0	1.0	1.0
0.0	4.0	1.0	1.0	1.0	2.0	1.0	3.0	1.0	1.0
1.0	10.0	7.0	7.0	6.0	4.0	10.0	4.0	1.0	2.0
0.0	6.0	1.0	1.0	1.0	2.0	1.0	3.0	1.0	1.0

只显示前20行

图 11.26　cancer 数据集示意图

步骤 3　特征抽取与转换

我们先选择特征列，如下：

```
val featureCols = Array("thickness", "size", "shape", "madh", "epsize",
"bnuc", "bchrom", "nNuc", "mit")
```

然后，将它们合并为一个特征向量，如下：

```
val assembler = new
VectorAssembler().setInputCols(featureCols).setOutputCol("features")
```

接着将其转换为数据帧，如下：

```
val df2 = assembler.transform(cancerDF)
```

然后，我们来看一下转换后的数据帧的结构：

```
df2.show()
```

现在可以发现，该数据帧包含了特征向量，并且这些向量的计算是基于其左边的列，如图 11.27 所示。

cancer_class	thickness	size	shape	madh	epsize	bnuc	bchrom	nNuc	mit	features
0.0	5.0	1.0	1.0	1.0	2.0	1.0	3.0	1.0	1.0	[5.0,1.0,1.0,1.0,...
0.0	5.0	4.0	4.0	5.0	7.0	10.0	3.0	2.0	1.0	[5.0,4.0,4.0,5.0,...
0.0	3.0	1.0	1.0	1.0	2.0	2.0	3.0	1.0	1.0	[3.0,1.0,1.0,1.0,...
0.0	6.0	8.0	8.0	1.0	3.0	4.0	3.0	7.0	1.0	[6.0,8.0,8.0,1.0,...
0.0	4.0	1.0	1.0	3.0	2.0	1.0	3.0	1.0	1.0	[4.0,1.0,1.0,3.0,...
1.0	8.0	10.0	10.0	8.0	7.0	10.0	9.0	7.0	1.0	[8.0,10.0,10.0,8....
0.0	1.0	1.0	1.0	1.0	2.0	10.0	3.0	1.0	1.0	[1.0,1.0,1.0,1.0,...
0.0	2.0	1.0	2.0	1.0	2.0	1.0	3.0	1.0	1.0	[2.0,1.0,2.0,1.0,...
0.0	2.0	1.0	1.0	1.0	2.0	1.0	1.0	1.0	5.0	[2.0,1.0,1.0,1.0,...
0.0	4.0	2.0	1.0	1.0	2.0	1.0	2.0	1.0	1.0	[4.0,2.0,1.0,1.0,...
0.0	1.0	1.0	1.0	1.0	1.0	1.0	3.0	1.0	1.0	[1.0,1.0,1.0,1.0,...
0.0	2.0	1.0	1.0	1.0	2.0	1.0	2.0	1.0	1.0	[2.0,1.0,1.0,1.0,...
1.0	5.0	3.0	3.0	3.0	2.0	3.0	4.0	4.0	1.0	[5.0,3.0,3.0,3.0,...
0.0	1.0	1.0	1.0	1.0	2.0	3.0	3.0	1.0	1.0	[1.0,1.0,1.0,1.0,...
1.0	8.0	7.0	5.0	10.0	7.0	9.0	5.0	5.0	4.0	[8.0,7.0,5.0,10.0...
1.0	7.0	4.0	6.0	4.0	6.0	1.0	4.0	3.0	1.0	[7.0,4.0,6.0,4.0,...
0.0	4.0	1.0	1.0	1.0	2.0	1.0	2.0	1.0	1.0	[4.0,1.0,1.0,1.0,...
0.0	4.0	1.0	1.0	1.0	2.0	1.0	3.0	1.0	1.0	[4.0,1.0,1.0,1.0,...
1.0	10.0	7.0	7.0	6.0	4.0	10.0	4.0	1.0	2.0	[10.0,7.0,7.0,6.0...
0.0	6.0	1.0	1.0	1.0	2.0	1.0	3.0	1.0	1.0	[6.0,1.0,1.0,1.0,...

只显示前20行

图 11.27　包含特征的新数据帧

最后，让我们使用 StringIndexer 为训练集创建标签，如下：

```
val labelIndexer = new
StringIndexer().setInputCol("cancer_class").setOutputCol("label")
val df3 = labelIndexer.fit(df2).transform(df2)
df3.show()
```

现在，该数据帧如图 11.28 所示。

cancer_class	thickness	size	shape	madh	epsize	bnuc	bchrom	nNuc	mit	features	label
0.0	5.0	1.0	1.0	1.0	2.0	1.0	3.0	1.0	1.0	[5.0,1.0,1.0,1.0,...	0.0
0.0	5.0	4.0	4.0	5.0	7.0	10.0	3.0	2.0	1.0	[5.0,4.0,4.0,5.0,...	0.0
0.0	3.0	1.0	1.0	1.0	2.0	2.0	3.0	1.0	1.0	[3.0,1.0,1.0,1.0,...	0.0
0.0	6.0	8.0	8.0	1.0	3.0	4.0	3.0	7.0	1.0	[6.0,8.0,8.0,1.0,...	0.0
0.0	4.0	1.0	1.0	3.0	2.0	1.0	3.0	1.0	1.0	[4.0,1.0,1.0,3.0,...	0.0
1.0	8.0	10.0	10.0	8.0	7.0	10.0	9.0	7.0	1.0	[8.0,10.0,10.0,8....	1.0
0.0	1.0	1.0	1.0	1.0	2.0	10.0	3.0	1.0	1.0	[1.0,1.0,1.0,1.0,...	0.0
0.0	2.0	1.0	2.0	1.0	2.0	1.0	3.0	1.0	1.0	[2.0,1.0,2.0,1.0,...	0.0
0.0	2.0	1.0	1.0	1.0	2.0	1.0	1.0	1.0	5.0	[2.0,1.0,1.0,1.0,...	0.0
0.0	4.0	2.0	1.0	1.0	2.0	1.0	2.0	1.0	1.0	[4.0,2.0,1.0,1.0,...	0.0
0.0	1.0	1.0	1.0	1.0	1.0	1.0	3.0	1.0	1.0	[1.0,1.0,1.0,1.0,...	0.0
0.0	2.0	1.0	1.0	1.0	2.0	1.0	2.0	1.0	1.0	[2.0,1.0,1.0,1.0,...	0.0
1.0	5.0	3.0	3.0	3.0	2.0	3.0	4.0	4.0	1.0	[5.0,3.0,3.0,3.0,...	1.0
0.0	1.0	1.0	1.0	1.0	2.0	3.0	3.0	1.0	1.0	[1.0,1.0,1.0,1.0,...	0.0
1.0	8.0	7.0	5.0	10.0	7.0	9.0	5.0	5.0	4.0	[8.0,7.0,5.0,10.0...	1.0
1.0	7.0	4.0	6.0	4.0	6.0	1.0	4.0	3.0	1.0	[7.0,4.0,6.0,4.0,...	1.0
0.0	4.0	1.0	1.0	1.0	2.0	1.0	2.0	1.0	1.0	[4.0,1.0,1.0,1.0,...	0.0
0.0	4.0	1.0	1.0	1.0	2.0	1.0	3.0	1.0	1.0	[4.0,1.0,1.0,1.0,...	0.0
1.0	10.0	7.0	7.0	6.0	4.0	10.0	4.0	1.0	2.0	[10.0,7.0,7.0,6.0...	1.0
0.0	6.0	1.0	1.0	1.0	2.0	1.0	3.0	1.0	1.0	[6.0,1.0,1.0,1.0,...	0.0

只显示前20行

图 11.28　包含特征和标签的新数据帧，用于训练 ML 模型

步骤 4　创建测试及训练集

```
val splitSeed = 1234567
val Array(trainingData, testData) = df3.randomSplit(Array(0.7, 0.3),splitSeed)
```

步骤 5　使用训练集创建评估器

我们使用带有 Set ElasticNetParam 的逻辑回归算法为该 pipeline 创建一个评估器。我们也需要设置最大迭代次数以及回归参数，如下：

```
val lr = new
LogisticRegression().setMaxIter(50).setRegParam(0.01).setElasticNetParam(0.01)
val model = lr.fit(trainingData)
```

步骤 6　为测试集获取原始的预测结果及可能性

使用测试集对模型进行转换，从而获取原始的测试结果和可能性：

```
val predictions = model.transform(testData)
predictions.show()
```

结果数据帧如图 11.29 所示。

cancer_class	thickness	size	shape	madh	epsize	bnuc	bchrom	nNuc	mit	features	label	rawPrediction	probability	prediction
0.0	1.0	1.0	1.0	1.0	1.0	1.0	2.0	1.0	1.0	[1.0,1.0,1.0,1.0,...	0.0	[5.15956430979038...	[0.99428860556932...	0.0
0.0	1.0	1.0	1.0	1.0	1.0	1.0	2.0	1.0	1.0	[1.0,1.0,1.0,1.0,...	0.0	[5.15956430979038...	[0.99428860556932...	0.0
0.0	1.0	1.0	1.0	1.0	1.0	1.0	3.0	1.0	1.0	[1.0,1.0,1.0,1.0,...	0.0	[4.88229871718381...	[0.99247744702488...	0.0
0.0	1.0	1.0	1.0	1.0	1.0	1.0	3.0	1.0	1.0	[1.0,1.0,1.0,1.0,...	0.0	[4.88229871718381...	[0.99247744702488...	0.0
0.0	1.0	1.0	1.0	1.0	2.0	1.0	1.0	1.0	1.0	[1.0,1.0,1.0,1.0,...	0.0	[5.26929960916807...	[0.99487914377217...	0.0
0.0	1.0	1.0	1.0	1.0	2.0	1.0	1.0	1.0	1.0	[1.0,1.0,1.0,1.0,...	0.0	[5.26929960916807...	[0.99487914377217...	0.0
0.0	1.0	1.0	1.0	1.0	2.0	1.0	1.0	1.0	1.0	[1.0,1.0,1.0,1.0,...	0.0	[5.26929960916807...	[0.99487914377217...	0.0
0.0	1.0	1.0	1.0	1.0	2.0	1.0	1.0	1.0	1.0	[1.0,1.0,1.0,1.0,...	0.0	[5.26929960916807...	[0.99487914377217...	0.0
0.0	1.0	1.0	1.0	1.0	2.0	1.0	1.0	1.0	1.0	[1.0,1.0,1.0,1.0,...	0.0	[5.26929960916807...	[0.99487914377217...	0.0
0.0	1.0	1.0	1.0	1.0	2.0	1.0	1.0	1.0	1.0	[1.0,1.0,1.0,1.0,...	0.0	[5.26929960916807...	[0.99487914377217...	0.0
0.0	1.0	1.0	1.0	1.0	2.0	1.0	2.0	1.0	1.0	[1.0,1.0,1.0,1.0,...	0.0	[4.99203401656150...	[0.99325398211858...	0.0
0.0	1.0	1.0	1.0	1.0	2.0	1.0	2.0	1.0	1.0	[1.0,1.0,1.0,1.0,...	0.0	[4.99203401656150...	[0.99325398211858...	0.0
0.0	1.0	1.0	1.0	1.0	2.0	1.0	2.0	3.0	1.0	[1.0,1.0,1.0,1.0,...	0.0	[4.74802132478210...	[0.99140567173413...	0.0
0.0	1.0	1.0	1.0	1.0	2.0	1.0	3.0	1.0	1.0	[1.0,1.0,1.0,1.0,...	0.0	[4.71476842395493...	[0.99111766179519...	0.0
0.0	1.0	1.0	1.0	1.0	2.0	1.0	3.0	1.0	1.0	[1.0,1.0,1.0,1.0,...	0.0	[4.71476842395493...	[0.99111766179519...	0.0
0.0	1.0	1.0	1.0	1.0	2.0	1.0	3.0	1.0	1.0	[1.0,1.0,1.0,1.0,...	0.0	[4.71476842395493...	[0.99111766179519...	0.0
0.0	1.0	1.0	1.0	1.0	2.0	1.0	3.0	1.0	1.0	[1.0,1.0,1.0,1.0,...	0.0	[4.71476842395493...	[0.99111766179519...	0.0
0.0	1.0	1.0	1.0	1.0	2.0	1.0	3.0	2.0	1.0	[1.0,1.0,1.0,1.0,...	0.0	[4.59276207806523...	[0.98997663106901...	0.0
0.0	1.0	1.0	1.0	1.0	2.0	5.0	1.0	1.0	1.0	[1.0,1.0,1.0,1.0,...	0.0	[4.10129026316119...	[0.98371817931939...	0.0
0.0	1.0	1.0	1.0	1.0	4.0	3.0	1.0	1.0	1.0	[1.0,1.0,1.0,1.0,...	0.0	[4.35023434970686...	[0.98726059831436...	0.0

只显示前20行

图 11.29　包含原始预测结果，以及针对每行数据的真实预测结果的新数据帧

步骤 7　生成对象的历史训练结果

让我们生成每次迭代训练时模型对象的历史记录，如下：

```
val trainingSummary = model.summary
val objectiveHistory = trainingSummary.objectiveHistory
objectiveHistory.foreach(loss => println(loss))
```

上述代码在训练损失函数方面的输出结果如下：

```
0.6562291876496595
0.6087867761081431
0.538972588904556
0.4928455913405332
0.46269258074999386
0.3527914819973198
0.20206901337404978
0.16459454874996993
```

```
0.13783437051276512
0.11478053164710095
0.11420433621438157
0.11138884788059378
0.11041889032338036
0.10849477236373875
0.10818880537879513
0.10682868640074723
0.10641395229253267
0.10555411704574749
0.10505186414044905
0.10470425580130915
0.10376219754747162
0.10331139609033112
0.10276173290225406
0.10245982201904923
0.10198833366394071
0.10168248313103552
0.10163242551955443
0.10162826209311404
0.10162119367292953
0.10161235376791203
0.1016114803209495
0.10161090505556039
0.1016107261254795
0.10161056082112738
0.10161050381332608
0.10161048515341387
0.10161043900301985
0.10161042057436288
0.10161040971267737
0.10161040846923354
0.10161040625542347
0.10161040595207525
0.10161040575664354
0.10161040565870835
0.10161040519559975
0.10161040489834573
0.10161040445215266
0.1016104043469577
0.1016104042793553
0.1016104042606048
0.10161040423579716
```

如你所见，损失的输出结果随着迭代次数的增加而逐步降低。

步骤 8　评估模型

首先，需要确认我们使用的分类器来自二元逻辑回归算法：

```
val binarySummary = trainingSummary.asInstanceOf[BinaryLogisticRegressionSummary]
```

然后，我们以数据帧和 areaUnderROC 的方式获取 ROC，其值越接近 1.0，效果越好：

```
val roc = binarySummary.roc
roc.show()
println("Area Under ROC: " + binarySummary.areaUnderROC)
```

上述命令行会打印出 areaUnderROC 的值，如下：

```
Area Under ROC: 0.9959095884623509
```

这很棒！然后我们来计算出其他度量指标，如真正类比例、假正类比例、假负类比例以及总数量，预测正确和错误的实体数量等，如下：

```
import org.apache.spark.sql.functions._

//Calculate the performance metrics
val lp = predictions.select("label", "prediction")
val counttotal = predictions.count()
val correct = lp.filter($"label" === $"prediction").count()
val wrong = lp.filter(not($"label" === $"prediction")).count()
val truep = lp.filter($"prediction" === 0.0).filter($"label" ===
$"prediction").count()
val falseN = lp.filter($"prediction" === 0.0).filter(not($"label" ===
$"prediction")).count()
val falseP = lp.filter($"prediction" === 1.0).filter(not($"label" ===
$"prediction")).count()
val ratioWrong = wrong.toDouble /counttotal.toDouble
val ratioCorrect = correct.toDouble /counttotal.toDouble

println("Total Count: " + counttotal)
println("Correctly Predicted: " + correct)
println("Wrongly Identified: " + wrong)
println("True Positive: " + truep)
println("False Negative: " + falseN)
println("False Positive: " + falseP)
println("ratioWrong: " + ratioWrong)
println("ratioCorrect: " + ratioCorrect)
```

现在，可以看到代码的输出：

```
Total Count: 209
Correctly Predicted: 202
Wrongly Identified: 7
True Positive: 140
False Negative: 4
False Positive: 3
ratioWrong: 0.03349282296650718
ratioCorrect: 0.9665071770334929
```

最后，让我们判断一下这个模型的精度。但首先将模型的阈值设置为最大的 fMeasure：

```
val fMeasure = binarySummary.fMeasureByThreshold
val fm = fMeasure.col("F-Measure")
```

```
val maxFMeasure = fMeasure.select(max("F-Measure")).head().getDouble(0)
val bestThreshold = fMeasure.where($"F-Measure" ===
maxFMeasure).select("threshold").head().getDouble(0)
model.setThreshold(bestThreshold)
```

然后，我们计算该模型的精度，如下：

```
val evaluator = new BinaryClassificationEvaluator().setLabelCol("label")
val accuracy = evaluator.evaluate(predictions)
println("Accuracy: " + accuracy)
```

上述代码产生的结果如下，相当接近 99.64%：

```
Accuracy: 0.9963975418520874
```

11.6.2 使用逻辑回归的多元分类

二元逻辑回归可以推广到多类逻辑回归中，从而训练和预测多元分类问题。例如，对于包含 k 个可能结果的问题，可以选择其中一个结果作为支点，其他 k-1 个结果可以根据支点结果进行单独回归处理。在 spark.mllib 中，第一个类 0 就被选为 pivot 类。

对于多元分类问题，算法将输出一个多项逻辑回归模型，它包含 k-1 个针对第一个类的二元逻辑回归模型。给定一个新的数据点，就可以运行 k-1 个模型，具有最大可能性的类就会被选为预测类。在本节中，将为你展示使用逻辑回归算法的一个分类问题例子。这里使用了 L-BFGS 以加快收敛。

步骤 1　将 MNIST 数据集以 libsvm 格式进行加载并解析

```
//Load training data in libsvm format.
val data = MLUtils.loadLibSVMFile(spark.sparkContext, "data/mnist.bz2")
```

步骤 2　准备训练和测试集

将数据拆分为训练集(75%)和测试集(25%)，如下：

```
val splits = data.randomSplit(Array(0.75, 0.25), seed = 12345L)
val training = splits(0).cache()
val test = splits(1)
```

步骤 3　运行训练算法来创建模型

可以设置类的数量(本数据集为 10)来训练算法，以便创建模型。为了获得更好的分类精度，也可使用 setIntercept，并使用布尔类型的 true 值来验证数据集。如下：

```
val model = new LogisticRegressionWithLBFGS()
            .setNumClasses(10)
            .setIntercept(true)
            .setValidateData(true)
            .run(training)
```

如果算法应该添加一个 intercept，就可以使用 setIntercept()，并将其设置为 true。如果你想在模型自身建立前检查训练集，可使用 setValidateData()方法，并将其设置为 true。

步骤 4　清理默认的阈值

将默认的阈值全部清除，这样训练时就不会使用默认设置，如下：

```
model.clearThreshold()
```

步骤 5　在测试集上计算原始分数

在测试集上计算出原始的分数，这样就可以使用前面提到的性能度量对模型进行评估，如下：

```
val scoreAndLabels = test.map { point =>
    val score = model.predict(point.features)
    (score, point.label)
}
```

步骤 6　为模型评估初始化一个多类度量

```
val metrics = new MulticlassMetrics(scoreAndLabels)
```

步骤 7　构造混淆矩阵

```
println("Confusion matrix:")
println(metrics.confusionMatrix)
```

如图 11.30 所示，在混淆矩阵中，每一列都代表了预测类中的实体。而每一行则代表了真实类中的实体(反之亦然)。混淆矩阵的名称源于这样一个事实：它可以很容易地看出系统是否混淆了两个类。要了解关于混淆矩阵的更多信息，可以参考 https://en.wikipedia.org/wiki/Confusion_matrix.Confusion。

1466.0	1.0	4.0	2.0	3.0	11.0	18.0	1.0	11.0	4.0
0.0	1709.0	11.0	3.0	2.0	6.0	1.0	5.0	15.0	4.0
10.0	17.0	1316.0	24.0	22.0	8.0	20.0	17.0	26.0	8.0
3.0	9.0	38.0	1423.0	1.0	52.0	9.0	11.0	31.0	15.0
3.0	4.0	23.0	1.0	1363.0	4.0	10.0	7.0	5.0	43.0
19.0	7.0	11.0	50.0	12.0	1170.0	23.0	6.0	32.0	11.0
6.0	2.0	15.0	3.0	10.0	19.0	1411.0	2.0	8.0	2.0
4.0	7.0	10.0	7.0	14.0	4.0	2.0	1519.0	8.0	48.0
9.0	22.0	26.0	43.0	11.0	46.0	16.0	5.0	1268.0	8.0
6.0	3.0	5.0	23.0	39.0	8.0	0.0	60.0	14.0	1327.0

图 11.30　逻辑回归分类器生成的混淆矩阵

步骤 8　总体统计信息

现在，让我们计算出总体的统计信息，来判断该模型的性能：

```
val accuracy = metrics.accuracy
println("Summary Statistics")
println(s"Accuracy = $accuracy")
//Precision by label
val labels = metrics.labels
labels.foreach { l =>
println(s"Precision($l) = " + metrics.precision(l))
}
//Recall by label
```

```
labels.foreach { l =>
println(s"Recall($l) = " + metrics.recall(l))
}
//False positive rate by label
labels.foreach { l =>
println(s"FPR($l) = " + metrics.falsePositiveRate(l))
}
//F-measure by label
labels.foreach { l =>
println(s"F1-Score($l) = " + metrics.fMeasure(l))
}
```

上述代码产生的结果如下，其中也包含精度、准确率、召回率、真正类比例、假正类比例和 F1 分数等指标：

```
Summary Statistics
 ----------------------
 Accuracy = 0.9203609775377116
 Precision(0.0) = 0.9606815203145478
 Precision(1.0) = 0.9595732734418866
 .
 .
 Precision(8.0) = 0.8942172073342737
 Precision(9.0) = 0.9027210884353741
 Recall(0.0) = 0.9638395792241946
 Recall(1.0) = 0.9732346241457859
 .
 .
 Recall(8.0) = 0.8720770288858322
 Recall(9.0) = 0.8936026936026936
 FPR(0.0) = 0.004392386530014641
 FPR(1.0) = 0.005363128491620112
 .
 .
 FPR(8.0) = 0.010927369417935456
 FPR(9.0) = 0.010441004672897197
 F1-Score(0.0) = 0.9622579586478502
 F1-Score(1.0) = 0.966355668645745
 .
 .
 F1-Score(9.0) = 0.8981387478849409
```

现在，让我们计算出总体，也就是总计的统计信息：

```
println(s"Weighted precision: ${metrics.weightedPrecision}")
println(s"Weighted recall: ${metrics.weightedRecall}")
println(s"Weighted F1 score: ${metrics.weightedFMeasure}")
println(s"Weighted false positive rate: ${metrics.weightedFalsePositiveRate}")
```

上述代码段打印出如下的输出信息，其中包含加权准确率、加权召回率、加权 F1 分数以及加权假正类比例等指标：

```
Weighted precision: 0.920104303076327
  Weighted recall: 0.9203609775377117
  Weighted F1 score: 0.9201934861645358
  Weighted false positive rate: 0.008752250453215607
```

总体统计信息显示该模型的精度超过92%。但我们仍可以使用其他更好的算法来提升该模型，如随机森林算法(RF)。在下一节中将看到如何使用随机森林算法对同样的模型进行分类。

11.6.3 使用随机森林提升分类精度

随机森林(有时也称为随机决策森林)是决策树的集合。它也是用于分类和回归问题的最成功机器学习模型之一。它合并了很多决策树，以降低过度拟合的风险。与决策树一样，随机森林也能处理分类特征，并将其扩展到多元分类处理上。它不需要进行特征缩放，也能捕获非线性问题和处理特征交互。目前有很多优秀的随机森林算法，它们可通过合并多个决策树来克服训练数据集中的过度拟合问题。

随机森林(或者随机决策森林)通常由数十万棵树构成。这些树实际上是在同一训练集的不同部分上训练的。从技术上讲，一棵非常深的树往往会从不可预测的模式中进行学习。树的这种性质容易在训练集上造成过度拟合的问题。此外，即便你的数据集在所表现的特征方面质量良好，其低偏差的情况也会导致分类器表现较差。另一方面，随机森林有助于平均多个决策树的结果，从而通过计算不同情况对之间的相似性(proximities)来减少方差，提高整体的一致性。

但这样做会增加小的偏差，或导致一些结果可解释性方面的损失。但这样做可显著提升最终模型的性能。使用随机森林作为分类器时，其参数可按如下方式设置。

- 如果树的数量为 1，则根本不需要使用自举；但是，如果树的数量>1，则需要完成自举。支持的值为 auto、all、sqrt、log2 以及 onethird。
- 支持的参数范围为(0.0～1.0)和[1～n]。而若 featureSubsetStrategy 被设置为 auto，则算法将自动选择最佳的特征子集策略。
- 如果 numTrees==1，featureSubsetStrategy 将被设置为 all。而若 numTrees>1(也就是森林)，featureSubsetStrategy 会被设置为 sqrt，以便于分类。
- 此外，如果 n 被设置为(0, 1.0)之间的数值，则将使用 n * number_of_features。而若 n 被设置为 1 到特征数量之间的整数值，则相应地只会用到 n 个特征。
- categoricalFeaturesInfo 参数是一个映射，用于存储任意的分类特征。该参数中的一个条目(n->k)表示该特征 n 是按 k 个类别分类的，这些类别的索引为{0, 1, …, k-1}。
- 不纯标准(impurity criterion)仅用于信息增益计算。支持的值分别是用于分类的 gini(基尼)和用于回归的 variance(方差)。
- maxDepth 是树的最大深度(例如，深度为 0 意味着只有 1 个叶子节点，深度为 1 意味着有 1 个内部节点和 2 个叶子节点，以此类推)。
- maxBins 表示用于拆分特征所使用的最大容器数。建议将其设置为 100 以获得更好的效果。
- 最后，随机种子用于自举和选择特征子集，以避免结果的随机性。

正如已经提到的，由于随机森林对于大规模数据集来说足够快速，并且可扩展，因此 Spark 可实现随机森林算法，以便获得足够大的可扩展性。但是，如果需要计算随机森林中的相似性，则对存储的需求会呈现指数级增长。

使用随机森林分类 MNIST 数据集

在本节中，将展示一个使用随机森林的分类问题例子。我们会将代码进行分步拆解，从而让你容易地理解该解决方案。

步骤 1　以 libsvm 格式加载并解析 MNIST 数据集

```
//Load training data in libsvm format.
val data = MLUtils.loadLibSVMFile(spark.sparkContext, "data/mnist.bz2")
```

步骤 2　准备训练和测试集

将数据拆分为训练集(75%)和测试集(25%)，并设置种子使其具备重现性，如下：

```
val splits = data.randomSplit(Array(0.75, 0.25), seed = 12345L)
val training = splits(0).cache()
val test = splits(1)
```

步骤 3　运行训练算法并建立模型

训练随机森林模型，并将 categoricalFeaturesInfo 设置为空。这是必需的，因为在该数据集中，所有特征都是连续的：

```
val numClasses = 10 //number of classes in the MNIST dataset
val categoricalFeaturesInfo = Map[Int, Int]()
val numTrees = 50 //Use more in practice.More is better
val featureSubsetStrategy = "auto" //Let the algorithm choose.
val impurity = "gini" //see above notes on RandomForest for explanation
val maxDepth = 30 //More is better in practice
val maxBins = 32 //More is better in practice
val model = RandomForest.trainClassifier(training,
numClasses,categoricalFeaturesInfo, numTrees, featureSubsetStrategy,
impurity,maxDepth, maxBins)
```

要注意，训练随机森林模型是一种资源敏感型操作。因此，它需要更多内存，以避免内存溢出(OOM)。建议在运行这些代码之前，先增加 Java 堆空间。

步骤 4　基于测试集计算原始分数

在测试集上计算出原始的分数，这样就可以使用前面提到的性能度量对模型进行评估。

```
val scoreAndLabels = test.map { point =>
val score = model.predict(point.features)
(score, point.label)
}
```

步骤 5　为评估初始化一个多分类度量

```
val metrics = new MulticlassMetrics(scoreAndLabels)
```

步骤 6　构造混淆矩阵

```
println("Confusion matrix:")
println(metrics.confusionMatrix)
```

上述代码生成的混淆矩阵如图 11.31 所示。

```
1500.0  0.0     8.0     1.0     3.0     6.0     6.0     3.0     2.0     5.0
0.0     1737.0  1.0     3.0     0.0     3.0     1.0     1.0     7.0     2.0
3.0     6.0     1416.0  19.0    5.0     3.0     1.0     9.0     6.0     4.0
0.0     1.0     5.0     1509.0  0.0     21.0    0.0     3.0     18.0    18.0
1.0     3.0     9.0     1.0     1415.0  3.0     2.0     7.0     4.0     17.0
2.0     2.0     0.0     20.0    0.0     1275.0  12.0    0.0     8.0     7.0
4.0     2.0     3.0     2.0     2.0     13.0    1453.0  0.0     8.0     0.0
0.0     3.0     10.0    8.0     4.0     3.0     0.0     1572.0  0.0     11.0
10.0    0.0     11.0    19.0    6.0     12.0    3.0     7.0     1388.0  14.0
1.0     2.0     5.0     10.0    28.0    2.0     0.0     21.0    13.0    1407.0
```

图 11.31　随机森林分类器生成的混淆矩阵

步骤 7　总体统计信息

现在，让我们计算出总体的统计信息，来判断该模型的性能。

```
val accuracy = metrics.accuracy
println("Summary Statistics")
println(s"Accuracy = $accuracy")
//Precision by label
val labels = metrics.labels
labels.foreach { l =>
println(s"Precision($l) = " + metrics.precision(l))
}
//Recall by label
labels.foreach { l =>
   println(s"Recall($l) = " + metrics.recall(l))
}
//False positive rate by label
labels.foreach { l =>
println(s"FPR($l) = " + metrics.falsePositiveRate(l))
}
//F-measure by label
labels.foreach { l =>
println(s"F1-Score($l) = " + metrics.fMeasure(l))
}
```

上述代码生成的结果如下，其中也包含精度、准确率、召回率、真正类比例、假正类比例和 F1 分数等指标：

```
Summary Statistics:
  ------------------------------
  Precision(0.0) = 0.9861932938856016
  Precision(1.0) = 0.9891799544419134
  .
  .
  Precision(8.0) = 0.9546079779917469
  Precision(9.0) = 0.9474747474747475
  Recall(0.0) = 0.9778357235984355
  Recall(1.0) = 0.9897435897435898
```

```
.
.
Recall(8.0) = 0.9442176870748299
Recall(9.0) = 0.9449294828744124
FPR(0.0) = 0.0015387997362057595
FPR(1.0) = 0.0014151646059883808
.
.
FPR(8.0) = 0.0048136532710962
FPR(9.0) = 0.0056967572304995615
F1-Score(0.0) = 0.9819967266775778
F1-Score(1.0) = 0.9894616918256907
.
.
F1-Score(8.0) = 0.9493844049247605
F1-Score(9.0) = 0.9462004034969739
```

现在，让我们来计算出总体统计信息，如下：

```
println(s"Weighted precision: ${metrics.weightedPrecision}")
println(s"Weighted recall: ${metrics.weightedRecall}")
println(s"Weighted F1 score: ${metrics.weightedFMeasure}")
println(s"Weighted false positive rate: ${metrics.weightedFalsePositiveRate}")
val testErr = labelAndPreds.filter(r => r._1 != r._2).count.toDouble /test.count()
println("Accuracy = " + (1-testErr) * 100 + " %")
```

上述代码将打印出如下输出结果，包含加权准确率、加权召回率、加权 F1 分数和加权假正类比例等：

```
Overall statistics
  ----------------------------
  Weighted precision: 0.966513107682512
  Weighted recall: 0.9664712469534286
  Weighted F1 score: 0.9664794711607312
  Weighted false positive rate: 0.003675328222679072
  Accuracy = 96.64712469534287 %
```

总体统计信息表明，该模型的精度超过 96%，这显然比逻辑回归好。但是，我们仍然可使用更好的模型优化加以改进。

11.7 本章小结

在本章中，我们学习了机器学习这一主题，掌握了简单且功能强大的常用 ML 计算，了解到如何使用 Spark 来构建自己的预测模型。也学习了如何构建分类模型，如何使用模型进行预测，以及如何使用常见的 ML 技术，如降维和 OneHotEncoder。

我们也看到了如何将回归计算应用于高维数据集，然后也学习了如何使用二元或多元分类算法进行预测分析，最后学习了如何使用随机森林算法来实现出色的分类精度。但是，还有其他一些与机器学习相关的主题需要我们去学习。例如，在最终部署模型之前，需要对推荐系统和模型进行调优，以便获得更稳定的性能表现。

当然，后续章节中也将探讨 Spark 的一些高级主题，将展示机器学习调优方面的一些例子，也将分别为电影推荐系统和文本聚类提供相应的例子。

第12章

贝叶斯与朴素贝叶斯

“预测是很困难的，尤其是对未来的预测。”

——Niels Bohr

机器学习(ML)与大数据的结合，是一种颇为激进的组合，这在学术界和工业界相关的研究领域都产生了一些重大影响。此外，许多研究领域也与大数据产生关系，因为数据集是以前所未有的方式从各种来源和技术(通常称为数据挖掘)中生成的。这对机器学习、数据分析工具以及相关算法都提出了巨大挑战，以便从符合大数据标准(体量大、处理速度快以及种类繁多等)的数据中找到真正的价值。但从这些庞大的数据集中进行预测则变得从未如此简单。

基于上述这些挑战，本章将深入探究 ML，并找到如何使用一种简单又功能强大的方法，来建立一个可扩展的分类模型，以及完成更多任务。

作为概括，本章将涵盖如下主题：

- 多元分类
- 贝叶斯推理
- 朴素贝叶斯
- 决策树
- 朴素贝叶斯与决策树

12.1 多元分类

在机器学习中，多元分类(也被称为多类)将数据对象或实例分为超过两个类的一种任务。也就是说，这里有超过两个的标签或分类。将数据对象或实例分为两个类被称为二元分类。从技术角度看，在多元分类中，每个训练实例都属于 N≥2 的 N 个不同类别之一。然后，这样做的目的是建立一个能正确预测新实例所属类别的模型。当然也可能存在这样一种情况，即某些数据点属于多个分类。但如果给定的点属于多个类别，该问题就可以被简单地分解为一组互不关联的二元问题。这就可以很自然地使用二元分类算法加以解决。

> **小技巧：**
> 不要将多元分类与多标签分类弄混淆。多标签分类需要为每个实例预测多个标签。要了解使用 Spark 来实现多标签分类的更多细节，感兴趣的读者可以参考 https://spark.apache.org/docs/latest/mllib-evaluation-metrics.html#multilabel-classification。

多元分类技术可被分为如下几个类别：

- 将多元分类转换为二元分类
- 从二元分类进行扩展
- 层次分类

12.1.1　将多元分类转换为二元分类

使用将多元分类转换为二元分类的技术，可以等效的方式将多元分类问题转换为多个二元分类问题。换句话说，这种技术也可以被称为问题转换技术。不过，无论从理论还是实践的角度来详细探讨该问题都超出了本章的讨论范围。因此，这里将只讨论一种称为一对多(OVTR)的算法的示例，作为该类处理方法的一个代表。

1. 使用一对多方法的分类

本节将描述一个使用多元分类算法的例子。该例子使用了 OVTR 算法，从而将问题转换为等价的多个二元分类问题。OVTR 策略将原有的问题打破，并按照不同的类别来训练每个二元分类器。换句话说，OVTR 分类器的策略就是将每个类别拟合一个二元分类器。将当前类的所有样本都视为正面样本，其他分类器的样本就被视为负面样本。

毫无疑问，这显然是一种模块化的机器学习技术。但其劣势在于，该种策略需要来自多元分类器系列的一个基础分类器。原因在于分类器必须生成一个真实值(也被称为置信度)，而非实际标签的预测值。该策略的第二个缺点是，如果数据集(也就是训练集)包含离散类标签，那么这些最终可能导致模糊的预测结果。这种情况下，可为单个样本生成多类的预测结果。为使得上述讨论更为清晰，现在让我们看如下一个例子。

假设有 50 个观测值，并将其分为 3 个分类器。因此，将使用与以前相同的逻辑来选择负面样例。在训练阶段，我们有如下设置：

- 分类器 1 有 30 个正面样例，20 个负面样例；
- 分类器 2 有 36 个正面样例，14 个负面样例；
- 分类器 3 有 14 个正面样例，24 个负面样例。

另外，在测试阶段，假设有一个新实例要归类到之前的多个类中的一个。当然，3 个分类器都会生成一个关于其归属的概率。这是一个实例属于分类器中的正面样例或者负面样例的估计值吗？这种情况下，我们总是需要比较其处于正面分类中的可能性，并与其他类做对比。现在，对于包含 N 个类的情况，一个测试样本将有 N 个概率估计值。需要比较它们，并确定该测试样本属于哪个类时具有最大的可能性。Spark 通过 OVTR 算法将多类问题降维成二元分类问题，此时逻辑回归算法通常会作为基本分类器。

现在，让我们来看另一个真实数据集的例子，它展示了 Spark 如何使用 OVTR 算法将所有特征进行分类。OVTR 分类器能预测光学字符读取器(Optical Character Reader，OCR)数据集中的手写字符。但在演示该例子前，我们先看一下 OCR 数据集，以便了解一下该数据集的特性。需要注意，在 OCR 软件首次处理文档时，会将纸张或对象划分为矩阵，从而使得矩阵中的每个单元格都包含单个字形 3(也可以是不同的图形形状)。这是一种经过精心设计的处理方式，以便将纸张或对象上的字母、符号、数字或背景信息区分出来。

为演示 OCR 的处理流程，我们假设该文档仅包含英文字母字符，它将字形与 26 个大写字母(也就是 A 到 Z)进行匹配。这里将使用来自 UCI 机器学习数据资料库(UCI Machine Learning Data Repository)的 OCR 字符数据集，如图 12.1 所示。该数据集由 W. Frey 和 D. J. Slate 提供。在观察该数据集时，可以看到这里有 20 000 个英文大写字母的例子。这些大写字母使用了 20 种不同的随机字形打印，包括各种扭曲和随机的形状，并且均为黑白字体。简而言之，对 26 个字母进行预测，实质上就是将问题转化为 26 个类的多元分类问题。因此，二元分类器无法满足我们的目的。

图 12.1　部分打印符号

该数据集提供了一些以这种方式扭曲打印的字形示例。因此，这些字母在计算机上就很难以计算方式加以识别。但是，它们反倒很容易被人类识别。图 12.2 显示了该数据集前 20 行的统计属性。

letter	xbox	ybox	width	height	onpix	xbar	ybar	x2bar	y2bar	xybar	x2ybar	xy2bar	xedge	xedgey	yedge	yedgex
T	2	8	3	5	1	8	13	0	6	6	10	8	0	8	0	8
I	5	12	3	7	2	10	5	5	4	13	3	9	2	8	4	10
D	4	11	6	8	6	10	6	2	6	10	3	7	3	7	3	9
N	7	11	6	6	3	5	9	4	6	4	4	10	6	10	2	8
G	2	1	3	1	1	8	6	6	6	6	5	9	1	7	5	10
S	4	11	5	8	3	8	8	6	9	5	6	6	0	8	9	7
B	4	2	5	4	4	8	7	6	6	7	6	6	2	8	7	10
A	1	1	3	2	1	8	2	2	2	8	2	8	1	6	2	7
J	2	2	4	4	2	10	6	2	6	12	4	8	1	6	1	7
M	11	15	13	9	7	13	2	6	2	12	1	9	8	1	1	8
X	3	9	5	7	4	8	7	3	8	5	6	8	2	8	6	7
O	6	13	4	7	4	6	7	6	3	10	7	9	5	9	5	8
G	4	9	6	7	6	7	8	6	2	6	5	11	4	8	7	8
M	6	9	8	6	9	7	8	6	5	7	5	8	8	9	8	6
R	5	9	5	7	6	6	11	7	3	7	3	9	2	7	5	11
F	6	9	5	4	3	10	6	3	5	10	5	7	3	9	6	9
O	3	4	4	3	2	8	7	7	5	7	6	8	2	8	3	8
C	7	10	5	5	2	6	8	6	8	11	7	11	2	8	5	9
T	6	11	6	8	5	6	11	5	6	11	9	4	3	12	2	4
J	2	2	3	3	1	10	6	3	6	12	4	9	0	7	1	7

只显示前20行

图 12.2　以数据帧显示的数据集快照

2. OCR 数据集的探索与准备

根据此前数据集的描述，可使用 OCR 阅读器将这些字形扫描到计算机上，然后将它们自动转换为像素。因此，所有的 16 个统计属性也会被记录到计算机中。这里，不同区域内的黑色像素的浓度提供了一种可使用 OCR 或机器学习算法来训练 26 个字母的方法。

> **小技巧：**
>
> 回顾一下，支持向量机(SVM)、逻辑回归、朴素贝叶斯分类器或其他分类器算法(以及相关的学习人员)都要求所有特征是数字。但 libsvm 允许你以非常规格式使用稀疏训练数据集。可将正常的训练数据集转换为 libsvm 格式。数据集中的非零值以稀疏数组/矩阵形式存储，索引用于标记实例数据的列(特征索引)。但任何丢失的数据也应保持为零值。索引则用作区分特征/参数的方式。例如，对于 3 个特征，索引 1、2 和 3 将分别对应 x、y 以及 z 坐标。在构造超平面时，不同数据集实例的相同索引之间的对应关系仅是数学上的，它们被称为坐标。如果跳过其间的任意索引，则索引的默认值为零。

在大部分实际情况中，我们可能需要针对所有特征点将数据标准化。简而言之，需要将当前以制表符分隔的 OCR 数据转换为 libsvm 格式，从而使培训步骤更方便。这里，我们假设你已经下载了该数据集并将使用自己的脚本将其转换成 libsvm 格式。转换后的结果数据集由标签(label)和特征(features)构成，如图 12.3 所示。

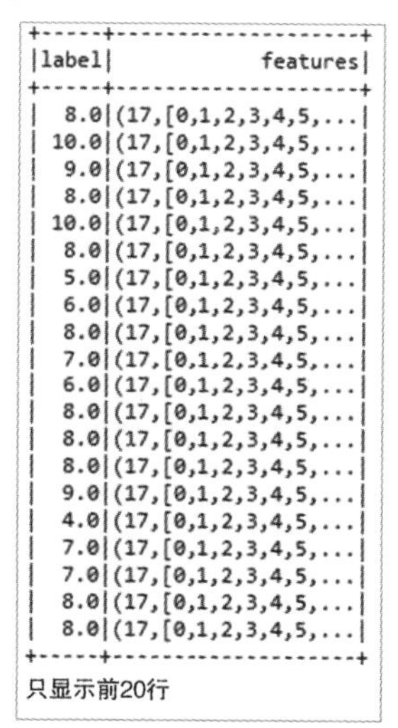

label	features
8.0	(17,[0,1,2,3,4,5,...
10.0	(17,[0,1,2,3,4,5,...
9.0	(17,[0,1,2,3,4,5,...
8.0	(17,[0,1,2,3,4,5,...
10.0	(17,[0,1,2,3,4,5,...
8.0	(17,[0,1,2,3,4,5,...
5.0	(17,[0,1,2,3,4,5,...
6.0	(17,[0,1,2,3,4,5,...
8.0	(17,[0,1,2,3,4,5,...
7.0	(17,[0,1,2,3,4,5,...
6.0	(17,[0,1,2,3,4,5,...
8.0	(17,[0,1,2,3,4,5,...
8.0	(17,[0,1,2,3,4,5,...
8.0	(17,[0,1,2,3,4,5,...
9.0	(17,[0,1,2,3,4,5,...
4.0	(17,[0,1,2,3,4,5,...
7.0	(17,[0,1,2,3,4,5,...
7.0	(17,[0,1,2,3,4,5,...
8.0	(17,[0,1,2,3,4,5,...
8.0	(17,[0,1,2,3,4,5,...

只显示前20行

图 12.3　libsvm 格式的 OCR 数据集的前 20 行快照

> **小技巧：**
>
> 感兴趣的读者可参阅如下研究文章以便获取更深入的信息：由 Chih-Chung Chang 和 Chih-Jen Lin 所写的《libsvm：一个用于 SVM 的资料库》。也可以登录作者的 Github 来获取相应的脚本：https://github.com/rezacsedu/RandomForestSpark/。该脚本能将 CSV 中的 OCR 数据直接转换为 libsvm 格式。它会阅读所有字母数据并为每一个分配唯一的数值。你只需要设置输入输出文件路径就可以运行该脚本。

现在，让我们来看看这个例子。这里要演示的例子有11个步骤。包括数据解析、Spark会话创建、模型创建和模型评估。

步骤1　创建Spark会话——通过指定主URL、Spark SQL仓库以及应用名称来创建Spark会话，如下所示：

```
val spark = SparkSession.builder
            .master("local[*]") //change accordingly
            .config("spark.sql.warehouse.dir", "/home/exp/")
            .appName("OneVsRestExample")
            .getOrCreate()
```

步骤 2　加载、解析并创建数据帧——从 HDFS 或本地磁盘加载数据文件并创建数据帧，然后显示该数据帧的结构，如下所示：

```
val inputData = spark.read.format("libsvm")
          .load("data/Letterdata_libsvm.data")
  inputData.show()
```

步骤 3　创建训练和测试集，以便训练模型——我们生成训练和测试数据集。其中，70%的数据用于训练，30%用于测试：

```
val Array(train, test) = inputData.randomSplit(Array(0.7, 0.3))
```

步骤 4　实例化基本分类器——这里使用基本分类器来充当多元分类器。对于这种情况，逻辑回归算法可以通过指定参数(例如最大迭代次数、容差、回归参数和弹性网络参数等)来实例化。

需要注意，当因变量是二元时，逻辑回归是一种适当的回归分析算法。与所有回归分析一样，逻辑回归是一种预测分析。逻辑回归用于描述数据，并解释一个二元变量与一个或多个虚设变量(nominal)、序数(ordinal)、间隔(interval)或比率(ratio level)等自变量之间的关系。

> **警告：**
> 对于基于 Spark 的逻辑回归算法的实现方法，感兴趣的读者可以参考 https://spark.apache.org/docs/latest/mllib-linear-methods.html#logistic-regression。

一般来说，如下参数可用于训练逻辑回归分类器。

- MaxIter：用于指定最大迭代次数。一般而言越大越好。
- Tol：算法停止的容差。一般而言越小越好。这有助于获得更集中的训练模型，默认值为1E-4。
- FirIntercept：表示你在生成概率解释时是否要拦截决策函数。
- Standardization：布尔值，依赖于是否对训练进行标准化。
- AggregationDepth：越多越好。
- RegParam：回归参数。大多数情况下，越少越好。
- ElasticNetParam：更高级的回归参数。大多数情况下越少越好。

不过，也可以根据问题的类型和数据集的属性，将拟合截距指定为布尔值，即 true 或 false：

```
val classifier = new LogisticRegression()
              .setMaxIter(500)
```

```
                    .setTol(1E-4)
                    .setFitIntercept(true)
                    .setStandardization(true)
                    .setAggregationDepth(50)
                    .setRegParam(0.0001)
                    .setElasticNetParam(0.01)
```

步骤 5　实例化 OVTR 分类器——现在开始实例化 OVTR 分类器，从而将多元分类问题转换为多个二元分类问题，如下所示：

```
val ovr = new OneVsRest().setClassifier(classifier)
```

这里的 classifier 是逻辑回归的评估器。现在，是时候训练模型了。

步骤 6　训练多元分类器模型——让我们使用训练集来训练模型，如下所示：

```
val ovrModel = ovr.fit(train)
```

步骤 7　基于测试集为模型进行评分——可以使用转换器(也就是 ovrModel)，在测试数据上对模型进行评分，如下所示：

```
val predictions = ovrModel.transform(test)
```

步骤 8　评估模型——在该步骤中，将预测第一列中字符的标签。但在此之前，需要实例化一个评估器来计算分类性能指标，如准确率、精度、召回率和 F1 度量值。如下：

```
val evaluator = new MulticlassClassificationEvaluator()
                .setLabelCol("label")
                .setPredictionCol("prediction")
val evaluator1 = evaluator.setMetricName("accuracy")
val evaluator2 = evaluator.setMetricName("weightedPrecision")
val evaluator3 = evaluator.setMetricName("weightedRecall")
val evaluator4 = evaluator.setMetricName("f1")
```

步骤 9　计算性能度量—— 在测试数据上计算分类的准确率、精度、召回率、F1 度量值，如下：

```
val accuracy = evaluator1.evaluate(predictions)
val precision = evaluator2.evaluate(predictions)
val recall = evaluator3.evaluate(predictions)
val f1 = evaluator4.evaluate(predictions)
```

步骤 10　打印性能度量：

```
println("Accuracy = " + accuracy)
println("Precision = " + precision)
println("Recall = " + recall)
println("F1 = " + f1)
println(s"Test Error = ${1 -accuracy}")
```

你应该会得到如下结果：

```
Accuracy = 0.5217246545696688
Precision = 0.488360500637862
Recall = 0.5217246545696688
```

```
F1 = 0.4695649096879411
Test Error = 0.47827534543033123
```

步骤 11 停止 Spark 会话：

```
spark.stop() //Stop Spark session
```

这样，就可以将多元分类问题转换为多个二元分类问题，并且不会牺牲问题的类型。但是，从步骤 10 开始，就可以观察到，这样做的分类精度其实并不好。这可能是由于几个原因造成的。例如我们用于训练模型的数据集的性质等。更重要的是，我们在训练逻辑回归模型时并没有调整超参(hyperparameter)。而且，在进行转换时，OVTR 必须牺牲一些准确性。

12.1.2 层次分类

在层次分类任务中，可通过将输出空间划分为树来解决分类问题。在该树中，父节点被分为多个子节点。该过程持续存在，直到每个子节点都描述一个类为止。目前，基于层次分类技术已经提出了多种实现方法。计算机视觉就是这样的一个应用领域。其中的图片或书面文本识别就使用了层次分类技术。当然，关于该分类器的讨论，已经超出了本章的范围。

12.1.3 从二元分类进行扩展

这是一种扩展现有二元分类器以解决多元分类问题的技术。为了解决多元分类问题，目前已经基于神经网络、DT、随机森林、K-近邻、朴素贝叶斯和 SVM 等提出了多种算法。下面将探讨其中的朴素贝叶斯和 DT 两种算法。

现在，在开始使用朴素贝叶斯算法来解决多元分类问题之前，下一节中先简要描述贝叶斯推理。

12.2 贝叶斯推理

在本节中，将探讨一下贝叶斯推理(BI)及其基础理论。这样读者就可以从理论和计算的角度来理解这一概念。

贝叶斯推理概述

贝叶斯推理是一种基于贝叶斯定理的统计方法。它用于更新假设的概率(将其作为强大的证据)，以便统计模型可以反复更新，进而获得更准确的学习。换言之，所有不确定的类型，都可以根据贝叶斯推理方法中的统计概率来表示。它是理论和数理统计中的一项重要技术。

此外，贝叶斯更新主要用在数据集序列的增量学习和动态分析中。如时间序列分析、生物医学数据分析，以及科学、工程、哲学和基因组测序等，都是贝叶斯推理广泛应用的一些例子。从哲学的角度和决策理论看，贝叶斯推理与预测概率密切相关。但这种理论则以贝叶斯概率的名称而更广为人知。

1. 何为推理？

推理(或者说模型评估)是在最后对从模型导出的结果进行更新从而得到概率的过程。其结果是，所有概率证据都针对手头的结果观察得到，故而在使用贝叶斯模型进行分类分析时，可更新观测结果。之后，通过对数据集上的所有观测进行实例化，就可将该信息提取到贝叶斯模型。提取到模型的规则被称为先验概率，其中在参考某些相关观测之前评估概率，尤其是主观假设所有可能的结果都被赋予相同的概率。然后在所有证据被知晓后，这些也被称为后验概率，它们反映了基于更新证据计算的假设水平。

贝叶斯定理用于计算表示两个前因后果的后验概率。基于这些前因，先验概率和似然函数(likelihood function)是从用于模型适应性的新数据的统计模型导出的。后面将进一步讨论贝叶斯定理。

2. 它是如何工作的？

这里将探讨统计推理问题的一般性设置。首先根据数据估计所需的数量，以及可能想要估计的未知数量。它可以是一个简单的响应变量，或者是预测变量、类、标签，或者就是一个简单数字。如果你了解频率论方法，你可能知道在这种方法中，未知量 θ 被假定为由观察数据估计的确定量(非随机)。

但在贝叶斯框架中，未知量 θ 被称为随机变量。更具体地，假设我们对 θ 的分布进行了初始猜测，这通常被称为先验分布。现在，在观察一些数据后，更新 θ 的分布。此步骤通常使用贝叶斯规则执行(有关更多详细内容，可以参阅下一节)。这就是该方法为何被称为贝叶斯方法。但简而言之，基于先前的分布，可以计算未来观测的预测分布。

该方法有很多争论，但是这些过程依然可以作为不确定性推理的适当方法。不过，这些争论中的理性部分，使得明确的原则保持了一致性。尽管有强有力的数学证据，很多机器学习从业者依然对使用贝叶斯方法感到不舒服。背后的原因是，他们经常将后验概率或先验概率的选择视为任意和主观的。而实际上，这些是主观的，但不是任意的。

小技巧：

从某种意义上说，许多使用贝叶斯的人，并没有使用真正的贝叶斯术语进行思考。因此，人们可以在诸多文献中找到一些伪贝叶斯过程，而其中使用的模型和先验则不能被认为是先验的表达。并且，贝叶斯方法也存在计算上的困难。其中一些问题可使用马尔可夫链蒙特卡洛方法来解决。这是作者研究的另一个重点。在阅读本章时，你将对这种方法的细节逐步清晰起来。

12.3 朴素贝叶斯

在机器学习中，朴素贝叶斯(NB)是基于众所周知的贝叶斯定理的概率分类器中的一个例子。这里假设这些特征之间具有很强的独立性。本节将详细讨论朴素贝叶斯。

12.3.1 贝叶斯理论概述

在概率论中，贝叶斯定理基于与该特定事件相关条件的先验知识来描述事件的概率。换句话说，它可被视为一种理解概率论如何成为事实并受到新信息影响的方式。例如，如果癌症与年龄相关，则可以使用与年龄有关的信息来评估患者可能患癌的更准确概率。

贝叶斯定理在数学上表示为如图 12.4 的形式。

$$P(A \mid B) = \frac{P(B \mid A)\,P(A)}{P(B)}$$

图 12.4　贝叶斯定理的数学表示

在该等式中，A 和 B 是 $P(B) \neq 0$ 的事件，其他术语则可以描述如下：

- $P(A)$和 $P(B)$是观察 A 和 B 的概率，不考虑彼此(即，独立)。
- $P(A|B)$是在 B 为真的情况下，观察事件 A 的条件概率。
- $P(B|A)$是在 A 为真的情况下，观察事件 B 的条件概率。

你可能知道，一项著名的哈佛研究表明，只有 10%的快乐人是富人。但是，你可能会认为这个统计数据很引人注目，你也想知道富人中有多百分比的人也是快乐的。贝叶斯定理可以使用另外两个线索来帮你计算这一统计值：

(1) 总体快乐者的百分比，即 $P(A)$。

(2) 富人的总体百分比，即 $P(B)$。

贝叶斯定理背后的关键思想，就是考虑整体的比例，从而获得另外的统计数据。

假设以下信息可作为先验信息：

(1) 40%的人感到快乐，即=>$P(A)$。

(2) 5%的人为富人，即=> $P(B)$。

现在，让我们看一下哈佛的研究成果。我们假设它是正确的，即 $P(B|A)$=10%。现在，快乐的富人，即 $P(A|B)$可以计算如下：

```
P(A|B) = {P(A)*P(B|A)}/P(B) = (40%*10%)/5% = 80%
```

也就是说，大部分人也很开心！很好，为了弄得更清楚一些，我们假设整个区域的人口为 1000。然后，根据我们的计算，存在如下两个事实。

- 事实 1：有 400 人是快乐的，哈佛的研究告诉我们这些快乐的人中有 40 是富人。
- 事实 2：一共有 50 名富人，富人快乐的比例为 40/50=80%。

> **小技巧：**
> 该例子证明了贝叶斯定理及其有效性。但更复杂的例子可通过如下链接找到：https://onlinecourses.science.psu.edu/stat414/node/43。

12.3.2　贝叶斯与朴素贝叶斯

朴素贝叶斯(NB)是一个基于最大后验原理(Maximum A Posterior，MAP)的成功分类器。作为一个分类器，我具有很高的可扩展性，在学习问题的过程中，我也需要很多参数，以及线性的变量(特征/预测器)。我有一些特性，如计算速度更快，可分类一些我很容易实现的东西，我也可以很好地处理高维数据集。此外，我还可以处理数据集中的缺失值。不仅如此，我还具备适应能力，能使用新的数据集来修改模型而不必重建模型。

警告：

在贝叶斯统计中，MAP 估计是对未知量的估计，等价于后验分布的模式。MAP 估计可以用于基于经验数据来获得对未观测的数据点的估计。

听起来像是詹姆斯邦德电影类似的东西？那么，你可将一个分类器视为 007 的代理，对吗？开玩笑罢了。我相信我不是朴素贝叶斯分类器的参数，例如先验和条件概率是学习到的，或者更确切地讲，是使用一系列确定性步骤，这里涉及两个非常简单的操作，即计数和分隔。在现代计算机上，计数可非常快速地完成。这里没有迭代，没有成本方程的优化(它可以很复杂，可以是立方级的复杂度，或者至少也是平方级别的复杂度)，没有错误的反向传播，也未涉及求解矩阵方程的操作。这些都使得朴素贝叶斯及其整体训练速度能够更快。

但在雇用这个代理人之前，你需要发现优点和缺点。这样，可将这个代理作为王牌使用，只使用最好的那一面。表 12.1 总结了这个代理的利弊。

表 12.1　朴素贝叶斯算法的优势和劣势

代理	优势	劣势	擅长
朴素贝叶斯(NB)	计算速度快； 实现简单； 能够很好地处理高维数据集； 能够处理缺失值； 只需要很少的数据就可以训练模型； 可扩展； 具有适应性，能够根据新的训练集来修改模型，而不必重建	依赖于各特征之间的独立性假设，如果假设不满足，则表现糟糕； 准确性较低； 如果没有出现某个类的标签，或者是某个属性值，则基于频率的概率估计将为零值	当数据有很多缺失值时； 当特征之间的相互依赖关系相似时； 邮件过滤和分类； 对有关技术、政治、体育等的新闻文章进行分类； 文本挖掘

12.3.3　使用朴素贝叶斯建立一个可扩展的分类器

在本节中，将看到使用朴素贝叶斯(NB)算法的一个分步示例。如上所述，NB 算法具有高度的可扩展性，在学习问题时需要多个变量(特征/预测器)和线性参数。这种可扩展性使得 Spark 社区能够使用该算法对大规模数据集进行预测分析。Spark MLlib 中的 NB 的当前实现方法支持多项式和伯努利 NB。

警告：

如果特征向量是二元的，那么伯努利 NB 就是有用的。应用程序可对文本进行分类，使用了 BOW(Bag Of Words，词袋)方法。另一方面，多项式 NB 则常用于离散计数。例如，如果我们有文本分类问题，就可以使用伯努利方法，而不使用 BOW。这里，可使用文档中的频率计数。

在本节中，你将了解如何通过结合 Spark 机器学习 API(包括 Spark MLlib、Spark ML 和 Spark SQL)来识别基于手写笔的数据集中的数字。

步骤 1 数据收集、预处理以及探索——基于笔的手写数据集也是从 UCI 机器学习资料库上下载的：https://www.csie.ntu.edu.tw/~cjlin/libsvmtools/datasets/multiclass/pendigits。该数据集是从 44 个写入器上收集了大约 250 个数字样本而生成的。以 100 毫秒的固定时间间隔与笔的位置相关联。然后将每个数字写入 500×500 像素的盒子里。最后，将这些图像缩放为 0 到 100 之间的整数值，从而在每次观测之间都形成一致的缩放。这里使用了众所周知的空间重采样技术来获得 3 和 8 这两个数字的规则间隔的点的弧形轨迹。通过基于(x, y)坐标绘制 3 或 8 的采样点，可将样本的图形以及点到点之间的线进行可视化。它看起来如表 12.2 中的内容。

表 12.2 用于训练和测试集的数字

数据集	'0'	'1'	'2'	'3'	'4'	'5'	'6'	'7'	'8'	'9'	合计
训练集	780	779	780	719	780	720	720	778	718	719	7493
测试集	363	364	364	336	364	335	336	364	335	336	3497

训练集由 30 个写入器的样例构成，测试集则由 14 个写入器的样例构成。

图 12.5 显示了数字 3 和 8 对应的样例。

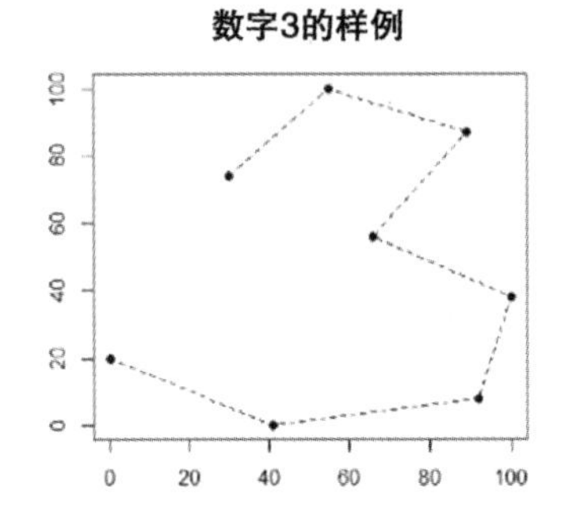

(a) 采样点 写入器/顺序线段('3')

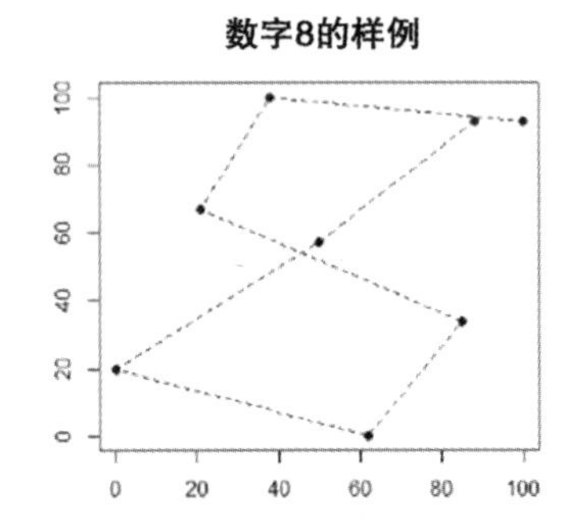

(b) 采样点 写入器/顺序线段('8')

图 12.5 数字 3 和 8 对应的样例

关于该数据集的更多信息，可以查看 http://archive.ics.uci.edu/ml/machine-learningdatabases/pendigits/pendigits-orig.names。该数据集中样例快照的数字表示如图 12.6 所示。

```
+-----+--------------------+
|label|            features|
+-----+--------------------+
|  8.0|(16,[0,1,2,3,4,5,...|
|  2.0|(16,[1,2,3,4,5,6,...|
|  1.0|(16,[1,2,3,4,5,6,...|
|  4.0|(16,[1,2,3,4,5,6,...|
|  1.0|(16,[1,2,3,4,5,6,...|
|  6.0|(16,[0,1,2,3,4,5,...|
|  4.0|(16,[1,2,3,4,5,6,...|
|  0.0|(16,[1,2,3,4,5,6,...|
|  5.0|(16,[0,1,2,3,4,5,...|
|  0.0|(16,[0,1,2,3,5,6,...|
|  9.0|(16,[0,1,2,3,5,6,...|
|  8.0|(16,[0,1,2,3,4,5,...|
|  5.0|(16,[0,1,2,3,4,5,...|
|  9.0|(16,[0,1,2,3,5,6,...|
|  7.0|(16,[1,2,3,4,5,6,...|
|  3.0|(16,[0,1,2,3,4,5,...|
|  3.0|(16,[0,1,2,3,4,5,...|
|  9.0|(16,[0,1,2,3,4,5,...|
|  2.0|(16,[0,1,2,3,4,5,...|
|  2.0|(16,[1,2,3,4,5,6,...|
+-----+--------------------+
只显示前20行
```

图 12.6 手写数字数据集中的 20 行数据快照

现在，可以使用自变量(也就是特征)来预测因变量(也就是标签)了。需要训练多元分类器。如前所示，数据集现在有 9 个类，也就是 9 个手写数字。对于预测，将使用朴素贝叶斯分类器并评估模型的性能。

步骤 2 加载需要的库和包。

```
import org.apache.spark.ml.classification.NaiveBayes
import org.apache.spark.ml.evaluation
       .MulticlassClassificationEvaluator
import org.apache.spark.sql.SparkSession
```

步骤 3 创建活动 Spark 会话。

```
val spark = SparkSession
            .builder
            .master("local[*]")
            .config("spark.sql.warehouse.dir", "/home/exp/")
            .appName(s"NaiveBayes")
            .getOrCreate()
```

要注意这里的主 URL 被设置为 local[*]，这意味着你的机器的所有 CPU 核都将用于处理 Spark 工作。也可根据需要设置 SQL 仓库参数和其他参数。

步骤 4 创建数据帧——以数据帧的方式将数据存储为 libsvm 格式。

```
val data = spark.read.format("libsvm")
           .load("data/pendigits.data")
```

对于数字分类，输入特征通常为稀疏的，并且应该提供稀疏向量作为输入，以便利用其稀疏性。由于训练数据只使用一次，而且数据集较小(几 MB)，如果你多次使用数据帧，就可以缓存它。

步骤 5　准备训练和测试集——将数据拆分为训练和测试集(25%用于测试)。

```
val Array(trainingData, testData) = data.randomSplit(Array(0.75, 0.25), seed =
12345L)
```

步骤 6　训练朴素贝叶斯模型——使用训练集训练朴素贝叶斯模型。

```
val nb = new NaiveBayes()
val model = nb.fit(trainingData)
```

步骤 7　在测试集上计算预测——使用模型转换器计算预测，最后显示针对每个标签的预测结果。

```
val predictions = model.transform(testData)
predictions.show()
```

如图 12.7 所示，有些标签预测正确，而有的则预测错误。因此，需要知道加权准确率、精度、召回率和 F1 度量值。

label	features	rawPrediction	probability	prediction
0.0	(16,[0,1,2,3,4,5,...	[-2439.0893277449...	[1.32132340702018...	4.0
0.0	(16,[0,1,2,3,4,5,...	[-1941.7868705353...	[1.0,1.5395790656...	0.0
0.0	(16,[0,1,2,3,4,5,...	[-2024.4356335162...	[1.0,1.6764090944...	0.0
0.0	(16,[0,1,2,3,4,5,...	[-1989.5775697073...	[1.0,2.2647494021...	0.0
0.0	(16,[0,1,2,3,4,5,...	[-1706.6857288506...	[1.0,5.1940219699...	0.0
0.0	(16,[0,1,2,3,4,5,...	[-1838.2628605334...	[1.0,7.2364926581...	0.0
0.0	(16,[0,1,2,3,4,5,...	[-2168.4931444350...	[1.0,6.8428534454...	0.0
0.0	(16,[0,1,2,3,4,5,...	[-2068.2067411172...	[1.0,1.1943331620...	0.0
0.0	(16,[0,1,2,3,4,5,...	[-2132.6929489447...	[1.0,1.9943684266...	0.0
0.0	(16,[0,1,2,3,4,5,...	[-1983.0451140771...	[1.0,4.9959906092...	0.0
0.0	(16,[0,1,2,3,4,5,...	[-2049.2850893323...	[1.0,1.3644883115...	0.0
0.0	(16,[0,1,2,3,4,5,...	[-1971.1755138520...	[1.0,1.6415723270...	0.0
0.0	(16,[0,1,2,3,4,5,...	[-2216.9188759036...	[1.0,1.3805417667...	0.0
0.0	(16,[0,1,2,3,4,5,...	[-2216.0583349043...	[1.0,7.7430733808...	0.0
0.0	(16,[0,1,2,3,4,5,...	[-2290.1517462265...	[1.0,1.3312677171...	0.0
0.0	(16,[0,1,2,3,4,5,...	[-2268.9492946577...	[0.01491770995335...	6.0
0.0	(16,[0,1,2,3,4,5,...	[-2377.8867352336...	[1.27336913041488...	8.0
0.0	(16,[0,1,2,3,4,5,...	[-2206.2037445466...	[1.20068275169939...	6.0
0.0	(16,[0,1,2,3,4,5,...	[-2290.1662968738...	[2.82560057752915...	8.0
0.0	(16,[0,1,2,3,4,5,...	[-2662.3029788480...	[2.38039426503477...	8.0

只显示前20行

图 12.7　针对每个标签(数字)的预测结果

步骤 8　评估模型——选择预测和真实的标签以计算测试误差和分类性能指标，例如准确率、精度、召回率和 F1 度量值。

```
val evaluator = new MulticlassClassificationEvaluator()
                            .setLabelCol("label")
                            .setPredictionCol("prediction")
val evaluator1 = evaluator.setMetricName("accuracy")
val evaluator2 = evaluator.setMetricName("weightedPrecision")
val evaluator3 = evaluator.setMetricName("weightedRecall")
val evaluator4 = evaluator.setMetricName("f1")
```

步骤 9　计算性能度量——在测试数据集上分类准确率、精度、召回率、F1 度量值和错误值。

```
val accuracy = evaluator1.evaluate(predictions)
val precision = evaluator2.evaluate(predictions)
val recall = evaluator3.evaluate(predictions)
val f1 = evaluator4.evaluate(predictions)
```

步骤 10　打印性能度量。

```
println("Accuracy = " + accuracy)
println("Precision = " + precision)
println("Recall = " + recall)
println("F1 = " + f1)
println(s"Test Error = ${1 -accuracy}")
```

你应该会得到如下观测值：

```
Accuracy = 0.8284365162644282
Precision = 0.8361211320692463
Recall = 0.828436516264428
F1 = 0.8271828540349192
Test Error = 0.17156348373557184
```

性能也不是太糟糕。但你仍然可以通过对超参进行调优来提升分类的准确率。通过交叉验证，或拆分训练集，你还可选择更合适的算法(即分类器或回归器)，来进一步提高预测的准确性。

1. 调优

现在，你已经知道了优点和缺点。但还有一个问题，也就是分类准确率较低。不过，如果你调整一下，表现也可更好。好吧，我们应该相信朴素贝叶斯吗？如果是这样，我们是不是应该看看如何提高其预测表现？这里假设使用 WebSpam 数据集。首先应该观察 NB 模型的性能，然后将看到如何使用交叉验证技术来提高性能。

WebSpam 数据集可从如下链接处下载：http://www.csie.ntu.edu.tw/~cjlin/libsvmtools/datasets/binary/webspam_wc_normalized_trigram.svm.bz2。它包含一些功能以及对应的标签，即垃圾邮件和火腿。因此，这是受监督的机器学习问题。这里的任务是预测给定的消息是垃圾邮件还是火腿(即非垃圾邮件)。原始数据集大小为 23.5GB。其中标记为+1 或-1(即二元分类问题)。之后，由于朴素贝叶斯不允许使用有符号整数，因此将-1 替换为 0.0，+1 替换为 1.0。修改后的数据集如图 12.8 所示。

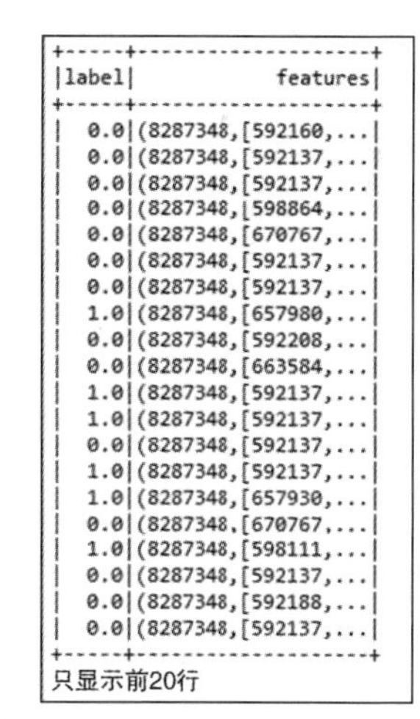

label	features
0.0	(8287348,[592160,...
0.0	(8287348,[592137,...
0.0	(8287348,[592137,...
0.0	(8287348,[598864,...
0.0	(8287348,[670767,...
0.0	(8287348,[592137,...
0.0	(8287348,[592137,...
1.0	(8287348,[657980,...
0.0	(8287348,[592208,...
0.0	(8287348,[663584,...
1.0	(8287348,[592137,...
1.0	(8287348,[592137,...
0.0	(8287348,[592137,...
1.0	(8287348,[592137,...
1.0	(8287348,[657930,...
0.0	(8287348.[670767,...
1.0	(8287348,[598111,...
0.0	(8287348,[592137,...
0.0	(8287348,[592188,...
0.0	(8287348,[592137,...

只显示前20行

图 12.8　WebSpam 数据集的 20 行快照

首先导入所需的包，如下所示：

```
import org.apache.spark.ml.classification.NaiveBayes
import org.apache.spark.ml.evaluation.MulticlassClassificationEvaluator
import org.apache.spark.sql.SparkSession
import org.apache.spark.ml.Pipeline;
```

```
import org.apache.spark.ml.PipelineStage;
import org.apache.spark.ml.classification.LogisticRegression
import org.apache.spark.ml.evaluation.BinaryClassificationEvaluator
import org.apache.spark.ml.feature.{HashingTF, Tokenizer}
import org.apache.spark.ml.linalg.Vector
import org.apache.spark.ml.tuning.{CrossValidator, ParamGridBuilder}
```

现在，创建 Spark 会话作为程序的进入点，如下：

```
val spark = SparkSession
     .builder
     .master("local[*]")
     .config("spark.sql.warehouse.dir", "/home/exp/")
     .appName("Tuned NaiveBayes")
     .getOrCreate()
```

然后，加载 WebSpam 数据集，并准备训练集来训练朴素贝叶斯模型，如下：

```
//Load the data stored in libsvm format as a DataFrame.
  val data = spark.read.format("libsvm").load("hdfs://data/
webspam_wc_normalized_trigram.svm")
  //Split the data into training and test sets (30% held out for testing)
  val Array(trainingData, testData) = data.randomSplit(Array(0.75, 0.25),
seed = 12345L)
  //Train a NaiveBayes model with using the training set
  val nb = new NaiveBayes().setSmoothing(0.00001)
  val model = nb.fit(trainingData)
```

在上述代码中，必须设置 seed，这样可以进行重现。现在对验证集进行如下预测：

```
val predictions = model.transform(testData)
predictions.show()
```

现在让我们获取 evaluator 并计算分类的性能度量，如准确率、精度、召回率和 F1 度量值，如下：

```
val evaluator = new MulticlassClassificationEvaluator()
                      .setLabelCol("label")
                      .setPredictionCol("prediction")
val evaluator1 = evaluator.setMetricName("accuracy")
val evaluator2 = evaluator.setMetricName("weightedPrecision")
val evaluator3 = evaluator.setMetricName("weightedRecall")
val evaluator4 = evaluator.setMetricName("f1")
```

然后计算并打印：

```
val accuracy = evaluator1.evaluate(predictions)
val precision = evaluator2.evaluate(predictions)
val recall = evaluator3.evaluate(predictions)
val f1 = evaluator4.evaluate(predictions)
//Print the performance metrics
println("Accuracy = " + accuracy)
println("Precision = " + precision)
println("Recall = " + recall)
```

```
println("F1 = " + f1)
println(s"Test Error = ${1 -accuracy}")
```

你将获得如下输出:

```
Accuracy = 0.8839357429715676
Precision = 0.86393574297188752
Recall = 0.8739357429718876
F1 = 0.8739357429718876
Test Error = 0.11606425702843237
```

虽然准确率达到了令人满意的程度，但可通过应用交叉验证技术进一步改进它。该技术的描述如下:

- 通过链接一个 NB 评估器来创建 pipeline，并将其作为 pipeline 中唯一的 stage。
- 准备网格参数以用于调优。
- 执行 10 次交叉验证。
- 使用训练集拟合模型。
- 计算验证集上的预测。

诸如交叉验证等模型调优技术中的第一步是创建 pipeline。可通过将转换器、评估器以及相关的参数链接起来从而创建 pipeline。

步骤 1　创建 pipeline——让我们创建一个朴素贝叶斯评估器(在下面的案例中，NB 就是一个评估器)，然后通过链接该评估器来创建 pipeline。

```
val nb = new NaiveBayes().setSmoothing(00001)
val pipeline = new Pipeline().setStages(Array(nb))
```

小技巧:

pipeline 可被视为一个使用模型进行训练并预测的工作流系统。ML pipeline 提供了一套统一的基于数据帧的高阶 API，以帮助用户创建并调整真实的机器学习 pipeline。数据帧、转换器、评估器、pipeline 和参数是 pipeline 创建过程中最重要的 5 个组件。关于 pipeline 的更多信息，可以参考 https://spark.apache.org/docs/latest/ml-pipeline.html。

在稍早的例子中，我们的 pipeline 中唯一的 stage 就是评估器，它其实是一个算法，用于拟合模型来生成一个转换器，以便保证训练能够成功完成。

步骤 2　创建网格参数——让我们使用 ParamGridBuilder 来构造参数网格。

```
val paramGrid = new ParamGridBuilder()
.addGrid(nb.smoothing, Array(0.001, 0.0001))
.build()
```

步骤 3　执行 10 次交叉验证——现在，将 pipeline 视为一个评估器，并将其封装到交叉验证器实例中。这允许我们选择 pipeline 中的所有 stage 参数。CrossValidator 需要一个评估器、一组 ParamMaps 评估器和一个求值器。请注意，此处的求值器为 BinaryClassificationnEvaluator，其默认度量标准为 areaUnderROC。但是，如果将评估程序用作 MulticlassClassificationEvalutor，则也可使用其他性能指标。

```
val cv = new CrossValidator()
.setEstimator(pipeline)
.setEvaluator(new BinaryClassificationEvaluator)
.setEstimatorParamMaps(paramGrid)
.setNumFolds(10) //Use 3+ in practice
```

步骤 4　使用训练集来拟合交叉验证模型。

```
val model = cv.fit(trainingData)
```

步骤 5　计算预测。

```
val predictions = model.transform(validationData)
predictions.show()
```

步骤 6　获取评估器，计算性能度量，并打印结果。现在可以获取 evaluator，计算分类的性能度量，如准确率、精度、召回率和 F1 度量值等。这里使用 MulticlassClassificationEvalutor 来计算这些度量。

```
val evaluator = new MulticlassClassificationEvaluator()
                .setLabelCol("label")
                .setPredictionCol("prediction")
val evaluator1 = evaluator.setMetricName("accuracy")
val evaluator2 = evaluator.setMetricName("weightedPrecision")
val evaluator3 = evaluator.setMetricName("weightedRecall")
val evaluator4 = evaluator.setMetricName("f1")
```

现在计算这些度量。

```
val accuracy = evaluator1.evaluate(predictions)
val precision = evaluator2.evaluate(predictions)
val recall = evaluator3.evaluate(predictions)
val f1 = evaluator4.evaluate(predictions)
```

打印这些度量。

```
println("Accuracy = " + accuracy)
println("Precision = " + precision)
println("Recall = " + recall)
println("F1 = " + f1)
println(s"Test Error = ${1 -accuracy}")
```

你应该会获得如下输出结果。

```
Accuracy = 0.9678714859437751
Precision = 0.9686742518830365
Recall = 0.9678714859437751
F1 = 0.9676697179934564
Test Error = 0.032128514056224855
```

现在这个就比之前的好很多，对吧？请注意，由于数据集进行了随机拆分，运行平台也不同，因此你得到的结果与上述情况可能略有不同。

12.4　决策树

本节将详细讨论 DT 算法。同时会将朴素贝叶斯和 DT 算法进行对比。DT 通常被认为是用于解决分类和回归任务的监督学习技术。DT 是一种决策支持工具，它会用到树状图(或决策模型)、可能的后果，包括机会事件结果、资源成本和效用。更具技术性的是，DT 中的每个分支都代表基于统计概率的决策或反应情况。

与朴素贝叶斯相比，DT 是一种更强大的分类技术。原因是，首先 DT 将特征分为训练集和测试集，然后它会产生一个很好的泛化结果来推断预测的标签或类别。最有趣的是，DT 算法可以处理二进制和多元分类问题。

例如，在图 12.9 中，DT 从入场数据中学习，以使用一组 if...else 决策规则来得到近似的正弦曲线。数据集中包含了对于美国大学的申请入学的每个学生的记录，每条记录包含研究生考试分数、CGPA 分数和专业排名。现在，需要根据这三个特征(变量)来预测谁可以申请成功。对 DT 模型进行训练，以及修剪掉决策树的不必要分支后，DT 就可以用来解决这类问题了。通常，更深的树往往意味着更复杂的决策规则和更好的拟合模型。因此，树越深，决策规则越复杂，模型也越适合。

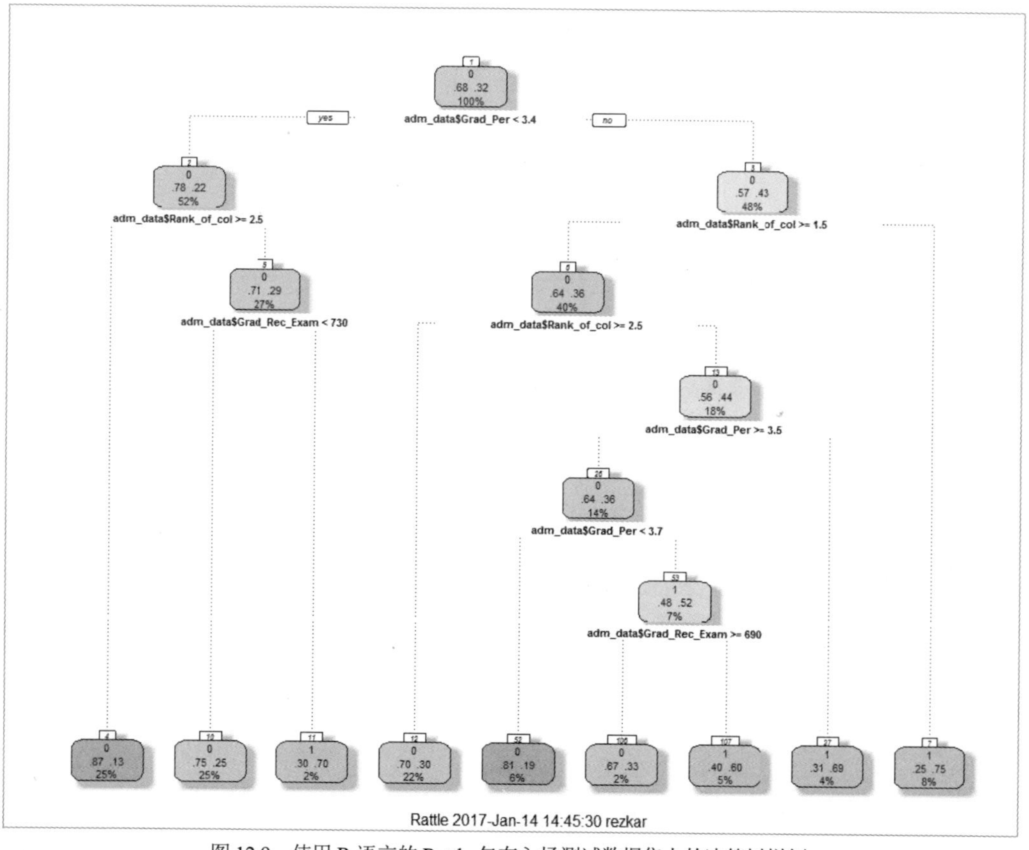

图 12.9　使用 R 语言的 Rattle 包在入场测试数据集上的决策树样例

小技巧：

如果你想画出上述决策树图形，可使用作者的 R 脚本，将其在 RStudio 中运行，并为其提供 admission 数据集即可。该脚本和数据集可在作者的 GitHub 库中找到：https://github.com/rezacsedu/AdmissionUsingDecisionTree。

使用决策树的优势和劣势

需要了解决策树的优势和劣势，当你能够遵循如表 12.3 的描述来使用时，就不会后悔！

表 12.3　决策树优劣分析

代理	优势	劣势	擅长
决策树 (DT)	(1) 实施、训练以及解释都极其简单 (2) 数据能以可视化的形式显示 (3) 需要很少的数据准备 (4) 更少的模型构建和预测时间 (5) 可以处理数字和分类数据 (6) 可以使用统计测试验证模型 (7) 抗噪音和缺失值的鲁棒性 (8) 准确率高	(1) 难以解释大而复杂的树 (2) 可能在同一子树中出现重复 (3) 对角线决策边界的可能性问题 (4) DT 学习者可创建足够复杂的树，但这些树很难泛化 (5) 有时 DT 可能因为数据中的一些小变量出现不稳定 (6) 学习 DT 本身就是一个 NP 完全问题(又名非确定多项式的时间完备问题) (7) 如果某些类占据主导地位，则一些 DT 学习者会创建出现偏向的树	(1) 目标高度准确的分类问题 (2) 医学诊断和预测 (3) 信用风险分析

决策树与朴素贝叶斯

如表 12.3 所述，DT 非常易于理解和调试，因为它们可以灵活地训练数据集。它们既可以用于分类问题，也可用于回归问题。

如果你尝试从分类或连续值中预测数值，DT 可处理这两类问题。因此，如果你有表格类数据，就可将其提供给 DT，它会构建模型并对数据进行分类，而不需要任何额外的前期工作或手工干预。因此，DT 的实现、训练以及解释都非常简单。由于数据准备工作少，DT 能以更少的时间构建模型。并且如前所述，它们也可以处理数字和分类问题，并且对噪声和缺失值都具有很好的鲁棒性。还能使用统计测试来验证模型。更有趣的是，使用 DT 构建的树能够可视化。总的来说，它们也能提供很高的准确性。

不过，在缺点方面，DT 有时会倾向于出现训练数据的过度拟合问题。这意味着你通常需要对树进行修剪，并找到最佳的树，从而获得更好的分类或回归的准确性。此外，同一子树中也可能出现重复性问题。有时，它也会产生对角线决策边界的过度拟合，或欠拟合问题。此外，DT 学习者也可能创建过于复杂的树，从而导致这些树很难进行数据泛化，这就使得树的解释变得困难起来。并且，由于数据中的一些小的变量，可能导致 DT 出现不稳定性。因此学习 DT 本身就是一个 NP-完全问题。最后，如果某些类比其他类更占据主导地位，DT 学习者也可能创建有偏见的树。

> **小技巧：**
> 读者也可以参考前面的表 12.1 和表 12.3 来获取朴素贝叶斯与 DT 之间的对比分析结果。

另外，在使用朴素贝叶斯时，有一种说法：NB 会要求你手动建立分类。你无法向 NB 提供一堆表格类数据，从而让 NB 为分类选择最好的特性。但这种情况下，为 NB 选择正确的特性则取决于用户。此外，DT 能从表格类数据中选出最合适的特征。基于这一事实，你可能需要将朴素贝叶斯与其他统计技术进行结合，从而帮助实现最佳特征的提取，并在以后进行分类。或者，使用 DT 可在精度、召回率以及 F1 度量等方面获得更好的准确性。朴素贝叶斯的另一个好处是能以连续分类器的方式来回答问题。但缺点是更难调试和理解。当训练数据不具备低数据量和良好特征时，朴素贝叶斯的表现更好。

总之，如果你经常期望从这两个中选出更好的分类器，你最好对这两个分类器都进行测试，以便解决问题。作者的建议是，可使用现有的训练数据来构建 DT 和朴素贝叶斯分类器，然后使用可用的性能指标来比较其性能，并根据数据集的性质来决定哪个是解决问题的最佳选择。

使用决策树算法建立一个可扩展的分类器

如你之前所见，使用 OVTR 分类器，我们在 OCR 数据集上能得到如下性能指标：

```
Accuracy = 0.5217246545696688
Precision = 0.488360500637862
Recall = 0.5217246545696688
F1 = 0.4695649096879411
Test Error = 0.47827534543033123
```

这表示，模型在该数据集上的准确性非常低。在本节中，将看到如何使用 DT 分类器来提高性能。将使用相同的 OCR 数据集来展示基于 Spark 2.1.0 的例子。该例子包含多个步骤，包括数据加载、解析、模型训练和模型评估。

这里使用与此前相同的数据集，为避免重复，我们跳过数据集探索步骤进入例子。

步骤 1　加载所需的库文件和包。

```
import org.apache.spark.ml.Pipeline //for Pipeline creation
import org.apache.spark.ml.classification.DecisionTreeClassificationModel
import org.apache.spark.ml.classification.DecisionTreeClassifier
import org.apache.spark.ml.evaluation.MulticlassClassificationEvaluator
import org.apache.spark.ml.feature.{IndexToString, StringIndexer,
       VectorIndexer}
import org.apache.spark.sql.SparkSession //For a Spark session
```

步骤 2　创建活动的 Spark 会话。

```
val spark = SparkSession
           .builder
           .master("local[*]")
           .config("spark.sql.warehouse.dir", "/home/exp/")
           .appName("DecisionTreeClassifier")
```

```
    .getOrCreate()
```

注意这里的主 URL 被设置成 local[*]，这意味着机器上的所有 CPU 核都将用于该 Spark 任务的处理。也可基于需要来设置相应的 SQL 仓库和其他配置参数。

步骤 3　创建数据帧——以 libsvm 的格式加载数据，并将其作为数据帧。

```
val data = spark.read.format("libsvm").load("datab/Letterdata_libsvm.data")
```

对于数字的分类，输入特征向量通常都是稀疏的，我们应该提供稀疏向量作为输入，从而利用其稀疏性。由于训练数据只使用一次，而且数据集较小(只有几 MB)，若多次使用该数据帧，可以缓冲它。

步骤 4　标签索引——对标签进行索引处理，为标签列添加元数据。然后让其适合整个数据集，使得索引中包含所有标签。

```
val labelIndexer = new StringIndexer()
                        .setInputCol("label")
                        .setOutputCol("indexedLabel")
                        .fit(data)
```

步骤 5　识别分类特征——如下代码段将自动识别分类特征并为其编制索引。

```
val featureIndexer = new VectorIndexer()
                          .setInputCol("features")
                          .setOutputCol("indexedFeatures")
                          .setMaxCategories(4)
                          .fit(data)
```

对于本例而言，如果特征的数量超过 4 个不同的值，则将其视为连续的。

步骤 6　准备训练和测试集——将数据拆分为训练集和测试集(25%为测试集)。

```
val Array(trainingData, testData) = data.randomSplit(Array(0.75, 0.25), 12345L)
```

步骤 7　训练 DT 模型。

```
val dt = new DecisionTreeClassifier()
          .setLabelCol("indexedLabel")
          .setFeaturesCol("indexedFeatures")
```

步骤 8　将索引后的标签转换回原始标签。

```
val labelConverter = new IndexToString()
                          .setInputCol("prediction")
                          .setOutputCol("predictedLabel")
                          .setLabels(labelIndexer.labels)
```

步骤 9　创建 DT pipeline——这里通过将索引、标签转换器以及树链接到一起来创建 DT pipeline。

```
val pipeline = new Pipeline().setStages(Array(labelIndexer,
featureIndexer, dt, labelconverter))
```

步骤 10　运行索引生成器使用转换器——来训练模型，并运行索引生成器。

```
val model = pipeline.fit(trainingData)
```

步骤 11　在测试集上计算预测——使用模型转换器来计算预测，并最终显示出每个标签的预测结果。

```
val predictions = model.transform(testData)
predictions.show()
```

从图 12.10 中可以看出，有些标签能被准确预测，有些则预测错误。但可知道加权准确率、精度、召回率以及 F1 度量值。不过首先需要评估模型。

```
+-----+--------------------+------------+--------------------+--------------------+--------------------+----------+--------------+
|label|            features|indexedLabel|     indexedFeatures|       rawPrediction|         probability|prediction|predictedLabel|
+-----+--------------------+------------+--------------------+--------------------+--------------------+----------+--------------+
|  1.0|(17,[0,1,2,3,4,5,...|        12.0|(17,[0,1,2,3,4,5,...|[0.0,0.0,0.0,0.0,...|[0.0,0.0,0.0,0.0,...|       9.0|           3.0|
|  1.0|(17,[0,1,2,3,4,5,...|        12.0|(17,[0,1,2,3,4,5,...|[0.0,0.0,0.0,0.0,...|[0.0,0.0,0.0,0.0,...|       9.0|           3.0|
|  1.0|(17,[0,1,2,3,4,5,...|        12.0|(17,[0,1,2,3,4,5,...|[0.0,0.0,0.0,0.0,...|[0.0,0.0,0.0,0.0,...|       9.0|           3.0|
|  1.0|(17,[0,1,2,3,4,5,...|        12.0|(17,[0,1,2,3,4,5,...|[0.0,0.0,0.0,0.0,...|[0.0,0.0,0.0,0.0,...|       9.0|           3.0|
|  1.0|(17,[0,1,2,3,4,5,...|        12.0|(17,[0,1,2,3,4,5,...|[0.0,0.0,0.0,0.0,...|[0.0,0.0,0.0,0.0,...|       9.0|           3.0|
|  1.0|(17,[0,1,2,3,4,5,...|        12.0|(17,[0,1,2,3,4,5,...|[0.0,0.0,0.0,0.0,...|[0.0,0.0,0.0,0.0,...|       9.0|           3.0|
|  2.0|(17,[0,1,2,3,4,5,...|        11.0|(17,[0,1,2,3,4,5,...|[0.0,0.0,0.0,0.0,...|[0.0,0.0,0.0,0.0,...|       9.0|           3.0|
|  2.0|(17,[0,1,2,3,4,5,...|        11.0|(17,[0,1,2,3,4,5,...|[0.0,0.0,0.0,0.0,...|[0.0,0.0,0.0,0.0,...|       9.0|           3.0|
|  2.0|(17,[0,1,2,3,4,5,...|        11.0|(17,[0,1,2,3,4,5,...|[0.0,0.0,0.0,0.0,...|[0.0,0.0,0.0,0.0,...|       9.0|           3.0|
|  3.0|(17,[0,1,2,3,4,5,...|         9.0|(17,[0,1,2,3,4,5,...|[0.0,0.0,0.0,0.0,...|[0.0,0.0,0.0,0.0,...|       9.0|           3.0|
|  3.0|(17,[0,1,2,3,4,5,...|         9.0|(17,[0,1,2,3,4,5,...|[0.0,0.0,0.0,0.0,...|[0.0,0.0,0.0,0.0,...|       9.0|           3.0|
|  3.0|(17,[0,1,2,3,4,5,...|         9.0|(17,[0,1,2,3,4,5,...|[0.0,0.0,0.0,0.0,...|[0.0,0.0,0.0,0.0,...|       9.0|           3.0|
|  3.0|(17,[0,1,2,3,4,5,...|         9.0|(17,[0,1,2,3,4,5,...|[0.0,0.0,0.0,0.0,...|[0.0,0.0,0.0,0.0,...|       9.0|           3.0|
|  3.0|(17,[0,1,2,3,4,5,...|         9.0|(17,[0,1,2,3,4,5,...|[0.0,0.0,0.0,0.0,...|[0.0,0.0,0.0,0.0,...|       9.0|           3.0|
|  3.0|(17,[0,1,2,3,4,5,...|         9.0|(17,[0,1,2,3,4,5,...|[0.0,0.0,0.0,0.0,...|[0.0,0.0,0.0,0.0,...|       9.0|           3.0|
|  3.0|(17,[0,1,2,3,4,5,...|         9.0|(17,[0,1,2,3,4,5,...|[0.0,0.0,0.0,0.0,...|[0.0,0.0,0.0,0.0,...|       9.0|           3.0|
|  3.0|(17,[0,1,2,3,4,5,...|         9.0|(17,[0,1,2,3,4,5,...|[0.0,0.0,0.0,0.0,...|[0.0,0.0,0.0,0.0,...|       9.0|           3.0|
|  3.0|(17,[0,1,2,3,4,5,...|         9.0|(17,[0,1,2,3,4,5,...|[0.0,0.0,0.0,0.0,...|[0.0,0.0,0.0,0.0,...|       9.0|           3.0|
|  3.0|(17,[0,1,2,3,4,5,...|         9.0|(17,[0,1,2,3,4,5,...|[0.0,0.0,0.0,0.0,...|[0.0,0.0,0.0,0.0,...|       9.0|           3.0|
|  3.0|(17,[0,1,2,3,4,5,...|         9.0|(17,[0,1,2,3,4,5,...|[0.0,0.0,0.0,0.0,...|[0.0,0.0,0.0,0.0,...|       9.0|           3.0|
+-----+--------------------+------------+--------------------+--------------------+--------------------+----------+--------------+
只显示前20行
```

图 12.10　基于每个标签(字母)的预测结果

步骤 12　评估模型——选择预测值和正确标签来计算测试错误以及分类性能度量，如准确率、精度、召回率和 F1 度量值。

```
val evaluator = new MulticlassClassificationEvaluator()
                      .setLabelCol("label")
                      .setPredictionCol("prediction")
val evaluator1 = evaluator.setMetricName("accuracy")
val evaluator2 = evaluator.setMetricName("weightedPrecision")
val evaluator3 = evaluator.setMetricName("weightedRecall")
val evaluator4 = evaluator.setMetricName("f1")
```

步骤 13　计算性能度量指标——计算上述性能指标。

```
val accuracy = evaluator1.evaluate(predictions)
val precision = evaluator2.evaluate(predictions)
val recall = evaluator3.evaluate(predictions)
val f1 = evaluator4.evaluate(predictions)
```

步骤 14　打印性能度量指标。

```
println("Accuracy = " + accuracy)
println("Precision = " + precision)
println("Recall = " + recall)
println("F1 = " + f1)
println(s"Test Error = ${1 -accuracy}")
```

你将获得如下数值：

```
Accuracy = 0.994277821625888
Precision = 0.9904583933020722
Recall = 0.994277821625888
F1 = 0.9919966504321712
Test Error = 0.005722178374112041
```

现在性能就非常好了，是吧？但是，你仍然可以通过执行超参调整来提高分类的准确性。通过交叉验证和训练集拆分，来选择合适的算法(即分类器或回归器)，还有进一步提高预测准确性的机会。

步骤 15 打印 DT 节点。

```
val treeModel = model.stages(2).asInstanceOf[DecisionTreeClassificationModel]
println("Learned classification tree model:\n" + treeModel.toDebugString)
```

最终，就能打印出 DT 中的部分节点，如图 12.11 所示。

```
Learned classification tree model:
DecisionTreeClassificationModel (uid=dtc_fbc6a27aa70b) of depth 5 with 19 nodes
  If (feature 16 <= 7.0)
   If (feature 16 <= 6.0)
    If (feature 16 <= 5.0)
     If (feature 16 <= 4.0)
      If (feature 16 <= 3.0)
       Predict: 9.0
      Else (feature 16 > 3.0)
       Predict: 7.0
     Else (feature 16 > 4.0)
      Predict: 5.0
    Else (feature 16 > 5.0)
     Predict: 3.0
   Else (feature 16 > 6.0)
    Predict: 1.0
  Else (feature 16 > 7.0)
   If (feature 16 <= 8.0)
    Predict: 0.0
   Else (feature 16 > 8.0)
    If (feature 16 <= 9.0)
     Predict: 2.0
    Else (feature 16 > 9.0)
     If (feature 16 <= 10.0)
      Predict: 4.0
     Else (feature 16 > 10.0)
      If (feature 16 <= 11.0)
       Predict: 6.0
      Else (feature 16 > 11.0)
       Predict: 8.0
```

图 12.11 模型建立阶段生成的决策树中的部分节点

12.5 本章小结

在本章中，讨论了 ML 中的一些高级算法，并找出了如何使用一种简单而又强大的贝叶斯推理方法来构建另一种分类模型，即多元分类算法。此外，也从理论和技术的角度对朴素贝叶斯算法进行了广泛探讨。最后，还比较了 DT 和朴素贝叶斯算法，并提供了一些指导原则。

在第 13 章中，将深入探讨 ML 并讨论如何利用 ML 对属于无监督观测数据集中的记录进行聚类分析。

第 13 章 使用 Spark MLlib 对数据进行聚类分析

“如果你得到一个星系并试图让它变大，它就会变成一群星系，而不只是一个星系。如果你试图让它变小，它似乎就是把自己分裂了。”

——Jeremiah P. Ostriker

在本章，将深入探讨机器学习，并找出如何利用机器学习的优势，将那些属于某一特定组或类的数据进行聚类分析。同时，这些数据属于无监督观测的数据集。

作为概括，本章将涵盖如下主题：

- 无监督学习
- 聚类技术
- 分层聚类(HC)
- 基于中心的聚类(CC)
- 基于分布的聚类(DC)
- 确定聚类的数量
- 聚类算法之间的比较分析
- 提交用于聚类分析的 Spark 作业

13.1 无监督学习

在本节，我们将通过适当示例简要介绍无监督机器学习技术。我们从一个实际的例子开始。假设在你的硬盘驱动器上，有着为数众多的文件夹，里面存放着大量的正版 mp3 文件。现在，如果可以构建一个预测模型，从而可以帮助你自动将类似的歌曲进行分类，并将它们组织成你喜欢的类别，例如乡村、说唱、摇滚等。这种将 mp3 文件分配到不同组的动作，使得 mp3 文件能以无人监督的方式被添加到相应的播放列表中。在之前的章节中，我们假设你已经获得了正确标记数据的训练数据集。遗憾的是，当我们在真实世界中收集数据(假如我们想将大量音乐分成有兴趣的播放列表)时，我们往往无法如此奢侈。如果我们无法直接访问这些 mp3 文件的元数据，我们怎么可能将它们分成不同的组？一种可能的解决方法是混合使用各种机器学习技术，但在这里，聚类算法通常是解决问题的核心。

简而言之，在无监督的机器学习问题中，训练数据集的正确类别往往是不可用或未知的。因此，需要从结构化或非结构化数据集中推导出类，如图 13.1 所示。这实质上意味着此类算法的目标是以某种结构化方式预处理数据。换言之，无监督学习算法的主要目的是探索未标记的输入数据中的未知/隐藏模式。然而，无监督学习也能领会其他技术，以便可以采用探索性方式寻找隐藏模式，并解释数据的关键特征。为克服这一挑战，聚类技术被广泛用于以无监督方式，基于某些相似性的度量，对未标记的数据点进行分组处理。

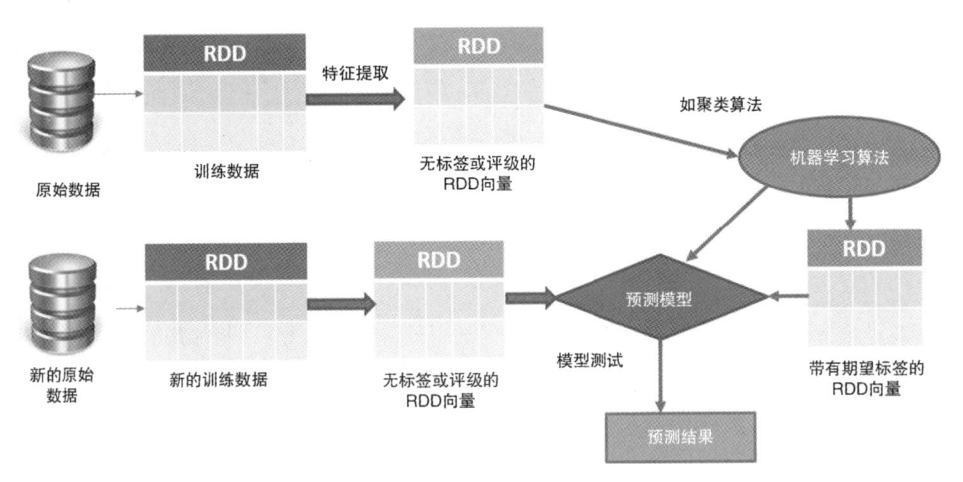

图 13.1　使用 Spark 的无监督学习

注意：

若想更深入地了解关于无监督算法如何工作的理论知识，可参考如下几本书籍：von Luxburg 等人所著的《机器学习高级讲座》；Duda 等人所著的《无监督学习与聚类模式分类》(第 2 版)；Allen B.Tucker 等人所著的《计算机科学手册》(第 2 版)。

无监督学习样例

在聚类分析任务中，算法通过分析输入样例之间的相似性将相关特征分组到不同的类别中，其中类似的特征会被聚类并用圆圈进行标记。聚类适用于(包括但不限于)如下领域：搜索结果分组(例如对客户进行分组)；可疑模式的异常检测，用于在测试中查找有价值模式的文本分类；用于查找连续组的社交网络分析；用于查找相关组的数据中心计算集群，从而将相关的计算机放置在一起的方法；星系形成的天文数据分析；基于相似特征识别近邻的房地产数据分析。下面将基于最后一个用例来展示使用 Spark MLlib 的解决方案。

13.2 聚类技术

在本节，将探讨聚类技术以及其面临的挑战和对应的案例。同时，将概述分层聚类、基于中心的聚类和基于分布的聚类。

无监督学习与聚类

聚类分析划分数据样本或数据点，并将它们放入相应的类别或者聚类中。因此，聚类就是将对象组织成相似的组的过程。

因此，聚类就是彼此之间相似的对象的集合，并且与属于其他聚类的对象不同，如图 13.2 所示。如果给出了一组对象，则聚类算法会根据相似性将这些对象放入一个组中。然后，诸如 K-均值的聚类算法则定位了数据点组的中心。但是，为了使聚类准确有效，算法需要评估每个点与集群中心之间的聚类。最终，聚类的目标就是确定一组未标记数据中的固有分组。

图 13.2 原始数据聚类分析

Spark 支持很多种聚类算法，如 K-均值、高斯混合算法、幂迭代聚类(PIC)、隐含狄利克雷分布算法(LDA)、二等分 K-均值算法以及流式 K-均值算法等。LDA 常用于文本挖掘中的文档分类和聚类。PIC 用于由成对相似性作为边缘属性组成的图的顶点的聚类分析。但是，为使本章的目标更加明确和集中，将讨论限制在 K-均值、二等分 K-均值和高斯混合算法。

1. 分层聚类

分层聚类技术基于对象或特征的基本特点，与其他距离较远的对象相比，相邻的对象之间更具相关性。二等分 K-均值算法就是这种分层聚类算法的一个例子。它根据数据对象之间的距离来连接对象从而形成聚类。

在分层聚类技术中，可通过连接聚类的一部分所需的最大距离来简单地描述聚类。结果，可在不同的距离处形成不同的簇。从图形上看，这些簇可使用树状图来表示。有趣的是，分层聚类这一通用的名称就是从树状图的概念演变而来的。

2. 基于中心的聚类

在基于中心的聚类技术中，聚类由中心向量表示，但向量本身未必是数据点中的成员。在这种类型的学习中，必须在训练模型之前，提供许多可能的聚类。K-均值就是这种学习类型的一个非常著名的例子。此时，如果你将簇的数量设置为一个固定的整数来表示 K，那么 K-均值算法就提供了一个正式定义，将其作为一个优化问题。找到 K 个聚类的中心，并将数据对象分配到最近的聚类中心则成为一个单独的问题。简而言之，这是一个优化问题，其目标是最小化集群之间的平方差。

3. 基于分布的聚类

基于分布的聚类算法实质上是基于统计分布模型的，该模型提供了将相关数据对象聚类到同一分布的更简单方法。虽然这些算法的理论基础非常稳健，但它们的问题主要在于过度拟合。不过，可通过对模型的复杂性施加约束来解决这一问题。

13.3 基于中心的聚类(CC)

在本节，将探讨基于中心的聚类技术及其面临的挑战。将展示使用 Spark MLlib 的 K-均值算法的例子，以便你更好地理解这一基于中心的聚类算法。

13.3.1 CC 算法面临的挑战

如前所述，在诸如 K-均值等基于中心的聚类算法中，如何设置聚类的数量 K 的最佳值是一个优化问题。该问题可被描述为具有更高算法复杂度的 NP-难题(即非确定性多项式难题)。因此常见的方法往往是尝试只实现其近似解。所以，解决这些优化问题通常会带来额外的工作量，并因此导致一些比较重要的缺点。此外，K-均值算法期望每个聚类都具有大致相同的大小。换言之，每个聚类中的数据点都必须是统一的才能获得最好的聚类性能。

该算法的另一个主要缺点是该算法试图优化聚类的中心，而不是聚类的边界，并且这通常会倾向于不适当的切割聚类之间的边界。但有时也可获得视觉检查上的优势。而这通常又不适用于超平面或多维数据上的数据。尽管如此，本章稍后也会完整探讨如何找到 K 的最佳值。

13.3.2 K-均值算法是如何工作的

假设我们有 n 个数据点 x_i，i=1,2,…,n。n 需要划分为 k 个聚类。现在，目标是将每一个数据点都分配到一个聚类中。然后，K-均值算法旨在找到位置 μ_i，i=1,2,…,k，从而使得数据点到聚类的距离能够最小化。在数学上，K-均值算法试图通过求解以下方程来实现目标，即优化问题：

$$\arg\min_{c}\sum_{i=1}^{k}\sum_{x\in c_i}d(x,\mu_i)=\arg\min_{c}\sum_{i=1}^{k}\sum_{x\in c_i}\|x-\mu_i\|_2^2$$

图 13.3　K-均值问题的数学方程

在上面的等式中，c_i是分配给聚类i的数据点集合，$d(x,\mu_i)=\|x-\mu_i\|_2^2$ 要计算的欧几里得距离(我们很快就会解释为何要使用这种距离计算的度量)。因此，就可以理解，使用K-均值的整体聚类操作并不是一个简单的聚类操作，而是NP-难题的优化问题。这也意味着K-均值算法不仅试图找到全局最小值，而且经常陷入不同的解决方案中。

现在，让我们看看如何在将数据提供给K-均值模型之前确定算法。首先，需要暂定聚类的数量k。然后，你通常需要按照图13.4的步骤操作。

(1) 初始化聚类中心	$\mu_i =$ 部分值 $, i = 1,2,\ldots,k$
(2) 将每个数据点归属于最近的聚类	$c_i = \{j : d(x_j, \mu_i) \leqslant d(x_j, \mu_l), l \neq i, j = 1,2,\ldots,n\}$
(3) 将每个聚类的位置设置为属于该聚类的所有数据点的平均值	$\mu_i = \frac{1}{\lvert c_i \rvert} \sum_{j \in c_i} x_j, \forall i$
(4) 重复步骤(2)和(3)，直至收敛	

图 13.4　K-均值算法实现步骤

在这里，$|c_i|$ 指的是 c_i 中的元素个数。

要使用 K-均值算法进行聚类操作，首先将所有坐标都初始化为中心。随着算法的每次迭代，基于某种距离度量(通常为欧几里得距离)将每个点分配到距其最近的中心。

距离计算：

请注意，还有其他一些计算距离的方法。例如，如果只考虑最显著的尺寸，可使用切比雪夫距离来计算距离。汉明距离算法可以识别两个字符串之间的差异。另外，为了使得距离度量的尺度不变，马哈拉诺比斯距离可用于归一化协方差矩阵。曼哈顿距离则用于仅考虑轴对齐方向来测量距离。闵可夫斯基距离算法则用于得到欧几里得距离、曼哈顿距离和切比雪夫距离。Haversine距离则用于计算球体上两个点之间的大圆距离，即经度和维度。

考虑一下这些距离测量算法，很明显欧几里得距离算法最适合解决我们在 K-均值算法中遇到的距离计算问题。可将聚类中心更改为新的迭代中分配给它的所有点的中心。然后一直迭代，直到中心的变化很小位置。简言之，K-均值算法是一种迭代算法，它分为两步。

- **聚类分配步骤：**K-均值算法遍历数据集中的 m 个数据点，该数据集被分配给由最近的 K 个中心表示的聚类。对于每个点，都计算其到所有聚类中心的距离，并简单地选择最近的一个。
- **更新步骤：**对于每个聚类，新的中心计算为该聚类中所有点的平均值。从上一步开始时，我们有一组分配给聚类的点。现在，对于每个这样的集合，我们都计算该聚类的一个新的中心均值。

使用 Spark MLlib 的 K-均值聚类算法的例子

为进一步演示聚类的例子，将使用从 http://course1.winona.edu/bdeppa/Stat%20425/Datasets.html 下载的 Saratoga NY Homes 数据集。并将其作为数据源来使用 Spark MLlib 的无监督学习技术。该数据集包含了位于纽约市郊区的房屋的特征。例如价格、地块大小、滨海、年龄、土地价值、新建筑、中央空调、燃气类型、热力类型、下水道类型、生活区域、大学比例、卧室、壁炉、浴室和房间数量等信息。表 13.1 只显示了一部分上述指标。

表 13.1 Saratoga NY Homes 数据集的样例数据

Price	Lot Size	Water Front	Age	Land Value	Rooms
132 500	0.09	0	42	5 000	5
181 115	0.92	0	0	22 300	6
109 000	0.19	0	133	7 300	8
155 000	0.41	8	13	18 700	5
86 060	0.11	0	0	15 000	3
120 000	0.68	0	31	14 000	8
153 000	0.4	0	33	23 300	8
170 000	1.21	0	23	146 000	9
90 000	0.83	0	36	222 000	8
122 900	1.94	0	4	212 000	6
325 000	2.29	0	13	126 000	12

这里使用聚类技术的目的是基于城市中每个房屋的特征，来展示如何进行探索性分析，从而找到位于同一区域的房屋的可能社区。在执行特征提取前，需要加载并解析该数据集。这些步骤还包括加载包和相关的依赖项、将数据集读取为 RDD、训练模型、预测、收集本地的解析结果和聚类比较等。

步骤 1　导入相关的包。

```
package com.chapter13.Clustering
import org.apache.spark.{SparkConf, SparkContext}
import org.apache.spark.mllib.clustering.{KMeans, KMeansModel}
import org.apache.spark.mllib.linalg.Vectors
import org.apache.spark._
import org.apache.spark.rdd.RDD
import org.apache.spark.sql.functions._
import org.apache.spark.sql.types._
import org.apache.spark.sql._
import org.apache.spark.sql.SQLContext
```

步骤 2　创建 Spark 会话的接入点。这里首先需要设置 Spark，包括应用名称以及主 URL。为简单起见，这里使用独立服务器模式，并使用机器上的所有 CPU 核。

```
val spark = SparkSession
              .builder
              .master("local[*]")
              .config("spark.sql.warehouse.dir", "E:/Exp/")
              .appName("KMeans")
              .getOrCreate()
```

步骤 3　加载并解析数据集。读取、解析，并使用数据集创建 RDD，如下：

```
//Start parsing the dataset
val start = System.currentTimeMillis()
val dataPath = "data/Saratoga NY Homes.txt"
```

```
//val dataPath = args(0)
val landDF = parseRDD(spark.sparkContext.textFile(dataPath))
                                .map(parseLand).toDF().cache()
landDF.show()
```

要注意，为了能够让上述代码工作，你还需要导入如下包：

```
import spark.sqlContext.implicits._
```

你将获得如图 13.5 所示的输出结果：

Price	LotSize	Waterfront	Age	LandValue	NewConstruct	CentralAir	FuelType	HeatType	SewerType	LivingArea	PctCollege	Bedrooms	Fireplaces	Bathrooms	rooms
132500.0	0.09	0.0	42.0	50000.0	0.0	0.0	3.0	4.0	2.0	906.0	35.0	2.0	1.0	1.0	5.0
181115.0	0.92	0.0	0.0	22300.0	0.0	0.0	2.0	3.0	2.0	1953.0	51.0	3.0	0.0	2.5	6.0
109000.0	0.19	0.0	133.0	7300.0	0.0	0.0	2.0	3.0	3.0	1944.0	51.0	4.0	1.0	1.0	8.0
155000.0	0.41	0.0	13.0	18700.0	0.0	0.0	2.0	2.0	2.0	1944.0	51.0	3.0	1.0	1.5	5.0
86060.0	0.11	0.0	0.0	15000.0	1.0	1.0	2.0	2.0	3.0	840.0	51.0	2.0	0.0	1.0	3.0
120000.0	0.68	0.0	31.0	14000.0	0.0	0.0	2.0	2.0	2.0	1152.0	22.0	4.0	1.0	1.0	8.0
153000.0	0.4	0.0	33.0	23300.0	0.0	0.0	4.0	3.0	2.0	2752.0	51.0	4.0	1.0	1.5	8.0
170000.0	1.21	0.0	23.0	14600.0	0.0	0.0	4.0	2.0	2.0	1662.0	35.0	4.0	1.0	1.5	9.0
90000.0	0.83	0.0	36.0	22200.0	0.0	0.0	3.0	4.0	2.0	1632.0	51.0	3.0	0.0	1.5	8.0
122900.0	1.94	0.0	4.0	21200.0	0.0	0.0	2.0	2.0	1.0	1416.0	44.0	3.0	0.0	1.5	6.0
325000.0	2.29	0.0	123.0	12600.0	0.0	0.0	4.0	2.0	2.0	2894.0	51.0	7.0	0.0	1.0	12.0
120000.0	0.92	0.0	1.0	22300.0	0.0	0.0	2.0	2.0	2.0	1624.0	51.0	3.0	0.0	2.0	6.0
85860.0	8.97	0.0	13.0	4800.0	0.0	0.0	3.0	4.0	2.0	704.0	41.0	2.0	0.0	1.0	4.0
97000.0	0.11	0.0	153.0	3100.0	0.0	0.0	2.0	3.0	3.0	1383.0	57.0	3.0	0.0	2.0	5.0
127000.0	0.14	0.0	9.0	300.0	0.0	0.0	4.0	2.0	2.0	1300.0	41.0	3.0	0.0	1.5	8.0
89900.0	0.0	0.0	88.0	2500.0	0.0	0.0	2.0	3.0	3.0	936.0	57.0	3.0	0.0	1.0	4.0
155000.0	0.13	0.0	9.0	300.0	0.0	0.0	4.0	2.0	2.0	1300.0	41.0	3.0	0.0	1.5	7.0
253750.0	2.0	0.0	0.0	49800.0	0.0	1.0	2.0	2.0	1.0	2816.0	71.0	4.0	1.0	2.5	12.0
60000.0	0.21	0.0	82.0	8500.0	0.0	0.0	4.0	3.0	2.0	924.0	35.0	2.0	0.0	1.0	6.0
87500.0	0.88	0.0	17.0	19400.0	0.0	0.0	4.0	2.0	2.0	1092.0	35.0	3.0	0.0	1.0	6.0

only showing top 20 rows

图 13.5　Saratoga NY Homes 数据集快照

如下是 parseLand 方法，它用于从 Double 数组创建 Land 类，如下：

```
//function to create a Land class from an Array of Double
def parseLand(line: Array[Double]): Land = {
  Land(line(0), line(1), line(2), line(3), line(4), line(5),
    line(6), line(7), line(8), line(9), line(10),
    line(11), line(12), line(13), line(14), line(15)
  )
}
```

然后 Land 类读取所有特征，将其作为 Double 类型，如下：

```
case class Land(
  Price: Double, LotSize: Double, Waterfront: Double, Age: Double,
  LandValue: Double, NewConstruct: Double, CentralAir: Double,
  FuelType: Double, HeatType: Double, SewerType: Double,
  LivingArea: Double, PctCollege: Double, Bedrooms: Double,
  Fireplaces: Double, Bathrooms: Double, rooms: Double
)
```

如你所知，为了训练 K-均值模型，需要确保所有数据点和特征都是数字化的。因此，我们还需要将所有的数据点都转换为 Double 类型，如下：

```
//method to transform an RDD of Strings into an RDD of Double
def parseRDD(rdd: RDD[String]): RDD[Array[Double]] = {
  rdd.map(_.split(",")).map(_.map(_.toDouble))
}
```

步骤 4　准备训练集。首先，需要将数据帧(也就是 landDF)转换为包含 Double 类型数据的 RDD，然后将其缓存，从而用于创建新的数据帧，并将其与聚类的数量连接起来。

```
val rowsRDD = landDF.rdd.map(r => (
  r.getDouble(0), r.getDouble(1), r.getDouble(2),
  r.getDouble(3), r.getDouble(4), r.getDouble(5),
  r.getDouble(6), r.getDouble(7), r.getDouble(8),
  r.getDouble(9), r.getDouble(10), r.getDouble(11),
  r.getDouble(12), r.getDouble(13), r.getDouble(14),r.getDouble(15))
)
rowsRDD.cache()
```

现在需要将前面的 Double 类型 RDD 转换为包含密集向量的 RDD，如下：

```
  //Get the prediction from the model with the ID so we can
  link them back to other information
val predictions = rowsRDD.map{r => (
  r._1, model.predict(Vectors.dense(
    r._2, r._3, r._4, r._5, r._6, r._7, r._8, r._9,
    r._10, r._11, r._12, r._13, r._14, r._15, r._16
  )
))}
```

步骤 5　训练 K-均值模型。训练该模型，聚类数量设置为 10，迭代次数为 20，运行 10 次。如下：

```
val numClusters = 5
val numIterations = 20
val run = 10
val model = KMeans.train(numericHome, numClusters,numIterations, run,
                          KMeans.K_MEANS_PARALLEL)
```

> **小技巧：**
> 对于基于 Spark 的 K-均值算法实现，首先可以通过使用 K-均值算法来初始化聚类中心集合。此时可以使用 2012 年 VLDB 会议上由 Bahmani 等人提出的可扩展 K-均值++算法；它是 K-均值++的一种变体。它试图从随机的聚类中心开始，然后选择更多中心来寻找不同的聚类中心；在某一个聚类中的概率，与它们到当前聚类中心的距离平方成正比。通过这样的方式，最终就能得到可证明的接近最佳解的聚类。原始的论文可以参考如下链接：http://theory.stanford.edu/~sergei/papers/vldb12-kmpar.pdf。

步骤 6　评估模型的错误率。标准 K-均值算法旨在最小化每组点之间的距离的平方和，即欧几里得距离的平方。而这也是 WSSSE 的目标。但是，如果你真的想最小化每组点之间距离的平方和，你最终会得到一个模型。其中的每个聚类都是它自己的聚类中心。这种情况下，该指标为 0。

因此，一旦你基于自己设置的参数来训练模型，就可以使用 WSSSE(内置误差平方和)来评估该训练结果。从技术角度看，它类似于每个 K 聚类中每个观测距离的总和。

```
//Evaluate clustering by computing Within Set Sum of Squared Errors
```

```
val WCSSS = model.computeCost(landRDD)
println("Within-Cluster Sum of Squares = " + WCSSS)
```

上述模型训练集生成的 WCSSS 值如下：

```
Within-Cluster Sum of Squares = 1.455560123603583E12
```

步骤 7　计算并打印聚类中心。首先，我们从具有 ID 的模型中获得预测结果。以便将它们链接回与每个房屋相关的其他信息。需要注意，将使用在步骤 4 中准备的 RDD 行：

```
  //Get the prediction from the model with the ID so we can link them
     back to other information
val predictions = rowsRDD.map{r => (
  r._1, model.predict(Vectors.dense(
    r._2, r._3, r._4, r._5, r._6, r._7, r._8, r._9, r._10,
    r._11, r._12, r._13, r._14, r._15, r._16
  )
))}
```

应该在对价格进行预测时提供相关信息。可按如下方式来完成：

```
val predictions = rowsRDD.map{r => (
   r._1, model.predict(Vectors.dense(
       r._1, r._2, r._3, r._4, r._5, r._6, r._7, r._8, r._9, r._10,
       r._11, r._12, r._13, r._14, r._15, r._16
)
))}
```

为了获得更好的可见性和探索性分析，可以将 RDD 转换为数据帧，如下：

```
import spark.sqlContext.implicits._
val predCluster = predictions.toDF("Price",
"CLUSTER")
predCluster.show()
```

生成的输出结果如图 13.6 所示。

```
+--------+-------+
|   Price|CLUSTER|
+--------+-------+
|132500.0|      4|
|181115.0|      3|
|109000.0|      0|
|155000.0|      0|
| 86060.0|      0|
|120000.0|      0|
|153000.0|      3|
|170000.0|      0|
| 90000.0|      3|
|122900.0|      0|
|325000.0|      0|
|120000.0|      3|
| 85860.0|      0|
| 97000.0|      0|
|127000.0|      0|
| 89900.0|      0|
|155000.0|      0|
|253750.0|      4|
| 60000.0|      0|
| 87500.0|      0|
+--------+-------+
only showing top 20 rows
```

图 13.6　聚类预测结果快照

但是由于数据集中没有可区分的 ID，因此这里将 Price 字段作为进行链接处理的列。从图中，可了解到具有特定价格的房屋在哪里，也就是在哪个聚类中。现在，为获得更好的可见性，将预测数据帧和原始的数据帧结合起来，由此了解每个房屋的单个聚类编号。

```
val newDF = landDF.join(predCluster, "Price")
newDF.show()
```

你将获得如图 13.7 所示的输出结果。

Price	LotSize	Waterfront	Age	LandValue	NewConstruct	CentralAir	FuelType	HeatType	SewerType	LivingArea	PctCollege	Bedrooms	Fireplaces	Bathrooms	rooms	CLUSTER
132500.0	0.21	0.0	77.0	3500.0	0.0	0.0	2.0	2.0	3.0	1379.0	36.0	3.0	0.0	1.0	7.0	4
132500.0	0.37	0.0	19.0	13000.0	0.0	0.0	3.0	4.0	3.0	1988.0	63.0	2.0	0.0	1.0	5.0	4
132500.0	0.37	0.0	19.0	13000.0	0.0	0.0	3.0	4.0	3.0	1988.0	63.0	2.0	0.0	1.0	4.0	4
132500.0	0.09	0.0	42.0	50000.0	0.0	0.0	3.0	4.0	2.0	906.0	35.0	2.0	1.0	1.0	5.0	4
253750.0	2.0	0.0	0.0	49800.0	0.0	1.0	2.0	2.0	1.0	2816.0	71.0	4.0	1.0	2.5	12.0	4
290000.0	0.66	0.0	15.0	31200.0	0.0	1.0	2.0	2.0	2.0	2305.0	51.0	4.0	1.0	2.5	11.0	4
290000.0	0.46	0.0	22.0	48000.0	0.0	1.0	2.0	2.0	3.0	2030.0	64.0	4.0	1.0	2.5	10.0	4
290000.0	0.61	0.0	34.0	32300.0	0.0	0.0	2.0	3.0	3.0	2728.0	64.0	4.0	1.0	2.5	10.0	4
290000.0	0.12	0.0	3.0	108300.0	0.0	1.0	2.0	2.0	3.0	1620.0	57.0	3.0	1.0	2.5	7.0	4
290000.0	1.0	1.0	33.0	21700.0	0.0	0.0	4.0	2.0	2.0	944.0	27.0	1.0	1.0	1.0	4.0	4
290000.0	0.15	0.0	13.0	400.0	0.0	1.0	2.0	2.0	3.0	1758.0	47.0	2.0	1.0	2.5	6.0	4
290000.0	0.51	0.0	7.0	39100.0	0.0	0.0	2.0	2.0	3.0	2362.0	64.0	4.0	1.0	2.5	8.0	4
290000.0	0.71	1.0	73.0	61000.0	0.0	0.0	4.0	2.0	2.0	1838.0	71.0	4.0	0.0	2.0	8.0	4
205980.0	0.14	0.0	1.0	45200.0	1.0	1.0	2.0	2.0	3.0	1983.0	64.0	3.0	1.0	2.5	5.0	4
275000.0	0.54	0.0	19.0	30200.0	0.0	0.0	2.0	3.0	3.0	2175.0	64.0	4.0	1.0	2.5	10.0	4
275000.0	0.47	0.0	35.0	27800.0	0.0	0.0	2.0	3.0	3.0	2588.0	64.0	4.0	1.0	2.5	10.0	4
275000.0	0.37	0.0	14.0	31200.0	0.0	1.0	2.0	2.0	2.0	2011.0	40.0	4.0	1.0	2.5	8.0	4
275000.0	0.61	0.0	21.0	16100.0	0.0	1.0	2.0	2.0	2.0	2486.0	62.0	4.0	1.0	2.5	11.0	4
275000.0	0.46	0.0	7.0	18400.0	0.0	0.0	2.0	2.0	3.0	1865.0	57.0	3.0	0.0	2.5	8.0	4
275000.0	0.03	0.0	16.0	27000.0	0.0	1.0	2.0	2.0	3.0	1812.0	57.0	2.0	1.0	2.5	7.0	4

only showing top 20 rows

图 13.7　每个房屋预测聚类的快照

为便于分析，我们在 RStudio 中导出该结果，并生成聚类，如图 13.8 所示。这里用到的 R 脚本，可在作者的 GitHub 资料库中得到：https://github.com/rezacsedu/ScalaAndSparkForBigDataAnalytics。当然，也可自行编写代码来完成可视化过程。

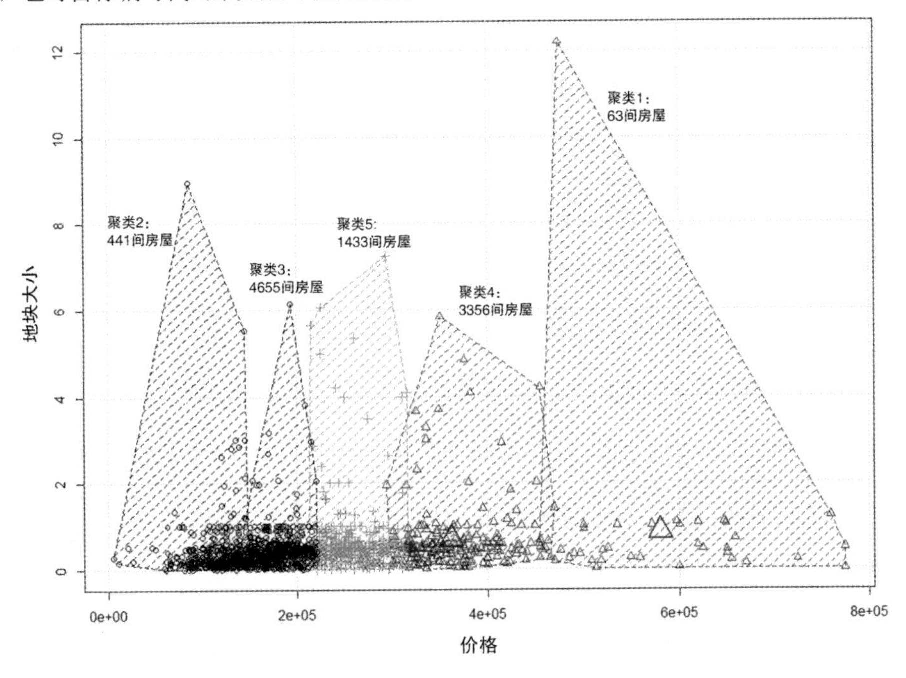

图 13.8　近邻聚类

现在，为了获得更好的分析性和可见性，可观察每个聚类的相关统计信息。例如，下面分别打印了聚类 3 和 4 的统计信息。

```
newDF.filter("CLUSTER = 0").show()
newDF.filter("CLUSTER = 1").show()
newDF.filter("CLUSTER = 2").show()
newDF.filter("CLUSTER = 3").show()
newDF.filter("CLUSTER = 4").show()
```

然后，我们获取每个聚类的描述性统计信息，如下：

```
newDF.filter("CLUSTER = 0").describe().show()
newDF.filter("CLUSTER = 1").describe().show()
newDF.filter("CLUSTER = 2").describe().show()
newDF.filter("CLUSTER = 3").describe().show()
newDF.filter("CLUSTER = 4").describe().show()
```

观察聚类 3 相关的统计信息，如图 13.9 所示。

summary	Price	LotSize	Waterfront	CLUSTER
count	4655	4655	4655	4655
mean	162537.34135338347	0.4691321160042959	0.003007518796992	0.0
stddev	51449.17174680274	0.6264212879059081	0.05476420278337016	0.0
min	10300.0	0.0	0.0	0
max	600000.0	8.97	1.0	0

图 13.9 聚类 3 的统计信息

然后，我们来观察一下聚类 4 的相关统计信息，如图 13.10 所示。

summary	Price	LotSize	Waterfront	CLUSTER
count	3356	3356	3356	3356
mean	208313.6853396901	0.5529678188319437	0.006555423122765197	0.0
stddev	55025.18531388466	0.6481204374941402	0.08071177527503304	0.0
min	5000.0	0.01	0.0	0
max	600000.0	7.24	1.0	0

图 13.10 聚类 4 的统计信息

注意，由于原始屏幕截图太大，无法放入此页内，因此我们修改了原始图像，并删除了包含其他房屋变量的列。

由于此算法的随机性，你可能在每次成功迭代后得到不同的结果。不过，可通过设置 seed 来锁定此算法的随机性。如下所示：

```
val numClusters = 5
val numIterations = 20
val seed = 12345
val model = KMeans.train(landRDD, numClusters, numIterations, seed)
```

步骤 8 停止 Spark 会话。最后使用 stop 方法来停止 Spark 会话，如下：

```
spark.stop()
```

在上面的例子中，我们对一小组特征进行了处理。当然，有时候常识和视觉检查也能够帮助我们得出类似的结论。从上面使用 K-均值算法的例子，可以理解该算法的一些局限性。例如，预测 K 值就非常困难，而使用全局聚类则完全无法正常工作。此外，不同的初始分组可能导致不同的最终聚类。并且，如果聚类的大小和密度各不相同，这种算法往往很难得到较好的结果。

注意：

为克服这些限制，本书中提供了一些更强大的算法，如 MCMC(马尔可夫链蒙特卡洛算法，也可以参考 https://en.wikipedia.org/wiki/Markov_chain_Monte_Carlo)。Seth D.等人撰写的《使用完全均匀分布序列的马尔可夫链蒙特卡洛算法》也可供参考。

13.4 分层聚类(HC)

在本节中，将讨论分层聚类技术及其挑战。为更好地理解分层聚类，这里还将展示使用 Spark MLlib 实现的分层聚类的二等分 K-均值算法的示例。

HC 算法概述与挑战

分层聚类技术在计算距离的方式上与基于中心的聚类完全不同。这种聚类算法是最流行的聚类分析技术之一，可建立聚类的层次结构。由于聚类通常由多个对象组成，因此还可使用其他候选者来计算距离。故而，除了通常选择的距离函数之外，还需要确定要使用的链接标准。简言之，分层聚类中主要有两种类型的策略。

- **自下而上方法：** 在这种方法中，每次观测都从自身的聚类开始。此后，聚类对开始合并，并向上层移动。
- **自上而下方法：** 在这种方法中，所有观测都从一个聚类开始，然后递归进行拆分，并开始向下层移动。

这些自下而上或自上而下的方法，通常基于单链接聚类(SLINK)技术，SLINK 关注最小化对象距离；也基于完整链接聚类(CLINK)，CLINK 关注对象距离的最大化；还基于除权配对法(UPGMA)，UPGMA 也被称为平均链接聚类。从技术角度看，这些方法往往都不会从数据集中生成唯一的分区(也就是不同的聚类)。

注意：
可在链接 https://nlp.stanford.edu/IR-book/completelink.html 中找到这三种算法之间的比较分析。

但是，用户仍然需要从层次结构中选择合适的聚类，从而更好地进行聚类预测和分配。虽然像二等分 K-均值这样的算法在计算速度上比 K-均值算法快，但这种算法依然有如下三个缺点：

- 首先，这些算法对包含噪声、缺失值、异常值等的数据集而言，不具备较好的鲁棒性。这个缺点要么导致出现额外的聚类，要么导致某些聚类出现合并。这个问题通常被称为链接现象，对于单链聚类而言尤其如此。
- 其次，从算法分析角度看，合并聚类和分裂聚类都具有较高的复杂度，这使得它们对于大型数据集来说太慢了。
- 最后，SLINK 和 CLINK 算法以前在数据挖掘任务中被广泛用作聚类分析的理论基础，但是现在它们被认为已经过时了。

1. 使用 Spark MLlib 对 K-均值进行二等分

与常规的 K-均值算法相比，二等分 K-均值算法通常要快很多，但通常会生成不同的聚类结果。二等分 K-均值算法基于 Steinbach、Karypis 以及 Kumar 的论文《文档聚类技术的比较》，并针对 Spark MLlib 进行了相应的调整。

二等分 K-均值算法是一种分裂算法，它从包含所有数据点的单个聚类开始，然后以迭代方式在底层找到所有可拆分的聚类，并使用 K-均值算法将其分为两个部分，直到总共得到 K 个叶子聚类，或者没有聚类能再被拆分为止。之后，处于同一级别的聚类可被分为一组，从而提升并行度。换句话说，二等分 K-均值要比常规 K-均值快很多。但是需要注意，如果将底层上所有的可拆分聚类二等分后会导致多于 K 个叶聚类，则较大的聚类将获得更高的优先级。

在使用 Spark MLlib 中实现二等分 K-均值算法时，通常要用到如下参数。

- **K**：这是所需的叶子聚类数量。但是，如果在实际计算过程中没有剩余可拆分的叶子聚类，则实际数量可能更小。默认值为 4。
- **MaxIterations**：拆分聚类的最大 K-均值迭代次数。默认值为 20。
- **MinDivisibleClusterSize**：最小数据点数量，默认值为 1。
- **Seed**：这是一个随机种子。不允许随机进行聚类，并尝试在每次迭代中都提供几乎相同的结果。但建议使用长种子值(long seed value)，例如 12345 等。

2. 使用 Spark MLlib 对带有近邻的 K-均值进行二等分

在之前的小节中，我们已看到了如何将相似的房屋进行聚类，从而确定邻居。二等分 K-均值算法与常规的 K-均值算法类似，除了在训练模型时需要使用不同的训练参数，如下：

```
//Cluster the data into two classes using KMeans
val bkm = new BisectingKMeans()
                .setK(5) //Number of clusters of the similar houses
                .setMaxIterations(20)//Number of max iteration
                .setSeed(12345) //Setting seed to disallow randomness
val model = bkm.run(landRDD)
```

在这里，可以参考之前的例子，并重用之前的步骤来获取训练数据。现在，让我们通过计算 WSSSE 来评估聚类：

```
val WCSSS = model.computeCost(landRDD)
println("Within-Cluster Sum of Squares = " + WCSSS) //Less is better
```

你将观察到如下输出结果：

```
Within-Cluster Sum of Squares =2.096980212594632E11
```

为获得更好的分析结果，可以参考之前的步骤 5。

13.5　基于分布的聚类(DC)

在本节中，将探讨基于分布的聚类技术及其面临的挑战。这里将展示使用 Spark MLlib 的高斯混合模型(GMM)的示例，以便你更好地理解基于分布的聚类算法。

DC 算法面临的挑战

基于分布的聚类算法(如 GMM)是期望最大化的算法。为避免过度拟合问题，GMM 通常使用固定数量的高斯分布对数据集进行建模。分布是被随机初始化的，并且相关的参数也能被迭代地进行优化，从而使模型能够更好地拟合训练数据集。这也是 GMM 算法最强大的功能，能帮助模型向局部最优解方向收敛。但此算法的多次运行也可能导致不同结果。

换言之，不同于二等分 K-均值算法和软聚类，GMM 针对硬聚类(hard clustering)进行了优化。并且为了获得该类型，通常需要将对象分配给高斯分布。GMM 的另一个优势特性是，它通过捕获所有必需的相关性，以及数据点和属性之间的依赖性来生成复杂的聚类模型。

不利的一面在于，GMM 对数据的格式和形状有一些假设，这给用户带来了额外负担。更具体地说，如果如下两个标准无法得到满足，则性能会急剧下降：

- 对于非高斯数据集而言，GMM 算法假设数据集具有高斯分布特性。这是一种可生成分布。实际上很多数据集都不满足该假设，此时的聚类性能就会比较低。
- 如果聚类的大小不均衡，则可能出现小聚类被大聚类主导的情况。

高斯混合模型是如何工作的

使用 GMM 是一种流行的软聚类技术。GMM 会尝试将所有数据点建模为高斯分布的有限混合，每个点属于每个聚类的概率与聚类相关的统计信息一起计算，并表示为合并分布状态。此时所有的点都是从具有自己概率的 K 高斯子分布之一导出的。简而言之，GMM 的功能可由三步伪代码来描述。

- **目标函数：**使用期望最大化(EM)作为框架来计算和最大化对数似然函数值。
- **EM 算法：**
    - E 步骤计算隶属度的后验概率，例如，更近的数据点。
    - M 步骤优化参数。
- **分配：**在步骤 E 中执行软分配。

从技术角度看，一旦给定了统计模型，该模型的参数就可使用 MLE(最大似然估计)进行参数估计。另外，EM 算法就是寻找最大似然的迭代过程。

> **注意：**
> 由于 GMM 是无监督算法，因此 GMM 模型非常依赖于推断的变量。然后，EM 迭代将旋转，以执行期望(E)和最大化(M)步骤。

Spark MLlib 使用期望最大化算法，从一组给定的数据点引入最大似然模型。当前的实现方法采用了如下参数：

- **K** 是对数据点进行聚类操作时所指定的聚类数量。
- **ConvergenceTol** 是我们考虑收敛的对数似然的最大变化次数。
- **MaxIterations** 是未达到收敛点时要执行的最大迭代次数。
- **InitialModel** 是启动 EM 算法的可选起点。如果省略该参数，则将从数据中构造随机起始点。

使用 Spark MLlib 实现 GMM 聚类算法的例子

在前面的例子中，我们看到了如何将类似的房屋聚集到一起从而确定邻居。现在，使用 GMM 算法，除了采用不同训练参数的模型之外，也可将房屋进行聚类处理，以便寻找近邻。如下：

```
val K = 5
val maxIteration = 20
val model = new GaussianMixture()
                .setK(K)//Number of desired clusters
                .setMaxIterations(maxIteration)//Maximum iterations
                .setConvergenceTol(0.05) //Convergence tolerance.
                .setSeed(12345) //setting seed to disallow randomness
                .run(landRDD) //fit the model using the training set
```

可以参考之前的示例，然后重复使用之前获取训练数据集的步骤。现在，为了评估模型的性能，GMM 不提供任何性能指标，例如将 WCSS 作为成本函数等。但是，GMM 提供了一些性能度量，例如 mu、sigma 和加权等。这些参数可以表示不同聚类之间的最大可能性(在本例中，为 5 个聚类)。这可以证明如下：

```
//output parameters of max-likelihood model
for (i <-0 until model.K) {
  println("Cluster " + i)
  println("Weight=%f\nMU=%s\nSigma=\n%s\n" format(model.weights(i),
          model.gaussians(i).mu, model.gaussians(i).sigma))
}
```

你将获得如图 13.11～图 13.15 所示的输出结果。

```
Cluster 1:
Weight=0.062914
MU=[0.7808989073647417,0.027594804693120447,43.592594389644596,46431.34374059474,0.15006962027130458,0.2976156919639882,2.89886101554574,2.3996120048708147,2.4470830298894057,1887.577268849958,52.2947838682471,3.261785551442653,0.5617365219634057,1.884482686574011,7.445246170818636]

Sigma=
1.3102878656532657   -0.008781556531403927 ... (15 total)
-0.008781556531403927 0.026833331447068984  ...
-7.778315613332572   -0.22791269559972674  ...
-1994.3759086646505   953.5473866305449   ...
-0.047375946352474545 -0.004141141861757399...
0.037134027030446944  -8.540323116658249E-4...
0.18951000788031888   0.006470217824087922  ...
0.09271897737610613   0.003690013937950302 3...
-0.18856936310448533  0.002380060277798572  ...
68.41825719674146    -4.1514710237897745   ...
0.03436783576161607   -0.1939395215895821   ...
-0.013693506665595243 -0.020101496691984813...
0.07766511419505753   -7.837804459298127E-4...
0.05849863330847962   -4.91629596665423E-4  ...
0.21074653933320067   -0.03620197853953523  ...
```

图 13.11　聚类 1

```
Cluster 2:
Weight=0.062916
MU=[0.7808963058537262,0.027594300109707637,43.59271302953474,46430.948520786165,0.1500671062662067,0.2976111474897629,2.898874780088942 2.3996095379912377,2.4470782768357395,1887.5686676601638 52.29480896675908,3.2617797716636363,0.5617320485051086,1.8844738211391,7.445223617464369]

Sigma=
1.310268484362083     -0.008781324169799203 ... (15 total)
-0.008781324169799203 0.026832854711163028  ...
-7.778307903368862    -0.22791180189966537  ...
-1994.312293144824    953.5408564069132     ...
-0.047374773188269    -0.004140996766905095...
0.03713394906123063   -8.538912936897718E-4...
0.18950712664774483   0.006469719690237634  ...
0.09271774632030978   0.003690014536237195  ...
-0.18856667725951917  0.002380147914518987  ...
68.41855307532745     -4.151157768413957    ...
0.03435556638123301   -0.19393666789368957  ...
-0.013692860075417968 -0.020100969638081837...
0.07766539257767785   -7.836426721759263E-4...
0.058499301884249254  -4.913759714689525E-4...
0.21074627737377502   -0.03620069422593031  ...
```

图 13.12　聚类 2

```
Cluster 3:
Weight=0.062915
MU=[0.7808981865995427,0.027594683478307 66,43.59262858361646,46431.26749714549,0.1500691630940002,0.29761477506046585,2.8988635085309786,2.399611526771179,2.4470822675213055,1887.5755390299287,52.294789589124775,3.2617844704782777,0.5617355795036949,1.8844808976383316,7.445241787598352]

Sigma=
1.310283325188202     -0.008781498067640526 ... (15 total)
-0.008781498067640526 0.02683321692203967   ...
-7.778318179295566    -0.2279126380278217   ...
-1994.3651943924194   953.5453019313146     ...
-0.04737570401219658  -0.004141111055433465...
0.037134001244643104  -8.540032585036882E-4...
0.18950953750130048   0.006470120609376332  ...
0.09271869144891273   0.003690010921980313 4...
-0.18856885182984973  0.002380070860293689  ...
68.41831257137832     -4.1514050538828      ...
0.03436459261474013   -0.19393882754318761  ...
-0.01369338064977525  -0.020101378563885663...
0.07766520283662945   -7.837509961456534E-4...
0.05849877693251591   -4.915780719425822E-4...
0.21074640369183104   -0.03620169856259542  ...
```

图 13.13　聚类 3

```
Cluster 4:
Weight=0.062914
MU=[0.7808992393728132,0.027594857592962586,43.592578423292814,46431.373286351896,0.1500697901951163,0.29761605
64124643,2.898860089904809,2.3996121902034595,2.4470832872542676,1887.5779548277749,52.29478143593403,3.2617859
602083223,0.5617369056497247,1.8844833973712003,7.445247871566899]

Sigma=
1.3102898209522704    -0.008781582527563107 ... (15 total)

-0.008781582527563107 0.026833381427386702  ...

-7.778313620309155    -0.2279126919235134   ...

-1994.3796587358433   953.5483992884145     ...

-0.04737604387775983  -0.004141154489440008...

0.037134040114905426  -8.540440057795036E-4...

0.18951016842223162   0.006470255770598361  ...

0.0927190997773798    0.003690015897543276  ...

-0.18856955926488908  0.0023800577384774702...

68.41823645079883     -4.151497911732236    ...

0.03436931403004916   -0.1939398262567097   ...

-0.013693555188677108 -0.020101546506840207...

0.07766507105646259   -7.837925362348146E-4...

0.05849857421583572   -4.916501535027908E-4...

0.21074661417458015   -0.036202094871478796...
```

图 13.14　聚类 4

```
Cluster 5:
Weight=0.748341
MU=[0.4058231162813968,0.0023199464802859684,22.644237040865264,30564.074445916867,0.012172001781884387,0.3909
70832200064 2.27538815618734,2.570878771841545,2.778403168061976,1710.3840312560203,56.668355015374146,3.118440132
412651,0.6153426261265736,1.9054511351698555,6.905949369774216]

Sigma=
0.17589935013824443   1.318739954100798E-4   ... (15 totals)

1.318739954100798E-4  0.0023145643286145772  ...

0.1927311852469183    0.029438024228507845   ...

1108.2263125353527    116.97771555806634     ...

7.447161249472683E-4  -2.8238392691917215E-5...

-0.007840809295101704 -2.8837901025969534E-4...

0.023475650829693853  0.0019903868910481287  ...

-0.007865077010407383 -8.710340648340969E-5  ...

-0.06405665959152722  -5.685489003490323E-4  ...

54.81575059498132     0.06205695119789516    ...

0.08164968346291952   -0.02645130673658966   ...

0.07800513455809353   -0.001357416457442531  ...

0.023165924984143067  -1.9025716915325663E-4...

0.03441444210703747   -8.997788887508309E-5  ...
0.17565249306476233   -0.0017924278494132312...
```

图 13.15　聚类 5

聚类 1～4 的加权表明这些聚类是均匀分布的，并且与聚类 5 具有明显的不同。

13.6 确定聚类的数量

像K-均值算法这样的聚类算法的优点在于，能使用无限数量的特征对数据进行聚类。当你拥有原始数据并希望了解该数据中的模式时，它就是一个很好的工具；不过，无法在试验之前确定聚类的数量，并且有时会出现过度拟合的情况。另外，所有三种算法(即K-均值、二等分K-均值和高斯混合模型)的一个共同点是必须先确定聚类的数量，并将其作为参数提供给算法。因此，确定聚类的数量是需要单独解决的优化问题。

在本节中，将使用基于Elbow方法(也称之为肘部法则)的启发方式来确定K值。我们从K=2个聚类开始，然后通过增加K并观察成本函数的内部平方和(WCSS)的值来运行基于相同数据集的K-均值算法。某些时候，我们会观察到成本函数的大幅下降。但随着K值的增加，对成本函数的改善就变得微不足道了。正如聚类分析相关的文献所示，可在WCSS的最后一次大幅下降后，将当前的K值作为最佳值。

通过分析如下参数，就可以了解K-均值的性能。

- **Betweenness(介数)**：聚类间平方和，也称为聚类间相似性。
- **Withiness**：内部平方和。
- **Totwithiness**：所有聚类的内部平方和之和，也称为总的聚类内相似性。

值得注意的是，鲁棒性高并且准确的聚类模型，将具有较低的Withiness和较高的Betweenness。但是，这些值取决于聚类的数量，即在构建模型之前选择的K值。

现在，我们来探讨一下，如何发挥肘部法则的长处来确定聚类的数量。我们基于K-均值算法的多个聚类计算成本函数WCSS，并将其应用到之前的homes数据集的所有特征上。可以看到，当K=5时，发生了较大幅度的下降。因此，将聚类的数量确定为5。如图13.16所示。基本上，这是最后一次大幅下降时的K值了。

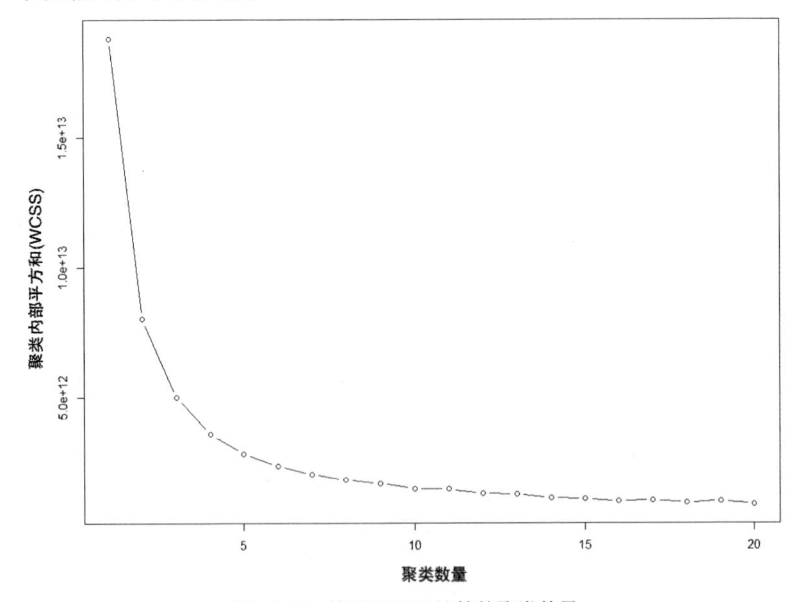

图13.16 基于WCSS计算的聚类数量

13.7 聚类算法之间的比较分析

高斯混合模型主要用于期望最小化，这是优化算法的一个例子。二等分 K-均值算法比常规的 K-均值更快，不过有时会产生略微不同的聚类结果。下面尝试比较这三种算法，将在模型构建时间和算法的计算成本等方面进行比较。如下面的代码所示，可根据 WCSS 来计算成本。以下代码行可用于计算 K-均值和二等分 K-均值算法的 WCSS：

```
val WCSS = model.computeCost(landRDD) //land RDD is the training set
println("Within-Cluster Sum of Squares = " + WCSS) //Less is better
```

基于在本章中使用的数据集，我们计算得到的 WCSS 如下。

```
Within-Cluster Sum of Squares of Bisecting K-means = 2.096980212594632E11
Within-Cluster Sum of Squares of K-means = 1.455560123603583E12
```

这意味着在计算成本方面，K-均值有着稍好的性能。遗憾的是，不存在 GMM 算法的 WCSS 计算指标。现在，我们来观察这三种算法的模型创建时间。可在开始模型训练之前启动系统时钟，并在训练解释后立即停止，如下所示(对于 K-均值)：

```
val start = System.currentTimeMillis()
val numClusters = 5
val numIterations = 20
val seed = 12345
val runs = 50
val model = KMeans.train(landRDD, numClusters, numIterations, seed)
val end = System.currentTimeMillis()
println("Model building and prediction time: "+ {end -start} + "ms")
```

基于在本章中使用的数据集，可以得到如下的模型创建时间：

```
Model building and prediction time for Bisecting K-means: 2680ms
Model building and prediction time for Gaussian Mixture: 2193ms
Model building and prediction time for K-means: 3741ms
```

在不同的研究文章中，我们已经发现二等分 K-均值算法已被证明能为数据点提供更好的聚类分配。而且，与 K-均值相比，二等分 K-均值算法能更好地得到全局最小值。而 K-均值则容易陷入局部最小值。换言之，使用二等分 K-均值算法可避免 K-均值可能出现的局部最小值问题。

需要注意，你可能得到与之前的参数不同的结果，这具体取决于计算机的硬件配置，以及数据集的随机性质。

注意：

对于读者而言，也可参考更多的相关技术文章。感兴趣的读者可查阅如下链接来了解基于 Spark MLlib 的聚类技术的更多内容：https://spark.apache.org/docs/latest/ml-clustering.html。

13.8 提交用于聚类分析的 Spark 作业

本章中的示例可针对更大的数据集进行扩展，从而用于不同目的。可使用所有必需的依赖包将这三种算法进行打包，并将其作为 Spark 作业提交给集群。现在可以使用以下代码来提交 K-均值算法的 Spark 作业，如用于 Saratoga NY Homes 数据集的作业：

```
# Run application as standalone mode on 8 cores
SPARK_HOME/bin/spark-submit \
--class org.apache.spark.examples.KMeansDemo \
--master local[8] \
KMeansDemo-0.1-SNAPSHOT-jar-with-dependencies.jar Saratoga_NY_Homes.txt

# Run on a YARN cluster
export HADOOP_CONF_DIR=XXX
SPARK_HOME/bin/spark-submit \
--class org.apache.spark.examples.KMeansDemo \
--master yarn \
--deploy-mode cluster \ # can be client for client mode
--executor-memory 20G \
--num-executors 50 \
KMeansDemo-0.1-SNAPSHOT-jar-with-dependencies.jar Saratoga_NY_Homes.txt

# Run on a Mesos cluster in cluster deploy mode with supervising
SPARK_HOME/bin/spark-submit \
--class org.apache.spark.examples.KMeansDemo \
--master mesos://207.184.161.138:7077 \ # Use your IP aadress
--deploy-mode cluster \
--supervise \
--executor-memory 20G \
--total-executor-cores 100 \
KMeansDemo-0.1-SNAPSHOT-jar-with-dependencies.jar Saratoga_NY_Homes.txt
```

13.9 本章小结

本章深入探讨机器学习，并讲述了如何利用机器学习来基于无监督观测数据集进行聚类分析。因此，通过前几章一些广泛使用的样例，就可以加深对该问题的理解，并能快速学习到将有监督和无监督技术应用于数据来解决问题的实用技术。讨论都是从 Spark 的角度进行的。对于 K-均值算法、二等分 K-均值以及高斯混合模型，如果运行多次，将无法保证得到相同的聚类结果。例如，我们观察到，在多次运行 K-均值算法之后，即便参数相同，产生的结果也略有不同。

有关 K-均值算法和高斯混合模型之间的性能比较，可以参阅 Jung 等人撰写的《聚类分析讲义》。除了 K-均值、二等分 K-均值和高斯混合模型之外，Spark MLlib 还提供了其他三种聚类算法的实现，即 PIC、LDA 和流式 K-均值算法。还有一点值得一提，为对聚类分析进行微调，我们通常需要删除多余的数据对象异常值，但使用基于距离的聚类算法很难识别出这样的数据。因此，也可以使用除欧几里得距离外的其他距离度量方式，如下这些链接就是很好的开端：

(1) https://mapr.com/ebooks/spark/08-unsupervised-anomaly-detectionapache-spark.html

(2) https://github.com/keiraqz/anomaly-detection

(3) http://www.dcc.fc.up.pt/~ltorgo/Papers/ODCM.pdf

在第 14 章中，将基于 Spark ML 来研究文本分析，也将列举不少相关的示例。

第 14 章

使用 Spark ML 进行文本分析

“程序要便于人们阅读，但是机器则只需要能够执行即可。”

——Harold Abelson

在本章中，将使用 Spark ML 来探讨文本分析这一精彩的技术领域。文本分析在机器学习中是一个被广泛使用的领域，在很多案例中都非常有用，如情绪分析、聊天机器人、垃圾邮件检测和自然语言处理等。你将学习如何使用 Spark 进行文本分析，将看到使用 1 万个 Twitter 的数据集进行文本分析的样例。

作为概括，本章将涵盖如下主题：

- 理解文本分析
- 转换器与评估器
- 分词
- StopWordsRemover
- NGrams
- TF-IDF
- Word2Vec
- CountVectorizer
- 使用 LDA 进行主题建模
- 文本分类实现

14.1 理解文本分析

在前面的几章中，已经探索了机器学习的世界，并了解了 Apache Spark 对机器学习的支持。机器学习有一个工作流，包含如下步骤：

(1) 加载或摄取数据。

(2) 清理和预处理数据。

(3) 从数据中提取特征。

(4) 基于数据训练模型，并根据特征生成所需结果。

(5) 根据数据评估或者预测某些结果。

一个典型 pipeline 的简化视图如图 14.1 所示。

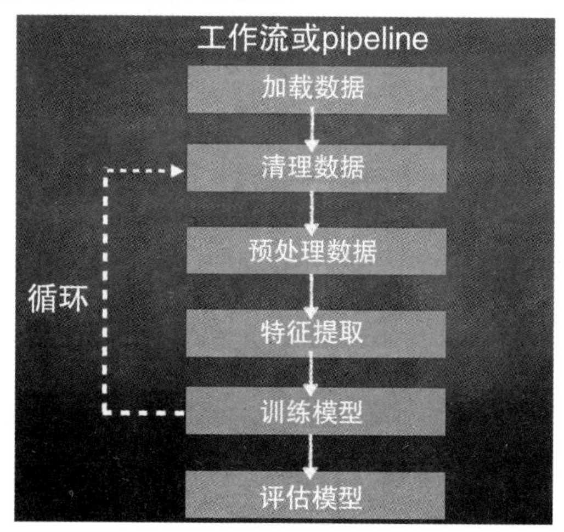

图 14.1　pipeline 简化示意图

因此，在训练模型然后部署模型之前，有几个阶段的数据转换工作。此外，我们还需要对特征和模型属性进行细化。也可以探索不同的算法实现，来重复整个任务序列，并将其作为新的工作流程的一部分。

可以使用几个转换步骤来创建流程。因此我们使用 DSL(Domain Specific Language，领域专用语言)来定义节点(数据转换步骤)，从而创建 DAG(有向无环图)。因此，ML pipeline 其实就是转换器和评估器的序列，进而将 pipeline 模型与输入数据集进行拟合。pipeline 中的每个阶段都称为 pipeline stage。这些 stage(阶段)通常如下：

- 评估器
- 模型
- 管道
- 转换器
- 预测

当你查看一行文字时，我们会看到名词、动词和标点符号等，这些内容组织在一起时会有特定目的或意义。人类非常善于理解单词、俚语或语境。这来自多年的实践和学习。那么，我们如何编写计算机程序来复制这种功能呢？

文本分析

文本分析是从文本集合中解释含义的方法。通过使用各种技术和算法来处理及分析文本数据，可发现数据中的模式或主题。所有这一切都是为了理解非结构化文本，得出语境意义和关系。

文本分析使用了几大类技术，将在下面进行介绍。

1. 情感分析

分析 Facebook、Twitter 和其他社交媒体上的人们的政治观点是情感分析的一个很好的例子。同样，分析 Yelp 餐厅的评论也是情感分析的例子。

自然语言处理(NLP)的框架和库，例如 OpenNLP 以及 Stanford NLP，通常都用于实现情感分析。

2. 主题建模

主题建模是用于检测文档集中的主题的有价值技术。这是一种无监督学习算法，可以在一组文档中查找主题。其中一个例子是检测新闻报道中涉及的主题，或检测专利申请中的想法。

隐含狄利克雷分布(LDA)是一个非常流行的使用了无监督算法的聚类模型，潜在语义分析(LSA)则是使用共生数据的概率模型。

3. TF-IDF(词频——逆文档频率)

TF-IDF 用于测量文字在文档中出现的频率及其相对频率。该信息可用于构建分类器和预测模型。示例包括垃圾邮件分类、聊天对话等。

4. 命名实体识别(NER)

命名实体识别用于检测句子中单词的使用情况，以便提取有关人员、组织、位置等的信息。这提供了关于文档中实际内容的重要上下文信息，而不单是将单词视为重要实体。

Stanford NLP 和 OpenNLP 都实现了 NER 算法。

5. 事件提取

事件提取是对 NER 的扩展，它能确定检测到的实体与其周围的关系。这可用于推断两个实体之间的关系。因此，需要一个额外的语义层来理解文档的内容。

14.2 转换器与评估器

转换器是一个函数对象，它通过将转换逻辑(函数)应用于输入数据集来生成输出数据集，从而将数据集转换为另一个数据集。转换器有两种类型：标准转换器和评估转换器。

14.2.1 标准转换器

标准转换器将输入数据集转换为输出数据集，并将转换函数显式应用于输入数据。除了读取输入列和生成输出列之外，它不依赖于输入数据。

此类转换器的调用方式如下。

```
outputDF = transfomer.transform(inputDF)
```

标准转换器的例子如下，将在后续内容中对其中一部分进行详细介绍。

- Tokenizer：使用空格作为分隔符将句子拆分为单词。
- RegexTokenizer：使用正则表达式将句子拆分为单词。
- StopWordsRemover：从列表中删除常用的停用词。
- Binarizer：将字符串转换为二进制数字 0/1。
- NGram：从句子中生成 N 个单词的短语。
- HashingTF：使用哈希表来创建词频计数，并索引单词。
- SQLTransformer：实现由 SQL 语句定义的转换操作。
- VectorAssembler：将给定的列表组成一个向量列。

标准转换器的示意图如图 14.2 所示，此时来自输入数据集的列被转换，从而生成输出列，进而构成输出数据集。

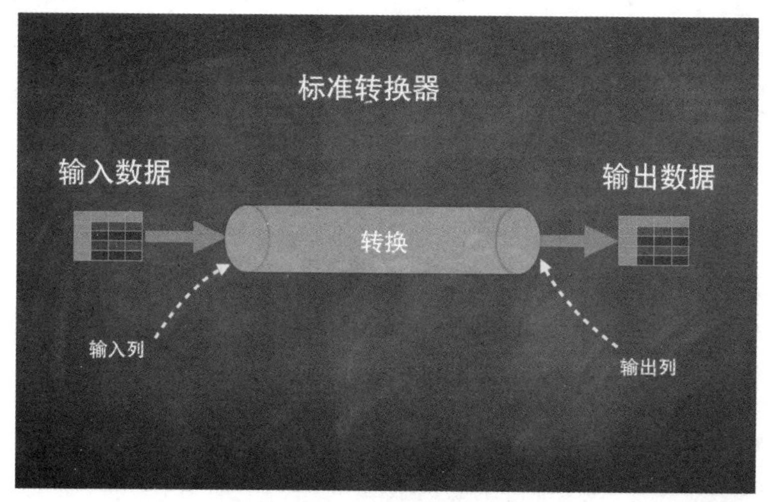

图 14.2　标准转换器示意图

14.2.2　评估转换器

评估转换器首先根据输入数据生成转换器，然后将输入数据集转换为输出数据集。转换器处理输入数据，读取输入列并在输出数据集中生成输出列。

此类转换器的调用方式如下：

```
transformer = estimator.fit(inputDF)
outputDF = transformer.transform(inputDF)
```

评估转换器的例子如下：

- IDF
- LDA
- Word2Vec

图 14.3 是评估转换器的示意图。此时来自输入数据集的列被转换，从而生成输出列，进而构成输出数据集。

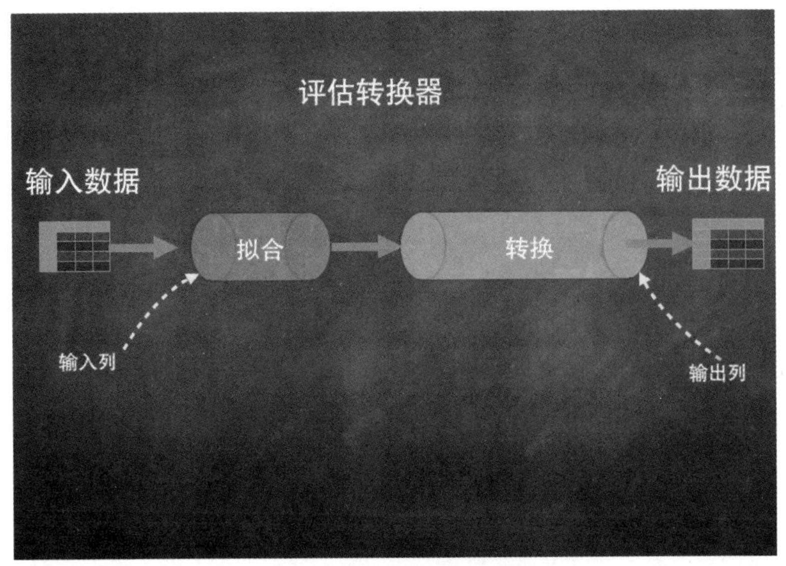

图 14.3 估算转换器示意图

在接下来的部分中，将使用一个简单的数据集来深入了解文本分析。该数据集由文本行(句子)组成，如图 14.4 所示。

图 14.4 样例数据集截屏

下面的代码用于将文本数据加载到输入数据集。

这里使用 ID 和文本组成的对的序列，对文本序列(也就是行)进行初始化，如下：

```
val lines = Seq(
  | (1, "Hello there, how do you like the book so far?"),
  | (2, "I am new to Machine Learning"),
  | (3, "Maybe i should get some coffee before starting"),
  | (4, "Coffee is best when you drink it hot"),
  | (5, "Book stores have coffee too so i should go to a book store")
  | )
lines: Seq[(Int, String)] = List((1,Hello there, how do you like the book so far?),
(2,I am new to Machine Learning), (3,Maybe i should get some coffee before starting),
(4,Coffee is best when you drink it hot), (5,Book stores have coffee too so i should
go to a book store))
```

然后调用 createDataFrame()函数从之前的句子序列创建数据帧：

```
scala> val sentenceDF = spark.createDataFrame(lines).toDF("id", "sentence")
sentenceDF: org.apache.spark.sql.DataFrame = [id: int, sentence: string]
```

现在，就可以看到新创建的数据集了。这里显示出该句子数据帧包含了 id 和 sentence 两个列：

```
scala> sentenceDF.show(false)
|id|sentence |
|1 |Hello there, how do you like the book so far? |
|2 |I am new to Machine Learning |
|3 |Maybe i should get some coffee before starting |
|4 |Coffee is best when you drink it hot |
|5 |Book stores have coffee too so i should go to a book store|
```

14.3 分词

分词器(Tokenizer)将输入字符串转换为小写，然后将带有空格的字符串拆分为单个标记。可以使用默认的空格分隔符，或者基于客户的正则表达式将给定语句拆分为单词。无论哪种情况，输入列都会被转换为输出列。输入列通常为字符串，输出列则是单词的序列。

分词器需要在导入如下两个包之后才可用，即 Tokenizer 和 RegexTokenizer：

```
import org.apache.spark.ml.feature.Tokenizer
import org.apache.spark.ml.feature.RegexTokenizer
```

首先，需要初始化一个分词器，这需要指定输入列和输出列：

```
scala> val tokenizer = new
Tokenizer().setInputCol("sentence").setOutputCol("words")
tokenizer: org.apache.spark.ml.feature.Tokenizer = tok_942c8332b9d8
```

接下来，基于输入数据集调用 transform()函数来生成输出数据集：

```
scala> val wordsDF = tokenizer.transform(sentenceDF)
wordsDF: org.apache.spark.sql.DataFrame = [id: int, sentence: string ...1
more field]
```

如下是输出数据集，显示了输入的 id、sentence 列和输出的 words 列，words 列包含了单词的序列：

```
scala> wordsDF.show(false)
|id|sentence |words |
|1 |Hello there, how do you like the book so far? |[hello, there,, how, do,
you, like, the, book, so, far?] |
|2 |I am new to Machine Learning |[i, am, new, to, machine, learning] |
|3 |Maybe i should get some coffee before starting |[maybe, i, should, get,
some, coffee, before, starting] |
|4 |Coffee is best when you drink it hot |[coffee, is, best, when, you,
drink, it, hot] |
```

```
|5 |Book stores have coffee too so i should go to a book store|[book,
stores, have, coffee, too, so, i, should, go, to, a, book, store]|
```

另一方面，如果你想基于 Tokenizer 来创建一个正则表达式，需要使用 RegexTokenizer 来代替 Tokenizer。为完成这一任务，需要指定输入列、输出列和正则模式来初始化 RegexTokenizer：

```
scala> val regexTokenizer = new
RegexTokenizer().setInputCol("sentence").setOutputCol("regexWords")
  .setPattern("\\W")
regexTokenizer: org.apache.spark.ml.feature.RegexTokenizer
=regexTok_15045df8ce41
```

接下来，基于输入数据集调用 transform()函数来生成输出数据集：

```
scala> val regexWordsDF = regexTokenizer.transform(sentenceDF)
regexWordsDF: org.apache.spark.sql.DataFrame = [id: int, sentence: string ...1
more field]
```

下面就是输出的数据集，显示了输入列 id 和 sentence，以及输出列 regexWords(包含单词的序列)：

```
scala> regexWordsDF.show(false)
|id|sentence |regexWords |
|1 |Hello there, how do you like the book so far? |[hello, there, how, do,
you, like, the, book, so, far] |
|2 |I am new to Machine Learning |[i, am, new, to, machine, learning] |
|3 |Maybe i should get some coffee before starting |[maybe, i, should, get,
some, coffee, before, starting] |
|4 |Coffee is best when you drink it hot |[coffee, is, best, when, you,
drink, it, hot] |
|5 |Book stores have coffee too so i should go to a book store|[book,
stores, have, coffee, too, so, i, should, go, to, a, book, store]|
```

分词器的示例图如图 14.5 所示，在这里，输入文本中的语句，按空格分隔符拆分为单词。

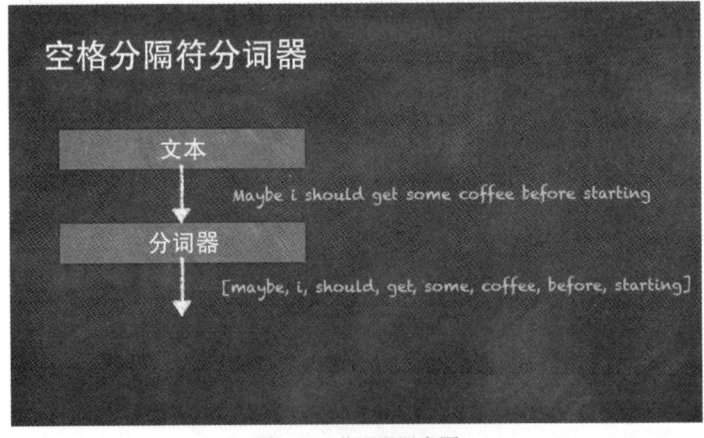

图 14.5 分词器示意图

14.4 StopWordsRemover

这也是一个转换器，它可以接收一个字符串数组的单词，然后在删除所有停用词之后返回一个字符串数组。停用词(如我、你)在英语中相当常用。可以对停用词集进行覆盖或扩充，以满足自己的需求。如果没有这个清理过程，后续算法可能因为常用词而出现偏差。

为调用 StopWordsRemover，需要导入如下包：

```
import org.apache.spark.ml.feature.StopWordsRemover
```

首先需要初始化 StopWordsRemover，这要指定输入列和输出列。我们选择由 Tokenizer 创建的单词列作为输入，并在删除停用词后生成过滤的输出列：

```
scala> val remover = new
StopWordsRemover().setInputCol("words").setOutputCol("filteredWords")
remover: org.apache.spark.ml.feature.StopWordsRemover = stopWords_48d2cecd3011
```

接下来，基于输入数据集调用 transform()函数来生成输出数据集：

```
scala> val noStopWordsDF = remover.transform(wordsDF)
noStopWordsDF: org.apache.spark.sql.DataFrame = [id: int, sentence: string ...2
more fields]
```

如下的输出数据集显示了输入列(如 id 和 sentence)，还有输出列 filteredWords(包括单词的序列)：

```
scala> noStopWordsDF.show(false)
|id|sentence |words |filteredWords |
|1 |Hello there, how do you like the book so far? |[hello, there,, how, do,
you, like, the, book, so, far?] |[hello, there,, like, book, far?] |
|2 |I am new to Machine Learning |[i, am, new, to, machine, learning]
|[new, machine, learning] |
|3 |Maybe i should get some coffee before starting |[maybe, i, should, get,
some, coffee, before, starting] |[maybe, get, coffee, starting] |
|4 |Coffee is best when you drink it hot |[coffee, is, best, when, you,
drink, it, hot] |[coffee, best, drink, hot] |
|5 |Book stores have coffee too so i should go to a book store|[book,
stores, have, coffee, too, so, i, should, go, to, a, book, store]|[book,
stores, coffee, go, book, store]|
```

下面的输出数据集则只显示 sentence 以及 filteredWords(同样包含单词序列)：

```
scala> noStopWordsDF.select("sentence", "filteredWords").show(5,false)
|sentence |filteredWords |
|Hello there, how do you like the book so far? |[hello, there,, like, book,
far?] |
|I am new to Machine Learning |[new, machine, learning] |
|Maybe i should get some coffee before starting |[maybe, get, coffee,
starting] |
|Coffee is best when you drink it hot |[coffee, best, drink, hot] |
|Book stores have coffee too so i should go to a book store|[book, stores,
coffee, go, book, store]|
```

图 14.6 是 StopWordsRemover 的示意图，它显示了如何对单词进行过滤，从而移除一些停用词。

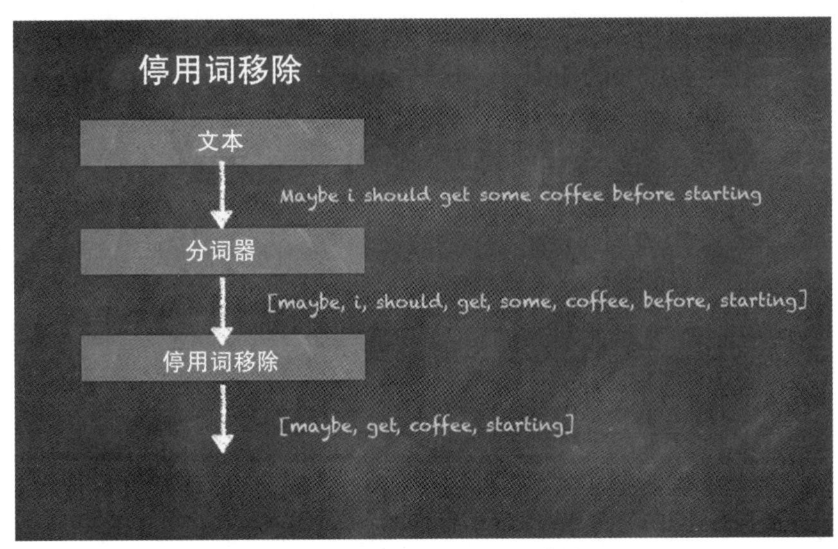

图 14.6　StopWordsRemover 示意图

停用词是默认设置的，但可非常轻松地进行覆盖或修改，下面的代码片段将从过滤后的单词中删除 hello，并将 hello 作为停用词：

```
scala> val noHello = Array("hello") ++ remover.getStopWords
noHello: Array[String] = Array(hello, i, me, my, myself, we, our, ours,ourselves,
you, your, yours, yourself, yourselves, he, him, his, himself,she, her, hers, herself,
it, its, itself, they, them, their, theirs,themselves, what, which, who, whom, this,
that, these, those, am, is, are,was, were ...
scala>

//create new transfomer using the amended Stop Words list
scala> val removerCustom = new
StopWordsRemover().setInputCol("words").setOutputCol("filteredWords")
    .setStopWords(noHello)
removerCustom: org.apache.spark.ml.feature.StopWordsRemover =
stopWords_908b488ac87f

//invoke transform function
scala> val noStopWordsDFCustom = removerCustom.transform(wordsDF)
noStopWordsDFCustom: org.apache.spark.sql.DataFrame = [id: int,
sentence:string ...2 more fields]

//output dataset showing only sentence and filtered words -now will not show hello
scala> noStopWordsDFCustom.select("sentence",
"filteredWords").show(5,false)
+-------------------------------------------------------------+---------------
------------------------+
```

```
|sentence |filteredWords |
+-----------------------------------------------------------+---------------
------------------------+
|Hello there, how do you like the book so far? |[there,, like, book, far?]
|
|I am new to Machine Learning |[new, machine, learning] |
|Maybe i should get some coffee before starting |[maybe, get, coffee,
starting] |
|Coffee is best when you drink it hot |[coffee, best, drink, hot] |
|Book stores have coffee too so i should go to a book store|[book, stores,
coffee, go, book, store]|
+-----------------------------------------------------------+---------------
------------------------+
```

14.5 NGram

NGram 将单词合并为单词序列。N 代表序列中单词数量。setN()用于设置 N 的值。

为生成 NGram，需要导入如下包：

```
import org.apache.spark.ml.feature.NGram
```

首先需要设置输入列和输出列来初始化 NGram 生成器。在这里，挑选由 StopWordsRemover 生成过滤单词列作为输入，并基于此生成输出列：

```
scala> val ngram = new
NGram().setN(2).setInputCol("filteredWords").setOutputCol("ngrams")
ngram: org.apache.spark.ml.feature.NGram = ngram_e7a3d3ab6115
```

接下来，基于输入数据集调用 transform()函数来生成输出数据集：

```
scala> val nGramDF = ngram.transform(noStopWordsDF)
nGramDF: org.apache.spark.sql.DataFrame = [id: int, sentence: string ...3
more fields]
```

如下即为输出数据集，其中包含输入的 id 和 sentence 列以及输出列 ngrams，ngrams 包含 n-gram 的序列：

```
scala> nGramDF.show(false)
|id|sentence |words |filteredWords |ngrams |
|1 |Hello there, how do you like the book so far? |[hello, there,, how, do,you,
like, the, book, so, far?] |[hello, there,, like, book, far?] |[hello there,, there,
like, like book, book far?] |
|2 |I am new to Machine Learning |[i, am, new, to, machine, learning]|[new, machine,
learning] |[new machine, machine learning] |
|3 |Maybe i should get some coffee before starting |[maybe, i, should, get,some,
coffee, before, starting] |[maybe, get, coffee, starting] |[maybe get, get coffee,
coffee starting] |
|4 |Coffee is best when you drink it hot |[coffee, is, best, when, you,drink, it,
hot] |[coffee, best, drink, hot] |[coffee best, best drink,drink hot] |
|5 |Book stores have coffee too so i should go to a book store|[book,stores, have,
```

```
coffee, too, so, i, should, go, to, a, book, store]|[book,stores, coffee, go, book, store]|[book stores, stores coffee, coffee go, go book, book store]|
```

以下输出数据集则只包含语句和 2-grams：

```
scala> nGramDF.select("sentence", "ngrams").show(5,false)
|sentence |ngrams |
|Hello there, how do you like the book so far? |[hello there,, there, like,like book, book far?] |
|I am new to Machine Learning |[new machine, machine learning] ||Maybe i should get some coffee before starting |[maybe get, get coffee,coffee starting] |
|Coffee is best when you drink it hot |[coffee best, best drink, drink hot]|
|Book stores have coffee too so i should go to a book store|[book stores,stores coffee, coffee go, go book, book store]|
```

NGram 示意图如图 14.7 所示，这里显示的是一个 2-grams，它由 Tokenizer 在移除停用词之后生成。

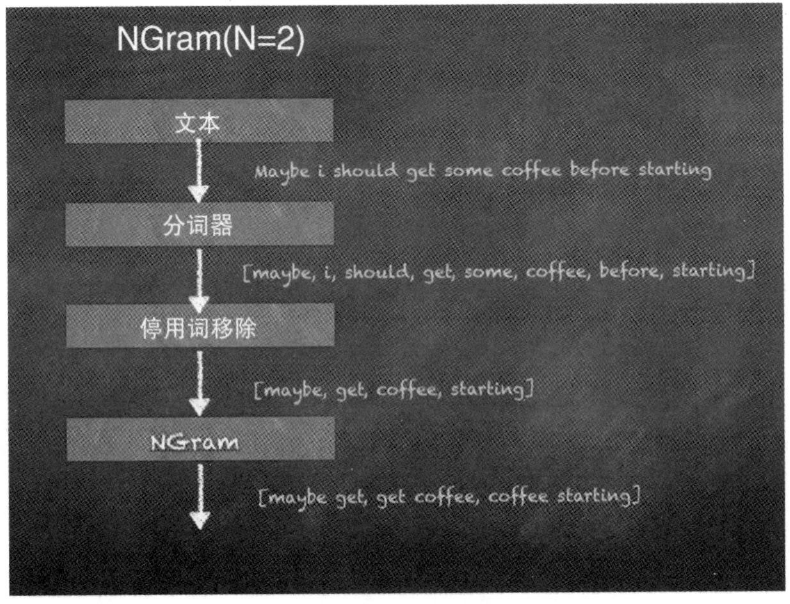

图 14.7 NGrams 示意图

14.6 TF-IDF

TF-IDF 表示词频-逆文档频率，用于测量单词对文档集合中的文档的重要程度。它广泛应用于信息检索，并能反映文档中单词的权重。TF-IDF 与单词的出现次数成比例，否则称为单词/项的频率。它由两个关键元素组成，即词频和逆文档频率。

TF 表示文档中单词/项出现的频率。TF 测量项 T 在文档中出现的次数。TF 在 Spark 中用哈希来实现，通过应用哈希函数将项映射到索引中。

IDF 为逆文档频率，它表示项在文档中出现的趋势信息。

IDF = 总文档数量/包含项的文档数量

一旦有了 TF 和 IDF，就可将它们相乘得到 TF-IDF 的值：

```
TF-IDF = TF * IDF
```

我们现在来看看如何使用 Spark ML 中的 HashingTF 转换器来生成 TF。

14.6.1 HashingTF

HashingTF 也是一个转换器，它接收一组项，并通过使用哈希函数，对每个项进行哈希操作，将其转换为固定长度的向量，进而生成每个项的索引。然后使用哈希表的索引来生成项的频率，也就是词频。

> **小技巧：**
> 在 Spark 中，HashingTF 使用 MurmurHash3 算法对项进行哈希处理。

要使用 HashingTF，需要导入如下的包：

```
import org.apache.spark.ml.feature.HashingTF
```

首先，需要设置输入列和输出列来初始化 HashingTF。这里选择由 StopWordsRemover 生成的过滤单词列作为输入，并生成输出列 rawFeaturesDF。将特征的数量选取为 100：

```
scala> val hashingTF = new
HashingTF().setInputCol("filteredWords").setOutputCol("rawFeatures")
   .setNumFeatures(100)
hashingTF: org.apache.spark.ml.feature.HashingTF = hashingTF_b05954cb9375
```

接下来，基于输入数据集调用 transform()函数来生成输出数据集：

```
scala> val rawFeaturesDF = hashingTF.transform(noStopWordsDF)
rawFeaturesDF: org.apache.spark.sql.DataFrame = [id: int, sentence: string ...3
more fields]
```

下面的输出数据集显示了输入列 id 和 sentence，以及输出列 rawFeatures；rawFeatures 包含了特征信息，以向量表示：

```
scala> rawFeaturesDF.show(false)
|id |sentence |words |filteredWords |rawFeatures |
|1 |Hello there, how do you like the book so far? |[hello, there,, how, do,you,
like, the, book, so, far?] |[hello, there,, like, book,
far?]|(100,[30,48,70,93],[2.0,1.0,1.0,1.0]) |
|2 |I am new to Machine Learning |[i, am, new, to, machine, learning]|[new, machine,
learning] |(100,[25,52,72],[1.0,1.0,1.0]) |
|3 |Maybe i should get some coffee before starting |[maybe, i, should, get,some,
coffee, before, starting] |[maybe, get, coffee,
starting]|(100,[16,51,59,99],[1.0,1.0,1.0,1.0]) |
|4 |Coffee is best when you drink it hot |[coffee, is, best, when, you,drink, it,
hot] |[coffee, best, drink, hot]|(100,[31,51,63,72],[1.0,1.0,1.0,1.0]) |
```

```
|5 |Book stores have coffee too so i should go to a book store|[book,stores, have, coffee, too, so, i, should, go, to, a, book, store]|[book,stores, coffee, go, book,store]|(100,[43,48,51,77,93],[1.0,1.0,1.0,1.0,2.0])|
```

让我们看一下这些输出结果，以便更好地理解它们。如果你只看到 filteredWords 和 rawFeatures 列，可以看到如下内容：

(1) 单词数组[hello, there, like, book, far]被转换为原始的特征向量(100,[30,48,70,93],[2.0,1.0,1.0,1.0])。

(2) 单词数组(book, stores, coffee, go, book, store)则被转换为(100,[43,48,51,77,93],[1.0,1.0,1.0,1.0,2.0])。

那么，这里的向量代表什么呢？其基本逻辑是，每个单词都被哈希为一个整数，并计算出其在单词数组中出现的次数。Spark 在内部对 mutable.HashMap.empty[Int, Double]使用了 HashMap，将每个单词的哈希值存储为 Integer 型，并将其出现次数存储为 Double 型。将其处理为 Double 型是为了便于和 IDF 结合使用(将在下一节中讲述 IDF)。通过此映射，数组[book, stores, coffee, go, book, store]就可以被视为[hashFunc(book), hashFunc(stores), hashFunc(coffee), hashFunc(go), hashFunc(book), hashFunc(store)]。也就是[43,48,51,77,93]。如果也计算了它们的出现次数，那就是 book-2,coffee-1,go-1,store-1,stores-1。

将上述信息进行合并，就可以生成一个向量(特征数量、哈希值、频率)，这里就是(100,[43,48,51,77,93],[1.0,1.0,1.0,1.0,2.0])。

14.6.2　逆文档频率(IDF)

IDF 是一个评估转换器，它会拟合数据集，并通过缩放输入特征来生成输出特征。因此，IDF 适于处理 HashingDF 转换器的输出。

要调用 IDF，需要导入如下的包：

```
import org.apache.spark.ml.feature.IDF
```

首先，需要设置输入列和输出列来初始化 IDF。这里使用由 HashingTF 生成的 rawFeatures 列作为输入，因此生成输出特征列：

```
scala> val idf = new
IDF().setInputCol("rawFeatures").setOutputCol("features")
  idf: org.apache.spark.ml.feature.IDF = idf_d8f9ab7e398e
```

然后，基于输入数据集来调用 fit()函数并生成输出：

```
scala> val idfModel = idf.fit(rawFeaturesDF)
idfModel: org.apache.spark.ml.feature.IDFModel = idf_d8f9ab7e398e
```

之后，基于输入数据集调用 transform()函数来生成输出数据集：

```
scala> val featuresDF = idfModel.transform(rawFeaturesDF)
featuresDF: org.apache.spark.sql.DataFrame = [id: int, sentence: string ...
4 more fields]
```

如下的输出数据集显示了输入列 id 和输出列 features，包含由 HashingTF 在之前的转换中生成的扩展特征向量：

```
scala> featuresDF.select("id", "features").show(5, false)
  |id|features |
  |1
  |(20,[8,10,13],[0.6931471805599453,3.295836866004329,0.6931471805599453]) |
  |2 |(20,[5,12],[1.0986122886681098,1.3862943611198906]) |
  |3
  |(20,[11,16,19],[0.4054651081081644,1.0986122886681098,2.1972245773362196])
  |
  |4
  |(20,[3,11,12],[0.6931471805599453,0.8109302162163288,0.6931471805599453])
  |
  |5
  |(20,[3,8,11,13,17],[0.6931471805599453,0.6931471805599453,0.40546510810816
  44,1.3862943611198906,1.0986122886681098])|
```

如下的输出数据集显示输入列 id、sentence 和 rawFeatures，还有输出列 features，features 列包含由 HashingTF 在之前的转换过程中生成的扩展特征向量：

```
scala> featuresDF.show(false)
|id|sentence |words |filteredWords |rawFeatures |features |
|1 |Hello there, how do you like the book so far? |[hello, there,, how, do,
you, like, the, book, so, far?] |[hello, there,, like, book, far?]
|(20,[8,10,13],[1.0,3.0,1.0])
|(20,[8,10,13],[0.6931471805599453,3.295836866004329,0.6931471805599453]) |
|2 |I am new to Machine Learning |[i, am, new, to, machine, learning]
|[new, machine, learning] |(20,[5,12],[1.0,2.0])
|(20,[5,12],[1.0986122886681098,1.3862943611198906]) |
|3 |Maybe i should get some coffee before starting |[maybe, i, should, get,
some, coffee, before, starting] |[maybe, get, coffee, starting]
|(20,[11,16,19],[1.0,1.0,2.0])
|(20,[11,16,19],[0.4054651081081644,1.0986122886681098,2.1972245773362196])
|
|4 |Coffee is best when you drink it hot |[coffee, is, best, when, you,
drink, it, hot] |[coffee, best, drink, hot] |(20,[3,11,12],[1.0,2.0,1.0])
|(20,[3,11,12],[0.6931471805599453,0.8109302162163288,0.6931471805599453])
|
|5 |Book stores have coffee too so i should go to a book store|[book,
stores, have, coffee, too, so, i, should, go, to, a, book, store]|[book,
stores, coffee, go, book,
store]|(20,[3,8,11,13,17],[1.0,1.0,1.0,2.0,1.0])|(20,[3,8,11,13,17],
[0.6931471805599453,0.6931471805599453,0.4054651081081644,
1.3862943611198906,1.0986122886681098])|
```

图 14.8 是 TF-IDF 的示意图，它显示了 TF-IDF 特征的生成过程。

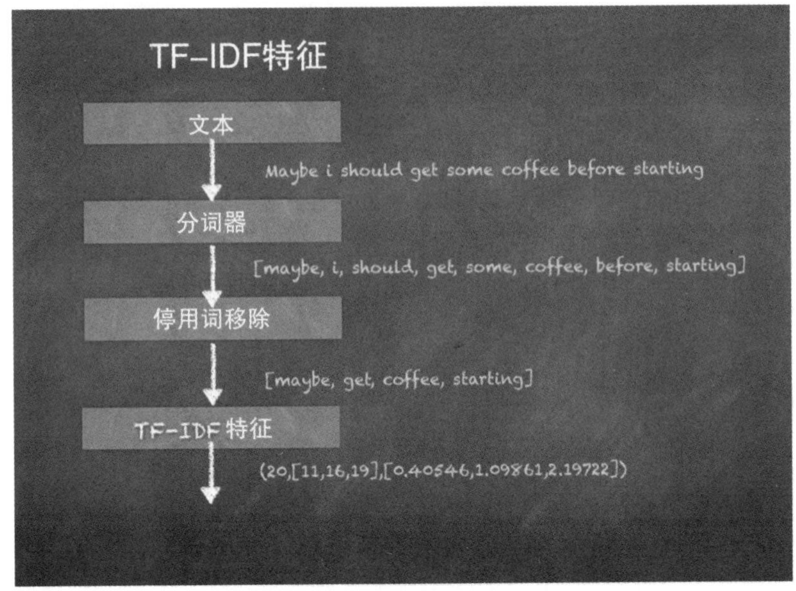

图 14.8 TF-IDF 示意图

14.7 Word2Vec

Word2Vec 是一种复杂的神经网络风格的自然语言处理工具，使用一种称为 skip-gram 的技术，将包含单词的句子转换为一个嵌套的向量表示。让我们分析一个通过查看有关动物的句子集合来使用它的示例：

- 一只狗在吠叫
- 有些奶牛在吃草
- 狗经常随机吠叫
- 奶牛喜欢草

使用具有隐藏层的神经网络(在许多无监督学习应用中使用的机器学习算法)，可以学习到狗和吠叫是有关系的，同时牛和草也是相关的，因为这些看起来彼此十分接近，当然，这是通过概率来衡量的。Word2Vec 的输出是 Double 类型特征的向量。

为调用 Word2Vec，需要导入如下的包：

```
import org.apache.spark.ml.feature.Word2Vec
```

首先设置输入列和输出列来初始化 Word2Vec。这里使用由 Tokenizer 生成的单词列作为输入，并生成单词向量的输出列，这里的向量大小为 3：

```
scala> val word2Vec = new
Word2Vec().setInputCol("words").setOutputCol("wordvector").setVectorSize(3)
.setMinCount(0)
word2Vec: org.apache.spark.ml.feature.Word2Vec = w2v_fe9d488fdb69
```

接下来，在输入数据集上调用 fit()函数生成输出：

```
scala> val word2VecModel = word2Vec.fit(noStopWordsDF)
word2VecModel: org.apache.spark.ml.feature.Word2VecModel = w2v_fe9d488fdb69
```

然后，在输入数据集上调用 transform()函数来生成输出数据集：

```
scala> val word2VecDF = word2VecModel.transform(noStopWordsDF)
word2VecDF: org.apache.spark.sql.DataFrame = [id: int, sentence: string ...3 more
fields]
```

下面的输出数据集显示了输入列 id 和 sentence，以及输出列 wordvector：

```
scala> word2VecDF.show(false)
|id|sentence |words |filteredWords |wordvector |
|1 |Hello there, how do you like the book so far? |[hello, there,, how, do,
you, like, the, book, so, far?] |[hello, there,, like, book, far?]
|[0.006875938177108765,-0.008196752145886 42,0.004068668186664 5815]|
|2 |I am new to Machine Learning |[i, am, new, to, machine, learning]
|[new, machine, learning]
|[0.026012470324834187,0.023195965060343344,-0.10863214979569116] |
|3 |Maybe i should get some coffee before starting |[maybe, i, should, get,
some, coffee, before, starting] |[maybe, get, coffee, starting]
|[-0.004304863978177309,-0.004591284319758415,0.02117823390290141]|
|4 |Coffee is best when you drink it hot |[coffee, is, best, when, you,
drink, it, hot] |[coffee, best, drink, hot]
|[0.054064739029854536,-0.003801364451646805,0.06522738828789443] |
|5 |Book stores have coffee too so i should go to a book store|[book,
stores, have, coffee, too, so, i, should, go, to, a, book, store]|[book,
stores, coffee, go, book,
store]|[-0.05887459063281615,-0.07891856770341595,0.07510609552264214] |
```

Word2Vec 特征转换示意图如图 14.9 所示。这里展示了单词被转换成向量。

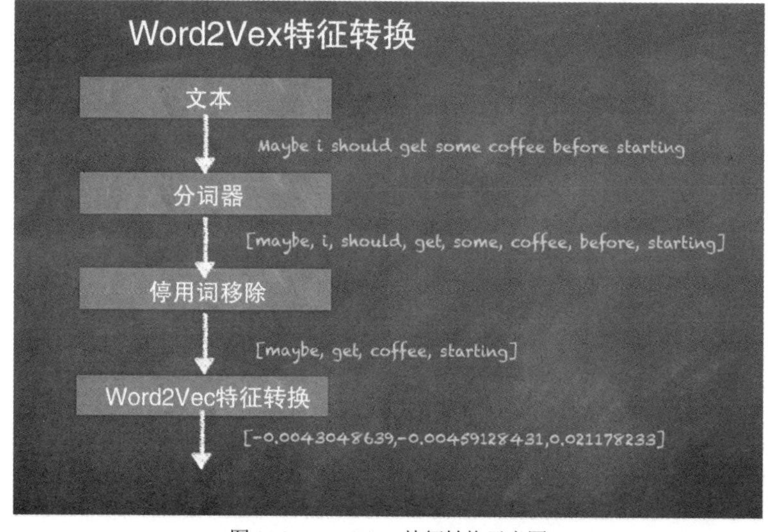

图 14.9　Word2Vec 特征转换示意图

14.8 CountVectorizer

CountVectorizer 用于将文本类型的文档集合转换为分词计数的向量，从而为词汇表的文档生成稀疏表示。其最终结果是一个特征向量，然后可将其传递给其他算法。稍后，将看到如何使用 LDA 算法中的 CountVectorizer 来执行主题检测。

为调用 CountVectorizer，需要导入如下包：

```
import org.apache.spark.ml.feature.CountVectorizer
```

首先，需要设置输入列和输出列来初始化 CountVectorizer。这里使用由 StopWordsRemover 生成的 filteredWords 列作为输入，然后生成输出的 features 列：

```
scala> val countVectorizer = new
CountVectorizer().setInputCol("filteredWords").setOutputCol("features")
countVectorizer: org.apache.spark.ml.feature.CountVectorizer =
cntVec_555716178088
```

然后，在输入数据集上调用 fit()函数来生成输出：

```
scala> val countVectorizerModel = countVectorizer.fit(noStopWordsDF)
countVectorizerModel: org.apache.spark.ml.feature.CountVectorizerModel =
cntVec_555716178088
```

接下来，在输入数据集上调用 transform()函数来生成输出数据集：

```
scala> val countVectorizerDF =
countVectorizerModel.transform(noStopWordsDF)
countVectorizerDF: org.apache.spark.sql.DataFrame = [id: int, sentence:
string ...3 more fields]
```

下面的输出数据集展示了输入列 id 和 sentence，以及输出的 features 列：

```
scala> countVectorizerDF.show(false)
|id |sentence |words |filteredWords |features |
|1 |Hello there, how do you like the book so far? |[hello, there,, how, do,
you, like, the, book, so, far?] |[hello, there,, like, book, far?]
|(18,[1,4,5,13,15],[1.0,1.0,1.0,1.0,1.0])|
|2 |I am new to Machine Learning |[i, am, new, to, machine, learning]
|[new, machine, learning] |(18,[6,7,16],[1.0,1.0,1.0]) |
|3 |Maybe i should get some coffee before starting |[maybe, i, should, get,
some, coffee, before, starting] |[maybe, get, coffee, starting]
|(18,[0,8,9,14],[1.0,1.0,1.0,1.0]) |
|4 |Coffee is best when you drink it hot |[coffee, is, best, when, you,
drink, it, hot] |[coffee, best, drink, hot]
|(18,[0,3,10,12],[1.0,1.0,1.0,1.0]) |
|5 |Book stores have coffee too so i should go to a book store|[book,
stores, have, coffee, too, so, i, should, go, to, a, book, store]|[book,
stores, coffee, go, book, store]|(18,[0,1,2,11,17],[1.0,2.0,1.0,1.0,1.0])|
```

图 14.10 是 CountVectorizer 的示意图，这里展示了从 StopWordsRemover 转换生成的特征。

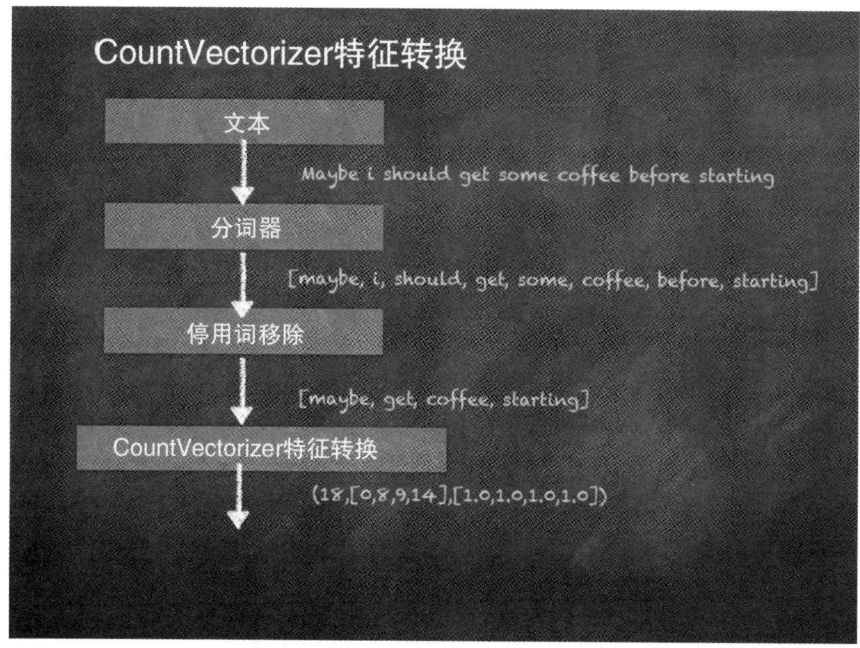

图 14.10　CountVectorizer 特征转换示意图

14.9　使用 LDA 进行主题建模

LDA 是一个主题模型，它能从一组文本型文档中推断出主题。LDA 可被认为是一种无监督的聚类算法。如下：

- 主题对应于聚类中心，文档对应于数据集中的行。
- 主题和文档都存在于特征空间中，其中的特征向量就是单词计数的向量。
- LDA 不使用传统的距离来估计聚类，而使用基于统计模型(说明如何生成文本型文档)的函数。

要调用 LDA，需要导入如下的包：

```
import org.apache.spark.ml.clustering.LDA
```

步骤 1　初始化 LDA 模型，将主题数量设置为 10，聚类迭代次数为 10。

```
scala> val lda = new LDA().setK(10).setMaxIter(10)
lda: org.apache.spark.ml.clustering.LDA = lda_18f248b08480
```

步骤 2　调用 fit()函数，以便基于输入数据集生成输出。

```
scala> val ldaModel = lda.fit(countVectorizerDF)
ldaModel: org.apache.spark.ml.clustering.LDAModel = lda_18f248b08480
```

步骤 3　提取 logLikelihood，在给定推断主题的情况计算出所提供文档的下限。

```
scala> val ll = ldaModel.logLikelihood(countVectorizerDF)
```

```
ll: Double = -275.3298948279124
```

步骤 4 提取 logPerplexity，它根据推断的主题计算出所提供文档的困惑度的上限。

```
scala> val lp = ldaModel.logPerplexity(countVectorizerDF)
lp: Double = 12.512670220189033
```

步骤 5 使用 describeTopics()来获得 LDA 生成的主题。

```
scala> val topics = ldaModel.describeTopics(10)
topics: org.apache.spark.sql.DataFrame = [topic: int, termIndices:array<int> ...1
more field]
```

步骤 6 如下是输出结果集，显示了 topic、termIndices 以及由 LDA 模型计算出的 termWeights。

```
scala> topics.show(10, false)
|topic|termIndices |termWeights |
|0 |[2, 5, 7, 12, 17, 9, 13, 16, 4, 11] |[0.06403877783050851,
0.0638177222807826, 0.06296749987731722, 0.06129482302538905,
0.05906095287220612, 0.0583855194291998, 0.05794181263149175,
0.05734270258929808 5, 0.05638654243412251, 0.05601913313272188] |
|1 |[15, 5, 13, 8, 1, 6, 9, 16, 2, 14] |[0.06889315890755099,
0.06415969116685549, 0.05899044657989213 6, 0.05840283223031986,
0.05676844625413551, 0.0566842803396241, 0.05633554021408156,
0.05580861561950114, 0.05511658232053342 3, 0.05471754535803045] |
|2 |[17, 14, 1, 5, 12, 2, 4, 8, 11, 16] |[0.06230542516700517,
0.06207673834677118, 0.06089143673912089, 0.06072180930239931 6,
0.06020894045877178, 0.05953822260375286, 0.05897033457363252,
0.05750498964475661 6, 0.05586725037894327, 0.05562088924566989] |
|3 |[15, 2, 11, 16, 1, 7, 17, 8, 10, 3] |[0.06995373276880751,
0.06249041124300946, 0.06196061278107764 5, 0.05879695651399876,
0.05816564815895558, 0.05798721645705949, 0.05724374708387087,
0.05603421573440247 5, 0.05474217418082123, 0.05443850583761207] |
|4 |[16, 9, 5, 7, 1, 12, 14, 10, 13, 4] |[0.06739359010780331,
0.06716438619386095, 0.06391509491709904, 0.06204906866616291 5,
0.06050715515506004, 0.05925113958472128, 0.05794685612779080 4,
0.05594837087703049, 0.05500092911741380 5, 0.05353741828623395 6]|
|5 |[5, 15, 6, 17, 7, 8, 16, 11, 10, 2] |[0.06161149247632683 6,
0.06131944264846151, 0.06092975441932787, 0.05981255236576340 4,
0.05959889552537741, 0.05929123338151455, 0.05899808901872648,
0.05892061664356089, 0.05706951425713708, 0.05636134431063274] |
|6 |[15, 0, 4, 14, 2, 10, 13, 7, 6, 8] |[0.06669864676186414,
0.0613859230159798, 0.05902091745149218, 0.05850788263392167 6,
0.05837399844932255 5, 0.05740944364508325, 0.05703915088662813 6,
0.05702182269859431 4, 0.05677330199892444, 0.05674155806281437 6]|
|7 |[12, 9, 8, 15, 16, 4, 7, 13, 17, 10]|[0.06770789917351365,
0.06320078344027158, 0.06225712567900613, 0.05877313515963815 4,
0.05832535181576588, 0.05772768481446144 4, 0.05668357511270355 5,
0.05651178333610803, 0.05620239561756327 4, 0.05538103218174723]|
|8 |[14, 11, 10, 7, 12, 9, 13, 16, 5, 1]|[0.06757347958335463,
0.06362319365053591, 0.063359294927315, 0.06319462709331332,
0.05969320243218982, 0.05838006343790804 6, 0.05741269357681312 6,
0.05671045122238143 5, 0.05625458163920133 6, 0.05473778508516781 4] |
```

```
|9 |[3, 16, 5, 7, 0, 2, 10, 15, 1, 13] |[0.06603941595604573,
0.06312775362528278, 0.06248795574460503, 0.06240547032037694,
0.0613859713404773, 0.06017781222489122, 0.05945655694365531,
0.05910351349013983, 0.05751269894725456, 0.05605239791764803] |
```

图 14.11 是 LDA 的示意图，它显示了由 TF-IDF 生成的特征创建的主题。

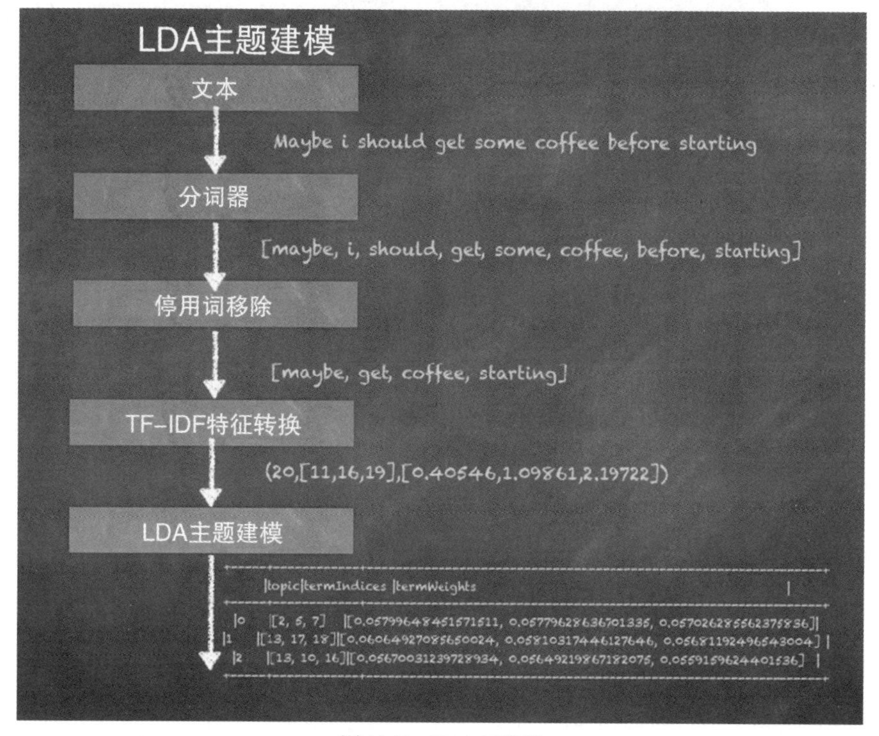

图 14.11　LDA 示意图

14.10 文本分类实现

文本分类是机器学习领域使用最广泛的技术之一，在垃圾邮件检测和电子邮件分类等用例中非常有用。与其他任意机器学习算法一样，它的工作量流也由转换器和算法构成。在文本处理领域，预处理步骤(如停用词移除、词干提取、分词、n-gram 提取以及 TF-IDF 特征处理等)都可在此发挥作用。一旦完成所需的处理，训练模型就可将文档分为两个或更多的类。

二进制分类将输入分为两个输出类，如垃圾邮件/非垃圾邮件，或给定的信用卡交易是欺诈性的或非欺诈性的等。多元分类则可生成多个输出类，如热、冷、冰冻和下雨等。还有一种称为多标签分类的技术，它可根据汽车特征来生成多个标签，如速度、安全性和燃油效率等。

为此，这里将使用 10k 的推文样例数据集，并应用上述技术。将文本行标记为单词、删除停用词，然后使用 CountVectorizer 来构建单词(特征)向量。

此后，将数据集分为训练集(80%)和测试集(20%)，并训练逻辑回归模型。最后针对测试数据进行评估，并查看是如何执行的。

该工作流中的步骤如图 14.12 所示。

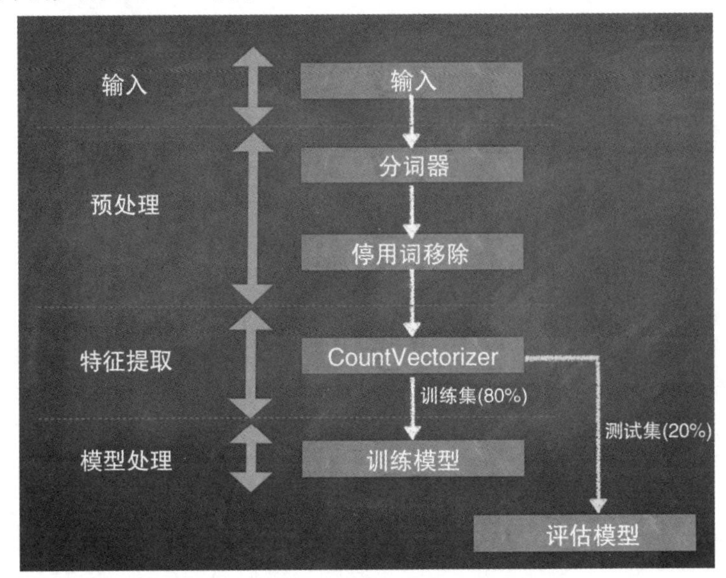

图 14.12 文本分类实现的工作流

步骤 1 加载包含 10k 推文的文本数据，同时包含标签和 ID。

```
scala> val inputText = sc.textFile("Sentiment_Analysis_Dataset10k.csv")
inputText: org.apache.spark.rdd.RDD[String] = Sentiment_Analysis_Dataset10k.csv
MapPartitionsRDD[1722] at textFile at <console>:77
```

步骤 2 将输入行转换成数据帧。

```
scala> val sentenceDF = inputText.map(x => (x.split(",")(0),x.split(",")(1),
x.split(",")(2))).toDF("id", "label", "sentence")
sentenceDF: org.apache.spark.sql.DataFrame = [id: string, label: string ...
1 more field]
```

步骤 3 使用 Tokenizer 将数据转换为单词，以空格作为分隔符。

```
scala> import org.apache.spark.ml.feature.Tokenizer
import org.apache.spark.ml.feature.Tokenizer

scala> val tokenizer = new
Tokenizer().setInputCol("sentence").setOutputCol("words")
tokenizer: org.apache.spark.ml.feature.Tokenizer = tok_ebd4c89f166e

scala> val wordsDF = tokenizer.transform(sentenceDF)
wordsDF: org.apache.spark.sql.DataFrame = [id: string, label: string ...2
more fields]

scala> wordsDF.show(5, true)
| id|label| sentence| words|
```

```
| 1| 0|is so sad for my ...|[is, so, sad, for...|
| 2| 0|I missed the New ...|[i, missed, the, ...|
| 3| 1| omg its already ...|[, omg, its, alre...|
| 4| 0| ..Omgaga.Im s...|[, , .., omgaga.,...|
| 5| 0|i think mi bf is ...|[i, think, mi, bf...|
```

步骤 4 使用过滤单词移除停用词并创建新的数据帧。

```
scala> import org.apache.spark.ml.feature.StopWordsRemover
import org.apache.spark.ml.feature.StopWordsRemover

scala> val remover = new
StopWordsRemover().setInputCol("words").setOutputCol("filteredWords")
remover: org.apache.spark.ml.feature.StopWordsRemover = stopWords_d8dd48c9cdd0

scala> val noStopWordsDF = remover.transform(wordsDF)
noStopWordsDF: org.apache.spark.sql.DataFrame = [id: string, label: string
...3 more fields]

scala> noStopWordsDF.show(5, true)
| id|label| sentence| words| filteredWords|
| 1| 0|is so sad for my ...|[is, so, sad, for...|[sad, apl, friend...|
| 2| 0|I missed the New ...|[i, missed, the, ...|[missed, new, moo...|
| 3| 1| omg its already ...|[, omg, its, alre...|[, omg, already, ...|
| 4| 0| ..Omgaga.Im s...|[, , .., omgaga.,...|[, , .., omgaga.,...|
| 5| 0|i think mi bf is ...|[i, think, mi, bf...|[think, mi, bf, c...|
```

步骤 5 基于过滤的单词创建特征向量。

```
scala> import org.apache.spark.ml.feature.CountVectorizer
import org.apache.spark.ml.feature.CountVectorizer

scala> val countVectorizer = new
CountVectorizer().setInputCol("filteredWords").setOutputCol("features")
countVectorizer: org.apache.spark.ml.feature.CountVectorizer =
cntVec_fdf1512dfcbd

scala> val countVectorizerModel = countVectorizer.fit(noStopWordsDF)
countVectorizerModel: org.apache.spark.ml.feature.CountVectorizerModel =
cntVec_fdf1512dfcbd

scala> val countVectorizerDF =
countVectorizerModel.transform(noStopWordsDF)
countVectorizerDF: org.apache.spark.sql.DataFrame = [id: string, label:
string ...4 more fields]

scala> countVectorizerDF.show(5,true)
| id|label| sentence| words| filteredWords| features|
| 1| 0|is so sad for my ...|[is, so, sad, for...|[sad, apl,
friend...|(23481,[35,9315,2...|
| 2| 0|I missed the New ...|[i, missed, the, ...|[missed, new,
moo...|(23481,[23,175,97...|
```

```
| 3| 1| omg its already ...|[, omg, its, alre...|[, omg, already,
...|(23481,[0,143,686...|
| 4| 0| ..Omgaga.Im s...|[, , ..,
omgaga.,...|[, , ..,omgaga.,...|(23481,[0,4,13,27...|
| 5| 0|i think mi bf is ...|[i, think, mi, bf...|[think, mi, bf,
c...|(23481,[0,33,731,...|
```

步骤6 使用标签和特征创建inputData数据帧。

```
scala> val inputData=countVectorizerDF.select("label",
"features").withColumn("label",
col("label").cast("double"))
inputData: org.apache.spark.sql.DataFrame = [label: double, features:vector]
```

步骤7 对数据集进行随机拆分，80%为训练数据，20%为测试数据。

```
scala> val Array(trainingData, testData) = inputData.randomSplit(Array(0.8,0.2))
trainingData: org.apache.spark.sql.Dataset[org.apache.spark.sql.Row] =
[label: double, features: vector]
testData: org.apache.spark.sql.Dataset[org.apache.spark.sql.Row] = [label:
double, features: vector]
```

步骤8 创建逻辑回归模型。

```
scala> import org.apache.spark.ml.classification.LogisticRegression
import org.apache.spark.ml.classification.LogisticRegression

scala> val lr = new LogisticRegression()
lr: org.apache.spark.ml.classification.LogisticRegression = logreg_a56accef5728
```

步骤9 通过过滤trainingData来创建逻辑回归模型。

```
scala> var lrModel = lr.fit(trainingData)
lrModel: org.apache.spark.ml.classification.LogisticRegressionModel =
logreg_a56accef5728

scala> lrModel.coefficients
res160: org.apache.spark.ml.linalg.Vector =
[7.499178040193577,8.794520490564185,4.837543313917086,-5.995818019393418,1
.1754740390468577,3.2104594489397584,1.7840290776286476,-1.8391923375331787
,1.3427471762591,6.963032309971087,-6.92725055841986,-10.781468845891563,3.
9752.836891070557657,3.8758544006087523,-11.760894935576934,-6.252988307540
...

scala> lrModel.intercept
res161: Double = -5.397920610780994
```

步骤10 检查模型，尤其是其中的areaUnderROC，对于一个好的模型而言，该指标应该大于0.9。

```
scala> import
org.apache.spark.ml.classification.BinaryLogisticRegressionSummary
import org.apache.spark.ml.classification.BinaryLogisticRegressionSummary
```

```
scala> val summary = lrModel.summary
summary:
org.apache.spark.ml.classification.LogisticRegressionTrainingSummary =
org.apache.spark.ml.classification.BinaryLogisticRegressionTrainingSummary@1d
ce712c

scala> val bSummary = summary.asInstanceOf[BinaryLogisticRegressionSummary]
bSummary:
org.apache.spark.ml.classification.BinaryLogisticRegressionSummary =
org.apache.spark.ml.classification.BinaryLogisticRegressionTrainingSummary@1d
ce712c

scala> bSummary.areaUnderROC
res166: Double = 0.9999231930196596

scala> bSummary.roc
res167: org.apache.spark.sql.DataFrame = [FPR: double, TPR: double]

scala> bSummary.pr.show()
| recall|precision|
| 0.0| 1.0|
| 0.2306543172990738| 1.0|
| 0.2596354944726621| 1.0|
| 0.2832387212429041| 1.0|
|0.30504929787869733| 1.0|
| 0.3304451747833881| 1.0|
|0.35255452644158947| 1.0|
| 0.3740663280549746| 1.0|
| 0.3952793546459516| 1.0|
```

步骤 11 使用已训练的模型来转换训练集和测试集。

```
scala> val training = lrModel.transform(trainingData)
training: org.apache.spark.sql.DataFrame = [label: double, features: vector ...3
more fields]

scala> val test = lrModel.transform(testData)
test: org.apache.spark.sql.DataFrame = [label: double, features: vector ...3 more
fields]
```

步骤 12 使用匹配的标签和预测列来统计记录的数量。这些记录应该匹配正确的模型。

```
scala> training.filter("label == prediction").count
res162: Long = 8029

scala> training.filter("label != prediction").count
res163: Long = 19

scala> test.filter("label == prediction").count
res164: Long = 1334
```

```
scala> test.filter("label != prediction").count
res165: Long = 617
```

上述结果可以表格形式打印，如表 14.1 所示。

表 14.1　预测结果

数据集	总计	标签 = 预测	标签！=预测
训练集	8048	8029 (99.76%)	19 (0.24%)
测试集	1951	1334 (68.35%)	617 (31.65%)

这里，训练数据产生了极好的匹配效果，但是测试数据只有 68.35%的匹配率。因此，可以通过修改模型参数加以改进。

逻辑回归是一种易于理解的方法，用于以逻辑随机变量的形式，使用输入和随机噪声的线性组合来预测二元结果。因此，可使用几个参数来调整逻辑回归模型(当然，完整的参数集以及如何调整相应的参数超出了本章的讨论范围)。

可用于模型调整的一些参数如下。

- 模型超参包含以下参数。
  - elasticNetParam：该参数指定如何混合 L1 和 L2 正则化。
  - regParam：该参数确定在将输入传递给模型前，如何对其进行正则化处理。
- 训练参数包含以下参数。
  - maxIter：模型训练结束前的迭代总数。
  - weightCol：权重列，比其他列更重要一些。
- 预测参数包含以下参数。
  - threshold：二元预测的概率阈值，确定了预测给定类的最小概率。

现在，我们已经看到了如何创建一个简单的分类模型，因此基于该训练集，任意新的推文都可添加标签了。当然，逻辑回归只是可供使用的模型之一。

其他可以用来代替逻辑回归的模型如下：

- 决策树
- 随机森林
- 梯度提升树
- 多层感知器

14.11　本章小结

在本章中，使用 Spark ML 介绍了文本分析的世界，重点是文本分类。我们已经了解到转换器和评估器，也看到了如何使用 Tokenizer 将句子分解为单词，如何移除停用词和生成 n-gram 等。我们还学习了如何使用 HashingTF 以及 IDF。当然，我们还研究了如何使用 Word2Vec 将单词序列转换为向量。

然后，我们学习了 LDA，这是一种流行的技术，用于在不太了解实际文本的情况下从文档中推断出主题。最后，我们利用 10k 推文数据集实现了文本分类，以了解如何使用转换器、评估器和逻辑回归模型。

在第 15 章中，将更深入地研究如何调整 Spark 应用来获得更好的性能。

第15章

Spark 调优

"竖琴手一生中90%的时间都在调音，10%的时间在演奏。"

——Igor Stravinsky

在本章，将深入探讨Apache Spark的内部机制，我们也将看到，虽然Spark能够让我们觉得自己只是使用了一个Scala集合，但其实我们不要忘记了，Spark也可在分布式系统上运行。因此，有时需要特别小心。

作为概括，本章将涵盖如下主题：

- 监控Spark作业
- Spark配置
- Spark应用开发中的常见错误
- 优化技术

15.1 监控Spark作业

Spark提供了Web UI，用于监视在计算节点(driver或executor)上运行的所有作业。在本节，将简要探讨如何使用带有示例的Spark Web UI来监视Spark作业。将看到如何监视作业的进度(包括已提交的、排队的以及正在运行的)。也将简要讨论Spark Web UI中的所有选项卡。最后，将探讨Spark中的日志记录过程，以便更好地进行调优。

15.1.1 Spark Web 接口

Web UI(也称为Spark UI)用于运行Spark应用程序，是在Web浏览器(如Firefox或谷歌的Chrome等)上对作业执行情况进行监视的Web页面。当SparkContext启动时，显示应用程序相关信息的Web UI将以独立模式在端口4040上运行。Spark UI以不同方式提供，这取决于应用程序仍在运行还是已经完成。

此外，也可在应用程序运行完毕后使用Web UI，其方法是使用EventLoggingListener来持久保存所有事件。但是，EventLoggingListener 无法单独工作，需要结合 Spark 历史服务器一起使用。结合这两个功能，可以获得以下信息：

- 调度的 stage 和任务列表
- RDD 大小的概要信息
- 内存使用情况
- 环境信息
- 正在运行的 executor 相关信息

可在浏览器中通过 http://<driver-node>:4040 来访问 UI。例如，你提交了一个 Spark 作业，并以独立服务器模式运行，就可以访问 http://localhost:4040。

> **注意：**
> 如果有多个 SparkContext 运行在同一台主机上，它们将被绑定到 4040、4041、4042 等端口上，以此类推。默认情况下，这一绑定只在 Spark 应用运行期间有效。也就是说，一旦 Spark 作业运行完毕，该绑定将不再成立。

只要作业正在运行，就可在 Spark UI 上查看作业的运行 stage。但是，要在作业完成后查看 Web UI，需要在提交 Spark 作业前，将 spark.eventLog.enabled 设置为 true。这会强制 Spark 记录在 UI 中显示的所有事件。这些事件已被存储了下来，例如存储在本地文件系统或 HDFS。

在第 14 章，我们了解了如何将 Spark 作业提交给集群。现在，让我们重用其中一条命令来提交 K-均值聚类算法，如下：

```
# Run application as standalone mode on 8 cores
SPARK_HOME/bin/spark-submit \
  --class org.apache.spark.examples.KMeansDemo \
  --master local[8] \
  KMeansDemo-0.1-SNAPSHOT-jar-with-dependencies.jar \
  Saratoga_NY_Homes.txt
```

如果你按照上述命令提交了作业，那么一旦该作业运行完毕，就无法再查看到该作业的状态了。因此，为让修改永久生效，可使用如下两个选项：

```
spark.eventLog.enabled=true
spark.eventLog.dir=file:///home/username/log"
```

通过设置上述两个配置变量，就让 Spark driver 启用事件日志记录功能，并将这些事件记录在 file:///home/username/log 中。

总的来说，基于上述修改，可按如下方式提交作业：

```
# Run application as standalone mode on 8 cores
SPARK_HOME/bin/spark-submit \
  --conf "spark.eventLog.enabled=true" \
  --conf "spark.eventLog.dir=file:///tmp/test" \
  --class org.apache.spark.examples.KMeansDemo \
  --master local[8] \
  KMeansDemo-0.1-SNAPSHOT-jar-with-dependencies.jar \
  Saratoga_NY_Homes.txt
```

如图 15.1 所示，Spark Web UI 提供了如下标签：

- 作业(Jobs)
- 阶段(Stages)
- 存储(Storage)
- 环境(Environment)
- 执行器(Executors)
- SQL

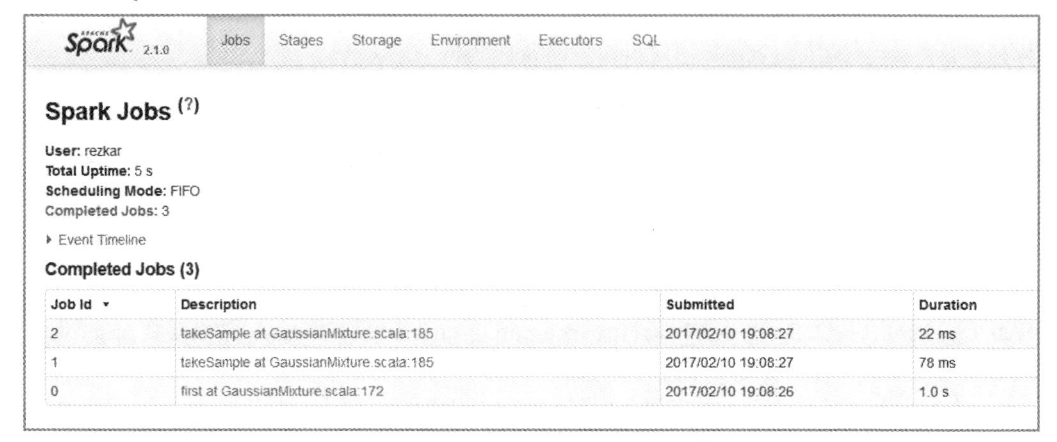

图 15.1　Spark Web UI

需要注意的是，不是所有特征都能立即可见，因为它们是根据需求而延迟创建的。例如，在运行流式作业时创建。

1. 作业

基于你提交的 SparkContext，Jobs 选项卡会显示 Spark 应用程序中所有 Spark 作业的状态。当你使用 http://localhost:4040(独立服务器模式)来访问 Spark UI 上的 Jobs 选项卡时，可以观察到以下内容。

- User：显示哪些活动用户提交了 Spark 作业。
- Total Uptime：作业的总运行时间。
- Scheduling Mode：大部分情况下，都是 FIFO(先进先出)。
- Active Jobs：显示当前活动的作业数量。
- Completed Jobs：显示已完成作业的数量。
- Event Timeline：显示已执行完毕的作业的时间线。

在 Spark 内部，Jobs 选项卡其实是由 JobsTab 类表示的，它是一个带有 Jobs 前缀的定制化选项卡。Jobs 选项卡使用 JobProgresssListener 来访问 Spark 作业相关的统计信息，从而在当前页面上显示上述信息。让我们来看如图 15.2 所示的页面。

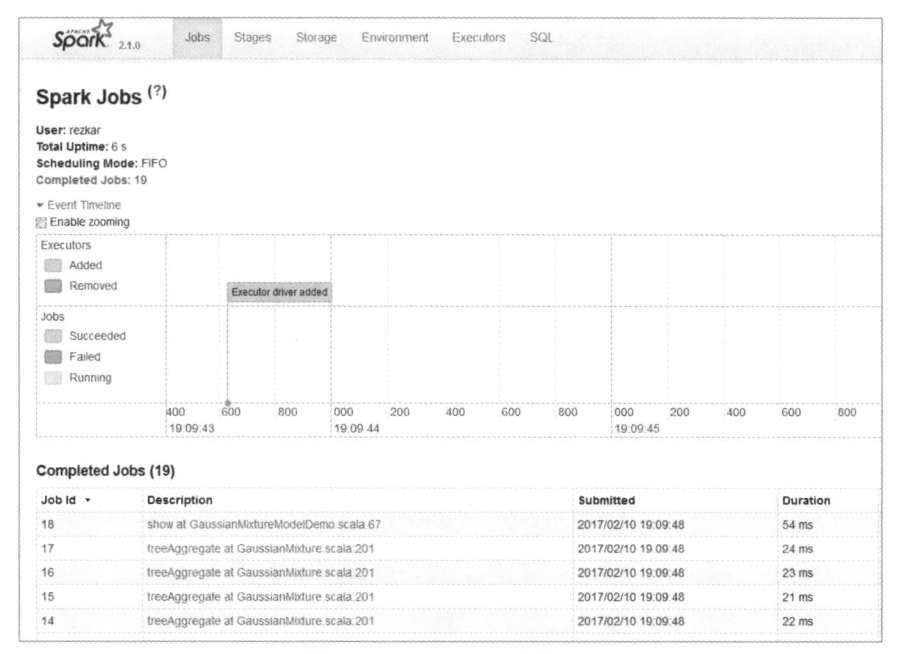

图 15.2　Spark Web UI 中的 Jobs

如果你在 Jobs 选项卡页面中展开了 Active Jobs，就能看到指定作业的执行计划、状态、已完成的 stage 和作业 ID。它们以 DAG 形式显示，如图 15.3 所示。

Details for Job 0

Status: RUNNING
Active Stages: 1

▸ Event Timeline
▾ DAG Visualization

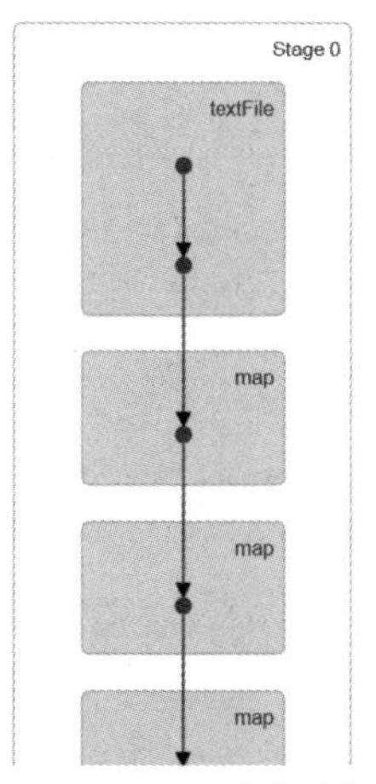

图 15.3　Spark Web UI 中作业的 DAG

当用户在 Spark 控制台中使用 Spark shell 或 Spark submit 等输入代码时，Spark core 就会创建一个操作符图形。这基本上就是用户执行操作时要发生的事情了。在 RDD(不可变对象)上执行一些动作(如 reduce、collect、count、first、take、countByKey、saveAsTextFile)或转换(如 map、flatMap、mapPartitions、sample、union、intersection、distinct 等)。

在执行转换或动作期间，DAG 图用于将节点恢复到上次转换时的状态(可参考图 15.4 和图 15.5)，以保证数据的弹性。最后，该图会被提交给 DAG 调度器。

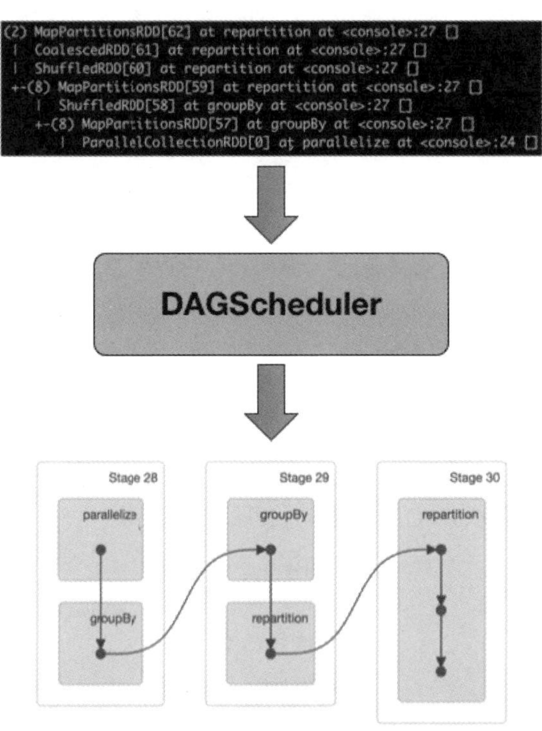

图 15.4 DAG 调度器将 RDD 图转换为 DAG 中的 stage

注意：

Spark 是如何从 RDD 计算出 DAG 并随后执行任务的？从更高级别看，当在 RDD 上调用任何操作时，Spark 都会创建 DAG，并将其提交给 DAG 调度器。DAG 调度器将操作符分为任务 stage 的组合。stage 中包含基于输入数据的分区的任务。DAG 程序将这些操作符链接起来。例如，可在单个 stage 中安排多个映射操作符。DAG 调度器处理的最终结果就是一组 stage。然后这些 stage 会被传递给任务调度器。任务调度器会通过集群管理器(Spark 独立服务器模式/YARN/Mesos)来启动任务。任务调度器并不知道这些 stage 之间的依赖关系，worker 会在 stage 上执行任务。

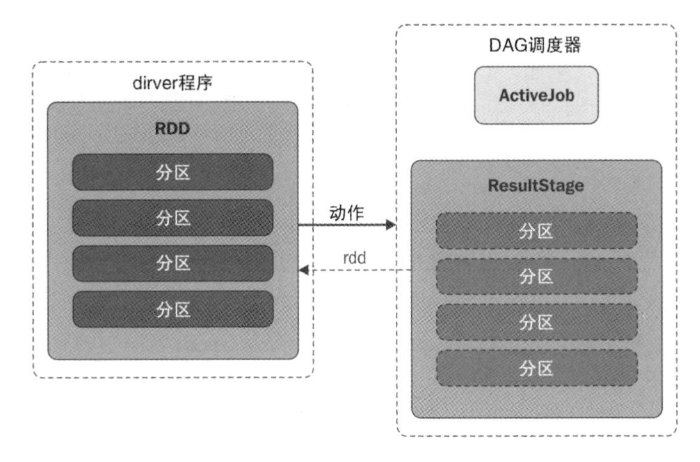

图 15.5 在 DAG 调度器中，执行动作会生成新的 ResultStage 和 ActiveJob

然后，DAG 调度器会跟踪各个 stage 输出的 RDD。它找到能够运行作业的最优执行计划，进而将相关的操作符划分为不同的任务 stage。这些操作都基于输入数据的分区来进行。一个 stage 中又可包含多个任务。这样，操作符和 DAG 调度器一起，将整个处理过程流水线化。实际上，在一个 stage 中，可以安排多个 map 或 reduce 操作符。

DAG 调度器中的两个基本概念，就是作业(job)和 stage。因此，需要通过内部注册表和计数器对它们进行跟踪。从技术角度看，DAG 调度器是 SparkContext 初始化的一部分，它只在 driver 上运行(在任务调度器和调度器后端准备就绪后立即执行)。DAG 调度器负责 Spark 执行中的三个主要任务：为作业计算出 DAG，也就是包含 stage 的 DAG；确定运行每个任务时的主节点；以及处理由于 shuffle 操作而导致的文件丢失故障。如图 15.6 所示。

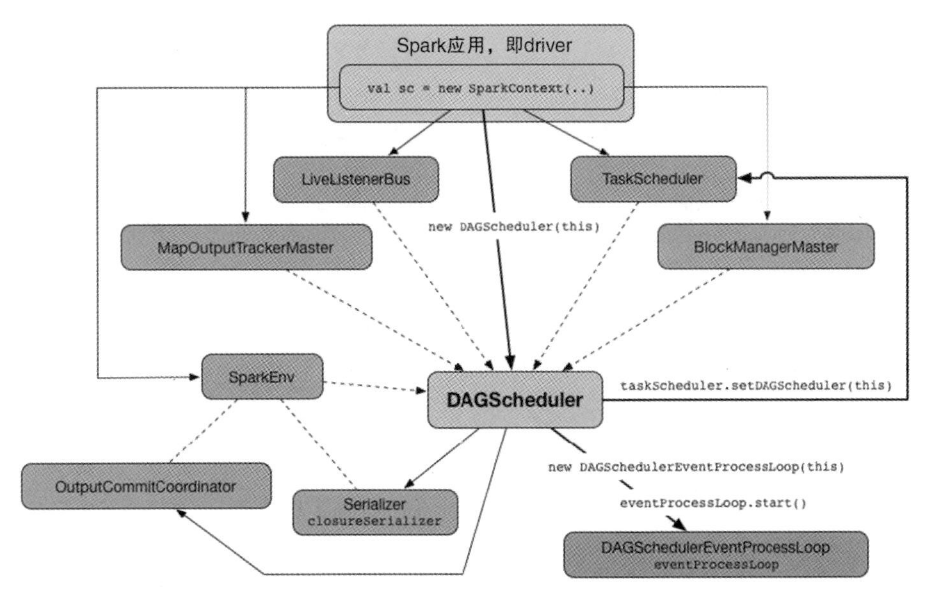

图 15.6 DAG 调度器由 SparkContext 与其他服务一起创建

DAG 调度器的最终处理结果就是一组 stage。因此，关于作业的大部分统计信息和状态信息都可以通过该 DAG 得到。例如，某个特定作业的执行计划、状态、已完成的 stage 数量和作业 ID 等。

2. stage

Spark UI 中的 Stages 选项卡，用于显示 Spark 应用中所有作业的 stage 的当前状态，包括任务的两个可选页面，以及 stage 和 pool 相关的详细统计信息。请注意，仅当应用程序在 fair 调度模式下工作时，该信息才可用。可通过 http://localhost:4040/stages 来访问 Stages 选项卡。但是，如果没有提交作业，该选项卡则只显示标题。Stages 选项卡显示 Spark 应用中的 stage 信息。在该选项卡中，可以看到如下 stage：

- Active Stages
- Pending Stages
- Completed Stages

例如，当你本地提交了一个 Spark 作业，就可以看到如图 15.7 所示的状态。

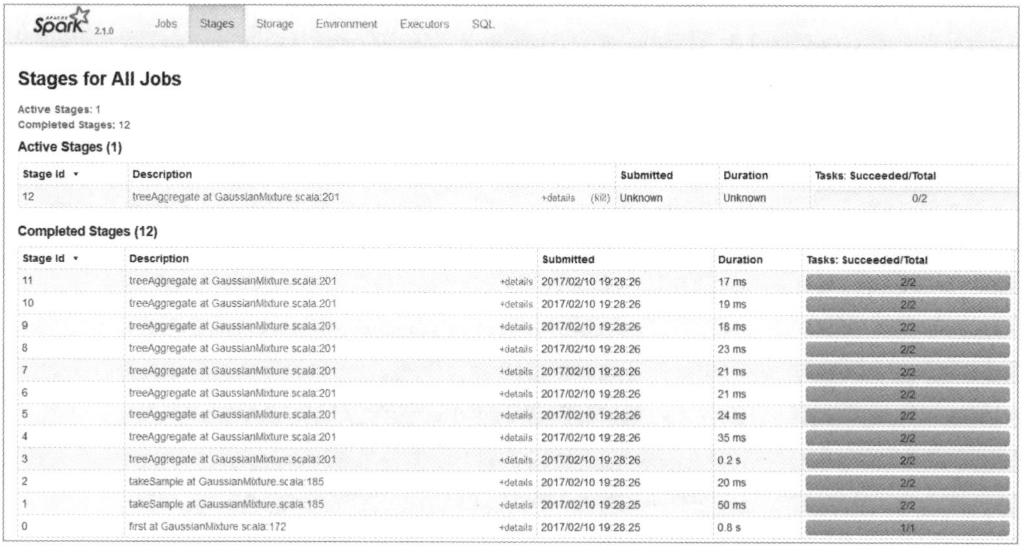

Spark 2.1.0 Jobs Stages Storage Environment Executors SQL

Stages for All Jobs

Active Stages: 1
Completed Stages: 12

Active Stages (1)

Stage Id ▾	Description		Submitted	Duration	Tasks: Succeeded/Total
12	treeAggregate at GaussianMixture.scala:201	+details (kill)	Unknown	Unknown	0/2

Completed Stages (12)

Stage Id ▾	Description		Submitted	Duration	Tasks: Succeeded/Total
11	treeAggregate at GaussianMixture.scala:201	+details	2017/02/10 19:28:26	17 ms	2/2
10	treeAggregate at GaussianMixture.scala:201	+details	2017/02/10 19:28:26	19 ms	2/2
9	treeAggregate at GaussianMixture.scala:201	+details	2017/02/10 19:28:26	18 ms	2/2
8	treeAggregate at GaussianMixture.scala:201	+details	2017/02/10 19:28:26	23 ms	2/2
7	treeAggregate at GaussianMixture.scala:201	+details	2017/02/10 19:28:26	21 ms	2/2
6	treeAggregate at GaussianMixture.scala:201	+details	2017/02/10 19:28:26	21 ms	2/2
5	treeAggregate at GaussianMixture.scala:201	+details	2017/02/10 19:28:26	24 ms	2/2
4	treeAggregate at GaussianMixture.scala:201	+details	2017/02/10 19:28:26	35 ms	2/2
3	treeAggregate at GaussianMixture.scala:201	+details	2017/02/10 19:28:26	0.2 s	2/2
2	takeSample at GaussianMixture.scala:185	+details	2017/02/10 19:28:26	20 ms	2/2
1	takeSample at GaussianMixture.scala:185	+details	2017/02/10 19:28:25	50 ms	2/2
0	first at GaussianMixture.scala:172	+details	2017/02/10 19:28:25	0.8 s	1/1

图 15.7 Spark Web UI 中的 Stages 选项卡

这种情况下，显然就只有一个 stage，也就是活动 stage。但是，接下来当我们向 AWS ES2 集群提交 Spark 作业时，我们也能看到其他状态的 stage。

要想更深入地了解已完成作业的概要信息，可单击 Description 列中的任意链接，来查找与执行时间相关的统计度量信息。在图 15.8 中，你还可以看到这些度量的最短时间、中位数、第 25 百分位、第 75 百分位和最大值。

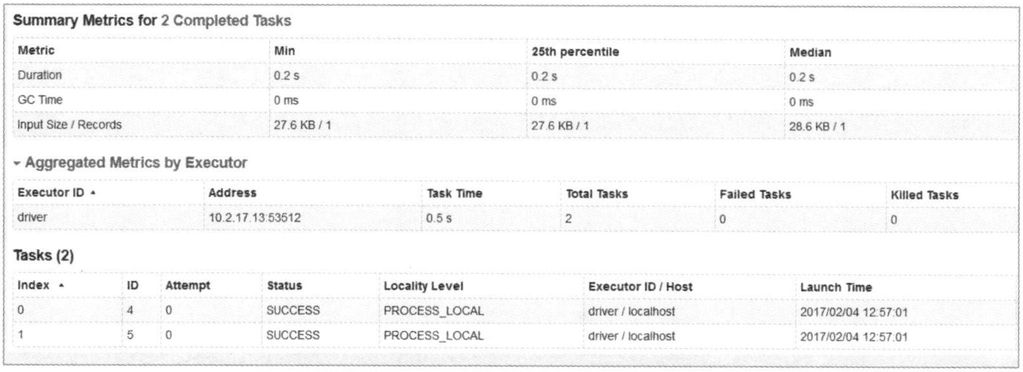

Summary Metrics for 2 Completed Tasks

Metric	Min	25th percentile	Median
Duration	0.2 s	0.2 s	0.2 s
GC Time	0 ms	0 ms	0 ms
Input Size / Records	27.6 KB / 1	27.6 KB / 1	28.6 KB / 1

Aggregated Metrics by Executor

Executor ID ▴	Address	Task Time	Total Tasks	Failed Tasks	Killed Tasks
driver	10.2.17.13:53512	0.5 s	2	0	0

Tasks (2)

Index ▴	ID	Attempt	Status	Locality Level	Executor ID / Host	Launch Time
0	4	0	SUCCESS	PROCESS_LOCAL	driver / localhost	2017/02/04 12:57:01
1	5	0	SUCCESS	PROCESS_LOCAL	driver / localhost	2017/02/04 12:57:01

图 15.8　Spark Web UI 中已完成作业的概要信息

当然，你的显示结果可能与这里的有所不同，因为作者在本书撰写过程中提交并执行了两个作业以用于演示目的。这里使用了 8 个 CPU 核和 32GB 内存，并在独立服务器模式下提交了这些作业。可查看到与执行程序相关的信息，如 ID、带有端口的 IP 地址、任务完成时间、任务数量(包括失败的任务数、已终止的任务数以及成功的任务数)和输入数据的大小信息。当然，还可查看该执行程序的其他信息。

该图中的其他部分显示了与这两个任务相关的其他信息，如索引、ID、尝试次数、状态、位置级别、主机信息、启动时间、持续时间和垃圾回收(GC)时间等。

3. 存储

Storage 选项卡用于显示每个 RDD、数据帧或数据集的大小，还显示内存的使用情况。可以看到 RDD、数据帧以及数据集的存储信息。图 15.9 显示了与存储相关的元数据信息，如 RDD 名称、存储级别、缓存分区数、缓存数据的百分比以及主内存的 RDD 大小。

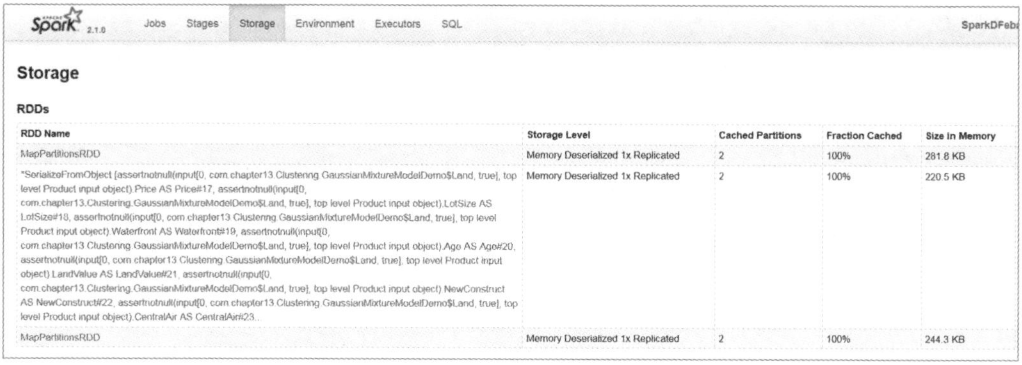

Spark 2.1.0　Jobs　Stages　Storage　Environment　Executors　SQL　SparkDFeb

Storage

RDDs

RDD Name	Storage Level	Cached Partitions	Fraction Cached	Size in Memory
MapPartitionsRDD	Memory Deserialized 1x Replicated	2	100%	281.8 KB
*SerializeFromObject [assertnotnull(input[0, com.chapter13.Clustering.GaussianMixtureModelDemo$Land, true], top level Product input object).Price AS Price#17, assertnotnull(input[0, com.chapter13.Clustering.GaussianMixtureModelDemo$Land, true], top level Product input object).LotSize AS LotSize#18, assertnotnull(input[0, com.chapter13.Clustering.GaussianMixtureModelDemo$Land, true], top level Product input object).Waterfront AS Waterfront#19, assertnotnull(input[0, com.chapter13.Clustering.GaussianMixtureModelDemo$Land, true], top level Product input object).Age AS Age#20, assertnotnull(input[0, com.chapter13.Clustering.GaussianMixtureModelDemo$Land, true], top level Product input object).LandValue AS LandValue#21, assertnotnull(input[0, com.chapter13.Clustering.GaussianMixtureModelDemo$Land, true], top level Product input object).NewConstruct AS NewConstruct#22, assertnotnull(input[0, com.chapter13.Clustering.GaussianMixtureModelDemo$Land, true], top level Product input object).CentralAir AS CentralAir#23...	Memory Deserialized 1x Replicated	2	100%	220.5 KB
MapPartitionsRDD	Memory Deserialized 1x Replicated	2	100%	244.3 KB

图 15.9　Storage 选项卡显示了磁盘中的 RDD 所占用空间的信息

要注意，如果 RDD 无法在主内存中缓存，则会存储在磁盘中，如图 15.10 所示。稍后将详细探讨这一点。

Spark 2.1.0 Jobs Stages Storage Environment Executors SQL

RDD Storage Info for MapPartitionsRDD

Storage Level: Memory Deserialized 1x Replicated
Cached Partitions: 1
Total Partitions: 2
Memory Size: 5.3 MB
Disk Size: 0.0 B

Data Distribution on 1 Executors

Host	Memory Usage
192.168.192.1:52341	5.3 MB (4.0 GB Remaining)

1 Partitions

Block Name ▴	Storage Level	Size in Memory
rdd_4_0	Memory Deserialized 1x Replicated	5.3 MB

图 15.10 磁盘中 RDD 的数据分布情况和存储消耗情况

4. 环境

Environment 选项卡显示了当前计算机(也就是 driver)上设置的环境变量，如图 15.11 所示。更具体地说，就是可在 Runtime Information 下看到的运行时信息，如 Java Home、Java Version 和 Scala Version。可看到 Spark 应用 ID、应用名称、driver 主机信息、driver 端口、executor 的 ID、主 URL 和调度模式等 Spark 属性信息。此外，还可在 System Properties 下看到与系统相关的其他信息和作业属性，如 AWT 工具包的版本、文件编码类型(如 UTF-8)和文件编码包信息(如 sun.io)。

Spark 2.1.0 Jobs Stages Storage Environment Executors SQL

Environment

Runtime Information

Name	Value
Java Home	C:\Program Files\Java\jdk1.8.0_102\jre
Java Version	1.8.0_102 (Oracle Corporation)
Scala Version	version 2.11.8

Spark Properties

Name	Value
spark.app.id	local-1485627820379
spark.app.name	SparkDFebay
spark.driver.host	10.2.16.255
spark.driver.port	64649
spark.executor.id	driver
spark.master	local[*]
spark.scheduler.mode	FIFO

System Properties

Name	Value
awt.toolkit	sun.awt.windows.WToolkit
file.encoding	UTF-8
file.encoding.pkg	sun.io

图 15.11 Spark Web UI 中的 Environment 选项卡

5. executor

Executors选项卡使用ExecutorsListener来收集有关Spark应用的executor相关的统计信息。Executor是负责执行任务的分布式代理程序，它能以不同方式进行实例化。例如，当CoarseGrainedExecutorBackend收到Spark独立服务器或YARN的RegisteredExecutor消息时，就可以实例化executor。第二种情况是将Spark作业提交给Mesos。此时Mesos的MesosExecutorBackend已经注册。第三种情况是在本地运行Spark作业，也就是创建LocalEndpoint。executor通常在Spark应用的整个生命周期内运行，这称为executor的静态分配，当然也可选择动态分配。后台会专门管理计算节点上或集群中的所有executor。executor会定期向driver上的HeartbeatReceiver RPC端点报告活动任务的心跳和部分度量信息，并将结果发送给driver。它们还能为RDD提供内存存储，这些RDD由用户程序通过块管理器进行缓存。可以参阅图 15.12 来获得更清晰的视角。

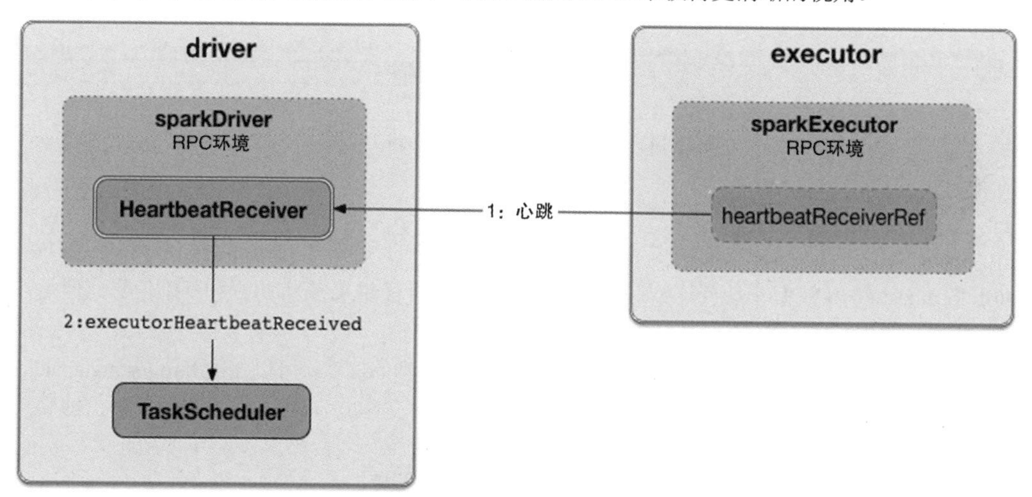

图 15.12 Spark driver 实例化 executor，并由其负责 HeartbeatReceiver 的心跳信息处理

当 executor 启动时，它首先向 driver 进行注册，并直接与要执行的任务进行通信，如图 15.13 所示。

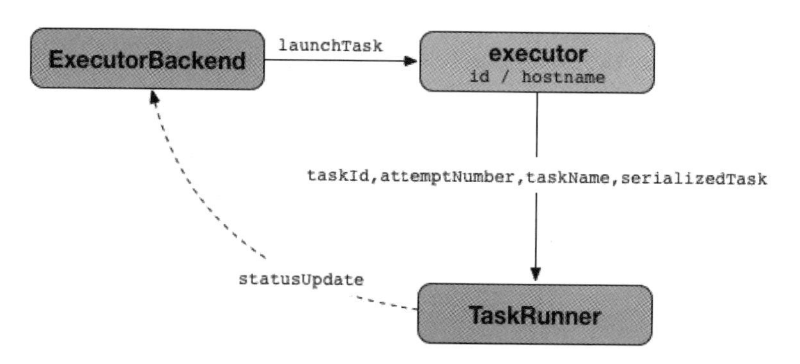

图 15.13 使用 TaskRunner 在 executor 上执行任务

可通过 http://localhost:4040/executors 来访问 Executors 选项卡。

正如图 15.14 所示，可以看到 executor 的 ID、地址、状态、RDD 块信息、存储内存、磁盘信息、CPU 核、活动任务数、失败任务数、已完成任务数、总任务数、任务时间(垃圾回收时间)、输入、shuffle 读信息、shuffle 写信息以及线程导出信息等。

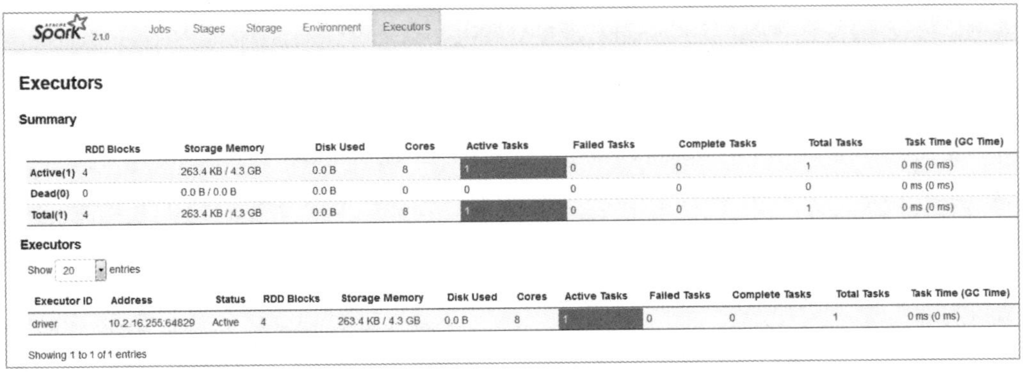

Spark 2.1.0 Jobs Stages Storage Environment Executors

Executors

Summary

	RDD Blocks	Storage Memory	Disk Used	Cores	Active Tasks	Failed Tasks	Complete Tasks	Total Tasks	Task Time (GC Time)
Active(1)	4	263.4 KB / 4.3 GB	0.0 B	8	1	0	0	1	0 ms (0 ms)
Dead(0)	0	0.0 B / 0.0 B	0.0 B	0	0	0	0	0	0 ms (0 ms)
Total(1)	4	263.4 KB / 4.3 GB	0.0 B	8	1	0	0	1	0 ms (0 ms)

Executors

Show 20 entries

Executor ID	Address	Status	RDD Blocks	Storage Memory	Disk Used	Cores	Active Tasks	Failed Tasks	Complete Tasks	Total Tasks	Task Time (GC Time)
driver	10.2.16.255:64829	Active	4	263.4 KB / 4.3 GB	0.0 B	8	1	0	0	1	0 ms (0 ms)

Showing 1 to 1 of 1 entries

图 15.14 Spark Web UI 中的 Executor 选项卡

6. SQL

Spark UI 中的 SQL 选项卡能显示每个操作符的所有累加器的值。可通过访问 http://localhost:4040/SQL 来访问这一选项卡。它默认显示所有 SQL 查询执行和基础信息。但是，该选项卡只在执行了 SQL 查询之后才会显示详细信息。

有关 SQL 的详细探讨，已经超出了本章的范围。感兴趣的读者，可以参阅 http://spark.apache.org/docs/latest/sql-programming-guide.html#sql 来了解如何提交 SQL 查询，以及查看其输出结果。

15.1.2 使用 Web UI 实现 Spark 应用的可视化

提交 Spark 作业并执行时，Web 应用 UI 将随之启动，从而显示与应用程序有关的信息。其中的事件时间线将显示应用程序事件的相对顺序和交叉情况。时间线视图有三个级别：跨越所有作业、跨越单个作业以及跨越单个 stage。时间线还会显示 executor 的分配和释放情况。

1. 查看正在运行和完成的 Spark 作业

要访问并查看正在运行和已完成的 Spark 作业，可以在浏览器中打开 http://spark_driver_host:4040。当然，需要使用 IP 地址或主机名替换上述链接中的 spark_dirver_host。

现在，要访问那些正在运行的作业，可以单击 Active Jobs 链接，就可以看到这些作业的相关信息。另一方面，要访问已完成作业的状态信息，可单击 Completed Jobs 链接，就可以看到这些以 DAG 形式展现的作业信息。可参见图 15.15 和图 15.16。

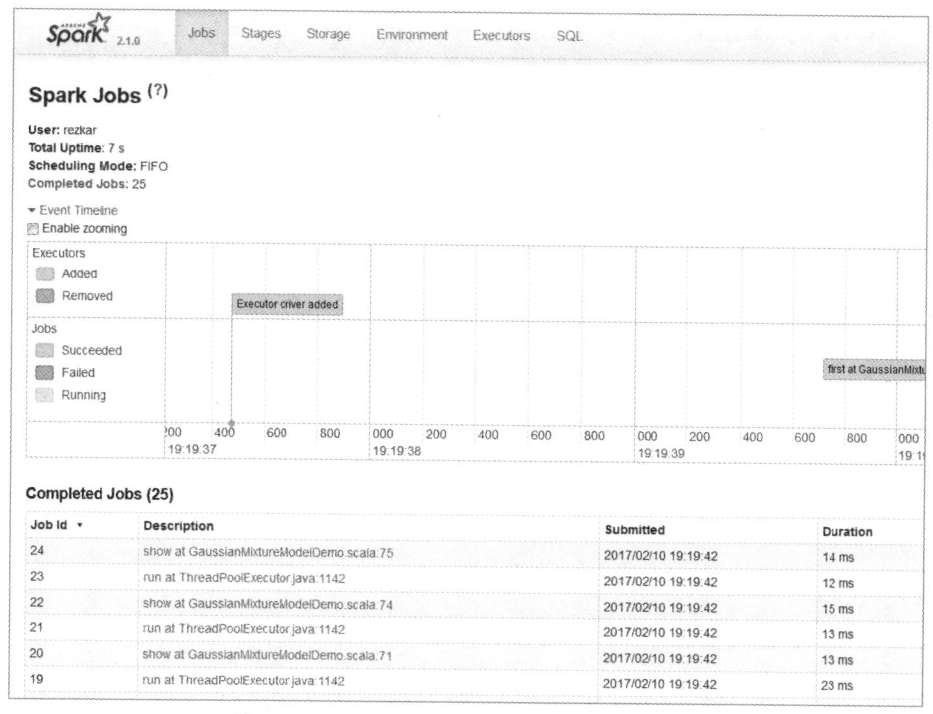

图 15.15 Spark Web UI 中以 DAG 执行的 Spark 作业

Spark 2.1.0 Jobs Stages Storage Environment Executors SQL

Spark Jobs (?)

User: rezkar
Total Uptime: 6 s
Scheduling Mode: FIFO
Active Jobs: 1
Completed Jobs: 12

▸ Event Timeline

Active Jobs (1)

Job Id ▾	Description	Submitted	Duration	Stages: Succeeded/Total
12	treeAggregate at GaussianMixture.scala:201 (kill)	2017/02/10 19:32:16	30 ms	0/1

Completed Jobs (12)

Job Id ▾	Description	Submitted	Duration	Stages: Succeeded/Total
11	treeAggregate at GaussianMixture.scala:201	2017/02/10 19:32:16	57 ms	1/1
10	treeAggregate at GaussianMixture.scala:201	2017/02/10 19:32:16	35 ms	1/1
9	treeAggregate at GaussianMixture.scala:201	2017/02/10 19:32:16	68 ms	1/1
8	treeAggregate at GaussianMixture.scala:201	2017/02/10 19:32:16	28 ms	1/1
7	treeAggregate at GaussianMixture.scala:201	2017/02/10 19:32:16	33 ms	1/1
6	treeAggregate at GaussianMixture.scala:201	2017/02/10 19:32:16	34 ms	1/1
5	treeAggregate at GaussianMixture.scala:201	2017/02/10 19:32:16	46 ms	1/1
4	treeAggregate at GaussianMixture.scala:201	2017/02/10 19:32:16	44 ms	1/1
3	treeAggregate at GaussianMixture.scala:201	2017/02/10 19:32:15	0.2 s	1/1
2	takeSample at GaussianMixture.scala:185	2017/02/10 19:32:15	29 ms	1/1

图 15.16 查看正在运行和已完成的 Spark 作业信息

可以单击 Active Jobs 或 Completed Jobs 下面的 Description 链接来查看相关信息。

2. 使用日志来调试 Spark 应用

要查看所有运行状态的 Spark 应用的信息，在调试 Spark 应用时，可根据你使用的集群管理器类型，参照如下说明。

- **Spark 独立服务器模式：**使用 http://master:18080 可以登录 Spark 主 UI。Master 和其他 worker 将显示集群及其他作业相关的统计信息。此外，每个作业的详细输出日志也会被写入各个 worker 的工作目录中。后面将讨论如何使用 Spark 的 log4j 来手工启用日志。
- **YARN：**如果集群管理器是 YARN，这里假设你正在 Cloudera 或其他基于 YARN 的平台集群上运行 Spark 作业，你可以登录 CM 管理控制台的 YARN 应用程序页面。此时，要调试运行在 YARN 上的 Spark 应用，需要访问节点管理器角色的日志。为此，需要打开日志时间查看器(log event viewer)，并过滤事件流，选择时间窗口和日志级别，来显示想要查看的日志。也可通过命令行来完成这一操作。命令的格式如下：

```
yarn logs -applicationId <application ID> [OPTIONS]
```

例如，如下这些命令就是有效的：

```
yarn logs -applicationId application_561453090098_0005
yarn logs -applicationId application_561453090070_0005 userid
```

要注意这里的用户 ID 是不同的。但这只有在 yarn-site.xml 中的参数 yarn.log-aggregation-enable 被设置为 true，并且应用已经完成执行后才有效。

3. 使用 Spark 的 log4j 来记录日志

Spark 使用 log4j 来实现自身的日志记录。后台执行的所有操作都会记录到 Spark shell 的控制台(在底层存储已经配置)。Spark 提供了 log4j 的模板作为属性文件。可以扩展并修改该文件，以便调整 Spark 的日志记录功能。进入 SPARK_HOME/conf 目录，就可以看到 log4j.properties.template 文件。这可以作为自己的日志系统的起点。

现在，让我们在运行 Spark 作业时创建自己的日志系统。修改完毕后，需要将该文件重命名为 log4j.properties，并将其放在同一目录下(也就是，项目树下)。一个简单的文件样例如图 15.17 所示。

```
# Set everything to be logged to the console
log4j.rootCategory=INFO, console
log4j.appender.console=org.apache.log4j.ConsoleAppender
log4j.appender.console.target=System.err
log4j.appender.console.layout=org.apache.log4j.PatternLayout
log4j.appender.console.layout.ConversionPattern=%d{yy/MM/dd HH:mm:ss} %p %c{1}: %m%n

# Set the default spark-shell log level to WARN. When running the spark-shell, the
# log level for this class is used to overwrite the root logger's log level, so that
# the user can have different defaults for the shell and regular Spark apps.
log4j.logger.org.apache.spark.repl.Main=WARN

# Settings to quiet third party logs that are too verbose
log4j.logger.org.spark_project.jetty=WARN
log4j.logger.org.spark_project.jetty.util.component.AbstractLifeCycle=ERROR
log4j.logger.org.apache.spark.repl.SparkIMain$exprTyper=INFO
log4j.logger.org.apache.spark.repl.SparkILoop$SparkILoopInterpreter=INFO
log4j.logger.org.apache.parquet=ERROR
log4j.logger.parquet=ERROR

# SPARK-9183: Settings to avoid annoying messages when looking up nonexistent UDFs in SparkSQL with Hive support
log4j.logger.org.apache.hadoop.hive.metastore.RetryingHMSHandler=FATAL
log4j.logger.org.apache.hadoop.hive.ql.exec.FunctionRegistry=ERROR
```

图 15.17　log4j.properties 文件快照

默认情况下，所有输出都会打印到控制台或写入文件。但是，如果你想将所有的噪声日志绕过位于/var/log/sparkU.log 的系统文件，就需要在 log4j.properties 文件中设置相应的属性，如下所示：

```
log4j.logger.spark.storage=INFO, RollingAppender
log4j.additivity.spark.storage=false
log4j.logger.spark.scheduler=INFO, RollingAppender
log4j.additivity.spark.scheduler=false
log4j.logger.spark.CacheTracker=INFO, RollingAppender
log4j.additivity.spark.CacheTracker=false
log4j.logger.spark.CacheTrackerActor=INFO, RollingAppender
log4j.additivity.spark.CacheTrackerActor=false
log4j.logger.spark.MapOutputTrackerActor=INFO, RollingAppender
log4j.additivity.spark.MapOutputTrackerActor=false
log4j.logger.spark.MapOutputTracker=INFO, RollingAppender
log4j.additivty.spark.MapOutputTracker=false
```

基本上，我们期望能隐藏 Spark 生成的所有日志，这样就不必在 shell 中处理它们了。可对其进行重定向处理，让日志输出到文件系统中。另一方面，我们希望将自己的日志记录在 shell 中，并将其记录在单独的文件中，这样，它就不会与 Spark 中的日志相混淆。从现在开始，将 Spark 指向我们自己的日志所在的文件，这里是/var/log/sparkU.log。

然后，当应用程序启动时，Spark 就会选取 log4j.properties 文件，因此除了将该文件放到对应的位置之外，我们不必做其他任何事情。

现在，让我们看看如何创建自己的日志系统。查看以下代码，并理解将要发生些什么：

```
import org.apache.spark.{SparkConf, SparkContext}
import org.apache.log4j.LogManager
import org.apache.log4j.Level
import org.apache.log4j.Logger

object MyLog {
  def main(args: Array[String]):Unit= {
    //Stting logger level as WARN
    val log = LogManager.getRootLogger
    log.setLevel(Level.WARN)

    //Creating Spark Context
    val conf = new SparkConf().setAppName("My App").setMaster("local[*]")
    val sc = new SparkContext(conf)

    //Started the computation and printing the logging information
    log.warn("Started")
    val data = sc.parallelize(1 to 100000)
    log.warn("Finished")
  }
}
```

从概念上讲，上述代码只记录了告警信息。它首先打印告警信息，然后通过并行化数字 1～100 000 来创建 RDD。RDD 作业完成后，再打印一个告警日志。但是，早先的代码段其实是有问题的。

org.apache.log4j.Logger 类的一个缺点是它无法序列化，这意味着当我们在部分 Spark API 上执行操作时，将无法在闭包中使用它。例如，如果你尝试执行如下代码，就会遇到一个异常，指出任务不可序列化：

```
object MyLog {
  def main(args: Array[String]):Unit= {
    //Stting logger level as WARN
    val log = LogManager.getRootLogger
    log.setLevel(Level.WARN)
    //Creating Spark Context
    val conf = new SparkConf().setAppName("My App").setMaster("local[*]")
    val sc = new SparkContext(conf)
    //Started the computation and printing the logging information
    log.warn("Started")
    val i = 0
    val data = sc.parallelize(i to 100000)
    data.foreach(i => log.info("My number"+ i))
    log.warn("Finished")
  }
}
```

要解决这个问题也很简单。只需要使用 extends Serializable 来声明 Scala 对象即可，现在代码看起来如下所示：

```
class MyMapper(n: Int) extends Serializable{
  @transient lazy val log = org.apache.log4j.LogManager.getLogger("myLogger")

  def MyMapperDosomething(rdd: RDD[Int]): RDD[String] =
    rdd.map{ i =>
      log.warn("mapping: " + i)
      (i + n).toString
  }
}
```

因此在上述代码中发生的事情是，闭包不能发送给所有分区，因为它无法在 logger 上关闭。因此，MyMapper 类型的所有实例都会被分发给所有分区。完成此操作后，所有分区都会创建一个新的 logger 来记录日志。

总的来说，如下代码可以帮助我们解决这个问题：

```
package com.example.Personal
import org.apache.log4j.{Level, LogManager, PropertyConfigurator}
import org.apache.spark._
import org.apache.spark.rdd.RDD

class MyMapper(n: Int) extends Serializable{
  @transient lazy val log = org.apache.log4j.LogManager.getLogger("myLogger")

  def MyMapperDosomething(rdd: RDD[Int]): RDD[String] =
    rdd.map{ i =>
      log.warn("Serialization of: " + i)
```

```
      (i + n).toString
    }
  }

  object MyMapper{
    def apply(n: Int): MyMapper = new MyMapper(n)
  }

  object MyLog {
    def main(args: Array[String]) {
      val log = LogManager.getRootLogger
      log.setLevel(Level.WARN)
      val conf = new SparkConf().setAppName("My App").setMaster("local[*]")
      val sc = new SparkContext(conf)
      log.warn("Started")
      val data = sc.parallelize(1 to 100000)
      val mapper = MyMapper(1)
      val other = mapper.MyMapperDosomething(data)
      other.collect()
      log.warn("Finished")
    }
  }
```

输出结果如下：

```
17/04/29 15:33:43 WARN root: Started
.
.
17/04/29 15:31:51 WARN myLogger: mapping: 1
17/04/29 15:31:51 WARN myLogger: mapping: 49992
17/04/29 15:31:51 WARN myLogger: mapping: 49999
17/04/29 15:31:51 WARN myLogger: mapping: 50000
.
.
17/04/29 15:31:51 WARN root: Finished
```

稍后将探讨 Spark 的内置日志系统。

15.2　Spark 配置

可采用多种方式来配置 Spark 作业。在本节中，将探讨这些方法。更具体地说，基于当前的 Spark 2.x 版本，可以有三个地方来配置系统：

- Spark 属性
- 环境变量
- 日志

15.2.1 Spark 属性

正如之前讨论的，Spark 属性控制了与应用相关的大部分参数，并可使用 Spark 的 SparkConf 对象进行设置。当然，这些参数也可通过 Java 系统属性进行设置。SparkConf 允许你使用如下方式来设置一些常用的属性：

```
setAppName() //App name
setMaster() //Master URL
setSparkHome() //Set the location where Spark is installed on worker nodes.
setExecutorEnv() //Set single or multiple environment variables to be used when
launching executors.
setJars() //Set JAR files to distribute to the cluster.
setAll() //Set multiple parameters together.
```

可将应用程序配置为使用计算机上的多个 CPU 核。例如，可以使用如下两个线程来初始化应用。请注意，我们使用 local[2]表示使用了两个线程，它代表最小的并行度设置。并使用了 local[*]，表明利用了本地机器中的所有内核。或者，也可以使用如下的 spark-submit 脚本在提交 Spark 作业时设置 executor 数量：

```
val conf = new SparkConf()
            .setMaster("local[2]")
            .setAppName("SampleApp")
val sc = new SparkContext(conf)
```

也可能存在一些特殊情况，使得你在需要时动态加载 Spark 属性。可通过 spark-submit 脚本在提交 Spark 作业时执行此操作。更具体地说，你可能希望避免在 SparkConf 中对某些设置进行硬编码。

> **Apache Spark 的优先级：**
> 在提交的作业上，来自配置文件中的配置具有最低的优先级，来自代码的配置具有比配置文件更高的优先级，而来自 CLI 命令行通过 spark-submit 脚本提交的配置具有最高的优先级。

例如，如果你想使用不同的主节点、executor 或不同数量的内存来运行应用，Spark 允许你简单地创建一个空配置的对象，如下：

```
val sc = new SparkContext(new SparkConf())
```

然后，就可在运行时为 Spark 作业提供配置信息，如下：

```
SPARK_HOME/bin/spark-submit
  --name "SmapleApp" \
  --class org.apache.spark.examples.KMeansDemo \
  --master mesos://207.184.161.138:7077 \ # Use your IP address
  --conf spark.eventLog.enabled=false
  --conf "spark.executor.extraJavaOptions=-XX:+PrintGCDetails" \
  --deploy-mode cluster \
  --supervise \
  --executor-memory 20G \
  myApp.jar
```

SPARK_HOME/bin/spark-submit 也会读取来自 SPARK_HOME/conf/spark-defaults.conf 的配置信息。该文件中每行都是一个属性设置，并以空格进行分隔。示例如下：

```
spark.master spark://5.6.7.8:7077
spark.executor.memor y 4g
spark.eventLog.enabled true
spark.serializer org.apache.spark.serializer.KryoSerializer
```

在该属性文件中设置的参数值，将与通过 SparkConf 设置的值进行合并。最后，如前所述，http://<driver>:4040 中的 Environment 选项卡列出了所有 Spark 属性。

15.2.2 环境变量

环境变量可在计算节点或者机器上设置。例如，可通过每个计算节点上的 conf/spark-env.sh 脚本来设置 IP 地址。表 15.1 列出了需要设置的环境变量的名称及其功能。

表 15.1 环境变量及其含义

环境变量	含义
SPARK_MASTER_HOST	将主节点绑定到一个特定的主机名或 IP 地址上。例如，一个公共 IP
SPARK_MASTER_PORT	在不同的端口上启动主节点(默认：7077)
SPARK_MASTER_WEBUI_PORT	主节点 Web UI 使用的端口(默认：8080)
SPARK_MASTER_OPTS	以格式“-Dx=y”来配置的只适用于主节点的属性(默认：none)
SPARK_LOCAL_DIRS	用于存储包括映射输出文件和 RDD 的 Spark 目录。它应该位于本地的快速硬盘上。它也可以是一个不同磁盘上的目录列表，这些目录用逗号隔开
SPARK_WORKER_CORES	机器上所有可用于 Spark 应用的 CPU 内核(默认：所有可用的内核)
SPARK_WORKER_MEMORY	机器上所有允许 Spark 应用使用的内存总量。如 1000M、2G 等(默认：总内存 -1GB)。需要注意，每个 Spark 应用单独使用的内存，是使用其自身的 spark.executor.memory 属性进行配置
SPARK_WORKER_PORT	在指定端口上启动 Spark worker(默认：随机)
SPARK_WORKER_WEBUI_PORT	worker 的 Web UI 端口(默认：8081)
SPARK_WORKER_DIR	运行应用的目录，包含日志和临时空间(默认：SPARK_HOME/work)
SPARK_WORKER_OPTS	以格式“-Dx=y”来配置的只适用于 worker 的属性(默认：none)
SPARK_WORKER_MEMORY	分配给 Spark 主节点和 worker daemon 的内存(默认：1G)
SPARK_DAEMON_JAVA_OPTS	以格式“-Dx=y”来配置的用于 Spark 主节点和 worker daemon 的 JVM 选项(默认：none)
SPARK_PUBLIC_DNS	Spark 主节点和 worker 的公共 DNS 名称(默认：none)

15.2.3　日志

最后，可以通过 Spark 应用树下的 log4j.properties 文件来配置日志信息。Spark 使用 log4j 进行日志记录。log4j 支持 Spark 如表 15.2 所示的几个有效日志级别。

表 15.2　Spark 中 log4j 的日志级别

日志级别	用途
OFF	最特定的设置，不允许记录日志
FATAL	只记录少量的关于致命错误的日志
ERROR	只记录常见错误日志
WARN	只记录需要注意的告警信息，但并不是主要的
INFO	记录 Spark 作业所需的信息
DEBUG	当进行 debug 操作时，所打印的日志信息
TRACE	记录大量的数据，以用于错误跟踪
ALL	记录所有消息

可在 conf/log4j.properties 文件中设置 Spark shell 的默认日志级别。在独立服务器模式下的 Spark 应用程序中，或在 Spark shell 会话中，可以使用 conf/log4j.properties 作为你设置日志记录级别的起点。在本章之前的内容中，我们建议你在处理基于 IDE(如 Eclipse)的环境时，将 log4j.properties 文件放置在项目目录下。但若想禁用日志，只需要在 log4j.properties 中进行如下设置：

```
log4j.logger.org=OFF
```

下面将探讨开发人员在开发或提交 Spark 作业时常犯的一些错误。

15.3　Spark 应用开发中的常见错误

最常见的错误通常都是应用故障。例如，由于众多因素导致的作业运行缓慢、数据聚合错误、操作异常、转换异常、主线程异常等。当然，还有内存不足(OOM)。

应用故障

大多数情况下，应用程序出现问题，往往是因为一个或者多个 stage 出现问题。如本章前面所述，Spark 的作业通常包含多个 stage，stage 不是独立运行的，例如，不能在相关数据读取输入 stage 之前处理 stage。因此，假设第一个 stage 运行成功，而第 2 个 stage 无法执行，则整个应用也将失败。如图 15.18 所示。

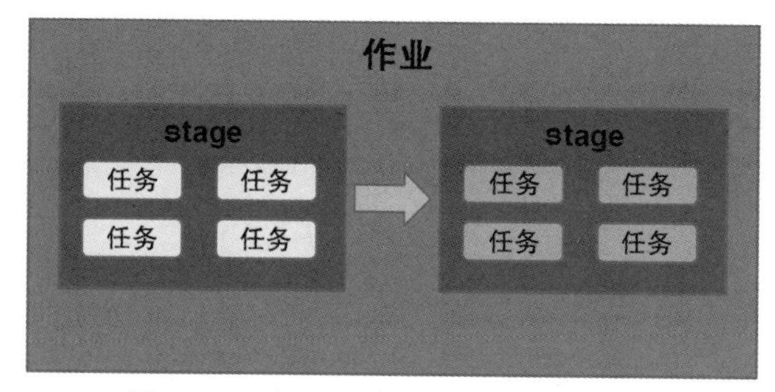

图 15.18　一个包含两个 stage 的典型 Spark 作业

为了展示这样一个示例，假设你将如下三个 RDD 操作处理为多个 stage，可以参考图 15.19、图 15.20 和图 15.21。

```
val rdd1 = sc.textFile("hdfs://data/data.csv")
                .map(someMethod)
                .filter(filterMethod)

val rdd2 = sc.hadoopFile("hdfs://data/data2.csv")
                .groupByKey()
                .map(secondMapMethod)
```

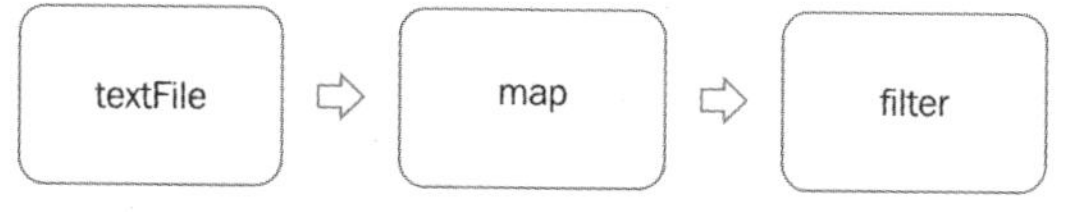

图 15.19　stage 1 中的 rdd1

从概念上讲，这可在图 15.20 中显示，它首先调用 hadoopFile()方法解析数据，然后使用 groupByKey()对其进行分组，最后进行映射。

图 15.20　stage 2 的 rdd2

然后是图 15.21，先解析数据，然后关联，最后映射。

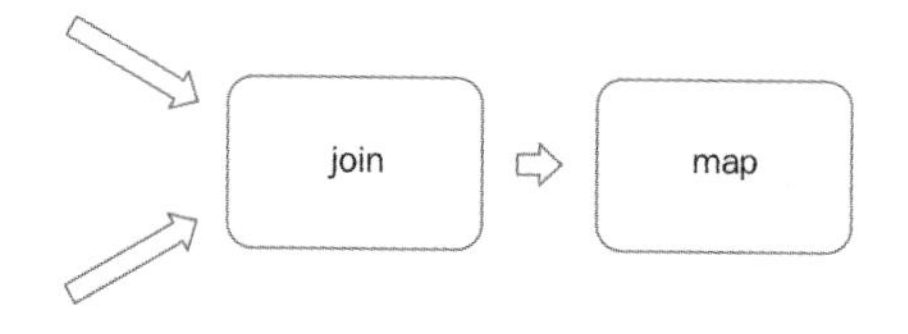

图 15.21　stage 3 中的 rdd3

现在，可以执行聚合操作了，例如使用 collect()：

```
rdd3.collect()
```

很好，你已经开发了一个包含 3 个 stage 的 Spark 作业。从概念上讲，该作业如图 15.22 所示。

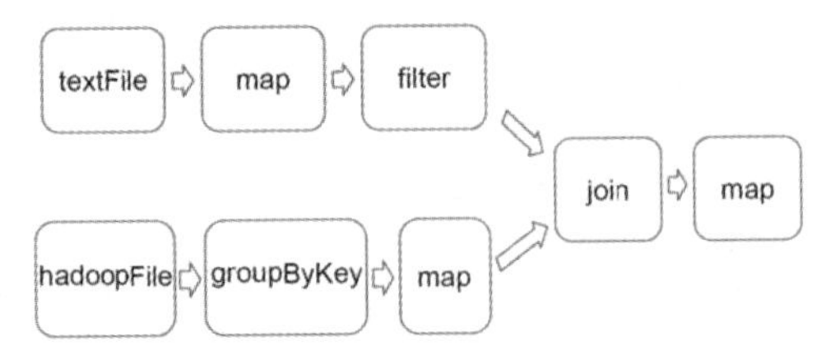

图 15.22　3 个 stage 用于处理 rdd3.collect()操作

要注意，如果其中一个 stage 失败，则整个作业失败。其结果就是，最终的 rdd3.collect()语句会抛出异常。不仅如此，你可能在如下几个因素上遇到问题：

- 聚合操作中的错误
- 主线程中的异常
- OOM
- 使用 spark-submit 脚本提交作业时遇到“无法找到类”异常
- 对 Spark core 库中的部分 API/方法理解错误

为摆脱上述问题的困扰，我们一般建议你在执行任何 map、flatMap 以及聚合操作时没有犯任何错误。其次，确保在使用 Java 或 Scala 开发应用程序时 main 方法中没有问题。有时你在代码中看不到任何语法错误。但是，为你的应用开发一些小的测试用例就十分重要。main 方法中最常出现的异常如下：

- java.lang.noclassdeffounderror
- java.lang.nullpointerexception
- java.lang.arrayindexoutofboundsexception
- java.lang.stackoverflowerror
- java.lang.classnotfoundexception
- java.util.inputmismatchexception

仔细编写 Spark 应用可避免这些异常。或者，广泛使用 Eclipse 或其他任何 IDE 的代码调试功能来消除语义错误从而避免异常。对于第三个问题，即 OOM，这是一个非常常见的问题。需要注意的是，Spark 至少需要 8GB 的主内存，并且需要有足够的磁盘空间来使用独立服务器模式。另一方面，为了获得完整的集群计算设施，这个要求就比较高了。

小技巧：

准备好执行 Spark 作业需要的所有依赖项 JAR 文件至关重要。许多从业者都喜欢使用谷歌的 Guava，它包含在大多数发行版中，但是不保证向后兼容。这意味着有时即便 Spark 作业明确提供，也找不到一个 Guava 类。发生此种情况的原因是 Guava 库的两个版本中的一个优先于另一个，并且可能不包含所需的类。为克服这个问题，可使用 shading。

如果你使用 IntelliJ、Eclipse、NotePad 或其他工具进行编码，请确保你已经使用了足够大的值来设置-Jmx，从而保证 Java 堆空间的大小足够。使用集群模式时，应该在使用 spark-submit 提交作业时指定 executor 使用的内存量。假设你要解析一个 CSV 文件，并使用随机森林分类器做一些预测分析，你可能需要设置正确的内存使用量，如 20GB，如下：

```
--executor-memory 20G
```

一旦你收到 OOM 错误，可以增加该值的大小，例如，增加到 32GB 或更多。由于随机森林是计算密集型算法，因此需要更大的内存。当然，这只是一个随机森林的例子。你在执行数据解析时可能也遇到过类似的问题。有时候某个 stage 也可能因为 OOM 而失败。因此，需要对该错误保持警觉。

对于无法找到类(class not found)异常，请确保已将主类包含在生成的 JAR 文件中。应准备 JAR 文件以及所有的依赖项，从而在集群节点上执行 Spark 作业。第 16 章将提供分步骤的 JAR 准备指南。

对于最后一个错误，可以提供一些误解 Spark core 库的例子。例如，当你通过 wholeTextFiles 方法使用多个文件来准备 RDD 或数据帧时，Spark 并不会进行并行处理，在基于 YARN 的集群模式时，这有时可能导致 OOM 错误。

作者就有类似的经历。首先，作者从自己的 S3 存储中将 6 个文件复制到 HDFS。然后尝试创建 RDD，如下：

```
sc.wholeTextFiles("/mnt/temp") //note the location of the data files is /mnt/temp/
```

然后，作者尝试使用 UDF 来处理这些文件行。当作者查看计算节点时，却发现每个文件上都只运行了一个 executor。但是，作者随后就收到了一个错误消息，说 YARN 已经内存不足了。为何会如此？原因如下：

- wholeTextFiles 的目的是在一个文件上运行一个 executor 进行处理。
- 如果你使用了.gz 文件，则每个文件上最多只有一个 executor。

1. 运行速度缓慢或者响应迟钝的作业

有时候，当 SparkContext 无法连接到 Spark 独立服务器的主节点时，driver 可能显示如下错误：

```
02/05/17 12:44:45 ERROR AppClient$ClientActor: All masters are
unresponsive! Giving up.
02/05/17 12:45:31 ERROR SparkDeploySchedulerBackend: Application has been
killed.Reason: All masters are unresponsive! Giving up.
02/05/17 12:45:35 ERROR TaskSchedulerImpl: Exiting due to error from
cluster scheduler: Spark cluster looks down
```

另外一些情况下，driver 能连接到主节点，但主节点无法连接到 driver。然后，即便 driver 将报告它无法连接到主节点，也会进行多次连接尝试。

此外，你也可能经常在运行 Spark 作业时遇到性能很差或是运行很慢的情况。发生这种情况的原因之一是你的 driver 的计算速度并不是很快。如前所述，有时某个特定的 stage 可能要比平常运行更长时间，因为这可能涉及 shuffle、map、join 或聚合操作。即便计算机磁盘空间不足，或主内存不足，你也可能遇到上述问题。例如，如果你的主节点没有响应，或你在一段时间内遇到计算节点没有响应问题，你可能就会认为 Spark 作业已经停止，或在某个 stage 停滞不前。图 15.23 显示了日志样例。

```
 /11/20 17:20:58 INFO TaskSchedulerImpl: Removed TaskSet 1.0, whose tasks have all completed, from pool
 /11/20 17:20:58 INFO TaskSchedulerImpl: Removed TaskSet 2.0, whose tasks have all completed, from pool
 /11/20 17:20:58 INFO DAGScheduler: Failed to run collect at ReceiverTracker.scala:270
 /11/20 17:20:58 INFO TaskSchedulerImpl: Cancelling stage 1
Exception in thread "Thread-53" org.apache.spark.SparkException: Job aborted due to stage failure: All masters are unresponsive!
Giving up.
        at org.apache.spark.scheduler.DAGScheduler.org$apache$spark$scheduler$DAGScheduler$$failJobAndIndependentStages
(DAGScheduler.scala:1033)
        at org.apache.spark.scheduler.DAGScheduler$$anonfun$abortStage$1.apply(DAGScheduler.scala:1017)
        at org.apache.spark.scheduler.DAGScheduler$$anonfun$abortStage$1.apply(DAGScheduler.scala:1015)
        at scala.collection.mutable.ResizableArray$class.foreach(ResizableArray.scala:59)
        at scala.collection.mutable.ArrayBuffer.foreach(ArrayBuffer.scala:47)
        at org.apache.spark.scheduler.DAGScheduler.abortStage(DAGScheduler.scala:1015)
        at org.apache.spark.scheduler.DAGScheduler$$anonfun$handleTaskSetFailed$1.apply(DAGScheduler.scala:633)
        at org.apache.spark.scheduler.DAGScheduler$$anonfun$handleTaskSetFailed$1.apply(DAGScheduler.scala:633)
        at scala.Option.foreach(Option.scala:236)
        at org.apache.spark.scheduler.DAGScheduler.handleTaskSetFailed(DAGScheduler.scala:633)
        at org.apache.spark.scheduler.DAGSchedulerEventProcessActor$$anonfun$receive$2.applyOrElse(DAGScheduler.scala:1207)
        at akka.actor.ActorCell.receiveMessage(ActorCell.scala:498)
        at akka.actor.ActorCell.invoke(ActorCell.scala:456)
        at akka.dispatch.Mailbox.processMailbox(Mailbox.scala:237)
        at akka.dispatch.Mailbox.run(Mailbox.scala:219)
        at akka.dispatch.ForkJoinExecutorConfigurator$AkkaForkJoinTask.exec(AbstractDispatcher.scala:386)
        at scala.concurrent.forkjoin.ForkJoinTask.doExec(ForkJoinTask.java:260)
        at scala.concurrent.forkjoin.ForkJoinPool$WorkQueue.runTask(ForkJoinPool.java:1339)
        at scala.concurrent.forkjoin.ForkJoinPool.runWorker(ForkJoinPool.java:1979)
        at scala.concurrent.forkjoin.ForkJoinWorkerThread.run(ForkJoinWorkerThread.java:107)
 /11/20 17:20:58 INFO DAGScheduler: Failed to run take at DStream.scala:593
 /11/20 17:20:58 INFO TaskSchedulerImpl: Cancelling stage 2
 /11/20 17:20:58 INFO JobScheduler: Starting job streaming job 1416484202000 ms.0 from job set of time 1416484202000 ms
 /11/20 17:20:58 INFO SparkContext: Starting job: take at DStream.scala:593
 /11/20 17:20:58 ERROR JobScheduler: Error running job streaming job 1416484200000 ms.0
org.apache.spark.SparkException: Job aborted due to stage failure: All masters are unresponsive! Giving up.
        at org.apache.spark.scheduler.DAGScheduler.org$apache$spark$scheduler$DAGScheduler$$failJobAndIndependentStages
(DAGScheduler.scala:1033)
        at org.apache.spark.scheduler.DAGScheduler$$anonfun$abortStage$1.apply(DAGScheduler.scala:1017)
        at org.apache.spark.scheduler.DAGScheduler$$anonfun$abortStage$1.apply(DAGScheduler.scala:1015)
        at scala.collection.mutable.ResizableArray$class.foreach(ResizableArray.scala:59)
        at scala.collection.mutable.ArrayBuffer.foreach(ArrayBuffer.scala:47)
        at org.apache.spark.scheduler.DAGScheduler.abortStage(DAGScheduler.scala:1015)
```

图 15.23　executor/driver 无响应的日志样例

潜在的解决方案有如下几个：

(1) 检测 worker 和 driver 的配置，确保它们都已经配置正确，并能通过 Spark Web UI 上列出的地址连接到 Spark 主节点。然后，在启动 Spark shell 时显式提供 Spark 集群的主 URL：

```
$ bin/spark-shell --master spark://master-ip:7077
```

(2) 将 SPARK_LOCAL_IP 设置为 driver、主节点以及 worker 进程的集群可寻址主机名。

有时，由于硬件故障，我们也会遇到一些问题。例如，如果计算节点上的文件系统意外关闭，即发生 I/O 异常，则 Spark 作业最终也会失败。这很明显，因为你的 Spark 作业将无法把生成的 RDD 或数据写入本地文件系统或 HDFS 中。这也意味着由于 stage 失败而无法执行 DAG 操作。

有时，由于底层磁盘故障或者其他硬件故障会发生 I/O 异常，此时往往会有相应的日志，如图 15.24 所示。

Job Scheduling Information	Diagnostic Info
NA	Job initialization failed: java.io.IOException: Filesystem closed at org.apache.hadoop.hdfs.DFSClient.checkOpen(DFSClient.java:241) at org.apache.hadoop.hdfs.DFSClient.access$800(DFSClient.java:74) at org.apache.hadoop.hdfs.DFSClient$DFSOutputStream.closeInternal(DFSClient.java:3667) at org.apache.hadoop.hdfs.DFSClient$DFSOutputStream.close(DFSClient.java:3626) at org.apache.hadoop.fs.FSDataOutputStream$PositionCache.close(FSDataOutputStream.java:61) at org.apache.hadoop.fs.FSDataOutputStream.close(FSDataOutputStream.java:86) at org.apache.hadoop.security.Credentials.writeTokenStorageFile(Credentials.java:171) at org.apache.hadoop.mapred.JobInProgress.generateAndStoreTokens(JobInProgress.java:3528) at org.apache.hadoop.mapred.JobInProgress.initTasks(JobInProgress.java:696) at org.apache.hadoop.mapred.JobTracker.initJob(JobTracker.java:4207) at org.apache.hadoop.mapred.FairScheduler$JobInitializer$InitJob.run(FairScheduler.java:291) at java.util.concurrent.ThreadPoolExecutor$Worker.runTask(ThreadPoolExecutor.java:886) at java.util.concurrent.ThreadPoolExecutor$Worker.run(ThreadPoolExecutor.java:908) at java.lang.Thread.run(Thread.java:662)

图 15.24　文件系统关闭的样例

不过，你可能经常遇到作业性能较差的问题。因为你的 Java 垃圾回收可能遇到“无法完成 GC”的问题。例如，图 15.25 中显示，对于任务 0 而言，完成 GC 大约需要 10 个小时！作者在

2014 年刚接触 Spark 时曾遇到这样的问题。不过，对这些类型问题的控制权并不在我们手中。因此，我们的建议是，你应该释放 JVM，并尝试再次提交作业。

Task Index	Task ID	Status	Locality Level	Executor	Launch Time	Duration	GC Time
1	0	SUCCESS	NODE_LOCAL		2014/06/13 13:14:16	12.82 h	9.59 h
2	1	SUCCESS	NODE_LOCAL		2014/06/13 13:14:16	12.00 h	8.97 h
3	2	SUCCESS	NODE_LOCAL		2014/06/13 13:14:16	12.39 h	9.16 h
0	3	SUCCESS	NODE_LOCAL		2014/06/13 13:14:16	12.09 h	8.88 h
6	4	SUCCESS	NODE_LOCAL		2014/06/13 13:14:16	11.65 h	8.54 h
4	5	SUCCESS	NODE_LOCAL		2014/06/13 13:14:16	11.68 h	8.62 h
7	6	SUCCESS	NODE_LOCAL		2014/06/13 13:14:16	12.19 h	9.12 h
12	7	SUCCESS	NODE_LOCAL		2014/06/13 13:14:16	11.62 h	8.50 h
8	8	SUCCESS	NODE_LOCAL		2014/06/13 13:14:16	12.57 h	9.40 h
9	9	SUCCESS	NODE_LOCAL		2014/06/13 13:14:16	12.02 h	8.98 h
5	10	SUCCESS	NODE_LOCAL		2014/06/13 13:14:16	12.24 h	9.04 h
11	11	SUCCESS	NODE_LOCAL		2014/06/13 13:14:16	11.11 h	8.15 h
10	12	SUCCESS	NODE_LOCAL		2014/06/13 13:14:16	11.84 h	8.68 h
13	13	SUCCESS	NODE_LOCAL		2014/06/13 13:14:16	11.85 h	8.74 h
18	14	SUCCESS	NODE_LOCAL		2014/06/13 13:14:16	12.26 h	9.17 h

图 15.25 GC 停滞的样例

还有一个导致响应缓慢或者作业性能下降的因素，是由于缺乏数据序列化，这将在下一节中进行讨论。其他因素则可能是代码中的内存泄漏，这会使你的应用消耗更多内存，使文件或逻辑设备一直保持打开状态。因此，请确保没有任何选项能够导致内存泄漏。例如，通过调用 sc.stop()或 spark.stop()来结束 Spark 应用是一个很好的习惯。这能确保 Spark Context 仍处于打开和活动状态。否则，你可能收到一些不必要的异常或问题。最后一个因素是我们经常会保留太多处于打开状态的文件，这在 shuffle 或 merge 阶段有时会导致 FileNotFoundException。

15.4 优化技术

将 Spark 应用的性能进行调整的优化技术通常涉及多个方面。在本节中，将讨论如何通过使用更好的内存管理来调整主内存，以及使用数据序列化来进一步优化 Spark 应用。我们还可通过在开发 Spark 应用时调整 Scala 代码中的数据结构来优化性能。另一方面，通过利用序列化 RDD 存储可很好地维护存储。

性能优化中，最重要的方面之一是垃圾回收。如果你使用 Java 或 Scala 来编写 Spark 应用，就需要对它进行调整。将看到如何调整它以获得最好的性能。对于分布式环境和集群系统而言，需要确保并行度的设置，以及数据的本地化。此外，通过使用广播变量，也可进一步提升性能。

15.4.1 数据序列化

序列化在任何分布式计算环境中都是进行性能改进和优化的重要手段，Spark 也不例外。但多数 Spark 作业是计算密集型任务。因此，如果数据对象的格式不正确，则需要将它们转换为序列化数据对象，当然，这需要大量内存空间。最终，整个作业的处理过程将因此大大降速。

因此，你经常会遇到来自计算节点响应缓慢的问题。这意味着我们有时候无法100%地利用计算资源。确实，Spark 会尝试在便利性和性能之间保持平衡。这也意味着数据序列化应该是 Spark 调优的第一步，从而获得更好的性能。

Spark 提供了两种用于数据序列化的选项，即 Java 序列化以及 Kryo 序列化库。

- **Java 序列化**：Spark 序列对象使用了 Java 的 ObjectOutputStream 框架。创建任意实现 java.io.Serializable 的类就可以进行序列化处理。Java 序列化的弹性很好，但是经常运行缓慢，对于大数据量对象的序列化并不适用。
- **Kryo 序列化**：也可以使用 Kryo 库来序列化数据对象，这样速度更快。与 Java 序列化相比，Kryo 序列化速度要快得多，通常快 10 倍以上，并且比 Java 更紧凑。但它有一个问题，即不支持所有的可序列化对象，需要注册你的类。

可通过使用 SparkConf 来使用 Kryo 初始化 Spark 作业，并调用 conf.set(spark.serializer, org.apache.spark.serializer.KryoSerializer)。要使用 Kryo 来注册你自己的定制化类，需要使用 registerKryoClasses，如下：

```
val conf = new SparkConf()
              .setMaster("local[*]")
              .setAppName("MyApp")
conf.registerKryoClasses(Array(classOf[MyOwnClass1], classOf[MyOwnClass2]))
val sc = new SparkContext(conf)
```

如果你的对象很大，那你可能需要增加 spark.kryoserializer.buffer 的值。该值需要足够大，以便能够处理你要序列化的最大对象。最后，如果你没有注册自己的定制化类，Kryo 照样能够工作。但此时需要存储每个对象的完整类名，这实在太浪费了。

例如，在监视 Spark 作业部分的尾部，也就是日志记录部分中，可使用 Kyro 序列化日志来生成日志并进行计算处理。首先，只需要将 MyMapper 类创建为普通类(即没有任何序列化)，如下：

```
class MyMapper(n: Int) { //without any serialization
  @transient lazy val log =
org.apache.log4j.LogManager.getLogger("myLogger")
  def MyMapperDosomething(rdd: RDD[Int]): RDD[String] = rdd.map { i =>
    log.warn("mapping: " + i)
    (i + n).toString
  }
}
```

现在，将该类以 Kyro 序列化类的方式进行注册，然后设置 Kyro 序列化，如下：

```
conf.registerKryoClasses(Array(classOf[MyMapper])) //register the class with
Kyro
conf.set("spark.serializer", "org.apache.spark.serializer.KryoSerializer")
//set Kayro serialization
```

这就是你想要的。该样例的完整代码如下。可运行它并获得相同的输出结果。但与之前的例子相比，这显然是优化过的。

```
package com.chapter14.Serilazition
import org.apache.spark._
import org.apache.spark.rdd.RDD
class MyMapper(n: Int) { //without any serilization
  @transient lazy val log = org.apache.log4j.LogManager.getLogger("myLogger")
  def MyMapperDosomething(rdd: RDD[Int]): RDD[String] = rdd.map { i =>
    log.warn("mapping: " + i)
    (i + n).toString
  }
}
//Companion object
object MyMapper {
  def apply(n: Int): MyMapper = new MyMapper(n)
}
//Main object
object KyroRegistrationDemo {
  def main(args: Array[String]) {
    val log = LogManager.getRootLogger
    log.setLevel(Level.WARN)
    val conf = new SparkConf()
      .setAppName("My App")
      .setMaster("local[*]")
    conf.registerKryoClasses(Array(classOf[MyMapper2]))
      //register the class with Kyro
    conf.set("spark.serializer", "org.apache.spark.serializer
            .KryoSerializer") //set Kayro serilazation
    val sc = new SparkContext(conf)
    log.warn("Started")
    val data = sc.parallelize(1 to 100000)
    val mapper = MyMapper(1)
    val other = mapper.MyMapperDosomething(data)
    other.collect()
    log.warn("Finished")
  }
}
```

输出结果如下：

```
17/04/29 15:33:43 WARN root: Started
.
.
17/04/29 15:31:51 WARN myLogger: mapping: 1
17/04/29 15:31:51 WARN myLogger: mapping: 49992
17/04/29 15:31:51 WARN myLogger: mapping: 49999
17/04/29 15:31:51 WARN myLogger: mapping: 50000
.
.
17/04/29 15:31:51 WARN root: Finished
```

很好，现在我们来快速地看一下如何对内存进行调优。在下一节中，将看到一些高级策略，以确保能更高效地使用主内存。

15.4.2　内存优化

在本节中，将探讨一些可供用户使用的高级策略，以确保在执行 Spark 作业时能有效地使用内存。更具体地说，将展示如何计算对象的内存空间使用情况。将通过优化数据结构，或使用 Kryo 和 Java 的序列化工具来转换数据对象的格式，来提供一些改进建议。最后，将研究如何调整 Spark 的 Java 堆的大小、缓存大小以及 Java 的垃圾回收器。

调整内存的使用情况，有如下三个注意事项。

- 对象使用的内存量：你可能希望整个数据集都缓存在内存中。
- 访问这些对象的成本。
- 垃圾回收的开销：如果你使用的对象有很高的周转率。

虽然 Java 对象的访问速度很快，但它们往往比原始字段中的实际数据(也称为原始数据)占用更多空间(2～5 倍)。例如，每个不同的 Java 对象都有 16 个字节的开销和一个对象头。比如说，Java 字符串与原始的字符串相比，有超过 40 个字节的额外开销。此外，我们往往还会使用 Set、List、Queue、ArrayList、Vector、LinkedList、PriorityQueue、HashSet、LinkedHashSet、TreeSet 等集合类。另外，链接的数据结构太复杂，需要占用太多的额外空间，因为数据结构中的每个条目都有一个封装对象。最后，原始类型的集合通常会将它们封装后缓存在内存中，例如封装为 java.lang.Double 和 java.lang.Integer。

1. 内存使用与管理

Spark 应用以及底层的计算节点对内存的使用方式可归纳为执行和存储两种。执行内存通常指在进行合并、shuffle、关联、排序以及聚合操作的计算过程中使用的内存。存储内存则指跨集群数据缓存，以及内部数据传输。简而言之，这是因为网络中存在大量 I/O 操作。

注意：

从技术角度看，Spark 会在本地缓存网络数据。在迭代或交互使用 Spark 时，数据缓存或持久性是 Spark 中常用的优化技术。这两种操作都有助于保存部分临时结果，以便在后续 stage 中重用。然后，这些中间结果(作为 RDD)可保存/复制在内存(默认)或更稳固的存储(如磁盘)中。此外，RDD 也可使用缓存操作进行缓存。它们也可使用持久操作进行持久化。缓存和持久化操作之间的区别纯粹表现在语法上。缓存就是持久化或持久化的同义词(MEMORY_ONLY)，也就是说，缓存只使用默认的存储级别 MEMORY_ONLY 进行持久化。

你可在 Spark Web UI 的 Storage 选项卡观察一下 RDD、数据帧或数据集对象所使用的内存/存储。尽管 Spark 中有两种相关的内存调优设置，但用户不必重新调整它们。原因是配置文件中的默认设置已经足够满足你的需求和工作负载了。

spark.memory.fraction 是一个统一的区域，默认大小为(JVM 堆空间 - 300M)×60%。其余空间(40%)用于存储用户数据结构、Spark 的内部元数据，以及在出现稀疏或者异常大的记录时防止出现 OOM 错误。另一方面，spark.memory.storageFraction 则将存储空间大小表示为统一区域的 50%。

现在，你可能会想到一个问题，应该选择哪个存储级别？为回答这个问题，Spark 存储级别为你提供了内存使用和 CPU 效率之间的不同权衡。如果你的 RDD 与默认存储级别

(MEMORY_ONLY)相匹配，则可让 Spark driver 或主节点使用此存储级别，这是最节省内存的选项，能让 RDD 上的操作尽快运行。此时，就应该放手了。

如果你的 RDD 不适合主内存，也就是 MEMORY_ONLY 选项无效，可以尝试使用 MEMORY_ONLY_SER。切不可将 RDD 的溢出数据存储到磁盘，除非你的 UDF(即在自己的数据集上自定义的函数)在使用时成本太高。当然，如果 UDF 在执行 stage 时能过滤大量数据，这种选项也是适用的。其他情况下，重新计算分区可能会更快地从磁盘读取数据对象。如果你要考虑在出现故障时能够快速恢复，则可以使用复制的存储级别。

总的来说，对于 Spark 2.x 支持如下的存储级别(如下名称中的_2 意味着是有两个数据副本)。

- DISK_ONLY：基于磁盘的 RDD 操作。
- DISK_ONLY_2：基于磁盘的两个副本的 RDD 操作。
- MEMORY_ONLY：在内存中操作 RDD，是缓存操作的默认值。
- MEMORY_ONLY_2：在内存中操作 RDD，是缓存操作的默认值，有两个副本。
- MEMORY_ONLY_SER：如果 RDD 不适合主内存，即 MEMORY_ONLY 无效。该选项特别有助于以序列化形式存储数据对象。
- MEMORY_ONLY_SER_2：如果你的 RDD 不适合主内存，即 MEMORY_ONLY 无法使用两个数据副本。该选项也有助于以序列化方式存储数据对象。
- MEMORY_AND_DISK：基于内存和磁盘来使用 RDD(也称为组合方式)。
- MEMORY_AND_DISK_2：基于内存和磁盘来使用 RDD(也称为组合方式)，有两个数据副本。
- MEMORY_AND_DISK_SER：如果 MEMORY_AND_DISK 不起作用，则可以使用该选项。
- MEMORY_AND_DISK_SER_2：如果 MEMORY_AND_DISK 不适用于两个副本的数据，可以使用该选项。
- OFF_HEAP：不允许写入 Java 堆空间。

注意：

这里的缓存其实是持久性的同义词。这意味着缓存与默认的持久性存储级别保持一致，也就是 MEMORY_ONLY。更详细的信息可以参考 https://jaceklaskowski.gitbooks.io/mastering-apache-spark/content/spark-rdd-StorageLevel.html。

2. 调整数据结构

减少额外的内存使用量的第一种方法是避免使用 Java 数据结构中的某些能带来额外开销的特性。例如，基于指针的数据结构和封装对象会产生非常多的额外开销。要使用更好的数据结构来调整源代码，这里提供一些建议，它们都非常有用。

首先，恰当设计你的数据结构，以便更多地使用对象和原始类型的数组。因此，建议你使用标准的 Java 或 Scala 集合类，例如 Set、List、Queue、ArrayList、Vector、LinkedList、PriorityQueue、HashSet、LinkedHashSet 以及 TreeSet 等。

其次，尽可能避免使用包含大量小对象和指针的嵌套结构，以便源代码更加优化和简洁。第三，如果可能的话，尽可能考虑使用数字 ID，有时可使用枚举对象而非使用字符串作为键值。我们强烈推荐你这么做，这正如我们前面已经讲述的，单个 Java 字符串对象可以带来 40 个字节的额外开销。最后，如果你的主内存少于 32GB，则建议将 JVM 标志设置为 -XX:+UseCompressedOops，使得指针的长度为 4 个字节，而不是 8 个字节。

注意：

早期的选项可以在 SPARK_HOME/conf/spark-env.sh.template 中进行设置。你只需要将该文件重命名为 spark-env.sh 就可以直接进行选项设置了。

3. 序列化 RDD 存储

如前所述，尽管有其他方法可用来调节内存，但当你的对象太大而无法有效放入主内存或磁盘时，一种更简单、也是更好地减少内存使用的方法是以序列化形式存储它们。

小技巧：

这可以使用 RD 持久化 API 中的序列化存储级别来完成，例如 MEMORY_ONLY_SER。有关该选项的更多信息，可以参考上一节中的相关内容。

如果你使用了 MEMORY_ONLY_SER，那么 Spark 会将每个 RDD 分区都存储为一个大字节数组。这种方法唯一的缺点是会降低数据访问的速度；公平地说，无法避免这一点，因为在重用这些对象时，需要对其进行反序列化。

小技巧：

正如我们之前讨论的，我们强烈推荐你使用 Kryo 序列化而不是 Java 序列化功能，这样能够让数据访问稍微快一点。

4. 垃圾回收调优

在 Java 或 Scala 程序中，虽然随机或顺序读取 RDD 并对其执行大量操作并不是什么问题，但若数据量太大，Java 的 GC 仍可能出现问题，因为需要在 driver 中缓存数据或 RDD。当 JVM 需要删除那些过时或未使用的旧对象，以便为新对象腾出空间时，JVM 需要识别这些对象，并最终将其从内存中删除。但是，这是一个在处理时间和存储消耗方面都具有很高成本的操作。你可能会认为，GC 操作的成本与存储在主存储中的 Java 对象数量成正比。因此，我们强烈建议你调整数据结构。此外，在内存中缓存更少的对象也是值得推荐的行为。

GC 调优的第一步就是收集有关 JVM 在计算机上进行垃圾回收的频率的相关统计信息。需要的第二个统计信息是 JVM 在计算机或计算节点上消耗在 GC 上的时间。可以通过如下设置来获取该信息：在 IDE(如 Eclipse)的 Java 选项中添加-verbose:gc -XX:+PrintGCDetails -XX:+PrintGCTimeStamps，从而设置 JVM 启动参数，并指定 GC 日志文件的名称和位置，如图 15.26 所示。

图 15.26　设置 Eclipse 中的 GC verbose

此外，也可在使用 spark-submit 脚本提交 Spark 作业时设置 verbose:gc，如下：

```
--conf "spark.executor.extraJavaOptions = -verbose:gc -XX:-PrintGCDetails
-XX:+PrintGCTimeStamps"
```

简单地说，在为 Spark 设置 GC 选项时，需要确定在哪里进行这些设置，是在 executor 上，还是在 driver 上。当你提交作业时，可以设置--driver-java-options -XX:+PrintFlagsFinal -verbose:gc 等。而对于 executor，则可设置--conf spark.executor.extraJavaOptions=-XX:+PrintFlagsFinal -verbose:gc 等。

现在，当你执行 Spark 作业时，一旦发生 GC 操作，就可在/var/log/logs 中看到 worker 节点上打印的日志和消息。这种方法的缺点是这些日志不是基于 driver 程序生成的，而是为集群中的 worker 节点生成的。

小技巧：

需要注意的是，verbose:gc 只会在每次 GC 发生后打印相应的消息或日志。相应地，它也可以打印有关内存的信息。但是，如果你想探查一些更关键的信息，例如内存泄漏，则 verbose:gc 这样的设置可能就不够了。这种情况下，可使用一些可视化工具，如 jhat 以及 VisualVM 等。有关如何为你的 Spark 应用进行 GC 调优，也可参阅 https://databricks.com/blog/2015/05/28/tuning-java-garbage-collection-for-spark-applications.html。

5. 并行级别

虽然可以通过设置 SparkContext.txt 文件的可选参数来控制要执行 map 任务的线程数量，但 Spark 会根据数据的大小在每个文件上进行相同的设置。此外，对于分布式 reduce 操作，例如 groupByKey 和 reduceByKey，Spark 将使用最大父 RDD 的分区数量。

但有时，我们会犯一个错误，也就是没有完全利用集群中所有节点的全部计算资源。因此，除非你为 Spark 作业设置并行度，否则将无法使用所有计算资源。因此，需要设置并行级别。

小技巧：

要了解该选项的更多内容，请参考 https://spark.apache.org/docs/latest/api/scala/index.html#org.apache.spark.rdd.PairRDDFunctions。

此外，也可以通过设置配置属性 spark.default.parallelism 来修改默认值。对于那些诸如没有父 RDD 的操作，并行度取决于集群管理器，也就是说，是独立服务器模式，还是 YARN 或 Mesos。对于本地模式，可将并行级别设置为计算机上的内核数量。对于 Mesos 或 YARN，则可将细粒度模式设置为 8。其他情况下，建议设置为 executor 节点上的核数或 2，以较大者为准。一般情况下，集群中每个 CPU 内核上会运行 2～3 个任务。这是推荐的设置。

6. 广播

广播变量使得 Spark 开发人员能在每个 driver 程序上缓存实例或类变量的只读副本，而不是基于互相依赖的任务来传输这些数据副本。但是，仅当跨多个 stage 的任务需要以反序列化形式使用同一份数据时，显式创建广播变量才很有用。

在 Spark 应用开发中，使用 SparkContext 的广播选项，可以大大减少每个序列化任务的大小。这也有助于降低在集群中启动 Spark 作业的成本。如果你的 Spark 作业中，driver 程序要使用一个大对象，可将其调整为广播变量，如图 15.27 所示。

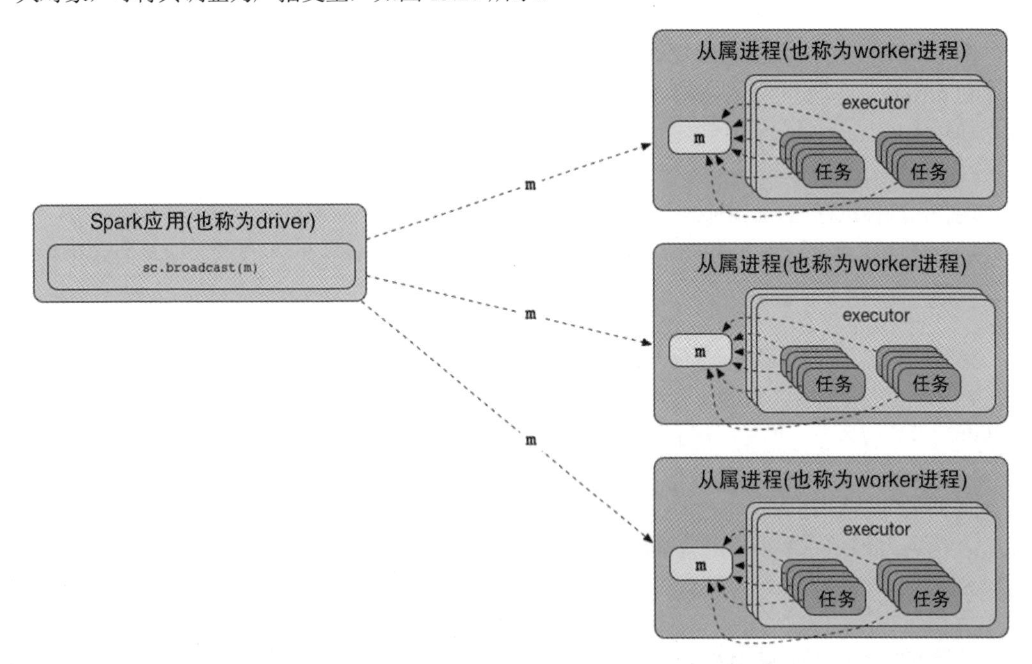

图 15.27 将值从 driver 广播到 executor

要在 Spark 应用中使用广播变量，可以使用 SparkContext.broadcast 对其进行实例化。之后，使用类中的 value 方法来访问该共享值，如下：

```
val m = 5
val bv = sc.broadcast(m)
```

然后，在输出/日志中，可以看到：

```
bv: org.apache.spark.broadcast.Broadcast[Int] = Broadcast(0)

bv.value()
```

在输出/日志中：

```
res0: Int = 1
```

Spark 的广播特性使用 SparkContext 来创建广播变量并使用其值。此后，BroadcastManager 和 ContextCleaner 用来管理广播的生命周期。如图 15.28 所示。

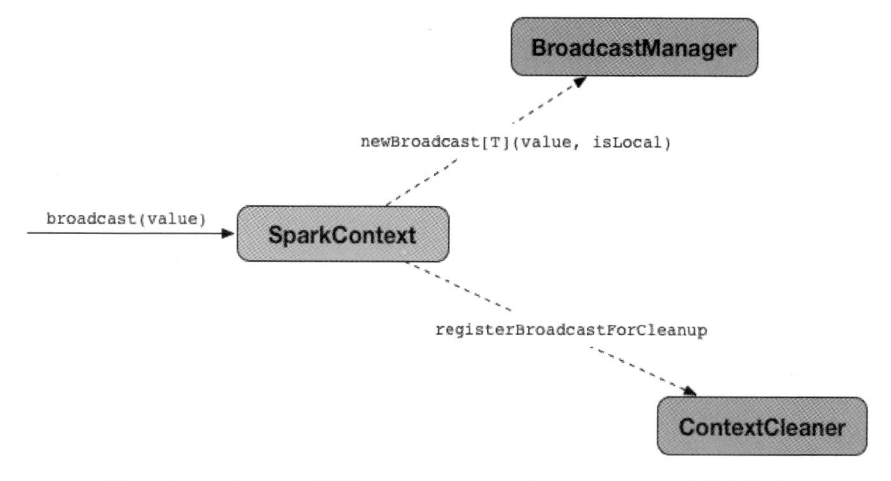

图 15.28 SparkContext 使用 BroadcastManager 和 ContextCleaner 广播变量/值

Spark 应用中的 driver 程序会自动在 driver 上打印每个任务的序列化大小。因此，可决定你的任务是否太大，从而考虑是否使用并行。如果任务大于 20KB，就值得考虑进行优化了。

7. 数据本地化

数据本地性指数据与要处理数据的代码的接近程度。从技术角度看，数据本地性会对要在本地模式或集群模式下运行的 Spark 作业的性能产生重大影响。因此，如果数据和代码是在一起的，那么处理速度显然会快得多。通常，将序列化的代码从 driver 传递给 executor 要快得多，因为代码要比数据小得多。

在 Spark 应用开发和作业执行过程中，数据本地性有多个级别，如表 15.3 所示。从最近到最远，其级别取决于你要处理的数据的当前位置。

表 15.3　Spark 数据本地性级别

数据本地性级别	含义	特别说明
PROCESS_LOCAL	数据和代码位于同一位置	最好的本地性
NODE_LOCAL	数据和代码在同一节点上，例如，数据存储在 HDFS 上	比 PROCESS_LOCAL 稍微慢一点，因为数据需要经过网络进行处理
NO_PREF	从哪里访问数据，距离都一样	没有本地优先性
RACK_LOCAL	数据和代码在同一机架的不同服务器上，需要通过网络进行访问	适用于大规模数据处理
ANY	数据位于网络上，与代码不在同一机架上	不推荐，除非没有其他选项

在 Spark 开发中，大家都喜欢在最佳的本地性级别上安排所有任务，但这显然无法保证，并且有时也是不可能的。因此，基于计算节点上的情况，如果可用的计算资源已被占用，Spark 将切换到较低的本地性级别。此外，如果你想拥有最好的数据本地性，有两种选择：

- 等到繁忙的 CPU 空闲下来时，再在同样的服务器或节点上启动任务(如果所需数据也在这里的话)。
- 在新节点上立即启动任务，当然这需要将数据移过去。

15.5　本章小结

本章讨论了 Spark 的一些高级主题，以便提高 Spark 作业的性能。介绍了调整 Spark 作业性能的一些基本技术，也讨论了如何通过访问 Spark Web UI 来监视作业。还讨论了如何设置 Spark 配置，以及 Spark 用户常犯的一些错误，还提出了一些建议。最后探讨了有助于调整 Spark 应用的优化技术。

在第 16 章中，你将了解如何在集群中部署和管理 Spark。

第 16 章

该聊聊集群了——在集群环境中部署 Spark

“我看到月亮就像一轮银盘，星星则环绕着它。”

——Oscar Wilde

在之前的章节中，我们已经看到了如何使用不同的 Spark API 来开发各种实用程序。不过在本章中，将看到 Spark 及其底层架构是如何在集群中工作的。最后，我们将看到如何在集群中部署一个完整的 Spark 应用。

作为概括，本章将涵盖如下主题：

- 集群中的 Spark 架构
- Spark 生态与集群管理
- 在集群中部署 Spark 应用
- 在独立服务器集群中部署 Spark
- 在 Mesos 集群中部署 Spark
- 在 YARN 集群中部署 Spark
- 云端部署
- 在 AWS 上部署 Spark

16.1 集群中的 Spark 架构

在最近几年，基于 Hadoop 的 MapReduce 架构已经被广泛使用。但它在 I/O、算法复杂的低延迟流式作业，以及完全基于磁盘操作等方面也存在一些问题。Hadoop 提供了 HDFS，能以较低成本高效地计算和存储大数据。但是你只能使用基于 Hadoop 的 MapReduce 框架来进行高延迟的批处理，或计算静态数据。Spark 则为我们带来了另一种大数据处理范例，引入了内存计算和缓存抽象概念。这使得 Spark 逐渐成为大规模数据处理的理想选择，能让计算节点访问相同的输入数据来执行不同的操作。

Spark 的弹性分布式数据集(RDD)模型可完成 MapReduce 范例能完成的所有事情，甚至更多。并且，Spark 能对数据集执行大规模的迭代计算。这一功能有助于你执行机器学习、通用性数据处理、图分析和 SQL 算法等。并且无论是否依赖 Hadoop，Spark 都能让这些任务更快执行，并且要快得多。因此，现在是时候让 Spark 的生态流行起来了，当然它也已经流行起来了。

你应该了解 Spark 的优点及其特性，也应该了解 Spark 的工作原理。

16.1.1　Spark 生态简述

为提供更多高级和强大的大数据处理功能，Spark 作业可在基于 Hadoop(又名 YARN)或 Mesos 的集群上运行。另一方面，Spark 的核心 API(使用 Scala 编写)，则使你能使用 Java、Scala、Python 以及 R 语言等数种编程语言来开发 Spark 应用。Spark 也提供了大量的库，以便用于通用数据处理和分析、图分析、大规模 SQL 查询和机器学习(ML)等。Spark 生态包含如图 16.1 所示的组件。

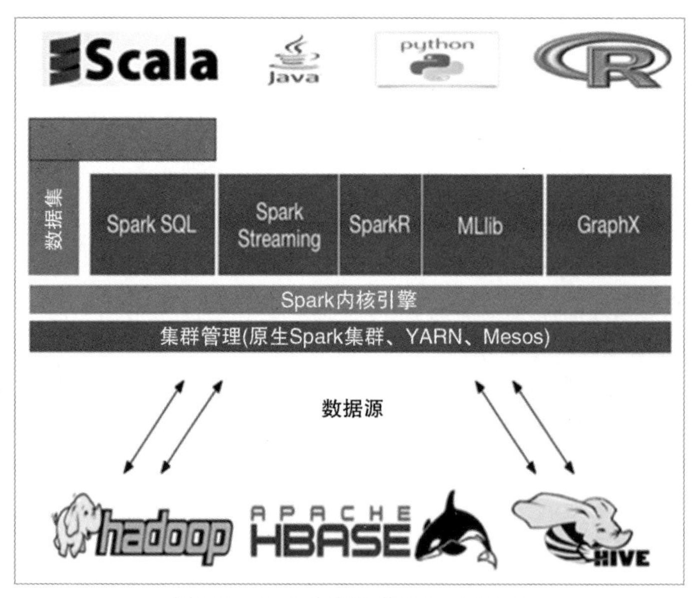

图 16.1　Spark 生态圈(截至 Spark 2.1.0)

Spark 的内核引擎由 Scala 编写，但它支持使用多种语言来编写 Spark 应用，例如 Java、R、Python 以及 Scala 语言。Spark 内核引擎的主要组件/API 为：

(1) **Spark SQL：**它能够实现 SQL 查询与 Spark 程序的无缝融合，这样就可以在 Spark 程序内部查询结构化数据。

(2) **Spark Streaming：**用于大规模流式应用开发。它提供了 Spark 与其他流式数据源(如 Kafka、Flink 以及 Twitter 等)的无缝集成。

(3) **Spark MLlib 和 Spark ML**：基于 RDD、数据集或数据帧创建机器学习和 pipeline。

(4) **GraphX**：用于大规模图计算，能让你的图数据对象完整地连接起来。

(5) **SparkR**：基于 Spark 的 R，能让你实现基本的统计计算和机器学习。

正如我们已经提到的，我们极有可能要组合使用这些 API 来开发大规模的机器学习或数据分析应用程序。此外，Spark 也可通过独立服务器模式、Hadoop YARN 或 Mesos 等集群管理器来提交和执行作业，还可在云端访问数据存储或数据源，如 HDFS、Cassandra、HBase、Amazon S3 甚至是 RDBMS。不过，要获取全功能版本的 Spark，需要在集群上部署 Spark 应用。

16.1.2 集群设计

Apache Spark 是一个分布式并行处理系统，也提供了内存计算功能。这种类型的计算范例要求你提供一个相应的存储系统，从而可在大数据集群上部署应用。为实现这一点，你需要使用分布式存储系统，如 HDFS、S3、HBase 或 Hive。为移动数据，则需要其他一些技术，如 Sqoop、Kinesis、Twitter、Flume 或 Kafka。

在实际中，配置一个小的 Hadoop 集群还是很容易的。你只需要一个主节点和几个 worker 节点即可。在 Hadoop 集群中，一般来讲，主节点可包含 NameNode、DataNode、JobTracker 和 TaskTracker。另一方面，worker 节点则可包含 DataNode 和 TaskTracker。

出于安全考虑，大多数大数据集群会部署在防火墙后面，以便计算节点可以克服或者减少防火墙造成的问题。不然就无法从外部访问计算节点。图 16.2 显示了 Spark 中常用的大数据集群，当然是简化版。

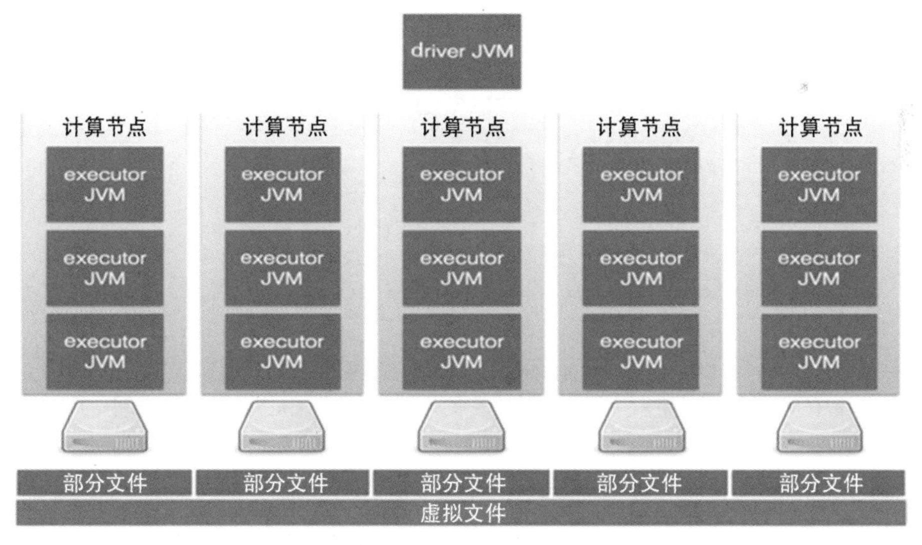

图 16.2 基于 JVM 的常见大数据处理架构

上图显示了一个由 5 个计算节点组成的集群。每个节点都有专用的 executor JVM。而 Spark 的 driver 程序 JVM 则位于集群之外。磁盘使用 JBOD(磁盘簇)方式直接连接到节点上。大文件则通过分区方式分散到这些磁盘上。而像 HDFS 这样的虚拟文件系统，则可以将这些文件块当成一个大型虚拟文件来处理。下面这些简化的组件表明 driver 的 JVM 是位于集群之外的。它与集群管理器一道，获得 worker 节点上计划任务的权限，因为集群管理器会跟踪集群上运行的所有进程的资源分配情况。

如果你使用了 Scala 或 Java 来开发 Spark 应用，就意味着作业是基于 JVM 进行处理的。对于这样的应用，可通过如下两个参数来配置 Java 的堆空间。

- -Xmx：设置 Java 堆空间的上限。
- -Xms：设置 Java 堆空间的下限。

一旦你提交了 Spark 作业，就需要为作业分配堆内存。图 16.3 显示了系统是如何完成这样的处理的。

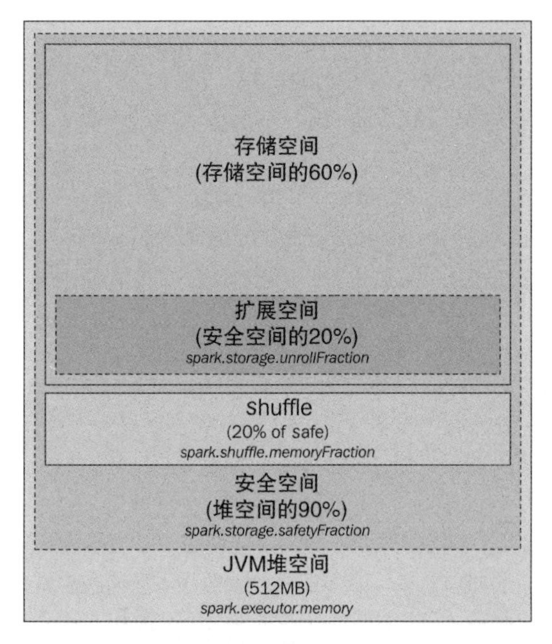

图 16.3　JVM 内存管理

如上图所示，Spark 使用 512MB 的 JVM 堆空间来启动 Spark 作业。但为了不间断地处理 Spark 作业并避免出现内存不足(OOM)错误，Spark 允许计算节点使用 90%的堆空间(约 461MB)，并可以通过控制 Spark 环境中的 spark.storage.safetyFraction 参数来增减。更确切地讲，JVM 可以看成是存储的串联(60%的 Java 堆空间)，20%的堆空间用于执行(即 shuffle 操作)，剩下的 20%用于其他存储。

不仅如此，Spark 本身是一个集群计算工具，它会尝试使用内存和磁盘来完成计算，并允许用户将一部分数据缓存到内存中。实际上，Spark 仅将主内存用于 LRU(最近最少使用算法)缓存。对于不间断的缓存机制，则还需要留有一点内存，用于处理应用程序某些特定的数据处理。非正式地，这大约是由 spark.memory.fraction 参数控制的 Java 堆空间的 60%。

因此，如果你希望查看或计算出 Spark 应用在内存中可缓存多少特定数据，则可将所有 executor 的堆空间用量进行相加，并乘以 safetyFraction 和 spark.memroy。实际上，一般是总的堆空间的 54%(276.48MB)可用于 Spark 的计算节点。现在，用于 shuffle 操作的内存量可按如下方式计算：

```
shuffle 操作使用的内存 = 堆空间大小 * spark.shuffle.safetyFraction
* spark.shuffle.memoryFraction
```

spark.shuffle.safetyFraction 和 spark.shuffle.memoryFraction 的默认值分别为 80%和 20%。因此，实际上可使用 16%(0.8*0.2)的 JVM 堆空间来执行 shuffle 操作。最后，扩展内存是 unroll 进程可以使用的主内存空间(在计算节点上)。其计算方式如下：

```
unroll 内存大小 = spark.storage.unrollFraction * spark.storage.memroyFraction
          * spark.storage.safetyFraction
```

上述计算结果大致是堆空间的 11%左右(0.2*0.6*0.9)，也就是 Java 堆空间中的 56.32MB。

注意：
更多讨论可以参见 http://spark.apache.org/docs/latest/configuration.html。

正如我们即将看到的，目前有多种集群管理器，其中一些还能与 Spark executor 一起并行管理其他 Hadoop 工作负载，甚至是一些非 Hadoop 的应用程序。需要注意，executor 与 driver 之间始终需要有双向通信能力，因此网络也非常期望它们能部署在一起。

Spark 使用包括 driver(也就是 driver 程序)、主节点和 worker(也称为从属线程，或计算节点)在内的工作架构。driver 程序(或机器)与称为主节点的单个协调进程进行通信。主节点实际上会管理所有 worker，其中多个 executor 会在集群中并行运行。需要注意，主节点可以是计算节点，也可配置大内存、存储等。从概念上讲，这种架构图如图 16.4 所示。更多细节将在稍后进行讨论。

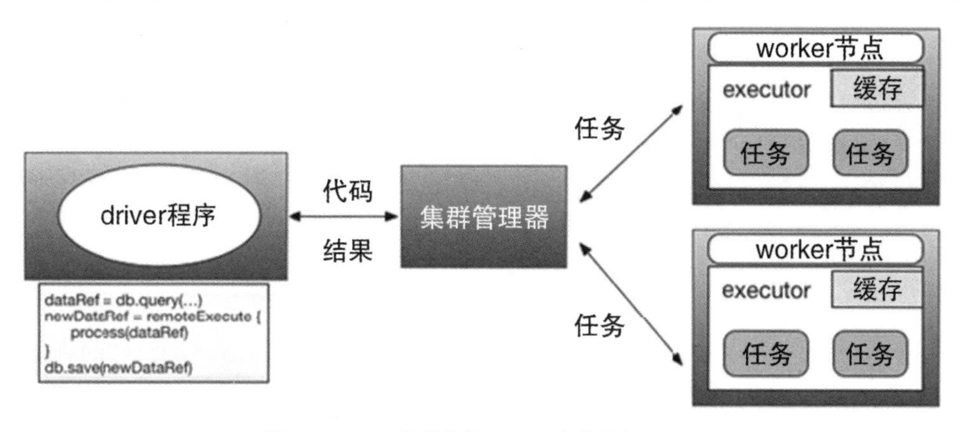

图 16.4　Spark 集群中的 driver、主节点和 worker

在真正的集群模式下，集群管理器(也称为资源管理器)会管理集群中计算节点的所有资源。系统组件之间的端口需要打开。例如，许多组件都使用了 Zookeeper 进行配置。Apache Kafka 是一个消息订阅系统，使用了 Zookeeper 来配置主题、组、消费者和生产者。因此，从客户端到 Zookeeper 时，就可能穿越防火墙。此时，就需要打开对应的端口。

最后，需要考虑如何将不同的系统分配到集群节点上。例如，如果Apache Spark要使用Flume或Kafka，则将用到内存通道。此时Spark就不应该与其他Apache组件争用内存。因此，基于数据流和内存使用情况，你可能需要将Spark、Hadoop、Zookeeper、Flume以及其他组件部署到不同的集群节点上。当然，可选用YARN、Mesos或Docker等资源管理器来解决这一问题。在标准的Hadoop环境中，最常用的是YARN。

充当worker或Spark主节点的计算节点将需要比防火墙内的集群节点更多的资源。当集群节点上部署了很多Hadoop生态组件时，所有这些组件都需要消耗主节点上的额外内存。你需要监控worker节点的资源使用情况，并根据需要调整资源和/或应用程序的位置。YARN就可以处理这样的问题。

本节简要介绍了基于Apache Spark、Hadoop以及其他工具的大数据集群的场景。但如何配置大数据集群中的Spark集群本身？下一节将讲述这些内容，并描述各种类型的Apache Spark集群管理器。

16.1.3 集群管理

可通过Spark配置对象(即SparkConf)和Spark URL来定义Spark的上下文。首先，Spark上下文的目的是连接将在其中运行Spark作业的Spark集群管理器。然后，集群或资源管理器就会在计算节点之间为应用分配所需的资源。集群管理器的第二项任务是在集群的worker节点之间分配executor，以便执行Spark作业。第三，资源管理器还将driver程序(也就是应用程序的JAR文本、R代码或Python脚本)复制到计算节点上。最后，计算任务由资源管理器分配给计算节点。

下面描述当前Spark版本(也就是本书撰写过程中的Spark 2.1.0)可用的各种Apache Spark集群管理器选项，图16.5就显示了YARN是如何管理所有的底层计算资源的。对于你使用的任何集群管理器(如Mesos或YARN)，其工作方式大致是相同的。

注意：

更详细的讨论可参见http://spark.apache.org/docs/latest/cluster-overview.html#cluster-manager-types。

1. 伪集群模式(也称为Spark本地模式)

如你所知，Spark作业也可在本地模式下运行。这有时被称为伪集群模式。这也是非分布式和基于JVM的单一部署模式。这种模式下，Spark在一个JVM中运行所有相关组件，如driver程序、executor、LocalSchedulerBackend和主节点等。这是driver程序本身作为executor的唯一模式。图16.6显示了提交Spark作业的本地模式的工作原理。

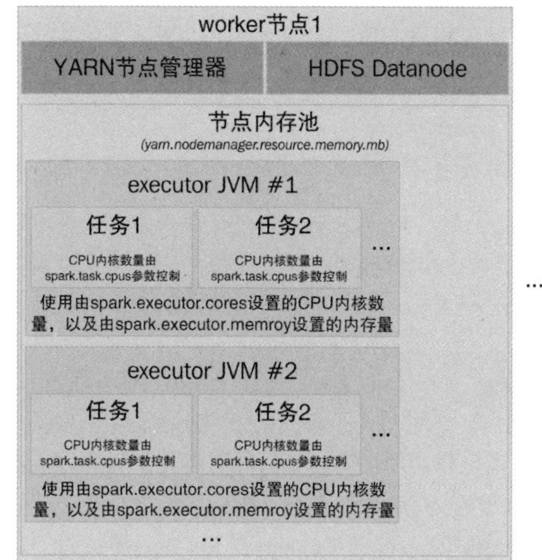

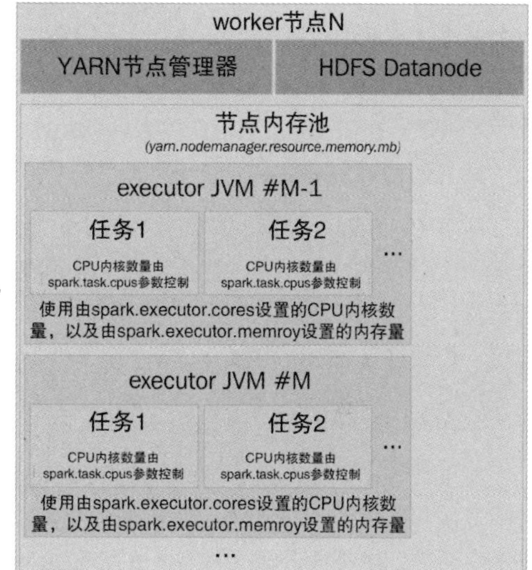

图 16.5 使用 YARN 进行资源管理

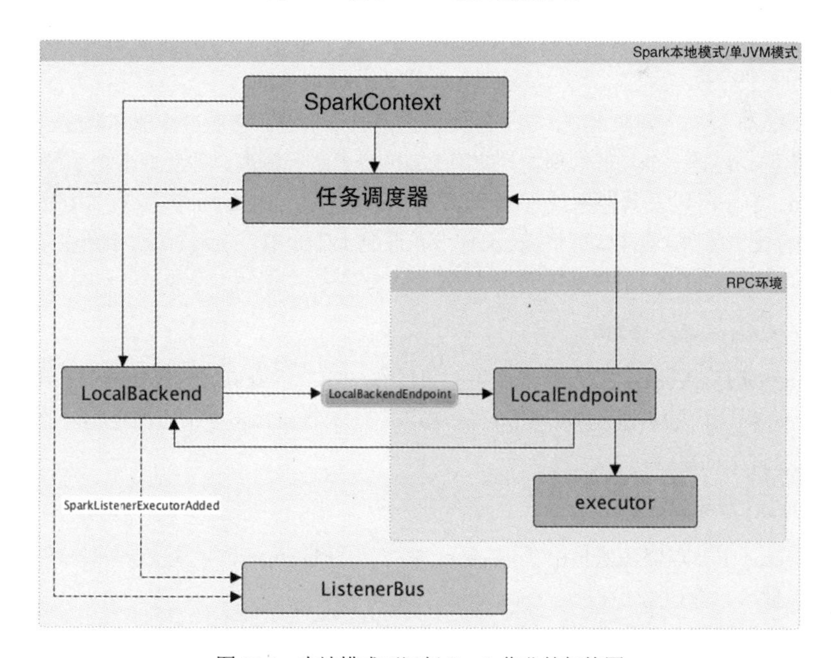

图 16.6 本地模式下运行 Spark 作业的架构图

是不是令人惊讶？可能不是。因为即便在这样的模式下，也可以实现一些并行设置。这里默认的并行设置是主 URL 中指定的线程数(也就是使用的内核数量)，即 local[4]，它表示使用了 4 个内核/线程，local[*]则表示这些内存对所有线程均可用。稍后将讨论这一点。

2. 独立服务器模式

通过设置 Spark 的本地 URL，可让应用程序在本地运行。通过指定 local[n]，可让 Spark 使用 n 个线程在本地运行应用。这是一个非常有用的开发和测试选项，因为你还可以测试某种并行化方案，但可将所有日志都保存在一台机器上。独立服务器模式将使用 Spark 所提供的基本集群管理器。Spark 主 URL 如下：

```
spark://<hostname>:7077
```

这里的<hostname>指的是运行 Spark 主节点的主机名。7077 为端口，也是默认值，但是可以修改。这个简单的集群管理器目前只支持 FIFO(先进先出)调度模式。通过为每个应用程序设置资源配置，就可以并发方式调度应用程序。例如，spark.core.max 用于设置在应用之间共享的处理器内核。稍后将讨论这一内容。

3. Apache YARN

如果将 Spark 的 master 设置为 YARN-cluster，则可将应用提交给集群然后终止。集群将负责分配资源和运行任务。但是，如果将应用的 master 设置为 YARN-client，则应用程序将在处理的整个生命周期中都处于活跃状态，并从 YARN 处请求资源。当与 Hadoop YARN 进行集成时，这就更适用于大规模的数据处理了。稍后将提供详细的分步骤指导，以帮助你配置一个单节点的 YARN 集群，并能以最少的资源来启动 Spark 作业。

4. Apache Mesos

Apache Mesos 是一个开源系统，用于在集群之间共享资源。它通过管理和调度资源来允许多个框架共享集群。它是一个集群管理器，使用 Linux 容器进行隔离，并允许多个系统(如 Hadoop、Spark、Kafka、Storm 以及其他系统)安全地共享一个集群。它也是一个主-从架构的系统，使用 Zookeeper 进行配置管理。这样就可将 Spark 作业扩展到上千个节点上运行。对于单主节点的 Mesos 集群，Spark 主节点的 URL 的格式如下：

```
mesos://<hostname>:5050
```

<hostname>就是 Mesos 主节点服务器主机的名称，端口为 5050，这是 Mesos 主节点的默认端口(可修改)。如果一个大规模的高可用 Mesos 集群中有多个 Mesos 主节点服务器，则 Spark 主节点的 URL 就会像下面这样：

```
mesos://zk://<hostname>:2181
```

因此，Mesos 主节点服务器将由 Zookeeper 来控制。<hostname>就是 Zookeeper quorum 中的一个主机名。此外，端口号 2181 是 Zookeeper 的默认主端口。

使用 Mesos 提交 Spark 作业的运行情况，可在图 16.7 中看到。

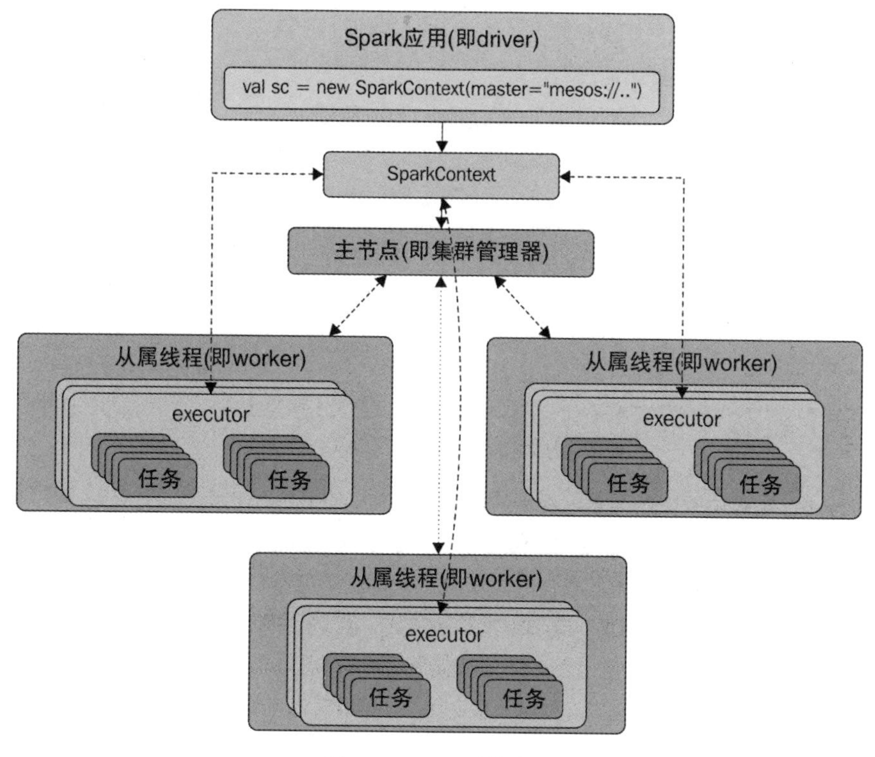

图 16.7　Mesos 动作流程

5. 云端部署

云计算范例中有三种不同的抽象级别：

- 基础设施即服务(又名 IaaS)
- 平台即服务(又名 PaaS)
- 软件即服务(又名 SaaS)

IaaS 通过空闲虚拟机为 SaaS 提供计算基础架构。对于 OpenStack 上的 Apache Spark 也是如此。

注意：

OpenStack 的优势在于它可在多个不同的云服务提供商之间使用，因为它是一个开放标准，也是基于开源的软件。你甚至可在本地数据中心使用它，并在本地、专用的数据中心或公有云之间透明地动态迁移工作负载。

相比之下，PaaS 则使得你免受安装和运行 Apark Spark 集群的困扰，因为集群是作为服务提供的。换言之，可将其视为与操作系统相似的层。

注意：

有时，你甚至可将 Spark 应用容器化，并以云平台的方式独立进行部署。但是，目前很多人正在讨论容器究竟属于 IaaS 还是 PaaS。但在作者看来，它只是一种轻量级的预置虚拟机，因此更应该属于 IaaS。

最后，SaaS 是由云计算范例提供和管理的应用层。坦率地说，你不会看到，或者不必担心前面两层(IaaS 和 PaaS)。

谷歌云、Amazon AWS 和微软的 Azure 是提供这三层云计算服务的典范。稍后将阐述如何使用 Amazon AWS 在云端部署 Spark 集群。

16.2　在集群中部署 Spark 应用

在本节，将探讨如何在计算集群中部署 Spark 作业。将看到如何以三种部模式来配置集群：独立服务器模式、YARN 和 Mesos。表 16.1 简要描述了本章提到的与集群相关的一些术语。

表 16.1　与集群概念相关的术语

术语	含义
应用	基于 Spark 创建的用户程序。由集群中的 driver 程序和 executor 构成
应用 JAR 包	一个 JAR 包中包含了用户的 Spark 应用。某些情况下，用户可能想创建一个 uber jar，它包含了用户的应用，也包含所依赖的库文件。用户的 JAR 包应该永远都不包含 Hadoop 或 Spark 的库文件。但是，这些可在运行时添加
driver 程序	运行应用的 main()函数的进程，可创建 SparkContext
集群管理器	一个外部服务，用于获取集群的资源(如独立服务器管理器、Mesos 或 YARN)
部署模式	确定 driver 进程的运行方式。在“集群”模式下，计算框架在集群内启动 driver。在“客户端”模式下，提交者在集群外部启动 driver
worker 节点	集群中可运行应用代码的任意节点
executor	在 worker 节点上为应用启动的进程，它将运行任务，并持续使用内存和磁盘来访问数据。每个应用都有自己的 executor
任务	一个工作单元，每次会被发送给一个 executor
作业	一个由多个任务组成的并行计算工作，这些任务能响应 Spark 操作(如 save、collect 等)。可在 driver 的日志中看到这一术语
stage	每个作业都会被拆分为更小的任务集合，称为 stage，并且彼此之间互相依赖(这与 MapReduce 中的 Map 和 Reduce 相似)。也可在 driver 的日志中看到这一术语

(来源：http://spark.apache.org/docs/latest/cluster-overview.html#glossary)

但是，在更进一步之前，要了解 Spark 作业通常是如何提交的。

16.2.1　提交 Spark 作业

将 Spark 应用打包为 JAR 文件(由 Scala 或 Java 编写)或 Python 文件之后，就可以使用 Spark 安装目录的 bin 目录(即$SPARK_HOME/bin)下的 spark-submit 脚本进行提交。基于 Spark 官网(http://spark.apache.org/docs/latest/submitting-applications.html)提供的 API 相关文档，该脚本关注如下内容：

- 设置 Spark 的类路径，例如 JAVA_HOME 或 SCALA_HOME。
- 建立所有的依赖，以便执行作业。
- 管理不同的集群管理器。
- 最后，选择 Spark 支持的部署模式。

总的来说，提交 Spark 作业的语法如下：

```
$ spark-submit [options] <app-jar | python-file> [app arguments]
```

这里，[options]可以是--conf <configuration_parameters> --class <mainclass>--master <master-url> --deploy-mode <deploy-mode>，也可以是其他选项。

- <mainclass>，是主类的名称。这也是实际 Spark 应用的进入点。
- --conf，用于设置 Spark 使用的所有参数和配置属性。属性配置格式为 key=value。
- <master-url>，用于设置集群(如 spark://HOST_NAME:PORT)的主 URL，以便链接到 Spark 独立服务器的主节点上。local 表明在本地运行 Spark 作业。默认情况下，它只允许你使用一个 worker 线程，而不允许并行。local[k]表明设置了 k 个 worker 线程在本地运行 Spark 作业。需要注意，这里的 k 表示机器的 CPU 内核数量。最后，如果你设置了 local[*]，就意味着你允许 spark-submit 脚本使用所有 worker 线程(逻辑内核数量)。另外，也可将 Mesos 集群的主 URL 设置为 mesos://IP_ADDRESS:PORT。当然，也可使用基于 YARN 的集群来运行 Spark 作业。

当然，对于主 URL，还有如下一些选项可以设置：

- <deploy-mode>，如果你打算将 driver 部署在 worker 节点上(集群模式)，或部署在本地作为外部客户端(客户端模式)，你需要设置该选项。这里支持四种部署模式：本地模式(local)、独立服务器模式(standalone)、YARN 和 Mesos。
- <app-jar>，是一个使用依赖包创建的 JAR 文件。在提交作业时，只需要传递该 JAR 文件即可。
- <python-file>，使用 Python 编写的应用主程序源代码。在提交作业时，只需要传输.py 文件即可。
- [app arguments]，可由开发人员设置的输入或输出参数。

当你使用 spark-submit 提交 Spark 作业时，就可以使用--jars 选项来指定 Spark 应用(也包含其他 JAR 包)的主 JAR 包。所有 JAR 都将被传递给集群。在--jars 后面设置的 URL 则需要用逗号隔开。

但若使用 URL 指定了 JAR 包，则最好的做法是在--jars 后面用逗号将所有 JAR 包分开。Spark 允许使用如下方案来传播不同的 JAR 策略。

- file:，指定绝对路径和 file:/。
- hdfs:、http:、https:、ftp:，此时，JAR 和其他文件都将从你设置的 URL/URI 处拉取。
- local:，以 local:/开头，可用于指向位于每个计算节点上的本地 JAR 文件。

需要注意的是，你需要将依赖的 JAR 包、R 代码、Python 脚本或其他任何相关的数据文件都复制到每个计算节点上的 SparkContext 工作目录下。这有时会产生巨大开销，并且需要消耗相当大的磁盘空间。磁盘使用量会随着时间的推移而不断增加。因此，在某些时间段内，你需要清除这些未使用的数据对象或相关的代码文件。但对于 YARN 来说，这就很容易了。YARN 能够周期性地执行清理活动，并且这是自动完成的。例如，如果你使用了 Spark 独立服务器模式，就可以在提交作业时，设置 spark.worker.cleanup.appDataTtl 属性来设置自动清除。

从计算角度看，Spark 的设计使得在作业提交(使用 spark-submit 脚本)期间，就可以加载默认的 Spark 设置并将这些设置从配置文件传播到 Spark 应用程序。主节点将从名为 spark-default.conf 的配置文件中读取指定参数。该文件的确切路径为 Spark 安装目录的 SPARK_HOME/conf/spark-default.conf。但是，如果在命令行中设置了参数，则将具有更高的优先级，即覆盖配置文件中的设置。

本地或独立服务器模式下运行 Spark 作业

对应的例子在第 12 章中列举过。你可将其进行扩展，从而处理更大规模的数据集，以便解决其他问题。可将这三种聚类算法和所需的依赖包文件进行打包，并将其作为 Spark 作业提交给 Spark 集群。如果你不知道如何在 Scala 类之外打包和创建 JAR 文件，可使用 SBT 或 Maven 将应用和依赖对象绑定到一起。

可参考 Spark 的官方文档 http://spark.apache.org/docs/latest/submitting-applications.html#advanced-dependency-management。SBT 和 Maven 都有相应的插件，以便用于将 Spark 应用打包为 fat jar。如果你已将应用和所有依赖项绑定在一起，就可以使用如下代码来提交 K-均值聚类算法。当然，这里使用的还是 Saratoga NY Homes 数据集。要在本地提交并运行该 Spark 作业，建议至少在 8 个 CPU 内核上运行如下命令：

```
$ SPARK_HOME/bin/spark-submit
  --class com.chapter16.Clustering.KMeansDemo
  --master local[8]
  KMeans-0.0.1-SNAPSHOT-jar-with-dependencies.jar
  Saratoga_NY_Homes.txt
```

在上述代码中，com.chapter16.Clustering.KMeansDemo 是使用 Scala 编写的主类。local[8]表明主 URL 使用了机器的 8 个 CPU 内核。KMeansDemo-0.0.1-SNAPSHOT-jar-with-dependencies.jar 是用 Maven 项目创建的应用 JAR 文件。接下来是数据集。如果该应用能执行成功，你将看到如图 16.8 所示的输出(有删节)。

```
17/02/14 12:31:02 INFO Executor: Finished task 0.0 in stage 0.0 (TID 0). 3343 bytes result sent to driver
17/02/14 12:31:02 INFO TaskSetManager: Finished task 0.0 in stage 0.0 (TID 0) in 215 ms on localhost (executor driver) (1/1)
17/02/14 12:31:02 INFO TaskSchedulerImpl: Removed TaskSet 0.0, whose tasks have all completed, from pool
17/02/14 12:31:02 INFO DAGScheduler: ResultStage 0 (show at KMeansDemo.scala:56) finished in 0.225 s
17/02/14 12:31:02 INFO DAGScheduler: Job 0 finished: show at KMeansDemo.scala:56, took 0.322031 s
17/02/14 12:31:02 INFO CodeGenerator: Code generated in 19.812394 ms
+--------+-------+----------+-----+---------+------------+----------+--------+--------+---------+----------+----------+--------+----------+---------+-----+
|   Price|LotSize|Waterfront|  Age|LandValue|NewConstruct|CentralAir|FuelType|HeatType|SewerType|LivingArea|PctCollege|Bedrooms|Fireplaces|Bathrooms|rooms|
+--------+-------+----------+-----+---------+------------+----------+--------+--------+---------+----------+----------+--------+----------+---------+-----+
|132500.0|   0.09|       0.0| 42.0|  50000.0|         0.0|       0.0|     3.0|     4.0|      2.0|     906.0|      35.0|     2.0|       1.0|      1.0|  5.0|
|181115.0|   0.92|       0.0|  0.0|  22300.0|         0.0|       0.0|     2.0|     3.0|      2.0|    1953.0|      51.0|     3.0|       0.0|      2.5|  6.0|
|109000.0|   0.19|       0.0|133.0|   7300.0|         0.0|       0.0|     2.0|     3.0|      3.0|    1944.0|      51.0|     4.0|       1.0|      1.0|  8.0|
|155000.0|   0.41|       0.0| 13.0|  18700.0|         0.0|       0.0|     2.0|     2.0|      2.0|    1944.0|      51.0|     3.0|       1.0|      1.5|  5.0|
| 86060.0|   0.11|       0.0|  0.0|  15000.0|         1.0|       1.0|     2.0|     2.0|      3.0|     840.0|      51.0|     2.0|       0.0|      1.0|  3.0|
|120000.0|   0.68|       0.0| 31.0|  14000.0|         0.0|       0.0|     2.0|     2.0|      2.0|    1152.0|      22.0|     4.0|       1.0|      1.0|  8.0|
|153000.0|    0.4|       0.0| 33.0|  23300.0|         0.0|       0.0|     4.0|     3.0|      2.0|    2752.0|      51.0|     4.0|       1.0|      1.0|  8.0|
|170000.0|   1.21|       0.0| 23.0|  14600.0|         0.0|       0.0|     4.0|     2.0|      2.0|    1662.0|      35.0|     4.0|       1.0|      1.5|  8.0|
| 90000.0|   0.83|       0.0| 36.0|  22200.0|         0.0|       0.0|     3.0|     4.0|      2.0|    1632.0|      51.0|     3.0|       0.0|      1.5|  9.0|
|122900.0|   1.94|       0.0|  4.0|  21200.0|         0.0|       0.0|     2.0|     2.0|      1.0|    1416.0|      44.0|     3.0|       0.0|      1.5|  8.0|
|325000.0|   2.29|       0.0|123.0|  12600.0|         0.0|       0.0|     4.0|     2.0|      2.0|    2894.0|      51.0|     7.0|       0.0|      1.5|  6.0|
|120000.0|   0.92|       0.0|  1.0|  22300.0|         0.0|       0.0|     2.0|     2.0|      2.0|    1624.0|      51.0|     3.0|       0.0|      1.0| 12.0|
| 85860.0|   8.97|       0.0| 13.0|   4800.0|         0.0|       0.0|     3.0|     4.0|      2.0|     704.0|      41.0|     2.0|       0.0|      2.0|  6.0|
| 97000.0|   0.11|       0.0|153.0|   3100.0|         0.0|       0.0|     2.0|     3.0|      3.0|    1383.0|      57.0|     3.0|       0.0|      1.0|  4.0|
|127000.0|   0.14|       0.0|  9.0|    300.0|         0.0|       0.0|     4.0|     2.0|      2.0|    1300.0|      41.0|     3.0|       0.0|      2.0|  5.0|
| 89900.0|    0.0|       0.0| 88.0|   2500.0|         0.0|       0.0|     2.0|     3.0|      3.0|     936.0|      57.0|     3.0|       0.0|      1.5|  8.0|
|155000.0|   0.13|       0.0|  9.0|    300.0|         0.0|       0.0|     4.0|     2.0|      2.0|    1300.0|      41.0|     3.0|       0.0|      1.0|  4.0|
|253750.0|    2.0|       0.0|  0.0|  49800.0|         0.0|       1.0|     2.0|     2.0|      1.0|    2816.0|      71.0|     4.0|       1.0|      1.5|  7.0|
| 60000.0|   0.21|       0.0| 82.0|   8500.0|         0.0|       0.0|     4.0|     3.0|      2.0|     924.0|      35.0|     2.0|       0.0|      2.5| 12.0|
| 87500.0|   0.88|       0.0| 17.0|  19400.0|         0.0|       0.0|     4.0|     2.0|      2.0|    1092.0|      35.0|     3.0|       0.0|      1.0|  6.0|
+--------+-------+----------+-----+---------+------------+----------+--------+--------+---------+----------+----------+--------+----------+---------+-----+
only showing top 20 rows

17/02/14 12:31:02 INFO ContextCleaner: Cleaned accumulator 3
17/02/14 12:31:03 INFO BlockManagerInfo: Removed broadcast_1_piece0 on 10.2.16.255:53581 in memory (size: 9.4 KB, free: 4.0 GB)
17/02/14 12:31:03 INFO SparkContext: Starting job: takeSample at KMeans.scala:353
17/02/14 12:31:03 INFO DAGScheduler: Got job 1 (takeSample at KMeans.scala:353) with 2 output partitions
17/02/14 12:31:03 INFO DAGScheduler: Final stage: ResultStage 1 (takeSample at KMeans.scala:353)
17/02/14 12:31:03 INFO DAGScheduler: Parents of final stage: List()
```

图 16.8　Spark 作业在终端上的输出(本地模式)

现在，让我们深入了解一下独立服务器模式下的集群创建。要在该模式下安装 Spark，你需要在集群的每个节点上放置 Spark 的预构建版本。或者，可以根据 http://spark.apache.org/docs/latest/building-spark.html 中的说明自行构建。

要将环境配置为 Spark 独立服务器模式，你必须为集群中的每个节点都提供具有所需功能的 Spark 预构建版本。

现在，将看到如何手工启动独立服务器模式下的集群，可执行如下命令：

```
$ SPARK_HOME/sbin/start-master.sh
```

一旦启动，就能在终端日志中看到如下内容：

```
Starting org.apache.spark.deploy.master.Master, logging to
<SPARK_HOME>/logs/spark-asif-org.apache.spark.deploy.master.Master-1-
ubuntu.out
```

可通过默认的 http://localhost:8080 UI 来访问 Spark，如图 16.9 所示。

当然，也可使用如下参数来修改端口：

```
SPARK_MASTER_WEBUI_PORT=8080
```

通过 SPARK_HOME/sbin/start-master.sh，你只需要修改端口，然后使用如下命令：

```
$ sudo chmod +x SPARK_HOME/sbin/start-master.sh
```

也可通过重启集群让设置生效。不过，这需要你在 SPARK_HOME/sbin/start-slave.sh 中做一点小小的修改。

Spark 2.1.0 Spark Master at spark://ubuntu:7077

URL: spark://ubuntu:7077
REST URL: spark://ubuntu:6066 *(cluster mode)*
Alive Workers: 0
Cores in use: 0 Total, 0 Used
Memory in use: 0.0 B Total, 0.0 B Used
Applications: 0 Running, 0 Completed
Drivers: 0 Running, 0 Completed
Status: ALIVE

Workers

Worker Id	Address	State

Running Applications

Application ID	Name	Cores	Memory per Node	Submitted Time

Completed Applications

Application ID	Name	Cores	Memory per Node	Submitted Time

图 16.9　独立服务器模式下的 Spark 主节点界面

如你所见，主节点上没有活动状态的 worker。现在，需要创建一个从属节点(也称为 worker 节点或计算节点)。可使用如下命令来创建 worker，并将其连接到主节点：

```
$ SPARK_HOME/sbin/start-slave.sh <master-spark-URL>
```

一旦上述命令成功完成，就可在终端的日志中看到如下内容：

```
Starting org.apache.spark.deploy.worker.Worker, logging to
<SPARK_HOME>//logs/spark-asif-org.apache.spark.deploy.worker.Worker-1-
ubuntu.out
```

一旦启动了一个 worker 节点，就可以通过 Spark Web UI http://localhost:8081 来查看其状态。不过，如果你还启动了其他 worker 节点，则也可以使用接下来的端口来访问(即 8082、8083 等)。你也看到新节点信息被列出，包含 CPU 内核数量以及使用的内存量，如图 16.10 所示。

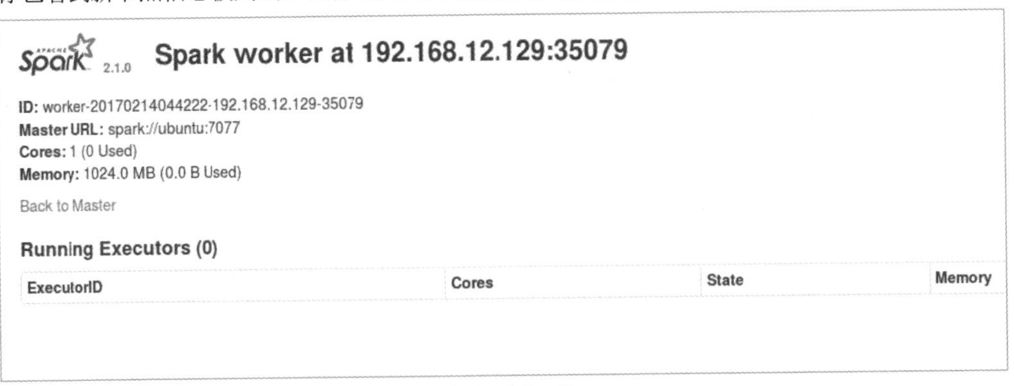

图 16.10 独立服务器模式下的 Spark worker

现在，如果你刷新 http://localhost:8080，就可以看到有一个 worker 节点已被添加进来。如图 16.11 所示。

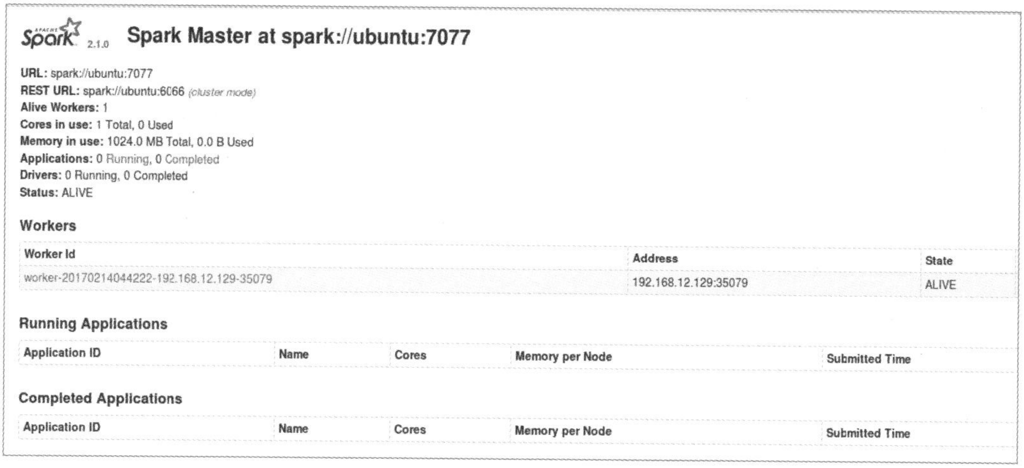

Spark 2.1.0 Spark Master at spark://ubuntu:7077

URL: spark://ubuntu:7077
REST URL: spark://ubuntu:6066 *(cluster mode)*
Alive Workers: 1
Cores in use: 1 Total, 0 Used
Memory in use: 1024.0 MB Total, 0.0 B Used
Applications: 0 Running, 0 Completed
Drivers: 0 Running, 0 Completed
Status: ALIVE

Workers

Worker Id	Address	State
worker-20170214044222-192.168.12.129-35079	192.168.12.129:35079	ALIVE

Running Applications

Application ID	Name	Cores	Memory per Node	Submitted Time

Completed Applications

Application ID	Name	Cores	Memory per Node	Submitted Time

图 16.11　独立服务器模式下，Spark 主节点添加了新的 worker

最后，如表 16.2 所示，所有可被传递给主节点和 worker 节点的配置选项都已列出。

表 16.2　与主节点和 worker 节点相关的配置选项

参数	含义
-h HOST, --host HOST	监听所在的主机名
-i HOST, --ip HOST	监听所在的主机名(该参数已被弃用)
-p PORT, --port PORT	监听端口(默认：主节点为 7077，worker 随机)
--webui-port PORT	Web UI 端口(默认：主节点为 8080，worker 为 8081)
-c CORES, --cores CORES	机器上允许 Spark 应用使用的 CPU 内核总数(默认：所有可用的内核)，只针对 worker 节点而言
-m MEM, --memory MEM	机器上允许 Spark 应用使用的内存总数。格式为 1000M 或 2G(默认：你机器上的所有内存-1GB)。只针对 worker 节点而言
-d DIR, --work-dir DIR	用于临时目的和作业输出日志的目录(默认：SPARK_HOME/work)，只针对 worker 节点而言
--properties-file FILE	要加载的用户自定义参数文件所在路径(默认：conf/spark-default.conf)

(来源：http://spark.apache.org/docs/latest/spark-standalone.html#starting-a-cluster-manually)

现在，你的主节点和一个 worker 节点已处于活动状态。最后，可使用如下命令，在独立服务器模式下提交 Spark 作业：

```
$ SPARK_HOME/bin/spark-submit
  --class "com.chapter16.Clustering.KMeansDemo"
  --master spark://ubuntu:7077
  KMeans-0.0.1-SNAPSHOT-jar-with-dependencies.jar
  Saratoga_NY_Homes.txt
```

一旦作业启动，可通过相应的 UI 来访问主节点和 worker 节点的状态。可以看到你提交的作业的执行进度，这与第 13 章讨论的一样。

为对本节进行小结，可看一下表 16.3。其中显示了用于加载或停止集群要使用的脚本。

表 16.3　加载或停止集群所使用的脚本

脚本命令	用途
sbin/start-master.sh	在机器上启动主实例
sbin/start-slaves.sh	在由 conf/slaves 文件指定的所有机器上启动从属实例
sbin/start-slave.sh	在机器上启动一个从属实例
sbin/start-all.sh	启动一个主实例和所有从属实例
sbin/stop-master.sh	停止由 sbin/start-master.sh 启动的主实例
sbin/stop-slaves.sh	在由 conf/slaes 文件指定的所有机器上停止从属实例
sbin/stop-all.sh	停止主实例和所有从属实例

16.2.2　Hadoop YARN

如前所述，Apache Hadoop YARN 的主要组件为调度器和应用管理器。如图 16.12 所示。

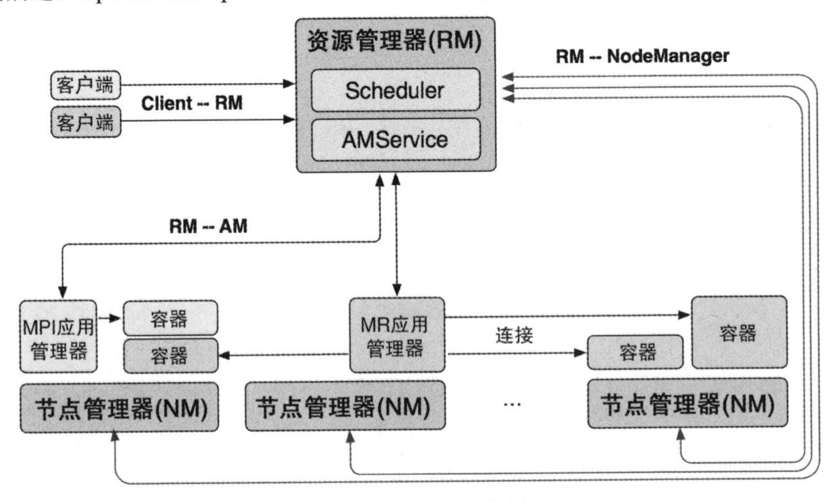

图 16.12　YARN 架构图

现在，通过调度器和应用管理器，就可以配置如下两种部署模式，以便在基于 YARN 的集群上启动 Spark 作业。

- **集群模式：**在此模式下，Spark 的 driver 在 YARN 的应用管理器管理的应用的主进程中工作。应用程序启动后，客户端即便断开连接，应用也会继续运行。
- **客户端模式：**在此模式下，Spark 的 driver 在客户端进程中运行。之后，Spark 的主节点仅用于从 YRAN(资源管理器 RM)请求计算节点的计算资源。

在 Spark 的独立服务器或 Mesos 模式下，主节点的 URL 需要在--master 参数中指定。但在 YARN 模式下，资源管理器的地址则直接从 Hadoop 的配置文件中读取。相应地，此时的--master

被设置为 yarn。在提交 Spark 任务前，需要先启动 YARN 集群。下面将分步介绍如何操作。

1. 配置单节点 YARN 集群

在本节中将讨论如何在提交 Spark 作业前启动 YARN 集群。这里有很多步骤需要完成，你需要保持耐心。

步骤 1　下载 Apache Hadoop

从 Hadoop 官网下载最新的发行版(http://hadoop.apache.org/)。作者使用的版本为基于 Ubuntu14.04 的 2.7.3 版。

```
$ cd /home
$ wget
http://mirrors.ibiblio.org/apache/hadoop/common/hadoop-2.7.3/hadoop-2.7.3.tar.gz
```

接下来，创建目录并解压。

```
$ mkdir -p /opt/yarn
$ cd /opt/yarn
$ tar xvzf /root/hadoop-2.7.3.tar.gz
```

步骤 2　设置 JAVA_HOME

可参考第 1 章来完成当前这一步骤。

步骤 3　创建用户和组

创建 yarn、hdfs 和 mapred 用户。

```
$ groupadd hadoop
$ useradd -g hadoop yarn
$ useradd -g hadoop hdfs
$ useradd -g hadoop mapred
```

步骤 4　创建数据和日志目录

为使用 Hadoop 运行 Spark，需要创建具有相应访问权限的数据和日志目录。可使用如下命令。

```
$ mkdir -p /var/data/hadoop/hdfs/nn
$ mkdir -p /var/data/hadoop/hdfs/snn
$ mkdir -p /var/data/hadoop/hdfs/dn
$ chown hdfs:hadoop /var/data/hadoop/hdfs -R
$ mkdir -p /var/log/hadoop/yarn
$ chown yarn:hadoop /var/log/hadoop/yarn -R
```

现在，需要在 YARN 的安装位置创建日志目录，并设置所有者和组。

```
$ cd /opt/yarn/hadoop-2.7.3
$ mkdir logs
$ chmod g+w logs
$ chown yarn:hadoop .-R
```

步骤 5　配置 core-site.xml

需要将两个属性(也就是 fs.default.name 和 hadoop.http.staticuser.user)设置到 etc/hadoop/core-site.cml。

可以直接复制如下的代码。

```
<configuration>
    <property>
        <name>fs.default.name</name>
        <value>hdfs://localhost:9000</value>
    </property>
    <property>
        <name>hadoop.http.staticuser.user</name>
        <value>hdfs</value>
    </property>
</configuration>
```

步骤 6 配置 hdfs-site.xml

需要在etc/hadoop/hdfs-site.xml文件中配置五个属性(也就是dfs.replication、dfs.namenode.name.dir、fs.checkpoint.dir、fs.checkpoint.edits.dir和dfs.datanode.data.dir)。可以直接复制如下的代码。

```
<configuration>
  <property>
    <name>dfs.replication</name>
    <value>1</value>
  </property>
  <property>
    <name>dfs.namenode.name.dir</name>
    <value>file:/var/data/hadoop/hdfs/nn</value>
  </property>
  <property>
    <name>fs.checkpoint.dir</name>
    <value>file:/var/data/hadoop/hdfs/snn</value>
  </property>
  <property>
    <name>fs.checkpoint.edits.dir</name>
    <value>file:/var/data/hadoop/hdfs/snn</value>
  </property>
  <property>
    <name>dfs.datanode.data.dir</name>
    <value>file:/var/data/hadoop/hdfs/dn</value>
  </property>
</configuration>
```

步骤 7 配置 mapred-site.xml

需要在 etc/hadoop/mapred.site.xml 文件中设置一个属性(也就是，mapreduce.framework.name)。首先，将原来的模板文件替换为 mapred-site.xml。

```
$ cp mapred-site.xml.template mapred-site.xml
```

然后，直接复制如下代码。

```
<configuration>
<property>
```

```
    <name>mapreduce.framework.name</name>
    <value>yarn</value>
  </property>
</configuration>
```

步骤 8 配置 yarn-site.xml

需要在 etc/hadoop/yarn-site.xml 文件中设置两个属性(也就是，yarn.nodemanager.aux-services 和 yarn.nodemanager.aux-services.mapreduce.shuffle.class)。可直接复制如下代码。

```
<configuration>
<property>
    <name>yarn.nodemanager.aux-services</name>
    <value>mapreduce_shuffle</value>
  </property>
  <property>
    <name>yarn.nodemanager.aux-services.mapreduce.shuffle.class</name>
    <value>org.apache.hadoop.mapred.ShuffleHandler</value>
  </property>
</configuration>
```

步骤 9 设置 Java 堆空间

要在基于 Hadoop 的 YARN 集群上运行 Spark 作业，你需要为 JVM 设置足够大的堆空间。可以编辑 etc/hadoop/hadoop-env.sh 文件，然后启用如下属性。

```
HADOOP_HEAPSIZE="500"
HADOOP_NAMENODE_INIT_HEAPSIZE="500"
```

然后编辑 mapred-env.sh 文件。

```
HADOOP_JOB_HISTORYSERVER_HEAPSIZE=250
```

最后，需要确保你已经编辑了 yarn-env.sh。

```
JAVA_HEAP_MAX=-Xmx500m
YARN_HEAPSIZE=500
```

步骤 10 格式化 HDFS

如果你想启动 HDFS 的 NameNode，你需要为 Hadoop 初始化一个目录，以便存储文件系统的元数据变更的跟踪信息。当然，对 HDFS 的格式化操作会破坏所有东西，并创建一个新的文件系统。此时它会使用在 etc/hadoop/hdfs-site.xml 中设置的 dfs.namenode.name.dir 的值。要完成对 HDFS 的格式化，首先切换到 bin 目录并执行如下命令。

```
$ su -hdfs
$ cd /opt/yarn/hadoop-2.7.3/bin
$ ./hdfs namenode -format
```

如果上述命令执行成功，就可以在 Ubuntu 终端上看到如下输出。

```
INFO common.Storage: Storage directory /var/data/hadoop/hdfs/nn has been
successfully formatted
```

步骤 11 启动 HDFS

在步骤 10 的 bin 目录下执行如下命令。

```
$ cd ../sbin
$ ./hadoop-daemon.sh start namenode
```

上述命令执行完毕，可以看到如下输出。

```
starting namenode, logging to /opt/yarn/hadoop-2.7.3/logs/hadoop-
hdfsnamenode-limulus.out
```

要启动 secondarynamenode 和 datanode，可以执行如下命令。

```
$ ./hadoop-daemon.sh start secondarynamenode
```

然后就看到如下输出。

```
Starting secondarynamenode, logging to /opt/yarn/hadoop-2.7.3/logs/hadoop-
hdfssecondarynamenode-limulus.out
```

执行如下命令来启动 datanode。

```
$ ./hadoop-daemon.sh start datanode
```

你将看到如下输出。

```
starting datanode, logging to /opt/yarn/hadoop-2.7.3/logs/ hadoop-hdfs-
datanode-limulus.out
```

现在，就可以使用如下命令来检查所有服务的状态。

```
$ jps
```

可以看到如下内容。

```
35180 SecondaryNameNode
45915 NameNode
656335 Jps
75814 DataNode
```

步骤 12 启动 YARN

要使用 YARN，需要使用用户 yarn 来启动资源管理器(RM)和一个节点管理器(NM)。

```
$ su -yarn
$ cd /opt/yarn/hadoop-2.7.3/sbin
$ ./yarn-daemon.sh start resourcemanager
```

你将看到如下输出：

```
starting resourcemanager, logging to /opt/yarn/hadoop-2.7.3/logs/yarn-yarn-
resourcemanagerlimulus.out
```

然后执行如下命令来启动节点管理器。

```
$ ./yarn-daemon.sh start nodemanager
```

其输出如下。

```
starting nodemanager, logging to /opt/yarn/hadoop-2.7.3/logs/yarn-
yarnnodemanager-limulus.out
```

如果你想确认这些节点上的服务运行情况，可使用 jsp 命令。如果你想停止资源管理器或节点管理器，可使用如下命令：

```
$ ./yarn-daemon.sh stop nodemanager
$ ./yarn-daemon.sh stop resourcemanager
```

步骤 13　在 Web UI 上进行检查

访问 http://localhost:50070 可查看 NameNode 的状态，访问 http://localhost:8088，则可以查看资源管理器的状态。

> 小技巧：
>
> 上述步骤展示了如何在少量节点上配置基于 Hadoop 的 YARN 集群。但是，如果你想大规模(如数千个节点上)配置基于 Hadoop 的 YARN 集群，可以参考 https://hadoop.apache.org/docs/current/hadoop-project-dist/hadoop-common/ClusterSetup.html。

2. 在 YARN 集群上提交 Spark 作业

现在，我们已经创建了一个能够满足最低要求的 YARN 集群(用于执行小型 Spark 作业还是可以的)，要在其上执行 Spark 应用程序，可使用如下命令：

```
$ SPARK_HOME/bin/spark-submit --classpath.to.your.Class --master yarn
--deploy-mode cluster [options] <app jar> [app options]
```

要运行 KMeansDemo，可执行如下命令：

```
$ SPARK_HOME/bin/spark-submit
    --class "com.chapter16.Clustering.KMeansDemo"
    --master yarn
    --deploy-mode cluster
    --driver-memory 16g
    --executor-memory 4g
    --executor-cores 4
    --queue the_queue
    KMeans-0.0.1-SNAPSHOT-jar-with-dependencies.jar
    Saratoga_NY_Homes.txt
```

上述的 submit 命令会使用默认的应用主程序配置以 YARN 集群的模式启动。此后 KMeansDemo 会作为主程序的子线程运行。为及时更新状态并在控制台上显示，客户端会定期联系应用主程序来获取相应的信息。当 KMeansDemo 执行完毕时，客户端会退出。

> 小技巧：
>
> 基于你提交的作业，你可能想使用 Spark Web UI 或 Spark history server 来查看作业的处理进度，可参考第 17 章来了解如何分析 driver 和 executor 的日志。

要在客户端模式下运行 Spark 应用，就可以使用之前的一些命令，但你需要将部署模式从集群模式替换为客户端模式。对于那些想使用 Spark shell 的用户，可以执行如下命令：

```
$ SPARK_HOME/bin/spark-shell --master yarn --deploy-mode client
```

3. YARN 集群上的高级作业提交

如果你想在 YARN 集群上提交作业时使用一些高级选项，则可以指定其他参数。例如，如果要使用动态的资源分配，则可将 spark.dynamicAllocation.enabled 参数设置为 true。但是，要执行此操作，还需要设置 minExecutors、maxExecutors 和 initialExecutors 等参数。这些参数将在下面解释。另一方面，如果要启用 shuffling 服务，则需要将 spark.shuffle.service.enabled 参数设置为 true。最后，你还可以设置 spark.executor.instances 参数来指定将运行多少个 executor 实例。

现在，为让上面的探讨更清晰，可参考如下提交作业的命令：

```
$ SPARK_HOME/bin/spark-submit
    --class "com.chapter13.Clustering.KMeansDemo"
    --master yarn
    --deploy-mode cluster
    --driver-memory 16g
    --executor-memory 4g
    --executor-cores 4
    --queue the_queue
    --conf spark.dynamicAllocation.enabled=true
    --conf spark.shuffle.service.enabled=true
    --conf spark.dynamicAllocation.minExecutors=1
    --conf spark.dynamicAllocation.maxExecutors=4
    --conf spark.dynamicAllocation.initialExecutors=4
    --conf spark.executor.instances=4
    KMeans-0.0.1-SNAPSHOT-jar-with-dependencies.jar
    Saratoga_NY_Homes.txt
```

但这种作业提交的脚本有点复杂，有时有些参数还是不确定的。根据作者以往的经验，如果你增加代码的分区数量和 executor 的数量，应用程序将更快完成，这是完全可以的。但如果只增加 executor 的数量，则作业的完成时间可能是相同的。不过有时，你可能希望时间更短一些。另外，你将之前的代码启动了两次，并希望它们均能在 60 秒内完成，当然这种情况也可能不会发生。通常情况下，这两项工作都可能在 120 秒内结束。是不是有点奇怪？这里将解释这种场景。

假设计算机上有 16 颗 CPU 内核以及 8GB 内存，现在，你想使用 4 个 executor，每个 executor 使用一颗 CPU 内核，那么会发生什么？好吧，当你使用 executor 时，Spark 会通过 YARN 来分配内核数量(这里为 1 个)和所需的内存。为更快地进行处理，内存的要求会更高。如果你要求 1GB，则实际上会分配 1.5GB 左右的内存。此外，它也可能为 driver 的 executor 分配大约 1024MB 的内存。

有时，Spark 作业需要多少内存并保留多少其实并不重要。在之前的示例中，每个 executor 使用的内存都不超过 50MB，但总共大约需要 1.5GB(包括开销)。本章后面将探讨如何在 AWS 上配置 Spark 集群。

16.2.3 Apache Mesos

在使用 Mesos 时，Mesos 的主程序通常会替代 Spark 的主程序，作为集群的管理器(也就是资源管理器)。现在，当 driver 创建 Spark 作业并开始为调度分配相关任务时，Mesos 会确定哪些计算节点处理哪些任务。当然，我们假设你已经在计算机上安装并配置了 Mesos。

小技巧：
可参考如下的链接在集群上安装 Mesos: https://mesos.apache.org/getting-started/和 http://blog.madhukaraphatak.com/。

基于不同的硬件配置，Mesos 的安装与配置所消耗的时间也是不同的。在作者的机器上(Ubuntu 14.04 64 位，CPU 为 i7，内存为 32GB)，大约花费了 1 个小时。

要使用 Mesos 集群模式提交和计算 Spark 作业，你需要确保 Spark 的二进制包位于 Mesos 能访问到的位置上。此外，还要确保 Spark 程序已经被正确配置，以便能够自动连接到 Mesos 上。也可将 Spark 安装在与 Mesos 的从属节点上相同的位置。然后，你需要配置 spark.mesos.executor.home 参数，将其指向 Spark 的安装位置。需要注意的是，指向的默认位置为 SPARK_HOME。

当第一次在 Mesos 的 worker 节点(即计算节点)上运行 Spark 作业时，Spark 的二进制包必须在该 worker 节点上可用。这能确保 Spark Mesos 的 executor 可在后台运行。

注意：
Spark 的二进制包可放在如下位置，以确保其可用：
(1) 通过 http://配置 URL/URI(包括 HTTP)。
(2) 使用 Amazon S3，即 s3n://。
(3) 使用 HDFS，即 hdfs://。

如果你设置了 HADOOP_CONF_DIR 环境变量，则该参数一般会被设置为 hdfs://，否则就是 file://。

接着设置 Mesos 的主 URL。mesos://host:5050 用于单主节点的 Mesos 集群，mesos://zk://host1:2181、host2:2182 和 host3:2183/mesos 用于由 Zookeeper 控制的多主节点 Mesos 集群。

小技巧：
要了解上述内容更详细的讨论，可参考 http://spark.apache.org/docs/latest/running- on-mesos.html。

1. 客户端模式

在此模式下，Mesos 框架的工作方式就是直接在客户端计算机上启动 Spark 作业。然后等待计算结果，也称为 driver 的输出。但为实现与 Mesos 的正确交互，driver 会期望你在 SPARK_HOME/conf/spark-env.sh 中设置一些与应用相关的属性。

要实现这一点，你需要修改$SPARK_HOME/conf 中的 spark-env.sh.template 文件。在使用客户端模式前，可在 spark-env.sh 中设置如下环境变量。

```
$ export MESOS_NATIVE_JAVA_LIBRARY=<path to libmesos.so>
```

在 Ubuntu 上，该路径的典型值为/usr/local/lib/libmesos.so。此外，在 Mac OS X 上，同样的库文件被称为 libmesos.dylib，而非 libmesos.so:

```
$ export SPARK_EXECUTOR_URI=<URL of spark-2.1.0.tar.gz uploaded above>
```

现在，当你在 Mesos 集群上提交和执行 Spark 作业时，你需要将 Mesos://host:port 作为主 URL 进行传递。这通常在 Spark 应用开发中创建 SparkContext 时完成，如下：

```
val conf = new SparkConf()
                    .setMaster("mesos://HOST:5050")
                    .setAppName("My app")
                    .set("spark.executor.uri", "<path to spark-2.1.0.tar.gz
uploaded above>")
val sc = new SparkContext(conf)
```

进行上述配置的第二种选项，就是可以在 SPARK_HOME/conf/spark-default.conf 文件中配置 spark.executor.uri，并使用 spark-submit 脚本。在执行 shell 时，spark.executor.uri 参数将自动继承 SPARK_EXECUTOR_URI，这样就不必将其作为系统属性进行重复传递了。可使用如下命令在 Spark shell 中访问客户端模式：

```
$ SPARK_HOME/bin/spark-shell --master mesos://host:5050
```

2. 集群模式

Mesos 上的 Spark 也支持集群模式。如果 driver 已经在集群上启动了 Spark 作业，并且计算已经完成，则客户端就可通过 Mesos Web UI 来访问其结果(driver)。如果你通过 SPARK_HOME/sbin/start-mesos-dispatcher.sh 脚本启动了 MesosClusterDispatcher，就可以使用集群模式。

再说明一次，在 Spark 应用中创建 SparkContext 时，你需要传递 Mesos 的主 URL(如 mesos://host:5050)。在集群模式下启动 Mesos，也会在主机上启动 MesosClusterDispatcher，并将其作为守护进程。

为获得更灵活和更高级的 Spark 作业执行，还可使用 Marathon。使用 Marathon 的优势在于，可通过 Marathon 来运行 MesosClusterDispatcher。如果你打算这样做，请确保 MesosClusterDispatcher 是在前台运行的。

注意：

Marathon 是一个用于 Mesos 的框架，旨在处理需要长时间运行的应用。在 Mesosphere 中，它可以替代传统的初始化系统。它具有多种特性，可在集群环境下简化应用的执行，例如高可用性、节点约束、应用健康检查，以及可用于脚本编写和服务发现的 API，还有易于使用的 Web 用户界面。它将扩展能力和自我修复能力也加入 Mesosphere 的功能集中。Marathon 也可用于启动其他 Mesos 框架，还可启动在传统的 shell 中启动的任何进程。由于它转为长时间运行的应用程序而设计，因此能确保已启动的应用将继续运行，即便是运行它们的从属节点出现了故障。有关 Marathon 和 Mesosphere 结合使用的更多信息，可参考 GitHub 上的页面：https://github.com/mesosphere/marathon。

更具体地说，可通过使用spark-submit脚本将主URL指定为MesosClusterDispatcher的URL(如mesos://dispatcher:7077)。具体如下：

```
$ SPARK_HOME/bin/spark-class
org.apache.spark.deploy.mesos.MesosClusterDispatcher
```

可在 Spark 集群的 Web UI 上查看 driver 的状态。例如，可使用如下命令提交作业：

```
$ SPARK_HOME/bin/spark-submit
--class com.chapter13.Clustering.KMeansDemo
--master mesos://207.184.161.138:7077
--deploy-mode cluster
--supervise
--executor-memory 20G
--total-executor-cores 100
KMeans-0.0.1-SNAPSHOT-jar-with-dependencies.jar
Saratoga_NY_Homes.txt
```

需要注意，传递给spark-submit的jar或Python文件应该是Mesos的从属进程可以访问的URL，因为 Spark 的 driver 不会自动上载本地 jar。最后，Spark 可在两种模式下基于 Mesos 运行：粗粒度(默认)和细粒度(不推荐)。有关该主题的更多信息，可参考 http://spark.apache.org/docs/latest/running-on-mesos.html。

在集群模式下，Spark 的 driver 可在不同计算机上运行。即 driver、主节点和计算节点是不同的计算机。因此，如果你尝试使用 SparkContext.addJar 来添加 jar，则该操作会无效。要避免这个问题，你需要确保 jar 文件在客户端机器上，并能为 SparkContext.addJar 所见，然后在启动命令中使用--jars 选项：

```
$ SPARK_HOME/bin/spark-submit --class my.main.Class
    --master yarn
    --deploy-mode cluster
    --jars my-other-jar.jar, my-other-other-jar.jar
    my-main-jar.jar
    app_arg1 app_arg2
```

16.2.4　在 AWS 上部署

之前介绍了如何以本地、独立服务器或集群(YARN 和 Mesos)模式提交 Spark 作业。接下来将展示如何在 AWS EC2 上创建真实的集群并运行 Spark 应用。为使程序能在 Spark 集群模式下运行，并具备更好的可扩展性，将使用 AWS 的 IaaS 服务 EC2。有关 EC2 的定价及相关信息，可参阅 https://aws.amazon.com/cn/ec2/pricing/。

步骤 1：键值对与访问键配置

假设你已创建了 EC2 账号。第一步需要完成的任务是创建 EC2 键值对和 AWS 的访问键。EC2 的键值对为密钥，当你通过 SSH 建立到 EC2 实例或机器的安全连接时，你需要使用它。为了制作该键，你需要使用 AWS 的控制台：https://docs.aws.amazon.com/zh_cn/ AWSEC2/latest/UserGuide/ec2-key-pairs.html。可以参考图 16.13，它显示了 EC2 账号的键值对创建页面。

图 16.13　AWS 键值对生成窗口

一旦你将其下载，可将其命名为 aws_key_pair.pem 并保存到本地机器上。然后通过如下命令来确认对该文件的访问权限(可将该文件存储在一个安全位置，如/usr/local/key)：

```
$ sudo chmod 400 /usr/local/key/aws_key_pair.pem
```

接下来，你需要的就是 AWS 的访问键和账号的凭证。如果你想使用 spark-ec2 脚本在本地机器上将 Spark 作业提交给计算节点，就需要这些内容。为生成并下载这些 key，可登录 AWS 的 IAM 服务，链接为 https://docs.aws.amazon.com/zh_cn/IAM/latest/UserGuide/id_credentials_access-keys.html。

文件下载完毕(也使用/usr/local/key)后，你需要在你的本地机器上设置两个环境变量，如下：

```
$ echo "export AWS_ACCESS_KEY_ID=<access_key_id>" >> ~/.bashrc
$ echo " export AWS_SECRET_ACCESS_KEY=<secret_access_key_id>" >> ~/.bashrc
$ source ~/.bashrc
```

步骤 2：在 EC2 上配置 Spark 集群

到 Spark 1.6.3 版本，Spark 发行版(SPARK_HOME/ec2)提供了一个名为 spark-ec2 的脚本。可用它在本地计算机上启动 EC2 实例中的 Spark 集群。这能帮助你启动、管理和关闭在 AWS 上使用的 Spark 集群。但自 Spark 2.x 以来，该脚本已被移到 AMPLab，这样它就能更好地进行 bug 修复并分别维护脚本。

可从 https://github.com/amplab/spark-ec2 下载并使用该脚本。

> **注意：**
> 在 AWS 上启动和使用集群是需要付费的。因此，通常的做法是计算任务完成时，就停止或直接删除该集群。不然会给你带来额外的花费。要了解关于 AWS 定价的更多信息，可参考 https://aws.amazon.com/cn/ec2/pricing/。

你也可能想为Amazon EC2 实例(控制台)创建一个IAM实例概要文件。更详细的信息，可参考 https://docs.aws.amazon.com/zh_cn/codedeploy/latest/userguide/getting-started-create-iam-instance-profile.html。

为简化起见，将下载该脚本并将其放在 Spark home 的 ec2 目录(SPARK_HOME/ec2)。一旦执行了如下命令来启动新实例，该命令将在集群上自动创建 Spark、HDFS 和其他依赖服务：

```
$ SPARK_HOME/spark-ec2
--key-pair=<name_of_the_key_pair>
--identity-file=<path_of_the key_pair>
--instance-type=<AWS_instance_type >
--region=<region> zone=<zone>
```

```
--slaves=<number_of_slaves>
--hadoop-major-version=<Hadoop_version>
--spark-version=<spark_version>
--instance-profile-name=<profile_name>
launch <cluster-name>
```

我们认为这些参数都是自解释的。当然，如果你想了解更多细节，则可以参考 https://github.com/amplab/spark-ec2#readme。

注意：

如果你已经有 Hadoop 集群并期望在其上部署 Spark。如果你使用的是 Hadoop-YARN 或 Mesos，则运行 Spark 作业会相对容易一些。即便你不使用这些，Spark 也可以在独立服务器模式下运行。Spark 运行 driver 程序，然后调用 executor。这意味着你需要告诉 Spark 你希望运行 Spark 守护进程的节点(就主/从进程而言)。在 spark/conf 目录中，可看到从属进程的配置文件。可对其进行更新，以便包含所有想要使用的机器。可从源文件或网站的二进制包中进行设置。你应该为所有节点使用 FQDN(全称域名)，并确保每个节点都能从主节点进行无密码 SSH 访问。

假设你已经创建并配置了实例概要文件。现在，就做好了启动 EC2 实例的准备。对于我们的样例，其命令大致如下：

```
$ SPARK_HOME/spark-ec2
  --key-pair=aws_key_pair
  --identity-file=/usr/local/aws_key_pair.pem
  --instance-type=m3.2xlarge
--region=eu-west-1 --zone=eu-west-1a --slaves=2
--hadoop-major-version=yarn
--spark-version=2.1.0
--instance-profile-name=rezacsedu_aws
launch ec2-spark-cluster-1
```

图 16.14 显示了 AWS 上的 Spark home。

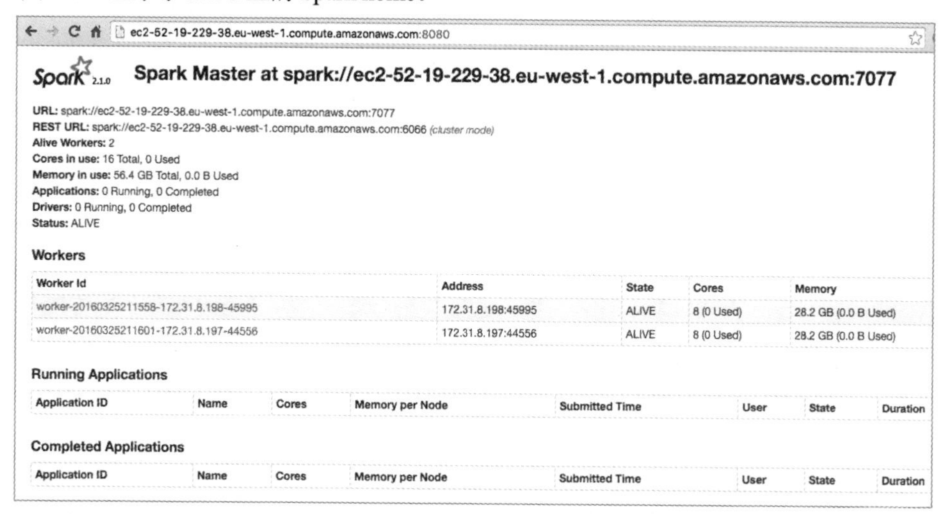

图 16.14　AWS 上的集群 home 信息

成功完成后，将使用 EC2 账户上的两个 worker(从属进程)节点来实例化 Spark 集群。不过，这一过程可能需要大约半小时的时间，具体取决于你的互联网速度和硬件配置。因此，可趁机喝一杯咖啡。当集群创建成功后，就可得到终端上的 Spark 集群的 URL。为确保集群是否真在运行，可通过 https://<master-hostname>:8080 来进行检查。这里的 master-hostname 就是终端上收到的 URL。如果之前的步骤都没有问题，就可以检查到你的集群正在运行，可参考上图。

步骤 3：在 AWS 集群上运行 Spark 作业

现在，你的主节点和 worker 节点都已经开始运行了，这意味着可向其提交 Spark 作业来进行计算。但在此之前，你需要使用 SSH 来登录到远程节点。可执行如下命令。

```
$ SPARK_HOME/spark-ec2
--key-pair=<name_of_the_key_pair>
--identity-file=<path_of_the _key_pair>
--region=<region>
--zone=<zone>
login <cluster-name>
```

在我们的例子中，该命令应该是如下这个样子。

```
$ SPARK_HOME/spark-ec2
--key-pair=my-key-pair
--identity-file=/usr/local/key/aws-key-pair.pem
--region=eu-west-1
--zone=eu-west-1
login ec2-spark-cluster-1
```

现在，在新终端上可通过如下命令将应用，也就是 JAR 文件(或 Python/R 脚本)复制到远程实例上(这里是 ec2-52-48-119-121.eu-west-1.compute.amazonaws.com)。

```
$ scp -i /usr/local/key/aws-key-pair.pem
/usr/local/code/KMeans-0.0.1-SNAPSHOT-jar-with-dependencies.jar
ec2-user@ec2-52-18-252-59.euwest-1.compute.amazonaws.com:/home/ec2-user/
```

然后，你需要执行如下命令将你的数据复制到同一远程实例上。

```
/usr/local/data/Saratoga_NY_Homes.txt):
$ scp -i /usr/local/key/aws-key-pair.pem
/usr/local/data/Saratoga_NY_Homes.txt ec2-user@ec2-52-18-252-59.euwest-
1.compute.amazonaws.com:/home/ec2-user/
```

注意：

如果你已在远程机器上配置了 HDFS 并放置了代码和数据文件，就不必将 JAR 和数据文件复制到从属节点。主节点会自动完成这一操作。

最后，你需要提交 Spark 作业，并由从属进程或 worker 节点进行计算。可执行如下命令：

```
$SPARK_HOME/bin/spark-submit
--class com.chapter13.Clustering.KMeansDemo
--master spark://ec2-52-48-119-121.eu-west-1.compute.amazonaws.com:7077
```

```
file:///home/ec2-user/KMeans-0.0.1-SNAPSHOT-jar-with-dependencies.jar
file:///home/ec2-user/Saratoga_NY_Homes.txt
```

小技巧：

如果你的机器上没有配置 HDFS，则可将输入文件放置为 file://input.txt。

如果你已将数据放置在 HDFS 上，就可使用如下命令来提交作业。

```
$SPARK_HOME/bin/spark-submit
--class com.chapter13.Clustering.KMeansDemo
--master spark://ec2-52-48-119-121.eu-west-1.compute.amazonaws.com:7077
hdfs://localhost:9000/KMeans-0.0.1-SNAPSHOT-jar-with-dependencies.jar
hdfs://localhost:9000//Saratoga_NY_Homes.txt
```

一旦上述作业成功执行完毕，可通过端口 8080 来查看作业的状态和相关统计信息。

步骤 4：暂停、重启和关闭 Spark 集群

当计算任务完成时，就可关闭集群，从而避免额外的成本消耗。要停止集群，可从本地机器上执行如下命令。

```
$ SPARK_HOME/ec2/spark-ec2 --region=<ec2-region> stop <cluster-name>
```

对于我们这个例子，命令应该如下。

```
$ SPARK_HOME/ec2/spark-ec2 --region=eu-west-1 stop ec2-spark-cluster-1
```

稍后如果想重启集群，则可执行如下命令。

```
$ SPARK_HOME/ec2/spark-ec2 -i <key-file> --region=<ec2-region> start
<cluster-name>
```

这里使用的命令如下。

```
$ SPARK_HOME/ec2/spark-ec2
--identity-file=/usr/local/key/-key-pair.pem
--region=eu-west-1 start ec2-spark-cluster-1
```

最后，如果想终止 AWS 上的 Spark 集群，命令如下。

```
$ SPARK_HOME/ec2/spark-ec2 destroy <cluster-name>
```

这里使用的命令如下。

```
$ SPARK_HOME /spark-ec2 --region=eu-west-1 destroy ec2-spark-cluster-1
```

在 AWS 上使用竞价实例，能极大地降低成本。有时甚至能将成本支出降低一个数量级。可在如下链接中找到该实例的分步骤使用指南：http://blog.insightdatalabs.com/spark-cluster-step-by-step/。

有时，要移动大规模的数据集是很困难的，例如 1TB 的原始数据文件。这种情况下，如果你期望应用具备良好的扩展性，以便将来能使用更大规模的数据集，最好将这些数据文件从 AWS 的 S3 或 EBS 设备上加载到 HDFS 上，并使用 hdfs://来指定数据文件的存放路径。

小技巧：

数据文件或其他文件(如 jar、脚本等)都可放置在 HDFS 上，以使其具备更高的可访问性：

(1) 通过 http://来指定 URL/URI。

(2) 通过 s3n://来使用 AWS 的 S3。

(3) 通过 hdfs://来使用 HDFS。

如果你设置了 HADOOP_CONF_DIR 环境变量，则该变量通常会被设置为 hdfs://，不然就是 file://。

16.3 本章小结

本章探讨了 Spark 是如何在集群模式下工作的，讲述了如何在集群上部署完整的 Spark 应用，分析了如何在不同的集群模式(例如本地模式、独立服务器模式、YARN 和 Mesos)下运行 Spark 应用，最后探讨了如何使用 EC2 脚本在 AWS 上配置 Spark 集群。通过本章，相信你能更好地了解 Spark。当然，由于篇幅所限，无法涵盖所有的 API 及其功能。

如果你遇到了一些问题，不要忘记将其报告给 Spark 用户邮件列表 user@spark.apache.org。当然，你需要先订阅它才行。在第 17 章，将探讨如何测试和调试 Spark 应用程序。

第17章

Spark 测试与调试

“每个人都知道调试代码的难度是编写代码的两倍以上。所以，如果你在写代码时足够聪明，那么应该如何调试代码呢？”

——Brian W. Kernighan

在理想世界，我们能写下完美的 Spark 代码，然后一切都会正常运行。对吧？当然，这只是个玩笑。实际上，我们知道，使用大规模数据集其实相当困难，不可避免的，有些数据会在一些极端情况下暴露出代码中存在的问题。

因此，基于上述挑战，在本章，将看到在分布式环境中测试应用是多么困难。同时，我们也将为此提供一些解决方法。

作为概括，本章将涵盖如下主题：

- 在分布式环境中进行测试
- 测试 Spark 应用
- 调试 Spark 应用

17.1 在分布式环境中进行测试

对于“分布式系统”这一术语，Leslie Lamport 的定义如下：

分布式系统就是可以连续完成任何工作的系统，因为某些我从未听说过的机器已经崩溃了。

通过互联网连接的机器进行资源共享，是分布式系统的一个好例子。这些分布式系统通常很复杂，包含大量异构系统。在这些异构环境中进行测试也很具挑战性。在本节，首先将观察在使用此类系统时经常出现的一些问题。

分布式环境

分布式系统有很多种定义。让我们看看其中的一些，并尝试发现这些定义中的关联之处。Coulouris 将分布式系统定义为这样一种系统：联网之内的计算机硬件或软件仅通过消息传递进行通信，并协调彼此的动作。Tanenbaum 则以如下几种方式来定义该术语。

- 一组独立的计算机，并以单个计算机的形式显示给系统用户。
- 由两台或多台独立计算机组成的系统，通过交换同步或异步的消息传递来协调彼此之间的处理动作。
- 分布式系统是由网络连接的自主计算机的集合，并使用了可产生集成计算能力的软件。

现在，基于上述定义，可将分布式系统分类如下。

- 只有硬件和软件是分布式的，本地分布式系统通过 LAN 进行连接。
- 用户是分布式的，但有在后端运行的计算和硬件资源，如互联网。
- 用户和软硬件都是分布式的，通过 WAN 连接分布式计算集群。例如，可使用 AWS、微软 Azure 或谷歌云获得这些类型的计算设施。

1. 分布式环境中的问题

在这里，将探讨在软件和硬件测试期间需要注意的一些问题，以便让 Spark 作业在集群中可以顺利运行。集群计算本质上就是一个分布式计算环境。

请注意，所有问题都是不可避免的。但至少可对它们进行调整从而加以改善。可遵循之前章节中给出的一些说明和建议。根据 Kamal Sheel Mishra 和 Anil Kumar Tripathi 所著的《分布式软件系统中存在的一些问题和调整》(可参考 https://pdfs.semanticscholar.org/4c6d/c4d739bad13bcd0398e5180c1513f18275d8.pdf)可以知道，在分布式环境中使用软件或硬件时需要解决如下方面的问题：

- 可扩展性
- 异构的语言、平台及架构
- 资源管理
- 安全与隐私
- 透明度
- 开放度
- 互通性
- 服务质量
- 故障管理
- 同步
- 通信
- 软件架构
- 性能分析
- 生成测试数据
- 用于测试的组件选取

- 测试顺序
- 系统可扩展性与性能测试
- 源代码的可用性
- 事件的重现性
- 死锁与竞争条件
- 容错测试
- 分布式系统的调度问题
- 分布式任务分配
- 分布式软件测试
- 硬件抽象级别的监视与控制机制

确实，我们无法完全解决所有这些问题。但使用 Spark，我们至少可控制部分与分布式系统相关的一些问题，如可扩展性、资源管理、服务质量、故障管理、同步、通信、分布式系统的调度、分布式任务分配，以及测试分布式软件的监视和控制机制。这其中的大部分内容在此前的章节中已探讨过。另外，也可解决测试和软件上的一些问题，如软件架构、性能分析、生成测试数据、测试组件选取、测试顺序、系统可扩展性、性能测试和源代码的可用性等，这些内容将在本章予以涵盖。

2. 分布式环境中软件测试面临的挑战

敏捷的软件开发任务通常存在一些共同挑战，并且这些挑战在最终部署之前的分布式环境中进行测试时会变得尤为复杂。在错误激增后，团队成员通常需要合并组件进行测试。但由于项目的紧迫性，这种合并通常是在测试之前进行的。有时，诸多利益相关者分布在不同团队中，这就很容易出现误解，团队之间的合作也会失败。

例如，Cloud Foundry(https://www.cloudfoundry.org/)是一个开源的高度分布式 PaaS 软件系统，用于管理云端应用程序的部署及其可扩展性。它能提供不同功能，如可扩展性、可靠性和弹性。它需要底层的分布式系统来实现上层应用的稳健性、弹性和故障转移能力。

众所周知，软件测试过程包括单元测试、集成测试、烟雾测试、验收测试、可扩展性测试、性能测试和服务质量测试。在 Cloud Foundry 中，测试分布式系统的过程如图 17.1 所示。

如图所示(第一列)，在云端的分布式环境中进行测试时，首先对系统中最小的接触点进行单元测试。在成功运行完所有单元测试后，再运行集成测试，以便校验组件之间的交互行为，并将其作为单盒(如虚拟机或裸机)测试的一部分(图中第二列)。虽然这些测试验证了系统作为整体系统的行为，但它们并不能保证分布式部署中的系统有效性。一旦集成测试通过，接下来(图中第三列)验证系统的分布式部署，并运行烟雾测试。

如你所知，软件的成功配置和单元测试的执行，使得我们能够验证系统行为的可接受性。此验证通过运行验收测试(图中第四列)完成。现在，为克服分布式环境中的问题和调整，研究人员和大数据工程师还需要解决其他隐藏的挑战。当然，这些内容超出了本书的讨论范围。

现在，我们知道了分布式环境中软件测试面临的真正的挑战。让我们开始 Spark 代码测试吧。

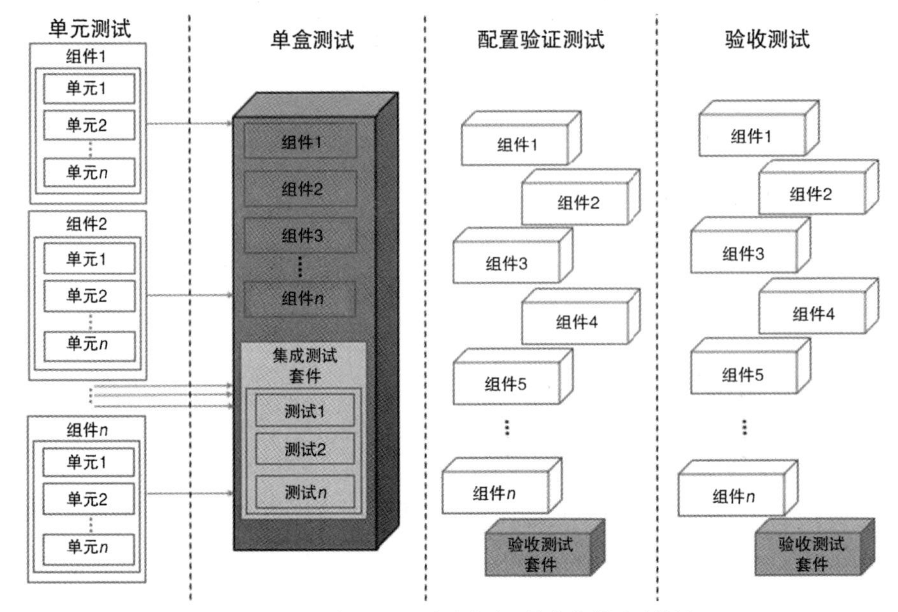

图 17.1　云端分布式环境的软件测试样例

17.2　测试 Spark 应用

有很多方法可用来测试 Spark 代码，这具体取决于它是 Java(可以为非 Spark 片段执行基本的 JUnit 测试)还是 ScalaTest。也可本地运行 Spark，或在小型测试集群上执行完整的集成测试。另一个很棒的来自 Holden Karau 的方法是使用 Spark 测试基类。你可能知道，到目前为止 Spark 中尚没有用于单元测试的原生库。不过，我们有如下两种方法：

- ScalaTest
- Spark-testing 基类

但是，在开始测试使用 Scala 编写的 Spark 应用之前，了解一下单元测试以及测试 Scala 方法的相关知识还是很有必要的。

17.2.1　测试 Scala 方法

这里，将看到一些用于测试 Scala 方法的简单技术。对于 Scala 用户而言，这些是最熟悉的单元测试框架(你也可用它来测试 Java 代码，并且很快也可测试 JavaScript)。ScalaTest 支持多种不同的测试样式，每种测试样式都旨在支持特定类型的测试需求。有关信息，可以参阅 http://www.scalatest.org/user_guide/selecting_a_style，即 ScalaTest 的用户指南。尽管 ScalaTest 支持多种样式，但最快捷的方法之一是使用如下的 ScalaTest 特性，并以 TDD(测试驱动开发)方式进行测试：

(1) FunSuite

(2) Assertions

(3) BeforeAndAfter

可通过前面的 URL 来了解这些特质的更多信息，从而更顺畅地阅读本章余下的内容。

注意：

TDD 是一种开发软件的编程技术。它不会影响测试的编写方式，但会影响测试的编写时间。在 ScalaTest 中，并没有对应的特征或测试方法来强制或鼓励你使用 TDD 的测试方式。FunSuite、Assertions 和 BeforeAndAfter 只是更类似于 xUnit 的测试框架而已。

ScalaTest 中有三种断言可用于任意样式的特质。

- assert：用于 Scala 程序的一般断言。
- assertResult：有助于将期望值与实际值分开。
- assertThrows：用于确保代码抛出预期的异常。

ScalaTest 中的断言由特质 Assertions 定义，由 Suite 进一步扩展。简言之，Suite 特质是所有样式特质的超集。根据 ScalaTest 的文档(http://www.scalatest.org/user_guide/using_assertions)，Assertions 特质还提供如下特征。

- assume：有条件地取消测试。
- fail：未能无条件地通过测试。
- cancel：无条件取消测试。
- succeed：无条件地成功通过测试。
- intercept：确保代码能够抛出预期的异常，然后对异常进行断言。
- assertDoseNotCompile：确保某些代码无法编译。
- assertCompiles：确保某些代码会被编译。
- assertTypeError：确保由于类型(非解析)错误而无法编译代码。
- withClue：添加有关故障的更多信息。

基于上述列表，将展示其中一部分特征。在 Scala 程序中，可通过调用 assert 并为其传递布尔型表达式来编写断言。可简单地通过使用 Assertions 来开始单元测试。Predef 是一个对象，定义了断言的行为。需要注意，Predef 的所有成员都被导入每个 Scala 源文件中。以下源代码将打印 Assertion success：

```
package com.chapter17.SparkTesting
object SimpleScalaTest {
  def main(args: Array[String]):Unit= {
    val a = 5
    val b = 5
    assert(a == b)
      println("Assertion success")
  }
}
```

但是，如果让 a=2，b=1，该断言就会失败，并打印如图 17.2 所示的输出信息。

```
Exception in thread "main" java.lang.AssertionError: assertion failed
    at scala.Predef$.assert(Predef.scala:156)
    at com.chapter17.SparkTesting.SimpleScalaTest$.main(SimpleScalaTest.scala:7)
    at com.chapter17.SparkTesting.SimpleScalaTest.main(SimpleScalaTest.scala)
```

图 17.2　错误断言的例子

如果你传递了结果为 true 的表达式，断言会正常返回。但是，如果提供的表达式结果为 false，则断言将以错误形式停止。与 AssertionError 和 TestFailedException 的方式不同，ScalaTest 的断言则提供了更多信息，可以准确地告诉你测试用例失败的行，或哪个表达式出现问题。因此，ScalaTest 的断言提供了比 Scala 的断言更好的错误信息。

例如，对于下面的代码，你将遇到 TestFailedException，它会告诉你 5 不等于 4：

```
package com.chapter17.SparkTesting
import org.scalatest.Assertions._
object SimpleScalaTest {
  def main(args: Array[String]):Unit= {
    val a = 5
    val b = 4
    assert(a == b)
      println("Assertion success")
  }
}
```

其输出结果如图 17.3 所示。

```
Exception in thread "main" org.scalatest.exceptions.TestFailedException: 2 did not equal 1
    at org.scalatest.Assertions$class.newAssertionFailedException(Assertions.scala:500)
    at org.scalatest.Assertions$.newAssertionFailedException(Assertions.scala:1538)
    at org.scalatest.Assertions$AssertionsHelper.macroAssert(Assertions.scala:466)
    at com.chapter17.SparkTesting.SimpleScalaTest$.main(SimpleScalaTest.scala:8)
    at com.chapter17.SparkTesting.SimpleScalaTest.main(SimpleScalaTest.scala)
```

图 17.3　TestFailedException 的例子

以下的源代码解释了如何使用 assertResult 单元测试来测试方法。

```
package com.chapter17.SparkTesting
import org.scalatest.Assertions._
object AssertResult {
  def main(args: Array[String]):Unit= {
    val x = 10
    val y = 6
    assertResult(3) {
      x-y
    }
  }
}
```

上述断言将运行失败，并抛出异常，如图 17.4 所示。

```
Exception in thread "main" org.scalatest.exceptions.TestFailedException: Expected 3, but
got 4
    at org.scalatest.Assertions$class.newAssertionFailedException(Assertions.scala:495)
    at org.scalatest.Assertions$.newAssertionFailedException(Assertions.scala:1538)
    at org.scalatest.Assertions$class.assertResult(Assertions.scala:1226)
    at org.scalatest.Assertions$.assertResult(Assertions.scala:1538)
    at com.chapter17.SparkTesting.AssertResult$.main(AssertResult.scala:8)
    at com.chapter17.SparkTesting.AssertResult.main(AssertResult.scala)
```

图 17.4 TestFailedException 的另一个例子

现在我们来看一个单元测试并展示期望的异常：

```
package com.chapter17.SparkTesting
import org.scalatest.Assertions._
object ExpectedException {
  def main(args: Array[String]):Unit= {
    val s = "Hello world!"
    try {
      s.charAt(0)
      fail()
    } catch {
      case _: IndexOutOfBoundsException => //Expected, so continue
    }
  }
}
```

如果你尝试访问索引之外的元素，则上述代码将告诉你，你是否被允许访问前面的字符串 Hello world！的第一个字符。如果你的 Scala 程序可访问索引中的值，则断言将失败。这也意味着测试用例失败。因为第一个索引就包含字符 H，你会遇到如图 17.5 所示的错误。

```
Exception in thread "main" org.scalatest.exceptions.TestFailedException
    at org.scalatest.Assertions$class.newAssertionFailedException(Assertions.scala:493)
    at org.scalatest.Assertions$.newAssertionFailedException(Assertions.scala:1538)
    at org.scalatest.Assertions$class.fail(Assertions.scala:1313)
    at org.scalatest.Assertions$.fail(Assertions.scala:1538)
    at com.chapter17.SparkTesting.ExpectedException$.main(ExpectedException.scala:9)
    at com.chapter17.SparkTesting.ExpectedException.main(ExpectedException.scala)
```

图 17.5 TestFailedException 的第三个例子

但是，我们现在来尝试访问位置为-1 的索引，如下。

```
package com.chapter17.SparkTesting
import org.scalatest.Assertions._
object ExpectedException {
  def main(args: Array[String]):Unit= {
    val s = "Hello world!"
    try {
      s.charAt(-1)
      fail()
    } catch {
      case _: IndexOutOfBoundsException => //Expected, so continue
    }
```

```
    }
}
```

此时，断言应该为 true，因此，测试用例将被传递。最后，代码正常结束。现在，让我们检查一下代码片段是否可以编译。通常，你可能希望确保部分新出现的“用户错误”代码段不被编译。这样做的目的是根据错误检查库的强健程度，以禁止不需要的结果或行为。ScalaTest 的特质 Assertions 包含以下语法：

```
assertDoesNotCompile("val a: String = 1")
```

如果某段代码包含类型错误(而非语法错误)，你不想对其进行编译，可以使用如下方式：

```
assertTypeError("val a: String = 1")
```

当然，遇到语法错误时，依然会抛出 TestFailedException 异常。最后，如果你想声明一段代码确实需要编译，可使用如下内容：

```
assertCompiles("val a: Int = 1")
```

完整的代码示例如下：

```
package com.chapter17.SparkTesting
import org.scalatest.Assertions._
object CompileOrNot {
  def main(args: Array[String]):Unit= {
    assertDoesNotCompile("val a: String = 1")
    println("assertDoesNotCompile True")
    assertTypeError("val a: String = 1")
    println("assertTypeError True")
    assertCompiles("val a: Int = 1")
    println("assertCompiles True")
    assertDoesNotCompile("val a: Int = 1")
    println("assertDoesNotCompile True")
  }
}
```

上述代码的输出如图 17.6 所示。

```
AssertDoesNotCompile True
AssertTypeError True
AssertCompiles True
Exception in thread "main" org.scalatest.exceptions.TestFailedException: Expected a
compiler error, but got none for code: val a: Int = 1
    at com.chapter17.SparkTesting.CompileOrNot$.main(CompileOrNot.scala:15)
    at com.chapter17.SparkTesting.CompileOrNot.main(CompileOrNot.scala)
```

图 17.6　同时进行多个测试

限于篇幅，基于 Scala 的单元测试就到此为止。如果想了解其他更多单元测试案例，可参考 http://www.scalatest.org/user_guide。

17.2.2　单元测试

在软件工程中，通常会对各个源代码单元进行测试，以确认它们是否适合使用。这种软件测试方法通常也称为单元测试。该测试能够确保软件工程师或开发人员编写的代码符合设计规范，并能按照预期进行工作。

另一方面，单元测试的目标是以模块化形式分离程序的每个部分，然后观察所有组件能否正常工作。在软件系统中，单元测试具有如下几个好处。

- **更早发现问题：**能在开发周期的早期就发现规范中的错误或缺失的部分。
- **推动变革：**有助于代码重构和升级，而不必担心破坏功能。
- **简化集成：**使得集成测试更容易编写。
- **文档化：**能够提供实时的系统文档。
- **设计：**能够作为项目的正式设计。

17.2.3　测试 Spark 应用

我们已经看到了如何使用内置的 ScalaTest 包来测试 Scala 代码。但在本节中，将看到如何测试用 Scala 语言编写的 Spark 应用。这里将探讨如下三种方法。

- **方法 1：**使用 JUnit 测试 Spark 应用
- **方法 2：**使用 ScalaTest 包测试 Spark 应用
- **方法 3：**使用 Spark 测试基类测试 Spark 应用

为便于理解，将使用著名的单词统计应用来展示方法 1 和 2。

1. 使用 Scala JUnit 测试

假设你已经写了一段代码，用于了解一个文档或文本中包含多少个单词，代码如下：

```
package com.chapter17.SparkTesting
import org.apache.spark._
import org.apache.spark.sql.SparkSession
class wordCounterTestDemo {
  val spark = SparkSession
    .builder
    .master("local[*]")
    .config("spark.sql.warehouse.dir", "E:/Exp/")
    .appName(s"OneVsRestExample")
    .getOrCreate()
  def myWordCounter(fileName: String): Long = {
    val input = spark.sparkContext.textFile(fileName)
    val counts = input.flatMap(_.split(" ")).distinct()
    val counter = counts.count()
    counter
  }
}
```

上述代码简单地解析一个文本文集，并通过拆分单词来执行 flatMap 操作。然后执行另一个操作，并只考虑那些不同的单词。最后，myWordCounter 方法用于计算共有多少单词并返回计数器的结果。

现在，在进行正式测试之前，让我们检查前面创建的方法是否运行良好。为此，只需要添加

main 方法并创建一个对象，如下：

```
package com.chapter17.SparkTesting
import org.apache.spark._
import org.apache.spark.sql.SparkSession
object wordCounter {
  val spark = SparkSession
    .builder
    .master("local[*]")
    .config("spark.sql.warehouse.dir", "E:/Exp/")
    .appName("Testing")
    .getOrCreate()
  val fileName = "data/words.txt";
  def myWordCounter(fileName: String): Long = {
    val input = spark.sparkContext.textFile(fileName)
    val counts = input.flatMap(_.split(" ")).distinct()
    val counter = counts.count()
    counter
  }
  def main(args: Array[String]): Unit = {
    val counter = myWordCounter(fileName)
    println("Number of words: " + counter)
  }
}
```

如果你执行了上述代码，将得到如下输出：Number of words: 214。很好，它确实是以本地应用的方式工作了。现在，使用 Scala JUnit 测试案例对上述代码进行测试。

```
package com.chapter17.SparkTesting
import org.scalatest.Assertions._
import org.junit.Test
import org.apache.spark.sql.SparkSession
class wordCountTest {
  val spark = SparkSession
    .builder
    .master("local[*]")
    .config("spark.sql.warehouse.dir", "E:/Exp/")
    .appName(s"OneVsRestExample")
    .getOrCreate()
    @Test def test() {
      val fileName = "data/words.txt"
      val obj = new wordCounterTestDemo()
      assert(obj.myWordCounter(fileName) == 214)
          }
    spark.stop()
}
```

如果你仔细查看上述代码，就可以发现，作者在 test()方法前使用了 Test 声明，然后在 test()方法内部调用了 assert()方法。此时，真正的测试就发生了。这里，检查一下 myWordCounter()方法的返回值是否为 214。现在，执行 Scala 单元测试，如图 17.7 所示。

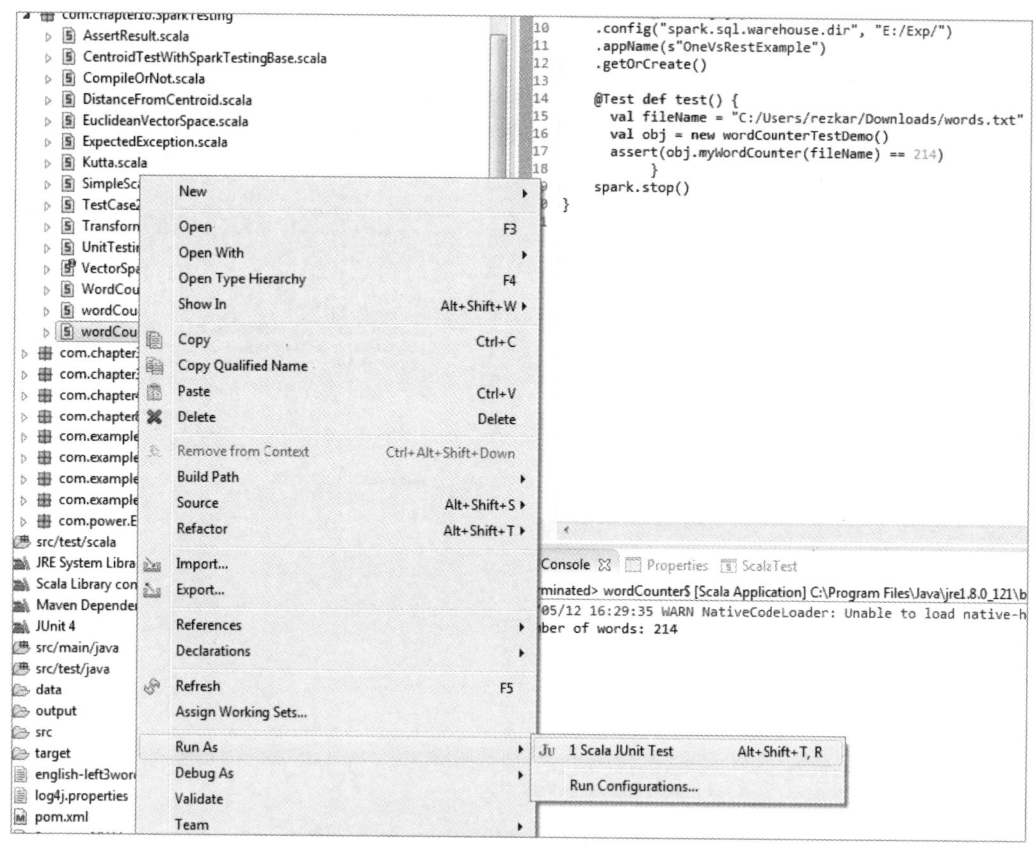

图 17.7　以 Scala JUnit 测试的方式运行 Scala 代码

现在，如果测试案例被成功传递，就可在 Eclipse IDE 环境中看到如图 17.8 所示的输出结果。

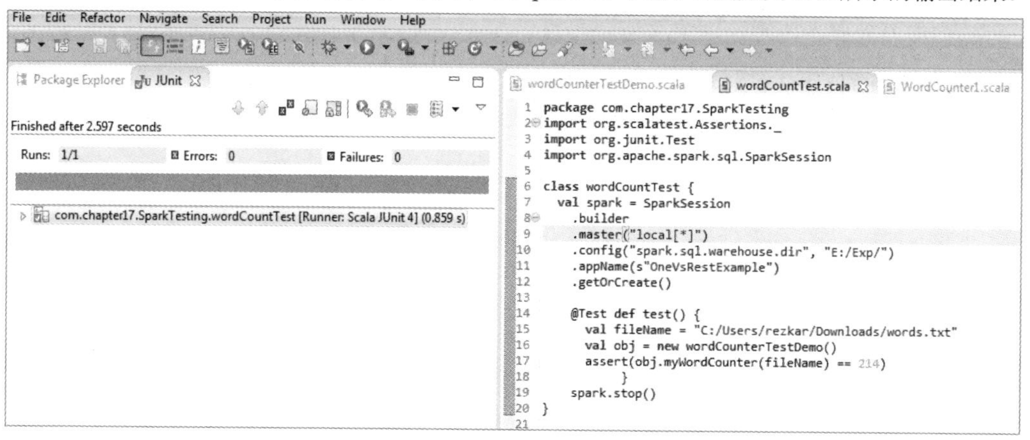

图 17.8　单词统计测试样例

现在，可尝试以如下方式使用断言：

```
assert(obj.myWordCounter(fileName) == 210)
```

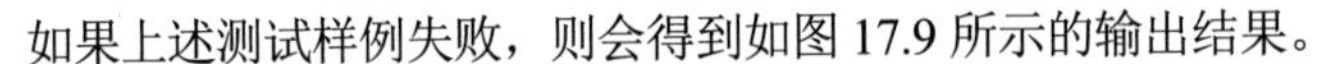

如果上述测试样例失败，则会得到如图 17.9 所示的输出结果。

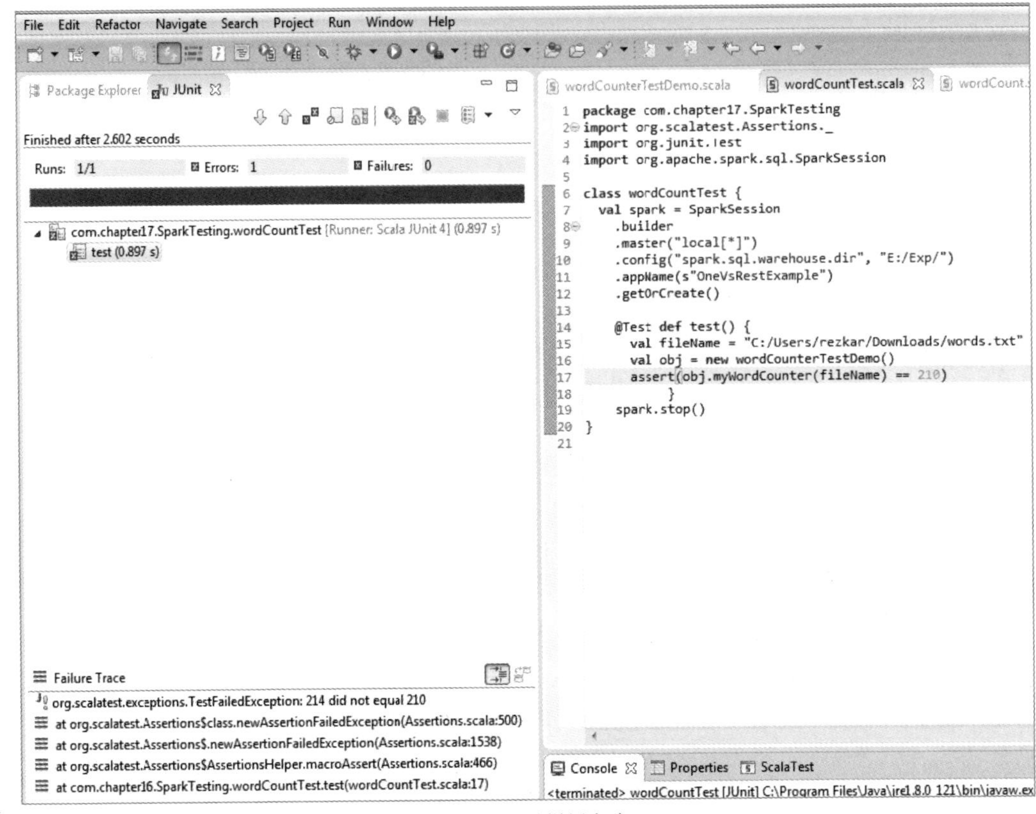

图 17.9 测试样例失败

现在，让我们看看方法 2 能带来哪些改进。

2. 使用 ScalaTest 包

接下来，重新设计一下此前的测试案例，这里只返回文本的 RDD。

```
package com.chapter17.SparkTesting
import org.apache.spark._
import org.apache.spark.rdd.RDD
import org.apache.spark.sql.SparkSession
class wordCountRDD {
  def prepareWordCountRDD(file: String, spark: SparkSession): RDD[(String,
Int)] = {
    val lines = spark.sparkContext.textFile(file)
    lines.flatMap(_.split(" ")).map((_, 1)).reduceByKey(_+ _)
  }
}
```

因此，prepareWordCountRDD()方法返回一个包含字符串和整型的 RDD。现在，如果我们想测试该方法的功能，可通过使用 Scala 中的 ScalaTest 包的 FunSuite 和 BeforeAndAfterAll 扩展测试类来更明确地将其实现。测试工作方式如下。

- 使用 ScalaTest 包中的 FunSuite 和 BeforeAndAfterAll 扩展测试类。
- 重载创建 SparkContext 的 beforeAll()。
- 使用 test()方法进行测试，并在 test()方法中使用 assert()方法。
- 重载停止 SparkContext 的 afterAll()方法。

基于上述步骤，我们来看一个用于测试 prepareWordCountRDD()方法的类。

```
package com.chapter17.SparkTesting
import org.scalatest.{ BeforeAndAfterAll, FunSuite }
import org.scalatest.Assertions._
import org.apache.spark.sql.SparkSession
import org.apache.spark.rdd.RDD
class wordCountTest2 extends FunSuite with BeforeAndAfterAll {
  var spark: SparkSession = null
  def tokenize(line: RDD[String]) = {
    line.map(x => x.split(' ')).collect()
  }
  override def beforeAll() {
    spark = SparkSession
    .builder
    .master("local[*]")
    .config("spark.sql.warehouse.dir", "E:/Exp/")
    .appName(s"OneVsRestExample")
    .getOrCreate()
  }
  test("Test if two RDDs are equal") {
    val input = List("To be,", "or not to be:", "that is the question-","William
Shakespeare")
    val expected = Array(Array("To", "be,"), Array("or", "not", "to","be:"),
Array("that", "is", "the", "question-"), Array("William","Shakespeare"))
    val transformed = tokenize(spark.sparkContext.parallelize(input))
    assert(transformed === expected)
  }
  test("Test for word count RDD") {
    val fileName = "C:/Users/rezkar/Downloads/words.txt"
    val obj = new wordCountRDD
    val result = obj.prepareWordCountRDD(fileName, spark)
    assert(result.count() === 214)
  }
  override def afterAll() {
    spark.stop()
  }
}
```

第一个测试表明，如果两个 RDD 以不同方式实现，则内容应该相同。因此，第一次测试通过。可在后面的例子中看到这一点。现在，对于第二次测试，RDD 中的单词统计为 214。但我们假设中间有一段时间为未知状态。如果恰好为 214，则测试用例通过，而这也是预期的行为。

因此，我们期望两次测试都能通过。现在，在 Eclipse 中，以 ScalaTest-File 的形式运行测试样例，如图 17.10 所示。

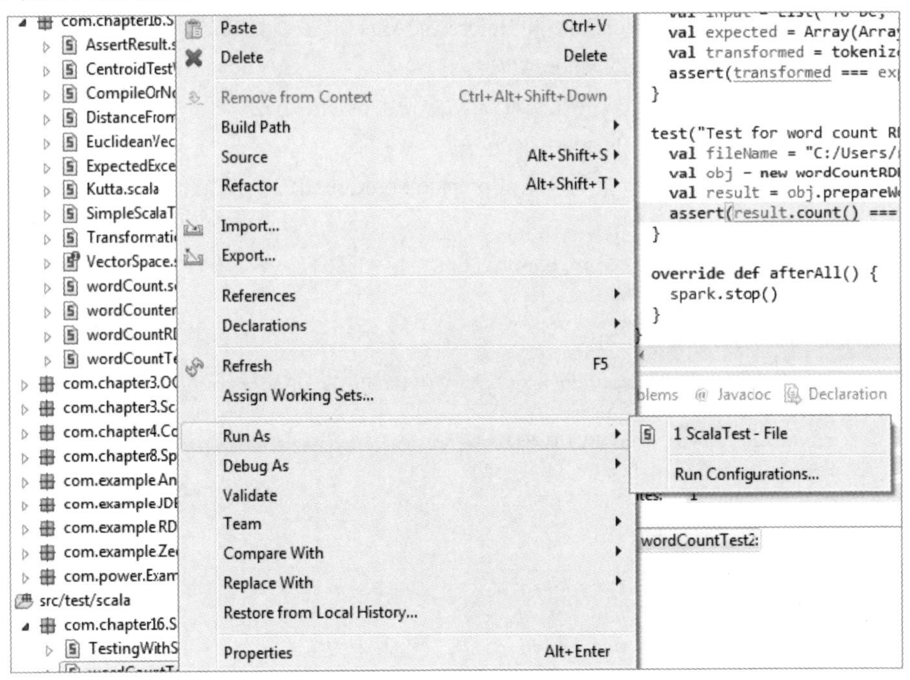

图 17.10 以 ScalaTest-File 的形式运行测试样例

现在，可观察到如下输出(图 17.11)。输出结果显示运行了多少测试样例，多少成功、失败、被删除、被忽略或处于挂起状态等。同时也显示总的执行时间。

```
Problems @ Javadoc Declaration Console ScalaTest
<terminated> wordCountTest2.scala [ScalaTest (java runner)] C:\Program Files\Java\jdk1.8.0_102
Run starting. Expected test count is: 2
wordCountTest2:
17/05/12 20:44:25 WARN NativeCodeLoader: Unable to load native-hadoop li
- Test if two RDDs are equal
- Test for word count RDD
Run completed in 2 seconds, 573 milliseconds.
Total number of tests run: 2
Suites: completed 1, aborted 0
Tests: succeeded 2, failed 0, canceled 0, ignored 0, pending 0
All tests passed.
```

图 17.11 以 ScalaTest-File 的方式运行两个测试样例的输出结果

很好，测试通过。现在，让我们使用 test()方法在不同测试中修改断言中的比较值，如下：

```
test("Test for word count RDD") {
  val fileName = "data/words.txt"
  val obj = new wordCountRDD
  val result = obj.prepareWordCountRDD(fileName, spark)
  assert(result.count() === 210)
}
test("Test if two RDDs are equal") {
  val input = List("To be", "or not to be:", "that is the question-","William
Shakespeare")
```

```
    val expected = Array(Array("To", "be,"), Array("or", "not", "to",
"be:"),Array("that", "is", "the", "question-"), Array("William", "Shakespeare"))
    val transformed = tokenize(spark.sparkContext.parallelize(input))
    assert(transformed === expected)
  }
```

此时，就可以知道测试样例将失败。现在，以 ScalaTest-File 方式运行之前的类，如图 17.12 所示。

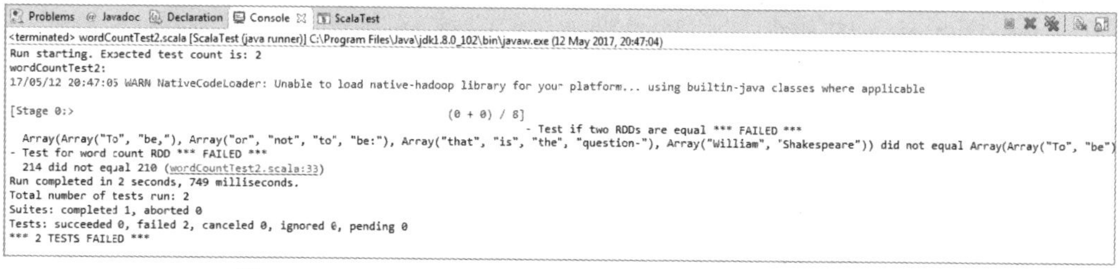

```
Problems  Javadoc  Declaration  Console  ScalaTest
<terminated> wordCountTest2.scala [ScalaTest (java runner)] C:\Program Files\Java\jdk1.8.0_102\bin\javaw.exe (12 May 2017, 20:47:04)
Run starting. Expected test count is: 2
wordCountTest2:
17/05/12 20:47:05 WARN NativeCodeLoader: Unable to load native-hadoop library for your platform... using builtin-java classes where applicable

[Stage 0:>                                                          (0 + 0) / 8]
                                                                    - Test if two RDDs are equal *** FAILED ***
  Array(Array("To", "be,"), Array("or", "not", "to", "be:"), Array("that", "is", "the", "question-"), Array("William", "Shakespeare")) did not equal Array(Array("To", "be")
- Test for word count RDD *** FAILED ***
  214 did not equal 210 (wordCountTest2.scala:33)
Run completed in 2 seconds, 749 milliseconds.
Total number of tests run: 2
Suites: completed 1, aborted 0
Tests: succeeded 0, failed 2, canceled 0, ignored 0, pending 0
*** 2 TESTS FAILED ***
```

图 17.12　以 ScalaTest-File 方式运行之前两个测试案例的输出结果

这样，就学习到如何使用 Scala 的 FunSuite 来执行单元测试。但如果你仔细评估上述方法，会发现这种方法有一些劣势。例如，你需要显式管理 SparkContext 的创建和销毁。作为开发人员或程序员，你需要编写更多代码来测试实例方法。有时，你需要编写一些重复的代码，因为需要在所有测试套件中重复 Before 和 After 步骤。当然，这一点是有争议的，因为可将公共代码放在同一个特质内。

现在的问题是，如何改善这些内容？作者的建议是使用 Spark 测试基类。这将在下一节进行探讨。

3. 使用 Spark 测试基类

Spark 测试基类可帮助你轻松测试大部分 Spark 代码。这种方法的优点是什么呢？事实上有很多。我们可得到非常简洁的代码，其 API 也比 ScalaTest 和 JUnit 丰富得多。另外，它能支持多种语言，如 Scala、Java 和 Python。它也支持内置的 RDD 比较器，可用来测试流式应用程序。最后，它支持本地模式和集群模式测试，对于分布式环境而言，这一点极其重要。

> **注意：**
> Spark 测试基类在 GitHub 上的位置如下：https://github.com/holdenk/sparktesting-base。

在使用 Spark 测试基类开始单元测试前，你需要在 Spark 2.x 项目树的 Maven 中的 pom.xml 配置如下依赖项：

```
<dependency>
  <groupId>com.holdenkarau</groupId>
  <artifactId>spark-testing-base_2.10</artifactId>
  <version>2.0.0_0.6.0</version>
</dependency>
```

对于 SBT，则需要添加如下依赖项。

```
"com.holdenkarau" %% "spark-testing-base" % "2.0.0_0.6.0"
```

注意，对于 Maven 和 SBT，我们都推荐你通过设置<scoe>test</scope>将上述依赖项放在 test 域内。此外，还有其他一些需要考虑的内容，如内存需求、OOM 问题以及禁用并行执行等。在默认情况下 SBT 测试的 Java 选项设置得太小，无法同时运行多个测试。如果作业以本地模式提交，那么有时测试 Spark 代码反而更难。此时，如果在集群模式(如 YARN 或 Mesos)运行测试，难度还要增加很多。

要解决此问题，可增加项目树中 build.sbt 文件中的内存设置，可添加如下参数：

```
javaOptions ++= Seq("-Xms512M",
"-Xmx2048M",
"-XX:MaxPermSize=2048M",
"-XX:+CMSClassUnloadingEnabled")
```

而若使用 Surefire，可添加如下内容：

```
<argLine>-Xmx2048m -XX:MaxPermSize=2048m</argLine>
```

如果基于 Maven 来构建项目，可在环境变量中完成此类设置，可以参考 https://maven.apache.org/configure.html。

这只是运行 Spark 测试库的例子。因此，你可能需要设置更大的值。最后，通过添加如下代码来确保已禁止 SBT 中的并行执行：

```
parallelExecution in Test := false
```

另一方面，如果你使用的是 Surefire，请确保 forkCount 和 reuseForks 分别被设置为 1 和 true。让我们来看一个使用 Spark 测试基类的例子。如下的源代码有三个测试用例。第一个测试用例是虚拟的，它将比较 1 是否等于 1，这显然会顺利通过。第二个测试用例是计算句子中的单词数量，例如 Hello world! My name is Reza 等，此时可进行比较，以查看是否包含 6 个单词。最后一个测试用例则是对两个 RDD 进行比较：

```
package com.chapter17.SparkTesting
import org.scalatest.Assertions._
import org.apache.spark.rdd.RDD
import com.holdenkarau.spark.testing.SharedSparkContext
import org.scalatest.FunSuite
class TransformationTestWithSparkTestingBase extends FunSuite with
SharedSparkContext {
  def tokenize(line: RDD[String]) = {
    line.map(x => x.split(' ')).collect()
  }
  test("works, obviously!") {
    assert(1 == 1)
  }
  test("Words counting") {
  assert(sc.parallelize("Hello world My name is Reza".split("\\W")).map(_
+ 1).count == 6)
  }
```

```
  test("Testing RDD transformations using a shared Spark Context") {
    val input = List("Testing", "RDD transformations", "using a shared",
"Spark Context")
    val expected = Array(Array("Testing"), Array("RDD", "transformations"),
Array("using", "a", "shared"), Array("Spark", "Context"))
    val transformed = tokenize(sc.parallelize(input))
    assert(transformed === expected)
  }
}
```

基于上述源代码，可看到我使用 Spark 测试基类执行了多个测试样例。如果运行成功，则将看到如图 17.13 所示的输出结果。

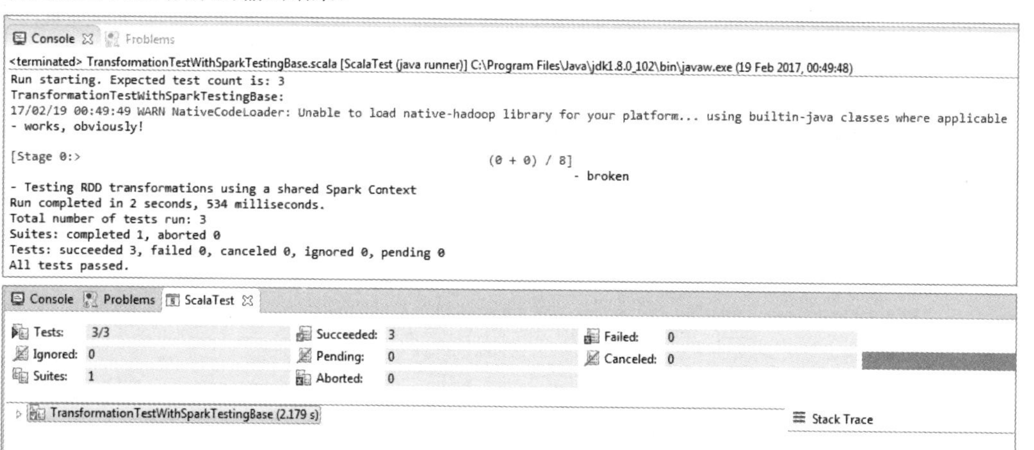

图 17.13　使用 Spark 测试基类成功运行测试案例

17.2.4　在 Windows 环境配置 Hadoop 运行时

我们已经看到了如何在 Eclipse 或 IntelliJ 上测试你用 Scala 语言编写的 Spark 应用。但还有一个不容忽视的问题。虽然 Spark 也适用于 Windows，但是 Spark 最初是被设计用来在类 UNIX 系统上运行的。因此，如果你正在使用 Windows 环境，则需要格外小心。

在 Windows 平台上，当你使用 Eclipse 或 IntelliJ 来编写 Spark 应用，以便解决数据分析、机器学习、数据科学或深度学习方面的问题时，你可能遇到 I/O 异常，应用也可能无法成功编译或被中断。实际上，其问题在于，Spark 期望在 Windows 上也能有一个 Hadoop 运行时环境。例如，若你第一次在 Eclipse 上运行一个 Spark 应用，如 KMeansDemo.scala，将遇到 I/O 异常，如下：

```
    17/02/26 13:22:00 ERROR Shell: Failed to locate the winutils binary in the hadoop
binary path java.io.IOException: Could not locate executable null\bin\winutils.exe
in the Hadoop binaries.
```

原因是，在默认情况下，Hadoop 是为 Linux 环境开发的。如果你在 Windows 平台上开发 Spark 应用，就需要一个桥接器，从而为 Hadoop 运行时提供环境，以便正确执行 Spark。有关 I/O 异常的详细信息，可参考图 17.14。

```
17/02/26 13:22:00 ERROR Shell: Failed to locate the winutils binary in the hadoop binary path
java.io.IOException: Could not locate executable null\bin\winutils.exe in the Hadoop binaries.
	at org.apache.hadoop.util.Shell.getQualifiedBinPath(Shell.java:278)
	at org.apache.hadoop.util.Shell.getWinUtilsPath(Shell.java:300)
	at org.apache.hadoop.util.Shell.<clinit>(Shell.java:293)
	at org.apache.hadoop.util.StringUtils.<clinit>(StringUtils.java:76)
	at org.apache.hadoop.mapred.FileInputFormat.setInputPaths(FileInputFormat.java:362)
	at org.apache.spark.SparkContext$$anonfun$hadoopFile$1$$anonfun$30.apply(SparkContext.scala:1014)
	at org.apache.spark.SparkContext$$anonfun$hadoopFile$1$$anonfun$30.apply(SparkContext.scala:1014)
	at org.apache.spark.rdd.HadoopRDD$$anonfun$getJobConf$6.apply(HadoopRDD.scala:179)
	at org.apache.spark.rdd.HadoopRDD$$anonfun$getJobConf$6.apply(HadoopRDD.scala:179)
	at scala.Option.foreach(Option.scala:257)
	at org.apache.spark.rdd.HadoopRDD.getJobConf(HadoopRDD.scala:179)
	at org.apache.spark.rdd.HadoopRDD.getPartitions(HadoopRDD.scala:198)
	at org.apache.spark.rdd.RDD$$anonfun$partitions$2.apply(RDD.scala:252)
	at org.apache.spark.rdd.RDD$$anonfun$partitions$2.apply(RDD.scala:250)
	at scala.Option.getOrElse(Option.scala:121)
	at org.apache.spark.rdd.RDD.partitions(RDD.scala:250)
	at org.apache.spark.rdd.MapPartitionsRDD.getPartitions(MapPartitionsRDD.scala:35)
	at org.apache.spark.rdd.RDD$$anonfun$partitions$2.apply(RDD.scala:252)
	at org.apache.spark.rdd.RDD$$anonfun$partitions$2.apply(RDD.scala:250)
	at scala.Option.getOrElse(Option.scala:121)
	at org.apache.spark.rdd.RDD.partitions(RDD.scala:250)
	at org.apache.spark.rdd.MapPartitionsRDD.getPartitions(MapPartitionsRDD.scala:35)
	at org.apache.spark.rdd.RDD$$anonfun$partitions$2.apply(RDD.scala:252)
	at org.apache.spark.rdd.RDD$$anonfun$partitions$2.apply(RDD.scala:250)
	at scala.Option.getOrElse(Option.scala:121)
	at org.apache.spark.rdd.RDD.partitions(RDD.scala:250)
	at org.apache.spark.rdd.MapPartitionsRDD.getPartitions(MapPartitionsRDD.scala:35)
	at org.apache.spark.rdd.RDD$$anonfun$partitions$2.apply(RDD.scala:252)
	at org.apache.spark.rdd.RDD$$anonfun$partitions$2.apply(RDD.scala:250)
	at scala.Option.getOrElse(Option.scala:121)
	at org.apache.spark.rdd.RDD.partitions(RDD.scala:250)
	at org.apache.spark.rdd.MapPartitionsRDD.getPartitions(MapPartitionsRDD.scala:35)
	at org.apache.spark.rdd.RDD$$anonfun$partitions$2.apply(RDD.scala:252)
	at org.apache.spark.rdd.RDD$$anonfun$partitions$2.apply(RDD.scala:250)
	at scala.Option.getOrElse(Option.scala:121)
```

图 17.14　由于未在 Hadoop 路径中找到 winutils 文件而导致的 I/O 异常

现在，如何解决这一问题？方法其实很简单。如错误消息所示，需要一个可执行文件，即 winutils.exe。可从 https://github.com/steveloughran/winutils/tree/master/hadoop-2.%207.%201/bin 下载该文件，将其放在 Spark 的安装目录中，然后配置 Eclipse 即可。更具体地说，假设 Spark 安装目录位于 C:/Users/spark-2.1.0-bin-hadoop2.7，则 Spark 的安装目录下会有一个 bin 目录，将可执行文件复制过去即可(即 path= C:/Users/spark-2.1.0-binhadoop2.7/bin/)。

第二阶段就是使用 Eclipse，选择 main 类(即 KMeansDemo.scala)，然后转到 Run 菜单，在 Run Configurations 中选择 Environment 选项卡，如图 17.15 所示。

如果你选择了该标签，就可为 Eclipse 的 JVM 创建新的环境变量。现在，创建一个名为 HADOOP_HOME 的新变量。然后单击 Apply 按钮并重新运行应用，该问题就解决了。

需要注意，如果在 Windows 上使用 PySpark 来编写 Spark 应用，winutils.exe 文件也是需要的。关于 PySpark 的更多内容，可参见第 18 章。

注意，上述方法也适用于调试应用程序。有时，即便发生上述错误，Spark 应用也可能正常运行。但如果数据集很大，则极可能发生上述错误。

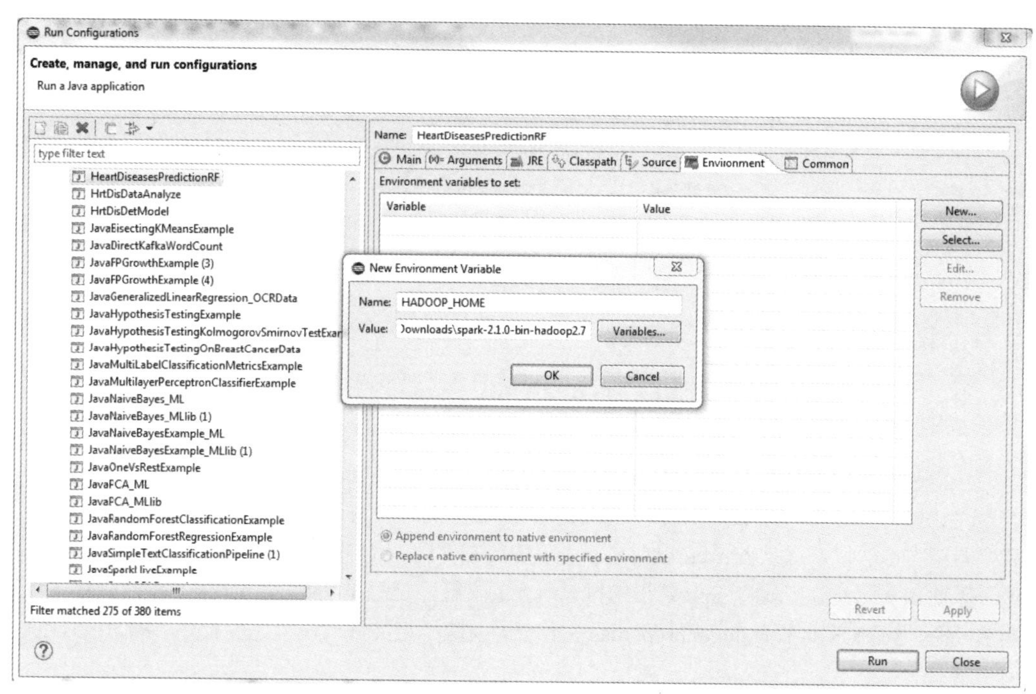

图 17.15　解决由于 Hadoop 路径中缺少 winutils 文件而出现的 I/O 异常

17.3　调试 Spark 应用

在本节中，将看到如何调试在本地(Eclipse 或 IntelliJ)、独立服务器模式或集群模式下运行的 Spark 应用。不过，在深入研究前，你需要了解 Spark 应用的日志。

17.3.1　使用 Spark recap 的 log4j 进行日志记录

第 13 章已经探讨过这一问题。但这里对这部分内容稍加回顾，以便你的大脑能够更好地与当前的调试内容保持一致。如前所述，Spark 使用 log4j 来记录自己的日志。如果你正确配置了 Spark，Spark 会将所有操作记录输出到 shell 控制台。可通过图 17.16 查看文件的一个快照。

将 spark-shell 默认的日志级别设置为 WARN。运行 spark-shell 时，该日志级别就会覆盖根日志记录器的日志级别，这样用户可使用不同的 shell 和常规 Spark 应用的日志级别设置。我们也需要在启动由 executor 执行同时由 driver 管理的作业时，附加相应的 JVM 参数。因此，需要编辑 conf/spark-defaults.conf 文件。简言之，可添加如下内容：

```
spark.executor.extraJavaOptions=-
Dlog4j.configuration=file:/usr/local/spark-2.1.1/conf/log4j.properties
spark.driver.extraJavaOptions=-
Dlog4j.configuration=file:/usr/local/spark-2.1.1/conf/log4j.properties
```

```
# Set everything to be logged to the console
log4j.rootCategory=INFO, console
log4j.appender.console=org.apache.log4j.ConsoleAppender
log4j.appender.console.target=System.err
log4j.appender.console.layout=org.apache.log4j.PatternLayout
log4j.appender.console.layout.ConversionPattern=%d{yy/MM/dd HH:mm:ss} %p %c{1}: %m%n

# Set the default spark-shell log level to WARN. When running the spark-shell, the
# log level for this class is used to overwrite the root logger's log level, so that
# the user can have different defaults for the shell and regular Spark apps.
log4j.logger.org.apache.spark.repl.Main=WARN

# Settings to quiet third party logs that are too verbose
log4j.logger.org.spark_project.jetty=WARN
log4j.logger.org.spark_project.jetty.util.component.AbstractLifeCycle=ERROR
log4j.logger.org.apache.spark.repl.SparkIMain$exprTyper=INFO
log4j.logger.org.apache.spark.repl.SparkILoop$SparkILoopInterpreter=INFO
log4j.logger.org.apache.parquet=ERROR
log4j.logger.parquet=ERROR

# SPARK-9183: Settings to avoid annoying messages when looking up nonexistent UDFs in SparkSQL with Hive support
log4j.logger.org.apache.hadoop.hive.metastore.RetryingHMSHandler=FATAL
log4j.logger.org.apache.hadoop.hive.ql.exec.FunctionRegistry=ERROR
```

图 17.16　log4j 属性文件的快照

为让讨论更清晰，将隐藏 Spark 生成的所有日志。然后将其重定向到文件系统。另一方面，我们希望自己的日志记录在 shell 以及另一个单独的文件中，这样就不会与 Spark 的系统日志相混淆。因此，从此开始，就将 Spark 指向日志所在的文件，这里是/var/log/sparkU.log。然后，当应用启动时，Spark 会选择此 log4j.properties 文件，因此除了将文件放在上述位置外，我们不必做任何事情：

```
package com.chapter13.Serilazition
import org.apache.log4j.LogManager
import org.apache.log4j.Level
import org.apache.spark.sql.SparkSession
object myCustomLog {
  def main(args: Array[String]): Unit = {
    val log = LogManager.getRootLogger
    //Everything is printed as INFO once the log level is set to INFO untill you
    //set the level to new level for example WARN.
    log.setLevel(Level.INFO)
    log.info("Let's get started!")
    //Setting logger level as WARN: after that nothing prints other than WARN
    log.setLevel(Level.WARN)
    //Creating Spark Session
    val spark = SparkSession
      .builder
      .master("local[*]")
      .config("spark.sql.warehouse.dir", "E:/Exp/")
      .appName("Logging")
      .getOrCreate()
    //These will note be printed!
    log.info("Get prepared!")
    log.trace("Show if there is any ERROR!")
    //Started the computation and printing the logging information
    log.warn("Started")
    spark.sparkContext.parallelize(1 to 20).foreach(println)
    log.warn("Finished")
```

```
    }
  }
```

在上面的代码中，一旦日志级别被设置为 INFO，则所有打印出来的内容都将为 INFO 级别，直到你将其设置为新级别(如 WARN)为止。此后若没有信息或跟踪内容需要打印，就不打印了。此外，log4j 还支持 Spark 的几个有效日志级别。成功执行上述代码将打印出如下内容：

```
17/05/13 16:39:14 INFO root: Let's get started!
17/05/13 16:39:15 WARN root: Started
4
1
2
5
3
17/05/13 16:39:16 WARN root: Finished
```

也可在 conf/log4j.properties 中为 Spark shell 设置默认的日志级别。Spark 提供了一个 log4j 模板，并将其作为属性文件。可对该文件进行修改和扩展，从而设置 Spark 的日志相关的属性。移到 SPARK_HOME/conf 目录下，就能看到 log4j.properties.template 文件。在以后要使用该模板文件时，只需要将其重命名即可。在 IDE 环境(如 Eclipse)开发 Spark 应用时，可将该文件放到项目目录下。但若要完全禁用日志，则只需要将 log4j.logger.org 标志设置为 OFF 即可，如下：

```
log4j.logger.org=OFF
```

到目前为止，一切都很容易。但在此前的代码段中，还有一个问题我们尚未提及。org.apache.log4j.Logger 的一个劣势是它不是序列化的，这意味着我们不能在对 Spark API 执行某些操作时在闭包内使用它。假设在 Spark 代码中执行如下操作：

```
object myCustomLogger {
  def main(args: Array[String]):Unit= {
      //Setting logger level as WARN
      val log = LogManager.getRootLogger
      log.setLevel(Level.WARN)
      //Creating Spark Context
      val conf = new SparkConf().setAppName("My App").setMaster("local[*]")
      val sc = new SparkContext(conf)
      //Started the computation and printing the logging information
      //log.warn("Started")
      val i = 0
      val data = sc.parallelize(i to 100000)
      data.map{number =>
        log.info("My number"+ i)
        number.toString
      }
      //log.warn("Finished")
    }
}
```

你应该会得到如下异常，显示任务没有序列化，如下：

```
org.apache.spark.SparkException: Job aborted due to stage failure: Task not
```

```
serialization: java.io.NotSerializableException: ...
Exception in thread "main" org.apache.spark.SparkException: Task not serializable
Caused by: java.io.NotSerializableException:
org.apache.log4j.spi.RootLogger
Serialization stack: object not serializable
```

首先，可尝试以简单方式解决这个问题。可使用 extends Serializable 将 Scala 类序列化。例如，其代码看起来如下所示：

```
class MyMapper(n: Int) extends Serializable {
  @transient lazy val log =
org.apache.log4j.LogManager.getLogger("myLogger")
  def logMapper(rdd: RDD[Int]): RDD[String] =
    rdd.map { i =>
      log.warn("mapping: " + i)
      (i + n).toString
    }
}
```

小技巧：

本节旨在探讨与日志记录相关的内容。但也可借此机会探讨一下，如何使得日志处理更适用于通用的 Spark 编程问题。为以有效方式克服任务的不可序列化错误，编译器将尝试让对象序列化并强制 Spark 来接受并发送整个对象(不仅是 lambda)。但这样做会显著增加 shuffle 的耗时，对于大规模的数据集而言尤其如此。其他方法则是让整个类序列化，或仅通过映射操作中传递的 lambda 函数来声明实例。有时，在节点之间保留非序列化的对象也有用。最后，可使用 forEachPartition()或 mapPartitions()来代替 map()，从而创建非序列化对象。如下是解决问题的一些方法：

- 序列化类。
- 在传递给映射操作时，只在 lamdba 函数中声明实例。
- 将非序列化对象视为静态对象，并在每台机器上创建一次。
- 调用 forEachPartition()或 mapPartitions()，而非 map()来创建非序列化对象。

在上述代码中，我们使用了注释@transient lazy，它标记了 Logger 类是非持久的。另一方面，包含实例化 MyMapper 类对象的方法 apply(即 MyMapperObject)的对象如下：

```
//Companion object
object MyMapper {
  def apply(n: Int): MyMapper = new MyMapper(n)
}
```

最终，包含 main 方法的对象如下：

```
//Main object
object myCustomLogwithClosureSerializable {
  def main(args: Array[String]) {
    val log = LogManager.getRootLogger
    log.setLevel(Level.WARN)
    val spark = SparkSession
```

```
      .builder
      .master("local[*]")
      .config("spark.sql.warehouse.dir", "E:/Exp/")
      .appName("Testing")
      .getOrCreate()
    log.warn("Started")
    val data = spark.sparkContext.parallelize(1 to 100000)
    val mapper = MyMapper(1)
    val other = mapper.logMapper(data)
    other.collect()
    log.warn("Finished")
  }
```

现在，让我们来看另一个例子，以便能够更好地洞察我们现在正在探讨的问题。假设有以下类来计算两个整数的乘积：

```
class MultiplicaitonOfTwoNumber {
  def multiply(a: Int, b: Int): Int = {
    val product = a * b
    product
  }
}
```

现在，基本上，如果你想使用该类，从而在 lambda 闭包中使用 map()来计算乘法，你将遇到我们此前提到的任务无法序列化的错误。现在，我们只需要使用 foreachPartition()和 lambda，如下：

```
val myRDD = spark.sparkContext.parallelize(0 to 1000)
    myRDD.foreachPartition(s => {
      val notSerializable = new MultiplicaitonOfTwoNumber
      println(notSerializable.multiply(s.next(), s.next()))
    })
```

如果你编译了它，就能得到想要的结果。为简便起见，main 方法的完整代码如下：

```
package com.chapter16.SparkTesting
import org.apache.spark.sql.SparkSession
class MultiplicaitonOfTwoNumber {
  def multiply(a: Int, b: Int): Int = {
    val product = a * b
    product
  }
}
object MakingTaskSerilazible {
  def main(args: Array[String]): Unit = {
    val spark = SparkSession
      .builder
      .master("local[*]")
      .config("spark.sql.warehouse.dir", "E:/Exp/")
      .appName("MakingTaskSerilazible")
      .getOrCreate()
  val myRDD = spark.sparkContext.parallelize(0 to 1000)
    myRDD.foreachPartition(s => {
```

```
      val notSerializable = new MultiplicaitonOfTwoNumber
      println(notSerializable.multiply(s.next(), s.next()))
    })
  }
}
```

输出结果如下：

```
0
5700
1406
156
4032
7832
2550
650
```

17.3.2　调试 Spark 应用

在本节中，将探讨如何对运行在不同模式下的 Spark 应用进行调试。在开始之前，也可以先查阅一下相关的调试文档，例如可以访问 Apache 的网站或 Cloudera 的网站。

1. 在 Eclipse 中调试 Spark 应用

要在 Eclipse 中调试 Spark 应用，只需要对 Eclipse 进行简单配置，将 Spark 应用调试修改为常规的 Scala 代码调试即可。你需要选择 Run | Debug Configurations | Scala Debugger，如图 17.17 所示。

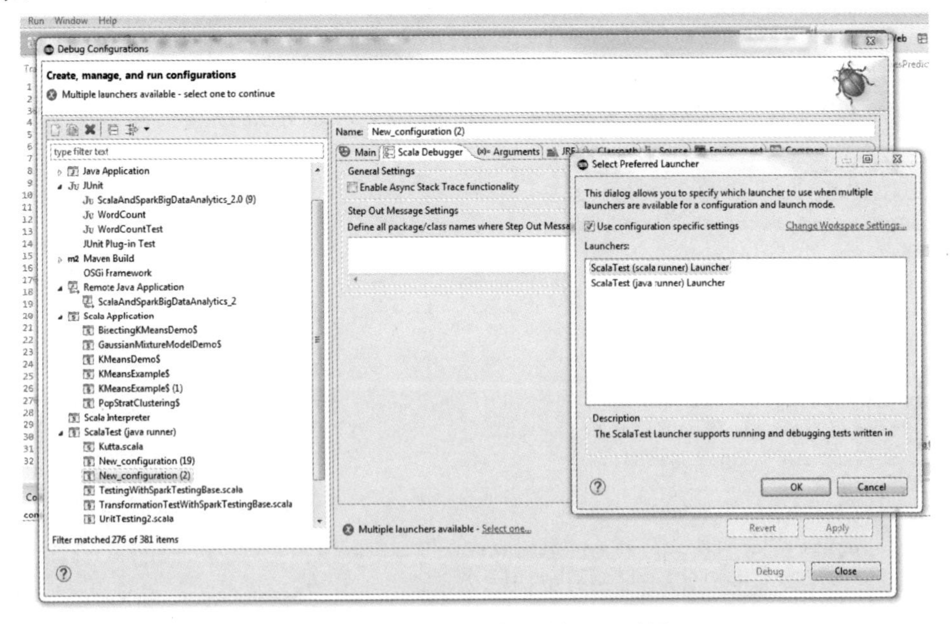

图 17.17　配置 Eclipse 以便调试 Spark 应用

假设我们想调试 KMeansDemo.scala，并要求 Eclipse(也可在 IntelliJ 中执行相似的操作)从第 56 行开始执行，然后在第 95 行设置断点。要完成上述操作，可以调试方式运行 Scala 代码，在 Eclipse 中你将看到如图 17.18 所示的截屏。

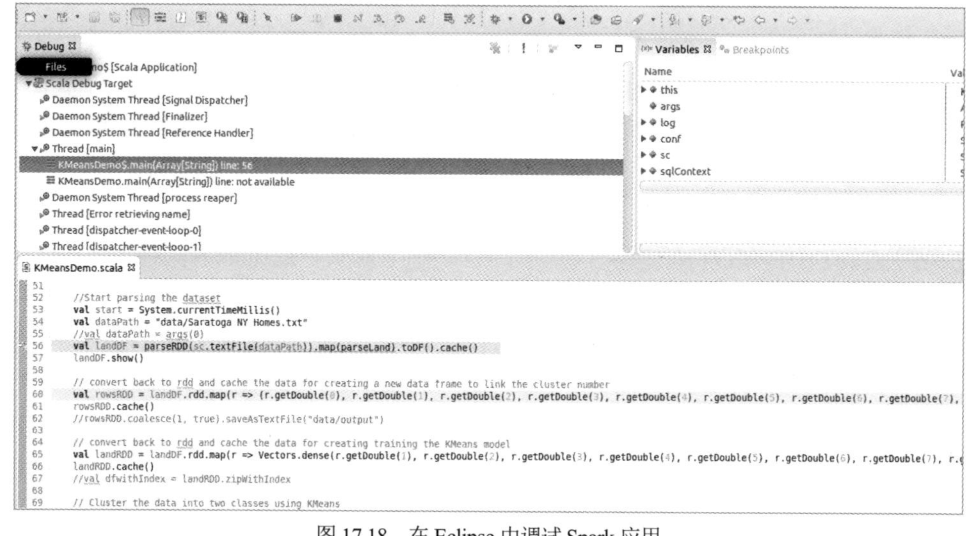

图 17.18　在 Eclipse 中调试 Spark 应用

然后，Eclipse 将在指定的行处暂停，如图 17.19 所示。

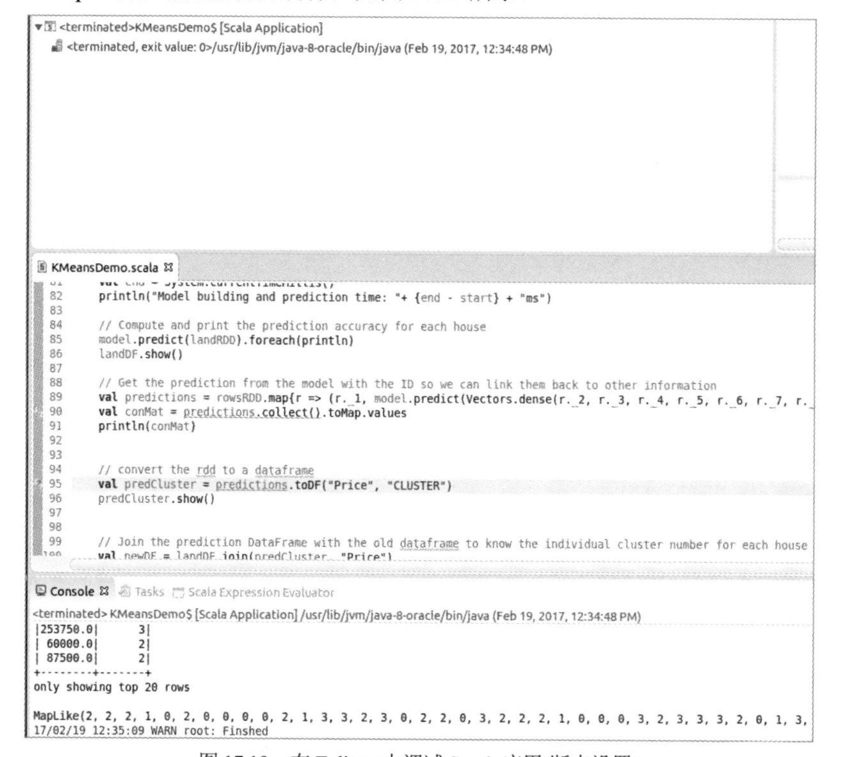

图 17.19　在 Eclipse 中调试 Spark 应用(断点设置)

总之，为简化前面的示例，如果在第 56 行和 95 行之间存在任何错误，Eclipse 将显示错误实际发生的位置。否则，如果没有中断，将正常执行。

2. 以本地或独立服务器模式调试 Spark 作业运行

在本地或独立服务器模式调试 Spark 应用时，你需要知道调试 driver 和调试 executor 是不一样的。因为使用这两种不同类型的节点时，需要给 spark-submit 传递不同的参数。在本节中，将 4000 端口作为地址。例如，如果你想调试 driver 程序，则可将如下内容添加到 spark-submit 命令：

```
--driver-java-options -
agentlib:jdwp=transport=dt_socket,server=y,suspend=y,address=4000
```

之后，可将远程调试器设置为连接到已提交 driver 程序的节点。对于上述案例，此时指定的端口为 4000。但是，如果其他 Spark 作业、其他应用或服务等在该端口上运行，你可能还需要自定义该端口，即更改端口号。

另外，除了地址选项外，连接到 executor 的方式与前面的方式类似。具体地说，你需要使用本地计算机的地址(IP 地址或者主机名和端口号)来替换地址。但这始终是一种很好的做法。建议你测试是否可从发生实际计算的 Spark 集群来访问本地计算机。例如，可使用以下选项为 spark-submit 命令启动调试环境：

```
--num-executors 1\
--executor-cores 1 \
--conf "spark.executor.extraJavaOptions=-
agentlib:jdwp=transport=dt_socket,server=n,address=localhost:4000,suspend=n
```

总的来说，可以使用如下命令来提交 Spark 作业(这里使用的是 KMeansDemo)：

```
$ SPARK_HOME/bin/spark-submit \
--class "com.chapter13.Clustering.KMeansDemo" \
--master spark://ubuntu:7077 \
--num-executors 1\
--executor-cores 1 \
--conf "spark.executor.extraJavaOptions=-
agentlib:jdwp=transport=dt_socket,server=n,address=
host_name_to_your_computer.org:5005,suspend=n" \
--driver-java-options -
agentlib:jdwp=transport=dt_socket,server=y,suspend=y,address=4000 \
  KMeans-0.0.1-SNAPSHOT-jar-with-dependencies.jar \
Saratoga_NY_Homes.txt
```

然后，以监听模式启动本地调试器，再启动 Spark 程序。最后，等待 executor 来连接到调试器。你将在终端上看到如下消息：

```
Listening for transport dt_socket at address: 4000
```

重要的一点是，你需要知道将 executor 的数量设置为 1。设置多个 executor 时，它们都会连接到调试器上，从而产生一些奇怪的问题。此外，有时设置 SPARK_JAVA_OPTS 也有助于调试本地模式或独立服务器模式下运行的 Spark 应用。命令如下。

```
$ export SPARK_JAVA_OPTS=-
agentlib:jdwp=transport=dt_socket,server=y,address=4000,suspend=y,onuncaught=n
```

但从 Spark 1.0.0 版本开始，SPARK_JAVA_OPTS 就已经被弃用了，并代之以 spark-defaults.conf，或在执行 spark-submit 和 spark-shell 时设置命令行参数。同样需要注意，在 spark-defaults.conf 中设置 spark.driver.extraJavaOptions 和 spark.executor.extraJavaOptions，并非是为了替代 SPARK_JAVA_OPTS。不过坦率地说，SPARK_JAVA_OPTS 依然能够很好地运行，可尝试一下。

3. 在 YARN 或 Mesos 集群模式下调试 Spark 应用

在 YARN 上运行 Spark 应用时，可通过修改 yarn-env.sh 来启用一个选项：

```
YARN_OPTS="-
agentlib:jdwp=transport=dt_socket,server=y,suspend=n,address=4000
$YARN_OPTS"
```

现在，远程调试器将通过 Eclipse 或 IntelliJ IDE 上的端口 4000 提供。第二个选项是设置 SPARK_SUBMIT_OPTS。可使用 Eclipse 或 IntelliJ 开发能够提交以在远程节点 YARN 集群上执行的 Spark 应用。可在 Eclipse 或 IntelliJ 上创建一个 Maven 项目，然后将 Java 或 Scala 应用打包为 jar 文件，之后将其作为 Spark 作业进行提交。但为将诸如 Eclipse 或 IntelliJ 的 IDE 的调试器作用到 Spark 应用上，也可使用 SPARK_SUBMIT_OPTS 环境变量来定义相关的提交参数，如下：

```
$ export SPARK_SUBMIT_OPTS=-
agentlib:jdwp=transport=dt_socket,server=y,suspend=y,address=4000
```

然后，可按如下方式来提交 Spark 作业(当然需要根据你的需求和环境进行一定的修改)：

```
$ SPARK_HOME/bin/spark-submit \
--class "com.chapter13.Clustering.KMeansDemo" \
--master yarn \
--deploy-mode cluster \
--driver-memory 16g \
--executor-memory 4g \
--executor-cores 4 \
--queue the_queue \
--num-executors 1\
--executor-cores 1 \
--conf "spark.executor.extraJavaOptions=-
agentlib:jdwp=transport=dt_socket,server=n,address=
host_name_to_your_computer.org:4000,suspend=n" \
--driver-java-options -
agentlib:jdwp=transport=dt_socket,server=y,suspend=y,address=4000 \
KMeans-0.0.1-SNAPSHOT-jar-with-dependencies.jar \
Saratoga_NY_Homes.txt
```

运行上述代码后，它将等待，直到你连接到调试器，才会显示如下内容：Listening for transport dt_socket at address: 4000。现在，可在 IntelliJ 的调试器上配置 Java 远程应用(对 Scala 应用来说也是如此)了，如图 17.20 所示。

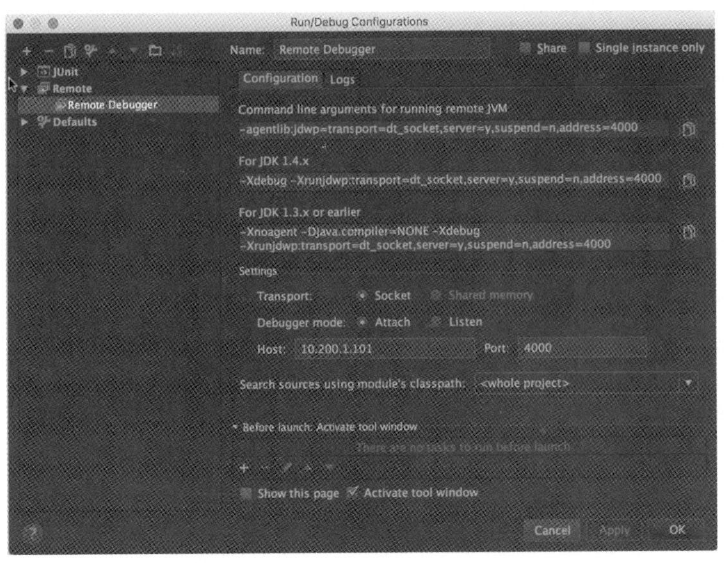

图 17.20　在 IntelliJ 中配置远程调试器

可以看到，10.200.1.101 是正在运行 Spark 作业的远程计算节点的 IP 地址。最后，你需要单击 IntelliJ 的 Run 菜单下的 Debug 来启动调试器。一旦调试器连接到远程的 Spark 应用，就可以在 IntelliJ 的应用程序控制台中看到日志记录的信息。当然，也可设置断点。图 17.21 展示了 IntelliJ 上的一个例子，即如何通过断点让 Spark 作业暂停。

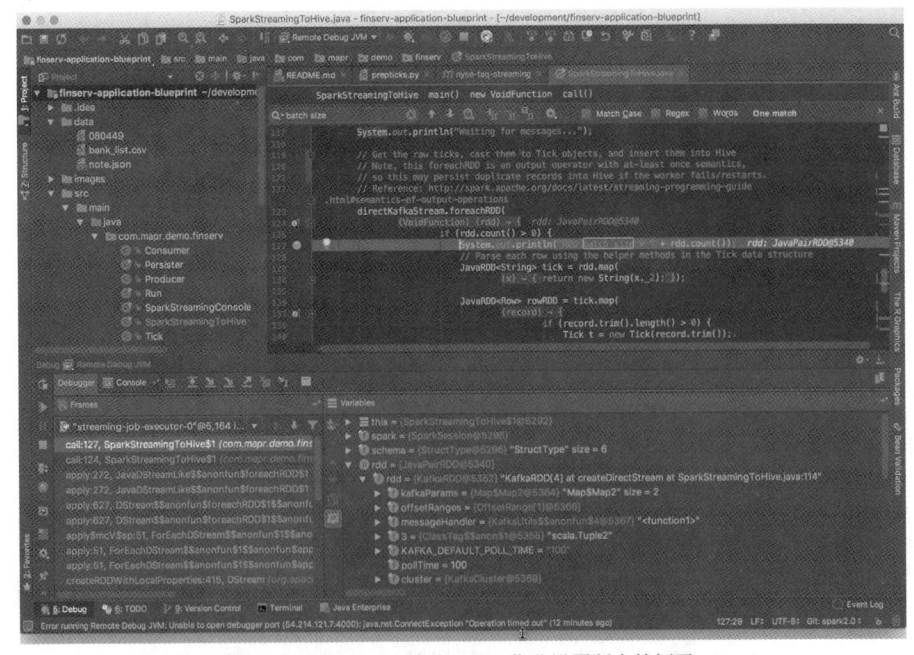

图 17.21　在 IntelliJ 中为 Spark 作业设置断点的例子

虽然这样也很好，但有时作者觉得使用 SPARK_JAVA_OPTS 对 Eclipse 或 IntelliJ 的调试过程其实并没有太大帮助。相反，在真实的集群(YARN、Mesos 或 AWS)上运行 Spark 作业时，你可以导出 SPARK_WORKER_OTPS 和 SPARK_MASTER_OPTS：

```
$ export SPARK_WORKER_OPTS="-Xdebug -
Xrunjdwp:server=y,transport=dt_socket,address=4000,suspend=n"
$ export SPARK_MASTER_OPTS="-Xdebug -
Xrunjdwp:server=y,transport=dt_socket,address=4000,suspend=n"
```

然后，以如下方式启动主节点：

```
$ SPARKH_HOME/sbin/start-master.sh
```

现在，可打开与实际运行 Spark 作业的远程计算机的 SSH 连接，并将本地机器上的 4000 端口映射到远程机器上的 5000 端口。这里假设集群位于远程机器上，并且正在监听 5000 端口。此时 Eclipse 会认为你只是将 Spark 应用调试为本地 Spark 应用或进程。因此，你需要在 Eclipse 上配置远程调试器，如图 17.22 所示。

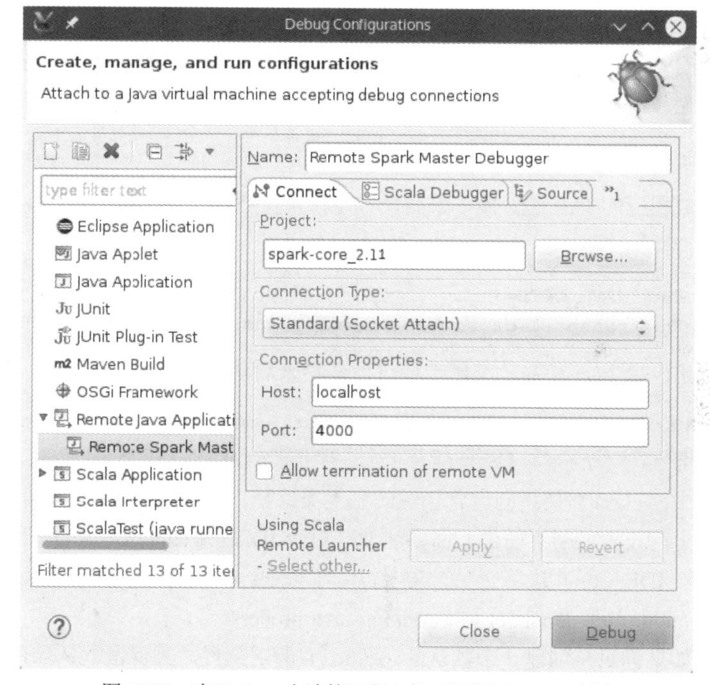

图 17.22　在 Eclipse 上连接远程主机以便调试 Spark 应用

就是这样！现在就可在集群上进行调试，就像它是你的桌面一样。前面的示例用于将 Spark Master 设置为 YARN-client。但它也可在 Mesos 集群上运行时起作用。如果你使用的是 YARN 集群模式，则需要将 driver 程序设置为连接到调试器上，而不是将调试器连接到 driver 上，因为你事先不一定知道 driver 将在何种模式下运行。

4. 使用 SBT 调试 Spark 应用

前面的设置中，大部分都基于 Eclipse 或 IntelliJ 中的 Maven 项目进行。假设你已经开发了应用，并且正在使用自己首选的 IDE，如 Eclipse 或 IntelliJ，如下：

```
object DebugTestSBT {
  def main(args: Array[String]): Unit = {
  val spark = SparkSession
      .builder
      .master("local[*]")
      .config("spark.sql.warehouse.dir", "C:/Exp/")
      .appName("Logging")
      .getOrCreate()
    spark.sparkContext.setCheckpointDir("C:/Exp/")
    println("-------------Attach debugger now!--------------")
    Thread.sleep(8000)
    //code goes here, with breakpoints set on the lines you want to pause
  }
}
```

现在，你想将该作业下载到本地集群或独立服务器中，最好将应用及其依赖项打包为 fat JAR。要完成这样的操作，可使用如下命令：

```
$ sbt assembly
```

这样就会生成相应的 JAR 包。接下来的任务是将该作业提交到本地集群。你需要在系统上使用 spark-submit 脚本：

```
$ export SPARK_JAVA_OPTS=-
agentlib:jdwp=transport=dt_socket,server=y,suspend=n,address=5005
```

上述命令导出一个 Java 参数，它用于通过调试器来启动 Spark：

```
$ SPARK_HOME/bin/spark-submit --class Test --master local[*] --drivermemory
4G --executor-memory 4G /path/project-assembly-0.0.1.jar
```

在上述命令中，--class 需要指向包含作业的完整类路径。一旦该命令执行成功，就会执行 Spark 作业，而不会在之前设置的断点暂停。需要注意，对于 IDE，如 IntelliJ，你需要配置它来连接到集群上。关于 IDEA 的更多官方文档，可以查看 https://stackoverflow.com/questions/21114066/attach-intellij-idea-debugger-to-a-running-java-process。

需要注意，如果你只是创建一个默认的远程运行/调试配置，并保留默认端口 5005，它应该可以正常工作。下次提交作业并看到附加调试器的消息时，你有 8 秒钟的时间来切换到 IntelliJ IDEA 并触发此运行配置。此后程序将继续执行，并在你定义断点的地方暂停。可像任何正常的 Scala/Java 程序一样，一步一步地执行它。你还可进入 Spark 的函数，看看它在后台究竟做了些什么。

17.4　本章小结

在本章，你了解到对 Spark 应用进行测试和调试是多么困难。而在分布式环境中，更是难上加难。当然，你也学习了解决这些问题的一些方法。总的来说，你学习了在分布式环境中进行测试的方法，也学习了调试 Spark 应用的一些方法。

我们相信本书能帮助你更好地理解 Spark，但由于篇幅限制，我们无法涵盖所有 API 及其底层功能。如果你遇到任何问题，可将其报告给 Spark 用户邮件列表 user@spark.apache.org，当然在此之前，需要订阅它。

到此为止，这多少算是我们在 Spark 高级主题上的这一小段旅程的结束。现在我们向读者提供一些一般性参考建议。如果你在数据科学、数据分析、机器学习以及 Scala 或 Spark 方面算是新手的话，那么首先应该尝试了解你想要执行的分析类型。更具体地说，例如，如果你的问题是机器学习问题，那么可以尝试猜测一下哪种学习算法更合适，如分类、聚类、回归、推荐或频繁模式挖掘。然后定义问题，根据之前探讨过的 Spark 特征工程的概念生成或下载适当的数据。另一方面，如果你认为可以使用深度学习算法或相应的 API 来解决问题，则可使用第三方算法将其与 Spark 进行集成，然后开始工作。

作者的建议是，可定期浏览 Spark 的网站(http://spark.apache.org/)以便不断获取最新的一些知识，并尝试将 Spark 提供的 API 与其他第三方应用或工具结合起来，从而获得最佳效果。

第18章

PySpark 与 SparkR

本章将探讨另外两类流行的 API：PySpark 和 SparkR。可以基于它们分别使用 Python 或 R 语言来编写 Spark 代码。本章的第一部分，将介绍同时使用 PySpark 和 Spark 时的一些技术主题。然后探讨 SparkR，看看如何能轻松地使用它。

作为概括，本章将涵盖如下主题：

- PySpark 简介
- PySpark 的安装及配置
- 在 PySpark 中编写 UDF
- 使用 K-均值聚类算法进行分析
- SparkR 简介
- 为何是 SparkR
- SparkR 的安装与配置
- 数据处理与操作
- 使用 SparkR 处理 RDD 和数据帧
- 使用 SparkR 实现数据可视化

18.1 PySpark 简介

Python 是最流行和通用的编程语言之一，在进行数据处理和机器学习方面也有很多令人兴奋的功能。为从 Python 使用 Spark，PySpark 最初是作为 Apache Spark 的轻量级前端开发出来的，它能使用 Spark 的分布式计算引擎。本章将探讨从 Python IDE(如 PyCharm)中使用 Spark 的一些技术问题。

许多数据科学家都在使用 Python，因为它在统计、机器学习和优化方面具有丰富的库。但在 Python 中处理大型数据集通常会比较繁杂，因为它往往是单线程运行，因此只能处理适合主内存的数据。考虑到这种限制，并且为了能在 Python 中使用 Spark 的全部功能，PySpark 就被引入进来了。Spark 提供了非 JVM 语言(例如 Python)的 API。

引入 PySpark 的部分目的是让 PySpark 提供基本的分布式算法。需要注意，PySpark 是一个用于基本测试和调试的交互式 shell，不建议将其用于生产环境。

18.2 安装及配置

在 Python IDE 上安装或配置 PySpark 有多种方法，如 PyCharm 和 Spider 等。或者，如果你已经安装 Spark 并配置了 SPARK_HOME，可直接使用 PySpark。再者，也可使用 Python shell 中的 PySpark。下面将看到如何配置 PySpark 来运行独立作业。

18.2.1 设置 SPARK_HOME

首先下载 Spark，将其放在你的首选位置，如/home/asif/Spark。现在，新的 SPAKR_HOME 就是：

```
echo "export SPARK_HOME=/home/asif/Spark" >> ~/.bashrc
```

然后，按如下方式设置 PYTHONPATH：

```
echo "export PYTHONPATH=$SPARK_HOME/python/" >> ~/.bashrc
echo "export PYTHONPATH=$SPARK_HOME/python/lib/py4j-0.10.1-src.zip" >>
~/.bashrc
```

接下来，需要将另外两个路径添加到环境变量中：

```
echo "export PATH=$PATH:$SPARK_HOME" >> ~/.bashrc
echo "export PATH=$PATH:$PYTHONPATH" >> ~/.bashrc
```

最后，让我们刷新当前的终端，这样就会使用新的变量 PATH 了：

```
source ~/.bashrc
```

PySpark 依赖 py4j 这一 Python 包。它能帮助 Python 解释器从 JVM 上动态访问 Spark 对象。该包可按如下方式安装在 Ubuntu 上：

```
$ sudo pip install py4j
```

此外，也可使用默认的 py4j，它已被包含在 Spark 中($SPARK_HOME/python/lib)。

使用 Python shell

与 Scala 的交互式 shell 一样，Python 也有一个交互式 shell 工具。可从 Spark 的根目录中执行 Python 代码，如下：

```
$ cd $SPARK_HOME
$ ./bin/pyspark
```

如果该命令运行成功，就可在终端上看到如图 18.1 所示的界面(Ubuntu)。

```
asif@ubuntu:~$ cd $SPARK_HOME
asif@ubuntu:~/Spark$ ./bin/pyspark
Python 2.7.6 (default, Oct 26 2016, 20:30:19)
[GCC 4.8.4] on linux2
Type "help", "copyright", "credits" or "license" for more information.
Setting default log level to "WARN".
To adjust logging level use sc.setLogLevel(newLevel). For SparkR, use setLogLevel(newLevel).
17/04/24 09:49:02 WARN NativeCodeLoader: Unable to load native-hadoop library for your platform... using
17/04/24 09:49:02 WARN Utils: Your hostname, ubuntu resolves to a loopback address: 127.0.1.1; using 19
17/04/24 09:49:02 WARN Utils: Set SPARK_LOCAL_IP if you need to bind to another address
17/04/24 09:49:06 WARN ObjectStore: Failed to get database global_temp, returning NoSuchObjectException
Welcome to
      ____              __
     / __/__  ___ _____/ /__
    _\ \/ _ \/ _ `/ __/  '_/
   /__ / .__/\_,_/_/ /_/\_\   version 2.1.0
      /_/

Using Python version 2.7.6 (default, Oct 26 2016 20:30:19)
SparkSession available as 'spark'.
>>>
```

图 18.1　开始使用 PySpark shell

现在就可以使用 Python 的交互式 shell 来体验 Spark 了。对于体验者和开发者而言，这一 shell 可能够用了。但对于生产级别的需求而言，你还需要一个独立应用才行。

PySpark 现在就可用了。在编写 Python 代码后，可使用 Python 命令来运行这些代码。它会以默认设置运行在本地 Spark 实例上：

```
$ python <python_file.py>
```

需要注意，当前的 Spark 版本只与 Python 2.7+的版本兼容。因此，我们会受到这一点的限制。

不止如此，如果想在运行时传递配置参数，建议使用 spark-submit 脚本。该命令与 Scala 的非常相似：

```
$ cd $SPARK_HOME
$ ./bin/spark-submit --master local[*] <python_file.py>
```

配置参数可在运行时传递，或在 conf/spark-defaults.conf 文件中进行修改。一旦修改了 Spark 配置文件，则在使用 Python 命令运行 PySpark 应用时，修改的内容也会产生影响。

但遗憾的是，在撰写本书时，PySpark 尚未有 pip 安装方式。但据说在 Spark 2.2.0 版本中可用(可参考 https://issues.apache.org/jira/browse/SPARK-1267)。

18.2.2　在 Python IDE 中设置 PySpark

也可从 Python IDE(如 PyCharm)中配置和运行 PySpark。本节将展示如何做到这一点。如果你是一名学生，就可在 https://www.jetbrains.com/student/进行申请，从而获得 PyCharm 的免费许可。此外，该软件也有一个社区版，因此你不是学生也可以使用。

近期 PySpark 发布了 Spark 2.2.0 PyPI(可参见 https://pypi.org/project/pyspark/)，这已经等了很长时间了。因为之前的版本包含了 pip 安装功能，但由于各种原因无法发布到 PyPI。因此，如果你想在自己的笔记本电脑上本地使用 PySpark，就可以很轻松地开始使用，只需要执行如下命令。

```
$ sudo pip install pyspark # for python 2.7
$ sudo pip3 install pyspark # for python 3.3+
```

但是，如果你使用的是 Windows7/8/10，就需要手工安装 PySpark。例如，要使用 PyCharm，可采用如图 18.2 所示的方式。

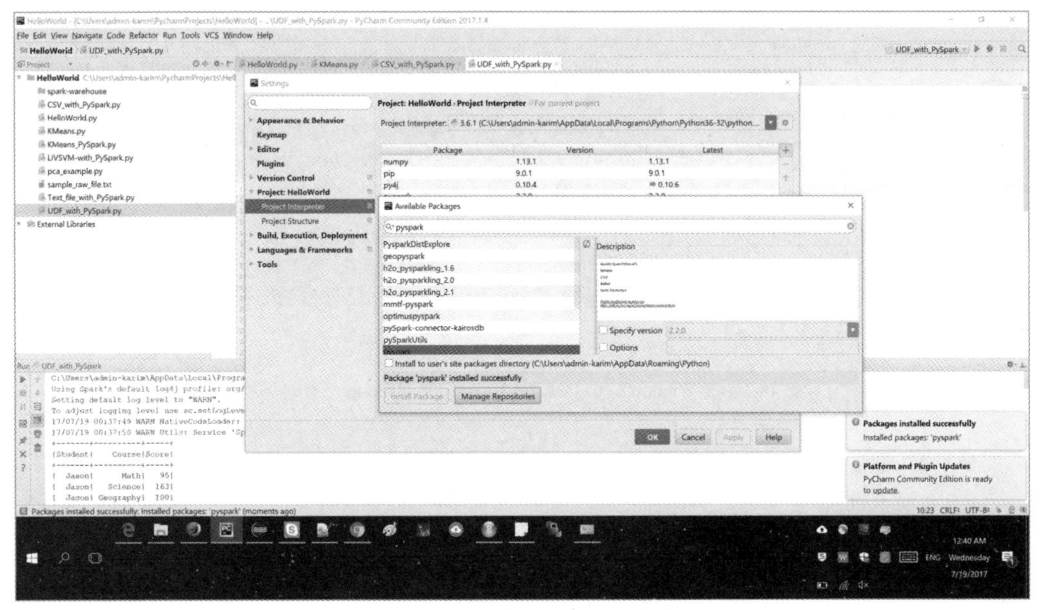

图 18.2　在 Windows 10 的 PyCharm 中安装 PySpark

首先，需要使用项目解释器(Python 2.7+)创建一个 Python 脚本，然后导入 PySpark 和其他所需的包，如下：

```
import os
import sys
import pyspark
```

现在，如果你是一个 Windows 用户，Python 还需要 Hadoop 的运行时。需要将 winutils.exe 放到 SPARK_HOME/bin 目录下。然后按如下方式创建环境变量。

选择 Python 文件，再选择 Run | Edit configuration | Create an environmental variable，选择 key 为 HADOOP_HOME，并且其值为 PYTHON_PATH。这里应该为 C:\Users\admin-karim\Downloads\spark-2.1.0-bin-hadoop2.7。最后，单击 OK 按钮，如图 18.3 所示。

这就是你所需要的了。现在，如果你想开始编写 Spark 代码，你首先要在 try 代码块中放置导入内容(这里只是演示)：

```
try:
    from pyspark.ml.featureimport PCA
    from pyspark.ml.linalgimport Vectors
    from pyspark.sqlimport SparkSession
    print ("Successfully imported Spark Modules")
```

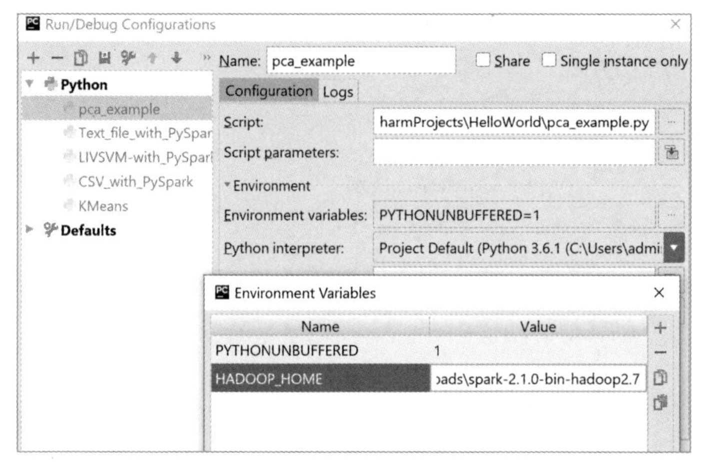

图 18.3　在 Windows 10 上为 PyCharm 设置 Hadoop 运行时环境

然后是 catch 代码块：

```
ExceptImportError as e:
    print("Can not import Spark Modules", e)
    sys.exit(1)
```

可以参考图 18.4，它显示了如何在 PySpark shell 中导入和放置 Spark 包。

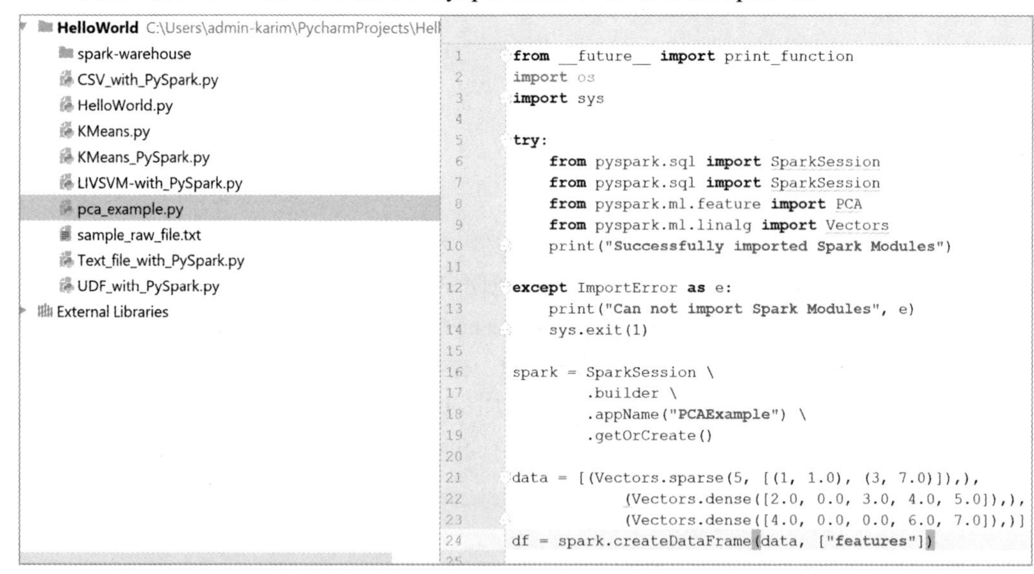

图 18.4　在 PySpark shell 中导入和放置 Spark 包

如果该代码块运行正常，你将看到如图 18.5 的输出结果。

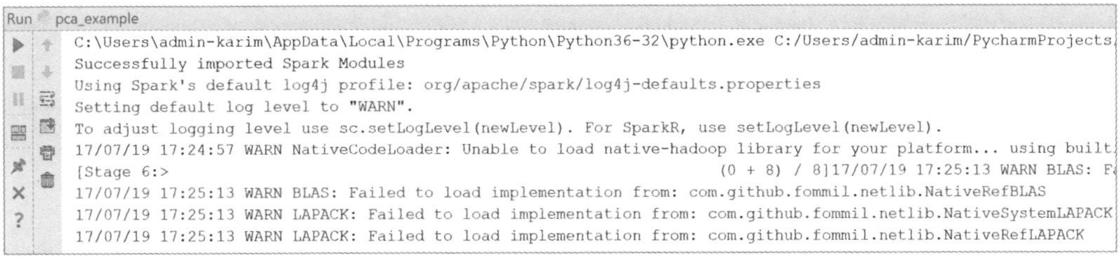

```
Run  pca_example
C:\Users\admin-karim\AppData\Local\Programs\Python\Python36-32\python.exe C:/Users/admin-karim/PycharmProjects/
Successfully imported Spark Modules
Using Spark's default log4j profile: org/apache/spark/log4j-defaults.properties
Setting default log level to "WARN".
To adjust logging level use sc.setLogLevel(newLevel). For SparkR, use setLogLevel(newLevel).
17/07/19 17:24:57 WARN NativeCodeLoader: Unable to load native-hadoop library for your platform... using built
[Stage 6:>                                                  (0 + 8) / 8]17/07/19 17:25:13 WARN BLAS: Fa
17/07/19 17:25:13 WARN BLAS: Failed to load implementation from: com.github.fommil.netlib.NativeRefBLAS
17/07/19 17:25:13 WARN LAPACK: Failed to load implementation from: com.github.fommil.netlib.NativeSystemLAPACK
17/07/19 17:25:13 WARN LAPACK: Failed to load implementation from: com.github.fommil.netlib.NativeRefLAPACK
```

图 18.5　PySpark 包已被成功导入

18.2.3　开始使用 PySpark

在深入讨论之前，我们先来看一下如何创建 Spark 会话，如下：

```
spark = SparkSession\
            .builder\
            .appName("PCAExample")\
            .getOrCreate()
```

然后，在该代码块之下，就可以放置自己的代码，例如：

```
data = [(Vectors.sparse(5, [(1, 1.0), (3, 7.0)]),),
         (Vectors.dense([2.0, 0.0, 3.0, 4.0, 5.0]),),
         (Vectors.dense([4.0, 0.0, 0.0, 6.0, 7.0]),)]
  df = spark.createDataFrame(data, ["features"])

  pca = PCA(k=3, inputCol="features", outputCol="pcaFeatures")
  model = pca.fit(df)

  result = model.transform(df).select("pcaFeatures")
  result.show(truncate=False)
```

上面的代码演示了如何计算行矩阵的主成分，并将向量投射到低维空间。要了解更详细的内容，可参考如下代码，它显示了如何在 PySpark 中使用 PCA 算法：

```
import os
import sys

try:
from pyspark.sql import SparkSession
from pyspark.ml.feature import PCA
from pyspark.ml.linalg import Vectors
print ("Successfully imported Spark Modules")

except ImportError as e:
print ("Can not import Spark Modules", e)
sys.exit(1)

spark = SparkSession\
.builder\
.appName("PCAExample")\
.getOrCreate()
```

```
    data = [(Vectors.sparse(5, [(1, 1.0), (3, 7.0)]),),(Vectors.dense([2.0, 0.0, 3.0,
4.0, 5.0]),),
    (Vectors.dense([4.0, 0.0, 0.0, 6.0, 7.0]),)]
    df = spark.createDataFrame(data, ["features"])

    pca = PCA(k=3, inputCol="features", outputCol="pcaFeatures")
    model = pca.fit(df)

    result = model.transform(df).select("pcaFeatures")
    result.show(truncate=False)

    spark.stop()
```

输出如图 18.6 所示。

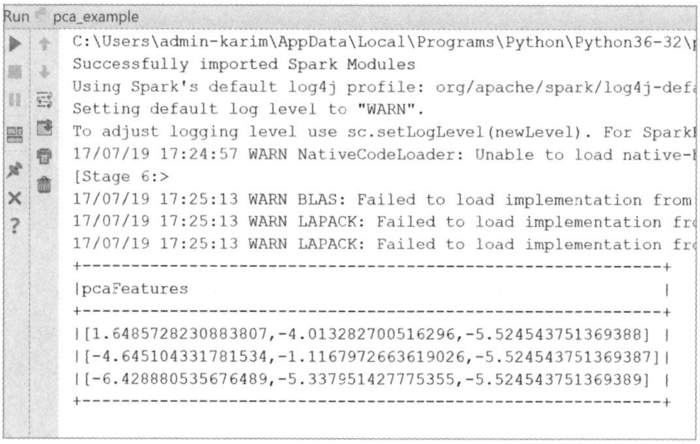

```
Run pca_example
C:\Users\admin-karim\AppData\Local\Programs\Python\Python36-32\
Successfully imported Spark Modules
Using Spark's default log4j profile: org/apache/spark/log4j-def
Setting default log level to "WARN".
To adjust logging level use sc.setLogLevel(newLevel). For Spark
17/07/19 17:24:57 WARN NativeCodeLoader: Unable to load native-
[Stage 6:>
17/07/19 17:25:13 WARN BLAS: Failed to load implementation from
17/07/19 17:25:13 WARN LAPACK: Failed to load implementation fr
17/07/19 17:25:13 WARN LAPACK: Failed to load implementation fr
+-----------------------------------------------------------+
|pcaFeatures                                                |
+-----------------------------------------------------------+
|[1.6485728230883807,-4.013282700516296,-5.524543751369388] |
|[-4.645104331781534,-1.1167972663619026,-5.524543751369387]|
|[-6.428880535676489,-5.337951427775355,-5.524543751369389] |
+-----------------------------------------------------------+
```

图 18.6 成功运行 Python 脚本后的 PCA 结果

18.2.4 使用数据帧和 RDD

Spark 中的数据帧是指定列下的行的分布式集合。从技术角度看，它可以被视为具有列标题的关系数据库中的表。此外，PySpark 中的数据帧也类似于 Python pandas。不过，它与 RDD 也有一些共同特性。

- **不可变性**：就像 RDD 一样，一旦创建了数据帧，就无法被改变。可在应用转换后将数据帧转换为 RDD，反之亦然。
- **延迟计算**：它本质上是一种延迟计算。也就是说，在 action 算子之前，任务不会被执行。
- **分布式**：RDD 和数据帧都是分布式的。

与 Java/Scala 的数据帧一样，PySpark 的数据帧也用来处理大规模的结构化数据，甚至可处理 PB 级别的数据。表结构有助于我们理解数据帧的结构，也有助于优化 SQL 查询的执行计划。此外，它还支持广泛的数据格式和数据来源。

在 PySpark 中，可采用多种方式创建 RDD、数据集和数据帧。下面将展示一些这样的例子。

1. 以 libsvm 格式读取数据集

让我们来看一下，如何使用读 API 和 load()方法，以 libsvm 格式来读取数据。如下：

```
# Creating DataFrame from libsvm dataset
myDF = spark.read.format("libsvm").load("C:/Exp//mnist.bz2")
```

上述MNIST数据集可从https://www.csie.ntu.edu.tw/~cjlin/libsvmtools/datasets/multiclass/mnist.bz2下载。上述代码将返回一个数据帧，其内容可通过调用 show()方法进行查看，如下：

```
myDF.show()
```

其输出如图 18.7 所示。

```
+-----+--------------------+
|label|            features|
+-----+--------------------+
|  8.0|(17,[0,1,2,3,4,5,...|
| 10.0|(17,[0,1,2,3,4,5,...|
|  9.0|(17,[0,1,2,3,4,5,...|
|  8.0|(17,[0,1,2,3,4,5,...|
| 10.0|(17,[0,1,2,3,4,5,...|
|  8.0|(17,[0,1,2,3,4,5,...|
|  5.0|(17,[0,1,2,3,4,5,...|
|  6.0|(17,[0,1,2,3,4,5,...|
|  8.0|(17,[0,1,2,3,4,5,...|
|  7.0|(17,[0,1,2,3,4,5,...|
|  6.0|(17,[0,1,2,3,4,5,...|
|  8.0|(17,[0,1,2,3,4,5,...|
|  8.0|(17,[0,1,2,3,4,5,...|
|  8.0|(17,[0,1,2,3,4,5,...|
|  9.0|(17,[0,1,2,3,4,5,...|
|  4.0|(17,[0,1,2,3,4,5,...|
|  7.0|(17,[0,1,2,3,4,5,...|
|  7.0|(17,[0,1,2,3,4,5,...|
|  8.0|(17,[0,1,2,3,4,5,...|
|  8.0|(17,[0,1,2,3,4,5,...|
+-----+--------------------+
only showing top 20 rows
```

图 18.7 以 libsvm 格式展示的手写体数据集快照

当然，也可指定其他一些选项，例如你想为数据帧使用原始数据集的多少个特征值，如下：

```
myDF= spark.read.format("libsvm")
.option("numFeatures", "780")
.load("data/Letterdata_libsvm.data")
```

现在，如果你想从同样的数据集创建一个 RDD，可使用来自 pyspark.mllib.util 的 MLUtils API，如下：

```
#Creating RDD from the libsvm data file
myRDD = MLUtils.loadLibSVMFile(spark.sparkContext,
"data/Letterdata_libsvm.data")
```

然后，可将其保存到你的首选位置，如下：

```
myRDD.saveAsTextFile("data/myRDD")
```

2. 读取 CSV 文件

现在，让我们来加载、解析和查看一些航班数据样例。首先，以 CSV 格式下载 NYC 航班数据集，下载地址为 https://s3-us-west-2.amazonaws.com/sparkr-data/nycflights13.csv。现在，我们要使用 PySpark 的 read.csv() API 来加载和解析数据集，如下：

```
# Creating DataFrame from data file in CSV format
df = spark.read.format("com.databricks.spark.csv")
.option("header", "true")
.load("data/nycflights13.csv")
```

该操作与以 libsvm 格式读取数据的方式相似。现在，可看到该数据帧的结构了，如下：

```
df.printSchema()
```

输出结果如图 18.8 所示。

```
root
 |-- year: string (nullable = true)
 |-- month: string (nullable = true)
 |-- day: string (nullable = true)
 |-- dep_time: string (nullable = true)
 |-- dep_delay: string (nullable = true)
 |-- arr_time: string (nullable = true)
 |-- arr_delay: string (nullable = true)
 |-- carrier: string (nullable = true)
 |-- tailnum: string (nullable = true)
 |-- flight: string (nullable = true)
 |-- origin: string (nullable = true)
 |-- dest: string (nullable = true)
 |-- air_time: string (nullable = true)
 |-- distance: string (nullable = true)
 |-- hour: string (nullable = true)
 |-- minute: string (nullable = true)
```

图 18.8　NYC 航班数据集的格式

然后使用 show()方法看一下该数据集的一个快照，如下：

```
df.show()
```

该数据集的样例如下。

3. 读取并操作原始文本文件

可使用 textFile()方法来读取原始的文本数据文件。假设你有如下的购物日志：

```
number\tproduct_name\ttransaction_id\twebsite\tprice\tdate0\tjeans\t3016090
6182001\tebay.com\t100\t12-02-20161\tcamera\t70151231120504\tamazon.com\t45
0\t09-08-20172\tlaptop\t90151231120504\tebay.ie\t1500\t07-
-5-20163\tbook\t80151231120506\tpackt.com\t45\t03-12-20164\tdrone\t88765311
20508\talibaba.com\t120\t01-05-2017
```

图 18.9 是 NYC 航班数据样例。

```
+----+-----+---+--------+---------+--------+---------+-------+-------+------+------+----+--------+--------+----+------+
|year|month|day|dep_time|dep_delay|arr_time|arr_delay|carrier|tailnum|flight|origin|dest|air_time|distance|hour|minute|
+----+-----+---+--------+---------+--------+---------+-------+-------+------+------+----+--------+--------+----+------+
|2013|    1|  1|     517|        2|     830|       11|     UA| N14228|  1545|   EWR| IAH|     227|    1400|   5|    17|
|2013|    1|  1|     533|        4|     850|       20|     UA| N24211|  1714|   LGA| IAH|     227|    1416|   5|    33|
|2013|    1|  1|     542|        2|     923|       33|     AA| N619AA|  1141|   JFK| MIA|     160|    1089|   5|    42|
|2013|    1|  1|     544|       -1|    1004|      -18|     B6| N804JB|   725|   JFK| BQN|     183|    1576|   5|    44|
|2013|    1|  1|     554|       -6|     812|      -25|     DL| N668DN|   461|   LGA| ATL|     116|     762|   5|    54|
|2013|    1|  1|     554|       -4|     740|       12|     UA| N39463|  1696|   EWR| ORD|     150|     719|   5|    54|
|2013|    1|  1|     555|       -5|     913|       19|     B6| N516JB|   507|   EWR| FLL|     158|    1065|   5|    55|
|2013|    1|  1|     557|       -3|     709|      -14|     EV| N829AS|  5708|   LGA| IAD|      53|     229|   5|    57|
|2013|    1|  1|     557|       -3|     838|       -8|     B6| N593JB|    79|   JFK| MCO|     140|     944|   5|    57|
|2013|    1|  1|     558|       -2|     753|        8|     AA| N3ALAA|   301|   LGA| ORD|     138|     733|   5|    58|
|2013|    1|  1|     558|       -2|     849|       -2|     B6| N793JB|    49|   JFK| PBI|     149|    1028|   5|    58|
|2013|    1|  1|     558|       -2|     853|       -3|     B6| N657JB|    71|   JFK| TPA|     158|    1005|   5|    58|
|2013|    1|  1|     558|       -2|     924|        7|     UA| N29129|   194|   JFK| LAX|     345|    2475|   5|    58|
|2013|    1|  1|     558|       -2|     923|      -14|     UA| N53441|  1124|   EWR| SFO|     361|    2565|   5|    58|
|2013|    1|  1|     559|       -1|     941|       31|     AA| N3DUAA|   707|   LGA| DFW|     257|    1389|   5|    59|
|2013|    1|  1|     559|        0|     702|       -4|     B6| N708JB|  1806|   JFK| BOS|      44|     187|   5|    59|
|2013|    1|  1|     559|       -1|     854|       -8|     UA| N76515|  1187|   EWR| LAS|     337|    2227|   5|    59|
|2013|    1|  1|     600|        0|     851|       -7|     B6| N595JB|   371|   LGA| FLL|     152|    1076|   6|     0|
|2013|    1|  1|     600|        0|     837|       12|     MQ| N542MQ|  4650|   LGA| ATL|     134|     762|   6|     0|
|2013|    1|  1|     601|        1|     844|       -6|     B6| N644JB|   343|   EWR| PBI|     147|    1023|   6|     1|
+----+-----+---+--------+---------+--------+---------+-------+-------+------+------+----+--------+--------+----+------+
only showing top 20 rows
```

图 18.9 NYC 航班数据样例

现在，使用 textFile()方法来读取数据并创建 RDD 就变得相当直接了，如下：

```
myRDD = spark.sparkContext.textFile("sample_raw_file.txt")
$cd myRDD
$ cat part-00000
number\tproduct_name\ttransaction_id\twebsite\tprice\tdate
0\tjeans\t30160906182001\tebay.com\t100\t12-02-20161\tcamera\t7015123112050
4\tamazon.com\t450\t09-08-2017
```

如你所见，此时数据的结构依然不具备很好的可读性。因此，可考虑将文本转换为数据帧，从而使其具备更好的结构。首先收集 header 信息，如下：

```
header = myRDD.first()
```

之后过滤掉 header，然后让剩下的内容看起来正确一点，如下：

```
textRDD = myRDD.filter(lambda line: line != header)
newRDD = textRDD.map(lambda k: k.split("\\t"))
```

此时，还是这个 RDD，但数据的结构就好了很多。但将其转换为数据帧，则能为事务型数据提供更好的视角。

如下代码将创建一个数据帧，它使用 header.split，并提供了列名：

```
textDF = newRDD.toDF(header.split("\\t"))
textDF.show()
```

其输出如图 18.10 所示。

```
+------+------------+--------------+-----------+-----+----------+
|number|product_name| ransaction_id|    website|price|      date|
+------+------------+--------------+-----------+-----+----------+
|     0|       jeans|30160906182001|   ebay.com|  100|12-02-2016|
|     1|      camera|70151231120504| amazon.com|  450|09-08-2017|
|     2|      laptop|90151231120504|    ebay.ie| 1500|07--5-2016|
|     3|        book|80151231120506|  packt.com|   45|03-12-2016|
|     4|       drone| 8876531120508|alibaba.com|  120|01-05-2017|
+------+------------+--------------+-----------+-----+----------+
```

图 18.10　事务型数据样例

现在，可将该数据帧保存为一个视图，并运行 SQL 查询。如下：

```
textDF.createOrReplaceTempView("transactions")
spark.sql("SELECT * FROM transactions").show()
spark.sql("SELECT product_name, price FROM transactions WHERE price >=500
").show()
spark.sql("SELECT product_name, price FROM transactions ORDER BY price
DESC").show()
```

其输出如图 18.11 所示。

```
+------+------------+--------------+-----------+-----+----------+
|number|product_name|transaction_id|    website|price|      date|
+------+------------+--------------+-----------+-----+----------+
|     1|      camera|70151231120504| amazon.com|  450|09-08-2017|
|     3|        book|80151231120506|  packt.com|   45|03-12-2016|
|     2|      laptop|90151231120504|    ebay.ie| 1500|07--5-2016|
|     4|       drone| 8876531120508|alibaba.com|  120|01-05-2017|
|     0|       jeans|30160906182001|   ebay.com|  100|12-02-2016|
+------+------------+--------------+-----------+-----+----------+


+---------+
|max_price|
+---------+
|      450|
+---------+
```

图 18.11　使用 Spark SQL 在事务型数据上进行查询的操作结果

18.2.5　在 PySpark 中编写 UDF

与 Scala 和 Java 一样，也可在 PySpark 中使用 UDF(即用户自定义函数)。让我们来看下面的例子。假设我们想看一下某所大学中参加了部分课程的一些学生的成绩分布情况。

可将学生和课程分别存储在两个数组中，如下：

```
# Let's generate somerandom lists
students = ['Jason', 'John', 'Geroge', 'David']
courses = ['Math', 'Science', 'Geography', 'History', 'IT', 'Statistics']
```

现在声明一个空数组，以便用于存储学生和课程的数据，这样，后面就可以方便地对它们进行扩充。如下：

```
rawData = []
for (student, course) in itertools.product(students, courses):
    rawData.append((student, course, random.randint(0, 200)))
```

要注意，为让上述代码能够工作，需要先导入对应的包：

```
import itertools
import random
```

现在从这两个对象创建一个数据帧，以便根据每个学生的成绩将其转换为对应的等级。为此，需要定义一个显式的模式。假设数据帧将包含如下三列：Student、Course 和 Score。

导入需要的模块：

```
from pyspark.sql.types
import StructType, StructField, IntegerType, StringType
```

然后，该模式可以定义如下：

```
schema = StructType([StructField("Student", StringType(), nullable=False),
                     StructField("Course", StringType(), nullable=False),
                     StructField("Score", IntegerType(), nullable=False)])
```

现在创建 RDD：

```
courseRDD = spark.sparkContext.parallelize(rawData)
```

将其转换为数据帧：

```
courseDF = spark.createDataFrame(courseRDD, schema)
coursedDF.show()
```

输出如图 18.12 所示。

```
+-------+----------+-----+
|Student|    Course|Score|
+-------+----------+-----+
|  Jason|      Math|   87|
|  Jason|   Science|   32|
|  Jason| Geography|  126|
|  Jason|   History|   12|
|  Jason|        IT|   17|
|  Jason|Statistics|   37|
|   John|      Math|  143|
|   John|   Science|   54|
|   John| Geography|  146|
|   John|   History|   54|
|   John|        IT|   26|
|   John|Statistics|  171|
| Geroge|      Math|  102|
| Geroge|   Science|  146|
| Geroge| Geography|    5|
| Geroge|   History|  112|
| Geroge|        IT|  163|
| Geroge|Statistics|  175|
|  David|      Math|   27|
|  David|   Science|    4|
+-------+----------+-----+
only showing top 20 rows
```

图 18.12　学生随机生成的成绩样本

现在，就有了三列。但需要将分数转换为等级。假设你已经有了如下的等级划分：

- 90~100 => A
- 80~89 => B
- 60~79 => C
- 0~59 => D

为此，需要创建 UDF，将数字型分数转换为等级。当然这可以有多种方式来实现。如下是其中一种：

```
# Define udf
def scoreToCategory(grade):
    if grade >= 90:
        return 'A'
    elif grade >= 80:
        return 'B'
    elif grade >= 60:
        return 'C'
    else:
        return 'D'
```

这样，就有自己的 UDF 了：

```
from pyspark.sql.functions
import udf
udfScoreToCategory = udf(scoreToCategory, StringType())
```

udf()方法中的第二个参数是返回值类型 scoreToCategory。现在就可直接调用该 UDF 来实现从分数到等级的转换了。例子如下：

```
courseDF.withColumn("Grade", udfScoreToCategory("Score")).show(100)
```

上述代码行会将所有输入实体的成绩进行转换，从而生成相应的等级。此外，也会生成一个新的数据帧，添加一个名为 Grade 的列。

输出如图 18.13 所示。

```
+-------+----------+-----+-----+
|Student|    Course|Score|Grade|
+-------+----------+-----+-----+
|  Jason|      Math|   87|    B|
|  Jason|   Science|   32|    D|
|  Jason| Geography|  126|    A|
|  Jason|   History|   12|    D|
|  Jason|        IT|   17|    D|
|  Jason|Statistics|   37|    D|
|   John|      Math|  143|    A|
|   John|   Science|   54|    D|
|   John| Geography|  146|    A|
|   John|   History|   54|    D|
|   John|        IT|   26|    D|
|   John|Statistics|  171|    A|
| Geroge|      Math|  102|    A|
| Geroge|   Science|  146|    A|
| Geroge| Geography|    5|    D|
| Geroge|   History|  112|    A|
| Geroge|        IT|  163|    A|
| Geroge|Statistics|  175|    A|
|  David|      Math|   27|    D|
|  David|   Science|    4|    D|
|  David| Geography|    1|    D|
|  David|   History|   13|    D|
|  David|        IT|   60|    C|
|  David|Statistics|   19|    D|
+-------+----------+-----+-----+
```

图 18.13 分配等级

现在，也可在 SQL 中使用该 UDF。为此，需要先注册该 UDF：

```
spark.udf.register("udfScoreToCategory", scoreToCategory, StringType())
```

上述代码能将 UDF 注册为数据库中的一个临时函数。接下来需要创建一个 team view 来执行 SQL 查询：

```
courseDF.createOrReplaceTempView("score")
```

然后，在视图 score 上执行 SQL 查询：

```
spark.sql("SELECT Student, Score, udfScoreToCategory(Score) as Grade FROM score").show()
```

输出如图 18.14 所示。

```
+-------+-----+-----+
|Student|Score|Grade|
+-------+-----+-----+
|  Jason|   42|    D|
|  Jason|  153|    A|
|  Jason|  120|    A|
|  Jason|   99|    A|
|  Jason|  110|    A|
|  Jason|  150|    A|
|   John|   21|    D|
|   John|   45|    D|
|   John|    1|    D|
|   John|  138|    A|
|   John|  168|    A|
|   John|   90|    A|
| Geroge|   84|    B|
| Geroge|   84|    B|
| Geroge|  192|    A|
| Geroge|  192|    A|
| Geroge|   10|    D|
| Geroge|  132|    A|
|  David|   93|    A|
|  David|  127|    A|
+-------+-----+-----+
only showing top 20 rows
```

图 18.14　查询学生成绩及对应的等级

完整的源代码如下：

```
import os
import sys
import itertools
import random

from pyspark.sql import SparkSession
from pyspark.sql.types import StructType, StructField, IntegerType,StringType
from pyspark.sql.functions import udf

spark = SparkSession \
        .builder \
        .appName("PCAExample") \
        .getOrCreate()
```

```
# Generate Random RDD
students = ['Jason', 'John', 'Geroge', 'David']
courses = ['Math', 'Science', 'Geography', 'History', 'IT', 'Statistics']
rawData = []

for (student, course) in itertools.product(students, courses):
   rawData.append((student, course, random.randint(0, 200)))

# Create Schema Object
schema = StructType([
   StructField("Student", StringType(), nullable=False),
   StructField("Course", StringType(), nullable=False),
   StructField("Score", IntegerType(), nullable=False)
])

courseRDD = spark.sparkContext.parallelize(rawData)
courseDF = spark.createDataFrame(courseRDD, schema)
courseDF.show()

# Define udf
def scoreToCategory(grade):
   if grade >= 90:
      return 'A'
   elif grade >= 80:
      return 'B'
   elif grade >= 60:
      return 'C'
   else:
      return 'D'

udfScoreToCategory = udf(scoreToCategory, StringType())
courseDF.withColumn("Grade", udfScoreToCategory("Score")).show(100)

spark.udf.register("udfScoreToCategory", scoreToCategory, StringType())
courseDF.createOrReplaceTempView("score")
spark.sql("SELECT Student, Score, udfScoreToCategory(Score) as Grade FROM
score").show()

spark.stop()
```

注意：

关于如何使用 UDF 的更详细探讨，可以参考 https://jaceklaskowski.gitbooks.io/mastering-apache-spark/content/sparksql-udfs.html。

接下来，可在 PySpark 上执行一些分析任务了。下面将列举一个使用 K-均值算法来处理聚类任务的例子。

18.2.6 使用 K-均值聚类算法进行分析

异常数据就是与正常分布不同的数据。因此，检查异常是网络安全的重要任务。异常的数据包或请求往往可被标记为错误，或潜在攻击。

在这个例子中，将使用 KDD-99 数据集(可从 http://kdd.ics.uci.edu/databases/kddcup99/kddcup99.html 下载)。为便于理解这个例子，将过滤掉原始数据中的一些列。此外，对于无监督学习任务，需要删除标记数据。我们来加载并解析一下这个数据集，然后看看里面有多少行：

```
INPUT = "C:/Users/rezkar/Downloads/kddcup.data"
spark = SparkSession\
        .builder\
        .appName("PCAExample")\
        .getOrCreate()

  kddcup_data = spark.sparkContext.textFile(INPUT)
```

上述操作会返回一个 RDD。我们使用 count()方法来看一下它里面有多少行：

```
count = kddcup_data.count()
print(count)>>4898431
```

显然，该数据集还是比较大的，特征也比较多。由于我们已经解析了数据集，因此也不期望该数据集有较好的数据结构了。故而，直接将其从 RDD 转换为数据帧：

```
kdd = kddcup_data.map(lambda l: l.split(","))
from pyspark.sql import SQLContext
sqlContext = SQLContext(spark)
df = sqlContext.createDataFrame(kdd)
```

数据帧中的列如下：

```
df.select("_1", "_2", "_3", "_4", "_42").show(5)
```

输出如图 18.15 所示。

```
+---+---+----+---+-------+
| _1| _2|  _3| _4|    _42|
+---+---+----+---+-------+
|  0|tcp|http| SF|normal.|
|  0|tcp|http| SF|normal.|
|  0|tcp|http| SF|normal.|
|  0|tcp|http| SF|normal.|
|  0|tcp|http| SF|normal.|
+---+---+----+---+-------+
only showing top 5 rows
```

图 18.15 KDD-99 数据集样例

显然，该数据集已经被标记了。这意味着恶意网络行为的类型已被标记分配给最后一列(即_42)。数据帧的前五行标记为 normal，表明这些数据点都是正常的。现在，需要为整个数据集确定每类标记的数量：

```
#Identifying the labels for unsupervised task
labels = kddcup_data.map(lambda line: line.strip().split(",")[-1])
```

```
from time import time
start_label_count = time()
label_counts = labels.countByValue()
label_count_time = time()-start_label_count

from collections import OrderedDict
sorted_labels = OrderedDict(sorted(label_counts.items(), key=lambda t:t[1],
reverse=True))
for label, count in sorted_labels.items():
print label, count
```

输出如图 18.16 所示。

```
smurf. 2807886
neptune. 1072017
normal. 972781
satan. 15892
ipsweep. 12481
portsweep. 10413
nmap. 2316
back. 2203
warezclient. 1020
teardrop. 979
pod. 264
guess_passwd. 53
buffer_overflow. 30
land. 21
warezmaster. 20
imap. 12
rootkit. 10
loadmodule. 9
ftp_write. 8
multihop. 7
phf. 4
perl. 3
spy. 2
```

图 18.16　KDD-99 数据集中的可用标签(攻击类型)

可以看到，上述数据集有 23 个不同的标签(数据对象的行为)。大多数数据点属于 Smurf。这是一种异常，也被称为 DOS 数据包泛滥。neptune 是第二种异常行为。数据集中的第三种则是正常事件。但在真实的网络数据集中，你看不到任何此类标签。

此外，正常流量往往比异常流量高很多。因此，从大规模未标记的数据中识别异常攻击或异常情况是非常繁杂的。为简便起见，将忽略最后一列(即标签)并认为该数据集也是未标记的。这种情况下，将异常检测概念化的唯一方法是使用无监督学习算法，例如用于聚类的 K-均值算法。

现在，让我们为此聚焦数据。K-均值的一个重要特点是只接受数值型数据进行建模。不过我们的数据集还包含一些分类特征。因此，需要将 1 或 0 分配给这些分类特征，以注明它们是否为 TCP 类型。可通过如下方式来完成：

```
from numpy import array
def parse_interaction(line):
line_split = line.split(",")
clean_line_split = [line_split[0]]+line_split[4:-1]
return (line_split[-1], array([float(x) for x in clean_line_split]))
```

```
parsed_data = kddcup_data.map(parse_interaction)
pd_values = parsed_data.values().cache()
```

到此，数据集就基本就绪了。现在，就可以准备训练集和测试集了：

```
kdd_train = pd_values.sample(False, .75, 12345)
kdd_test = pd_values.sample(False, .25, 12345)
print("Training set feature count: " + str(kdd_train.count()))
print("Test set feature count: " + str(kdd_test.count()))
```

输出如下：

```
Training set feature count: 3674823
Test set feature count: 1225499
```

但是，由于此前将一些分类特征转换成数字特征，因此还需要完成一些标准化工作。标准化可在优化过程中提高收敛速度，还可防止在训练模型过程中，由于某些特征具有非常大的差异性而影响模型的准确性。

接下来将使用 StandardScaler，它是一个特征转换器，可帮助我们通过将特征扩展到单位方差来标准化特征。然后，使用训练样本集中的列统计信息将均值设置为 0：

```
standardizer = StandardScaler(True, True)
```

现在，我们拟合前面的转换器来计算统计信息：

```
standardizer_model = standardizer.fit(kdd_train)
```

此时的问题在于，我们要用来训练 K-均值的数据并不是正常分布的。因此，需要将训练集中的每个特征标准化，使其具备单位标准方差。为此，需要进一步转换前面的标准化模型，如下：

```
data_for_cluster = standardizer_model.transform(kdd_train)
```

很好，现在就可以训练 K-均值模型了。正如前面的章节所探讨的，聚类算法中最棘手的问题是如何确定 k 值来找到最佳聚类数量，从而让数据自动进行聚类。

一种比较天真的方法是直接将 k 设置为 2，然后观察结果，进行尝试，直到得到最佳结果。不过，更好的方法是肘部法则，可以逐步增加 k 值，并计算 WSSSE 将其作为聚类成本。简言之，将寻找最小化的 k 值，同时最小化 WSSSE。当观察到 WSSSE 急剧下降时，就找到了最佳的 k 值：

```
import numpy
our_k = numpy.arange(10, 31, 10)
metrics = []
def computeError(point):
  center = clusters.centers[clusters.predict(point)]
  denseCenter = DenseVector(numpy.ndarray.tolist(center))
return sqrt(sum([x**2 for x in (DenseVector(point.toArray()) -denseCenter)]))
for k in our_k:
clusters = KMeans.train(data_for_cluster, k, maxIterations=4,
initializationMode="random")
WSSSE = data_for_cluster.map(lambda point:
computeError(point)).reduce(lambda x, y: x + y)
results = (k, WSSSE)
```

```
metrics.append(results)
print(metrics)
```

输出结果如下：

```
[(10, 3364364.5203123973), (20, 3047748.5040717563), (30,2503185.5418753517)]
```

在这个例子中，k 的最佳值为 30。当我们有 30 个聚类时，就可以检查一下每个数据点被分配到哪个聚类了。下一个测试是将 k 值分别设置为 30、35 或 40，再查看其运行结果。当然在一次运行中不一定要指定这么多 k 值，只是在这里作为例子而已：

```
modelk30 = KMeans.train(data_for_cluster, 30, maxIterations=4,
initializationMode="random")
cluster_membership = data_for_cluster.map(lambda x: modelk30.predict(x))
cluster_idx = cluster_membership.zipWithIndex()
cluster_idx.take(20)
print("Final centers: " + str(modelk30.clusterCenters))
```

输出结果如图 18.17 所示。

```
Final centers: [array([ 4.10612163e+00,  6.36522840e-02,  4.85948958e-02,
       -2.21319176e-03, -1.51849176e-02,  1.59666681e-02,
       -1.37464150e-02,  4.63552710e-03, -2.80722691e-01,
        1.01178785e-01,  7.90818282e-02,  1.62820689e-01,
        1.08778945e-01,  3.21998554e-01, -8.41384069e-03,
        6.05393588e-02,  0.00000000e+00,  3.30078588e-02,
       -2.46237569e-02, -1.14832651e+00, -1.19575475e+00,
       -3.71645499e-01, -3.67973482e-01,  8.19357206e-01,
        8.14955084e-01, -3.26320418e-01,  4.33755203e+00,
       -1.82859395e-01,  1.79392516e-01, -1.71925941e+00,
       -1.75521881e+00,  6.82285609e+00,  2.23215018e-01,
       -1.16133090e-01, -3.68177485e-01, -3.66477378e-01,
        8.07658804e-01,  8.18438116e-01]), array([ -6.69802290e-02, -1.36283222e-03, -1.65369293e-03,
       -2.21319176e-03. -1.51849176e-02. -1.64391576e-03.
       -2.65266109e-02, -4.38631465e-03, -4.09296131e-01,
       -2.00370428e-03, -8.21527723e-03, -4.60861589e-03,
       -3.04988915e-03, -9.62851412e-03, -8.41384069e-03,
       -2.85810713e-02,  0.00000000e+00, -5.21653093e-04,
       -2.88684412e-02,  6.87674624e-01,  7.54010775e-01,
       -4.65800760e-01, -4.65512939e-01, -2.48364764e-01,
       -2.48177638e-01,  5.39551929e-01, -2.55781037e-01,
       -2.01125081e-01,  3.42806366e-01,  6.19909484e-01,
        5.98368428e-01, -2.82739959e-01,  8.20664819e-01,
       -1.56479158e-01, -4.66075407e-01, -4.65194517e-01,
       -2.50690649e-01, -2.49676723e-01]), array([ -6.69767578e-02, -1.86749297e-03, -1.65012194e-03,
       -2.21319176e-03, -1.51849176e-02, -1.64391576e-03,
       -2.64973873e-02, -4.38631465e-03, -4.09177709e-01,
       -1.99486560e-03, -8.21527723e-03, -4.60861589e-03,
```

图 18.17 每类攻击类型的最终聚类中心(有删节)

现在，就可计算并打印整个聚类算法的总成本：

```
print("Total Cost: " + str(modelk30.computeCost(data_for_cluster)))
```

输出结果如下。

```
Total Cost: 68313502.459
```

最后，该 K-均值算法的 WSSSE 的结果如下：

```
WSSSE = data_for_cluster.map(lambda point: computeError
(point)).reduce(lambda x, y: x + y)
```

```
print("WSSSE: " + str(WSSSE))
```

输出如下：

```
WSSSE: 2503185.54188
```

当然，你的执行结果可能略有不同。这是因为我们在第一次开始聚类算法时随机放置了中心。通过多次执行该操作，可查看数据中的点是如何修改 k 值的。该算法的完整代码如下：

```
import os
import sys
import numpy as np
from collections import OrderedDict

try:
    from collections import OrderedDict
    from numpy import array
    from math import sqrt
    import numpy
    import urllib
    import pyspark
    from pyspark.sql import SparkSession
    from pyspark.mllib.feature import StandardScaler
    from pyspark.mllib.clustering import KMeans, KMeansModel
    from pyspark.mllib.linalg import DenseVector
    from pyspark.mllib.linalg import SparseVector
    from collections import OrderedDict
    from time import time
    from pyspark.sql.types import *
    from pyspark.sql import DataFrame
    from pyspark.sql import SQLContext
    from pyspark.sql import Row
    print("Successfully imported Spark Modules")

except ImportError as e:
    print ("Can not import Spark Modules", e)
    sys.exit(1)

spark = SparkSession\
        .builder\
        .appName("PCAExample")\
        .getOrCreate()

INPUT = "C:/Exp/kddcup.data.corrected"
kddcup_data = spark.sparkContext.textFile(INPUT)
count = kddcup_data.count()
print(count)
kddcup_data.take(5)
kdd = kddcup_data.map(lambda l: l.split(","))
```

```
sqlContext = SQLContext(spark)
df = sqlContext.createDataFrame(kdd)
df.select("_1", "_2", "_3", "_4", "_42").show(5)

#Identifying the leabels for unsupervised task
labels = kddcup_data.map(lambda line: line.strip().split(",")[-1])
start_label_count = time()
label_counts = labels.countByValue()
label_count_time = time()-start_label_count

sorted_labels = OrderedDict(sorted(label_counts.items(), key=lambda t:t[1],
reverse=True))
for label, count in sorted_labels.items():
    print(label, count)

def parse_interaction(line):
    line_split = line.split(",")
    clean_line_split = [line_split[0]]+line_split[4:-1]
    return (line_split[-1], array([float(x) for x in clean_line_split]))

parsed_data = kddcup_data.map(parse_interaction)
pd_values = parsed_data.values().cache()

kdd_train = pd_values.sample(False, .75, 12345)
kdd_test = pd_values.sample(False, .25, 12345)
print("Training set feature count: " + str(kdd_train.count()))
print("Test set feature count: " + str(kdd_test.count()))

standardizer = StandardScaler(True, True)
standardizer_model = standardizer.fit(kdd_train)
data_for_cluster = standardizer_model.transform(kdd_train)

initializationMode="random"

our_k = numpy.arange(10, 31, 10)
metrics = []

def computeError(point):
    center = clusters.centers[clusters.predict(point)]
    denseCenter = DenseVector(numpy.ndarray.tolist(center))
    return sqrt(sum([x**2 for x in (DenseVector(point.toArray()) -
denseCenter)]))

for k in our_k:
    clusters = KMeans.train(data_for_cluster, k, maxIterations=4,
initializationMode="random")
    WSSSE = data_for_cluster.map(lambda point:
computeError(point)).reduce(lambda x, y: x + y)
    results = (k, WSSSE)
```

```
    metrics.append(results)
print(metrics)

modelk30 = KMeans.train(data_for_cluster, 30, maxIterations=4,
initializationMode="random")
cluster_membership = data_for_cluster.map(lambda x: modelk30.predict(x))
cluster_idx = cluster_membership.zipWithIndex()
cluster_idx.take(20)
print("Final centers: " + str(modelk30.clusterCenters))
print("Total Cost: " + str(modelk30.computeCost(data_for_cluster)))
WSSSE = data_for_cluster.map(lambda point:
computeError(point)).reduce(lambda x, y: x + y)
print("WSSSE" + str(WSSSE))
```

注意：

关于该主题的更详细探讨，可参阅 https://github.com/jadianes/kdd-cup-99-spark。另外，感兴趣的读者也可参考最新 PySpark API 的相关官方文档：http://spark.apache.org/docs/latest/api/python/。

现在是时候来了解 SparkR 了。这是另一个 Spark API，它能让我们与 R 语言这一统计编程语言协同工作。

18.3 SparkR 简介

R 语言是最流行的统计编程语言之一，具有很多令人兴奋的功能，支持统计处理、数据处理和机器学习。但 R 语言也是单线程的，因此处理大规模数据集也比较乏味。与 PySpark 类似，SparkR 最初是在 AMPLab 开发的，也是作为 Spark 的轻量级前端而引入的。

这样，R 语言程序员就可在 R shell 中使用来自 RStudio 的 Spark 进行大规模的数据分析工作。在 Spark 2.1.0 中，SparkR 提供了分布式数据帧实现，从而支持选择、过滤和聚合等数据操作。这类似于 R 中的 dplyr，但可处理大规模的数据集。

18.3.1 为何是 SparkR

也可使用 SparkR 编写 Spark 代码，使用 MLlib 进行分布式机器学习等。总的来说，SparkR 与 Spark 紧密结合后，具备了很多优势。

- **支持多种数据源 API：** SparkR 可从多个数据源读取数据，包括 Hive 表、JSON 文件、关系数据库或 Parquet 文件。
- **数据帧优化：** SparkR 的数据帧也继承了 Spark 在代码生成、内存管理等方面对计算引擎所做的优化。从图 18.18 中可以看出，Spark 的优化引擎使得 SparkR 能与 Scala 和 Python 一比高下。
- **可伸缩性：** 在 SparkR 的数据帧上执行的操作会自动分布到 Spark 集群的所有可用节点上。因此，SparkR 的数据帧可用于处理数 TB 的数据，并在具有上千台计算机的集群内运行。

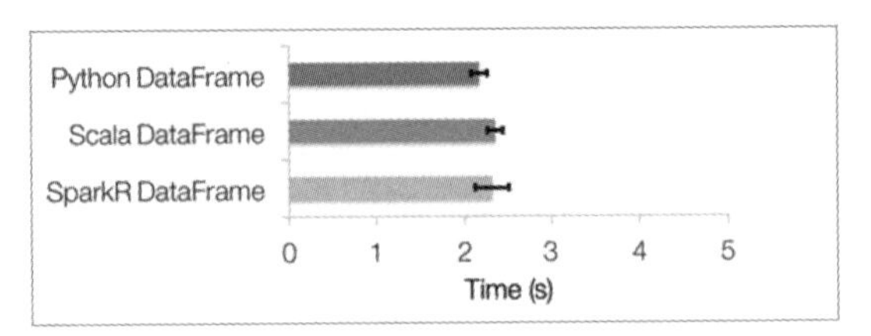

图 18.18 SparkR 数据帧与 Scala/Python 数据帧

18.3.2 安装与配置

使用 SparkR 的最好方法是使用 RStudio。可在 RStudio 中使用 R shell、Rscript 或其他 IDE 将 R 程序连接到 Spark 集群。

选项 1。在环境中设置 SPARK_HOME(可参考 https://stat.ethz.ch/Rmanual/R-devel/library/base/html/Sys.getenv.html)，然后加载 SparkR 包，调用 sparkR.session，如下所示。这将检查 Spark 的安装情况，如果尚未安装，则将自动下载并缓存：

```
if (nchar(Sys.getenv("SPARK_HOME")) < 1) {
Sys.setenv(SPARK_HOME = "/home/spark")
}
library(SparkR, lib.loc = c(file.path(Sys.getenv("SPARK_HOME"), "R","lib")))
```

选项 2。可在 RStudio 中手工配置 SparkR。可创建一个 R 脚本，并在 RStudio 中执行如下的 R 代码：

```
SPARK_HOME = "spark-2.1.0-bin-hadoop2.7/R/lib"
HADOOP_HOME= "spark-2.1.0-bin-hadoop2.7/bin"
Sys.setenv(SPARK_MEM = "2g")
Sys.setenv(SPARK_HOME = "spark-2.1.0-bin-hadoop2.7")
.libPaths(c(file.path(Sys.getenv("SPARK_HOME"), "R", "lib"), .libPaths()))
```

然后加载 SparkR 库，如下：

```
library(SparkR, lib.loc = SPARK_HOME)
```

现在，和 Scala/Java/PySpark 一样，SparkR 程序的进入点就是 SparkR 会话，这可通过调用 sparkR.session 来创建：

```
sparkR.session(appName = "Hello, Spark!", master = "local[*]")
```

不仅如此，你还可设置某些 Spark driver 属性。通常来说，我们无法以编程方式设置这些应用属性和运行时环境，因为此时 JVM 进程已经启动。这种情况下，可使用 SparkR 解决问题。要设置这些属性，传递它们即可。就像将 sparkConfig 参数传递给 sparkR.session()一样，如下：

```
sparkR.session(master = "local[*]", sparkConfig = list(spark.driver.memory
= "2g"))
```

此外，表 18.1 中的 driver 属性也可从 RStudio 中使用 sparkR.session 在 sparkConfig 中进行设置。

表 18.1 在 RStudio 中使用 sparkR.session 设置 sparkConfig

属性名称	属性组	等价的 spark-submit
spark.master	应用属性	--master
spark.yarn.keytab	应用属性	--keytab
spark.yarn.principal	应用属性	--principal
spark.driver.memory	应用属性	--driver-memory
spark.driver.extraClassPath	运行时环境	--driver-class-path
spark.driver.extraJavaOptions	运行时环境	--driver-java-options
spark.driver.extraLibraryPath	运行时环境	--driver-library-path

18.3.3 开始使用 SparkR

让我们加载、解析，并查看一下航班数据的样例。首先，以 CSV 的格式下载 NY 航班数据，下载地址为 https://s3-us-west-2.amazonaws.com/sparkr-data/nycflights13.%20csv。然后使用 R 的 read.csv() API 来加载并解析数据集：

```
#Creating R data frame
dataPath<-"C:/Exp/nycflights13.csv"
df<-read.csv(file = dataPath, header = T, sep =",")
```

然后，我们使用 R 的 view()方法来查看一下数据集的结构，如下。

```
View(df)
```

图 18.19 显示了 NYC 航班数据的快照。

Filter

	year	month	day	dep_time	dep_delay	arr_time	arr_delay	carrier	tailnum	flight	origin	dest	air_time	distance	hour	minute
1	2013	1	1	517	2	830	11	UA	N14228	1545	EWR	IAH	227	1400	5	17
2	2013	1	1	533	4	850	20	UA	N24211	1714	LGA	IAH	227	1416	5	33
3	2013	1	1	542	2	923	33	AA	N619AA	1141	JFK	MIA	160	1089	5	42
4	2013	1	1	544	-1	1004	-18	B6	N804JB	725	JFK	BQN	183	1576	5	44
5	2013	1	1	554	-6	812	-25	DL	N668DN	461	LGA	ATL	116	762	5	54
6	2013	1	1	554	-4	740	12	UA	N39463	1696	EWR	ORD	150	719	5	54
7	2013	1	1	555	-5	913	19	B6	N516JB	507	EWR	FLL	158	1065	5	55
8	2013	1	1	557	-3	709	-14	EV	N829AS	5708	LGA	IAD	53	229	5	57
9	2013	1	1	557	-3	838	-8	B6	N593JB	79	JFK	MCO	140	944	5	57
10	2013	1	1	558	-2	753	8	AA	N3ALAA	301	LGA	ORD	138	733	5	58
11	2013	1	1	558	-2	849	-2	B6	N793JB	49	JFK	PBI	149	1028	5	58
12	2013	1	1	558	-2	853	-3	B6	N657JB	71	JFK	TPA	158	1005	5	58
13	2013	1	1	558	-2	924	7	UA	N29129	194	JFK	LAX	345	2475	5	58
14	2013	1	1	558	-2	923	-14	UA	N53441	1124	EWR	SFO	361	2565	5	58
15	2013	1	1	559	-1	941	31	AA	N3DUAA	707	LGA	DFW	257	1389	5	59
16	2013	1	1	559	0	702	-4	B6	N708JB	1806	JFK	BOS	44	187	5	59
17	2013	1	1	559	-1	854	-8	UA	N76515	1187	EWR	LAS	337	2227	5	59
18	2013	1	1	600	0	851	-7	B6	N595JB	371	LGA	FLL	152	1076	6	0
19	2013	1	1	600	0	837	12	MQ	N542MQ	4650	LGA	ATL	134	762	6	0
20	2013	1	1	601	1	844	-6	B6	N644JB	343	EWR	PBI	147	1023	6	1

图 18.19 NYC 航班数据的快照

然后，从 R 数据帧创建 Spark 数据帧：

```
##Converting Spark DataFrame
flightDF<-as.DataFrame(df)
```

我们再来看该数据帧的结构：

```
printSchema(flightDF)
```

输出如图 18.20 所示。

```
root
 |-- year: integer (nullable = true)
 |-- month: integer (nullable = true)
 |-- day: integer (nullable = true)
 |-- dep_time: string (nullable = true)
 |-- dep_delay: string (nullable = true)
 |-- arr_time: string (nullable = true)
 |-- arr_delay: string (nullable = true)
 |-- carrier: string (nullable = true)
 |-- tailnum: string (nullable = true)
 |-- flight: integer (nullable = true)
 |-- origin: string (nullable = true)
 |-- dest: string (nullable = true)
 |-- air_time: string (nullable = true)
 |-- distance: integer (nullable = true)
 |-- hour: string (nullable = true)
 |-- minute: string (nullable = true)
```

图 18.20 NYC 航班数据的格式

查看该数据帧的前 10 行：

```
showDF(flightDF, numRows = 10)
```

输出如图 18.21 所示。

year	month	day	dep_time	dep_delay	arr_time	arr_delay	carrier	tailnum	flight	origin	dest	air_time	distance	hour	minute
2013	1	1	517	2	830	11	UA	N14228	1545	EWR	IAH	227	1400	5	17
2013	1	1	533	4	850	20	UA	N24211	1714	LGA	IAH	227	1416	5	33
2013	1	1	542	2	923	33	AA	N619AA	1141	JFK	MIA	160	1089	5	42
2013	1	1	544	-1	1004	-18	B6	N804JB	725	JFK	BQN	183	1576	5	44
2013	1	1	554	-6	812	-25	DL	N668DN	461	LGA	ATL	116	762	5	54
2013	1	1	554	-4	740	12	UA	N39463	1696	EWR	ORD	150	719	5	54
2013	1	1	555	-5	913	19	B6	N516JB	507	EWR	FLL	158	1065	5	55
2013	1	1	557	-3	709	-14	EV	N829AS	5708	LGA	IAD	53	229	5	57
2013	1	1	557	-3	838	-8	B6	N593JB	79	JFK	MCO	140	944	5	57
2013	1	1	558	-2	753	8	AA	N3ALAA	301	LGA	ORD	138	733	5	58

only showing top 10 rows

图 18.21 NYC 航班数据的前 10 行

所以可看到相同的结构。但由于我们使用标准 R API 来加载 CSV 文件，因此是无法扩展的。为让处理速度更快，更易扩展，就像在 Scala 中一样，这里将使用外部数据源 API。

18.3.4 使用外部数据源 API

如之前提到的，也可使用外部数据源 API 来创建数据帧。对于如下例子，可使用 com.databricks.spark.csv API：

```
flightDF<-read.df(dataPath,
header='true',
source = "com.databricks.spark.csv",
inferSchema='true')
```

然后我们来查看该数据帧的结构：

```
printSchema(flightDF)
```

输出如图 18.22 所示。

```
root
 |-- year: integer (nullable = true)
 |-- month: integer (nullable = true)
 |-- day: integer (nullable = true)
 |-- dep_time: string (nullable = true)
 |-- dep_delay: string (nullable = true)
 |-- arr_time: string (nullable = true)
 |-- arr_delay: string (nullable = true)
 |-- carrier: string (nullable = true)
 |-- tailnum: string (nullable = true)
 |-- flight: integer (nullable = true)
 |-- origin: string (nullable = true)
 |-- dest: string (nullable = true)
 |-- air_time: string (nullable = true)
 |-- distance: integer (nullable = true)
 |-- hour: string (nullable = true)
 |-- minute: string (nullable = true)
```

图 18.22　使用外部数据源 API 看到的 NYC 航班数据的结构

然后，查看该数据帧的前 10 行：

```
showDF(flightDF, numRows = 10)
```

输出如图 18.23 所示。

year	month	day	dep_time	dep_delay	arr_time	arr_delay	carrier	tailnum	flight	origin	dest	air_time	distance	hour	minute
2013	1	1	517	2	830	11	UA	N14228	1545	EWR	IAH	227	1400	5	17
2013	1	1	533	4	850	20	UA	N24211	1714	LGA	IAH	227	1416	5	33
2013	1	1	542	2	923	33	AA	N619AA	1141	JFK	MIA	160	1089	5	42
2013	1	1	544	-1	1004	-18	B6	N804JB	725	JFK	BQN	183	1576	5	44
2013	1	1	554	-6	812	-25	DL	N668DN	461	LGA	ATL	116	762	5	54
2013	1	1	554	-4	740	12	UA	N39463	1696	EWR	ORD	150	719	5	54
2013	1	1	555	-5	913	19	B6	N516JB	507	EWR	FLL	158	1065	5	55
2013	1	1	557	-3	709	-14	EV	N829AS	5708	LGA	IAD	53	229	5	57
2013	1	1	557	-3	838	-8	B6	N593JB	79	JFK	MCO	140	944	5	57
2013	1	1	558	-2	753	8	AA	N3ALAA	301	LGA	ORD	138	733	5	58

only showing top 10 rows

图 18.23　使用外部数据 API 查看同样的 NYC 航班数据集的样例

因此，也可看到相同的结构。很好。现在来研究如何使用 SparkR 执行一些数据操作。

18.3.5　数据操作

在 Spark 数据帧中显示列名：

```
columns(flightDF)
[1] "year" "month" "day" "dep_time" "dep_delay" "arr_time" "arr_delay"
"carrier" "tailnum" "flight" "origin" "dest"
[13] "air_time" "distance" "hour" "minute"
```

显示该数据帧中的行数：

```
count(flightDF)
[1] 336776
```

过滤出那些目的地为迈阿密的航班数据，并显示前 10 条：

```
showDF(flightDF[flightDF$dest == "MIA", ], numRows = 10)
```

输出如图 18.24 所示。

year	month	day	dep_time	dep_delay	arr_time	arr_delay	carrier	tailnum	flight	origin	dest	air_time	distance	hour	minute
2013	1	1	542	2	923	33	AA	N619AA	1141	JFK	MIA	160	1089	5	42
2013	1	1	606	-4	858	-12	AA	N633AA	1895	EWR	MIA	152	1085	6	6
2013	1	1	607	0	858	-17	UA	N53442	1077	EWR	MIA	157	1085	6	7
2013	1	1	623	13	920	5	AA	N3EMAA	1837	LGA	MIA	153	1096	6	23
2013	1	1	655	-5	1002	-18	DL	N997DL	2003	LGA	MIA	161	1096	6	55
2013	1	1	659	-1	1008	-7	AA	N3EKAA	2279	LGA	MIA	159	1096	6	59
2013	1	1	753	-2	1056	-14	AA	N3HMAA	2267	LGA	MIA	157	1096	7	53
2013	1	1	759	-1	1057	-30	DL	N955DL	1843	JFK	MIA	158	1089	7	59
2013	1	1	826	71	1136	51	AA	N3GVAA	443	JFK	MIA	160	1089	8	26
2013	1	1	856	-4	1222	-10	DL	N970DL	2143	LGA	MIA	158	1096	8	56

only showing top 10 rows

图 18.24 只显示目的地为迈阿密的航班

选择指定的列。例如，我们选择那些前往爱荷华州并且延误的航班，同时包含航班的初始机场名称：

```
delay_destination_DF<-select(flightDF, "flight", "dep_delay", "origin","dest")
  delay_IAH_DF<-filter(delay_destination_DF, delay_destination_DF$dest ==
"IAH") showDF(delay_IAH_DF, numRows = 10)
```

输出如图 18.25 所示。

flight	dep_delay	origin	dest
1545	2	EWR	IAH
1714	4	LGA	IAH
496	-4	LGA	IAH
473	-4	LGA	IAH
1479	0	EWR	IAH
1220	0	EWR	IAH
1004	2	LGA	IAH
455	-1	EWR	IAH
1086	134	LGA	IAH
1461	5	EWR	IAH

only showing top 10 rows

图 18.25 所有前往爱荷华州并延误的航班

也可用它执行一些链接数据帧的操作。为展示这样的例子，我们首先按照日期将航班进行分组，并计算出每天的平均延误情况，然后将结果写入一个 Spark 数据帧：

```
install.packages(c("magrittr"))
library(magrittr)
groupBy(flightDF, flightDF$day) %>% summarize(avg(flightDF$dep_delay),
avg(flightDF$arr_delay)) ->dailyDelayDF
```

打印该数据帧：

```
head(dailyDelayDF)
```

输出如图 18.26 所示。

	day	avg(dep_delay)	avg(arr_celay)
1	31	9.506521	3.359225
2	28	15.743213	8.183567
3	26	9.748002	3.656098
4	27	12.083969	3.331213
5	12	15.177765	11.138973
6	22	18.712073	17.404916

图 18.26 按照日期进行分组并计算出每天的平均延误情况

来看另一个例子，我们要计算出所有目的地机场的平均延误情况：

```
avg_arr_delay<-collect(select(flightDF, avg(flightDF$arr_delay)))
  head(avg_arr_delay)
avg(arr_delay)
  1 6.895377
```

当然，也可执行更复杂的操作。例如，如下代码将计算出每个目的地机场的平均、最大、最小延迟情况，也显示这些机场降落的航班数量：

```
flight_avg_arrival_delay_by_destination<-collect(agg(
  groupBy(flightDF, "dest"),
  NUM_FLIGHTS=n(flightDF$dest),
  AVG_DELAY = avg(flightDF$arr_delay),
  MAX_DELAY=max(flightDF$arr_delay),
  MIN_DELAY=min(flightDF$arr_delay)
  ))
head(flight_avg_arrival_delay_by_destination)
```

输出如图 18.27 所示。

	dest	NUM_FLIGHTS	AVG_DELAY	MAX_DELAY	MIN_DELAY
1	PSE	365	7.871508	NA	-1
2	MSY	3799	6.490175	NA	-1
3	BUR	371	8.175676	NA	-1
4	SNA	825	-7.868227	NA	-1
5	GRR	765	18.189560	NA	-1
6	GSO	1606	14.112601	NA	-1

图 18.27　每个目的地机场的最大和最小延迟情况

18.3.6　查询 SparkR 数据帧

与 Scala 一样，也可在数据帧上执行 SQL 查询，只要使用了 createOrReplaceTempView()方法将其保存为 TempView 即可。让我们看一个例子，首先保存航班数据帧(也就是 flightDF)。

```
# First, register the flights SparkDataFrame as a table
createOrReplaceTempView(flightDF, "flight")
```

现在，我们选择所有航班的目的地，以及相关的航空公司信息。

```
destDF<-sql("SELECT dest, origin, carrier FROM flight")
  showDF(destDF, numRows=10)
```

输出如图 18.28 所示。

```
+----+------+-------+
|dest|origin|carrier|
+----+------+-------+
| IAH|   EWR|     UA|
| IAH|   LGA|     UA|
| MIA|   JFK|     AA|
| BQN|   JFK|     B6|
| ATL|   LGA|     DL|
| ORD|   EWR|     UA|
| FLL|   EWR|     B6|
| IAD|   LGA|     EV|
| MCO|   JFK|     B6|
| ORD|   LGA|     AA|
+----+------+-------+
only showing top 10 rows
```

图 18.28　所有的航班及其相关的航空公司信息

现在，我们让该 SQL 更复杂一点。例如，找出所有航班的目的地机场，并且其延迟最少为 120 分钟。

```
selected_flight_SQL<-sql("SELECT dest, origin, arr_delay FROM flight WHERE
arr_delay>= 120")
showDF(selected_flight_SQL, numRows = 10)
```

输出结果如图 18.29 所示。

```
+----+------+---------+
|dest|origin|arr_delay|
+----+------+---------+
| CLT|   LGA|      137|
| BWI|   JFK|      851|
| BOS|   EWR|      123|
| IAH|   LGA|      145|
| RIC|   EWR|      127|
| MCO|   EWR|      125|
| MCI|   EWR|      136|
| IAD|   JFK|      123|
| DAY|   EWR|      123|
| BNA|   LGA|      138|
+----+------+---------+
only showing top 10 rows
```

图 18.29　至少延迟两个小时的航班的目的地机场

我们再执行一个更复杂的查询。让我们找出飞往爱荷华州的所有航班，并且它们至少延迟两个小时。最后，按照延迟情况进行排序，并限制返回记录数为 20：

```
selected_flight_SQL_complex<-sql("SELECT origin, dest, arr_delay FROM
flight WHERE dest='IAH' AND arr_delay>= 120 ORDER BY arr_delay DESC LIMIT 20")
showDF(selected_flight_SQL_complex, numRows=20)
```

输出如图 18.30 所示。

```
+------+----+---------+
|origin|dest|arr_delay|
+------+----+---------+
|   JFK| IAH|      783|
|   LGA| IAH|      435|
|   LGA| IAH|      390|
|   EWR| IAH|      374|
|   EWR| IAH|      373|
|   LGA| IAH|      370|
|   LGA| IAH|      363|
|   EWR| IAH|      338|
|   LGA| IAH|      324|
|   LGA| IAH|      321|
|   LGA| IAH|      312|
|   LGA| IAH|      309|
|   EWR| IAH|      302|
|   LGA| IAH|      301|
|   EWR| IAH|      297|
|   LGA| IAH|      294|
|   EWR| IAH|      292|
|   EWR| IAH|      288|
|   EWR| IAH|      283|
|   LGA| IAH|      278|
+------+----+---------+
```

图 18.30　目的地为爱荷华州并且延迟至少两个小时的航班的初始机场

18.3.7　在 RStudio 中可视化数据

在之前的小节中，我们已经看到了如何加载、解析、操作和查询数据帧。现在，如果我们能以更好的可视化方式来观察数据，那就再好不过了。例如，可为航空公司做些什么？作者的意思是，能否从航班中找到最常见的航空公司？让我们试一试 ggplot2 吧。首先加载库：

```
library(ggplot2)
```

现在，我们已经有了 Spark 数据帧。如果直接在 ggplot2 中使用 Spark 数据帧类呢？

```
my_plot<-ggplot(data=flightDF, aes(x=factor(carrier)))
>>
ERROR: ggplot2 doesn't know how to deal with data of class SparkDataFrame.
```

很显然，这样不行。因为 ggplot2 函数不知道如何处理类似于分布式数据帧(Spark)这样的数据类型。相反，需要在本地获取数据，并将其转换为传统的 R 数据帧：

```
flight_local_df<-collect(select(flightDF,"carrier"))
```

然后使用 str()方法来看一下会得到什么：

```
str(flight_local_df)
```

输出为：

```
'data.frame': 336776 obs.of 1 variable: $ carrier: chr "UA" "UA" "AA" "B6" ...
```

这很好，因为从 Spark SQL 数据帧中获取数据时，我们得到一个常规的 R 数据帧。这样就很方便，因为可按需求操作它。现在，可创建 ggplot2 对象了：

```
my_plot<-ggplot(data=flight_local_df, aes(x=factor(carrier)))
```

最后使用条形图，如下：

```
my_plot + geom_bar() + xlab("Carrier")
```

输出如图 18.31 所示。

结果很明显，如下的 R 代码也就很明显了：

```
carrierDF = sql("SELECT carrier, COUNT(*) as cnt FROM flight GROUP BY
carrier ORDER BY cnt DESC")
showDF(carrierDF)
```

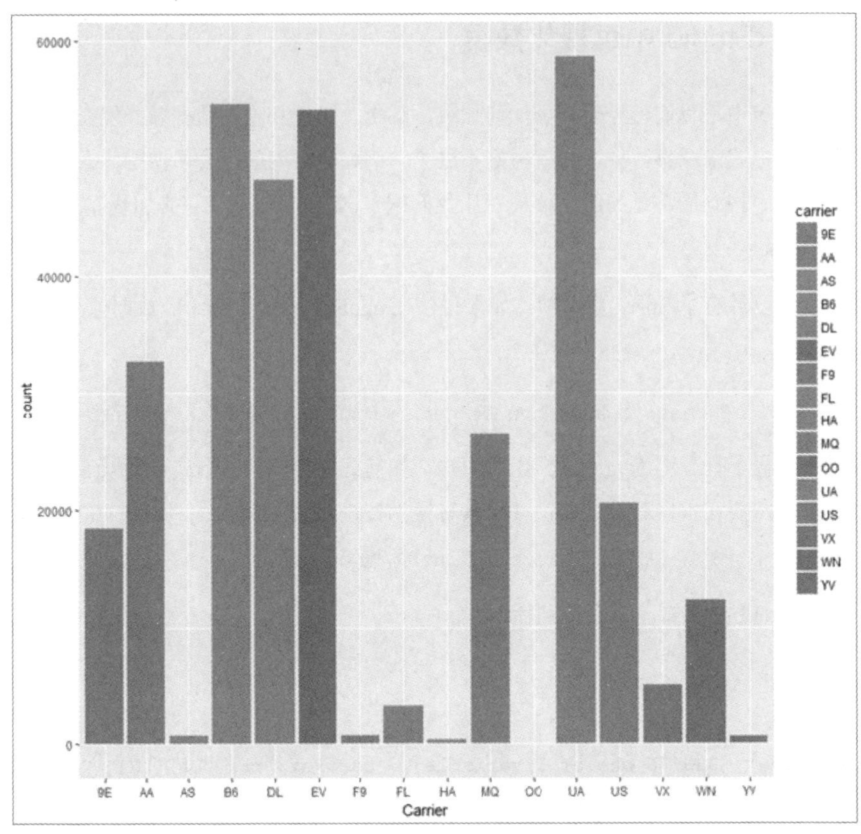

图 18.31 经常出现的航空公司为 UA、B6、EV 和 DL

输出如图 18.32 所示。

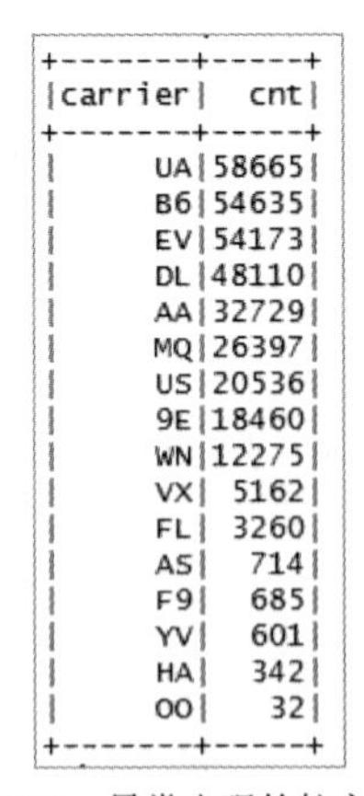

carrier	cnt
UA	58665
B6	54635
EV	54173
DL	48110
AA	32729
MQ	26397
US	20536
9E	18460
WN	12275
VX	5162
FL	3260
AS	714
F9	685
YV	601
HA	342
OO	32

图 18.32 最常出现的航空公司

下面给出了上述分析的完整源代码：

```
#Configure SparkR
```

```
SPARK_HOME = "C:/Users/rezkar/Downloads/spark-2.1.0-bin-hadoop2.7/R/lib"
HADOOP_HOME= "C:/Users/rezkar/Downloads/spark-2.1.0-bin-hadoop2.7/bin"
Sys.setenv(SPARK_MEM = "2g")
Sys.setenv(SPARK_HOME = "C:/Users/rezkar/Downloads/spark-2.1.0-binhadoop2.7")
.libPaths(c(file.path(Sys.getenv("SPARK_HOME"), "R", "lib"), .libPaths()))

#Load SparkR
library(SparkR, lib.loc = SPARK_HOME)

# Initialize SparkSession
sparkR.session(appName = "Example", master = "local[*]", sparkConfig =
list(spark.driver.memory = "8g"))
# Point the data file path:
dataPath<-"C:/Exp/nycflights13.csv"

#Creating DataFrame using external data source API
flightDF<-read.df(dataPath,
header='true',
source = "com.databricks.spark.csv",
inferSchema='true')
printSchema(flightDF)
showDF(flightDF, numRows = 10)
# Using SQL to select columns of data

# First, register the flights SparkDataFrame as a table
createOrReplaceTempView(flightDF, "flight")
destDF<-sql("SELECT dest, origin, carrier FROM flight")
showDF(destDF, numRows=10)

#And then we can use SparkR sql function using condition as follows:
selected_flight_SQL<-sql("SELECT dest, origin, arr_delay FROM flight WHERE
arr_delay>= 120")
showDF(selected_flight_SQL, numRows = 10)

#Bit complex query: Let's find the origins of all the flights that are at
least 2 hours delayed where the destiantionn is Iowa.Finally, sort them by
arrival delay and limit the count upto 20 and the destinations
selected_flight_SQL_complex<-sql("SELECT origin, dest, arr_delay FROM
flight WHERE dest='IAH' AND arr_delay>= 120 ORDER BY arr_delay DESC LIMIT
20")
showDF(selected_flight_SQL_complex)

# Stop the SparkSession now
sparkR.session.stop()
```

18.4　本章小结

本章展示了使用 Python 和 R 语言来编写 Spark 代码的一些示例。

本章介绍了使用 PySpark 和 SparkR 进行大数据分析的一些动机，讨论了如何在一些流行的IDE(如 PyCharm 和 RStudio)上安装这些 API，展示了如何使用这些 IDE 中的数据帧和 RDD，探讨了如何使用 PySpark 和 SparkR 来执行 SQL 查询，研究了如何使用数据集执行一些可视化分析，分析了如何使用 PySpark 的 UDF。

本章探讨了 PySpark 和 SparkR 这两个 Spark API 的诸多方面，当然还有更多值得去探索的地方。有兴趣的读者也可以参考官方网站以获取更多信息：

- **PySpark：**http://spark.apache.org/docs/latest/api/python/
- **SparkR：**http://spark.apache.org/docs/latest/sparkr.html

第19章

高级机器学习最佳实践

“超参优化(或模型选择)是为学习算法选择超参集合时面临的问题。通常来说，其目的是要在独立数据集上优化对算法性能的度量。”

——引自《机器学习模型调整》

本章将提供一些关于Spark机器学习高级主题的理论和实践内容。将分析如何使用网格搜索、交叉检验以及超参优化来调整机器学习模型，以便优化性能。也将介绍如何使用ALS来开发可扩展的推荐系统，这是基于模型的推荐算法的一个样例。最后，还将演示一个主题建模应用，以作为文本聚类技术的展示。

作为概括，本章将涵盖如下主题：

- 机器学习最佳实践
- ML模型的超参调整
- 使用LDA(隐含狄利克雷分布)的主题建模
- 使用协同过滤的推荐系统

19.1 机器学习最佳实践

有时，我们推荐你考虑错误率，而不仅是准确度。例如，假设具有99%准确度和50%错误率的ML系统，有时可能比具有90%准确度，但错误率为25%的ML系统更差。到目前为止，我们已经探讨了如下机器学习主题。

- **回归**：用于预测可线性化的离散值
- **异常检测**：用于查找异常数据，通常使用聚类算法实现
- **聚类**：用于发现数据集中的隐藏结构，对同类数据进行聚类
- **二元分类**：用于预测两个类别
- **多元分类**：用于预测三个或更多类别

当然，我们也看到了很多很好的算法可以完成这些任务。但是，为你的问题类型选择正确的算法从而获得更高和更出色的准确性其实是一项很棘手的任务。为此，需要在数据收集、特征工程、模型构建、评估、调优和部署等阶段都采用一些良好的实践。本节中，将在使用 Spark 开发 ML 应用时提供一些实用建议。

19.1.1　过拟合与欠拟合

穿过曲折的散点图的直线，是欠拟合的一个好例子，可在图 19.1 中看到这一点。但是，如果线条太好地拟合了数据，则可能产生过拟合的相反问题。当我们说模型过度拟合数据集时，我们的意思就是，它可能具有较低训练数据错误率，但它并不一定能很好地概括数据中的整体情况。

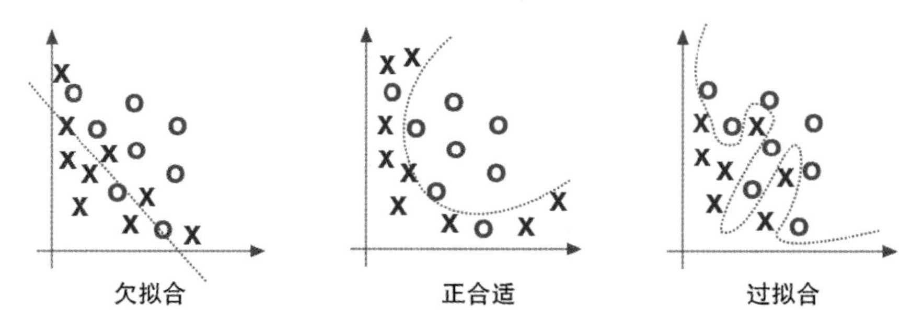

图 19.1　过拟合与欠拟合的权衡

(来源：由 Adam Gibson 和 Josh Patterson 撰写的《深度学习》)

从技术角度看，如果你在训练数据上评估模型，而不是测试或验证数据，那你可能无法清楚地表明你的模型是否出现了过拟合问题。其常见的问题如下。

- 用于训练的数据，其预测准确性可能太高(例如，有时甚至为 100%)。
- 与新数据的随机预测相比，该模型可能表现出更好的性能。
- 我们喜欢将数据集拟合到分布上，因为如果数据集与分布合理地接近，就可以基于我们如何操作数据的理论分布来做出假设。因此，数据中的正态分布允许我们假设，在特定条件下，抽样的统计分布情况也是正态的。正态分布由平均值和标准方差定义，并在所有变化中通常都具有相同的形态。如图 19.2 所示。

有时，由于特定的调整动作，或者是因为某些数据，ML 模型本身也会出现欠拟合问题。这往往意味着模型过于简单化了。我们的建议如下：

- 将数据集拆分为两组，以便检测过拟合情况——第一组用于训练和模型选择，称之为训练集。第二组为测试集，用于替代训练集来评估模型。
- 或者，也可通过消费简单模型(例如，相对于 Gaussian kernel SVM，优先使用线性分类器)，或消除 ML 模型的正则化参数来避免过拟合问题。
- 使用正确的参数值来调整模型，以避免出现过拟合或欠拟合问题。

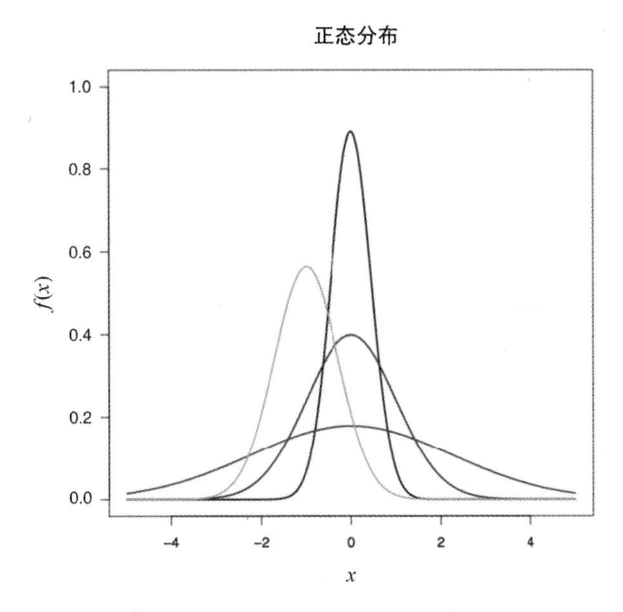

图 19.2　数据的正态分布有助于克服过拟合和欠拟合问题

因此，解决欠拟合问题是首要任务，但建议大部分机器学习从业者不要花费过多时间和精力来过度拟合数据线。另外，许多机器学习从业者也建议将大规模数据集分为三组：训练集(50%)、验证集(25%)和测试集(25%)。并建议使用训练集构建模型，使用验证集计算预测误差，使用测试集对模型进行最终评估。另一方面，如果在有监督学习期间可用的标记数据量较小，则不建议拆分数据集。这种情况下，建议使用交叉检验。具体而言，可将数据集分为 10 个大致相等的集合。然后对这 10 个集合中的数据迭代式地训练分类器，并使用第 10 个集合来测试模型。

19.1.2　Spark MLlib 与 Spark ML 调优

pipeline 设计的第一步是构建块(作为由节点和边构成的有向或无向图)，并在这些块之间建立链接。但作为数据科学家，你应该专注于扩展和优化节点(基元)，这样才能扩展应用，以便在后期处理大规模的数据集，并保证 pipeline 可以始终如一地执行。同时，pipeline 还能帮助你使模型能够适应新的数据集。但是，其中一些原语可能会明确定义到特定的域或数据类型(如文本、图像、视频、音频或空间数据)。

除了这些类型的数据之外，原语还用于通用领域的统计或数学。根据这些原语来投射的 ML 模型将使你的工作流更加透明、可解释和可访问。

近期的一个例子就是 ML 矩阵，它是一个可在 Spark 上使用的分布式矩阵库。关于其 JIRA，可以参考 https://issues.apache.org/jira/browse/SPARK-3434。

如前所述，作为开发人员，可将 Spark MLlib 中的实现技术与 Spark ML、Spark SQL、GraphX 和 Spark Streaming 中的算法无缝结合，从而将其作为 RDD、数据帧或数据集上的混合体，或互操作型 ML 应用，如图 19.3 所示。因此，这里的建议是，你应该与周围的最新技术保持一致，以不断改善你的 ML 应用。

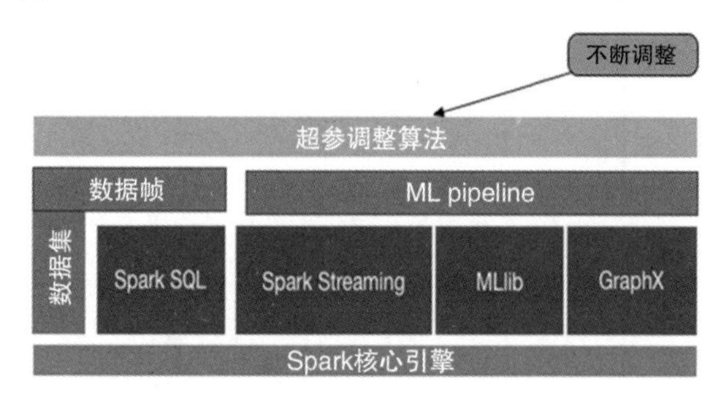

图 19.3 不断调整并对 ML 和 MLlib 进行互操作

19.1.3 为应用选择合适的算法

“我应该选用哪种机器学习算法？”这样问题频繁地被很多初级机器学习从业者问到，但该问题的答案则要根据具体情况而定。更确切地讲：

- 取决于你要测试/使用的数据的数量、质量、复杂度和数据的特性。
- 取决于外部环境和参数，例如计算和系统的配置或底层的基础架构。
- 取决于你想对答案做什么。
- 取决于算法的数学和统计公式是如何被翻译成计算机的机器指令的。
- 取决于你有多少处理时间。

实际情况是，即便是最有经验的数据科学家或数据工程师也无法直接回答这个问题。甚至在尝试将一些算法组合到一起之前，他们也不知道哪种 ML 算法是最佳的。大多数协议的陈述都以“这取决于……”等语句开头。习惯上，你可能想知道是否有关于机器学习算法的一个小抄。如果是这样，那么，你又打算如何使用小抄呢？有些数据科学家说过，找到最佳算法的唯一可靠方法是将这些算法都尝试一遍。因此，这里没有快捷方式！假设你有一组数据，你想要执行一些聚类分析。从技术角度看，如果你的数据已经被标记，那可能意味着你需要对这些数据进行分类或回归处理。但是，如果该数据集没有标记，你可能需要使用聚类技术。现在，你脑海中浮现的问题如下：

- 在挑选合适的算法之前，哪些因素是我需要考虑的？应该直接随机选择一种算法吗？
- 我应该如何选择一些数据预处理算法或工具，并将其应用到我的数据上？
- 我应该使用哪些特征工程技术来抽取有价值的特征？
- 哪些因素可以提升 ML 模型的性能？
- 我应该如何调整我的 ML，从而使得它能适应新的数据类型？
- 我能够扩展 ML 应用，从而将其应用于更大规模的数据集吗？

在这一节，就尝试使用我们学到的机器学习知识来回答这些问题。

19.1.4　选择算法时的考量

这里提出的建议适用于刚进行机器学习的新手。当然，对于数据科学家也很有用，不过，他们也有可能正在尝试使用别的算法来启动 Spark ML API。别担心，我们会指引前进方向。我们也建议，在选择算法时，应该考虑如下的算法属性。

- **准确度：**目标是为了在精度、召回率、F1 分数或 AUC 等方面获得最高分数，还是为了找到更合适的解决方案，同时解决过拟合问题。
- **训练时间：**培训模型的可用时间(包括模型构建、评估时间)。
- **线性：**这是关于对问题如何建模的模型复杂度方面的问题。因为大多数非线性模型通常都难以理解或调整。
- **参数数量。**
- **特征数量：**也是比实例具有更多属性的问题，即 p>>n 问题。这通常需要降维，或使用更好的特征工程方法进行专门处理。

1. 准确度

从 ML 应用中获取最准确结果并不总是最必不可少的事情。根据你想要使用的内容，有时候近似就足够好了。如果情况允许这样，就可以通过合并更好的估计方法来大幅度缩短处理时间。当你熟悉了使用 Spark 机器学习 API 的工作流程后，就能享受更多使用近似方法的优势，因为这些近似方法倾向于自动避免 ML 模型中的过拟合问题。现在，假设你有两个二元分类算法，其表现如表 19.1 所示。

表 19.1　两个二元分类算法的表现对比

分类器	精度	召回率
X	96%	89%
Y	99%	84%

这里，并没有一个分类器明显更优秀，因此并不能让你立即选出最佳分类器。F1 分数是精度和召回率的调和平均值，它也可以帮助你。我们计算出 F1 的值并将其放入表 19.2 中。

表 19.2　两个二元分类器算法的对比(包含 F1 分数)

分类器	精度	召回率	F1 分数
X	96%	89%	92.36%
Y	99%	84%	90.885%

因此，计算出 F1 分数能帮助你从大量分类器中做出选择。它给出了所有这些分类器中明确的指标，因此就可以做出正确的选择——也就是分类器 X。

2. 训练时间

训练时间通常与模型的训练和准确度密切相关。此外，通常你也会发现，与其他算法相比，某些算法无法理解数据的数量。但是，当你的训练时间不足，而训练集很大，并且有很多特征时，就可以选择最简单的一个。这种情况下，你需要向准确度妥协。但最起码，它要满足最低要求。

3. 线性

最近出现了很多利用线性的机器学习算法(也可在 Spark MLlib 或 Spark ML 中使用)。例如，线性分类算法可通过绘制差分线(differentiating straight line)或使用更高维度等价方式将类别进行分类。又如，线性回归算法假设数据趋势仅遵循直线走势。对于某些机器学习问题，这种假设并不幼稚，但可能还有一些情况会导致准确度下降。尽管存在着一定风险，不过线性算法依然非常受数据工程师和数据科学家的欢迎。此外，这些算法往往比较简捷，可在整个处理过程中训练模型。

19.1.5 选择算法时先检查数据

可在 UC Irvine 机器学习资料库中找到很多机器学习相关的数据集。在使用这些数据集之前，你需要考虑如下这些数据属性：

- 参数数量
- 训练集的大小
- 特征数量

1. 参数数量

在配置算法时，参数(或数据属性)是数据科学家能充分利用的手柄。它们是能够影响算法性能(如容错情况、迭代次数或不同算法行为)的参数选项。有时，算法的训练时间和准确度都比较敏感，因此很难获得正确的设置。具有大量参数的算法往往都需要进行更多的实验和试错才能找到最佳配置方式。

尽管这是解决问题的一个好方法，但模型的构建时间或训练时间则会随着参数数量的增加而呈指数级增长。这是一个两难的问题，也是一个需要考虑时间表现的权衡问题。其积极的一面是：

- 具有许多参数表明 ML 算法具有更大的灵活性。
- 你的 ML 应用能够实现更高的准确性。

2. 训练集的大小

如果训练集较小，则使用低方差高偏差的分类器(如朴素贝叶斯)要优于高方差(也可用于回归)低偏差的分类器(如 k-近邻算法，kNN)。

偏差、方差和 kNN 模型：

实际上，增加 k 值将降低方差，但会增加偏差。另外，减少 k 值会增加方差并降低偏差。并且随着 k 值的增加，这种可变性也在逐渐降低。但是，如果增加 k 值太多，结果就不会再遵循真正的边界线，而出现高偏差情况。这也是偏差-方差权衡的本质。

我们之前已经看到了过拟合与欠拟合问题。现在，可以假设处理偏差和方差的关系，就像处理过拟合和欠拟合一样。与模型复杂度相比，偏差减小，则方差增加。随着越来越多的参数被添加到模型中，模型的复杂性在上升，方差逐渐成为我们首要关注的问题，而偏差则逐渐下降。换言之，偏差在响应模型复杂度时，具有负一阶导数，而方差则具有正斜率。可以参考图 19.4 来更好地理解这一点。

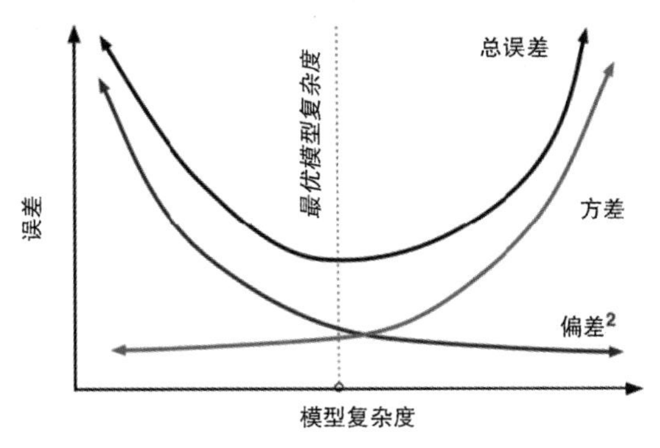

图 19.4　方差和偏差对总误差的影响

因此，后者会导致过拟合。但随着训练集呈线性或指数级增长，低偏差与高方差的分类器将最终胜出，因为它们具有较低的渐近误差。此时，高偏差的分类器将无法提供足够准确的模型。

3. 特征数量

对于某些类型的实验数据集而言，与数据本身的数量相比，提取的特征数量往往非常大。基因组学、生物医学或文本数据通常就是这样的情况。大量的特征甚至可以淹没一些学习算法，使得其训练时间高得离谱。支持向量机(SVM)由于其高精度、适当的核函数以及对过拟合问题的理论保证，特别适合这种情况。

SVM 与核函数：

目的是要找到一组权重和偏差，使得函数 y = w*¥(x) +b 能够最大化。

函数中，w 为权重，¥为特征向量，b 为偏差。现在，如果 y>0，则可将数据分类为类 1，否则将其分类为类 0。而特征向量¥(x)则使得数据线性可分。但使用核函数可使计算过程更快更容易。尤其是当特征向量¥由非常高维的数据组成时。让我们来看一个具体的例子，假设我们有如下 x 和 y 值: x = (x1,x2, x3) 和 y = (y1, y2, y3)，那么对于函数 f(x) = (x1x1, x1x2, x1x3,x2x1, x2x2, x2x3, x3x1, x3x2, x3x3)，其核函数为 $K(x,y)=(<x,y>)^2$。

由此，如果 x = (1, 2, 3)，y = (4, 5, 6)，就可以得到以下值。

```
f(x) = (1, 2, 3, 2, 4, 6, 3, 6, 9)
f(y) = (16, 20, 24, 20, 25, 30, 24, 30, 36)
<f(x), f(y)> = 16 + 40 + 72 + 40 + 100+ 180 + 72 + 180 + 324 = 1024
```

这是一个简单的线性代数，它将三维空间映射到 9 维。另外，核函数是用于 SVM 的相似性度量。因此，建议基于先验的不变性知识来选择合适的核函数。通过优化基于交叉验证的模型选择，可以自动选择核函数和正则化参数。

但是，核函数的自动选择依然是一个棘手问题。因为它很容易出现过拟合问题。这可能会让模型比开始时更糟糕。现在，如果我们使用核函数 K(x, y)，也能给出相同的值，但计算更简单，例如，(4 + 10 + 18) ^2 = 32^2 = 1024。

19.2　ML 模型的超参调整

调整算法是一个过程，目的是让算法在运行时，或者在内存使用方面能以最佳方式执行。在贝叶斯统计中，“超参”是先验分布参数。在机器学习方面，术语“超参”指的是那些不能从常规的训练过程中直接学习的参数。超参通常在实际训练过程开始之前进行设定。这是通过为这些超参设置不同的值，然后训练不同的模型，再通过测试来确定哪些设置最有效来完成。如下是此类参数的一些典型示例：

- 树的叶子数、二叉数或深度值
- 迭代次数
- 矩阵分解中的潜在因子数
- 学习率
- 深度神经网络中的隐藏层数
- K-均值聚类中的聚类数量

在本节，将探讨如何使用交叉检验技术和网格搜索来调整超参。

19.2.1　超参调整

超参调整是一种根据所呈现的数据的性能来选择正确超参组合的技术。在实践中，从机器学习算法中获得有意义且准确的结果是基本要求之一。图 19.5 展示了模型调整过程、需要考虑的因素和工作流程。

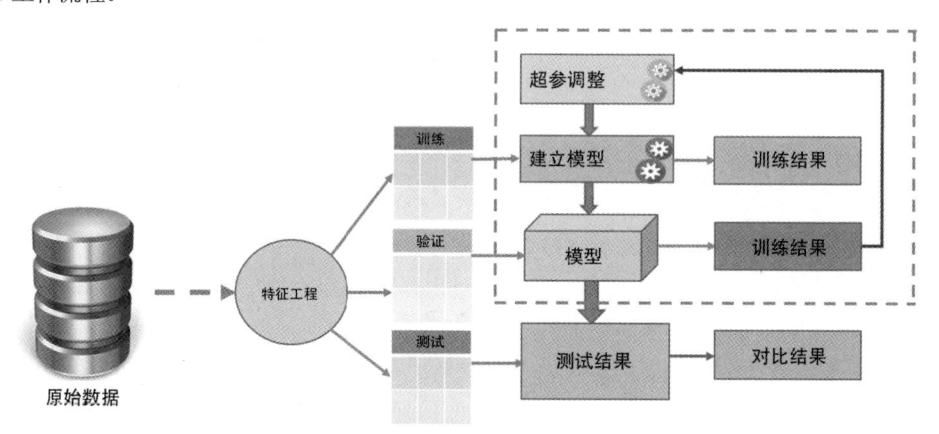

图 19.5　模型调整流程、考虑因素和工作流程

例如，这里假设有两个超参可用来调整第 11 章中的图 11.17。可看到，我们能提供多个候选值，这样就有多种组合。但图 11.17 中只显示了四个，也就是分词器、HashingTF、转换器以及逻辑回归(LR)。现在，我们希望能找到最终可导致得到最佳评估结果的模型。此时的拟合模型由分词器、HashingTF 特征提取器以及拟合逻辑回归模型构成。

同样还是这张图，拟合的管道模型是一个转换器。它可用于预测、模型验证和模型检查。此外，我们也认为，ML 算法一个不明显的区别特征是它们通常需要调整很多超参才能获得更好的性能。比如说，这些超参的正则化程度和 Spark MLlib 优化的模型参数不同。

因此，如果没有数据专家知识和对使用的算法的了解，就很难猜测或测量出超参的最佳组合。由于数据集的复杂度基于 ML 的问题类型，因此 pipeline 的大小和超参数量也可能呈现指数级(当然，也可能是线性)增长。因此，即便对于 ML 专家而言，超参的调整也很麻烦，更不用说调整参数还可能造成预测结果的不可靠。

根据 Spark 的 API 文档，可以使用一组唯一且统一的 API 来指定 Spark ML 的评估器和转换器。ParamMap 是一组“参数, 值”对，Param 作为命名参数，由 Spark 提供自包含的文档。从技术角度看，有两种方法可将参数传递给算法，设置方式如下。

- **设置参数：**如果 LR 是逻辑回归的实例(即评估器)，则可按如下方式调用 setMaxIter()方法：LR.setMaxIter(5)。基本上它适合指向的回归实例的模型 LR.fit()。在这个例子中，最多允许 5 次迭代。
- **第二种选项：**该选项涉及将 ParamMaps 传递给 fit()或 transform()。这种情况下，任何参数都先通过 ML 应用的特定代码或算法中的 setter 方法指定的 ParamMap 进行覆盖。

19.2.2 网格搜索参数调整

假设你在必要的特征工程之后选定了超参。此时，超参和特征的完整网格搜索空间在计算上就显得过于密集了。因此，你需要执行 K 折交叉验证，而不是全网格。

- 使用所有可用特征，在每折的训练集上使用交叉验证调整所需的超参。
- 使用这些超参所选择的特征。
- 对 K 中的每个折都重复计算。
- 使用从 CV 的每个折中选择的 N 个最普遍的特征，在所有数据上构建最终模型。

有趣的是，超参也将使用交叉检验循环中的所有数据进行再调整。与全网格搜索相比，这种方法会有很大的缺点吗？本质上，在自由参数的每个维度上进行线性搜索(也就是在一个维度中找到最佳值，然后保持该值不变，在下一个维度中寻找最佳值)，而不是参数设置的每个单独组合。搜索单个参数而不是一起优化它们，这种做法最重要的缺点是忽略了这些参数之间的关联。

例如，不止一个参数会影响模型的复杂度，这是很常见的情况。这种情况下，你需要查看这些参数之间的关联以便成功优化这些超参。根据数据集的大小，以及需要比较的数据模型，在获得最佳超参设置，以便获取最佳性能时可能遇到麻烦(对于网格搜索或你的策略都是如此)。

其原因在于，你需要搜索大量性能估计值以获得最大的性能估计差异：你最终可能得到一个模型和训练/测试组合，而且这种组合偶然看起来很好。并且更糟的是，你可能得到几个看起来很完美的组合，然后优化时就不知道选择哪种组合了，这就导致了模型的不稳定性。

19.2.3 交叉检验

交叉验证有时也称为循环估计(RE)，是用于评估统计分析和结果质量的模型验证技术。其目的是使模型向独立测试集推广。交叉验证技术的一个完美用途是从机器学习模型进行预测。如果你想在将其部署为 ML 应用时估计预测模型在实践中的准确性，这将有所帮助。在交叉验证过程中，通常使用已知类型的数据集来训练模型。相反，它使用未知类型的数据集进行测试。

在这方面，交叉验证有助于描述数据集，该验证集可在训练阶段测试模型。有如下两种交叉验证。

- **完备的交叉验证**：这包括留 p 验证法和留 1 验证法。
- **非穷举的交叉验证**：这包括 K-折交叉验证和重复随机子样本交叉验证法。

大多数情况下，研究人员/数据科学家/数据工程师使用 10 折交叉验证，而不是在验证集上进行测试。这是跨用例和问题类型中使用最广泛的交叉验证技术，如图 19.6 所示。

此外，为减少可变性，也可使用不同分区来执行交叉验证的多次迭代。最后，验证结果在这些迭代中取平均值。图 19.7 显示了使用逻辑回归进行超参调整的示例。

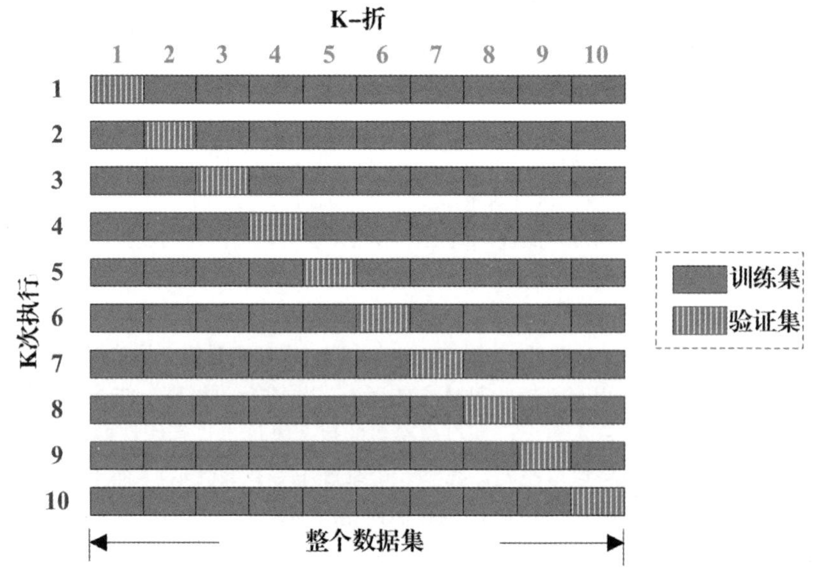

图 19.6　交叉验证基本上将完整培训数据分为多个折，可指定折的数量。然后，对于每个折，整个 pipeline 都运行一次，并针对每个折都训练出一个机器学习模型。最后，获得的不同机器学习模型通过分类器的投票法则，或平均回归进行合并

使用交叉验证来代替传统验证方法主要有两个优点，概述如下：

- 如果没有足够的数据用于跨越单独的训练集和测试集进行分区，则可能丢失重要的建模或测试功能。
- K-折交叉验证评估器具有比单个验证集评估器更低的方差。这种低差异性限制了可变性。如果可用数据量有限，则重复就非常重要。

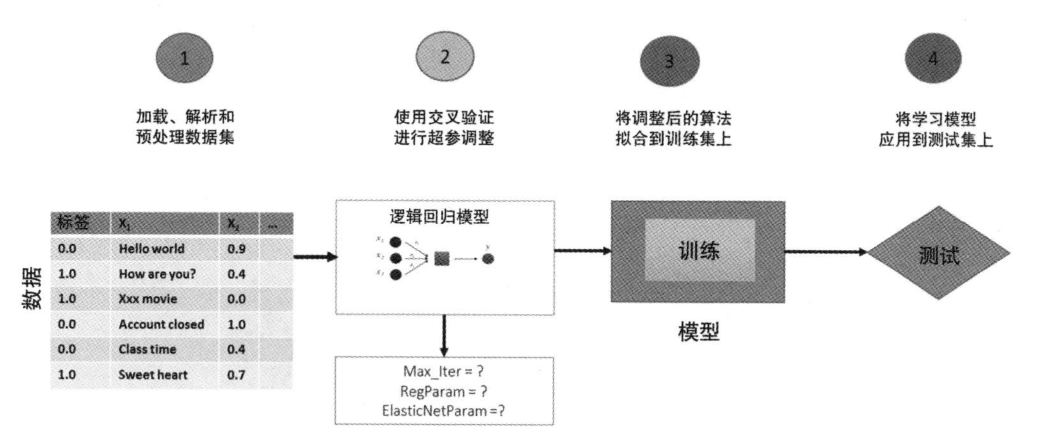

图 19.7　使用逻辑回归进行超参调整的示例

这些情况下，正确评估模型预测和相关性能的公平方法，就是使用交叉验证作为模型选择和验证的技术。如果需要为模型调整执行手工特征和参数选取，就可对整个数据集进行 10 折交叉验证。什么是最佳策略？这里建议你选择能够提供乐观评分结果的策略。如下所示：

- 将数据集划分为训练集和测试集，例如 80%为训练集，20%为测试集。
- 使用训练集上的 K-折交叉验证来调整模型。
- 重复 CV，直到模型已经优化为止。

现在，就可以使用模型在测试集上进行预测，从而获取模型误差的评估情况。

19.2.4　信用风险分析——一个超参调整的例子

在本节中，将展示机器学习超参调整的真实案例。这包括网格搜索和交叉验证技术。更具体地说，首先，将开发一个信用风险预测 pipeline，这通常应用于银行和信用合作社等金融机构。稍后将研究如何调整超参来提高预测精度。在深入研究这个例子前，让我们概述一下什么是信用风险分析及其重要性。

1. 什么是信用风险分析？它为何很重要？

当申请人申请贷款，并且银行收到申请时，根据申请人的情况，银行需要决定是否批准贷款申请。在这方面，银行对贷款申请的处理决定有两种风险。

- **申请人具有良好的信用风险评级：**这意味着客户或申请人能偿还贷款的可能性更高。如果贷款未获批准，则银行会遭受业务损失。
- **申请人具有较差的信用风险评级：**这意味着客户或申请人很可能不会偿还贷款。这种情况下，如果批准贷款，会导致银行的财务损失。

该机构表示，第二个风险比第一个高。因为银行有更多机会无法获得借入金额的报销。因此，大多数银行或信用合作社都会评估与提供贷款相关的风险。在业务分析中，最小化风险往往意味着能够最大化银行的利润。

换言之，从财务角度来最大化利润和减少损失是极为重要的。通常，银行会根据申请人的不同因素和参数做出关于是否批准贷款的决定，例如有关贷款申请的人口统计，以及社会经济条件等。

2. 探索数据集

德国人信用数据集可从 UCI 机器学习资料库中进行下载，地址为 https://archive.ics.uci.edu/ml/machine-learning-databases/statlog/german/。虽然该链接中提供了对数据集的详细说明，不过表 19.3 中也对其进行了一些简要说明。该数据集包含 21 个变量的信用相关数据，以及申请人被视为良好或不良信用风险的分类。其中包含了 1000 名贷款申请人的信息，这显然是一个二元分类问题。

表中显示了使得该数据集在线可用之前需要考虑的每个变量的详细信息。

表 19.3　德国人信用数据集说明

实体	变量	解释
1	creditability	能否偿还贷款：1.0 或 0.0
2	balance	当前账号余额
3	duration	申请贷款的期限
4	history	是否有不良的贷款记录？
5	purpose	贷款目的
6	amount	申请金额
7	savings	每月结余
8	employment	就业状况
9	instPercent	利息百分比
10	sexMarried	性别与婚姻状况
11	guarantors	有无担保人
12	residenceDuration	在当期地址的居住时间
13	assets	净资产
14	age	申请人年龄
15	concCredit	并行信用
16	apartment	居留身份
17	credits	当前信用
18	occupation	职业
19	dependents	家属人数
20	hasPhone	是否使用电话
21	foreign	申请人是否为外国人

注意，上表的描述信息中包含了表头，但数据集中是没有的。

3. Spark ML 的分步骤样例

在这里，将使用随机森林分类器来提供信用风险预测的分步骤样例。这些步骤包括数据获取、统计分析、训练集准备、模型评估等。

步骤 1　将数据集加载到 RDD 并解析

```
val creditRDD =
parseRDD(sc.textFile("data/germancredit.csv")).map(parseCredit)
```

对于上述代码，parseRDD()方法用于将实体进行拆分，将其全部转换为 Double 类型的值(即数值型)，该方法内容如下。

```
def parseRDD(rdd: RDD[String]): RDD[Array[Double]] = {
rdd.map(_.split(",")).map(_.map(_.toDouble))
  }
```

另一方面，parseCredit()方式则基于 Credit 这一 case 类解析数据集。

```
def parseCredit(line: Array[Double]): Credit = {
Credit(
line(0), line(1) -1, line(2), line(3), line(4), line(5),
line(6) -1, line(7) -1, line(8), line(9) -1, line(10) -1,
line(11) -1, line(12) -1, line(13), line(14) -1, line(15) -1,
line(16) -1, line(17) -1, line(18) -1, line(19) -1, line(20) -1)
  }
```

Credit 类的内容如下。

```
case class Credit(
creditability: Double,
balance: Double, duration: Double, history: Double, purpose: Double,
amount: Double,savings: Double, employment: Double, instPercent: Double,
sexMarried:
Double, guarantors: Double, residenceDuration: Double, assets: Double, age: Double,
concCredit: Double,apartment: Double,credits: Double, occupation: Double,
dependents: Double, hasPhone: Double,foreign: Double)
```

步骤 2　为 ML pipeline 准备数据帧

```
val sqlContext = new SQLContext(sc)
import sqlContext._
import sqlContext.implicits._
val creditDF = creditRDD.toDF().cache()
```

然后将其保存为临时视图以便查询。

```
creditDF.createOrReplaceTempView("credit")
```

让我们来看一下该数据帧的快照。

```
creditDF.show
```

show()方法打印出 credit 数据帧，如图 19.8 所示。

creditability	balance	duration	history	purpose	amount	savings	employment	instPercent	sexMarried	guarantors	residenceDuration	assets	age	concCredit	apartment	credits	occupation	dependents	hasPhone	foreign
1.0	0.0	18.0	4.0	2.0	1049.0	0.0	1.0	4.0	1.0	0.0	3.0	1.0	21.0	2.0	0.0	0.0	2.0	0.0	0.0	0.0
1.0	0.0	9.0	4.0	0.0	2799.0	0.0	2.0	2.0	2.0	0.0	1.0	0.0	36.0	2.0	0.0	1.0	2.0	1.0	0.0	0.0
1.0	1.0	12.0	2.0	9.0	841.0	1.0	3.0	2.0	1.0	0.0	3.0	0.0	23.0	2.0	0.0	0.0	1.0	0.0	0.0	0.0
1.0	0.0	12.0	4.0	0.0	2122.0	0.0	2.0	3.0	2.0	0.0	1.0	0.0	39.0	2.0	0.0	1.0	1.0	1.0	0.0	1.0
1.0	0.0	12.0	4.0	0.0	2171.0	0.0	2.0	4.0	2.0	0.0	3.0	1.0	38.0	0.0	1.0	1.0	1.0	0.0	0.0	1.0
1.0	0.0	10.0	4.0	0.0	2241.0	0.0	1.0	1.0	2.0	0.0	2.0	0.0	48.0	2.0	0.0	1.0	1.0	1.0	0.0	1.0
1.0	0.0	8.0	4.0	0.0	3398.0	0.0	3.0	1.0	2.0	0.0	3.0	0.0	39.0	2.0	1.0	1.0	1.0	0.0	0.0	1.0
1.0	0.0	6.0	4.0	0.0	1361.0	0.0	1.0	2.0	2.0	0.0	3.0	0.0	40.0	2.0	1.0	0.0	1.0	1.0	0.0	1.0
1.0	3.0	18.0	4.0	3.0	1098.0	0.0	0.0	4.0	1.0	0.0	3.0	2.0	65.0	2.0	1.0	1.0	0.0	0.0	0.0	0.0
1.0	1.0	24.0	2.0	3.0	3758.0	2.0	0.0	1.0	1.0	0.0	3.0	3.0	23.0	2.0	0.0	0.0	0.0	0.0	0.0	0.0
1.0	0.0	11.0	4.0	0.0	3905.0	0.0	2.0	2.0	2.0	0.0	1.0	0.0	36.0	2.0	0.0	1.0	2.0	1.0	0.0	0.0
1.0	0.0	30.0	4.0	1.0	6187.0	1.0	3.0	1.0	3.0	0.0	3.0	2.0	24.0	2.0	0.0	1.0	2.0	0.0	0.0	0.0
1.0	0.0	6.0	4.0	3.0	1957.0	0.0	3.0	1.0	1.0	0.0	3.0	2.0	31.0	2.0	1.0	0.0	2.0	0.0	0.0	0.0
1.0	1.0	48.0	3.0	10.0	7582.0	1.0	0.0	2.0	2.0	0.0	3.0	3.0	31.0	2.0	1.0	0.0	3.0	0.0	1.0	0.0
1.0	0.0	18.0	2.0	3.0	1936.0	4.0	3.0	2.0	3.0	0.0	3.0	2.0	23.0	2.0	0.0	1.0	1.0	0.0	0.0	0.0
1.0	0.0	6.0	2.0	3.0	2647.0	2.0	2.0	2.0	2.0	0.0	2.0	0.0	44.0	2.0	0.0	0.0	2.0	1.0	0.0	0.0
1.0	0.0	11.0	4.0	0.0	3939.0	0.0	2.0	1.0	2.0	0.0	1.0	0.0	40.0	2.0	1.0	1.0	1.0	1.0	0.0	0.0
1.0	1.0	18.0	2.0	3.0	3213.0	2.0	1.0	1.0	3.0	0.0	2.0	0.0	25.0	2.0	0.0	0.0	2.0	0.0	0.0	0.0
1.0	1.0	36.0	4.0	3.0	2337.0	0.0	4.0	4.0	2.0	0.0	3.0	0.0	36.0	2.0	1.0	0.0	2.0	0.0	0.0	0.0
1.0	3.0	11.0	4.0	0.0	7228.0	0.0	2.0	1.0	2.0	0.0	3.0	1.0	39.0	2.0	1.0	1.0	1.0	0.0	0.0	0.0

only showing top 20 rows

图 19.8　credit 数据帧的一个快照

步骤 3　观察相关统计信息

首先，我们来看一些汇总值。

```
sqlContext.sql("SELECT creditability, avg(balance) as avgbalance,avg(amount) as
avgamt, avg(duration) as avgdur FROM credit GROUP BY creditability ").show
```

然后看一下 balance 的统计信息。

```
creditDF.describe("balance").show
```

然后再看一下每个平均 balance 的信用度。

```
creditDF.groupBy("creditability").avg("balance").show
```

这三行代码输出如图 19.9 所示。

```
+-------------+------------------+-----------------+------------------+
|creditability|        avgbalance|           avgamt|            avgdur|
+-------------+------------------+-----------------+------------------+
|          0.0|0.9033333333333333|3938.126666666666|             24.86|
|          1.0|1.8657142857142857| 2985.442857142857|19.207142857142856|
+-------------+------------------+-----------------+------------------+

+-------+-----------------+
|summary|          balance|
+-------+-----------------+
|  count|             1000|
|   mean|            1.577|
| stddev|1.257637727110893|
|    min|              0.0|
|    max|              3.0|
+-------+-----------------+

+-------------+------------------+
|creditability|      avg(balance)|
+-------------+------------------+
|          0.0|0.9033333333333333|
|          1.0|1.8657142857142857|
+-------------+------------------+
```

图 19.9　数据集的一些统计信息

步骤 4　特征向量与标签创建

如你所见，creditability 列为响应列。其结果就是，需要为除了该列外的其他列创建特征向量。现在，我们创建如下特征列。

```
    val featureCols = Array("balance", "duration", "history", "purpose","amount",
"savings", "employment", "instPercent", "sexMarried","guarantors",
"residenceDuration", "assets", "age", "concCredit","apartment", "credits",
"occupation", "dependents", "hasPhone","foreign")
```

然后，使用 VectorAssembler() API 将这些选取的列的特征组合到一起。

```
val assembler = new
VectorAssembler().setInputCols(featureCols).setOutputCol("features")
val df2 = assembler.transform(creditDF)
```

我们来看一下这个特征向量。

```
df2.select("features").show
```

输出如图 19.10 所示。

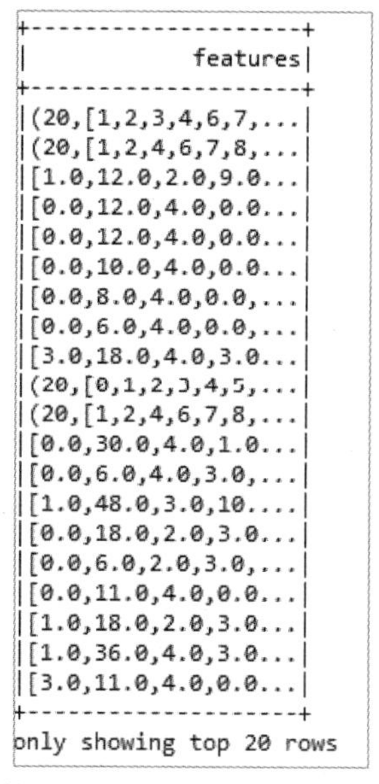

```
+--------------------+
|            features|
+--------------------+
|(20,[1,2,3,4,6,7,...|
|(20,[1,2,4,6,7,8,...|
|[1.0,12.0,2.0,9.0...|
|[0.0,12.0,4.0,0.0...|
|[0.0,12.0,4.0,0.0...|
|[0.0,10.0,4.0,0.0...|
|[0.0,8.0,4.0,0.0,...|
|[0.0,6.0,4.0,0.0,...|
|[3.0,18.0,4.0,3.0...|
|(20,[0,1,2,3,4,5,...|
|(20,[1,2,4,6,7,8,...|
|[0.0,30.0,4.0,1.0...|
|[0.0,6.0,4.0,3.0,...|
|[1.0,48.0,3.0,10....|
|[0.0,18.0,2.0,3.0...|
|[0.0,6.0,2.0,3.0,...|
|[0.0,11.0,4.0,0.0...|
|[1.0,18.0,2.0,3.0...|
|[1.0,36.0,4.0,3.0...|
|[3.0,11.0,4.0,0.0...|
+--------------------+
only showing top 20 rows
```

图 19.10　使用 VectorAssembler 为 ML 模型生成特征

然后，通过旧的响应列 creditability，我们使用 StringIndexer 来创建新列，并将其作为标签列。

```
val labelIndexer = new
StringIndexer().setInputCol("creditability").setOutputCol("label")
val df3 = labelIndexer.fit(df2).transform(df2)
df3.select("label", "features").show
```

输出如图 19.11 所示。

```
+-----+--------------------+
|label|            features|
+-----+--------------------+
|  0.0|(20,[1,2,3,4,6,7,...|
|  0.0|(20,[1,2,4,6,7,8,...|
|  0.0|[1.0,12.0,2.0,9.0...|
|  0.0|[0.0,12.0,4.0,0.0...|
|  0.0|[0.0,12.0,4.0,0.0...|
|  0.0|[0.0,10.0,4.0,0.0...|
|  0.0|[0.0,8.0,4.0,0.0,...|
|  0.0|[0.0,6.0,4.0,0.0,...|
|  0.0|[3.0,18.0,4.0,3.0...|
|  0.0|(20,[0,1,2,3,4,5,...|
|  0.0|(20,[1,2,4,6,7,8,...|
|  0.0|[0.0,30.0,4.0,1.0...|
|  0.0|[0.0,6.0,4.0,3.0,...|
|  0.0|[1.0,48.0,3.0,10....|
|  0.0|[0.0,18.0,2.0,3.0...|
|  0.0|[0.0,6.0,2.0,3.0,...|
|  0.0|[0.0,11.0,4.0,0.0...|
|  0.0|[1.0,18.0,2.0,3.0...|
|  0.0|[1.0,36.0,4.0,3.0...|
|  0.0|[3.0,11.0,4.0,0.0...|
+-----+--------------------+
only showing top 20 rows
```

图 19.11 使用 VectorAssembler 为 ML 模型生成的标签及特征

步骤 5 准备训练和测试集

```
val splitSeed = 5043
val Array(trainingData, testData) = df3.randomSplit(Array(0.80, 0.20),splitSeed)
```

步骤 6 训练随机森林模型

首先，实例化模型。

```
val classifier = new RandomForestClassifier()
      .setImpurity("gini")
      .setMaxDepth(30)
      .setNumTrees(30)
      .setFeatureSubsetStrategy("auto")
      .setSeed(1234567)
      .setMaxBins(40)
      .setMinInfoGain(0.001)
```

有关上述参数的说明，可以参阅随机森林相关的算法说明。现在让我们使用训练集来训练模型。

```
val model = classifier.fit(trainingData)
```

步骤 7 为测试集计算原始预测情况

```
val predictions = model.transform(testData)
```

让我们看一下该数据帧的前 20 行。

```
predictions.select("label","rawPrediction", "probability","prediction").show()
```

上述代码行将显示该数据帧包含的标签、原始预测情况、可能性以及真正的预测结果，如图 19.12 所示。

```
+-----+-------------------+--------------------+----------+
|label|      rawPrediction|         probability|prediction|
+-----+-------------------+--------------------+----------+
|  1.0|         [21.0,9.0]|           [0.7,0.3]|       0.0|
|  0.0|[28.9868421052631...|[0.96622807017543...|       0.0|
|  0.0|        [18.0,12.0]|           [0.6,0.4]|       0.0|
|  0.0|[23.9873417721519...|[0.79957805907173...|       0.0|
|  0.0|[24.6540084388185...|[0.82180028129395...|       0.0|
|  0.0|[22.9868421052631...|[0.76622807017543...|       0.0|
|  0.0|[14.5952380952380...|[0.48650793650793...|       1.0|
|  0.0|[17.9547224224945...|[0.59849074741648...|       0.0|
|  0.0|[23.9684210526315...|[0.79894736842105...|       0.0|
|  0.0|         [25.0,5.0]|[0.83333333333333...|       0.0|
|  0.0|        [15.5,14.5]|[0.51666666666666...|       0.0|
|  0.0|         [22.5,7.5]|         [0.75,0.25]|       0.0|
|  0.0|[22.9486422749787...|[0.76495474249929...|       0.0|
|  0.0|        [18.0,12.0]|           [0.6,0.4]|       0.0|
|  0.0|[27.9631948664260...|[0.93210649554753...|       0.0|
|  0.0|         [21.0,9.0]|           [0.7,0.3]|       0.0|
|  0.0|         [24.0,6.0]|           [0.8,0.2]|       0.0|
|  0.0|        [16.0,14.0]|[0.53333333333333...|       0.0|
|  0.0|[23.9921259842519...|[0.79973753280839...|       0.0|
|  0.0|[14.9890109890109...|[0.49963369963369...|       1.0|
+-----+-------------------+--------------------+----------+
```

图 19.12　包含测试集的原始预测结果及真实预测结果的数据帧

现在，看到最后一栏的预测结果后，银行就可以决定是否接受申请人的申请了。

步骤 8　在调整模型之前进行模型评估

实例化二元评估器。

```
val binaryClassificationEvaluator = new BinaryClassificationEvaluator()
    .setLabelCol("label")
    .setRawPredictionCol("rawPrediction")
```

为测试集计算预测的准确度。

```
val accuracy = binaryClassificationEvaluator.evaluate(predictions)
println("The accuracy before pipeline fitting: " + accuracy)
```

在 pipeline 拟合之前，准确度为 0.751921784149243。

此时，精确度为 75%，显然不是太好。让我们计算一下二元分类器的其他重要性能度量指标，例如接受者操作特征曲线下面积(AUROC)和精度召回率曲线下面积(AUPRC)。

```
println("Area Under ROC before tuning: " + printlnMetric("areaUnderROC"))
println("Area Under PRC before tuning: "+ printlnMetric("areaUnderPR"))
```

```
Area Under ROC before tuning: 0.8453079178885631
Area Under PRC before tuning: 0.751921784149243
```

其中，printlnMetric()方法内容如下。

```
def printlnMetric(metricName: String): Double = {
  val metrics = binaryClassificationEvaluator.setMetricName(metricName)
                                              .evaluate(predictions)
  metrics
}
```

最后，使用 RegressionMetrics() API 为随机森林模型计算其他一些重要的性能度量。

```
val rm = new RegressionMetrics(
predictions.select("prediction", "label").rdd.map(x =>
      (x(0).asInstanceOf[Double], x(1).asInstanceOf[Double])))
```

现在来分析模型。

```
println("MSE: " + rm.meanSquaredError)
println("MAE: " + rm.meanAbsoluteError)
println("RMSE Squared: " + rm.rootMeanSquaredError)
println("R Squared: " + rm.r2)
println("Explained Variance: " + rm.explainedVariance + "\n")
```

输出如下。

```
MSE: 0.2578947368421053
MAE: 0.2578947368421053
RMSE Squared: 0.5078333750770082
R Squared: -0.13758553274682295
Explained Variance: 0.16083102493074794
```

也不是太糟糕，但是，也不是很令人满意，对吧？让我们使用网格搜索和交叉验证技术来调整模型。

步骤 9　使用网格搜索和交叉验证来调整模型

首先使用 ParamGridBuilder API 来构建一个参数网格，以搜索由 20～70 颗树组成的参数网格，其中 maxBins 在 25～30 之间，maxDepth 在 5～10 之间，并且杂质作为熵和基尼。

```
val paramGrid = new ParamGridBuilder()
                      .addGrid(classifier.maxBins, Array(25, 30))
                      .addGrid(classifier.maxDepth, Array(5, 10))
                      .addGrid(classifier.numTrees, Array(20, 70))
                      .addGrid(classifier.impurity, Array("entropy", "gini"))
                      .build()
```

使用训练集来训练该交叉检验模型。

```
val cv = new CrossValidator()
              .setEstimator(pipeline)
              .setEvaluator(binaryClassificationEvaluator)
              .setEstimatorParamMaps(paramGrid)
              .setNumFolds(10)
val pipelineFittedModel = cv.fit(trainingData)
```

为测试集计算原始的预测情况。

```
val predictions2 = pipelineFittedModel.transform(testData)
```

步骤 10　调整模型后再评估模型

让我们来看看准确度。

```
val accuracy2 = binaryClassificationEvaluator.evaluate(predictions2)
println("The accuracy after pipeline fitting: " + accuracy2)
```

输出如下。

```
The accuracy after pipeline fitting: 0.8313782991202348
```

现在，准确度超过 83%，提升还是很明显的。然后看看其他两个重要度量的值。

```
def printlnMetricAfter(metricName: String): Double = {
val metrics =
binaryClassificationEvaluator.setMetricName(metricName).evaluate(prediction
s2)
metrics
}
println("Area Under ROC after tuning: " +
printlnMetricAfter("areaUnderROC"))
println("Area Under PRC after tuning: "+
printlnMetricAfter("areaUnderPR"))
```

输出结果如下。

```
Area Under ROC after tuning: 0.8313782991202345
Area Under PRC after tuning: 0.7460301367852662
```

然后，使用 RegressionMetrics API 来计算其他一些度量。

```
val rm2 = new RegressionMetrics(predictions2.select("prediction",
"label").rdd.map(x => (x(0).asInstanceOf[Double],x(1).asInstanceOf[Double])))
println("MSE: " + rm2.meanSquaredError)
println("MAE: " + rm2.meanAbsoluteError)
println("RMSE Squared: " + rm2.rootMeanSquaredError)
println("R Squared: " + rm2.r2)
println("Explained Variance: " + rm2.explainedVariance + "\n")
```

输出如下。

```
MSE: 0.268421052631579
  MAE: 0.26842105263157895
  RMSE Squared: 0.5180936716768301
  R Squared: -0.18401759530791795
  Explained Variance: 0.16404432132963992
```

步骤 11　找出最好的交叉验证模型

最后，我们来找到最好的交叉验证模型信息。

```
pipelineFittedModel
      .bestModel.asInstanceOf[org.apache.spark.ml.PipelineModel]
      .stages(0)
      .extractParamMap
println("The best fitted model:" +
pipelineFittedModel.bestModel.asInstanceOf[org.apache.spark.ml.PipelineModel]
.stages(0))
```

输出如下。

```
The best fitted model:RandomForestClassificationModel
(uid=rfc_1fcac012b37c) with 70 trees
```

19.3 一个 Spark 推荐系统

推荐系统试图基于其他用户的历史来预测用户可能感兴趣的潜在条目。基于模型的协同过滤通常适用于许多公司，如 Netflix。值得关注的是，Netflix 是一家美国娱乐公司，由 Reed Hastings 和 Marc Randolph 于 1997 年 8 月 29 日在加州的斯科茨瓦利成立，专门分发流媒体和在线视频点播和 DVD 邮件。2013 年，Netflix 将业务扩展到电影和电视制作以及在线发行等领域。截至 2017 年，该公司的总部设在加州的洛斯盖图斯(源自维基百科)。Netflix 是一个使用了实时电影推荐系统的公司。在本节中，将看到一个完整示例，来说明它如何为新用户推荐电影。

基于模型的 Spark 推荐系统

Spark MLlib 支持对基于模型的协同过滤的实现。在该技术中，用户和产品由一个小的因素集合描述，也称为潜在因子(LF)。从图 19.13 中，就可以了解不同的推荐系统。它也也表明了为什么电影推荐要使用基于模型的协同过滤技术。

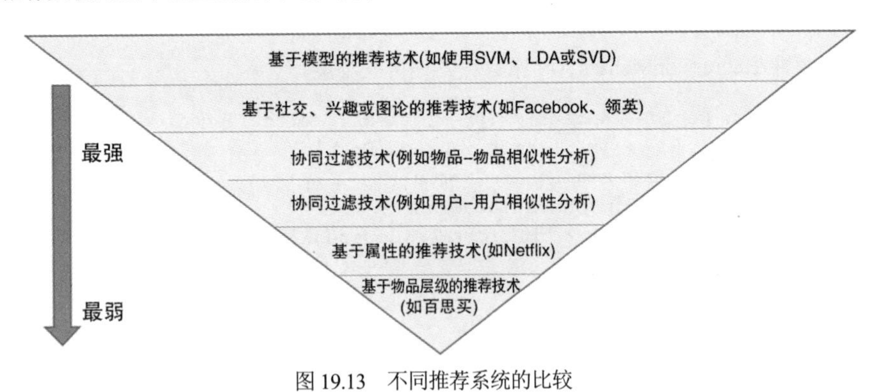

图 19.13　不同推荐系统的比较

可以使用 LF 来预测丢失的条目。Spark API 提供了交替最小二乘(也被广泛地称为 ALS)算法的实现，该算法通过考虑如下六个参数来学习这些潜在因子。

- numBlocks：用于并行计算的块数(可设置的范围为[-1，自动配置])。
- rank：模型中潜在因子的数量。
- iterations：要运行的 ALS 的迭代次数。通常在 20 次或更少次数中进行收敛，以获得合理结果。
- lambda：指定 ALS 中的正则化参数。
- implicitPrefs：使用显式反馈的 ALS 变量，还是隐式反馈数据。
- alpha：用于 ALS 的隐式反馈变量的参数，用于控制偏好观察中的基准置信度。

需要注意，可使用默认参数来构建 ALS 实例，当然也可根据需要自行设置这些参数的值。上述参数的默认值如下。

numBlocks:-1；rank:10；iterations:10；lambda:0.01；implicitPrefs:false；alpha:1.0。

1. 数据探索

电影及其相应的评级数据可从 MovieLens 网站(https://movielens.org/)下载。基于该网站的描述，所有评级数据都在 ratings.csv 文件中。该文件中在标题后面的每一行，都代表一个用户对一部电影的评级。

CSV 数据集具有 userid、movieId、rating 和 timestamp 列。如图 19.14 所示。行先由 userId 进行排序，然后按照不同的用户，再根据 movieId 进行排序。每部电影的评级均为五星制，增量为 0.5 星(即 0.5~5 星)。时间戳表示自 1970 年 1 月 1 日午夜的秒数。这里，我们在 10 325 部电影中，有来自 668 个用户的 105 339 个评级数据。

```
+------+-------+------+----------+
|userId|movieId|rating|timestamp |
+------+-------+------+----------+
|1     |16     |4.0   |1217897793|
|1     |24     |1.5   |1217895807|
|1     |32     |4.0   |1217896246|
|1     |47     |4.0   |1217896556|
|1     |50     |4.0   |1217896523|
|1     |110    |4.0   |1217896150|
|1     |150    |3.0   |1217895940|
|1     |161    |4.0   |1217897864|
|1     |165    |3.0   |1217897135|
|1     |204    |0.5   |1217895786|
|1     |223    |4.0   |1217897795|
|1     |256    |0.5   |1217895764|
|1     |260    |4.5   |1217895864|
|1     |261    |1.5   |1217895750|
|1     |277    |0.5   |1217895772|
|1     |296    |4.0   |1217896125|
|1     |318    |4.0   |1217895860|
|1     |349    |4.5   |1217897058|
|1     |356    |3.0   |1217896231|
|1     |377    |2.5   |1217896373|
+------+-------+------+----------+
only showing top 20 rows
```

图 19.14　评级数据快照

另外，电影信息则包含在 movies.csv 文件中。除了标题之外，每一行都代表一部电影：movieId、title 和 genres(参见图 19.15)。电影标题可以手动创建或插入，也可从电影数据库网站(https://www.themoviedb.org/)导入。不过近些年来，由于手动插入电影标题的行为太多，导致这些数据中可能存在错误或不一致的情况。因此，读者也可检查 IMDb 数据库(https://www.ibdb.com/)，以确保在对应年份中，电影的标题没有出现问题。

该数据集中，genres 是一个单独列表，它从如下电影类别中进行选择：

- 动作、冒险、动画、儿童、喜剧、犯罪
- 纪录片、戏剧、幻想、黑色电影、恐怖、音乐剧
- 神秘、浪漫、科幻、惊悚、西方、战争

```
+-------+-----------------------------------+----------------------------------------+
|movieId|title                              |genres                                  |
+-------+-----------------------------------+----------------------------------------+
|1      |Toy Story (1995)                   |Adventure|Animation|Children|Comedy|Fantasy|
|2      |Jumanji (1995)                     |Adventure|Children|Fantasy              |
|3      |Grumpier Old Men (1995)            |Comedy|Romance                          |
|4      |Waiting to Exhale (1995)           |Comedy|Drama|Romance                    |
|5      |Father of the Bride Part II (1995) |Comedy                                  |
|6      |Heat (1995)                        |Action|Crime|Thriller                   |
|7      |Sabrina (1995)                     |Comedy|Romance                          |
|8      |Tom and Huck (1995)                |Adventure|Children                      |
|9      |Sudden Death (1995)                |Action                                  |
|10     |GoldenEye (1995)                   |Action|Adventure|Thriller               |
|11     |American President, The (1995)     |Comedy|Drama|Romance                    |
|12     |Dracula: Dead and Loving It (1995) |Comedy|Horror                           |
|13     |Balto (1995)                       |Adventure|Animation|Children            |
|14     |Nixon (1995)                       |Drama                                   |
|15     |Cutthroat Island (1995)            |Action|Adventure|Romance                |
|16     |Casino (1995)                      |Crime|Drama                             |
|17     |Sense and Sensibility (1995)       |Drama|Romance                           |
|18     |Four Rooms (1995)                  |Comedy                                  |
|19     |Ace Ventura: When Nature Calls (1995)|Comedy                                |
|20     |Money Train (1995)                 |Action|Comedy|Crime|Drama|Thriller      |
+-------+-----------------------------------+----------------------------------------+
only showing top 20 rows
```

图 19.15　前 20 部电影的标题及其类别

2. 使用 ALS 的电影推荐系统

在本节中，将通过分步骤的操作，展示如何向其他用户推荐电影。这些步骤包含了从数据收集到电影推荐的全部内容。

步骤 1　加载、解析并探索电影和评级数据集

代码如下。

```
val ratigsFile = "data/ratings.csv"
val df1 = spark.read.format("com.databricks.spark.csv").option("header",
true).load(ratigsFile)
val ratingsDF = df1.select(df1.col("userId"), df1.col("movieId"),
df1.col("rating"), df1.col("timestamp"))
ratingsDF.show(false)
```

上述代码将返回评级数据的数据帧。另一方面，如下的代码则展示了电影的数据帧。

```
    val moviesFile = "data/movies.csv"
    val df2 = spark.read.format("com.databricks.spark.csv").option("header",
    "true").load(moviesFile)
    val moviesDF = df2.select(df2.col("movieId"),
df2.col("title"),df2.col("genres"))
```

步骤 2　将这两个数据帧注册为临时表以便于查询

要注册这两个数据集，可使用如下代码。

```
ratingsDF.createOrReplaceTempView("ratings")
moviesDF.createOrReplaceTempView("movies")
```

此时，将在内存中创建临时表，以便执行更快的查询。createOrReplaceTempView()方法创建的临时表的生命周期，与用于创建该数据帧的 Spark 会话密切相关。

步骤 3　为统计信息探索并执行查询

让我们检查一下相关的统计信息，代码如下。

```
val numRatings = ratingsDF.count()
val numUsers = ratingsDF.select(ratingsDF.col("userId")).distinct().count()
val numMovies = ratingsDF.select(ratingsDF.col("movieId")).distinct().count()
println("Got " + numRatings + " ratings from " + numUsers + " users on " + numMovies
+ " movies.")
```

可以看到，在 10 325 部电影中找到了 668 个用户的 105 339 个电影评级。现在，让我们先来获得最高和最低的电影评级，以及评级电影的用户数量。可在上一步创建的评级表上执行 SQL 查询。当然，查询很简单，类似于从 MySQL 或其他 RDBMS 上进行查询。但是，如果你不熟悉 SQL 查询，建议查看一些 SQL 查询相关的规范，以了解如何使用 SELECT 在特定表上执行查询，如何使用 ORDER 进行排序，以及如何使用 JOIN 进行表之间的连接操作。

如果你知道如何使用 SQL 查询，就可运行如下复杂的 SQL 查询得到一个新数据集：

```
//Get the max, min ratings along with the count of users who have rated a movie.
val results = spark.sql("select movies.title, movierates.maxr,movierates.minr,
movierates.cntu "
        + "from(SELECT ratings.movieId,max(ratings.rating) as maxr,"
        + "min(ratings.rating) as minr,count(distinct userId) as cntu "
        + "FROM ratings group by ratings.movieId) movierates "
        + "join movies on movierates.movieId=movies.movieId "
        + "order by movierates.cntu desc")
results.show(false)
```

输出如图 19.16 所示。

```
+--------------------------------------------------------------------------------+----+----+----+
|title                                                                           |maxr|minr|cntu|
+--------------------------------------------------------------------------------+----+----+----+
|Pulp Fiction (1994)                                                             |5.0 |0.5 |325 |
|Forrest Gump (1994)                                                             |5.0 |0.5 |311 |
|Shawshank Redemption, The (1994)                                                |5.0 |0.5 |308 |
|Jurassic Park (1993)                                                            |5.0 |1.0 |294 |
|Silence of the Lambs, The (1991)                                                |5.0 |0.5 |290 |
|Star Wars: Episode IV - A New Hope (1977)                                       |5.0 |0.5 |273 |
|Matrix, The (1999)                                                              |5.0 |0.5 |261 |
|Terminator 2: Judgment Day (1991)                                               |5.0 |0.5 |253 |
|Braveheart (1995)                                                               |5.0 |0.5 |248 |
|Schindler's List (1993)                                                         |5.0 |0.5 |248 |
|Fugitive, The (1993)                                                            |5.0 |1.0 |244 |
|Toy Story (1995)                                                                |5.0 |1.0 |232 |
|Star Wars: Episode V - The Empire Strikes Back (1980)                           |5.0 |0.5 |228 |
|Usual Suspects, The (1995)                                                      |5.0 |1.0 |228 |
|Raiders of the Lost Ark (Indiana Jones and the Raiders of the Lost Ark) (1981)|5.0 |1.0 |224 |
|Star Wars: Episode VI - Return of the Jedi (1983)                               |5.0 |0.5 |222 |
|Batman (1989)                                                                   |5.0 |0.5 |217 |
|American Beauty (1999)                                                          |5.0 |1.0 |216 |
|Back to the Future (1985)                                                       |5.0 |1.5 |213 |
|Godfather, The (1972)                                                           |5.0 |1.0 |210 |
+--------------------------------------------------------------------------------+----+----+----+
only showing top 20 rows
```

图 19.16　最高及最近电影评级和参与评分的用户数量

为更进一步，需要了解关于用户及其评级的更多信息。现在，让我们找到最活跃的用户，以及他们为电影评级的次数，如图 19.17 所示。

```
//Show the top 10 mostactive users and how many times they rated a movie
val mostActiveUsersSchemaRDD = spark.sql("SELECT ratings.userId, count(*)
as ct from ratings "
```

```
            + "group by ratings.userId order by ct desc limit 10")
mostActiveUsersSchemaRDD.show(false)
```

```
+------+----+
|userId|ct  |
+------+----+
|668   |5678|
|575   |2837|
|458   |2086|
|232   |1421|
|310   |1287|
|475   |1249|
|128   |1231|
|224   |1182|
|607   |1176|
|63    |1107|
+------+----+
```

图 19.17 10 大最活跃用户及其为电影评级的次数

我们来看一个特定用户，例如 668，找到评级高于 4 颗星的电影，如图 19.18 所示。

```
//Find the movies that user 668 rated higher than 4
val results2 = spark.sql(
"SELECT ratings.userId, ratings.movieId,"
       + "ratings.rating, movies.title FROM ratings JOIN movies"
       + "ON movies.movieId=ratings.movieId"
       + "where ratings.userId=668 and ratings.rating > 4")
results2.show(false)
```

```
+------+-------+------+---------------------------------------------+
|userId|movieId|rating|title                                        |
+------+-------+------+---------------------------------------------+
|668   |6      |5.0   |Heat (1995)                                  |
|668   |326    |4.5   |To Live (Huozhe) (1994)                      |
|668   |446    |4.5   |Farewell My Concubine (Ba wang bie ji) (1993)|
|668   |515    |4.5   |Remains of the Day, The (1993)               |
|668   |593    |4.5   |Silence of the Lambs, The (1991)             |
|668   |594    |4.5   |Snow White and the Seven Dwarfs (1937)       |
|668   |608    |4.5   |Fargo (1996)                                 |
|668   |858    |5.0   |Godfather, The (1972)                        |
|668   |898    |5.0   |Philadelphia Story, The (1940)               |
|668   |907    |4.5   |Gay Divorcee, The (1934)                     |
|668   |908    |5.0   |North by Northwest (1959)                    |
|668   |910    |5.0   |Some Like It Hot (1959)                      |
|668   |912    |5.0   |Casablanca (1942)                            |
|668   |913    |5.0   |Maltese Falcon, The (1941)                   |
|668   |914    |5.0   |My Fair Lady (1964)                          |
|668   |919    |5.0   |Wizard of Oz, The (1939)                     |
|668   |927    |4.5   |Women, The (1939)                            |
|668   |930    |4.5   |Notorious (1946)                             |
|668   |945    |4.5   |Top Hat (1935)                               |
|668   |947    |4.5   |My Man Godfrey (1936)                        |
+------+-------+------+---------------------------------------------+
only showing top 20 rows
```

图 19.18 用户 668 评级超过 4 颗星的电影

步骤 4 准备训练集和测试集并查看其数量

如下的代码将评级 RDD 拆分为训练数据 RDD(75%)和测试数据 RDD(25%)。注意，这里的 seed 是可选项，但是如果你想重现该步骤，seed 就是必要的了。

```
//Split ratings RDD into training RDD (75%) & test RDD (25%)
val splits = ratingsDF.randomSplit(Array(0.75, 0.25), seed = 12345L)
val (trainingData, testData) = (splits(0), splits(1))
```

```
val numTraining = trainingData.count()
val numTest = testData.count()
println("Training: " + numTraining + " test: " + numTest)
```

可以看到，训练集中有 78 792 条评级数据，测试数据帧中有 26 547 条评级数据。

步骤 5　为建立使用 ALS 的推荐模型准备数据

ALS 算法使用 Rating RDD 进行训练。如下代码展示了如何使用 API 来建立推荐模型。

```
val ratingsRDD = trainingData.rdd.map(row => {
  val userId = row.getString(0)
  val movieId = row.getString(1)
  val ratings = row.getString(2)
  Rating(userId.toInt, movieId.toInt, ratings.toDouble)
})
```

ratingsRDD 是一个包含评级数据的 RDD，其中包含 userId、movieId，以及我们在上一步准备的训练集中的评级数据。另一方面，评估模型也需要测试 RDD。下面的 testRDD 包含我们在上一步准备的测试数据帧中的信息：

```
val testRDD = testData.rdd.map(row => {
  val userId = row.getString(0)
  val movieId = row.getString(1)
  val ratings = row.getString(2)
  Rating(userId.toInt, movieId.toInt, ratings.toDouble)
})
```

步骤 6　建立 ALS 用户产品矩阵

通过设置最大迭代次数、块数、alpha、lambda、seed 和 implicitPrefs 等，来基于 ratingsRDD 建立一个 ALS 用户矩阵模型。从本质上讲，这种技术可根据其他用户对相似电影的评级情况，来预测特定用户对特定电影的评级情况。

```
val rank = 20
val numIterations = 15
val lambda = 0.10
val alpha = 1.00
val block = -1
val seed = 12345L
val implicitPrefs = false
val model = new ALS()
            .setIterations(numIterations)
            .setBlocks(block)
            .setAlpha(alpha)
            .setLambda(lambda)
            .setRank(rank)
            .setSeed(seed)
            .setImplicitPrefs(implicitPrefs)
            .run(ratingsRDD)
```

最终，将该模型迭代学习了 15 次。基于此设置，我们能获得较好准确度。建议读者应用超参以便了解这些参数的最佳设置。此外，也设置了用户块和产品块数，以便将计算并行化，值为-1。

步骤 7　进行预测

让我们先获得用户 668 的电影预测结果的前六个，代码如下。

```
//Making Predictions.Get the top 6 movie predictions for user 668
println("Rating:(UserID, MovieID, Rating)")
println("----------------------------------")
val topRecsForUser = model.recommendProducts(668, 6)
for (rating <-topRecsForUser) {
  println(rating.toString())
}
println("----------------------------------")
```

上述代码生成的结果如图 19.19 所示，包含了预测电影的 UserID、MovieID 和对应的 Rating。

```
Rating:(UserID, MovieID, Rating)
----------------------------------
Rating(668,101862,4.852584215477435)
Rating(668,5304,4.852584216477435)
Rating(668,25961,4.852584216477435)
Rating(668,80969,4.779325934293423)
Rating(668,93040,4.752873683886)
Rating(668,25795,4.676957397567861)
----------------------------------
(Prediction, Rating)
(3.848087516442212,3.5)
(4.647813269020743,5.0)
(3.578002886107389,4.0)
(3.681217214985231,3.0)
(2.844685318141285,3.0)
```

图 19.19　用户 668 预测的电影的前六部

步骤 8　评估模型

为验证模型的质量，可使用均方根误差(RMSE)来测量模型的预测值与实际观察到的值之间的差异。默认情况下，计算出的误差越小，则模型越好。这里要使用步骤 4 中拆分出来的测试数据进行计算。RMSE 能够很好地衡量模型的准确度，但它仅用于比较特定变量的不同模型之间的预测误差，而无法比较变量之间的预测误差，因为它具有尺度效益(scale-dependent)。下面的代码计算出模型的 RMSE 值。

```
var rmseTest = computeRmse(model, testRDD, true)
println("Test RMSE: = " + rmseTest) //Less is better
```

注意，这里的 computeRmse()是一个 UDF，内容如下。

```
  def computeRmse(model: MatrixFactorizationModel, data: RDD[Rating],
implicitPrefs: Boolean): Double = {
    val predictions: RDD[Rating] = model.predict(data.map(x => (x.user,
x.product)))
    val predictionsAndRatings = predictions.map { x => ((x.user,
x.product), x.rating)
  }.join(data.map(x => ((x.user, x.product), x.rating))).values

  if (implicitPrefs) {
    println("(Prediction, Rating)")
    println(predictionsAndRatings.take(5).mkString("\n"))
  }
```

```
  math.sqrt(predictionsAndRatings.map(x => (x._1 -x._2) * (x._1 -
x._2)).mean())
}
```

上述方法可计算出模型的 RMSE 值，以便用来评估模型。RMSE 越小，模型机器预测能力就越好。

对于此前的设置，我们得到的结果如下：

```
Test RMSE: = 0.9019872589764073
```

当然，我们也相信，上述模型依然可以进行调整，以便表现得更好。感兴趣的读者可以查看如下链接，以便了解更多关于基于模型的 ALS 算法的调整信息：https://spark.apache.org/docs/preview/ml-collaborative-filtering.html。

主题建模技术已被广泛应用于从大量文档中进行文本挖掘的任务。然后可使用这些主题来汇总和组织这些文档。它们也包含主题术语以及相关的权重。在下一节中，将展示使用 LDA 进行主题建模的例子。

19.4　主题建模——文本聚类的最佳实践

我们使用的例子是纯文本，但采用的是非结构格式。现在，具有挑战性的工作内容是，我们要使用被称为 LDA 的主题建模技术，来找到数据中的有用模式。

19.4.1　LDA 是如何工作的？

LDA 是一个主题模型，它能从一组文本文档中推断出主题。LDA 可以被认为是聚类算法，其中的主题对应于聚类的中心，文档对应于数据集中的示例(行)。主题和文档都存在于特征空间中，其中特征向量就是单词计数(词袋)的向量。LDA 并不适合通过传统的距离计算来估算出聚类，而使用了一个基于如何生成文本文档的统计模型的函数。

LDA 通过 setOptimizer 函数来支持不同的推理算法。EMLDAOptimizer 使用似然函数的期望最大化来学习聚类并得到复杂结果，而 OnlineLDAOptimizer 则使用小批量采样迭代进行在线的变化推理，并且它通常是内存友好的。LDA 将文档集合作为单词计数向量，并使用如下参数(使用构建器模式设置)。

- **k：** 主题数量(也就是聚类中心数量)。
- **optimizer：** 用来学习 LDA 模型的优化器，可以是 EMLDAOptimizer 或 OnlineLDAOptimizer。
- **docConcetration：** 在主题上先验文档分布的狄利克雷参数。较大的值能让推断分布更顺畅。
- **topicConcentration：** 在项(单词)上的先验主题分布的狄利克雷参数。较大的值能让推断分布更顺畅。
- **maxIterations：** 限制迭代次数。

- **checkpointInterval：**如果使用了检查点(在 Spark 中设置)，该参数将设置检查点的创建频率。如果迭代次数很大，则使用检查点可帮助减少磁盘上的随机文件大小，并有助于故障恢复。

此外，我们也希望能从大量文本中挖掘出人们探讨的主题。自 Spark 1.3 发布以来，MLlib 就开始支持 LDA。而 LDA 也是文本挖掘和自然语言处理(NLP)领域中使用最成功的主题建模技术之一。此外，LDA 也是第一个适配 Spark GraphX 的 MLlib 算法。

小技巧：

要了解更多关于 LDA 如何工作的内部原理，可参考 David M. Blei、Andrew Y. Ng 以及 Michael I. Jordan 所著的《隐含狄利克雷分布(LDA)》，发表在 2003 年的 *Journal of Machine Learning Research* 上。

图 19.20 展示了随机生成的推文文本的主题分布情况。

Topic: 0

Terms	Index	Weight
space	10665	0.046582
just	10667	0.034397
posted	10637	0.016093
love	10661	0.015652
photo	10639	0.013296
cosmic	10635	0.013212
angry	10656	0.012860
like	10666	0.012629
life	10640	0.012107
time	10662	0.011634

Sum:= 0.188459750219041

Topic: 1

Terms	Index	Weight
smile	10668	0.129227
just	10667	0.024922
good	10663	0.022404
hope	10645	0.017981
going	10655	0.015764
thanks	10648	0.014945
time	10662	0.014941
like	10666	0.014827
think	10659	0.014438
work	10649	0.012702

Sum:= 0.28215004471848354

Topic: 2

Terms	Index	Weight
grin	10664	0.078958
yang	10628	0.029173
kita	10574	0.017318
disgust	10618	0.016325
udah	10544	0.014584
science	10590	0.012792
space	10665	0.011765
nggak	10501	0.011290
kalo	10476	0.010203
angry	10656	0.009313

Sum:= 0.21172148557919923

Topic: 3

Terms	Index	Weight
like	10666	0.030890
just	10667	0.020093
know	10660	0.016473
good	10663	0.013343
that	10651	0.012687
people	10658	0.012137
right	10654	0.012097
think	10659	0.011395
love	10661	0.010943
does	10646	0.009002

Sum:= 0.14905966677477597

图 19.20　主题分布

在本节中，将看到一个使用 Spark MLlib 的 LDA 算法对非结构化的原始推文数据集进行主题建模的示例。需要注意，这里使用了 LDA，还有其他强大的主题建模算法，例如概率潜在情感分析(pLSA)、弹球盘分配模型(PAM)或层次狄利克雷过程(HDP)算法。

不过，pLSA 存在过拟合问题。而 HDP 和 PAM 算法则都是用于复杂文件挖掘的更复杂主题建模算法，例如对高维文本数据集或非结构化文档的主题建模。此外，到目前为止，Spark 只实现了一个主题建模算法，也就是 LDA。因此，我们要合理使用 LDA。

19.4.2 基于 Spark MLlib 的主题建模

在本节中，将使用 Spark 来展示主题建模的半自动化技术。这里使用其他默认选项，从 GitHub 下载数据集来训练 LDA。数据集为 https://github.com/minghui/Twitter-LDA/tree/master/data/Data4Model/test。如下步骤展示了从数据读取到打印最终主题的完整主题建模流程，以及项的权重。如下是主题建模 pipeline 的简短工作流程。

```
object topicModellingwithLDA {
  def main(args: Array[String]): Unit = {
    val lda = new LDAforTM() //actual computations are done here
    val defaultParams = Params().copy(input = "data/docs/")
    //Loading the parameters
    lda.run(defaultParams) //Training the LDA model with the default parameters.
  }
}
```

真正完成主题建模计算任务的是在 LDAforTM 类中。Params 是一个 case 类，用于加载参数以便训练 LDA 模型。最后，我们使用由 Params 类设置的参数来训练模型。接下来，我们来分步骤解释一下源代码。

步骤 1　创建 Spark 会话

通过指定计算内核数量、SQL 仓库以及应用名称来创建 Spark 会话。

```
val spark = SparkSession
    .builder
    .master("local[*]")
    .config("spark.sql.warehouse.dir", "E:/Exp/")
    .appName("LDA for topic modelling")
    .getOrCreate()
```

步骤 2　在预处理文本之后创建词汇表以及分词计数来训练 LDA

首先，加载文档，然后进行准备。

```
//Load documents, and prepare them for LDA.
val preprocessStart = System.nanoTime()
val (corpus, vocabArray, actualNumTokens) = preprocess(params.input,
params.vocabSize, params.stopwordFile)
```

预处理方法用来处理原始文本。首先，我们使用 wholeTextFiles()方法来读取整个文本。

```
val initialrdd = spark.sparkContext.wholeTextFiles(paths).map(_._2)
initialrdd.cache()
```

在上面的代码中，paths 指文本文件所在的路径。然后，需要根据原始文本来创建一个新的 RDD。

```
val rdd = initialrdd.mapPartitions { partition =>
  val morphology = new Morphology()
  partition.map { value => helperForLDA.getLemmaText(value, morphology) }
}.map(helperForLDA.filterSpecialCharacters)
```

这里，来自 helperForLDA 类的 getLemmaText()方法对特殊字符进行过滤，这些字符的例子有""""、[、!、@、#、$、%、^、&、*、(、)、_+、-、−、,、"、'、;、:、.、`、?、--、]。此后生成引理文本(lemma text)，并使用 filterSpecialCharacters()方法作为正则表达式。

需要注意，Morphology()类仅通过删除变形(非衍生形态)来计算英语单词的基本形式。也就是说，它只处理名词复数、代词和动词结尾，而不处理形容词或派生名词比较等问题。此种处理方法来自斯坦福的NLP小组。要使用该类，可在主类文件中进行导入：edu.stanford.nlp.process.Morphology。在pom.xml文件中，需要包含如下依赖项。

```
<dependency>
  <groupId>edu.stanford.nlp</groupId>
  <artifactId>stanford-corenlp</artifactId>
  <version>3.6.0</version>
</dependency>
<dependency>
  <groupId>edu.stanford.nlp</groupId>
  <artifactId>stanford-corenlp</artifactId>
  <version>3.6.0</version>
  <classifier>models</classifier>
</dependency>
```

该方法如下。

```
def getLemmaText(document: String, morphology: Morphology) = {
  val string = new StringBuilder()
  val value = new Document(document).sentences().toList.flatMap { a =>
  val words = a.words().toList
  val tags = a.posTags().toList
  (words zip tags).toMap.map { a =>
   val newWord = morphology.lemma(a._1, a._2)
   val addedWoed = if (newWord.length > 3) {
     newWord
   } else { "" }
     string.append(addedWoed + " ")
   }
  }
  string.toString()
}
```

filterSpecialCharacters()内容如下：

```
def filterSpecialCharacters(document: String) =
document.replaceAll("""[! @ # $ % ^ & * ( ) _+ -- , " ' ; : .` ? --]""", " ")
```

一旦具有已经移除了特殊字符的 RDD，就可以创建新的 RDD 来建立文本分析 pipeline 了。

```
rdd.cache()
initialrdd.unpersist()
val df = rdd.toDF("docs")
df.show()
```

此时，数据帧就只包含了文档的标记，其快照如图 19.21。

```
+--------------------+
|                docs|
+--------------------+
|20 000 2000010 th...|
|fifty two  still ...|
|please this   loo...|
|gable this       ...|
|Sheridan   world ...|
|  wiretap with Ca...|
|                 ...|
|find  plea Lamb h...|
|  find  10th  aes...|
|Disney  alad10 tx...|
| Alcott  Gutenber...|
|   this  hand dom...|
|please this   loo...|
|  HORATIO breaker...|
| HORATIO  ragged ...|
| HORATIO upward s...|
| RESEARCH Electro...|
|tradition Richard...|
+--------------------+
```

图 19.21　原始文本

现在，如果仔细检查上述数据帧，就会发现我们依然需要对条目进行分词。不仅如此，该数据帧中也包含诸如 this 的停用词，因此也需要移除它们。首先使用 RegexTokenizer API 对它们执行分词操作。

```
val tokenizer = new
RegexTokenizer().setInputCol("docs").setOutputCol("rawTokens")
```

然后，移除所有的停用词。

```
val stopWordsRemover = new
StopWordsRemover().setInputCol("rawTokens").setOutputCol("tokens")
stopWordsRemover.setStopWords(stopWordsRemover.getStopWords ++
customizedStopWords)
```

不仅如此，我们也需要使用 countVectorizer 从分词中找到那些重要特征。

```
val countVectorizer = new
CountVectorizer().setVocabSize(vocabSize).setInputCol("tokens").setOutputCol(
"features")
```

然后，链接转换器来生成 pipeline。

```
val pipeline = new Pipeline().setStages(Array(tokenizer, stopWordsRemover,
countVectorizer))
```

然后转换 pipeline，令其朝向词汇和分词数量。

```
val model = pipeline.fit(df)
val documents = model.transform(df).select("features").rdd.map {
  case Row(features: MLVector) =>Vectors.fromML(features)
}.zipWithIndex().map(_.swap)
```

最终，返回词汇和分词计数对。

```
(documents, model.stages(2).asInstanceOf[CountVectorizerModel].vocabulary,
documents.map(_._2.numActives).sum().toLong)
```

现在，我们来看看训练数据的统计信息。

```
println()
println("Training corpus summary:")
println("-------------------------------")
println("Training set size: " + actualCorpusSize + " documents")
println("Vocabulary size: " + actualVocabSize + " terms")
println("Number of tockens: " + actualNumTokens + " tokens")
println("Preprocessing time: " + preprocessElapsed + " sec")
println("-------------------------------")
println()
```

输出结果如下。

```
Training corpus summary:
  -------------------------------
  Training set size: 18 documents
  Vocabulary size: 21607 terms
  Number of tockens: 75758 tokens
  Preprocessing time: 39.768580981 sec
  -------------------------------
```

步骤 3 在训练之前实例化 LDA 模型

```
val lda = new LDA()
```

步骤 4 设置 NLP 优化器

为从 LDA 模型获得更好更优化的结果，需要为 LDA 模式设置优化器。这里使用的是 EMLDAOptimizier 优化器。当然也可以使用 OnlineLDAOptimizer()优化器。但是，如果是小数据集，你需要向 MiniBatchFraction 添加(1.0/actualCorpusSize)，以增强模型的鲁棒性。完整操作如下，首先实例化 EMLDAOptimizer 如下。

```
val optimizer = params.algorithm.toLowerCase match {
  case "em" => new EMLDAOptimizer
case "online" => new OnlineLDAOptimizer().setMiniBatchFraction(0.05 + 1.0
/actualCorpusSize)
  case _=> throw new IllegalArgumentException("Only em is supported, got
${params.algorithm}.")
}
```

然后，使用 setOptimizer()方法来设置优化器。

```
lda.setOptimizer(optimizer)
  .setK(params.k)
  .setMaxIterations(params.maxIterations)
  .setDocConcentration(params.docConcentration)
  .setTopicConcentration(params.topicConcentration)
  .setCheckpointInterval(params.checkpointInterval)
```

Params 内容如下：

```
//Setting the parameters before training the LDA model
```

```
case class Params(input: String = "",
                  k: Int = 5,
                  maxIterations: Int = 20,
                  docConcentration: Double = -1,
                  topicConcentration: Double = -1,
                  vocabSize: Int = 2900000,
                  stopwordFile: String = "data/stopWords.txt",
                  algorithm: String = "em",
                  checkpointDir: Option[String] = None,
                  checkpointInterval: Int = 10)
```

为获得更好结果，可使用此简单方法来设置这些参数。此外，也可使用交叉检验来获得更好的性能表现。现在，如果你想为当前参数设置检查点，则操作如下。

```
if (params.checkpointDir.nonEmpty) {
  spark.sparkContext.setCheckpointDir(params.checkpointDir.get)
}
```

步骤 5　训练 LDA 模型

```
val startTime = System.nanoTime()
//Start training the LDA model using the training corpus
val ldaModel = lda.run(corpus)
val elapsed = (System.nanoTime() -startTime) /1e9
println(s"Finished training LDA model.Summary:")
println(s"t Training time: $elapsed sec")
```

对于我们的文本，LDA 模型需要花费 6.309 715 286 秒进行训练。要注意，这里的训练时间代码是可选的。这里提供它只是为了参考，以便获得理想的训练时间。

步骤 6　度量数据

现在，为获得有关数据的更多统计信息，例如最大似然或对数似然，可以使用如下代码。

```
if (ldaModel.isInstanceOf[DistributedLDAModel]) {
  val distLDAModel = ldaModel.asInstanceOf[DistributedLDAModel]
  val avgLogLikelihood = distLDAModel.logLikelihood /
actualCorpusSize.toDouble
  println("The average log likelihood of the training data: " + avgLogLikelihood)
  println()
}
```

如果这里的 LDA 模型是分布式版本的实例，则上述代码将计算出平均对数似然，输出如下。

```
The average log-likelihood of the training data: -208599.21351837728
```

当数据可用时，就可以基于给定结果来描述参数的功能，然后使用似然性。这尤其有助于从一组统计数据中估计参数。关于似然性度量的更多信息，感兴趣的读者可参考 https://en.wikipedia.org/wiki/Likelihood_function。

步骤 7　准备感兴趣的主题

准备 5 个主题，每个主题包含 10 个条目，也包含项和相应的权重。

```
val topicIndices = ldaModel.describeTopics(maxTermsPerTopic = 10)
println(topicIndices.length)
val topics = topicIndices.map {case (terms, termWeights) =>
terms.zip(termWeights).map { case (term, weight) =>
(vocabArray(term.toInt), weight) } }
```

步骤 8　主题建模

打印出前十个主题，并为每个主题显示出权重最高的项。当然，也包含每个主题的总权重。

```
var sum = 0.0
println(s"${params.k} topics:")
topics.zipWithIndex.foreach {
  case (topic, i) =>
  println(s"TOPIC $i")
  println("------------------------------")
  topic.foreach {
    case (term, weight) =>
    println(s"$termt$weight")
    sum = sum + weight
  }
  println("----------------------------")
  println("weight: " + sum)
  println()
```

现在，我们来看看输出结果。

```
5 topics:
TOPIC 0
------------------------------
think 0.0105511077762379
look 0.010393384083882656
know 0.010121680765600402
come 0.009999416569525854
little 0.009880422850906338
make 0.008982740529851225
take 0.007061048216197747
good 0.007040301924830752
much 0.006273732732002744
well 0.0062484438391950895
----------------------------
weight: 0.0865522792882307
TOPIC 1
------------------------------
look 0.008658099588372216
come 0.007972622171954474
little 0.007596460821298818
hand 0.006540990798624565
know 0.006314616294309573
lorry 0.005843633203040061
upon 0.005545300032552888
make 0.005391780686824741
take 0.00537353581562707
```

```
time 0.005030870790464942
----------------------------
weight: 0.15082019777253794
TOPIC 2
------------------------------
captain 0.006865463831587792
nautilus 0.005175561004431676
make 0.004910586984657019
hepzibah 0.004378298053191463
water 0.004063096964497903
take 0.003959626037381751
nemo 0.003768753778953l005
phoebe 0.003768364210006231 3
pyncheon 0.003678496229955977
seem 0.003459420500331819 3
----------------------------
weight: 0.19484786536753268
TOPIC 3
------------------------------
fogg 0.009552022075897986
rodney 0.008705705501603078
make 0.007016635545801613
take 0.00676049232003675
passepartout 0.006295907851484774
leave 0.005565220660514245
find 0.005077555215275536
time 0.004852923943330551
luke 0.004729546554304362
upon 0.004707181805179265
----------------------------
weight: 0.2581110568409608
TOPIC 4
------------------------------
dick 0.013754147765988699
thus 0.006231933402776328
ring 0.005274629087848192 6
bear 0.005181637978658836
fate 0.004739983892853129
shall 0.004622187499717390 6
hand 0.004610810387565958
stand 0.004121100025638923
name 0.0036093879729237
trojan 0.003379236203976650 5
----------------------------
weight: 0.31363611105890865
```

基于上述输出结果，可以看到，输入文档的主题中，最后一个主题有着最高的权重，约为0.3136。该主题探讨的项为爱情、长久、海岸、沐浴、戒指、带子和熊等。现在，为了更好地理解这一推荐流程，可参考如下的完整代码。

```
package com.chapter19.SparkMachineLearning
```

```
import edu.stanford.nlp.process.Morphology
import edu.stanford.nlp.simple.Document
import org.apache.log4j.{ Level, Logger }
import scala.collection.JavaConversions._
import org.apache.spark.{ SparkConf, SparkContext }
import org.apache.spark.ml.Pipeline
import org.apache.spark.ml.feature._
import org.apache.spark.ml.linalg.{ Vector => MLVector }
import org.apache.spark.mllib.clustering.{ DistributedLDAModel,EMLDAOptimizer,
LDA, OnlineLDAOptimizer }
import org.apache.spark.mllib.linalg.{ Vector, Vectors }
import org.apache.spark.rdd.RDD
import org.apache.spark.sql.{ Row, SparkSession }

object topicModellingwithLDA {
  def main(args: Array[String]): Unit = {
    val lda = new LDAforTM() //actual computations are done here
    val defaultParams = Params().copy(input = "data/docs/")
    //Loading the parameters to train the LDA model
    lda.run(defaultParams) //Training the LDA model with the default parameters.
  }
}
//Setting the parameters before training the LDA model
caseclass Params(input: String = "",
                 k: Int = 5,
                 maxIterations: Int = 20,
                 docConcentration: Double = -1,
                 topicConcentration: Double = -1,
                 vocabSize: Int = 2900000,
                 stopwordFile: String = "data/docs/stopWords.txt",
                 algorithm: String = "em",
                 checkpointDir: Option[String] = None,
                 checkpointInterval: Int = 10)

  //actual computations for topic modeling are done here
class LDAforTM() {
  val spark = SparkSession
            .builder
            .master("local[*]")
            .config("spark.sql.warehouse.dir", "E:/Exp/")
            .appName("LDA for topic modelling")
            .getOrCreate()

  def run(params: Params): Unit = {
    Logger.getRootLogger.setLevel(Level.WARN)
    //Load documents, and prepare them for LDA.
    val preprocessStart = System.nanoTime()
    val (corpus, vocabArray, actualNumTokens) = preprocess(params
    .input, params.vocabSize, params.stopwordFile)
    val actualCorpusSize = corpus.count()
```

```
  val actualVocabSize = vocabArray.length
  val preprocessElapsed = (System.nanoTime() -preprocessStart) /1e9
  corpus.cache() //will be reused later steps
  println()
  println("Training corpus summary:")
  println("-------------------------------")
  println("Training set size: " + actualCorpusSize + " documents")
  println("Vocabulary size: " + actualVocabSize + " terms")
  println("Number of tockens: " + actualNumTokens + " tokens")
  println("Preprocessing time: " + preprocessElapsed + " sec")
  println("-------------------------------")
  println()

   //Instantiate an LDA model
val lda = new LDA()
val optimizer = params.algorithm.toLowerCase match {
  case "em" => new EMLDAOptimizer
  //add (1.0 /actualCorpusSize) to MiniBatchFraction be more robust on tiny
  //datasets.
  case "online" => new OnlineLDAOptimizer()
               .setMiniBatchFraction(0.05 + 1.0 /actualCorpusSize)
  case _=> thrownew IllegalArgumentException("Only em, online are supported but
got ${params.algorithm}.")
}

lda.setOptimizer(optimizer)
  .setK(params.k)
  .setMaxIterations(params.maxIterations)
  .setDocConcentration(params.docConcentration)
  .setTopicConcentration(params.topicConcentration)
  .setCheckpointInterval(params.checkpointInterval)
if (params.checkpointDir.nonEmpty) {
  spark.sparkContext.setCheckpointDir(params.checkpointDir.get)
}
val startTime = System.nanoTime()
//Start training the LDA model using the training corpus
val ldaModel = lda.run(corpus)
val elapsed = (System.nanoTime() -startTime) /1e9
println("Finished training LDA model.Summary:")
println("Training time: " + elapsed + " sec")
if (ldaModel.isInstanceOf[DistributedLDAModel]) {
  val distLDAModel = ldaModel.asInstanceOf[DistributedLDAModel]
  val avgLogLikelihood = distLDAModel.logLikelihood /
                                 actualCorpusSize.toDouble
  println("The average log likelihood of the training data: " +
          avgLogLikelihood)
  println()
}

//Print the topics, showing the top-weighted terms for each topic.
val topicIndices = ldaModel.describeTopics(maxTermsPerTopic = 10)
```

```
    println(topicIndices.length)
    val topics = topicIndices.map {case (terms, termWeights) =>
                  terms.zip(termWeights).map { case (term, weight) =>
                  (vocabArray(term.toInt), weight) } }
    var sum = 0.0
    println(s"${params.k} topics:")
    topics.zipWithIndex.foreach {
      case (topic, i) =>
      println(s"TOPIC $i")
      println("------------------------------")
      topic.foreach {
        case (term, weight) =>
        term.replaceAll("\\s", "")
        println(s"$term\t$weight")
        sum = sum + weight
      }
      println("----------------------------")
      println("weight: " + sum)
      println()
    }
    spark.stop()
  }
  //Pre-processing of the raw texts

    import org.apache.spark.sql.functions._
    def preprocess(paths: String, vocabSize: Int, stopwordFile: String):
    (RDD[(Long, Vector)], Array[String], Long) = {
      import spark.implicits._
      //Reading the Whole Text Files
      val initialrdd = spark.sparkContext.wholeTextFiles(paths).map(_._2)
      initialrdd.cache()
      val rdd = initialrdd.mapPartitions { partition =>
        val morphology = new Morphology()
        partition.map {value => helperForLDA.getLemmaText(value,morphology)}
      }.map(helperForLDA.filterSpecialCharacters)
       rdd.cache()
        initialrdd.unpersist()
        val df = rdd.toDF("docs")
        df.show()
        //Customizing the stop words
        val customizedStopWords: Array[String] = if(stopwordFile.isEmpty) {
          Array.empty[String]
      } else {
        val stopWordText = spark.sparkContext.textFile(stopwordFile).collect()
          stopWordText.flatMap(_.stripMargin.split(","))
      }
      //Tokenizing using the RegexTokenizer
      val tokenizer = new RegexTokenizer().setInputCol("docs")
                            .setOutputCol("rawTokens")
      //Removing the Stop-words using the Stop Words remover
      val stopWordsRemover = new StopWordsRemover()
```

```
                                    .setInputCol("rawTokens").setOutputCol("tokens")
    stopWordsRemover.setStopWords(stopWordsRemover.getStopWords ++
    customizedStopWords)
    //Converting the Tokens into the CountVector
    val countVectorizer = new CountVectorizer().setVocabSize(vocabSize)
                                      .setInputCol("tokens").setOutputCol("features")
    val pipeline = new Pipeline().setStages(Array(tokenizer,
                                                  stopWordsRemover, countVectorizer))
    val model = pipeline.fit(df)
    val documents = model.transform(df).select("features").rdd.map {
      case Row(features: MLVector) => Vectors.fromML(features)
    }.zipWithIndex().map(_.swap)
    //Returning the vocabulary and tocken count pairs
    (documents, model.stages(2).asInstanceOf[CountVectorizerModel]
      .vocabulary, documents.map(_._2.numActives).sum().toLong)
    }
  }
    object helperForLDA {
      def filterSpecialCharacters(document: String) =
      document.replaceAll("""[! @ # $ % ^ & * ( ) _+ -- ,
                                " ' ; : .` ? --]""", " ")
    def getLemmaText(document: String, morphology: Morphology) = {
      val string = new StringBuilder()
      val value =new Document(document).sentences().toList.flatMap{a =>
      val words = a.words().toList
      val tags = a.posTags().toList
      (words zip tags).toMap.map { a =>
      val newWord = morphology.lemma(a._1, a._2)
      val addedWoed = if (newWord.length > 3) {
        newWord
      } else { "" }
      string.append(addedWoed + " ")
    }
  }
    string.toString()
  }
}
```

LDA 的可伸缩性

前面的示例展示了如何使用 LDA 算法并将其作为独立应用来执行主体建模。LDA 的并行并不简单，已有许多相关的研究论文提出了不同策略。这方面的主要障碍是所有方法之间都需要大量通信。根据 Databricks 网站(https://databricks.com/blog/2015/03/25/topic-modeling-with-lda-mllib-meets-graphx.html)，下面列出了实验过程中用到的测试集及其统计信息。

- 训练集大小：460 万个文档。
- 词汇表大小：110 万个术语。
- 训练集大小：11 亿个分词(平均每个文档约 239 个)。
- 100 个主题。

- 包含 16 个 worker 的 EC2 集群。例如，可使用 M4.large 或 M3.medium 类型的实例。这取决于你的预算和需求。

基于上述设置，我们进行了 10 次迭代，平均每次迭代消耗的时间为 176 秒。从这些统计信息可知，即便是包含大量文献资料的数据集，LDA 依然是适用的。

19.5 本章小结

在本章中，我们基于 Spark 提供了机器学习高级主题理论和实践方面的一些最佳实践和建议。然后讲述了如何使用网格搜索、交叉检验以及超参调整来调整机器学习模型，以便获得更好的性能表现。随后讲述如何使用 ALS 来开发具有可伸缩性的推荐系统，也展示了基于模型的协同过滤系统，以及基于模型的推荐系统的例子。最后介绍如何使用主题建模技术来开发文本聚类应用。

有关机器学习最佳实践和其他方面的一些主题，感兴趣的读者可以参考 https://www.packtpub.com/big-data-and-business-intelligence/large-scale-machine-learning-spark 网站上的电子书 *Large Scale Machine Learning with Spark*。

接下来是附录部分。在附录 A 中，将介绍如何使用 Alluxio 来加速 Spark。

附录 A

使用 Alluxio 加速 Spark

"令人震惊的是，我们的技术早已超越了人性。"

——Albert Einstein

在本附录中，你将学会如何使用 Alluxio 来加快 Spark 的处理速度。Alluxio 是一个开源的分布式内存存储系统，能跨平台加快很多应用(包括 Apache Spark)的运行速度。

作为概括，本附录将涵盖如下主题：

- 对 Alluxio 的需求
- 开始使用 Alluxio
- 与 YARN 的集成
- Spark 与 Alluxio 结合使用

A.1 对 Alluxio 的需求

在之前的章节中，我们已经学习了 Spark 和相关组件(如 Spark 内核、Streaming、GraphX、Spark SQL)及其在机器学习方面的诸多功能。我们也研究了很多围绕数据操作和处理的用例。对于任何处理任务来说，其关键步骤就是数据输入、数据处理和数据输出。

图 A.1 是 Spark 作业的一个示意图。

如上图所示，作业的输入和输出通常依赖于磁盘这一较慢的存储选项，而处理则通常是使用内存完成。由于内存比磁盘可以快上百倍，因此如果我们可以减少磁盘的使用量而更多地使用内存，那么作业的性能显然可以明显提高。但在任何工作中都不使用磁盘是没有必要的，也是不可能的。相反，我们只是打算尽可能多地使用内存。

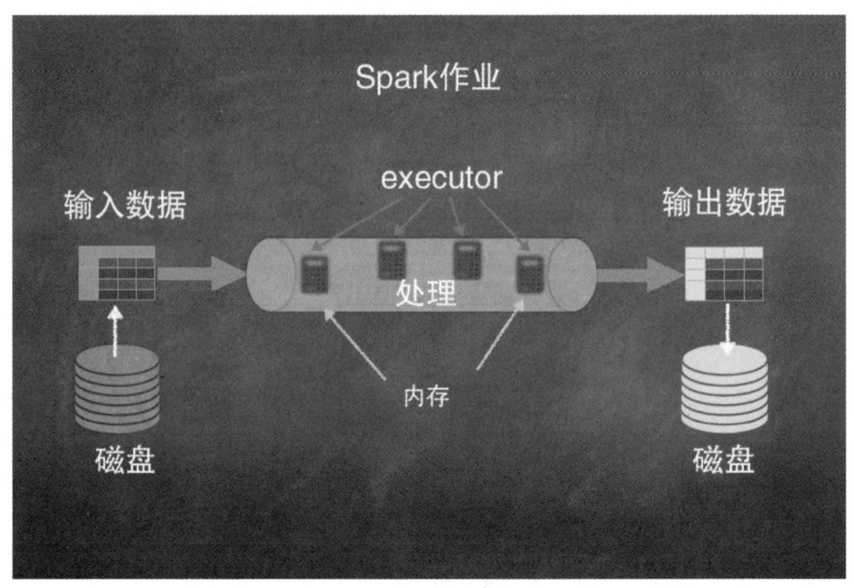

图 A.1 Spark 作业示意图

首先，我们可以尝试在内存中尽可能多地缓存数据，以使程序能加速执行。虽然这可能适用于某些作业，但在 Spark 的分布式集群中运行大型作业时，每个节点不可能有 GB 甚至是 TB 级别的内存。此外，即便有一个大型集群供你使用，更可能的情况也往往是有多个用户和你一起使用这个集群。因此，很难为所有作业都分配大量资源。

我们了解一些分布式存储系统，如 HDFS、S3 或 NFS。同样，如果我们也有一个分布式内存系统，就可以将其用作所有作业的存储系统，从而减少作业或 pipeline 的中间过程所产生的 I/O。Alluxio 将 Spark 的所有输入/输出需求都使用分布式内存文件来完成，从而提供了这一功能。

A.2 开始使用 Alluxio

Alluxio，之前称为 Tachyon，能够提供统一的数据访问能力，并实现计算框架和底层存储系统之间的桥接。Alluxio 以内存为中心的架构使得数据访问速度比现有解决方案快几个数量级。Alluxio 也兼容 Hadoop，因此可以无缝地集成到现有的基础架构中。现有的数据分析应用(如 Spark 或 MR 程序)都可在没有任何代码改动的前提下在 Alluxio 上运行。这意味着转换时间对于提升性能而言是微不足道的。图 A.2 是 Alluxio 功能示意图。

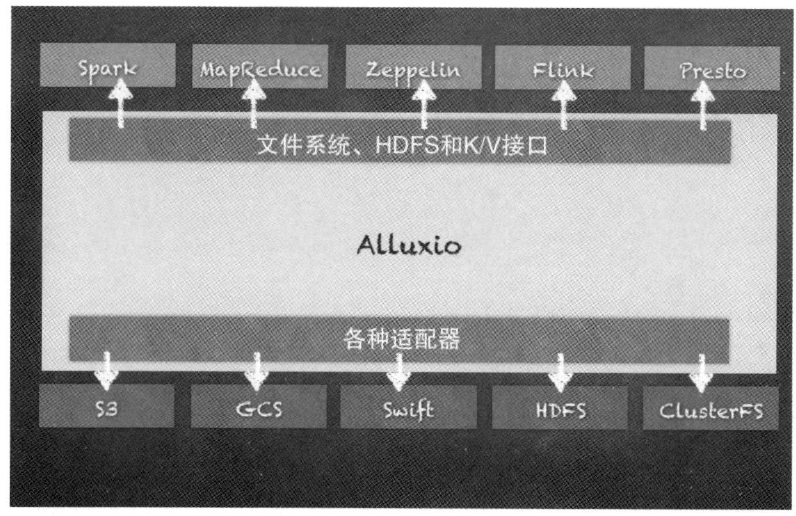

图 A.2 Alluxio 功能示意图

A.2.1 下载 Alluxio

可通过访问 https://www.alluxio.io/download/并进行注册来下载 Alluxio，如图 A.3 所示。

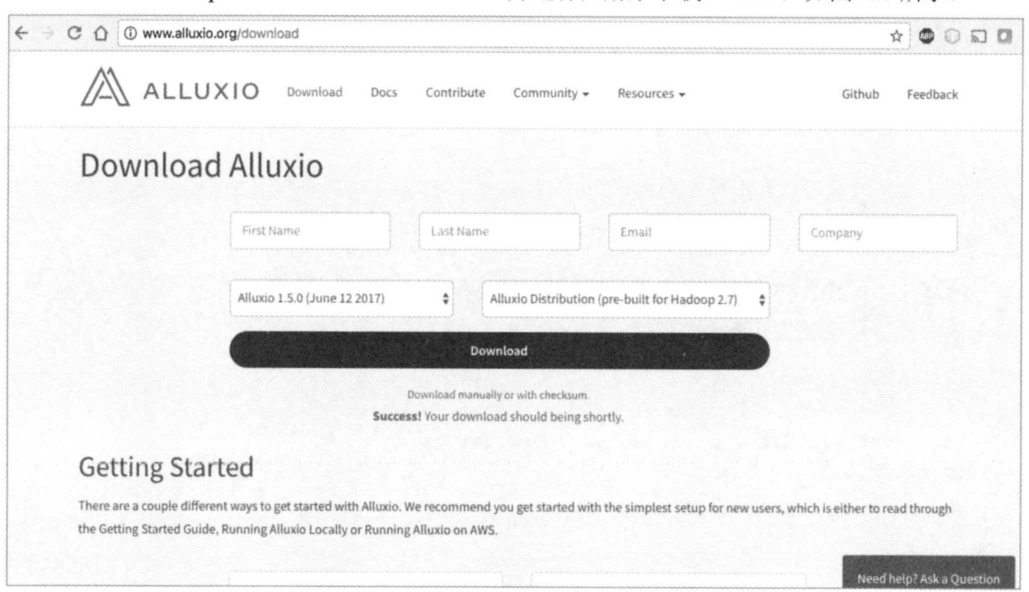

图 A.3 下载 Alluxio

如图 A.4 所示，也可通过单击如下链接来下载 Alluxio 的最新版本：http://downloads.alluxio.org/downloads/files。

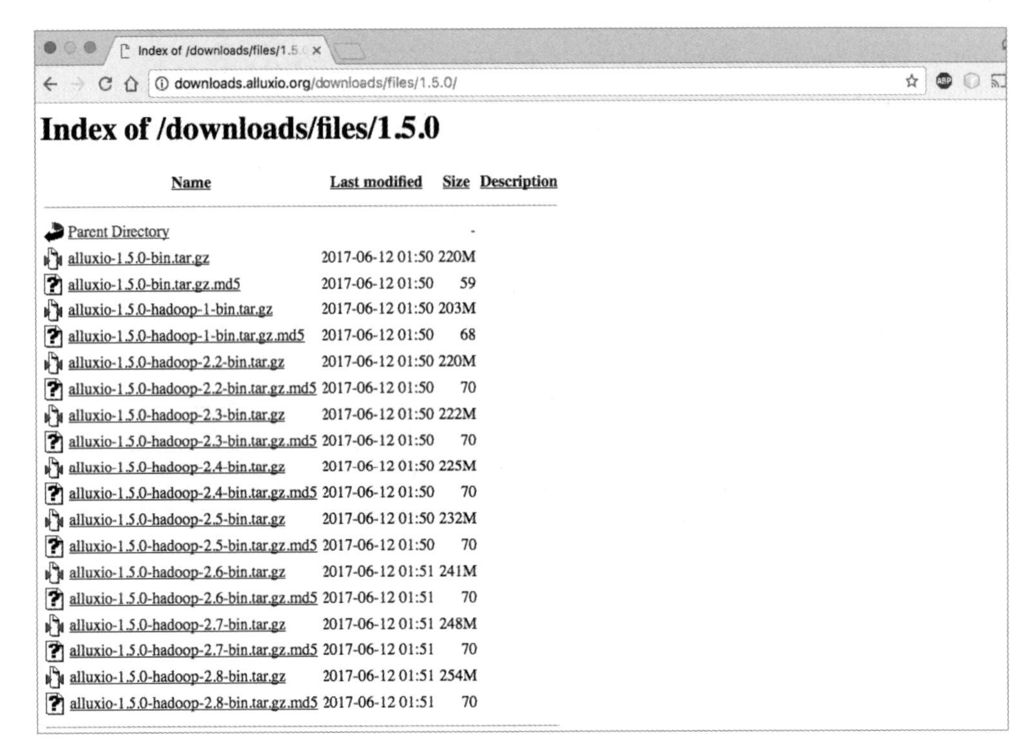

图 A.4　另一个下载 Alluxio 的途径

A.2.2　在本地安装和运行 Alluxio

在此将在本地安装并运行 1.5.0 版本的 Alluxio，当然，也可以使用其他版本。如果你下载了 1.5.0 版本，就可以看到一个类似于 alluxio-1.5.0-hadoop2.7-bin.tar.gz 的文件。

注意：
你需要安装 JDK 7 或者更高版本。

解压下载文件：

```
tar -xvzf alluxio-1.5.0-hadoop2.7-bin.tar.gz
cd alluxio-1.5.0-hadoop-2.7
```

此外，如果想在本地运行，Alluxio 需要设置环境变量，从而将其与主机正确绑定，因此可以执行如下命令：

```
export ALLUXIO_MASTER_HOSTNAME=localhost
```

可使用/bin/alluxio 命令来格式化 Alluxio 文件系统。

小技巧：
该命令只在你第一次运行 Alluxio 时才需要。一旦执行了该命令，则原来在 Alluxio 文件系统中存储的数据及其元数据将被全部抹去。

执行如下的格式化文件系统命令。

```
falcon:alluxio-1.5.0-hadoop-2.7 salla$ ./bin/alluxio format
Waiting for tasks to finish...
All tasks finished, please analyze the log at /Users/salla/alluxio-1.5.0-
hadoop-2.7/bin/../logs/task.log.
Formatting Alluxio Master @ falcon
```

在本地启动 Alluxio 文件系统：

```
falcon:alluxio-1.5.0-hadoop-2.7 salla$ ./bin/alluxio-start.sh local
Waiting for tasks to finish...
All tasks finished, please analyze the log at /Users/salla/alluxio-1.5.0-hadoop-
2.7/bin/../logs/task.log.
Waiting for tasks to finish...
All tasks finished, please analyze the log at /Users/salla/alluxio-1.5.0-hadoop-
2.7/bin/../logs/task.log.
Killed 0 processes on falcon
Killed 0 processes on falcon
Starting master @ falcon.Logging to /Users/salla/alluxio-1.5.0-hadoop-2.7/logs
Formatting RamFS: ramdisk 2142792 sectors (1gb).
Started erase on disk2
Unmounting disk
Erasing
Initialized /dev/rdisk2 as a 1 GB case-insensitive HFS Plus volume
Mounting disk
Finished erase on disk2 ramdisk
Starting worker @ falcon.Logging to /Users/salla/alluxio-1.5.0-hadoop-2.7/logs
Starting proxy @ falcon.Logging to /Users/salla/alluxio-1.5.0-hadoop-2.7/logs
```

也可使用类似语法来停止 Alluxio。

小技巧：
可在本地执行./bin/alluxio-stop.sh 来停止 Alluxio。

执行带有 runTests 参数的 Alluxio 脚本来检查 Alluxio 的运行状态：

```
falcon:alluxio-1.5.0-hadoop-2.7 salla$ ./bin/alluxio runTests
2017-06-11 10:31:13,997 INFO type (MetricsSystem.java:startSinksFromConfig)
-Starting sinks with config: {}.
2017-06-11 10:31:14,256 INFO type (AbstractClient.java:connect) -Alluxio
client (version 1.5.0) is trying to connect with FileSystemMasterClient
master @ localhost/127.0.0.1:19998
2017-06-11 10:31:14,280 INFO type (AbstractClient.java:connect) -Client
registered with FileSystemMasterClient master @ localhost/127.0.0.1:19998
runTest Basic CACHE_PROMOTE MUST_CACHE
2017-06-11 10:31:14,585 INFO type (AbstractClient.java:connect) -Alluxio
client (version 1.5.0) is trying to connect with BlockMasterClient master @
localhost/127.0.0.1:19998
2017-06-11 10:31:14,587 INFO type (AbstractClient.java:connect) -Client
registered with BlockMasterClient master @ localhost/127.0.0.1:19998
2017-06-11 10:31:14,633 INFO type (ThriftClientPool.java:createNewResource)
```

```
-Created a new thrift client
alluxio.thrift.BlockWorkerClientService$Client@36b4cef0
2017-06-11 10:31:14,651 INFO type (ThriftClientPool.java:createNewResource)
-Created a new thrift client
alluxio.thrift.BlockWorkerClientService$Client@4eb7f003
2017-06-11 10:31:14,779 INFO type (BasicOperations.java:writeFile) -
writeFile to file /default_tests_files/Basic_CACHE_PROMOTE_MUST_CACHE took 411 ms.
2017-06-11 10:31:14,852 INFO type (BasicOperations.java:readFile) -
readFile file /default_tests_files/Basic_CACHE_PROMOTE_MUST_CACHE took 73ms.
Passed the test!
```

> **小技巧：**
> 也可参考 https://docs.alluxio.io/os/user/stable/en/Overview.html 来了解其他一些选项及其细节。

也可在浏览器中输入如下内容来查看 Alluxio 的运行情况：http://locahost:19999/。

1. 概览

如图 A.5 所示，Overview 选项卡显示的是概要信息，包含集群的 Master Address、Running Workers、Version 和 Uptime 等信息。也会显示集群的存储使用概要信息，包括 worker 的容量信息以及文件系统的 UnderFS Capacity。还会显示存储的使用情况，包括空间容量和已使用空间的情况。

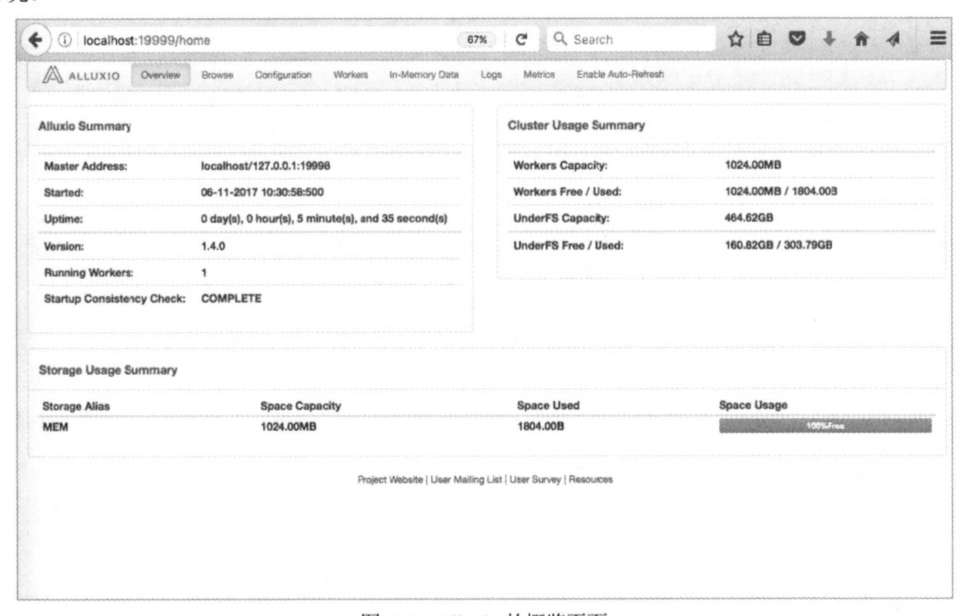

图 A.5　Alluxio 的概览页面

2. 浏览

Browse 选项卡能让你看到内存文件系统的当前内容。该选项卡显示文件系统的内容，还显示文件的名称、大小、块大小以及相应文件的 ACL 和访问权限信息，指定了谁可以访问该文件，以及能否执行诸如读写的操作，如图 A.6 所示。

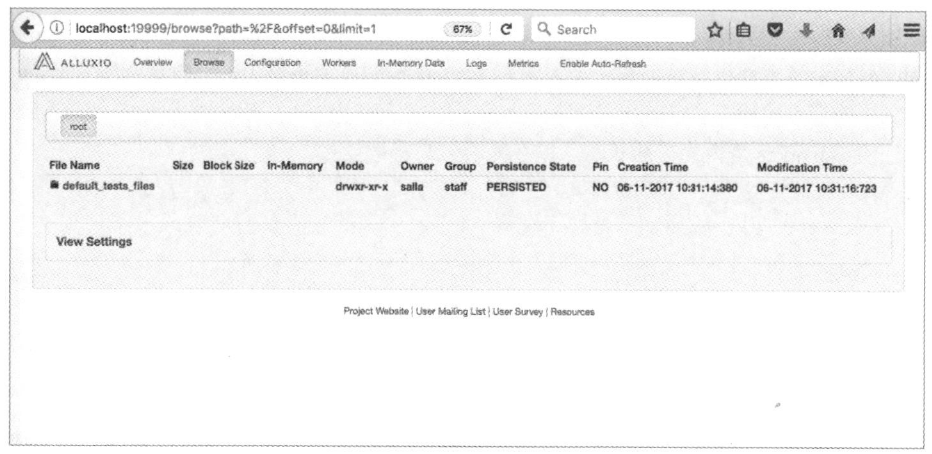

图 A.6 Alluxio 的 Browse 页面

3. 配置

如图 A.7 所示，Configuration 选项卡显示了所有已使用的配置参数。其中一些重要参数包括使用的配置目录、CPU 资源以及分配给主节点和 worker 的内存资源等，也可以看到文件系统的名称、路径设置、JDK 设置等。所有这些设置都可被覆盖，以满足定制化用户场景。该页面中的任意修改都需要重启集群才能生效。

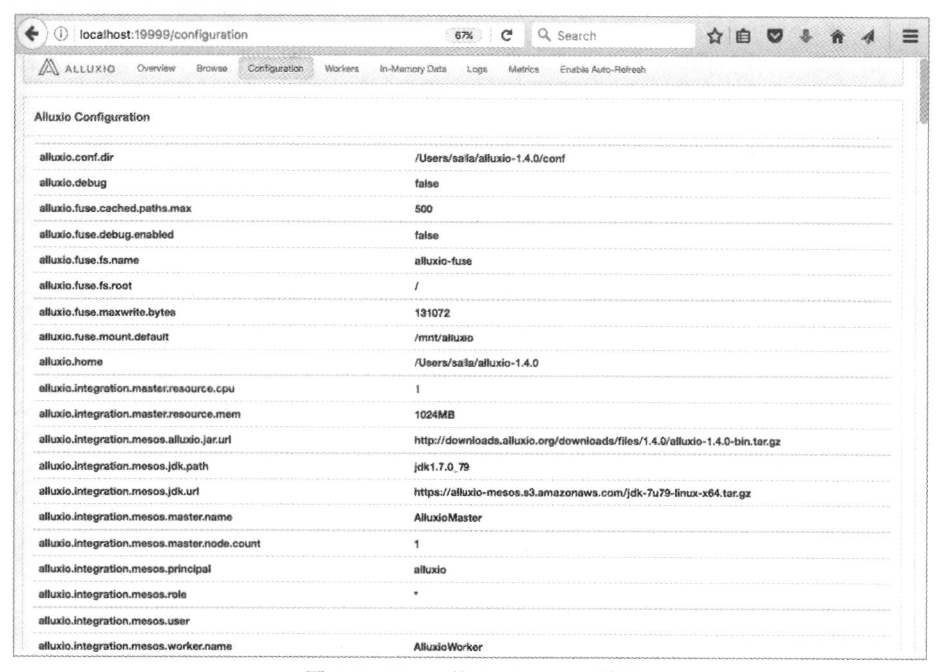

图 A.7 Alluxio 的 Configuration 页面

4. Workers

如图 A.8 所示，Workers 选项卡简单显示了 Alluxio 集群中的 worker 信息。由于这里是本地启动，因此只显示了本地机器。但在一个包含多个 worker 的典型集群中，你将看到所有 worker 节点，看到这些节点的状况、worker 的容量、已使用的空间以及最后一次接收到的心跳信息；心跳信息能证明该 worker 是否为存活状态，以及能否参与集群操作。

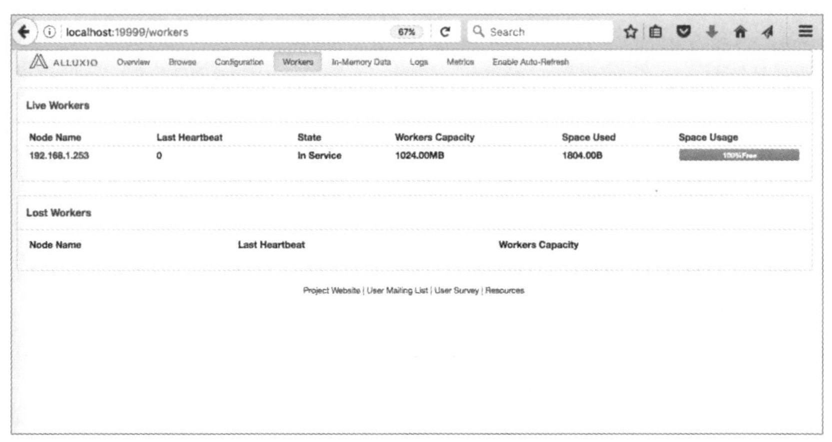

图 A.8　Alluxio 的 worker 页面

5. 内存数据

如图 A.9 所示，In-Memory Data 选项卡显示当前 Alluxio 文件系统中的哪些数据位于内存中。它能显示出集群内存中的内容。典型信息包括位于内存中的数据集的权限、所有者、创建时间和修改时间等。

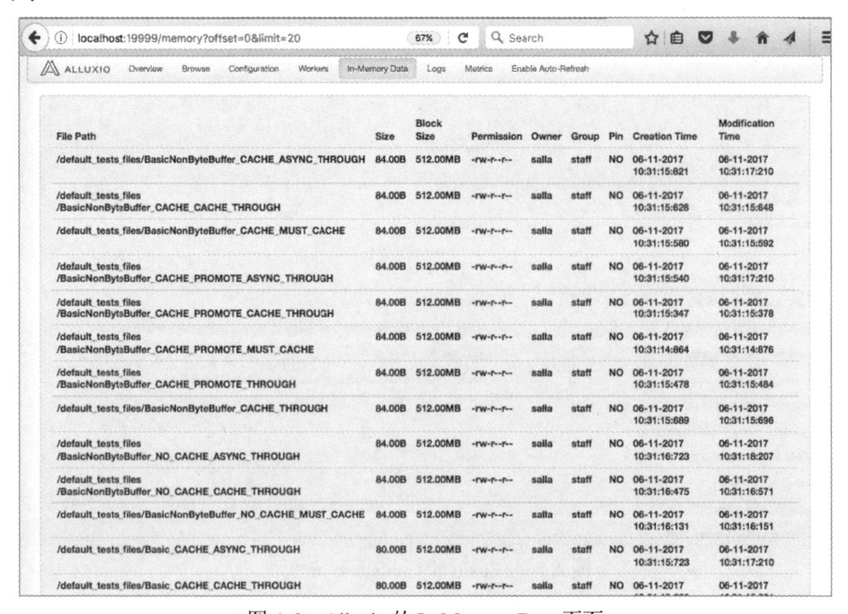

图 A.9　Alluxio 的 In-Memory Data 页面

6. 日志

如图 A.10 所示，Logs 选项卡能让你基于调试或监控的目录来查看不同的日志文件。可看到主节点的名为 master.log 的日志文件，以及 worker 节点的名为 worker.log 的日志文件，还有 task.log、proxy.log 和用户日志文件等。每个日志文件都能单独增长，并在诊断问题时极为有用。在监控集群的健康状况时也很有用。

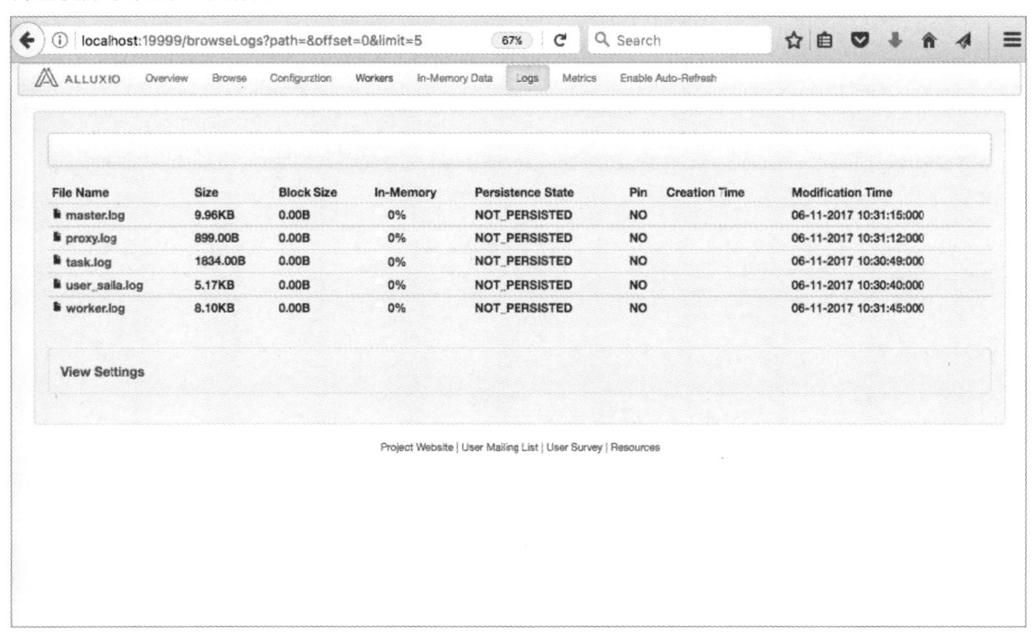

图 A.10　Alluxio 的 Logs 页面

7. 度量

如图 A.11 所示，Metrics 选项卡用于显示那些监控当前 Alluxio 文件系统状况的有用度量指标。主要信息包含主节点的容量以及文件系统的容量。也会显示不同操作的计数情况，如文件创建与删除的逻辑操作次数，以及目录的创建与删除等。另一部分则显示了可用于监控 CreateFile(创建文件)、DeleteFile(删除文件)以及 GetFileBlockInfo(获取文件块信息)等操作的 RPC 调用。

A.2.3　Alluxio 的当前特性

如前所见，Alluxio 具有多种特性，用于支持一个基于内存的高速文件系统，尤其是能够极大地提升 Spark 或其他很多计算系统的运行性能。Alluxio 的当前版本有很多特性，其中的一些重要特性描述如下。

- **弹性文件 API：** 提供了与 Hadoop 兼容的文件系统，使得 MR 和 Spark 均可使用 Alluxio。
- **可插拔底层存储：** 将内存数据的检查点信息写入底层存储系统，支持 AWS 的 S3、谷歌云存储、OpenStack 的 Swift、HDFS 等。

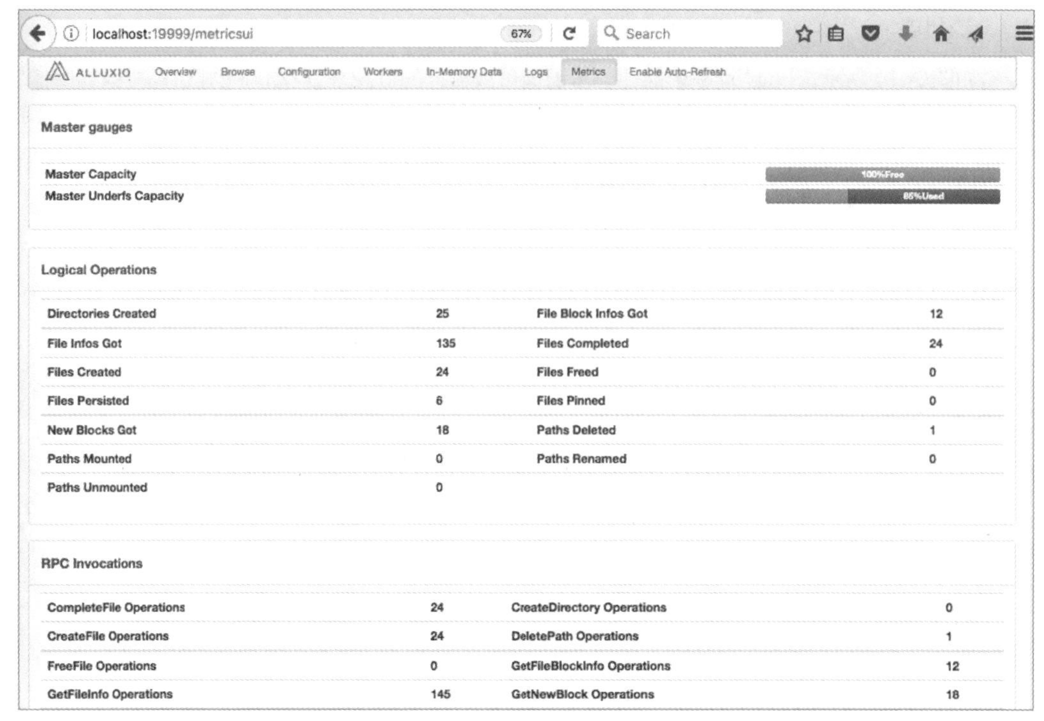

图 A.11　Alluxio 的 Metrics 页面

- **分层存储：**在内存之外，还可以管理 SSD 以及 HDD 存储，允许在 Alluxio 中存储超大的数据集。
- **统一的命名空间：**通过挂载功能，可以实现跨不同存储系统的有效数据管理。此外，同名的命名方式也能确保在将这些对象持久化存储到底层存储系统时，在 Alluxio 中创建的对象名称、文件名称以及目录层次结构均可得到保留。
- **线性：**可以在不影响容错能力的前提下，实现吞吐量的线性增加。并且当输出丢失时，可以通过重新执行能生成该输出的作业，来恢复丢失的输出数据，就像 Spark 中的 DAG 一样。
- **Web UI 与命令行工具：**允许用户通过 Web UI 轻松浏览文件系统。在调试模式下，管理员可以查看每个文件的详细信息，包括位置和检查点路径。用户也可以使用./bin/alluxioin fs 命令与 Alluxio 进行交互，例如，可将数据复制到文件系统中，或从文件系统中复制数据。

> **小技巧：**
> 可参考 http://www.alluxio.org/来了解最新的一些特性和信息。

从本地启动 Alluxio 有足够的好处。接下来就来看看 Alluxio 是如何与集群管理器集成的，例如和 YARN 的集成。

A.3　与 YARN 的集成

YARN 可能是最流行的集群管理器了，然后就是 Mesos。如果你回头看一下第 5 章，就能回想起，YARN 能管理 Hadoop 集群的资源，从而允许成百个应用共享集群资源。通过实现 YARN 与 Spark 的集成，我们可以运行一些长时间的 Spark 作业，从而处理一些实时的诸如信用卡交易的业务。

但是，我们并不推荐你将 Alluxio 作为 YARN 应用来运行。相反，Alluxio 应该与 YARN 一起，作为一个独立集群来运行。它们一起运行，能让所有 YARN 节点都访问本地 Alluxio 的 worker。要让 YARN 和 Alluxio 共存，需要将 Alluxio 所使用的资源告诉 YARN。例如，YARN 需要知道应该为 Alluxio 预留出多少内存和 CPU。

A.3.1　Alluxio worker 的内存

Alluxio 需要一部分内存，以便用于 JVM 进程以及它自己的 RAM 磁盘。对于 JVM 而言，1GB 内存通常来说是够用的，因为该部分内存只用来缓存数据和元数据。

RAM 磁盘所需的内存可通过 alluxion.worker.memory.size 进行配置。

> 小技巧：
> 对于那些并不存储在内存层(而存储在 SSD 或 HDD)中的数据，在计算所需的内存时，不用考虑它们。

A.3.2　Alluxio 主节点的内存

Alluxio 的主节点将存储 Alluxio 中所有文件的元数据，因此建议最少为 1GB 内存，对于更大的集群部署而言，最多可达到 32GB。

A.3.3　CPU vcore

每个 Alluxio worker 都至少需要 1 个 vcore。主节点可以有 1 个 vcore，生产系统可以到 4 个。

为了告知 YARN 在每个节点上为 Alluxio 预留多少资源，可以在 yarn-site.xml 中修改 YARN 的配置参数。

可以修改 yarn.nodemanager.resource.memory-mb，来为 Alluxio worker 预留内存。

> 小技巧：
> 在确定节点上为 Alluxio 分配多少内存之后，需要在 yarn.nodemanager.resource.memory-mb 中减去这一部分内存，然后使用新值更新该参数。

也可以修改 yarn.nodemanager.resource.cpu-vcores 为 Alluxio worker 预留 CPU 资源。

> 小技巧：
> 在确定节点上为 Alluxio 分配多少 CPU 后，需要在 yarn.nodemanager.resource.cpu-vcores 中减

去这一部分 CPU，然后使用新值更新该参数。

更新 YARN 的配置后，需要重启 YARN，以使新设置生效。

A.4　Spark 与 Alluxio 的结合使用

为让 Spark 与 Alluxio 集成使用，你需要一些依赖的 JAR 包。这些使得 Spark 能够连接到 Alluxio 文件系统并读写数据。一旦我们开始 Spark 与 Alluxio 的集成，大部分 Spark 代码都将保持不变，只有那些读写数据的代码部分需要进行小修改，也就是用 alluxio://指出这里使用了 Alluxio 文件系统。

但是，一旦 Alluxio 集群建立起来，Spark 作业(executor)将连接到 Alluxio 的主节点来获取元数据，然后 Alluxio 的 worker 将执行真正的读写操作。

图 A.12 展示了 Spark 作业是如何使用 Alluxio 集群的。

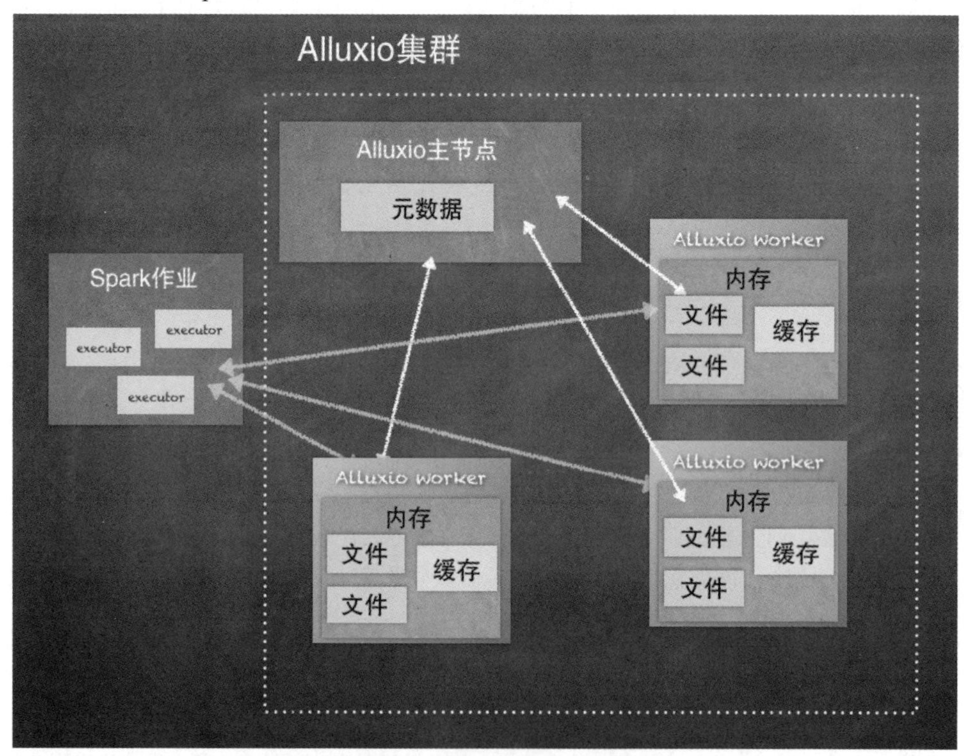

图 A.12　使用 Alluxio 集群的 Spark 作业

下例分步骤展示如何使用 Alluxio 来启动 spark-shell，并运行代码：

步骤 1　将目录切换到 Spark 安装目录：

```
cd spark-2.2.0-bin-hadoop2.7
```

步骤 2　将 JAR 从 Alluxio 复制到 Spark：

```
cp ../alluxio-1.5.0-hadoop-2.7/core/common/target/alluxio-corecommon-1.5.0.jar .
cp ../alluxio-1.5.0-hadoop-2.7/core/client/hdfs/target/alluxio-core-clienthdfs-
1.5.0.jar .
cp ../alluxio-1.5.0-hadoop-2.7/core/client/fs/target/alluxio-core-clientfs-1.
5.0.jar .
cp ../alluxio-1.5.0-hadoop-2.7/core/protobuf/target/alluxio-coreprotobuf-1.5.
0.jar .
```

步骤 3　使用 Alluxio JAR 启动 spark-shell：

```
./bin/spark-shell --master local[2] --jars alluxio-corecommon-1.5.0.jar,
alluxio-core-client-fs-1.5.0.jar,alluxio-core-clienthdfs-1.5.0.jar,alluxio-ot
obuf-1.5.0.jar
```

步骤 4　将样例数据集复制到 Alluxio 文件系统：

```
$ ./bin/alluxio fs copyFromLocal ../spark-2.1.1-binhadoop2.7/
Sentiment_Analysis_Dataset10k.csv /Sentiment_Analysis_Dataset10k.csv
Copied ../spark-2.1.1-bin-hadoop2.7/Sentiment_Analysis_Dataset10k.csv to
/Sentiment_Analysis_Dataset10k.csv
```

可以使用 Alluxio 的 Browse 页面来检查复制的文件，包括名称和大小，如图 A.13 所示。

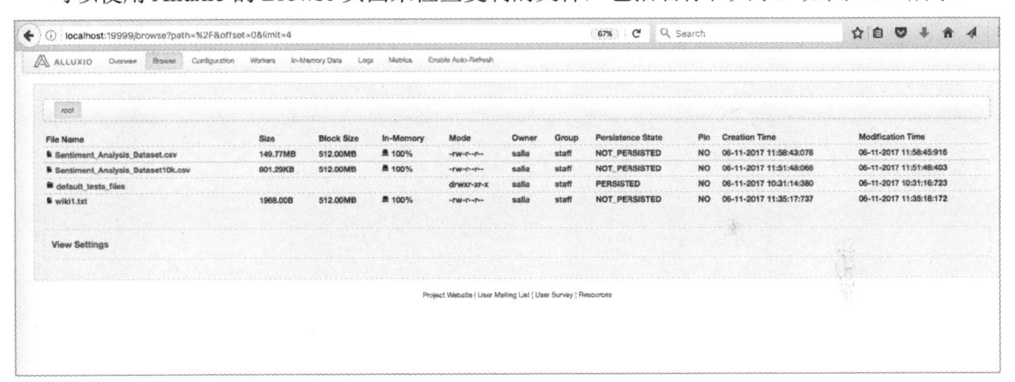

图 A.13　确认文件复制情况

步骤 5　使用或者不使用 Alluxio 来访问文件

首先在 shell 中设置 Alluxio 文件系统：

```
scala> sc.hadoopConfiguration.set("fs.alluxio.impl","alluxio.hadoop.FileSystem")
```

然后从 Alluxio 加载文本文件：

```
scala> val alluxioFile =
sc.textFile("alluxio://localhost:19998/Sentiment_Analysis_Dataset10k.csv")
alluxioFile: org.apache.spark.rdd.RDD[String] =
alluxio://localhost:19998/Sentiment_Analysis_Dataset10k.csv
MapPartitionsRDD[39] at textFile at <console>:24

scala> alluxioFile.count
res24: Long = 9999
```

从本地文件系统中加载同样的文件：

```
scala> val localFile = sc.textFile("Sentiment_Analysis_Dataset10k.csv")
localFile: org.apache.spark.rdd.RDD[String] =
Sentiment_Analysis_Dataset10k.csv MapPartitionsRDD[41] at textFile at
<console>:24

scala> localFile.count
res23: Long = 9999
```

如果可使用 Alluxio 来加载大量数据，Alluxio 不必缓存数据即可提供更高的性能。这具有多个优点，例如不需要再为使用 Spark 集群的每个用户缓存大型数据集等。

A.5 本附录小结

本附录研究了如何使用 Alluxio 来加快 Spark 应用的执行速度。

在附录 B 中，将研究如何使用 Apache Zeppelin，这是一个网页版的笔记本，可用于执行交互式数据分析。

附录 B

利用 Apache Zeppelin 进行交互式数据分析

从数据科学的角度看，对数据进行交互式可视化分析是极重要的。Apache Zeppelin 是一个基于 Web 的笔记本，能使用不同的后台工具和解释器来执行交互式大规模数据分析。例如可以使用 Spark、Scala、Python、JDBC、Flink、Hive、Angular、Livy、Alluxio、PostgreSQL、Ignite、Lens、Cassandra、Kylin、Elasticsearch、HBbase、BigQuery、Pig、Markdown 和 shell 等工具。

毫无疑问，Spark 具备可伸缩能力，并能快速处理大规模数据集。但它少了一种能力，即不支持实时或交互式可视化功能。考虑到 Zeppelin 的上述令人兴奋的一些功能。在本附录中，我们将探讨如何使用 Apache Zeppelin 来进行大规模数据分析。此时，后端的解释器为 Spark。

作为概括，本附录将涵盖如下主题：

- Apache Zeppelin 简介
- Zeppelin 安装与使用
- 数据提取
- 数据分析
- 数据可视化
- 数据协作

B.1 Apache Zeppelin 简介

Apache Zeppelin 是一个基于 Web 的笔记本，可以通过它进行交互式数据分析。通过 Zeppelin，可以使用 SQL、Scala 等制作出美观的以数据驱动的、交互式协作文档。Zeppelin 的解释器允许你将任何语言/数据处理后台插入Zeppelin。目前，Zeppelin 也支持很多种解释器。Zeppelin 也是 Apache 软件基金会的一项较新技术，它使得数据科学家、工程师和从业人员能充分利用其在数据探索、可视化、共享和协作方面的优势。

B.1.1 Zeppelin 的安装与使用

由于这里在 Zeppelin 上使用 Spark，因此所有代码都用 Scala 编写。在本节中，我们将展示使用仅包含 Spark 解释器的二进制包来配置 Zeppelin。Zeppelin 支持在如表 B.1 所示的环境运行。

表 B.1 Zeppelin 支持的平台和配置需求

需求	版本	其他需求
Oracle JDK	1.7+	设置 JAVA_HOME
操作系统	macOS 10.x+ Ubuntu 14.x+ CentOS 6.x+ Windows 7 Pro SP1+	-

B.1.2 Zeppelin 配置

如上表所示，要在 Zeppelin 上执行 Spark 代码，你需要使用 Java。因此，如果尚未配置，请先在平台上安装并配置 JDK。当然，也可参考本书的第 1 章，了解如何配置 Java。

对于最新版本的 Apache Zeppelin，可以在如下网站下载：https://zeppelin.apache.org/download.html。每个版本都有如下三种安装选项。

(1) **包含所有解释器的二进制包：**包含了对很多解释器的支持。既支持本附录开头列出的那些，也支持 Tajo、Geode、Phoenix 等。

(2) **仅包含 Spark 解释器的二进制包：**只包含 Spark 解释器。也包含了基于网络进行安装的脚本。

(3) **源代码：**也可通过 GitHub 上的最新版本进行安装。

为了演示如何安装并配置 Zeppelin，我们从如下网站镜像下载对应的二进制包：http://www.apache.org/dyn/closer.cgi/zeppelin/zeppelin-0.7.1/zeppelin-%200.7.1-bin-netinst.tgz。

一旦下载完毕，就可在机器上进行解压，这里假设你将其解压到/home/Zeppelin/目录下。

使用源代码

也可以使用最新的源代码来配置 Zeppelin。为此，首先需要安装如下工具。

- Git：任一版本即可
- Maven：3.1.x+
- JDK：1.7+
- npm：最新版本
- libfontconfig：最新版本

如果尚未安装配置 Git 和 Maven，可从 http://zeppelin.apache.org/docs/0.8.0/setup/basics/how_to_build.html#install-requirements 来检查其配置需求说明。当然，也可参考如下链接来获取更多信息：http://zeppelin.apache.org/。

B.1.3　Zeppelin 启动与停止

在所有的类 Unix 平台(例如 Ubuntu、macOS 等)上，可使用如下命令：

```
$ bin/zeppelin-daemon.sh start
```

待上述命令执行成功，你将看到如图 B.1 所示的输出：

```
asif@ubuntu:~/Zeppelin$ bin/zeppelin-daemon.sh start
Log dir doesn't exist, create /home/asif/Zeppelin/logs
Pid dir doesn't exist, create /home/asif/Zeppelin/run
Zeppelin start                                             [  OK  ]
asif@ubuntu:~/Zeppelin$
```

图 B.1　在 Ubuntu 上启动 Zeppelin

如果是在 Windows 平台上，则执行如下命令：

```
$ bin\zeppelin.cmd
```

然后就可以在浏览器中访问 http://localhost:8080 来查看 Zeppelin 的运行情况，如图 B.2 所示。

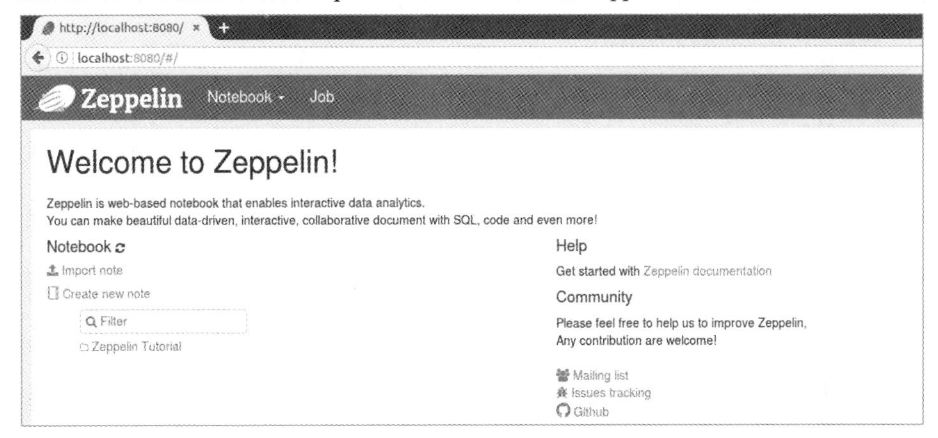

图 B.2　正在运行的 Zeppelin

恭喜，你已经成功安装 Zeppelin！下面就可执行一些数据分析工作了。

现在，要在命令行上停止 Zeppelin，命令如下：

```
$ bin/zeppelin-daemon.sh stop
```

1. 创建记事本

一旦你在浏览器中访问 Zeppelin，就可以通过页面中不同的选项和菜单来熟悉 Zeppelin。也可以访问 Zeppelin 的官方网站来了解更多信息：http://zeppelin.apache.org/docs/0.8.0/quickstart/explore_ui.html(当然，也可以查看可用版本的 quickstart 文档)。

现在，先创建一个简单的笔记本。如图 B.3 所示，可以通过单击 Create new note 选项创建新的笔记本。

如上图所示，默认的解释器就是 Spark。在其下拉菜单中，你会发现也只有 Spark 这一种解释器，因为这里安装的是只包含 Spark 解释器的二进制包。

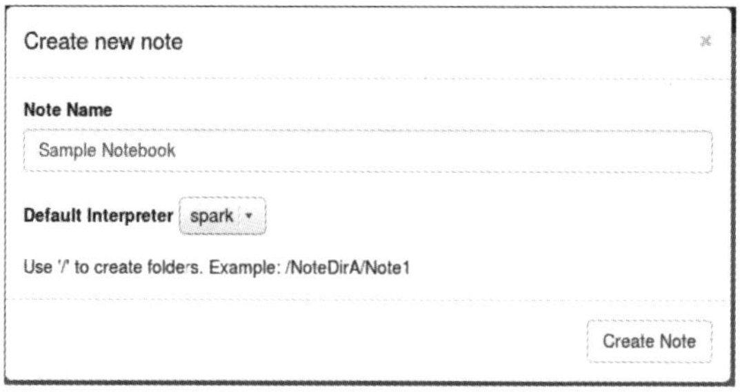

Create new note

Note Name

Sample Notebook

Default Interpreter spark

Use '/' to create folders. Example: /NoteDirA/Note1

Create Note

图 B.3　创建一个简单的 Zeppelin 笔记本

2. 配置解释器

每一个解释器都属于一个解释器组，它是一个用于启动/停止解释器的单元。默认情况下，每个解释器都属于一个组，但一个组中可能包含多个解释器。例如，Spark 解释器组就包含 Spark 支持、pySpark，Spark SQL 和依赖项加载器等。如果想在 Zeppelin 中运行 SQL 语句，则需要使用%来指定解释器的类型。例如，对于 SQL，可使用%SQL；对于 markdown，可使用%md 等。

要了解更多信息，可参考图 B.4。

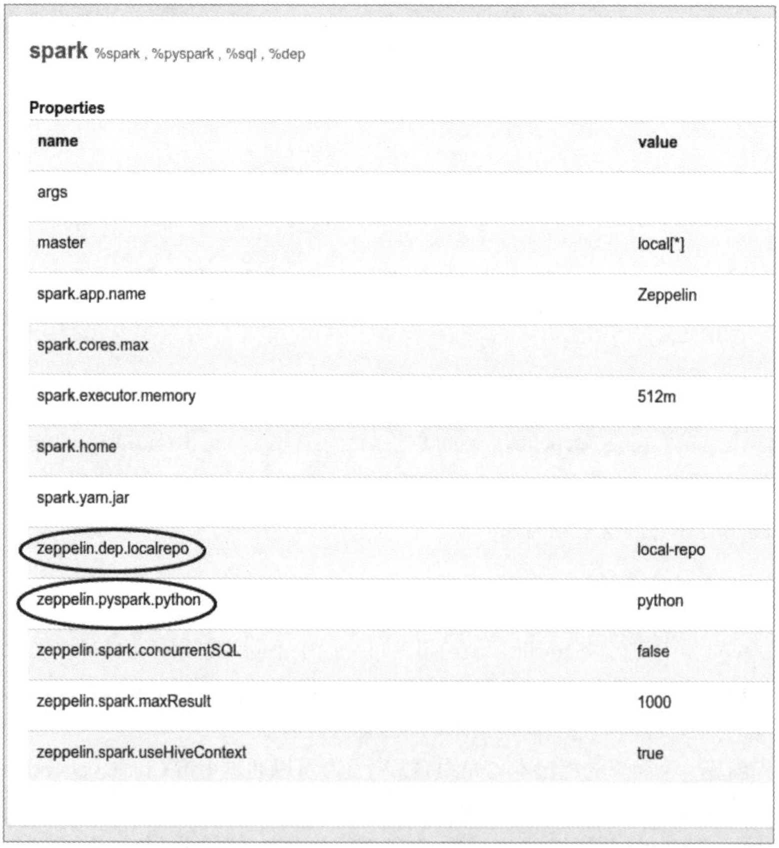

spark %spark , %pyspark , %sql , %dep

Properties

name	value
args	
master	local[*]
spark.app.name	Zeppelin
spark.cores.max	
spark.executor.memory	512m
spark.home	
spark.yarn.jar	
zeppelin.dep.localrepo	local-repo
zeppelin.pyspark.python	python
zeppelin.spark.concurrentSQL	false
zeppelin.spark.maxResult	1000
zeppelin.spark.useHiveContext	true

图 B.4　Spark 解释器属性

一旦你创建好了笔记本，就可以在对应的代码区域编写 Spark 代码了。这里将使用银行数据集，可从 https://archive.ics.uci.edu/ml/machine-learning-databases/00222/进行下载。该数据集由 S. Moro、R. Laureano 和 P. Cortez 提供。该数据集中包含有关银行客户的相关数据，如年龄、职称、婚姻状况、受教育程度、银行余额、住房情况、是否从银行贷款等。其格式为 CSV，样本如图 B.5 所示。

	age	job	marital	education	default	balance	housing	loan	contact	day	month	duration	campaign	pdays	previous	poutcome	y
1	58	management	married	tertiary	no	2143	yes	no	unknown	5	may	261	1	-1	0	unknown	no
2	44	technician	single	secondary	no	29	yes	no	unknown	5	may	151	1	-1	0	unknown	no
3	33	entrepreneur	married	secondary	no	2	yes	yes	unknown	5	may	76	1	-1	0	unknown	no
4	47	blue-collar	married	unknown	no	1506	yes	no	unknown	5	may	92	1	-1	0	unknown	no
5	33	unknown	single	unknown	no	1	no	no	unknown	5	may	198	1	-1	0	unknown	no
6	35	management	married	tertiary	no	231	yes	no	unknown	5	may	139	1	-1	0	unknown	no
7	28	management	single	tertiary	no	447	yes	yes	unknown	5	may	217	1	-1	0	unknown	no
8	42	entrepreneur	divorced	tertiary	yes	2	yes	no	unknown	5	may	380	1	-1	0	unknown	no
9	58	retired	married	primary	no	121	yes	no	unknown	5	may	50	1	-1	0	unknown	no
10	43	technician	single	secondary	no	593	yes	no	unknown	5	may	55	1	-1	0	unknown	no
11	41	admin.	divorced	secondary	no	270	yes	no	unknown	5	may	222	1	-1	0	unknown	no
12	29	admin.	single	secondary	no	390	yes	no	unknown	5	may	137	1	-1	0	unknown	no
13	53	technician	married	secondary	no	6	yes	no	unknown	5	may	517	1	-1	0	unknown	no
14	58	technician	married	unknown	no	71	yes	no	unknown	5	may	71	1	-1	0	unknown	no
15	57	services	married	secondary	no	162	yes	no	unknown	5	may	174	1	-1	0	unknown	no
16	51	retired	married	primary	no	229	yes	no	unknown	5	may	353	1	-1	0	unknown	no
17	45	admin.	single	unknown	no	13	yes	no	unknown	5	may	98	1	-1	0	unknown	no
18	57	blue-collar	married	primary	no	52	yes	no	unknown	5	may	38	1	-1	0	unknown	no

图 B.5　银行数据集的样本

现在，将其加载到 Zeppelin 笔记本：

```
valbankText = sc.textFile("/home/asif/bank/bank-full.csv")
```

基于上述代码，可以创建一个新段，并为其命名，如图 B.6 所示。

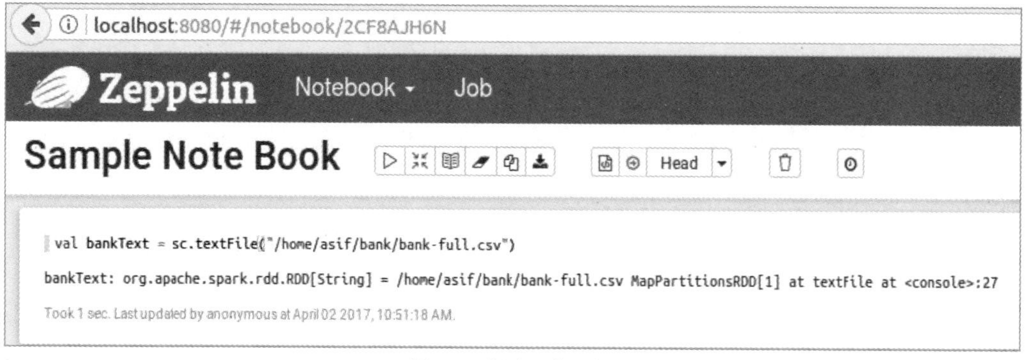

图 B.6　创建一个新段

如果仔细查看上述段，可以发现该代码正常工作了，并且也不必创建 SparkContext。其原因在于，我们已经定义了 sc。并且，你甚至也不必隐式地定义 Scala。后面将列举相应的例子。

3. 数据处理与可视化

现在创建一个 case 类，以便告诉我们如何从数据集中选择对应的字段：

```
case class Bank(age:Int, job:String, marital : String, education : String,balance :
```

```
Integer)
```

然后对每行进行拆分，过滤掉头部(从 age 开始)，然后将其映射到 Bank 这一 case 类：

```
val bank = bankText.map(s=>s.split(";")).filter(s =>
(s.size)>5).filter(s=>s(0)!="\"age\"").map(
  s=>Bank(s(0).toInt,
  s(1).replaceAll("\"", ""),
  s(2).replaceAll("\"", ""),
  s(3).replaceAll("\"", ""),
  s(5).replaceAll("\"", "").toInt
        )
)
```

最后，将其转换为数据帧并创建临时表：

```
bank.toDF().createOrReplaceTempView("bank")
```

图 B.7 展示了代码执行成功的情况。

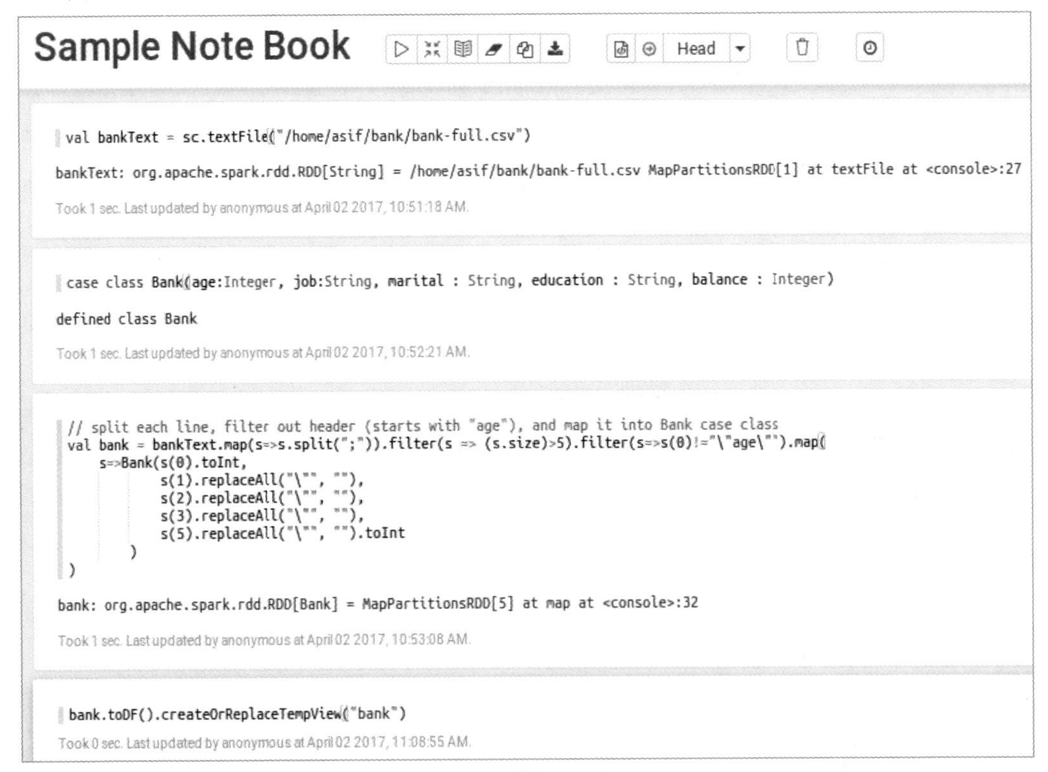

图 B.7 数据处理段

图 B.8 为每个代码段中的 Spark 代码运行成功后的情况。

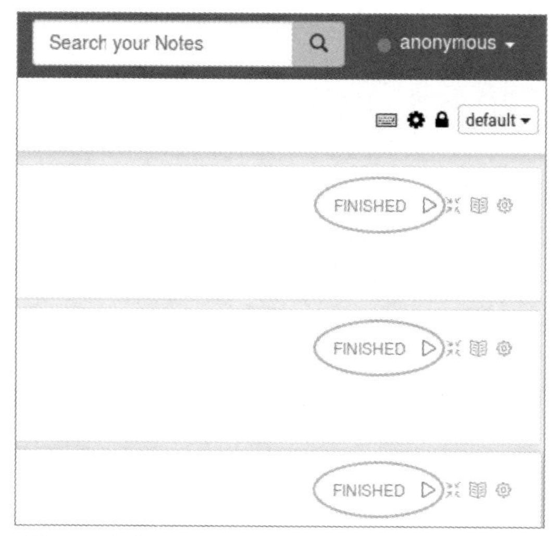

图 B.8　每个代码段中的 Spark 代码运行成功后的情况

然后，使用如下 SQL 来加载数据。

```
%sql select age, count(1) from bank where age >= 45 group by age order by age
```

注意，上述语句是一条纯 SQL 语句，用于查询所有连接大于等于 45 岁的客户姓名(也就是年龄分布情况)，最后计算出同一客户组中的客户数量。

我们来看一下上述 SQL 在临时视图(也就是 bank)上的运行情况，如图 B.9 所示。

```
%sql select age, count(1) from bank where age >= 45 group by age order by age
```

age	count(1)
45	1216
46	1175
47	1088
48	997
49	994
50	939
51	936
52	911
53	891

Took 1 sec. Last updated by anonymous at April 02 2017, 11:19:40 AM.

图 B.9　查看所有客户年龄分布的 SQL(表格式)

现在，可从表格图标(在结果区域)附近的标签中选择图形，如直方图、饼图或条形图等。例如，这里选择直方图，如图 B.10 所示。

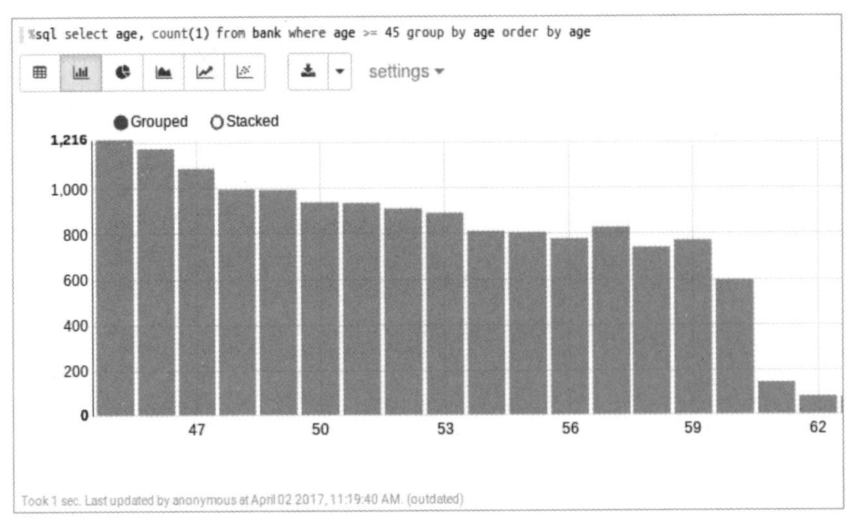

图 B.10　使用 SQL 查看客户的年龄分布情况(直方图)

如果使用饼图，结果如图 B.11 所示。

太棒了，对吧？现在，就可以使用 Zeppelin 来执行一些更复杂的数据分析了。

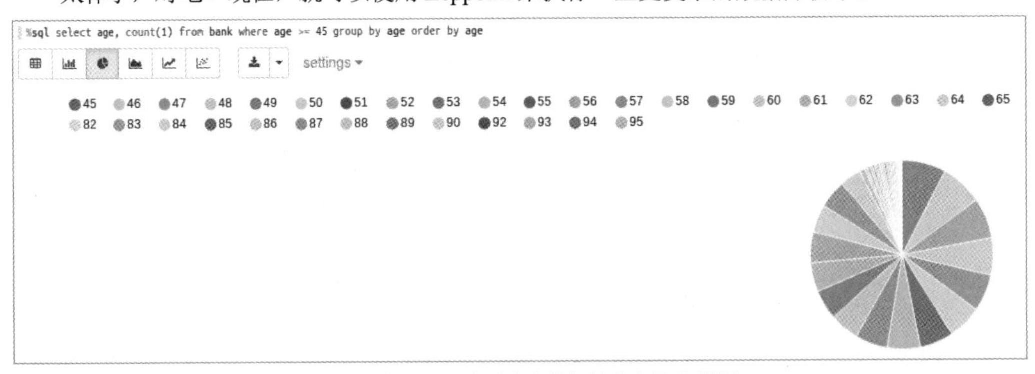

图 B.11　使用 SQL 查看客户的年龄分布情况(饼图)

B.2 使用 Zeppelin 执行复杂数据分析

在本节中，我们将看到如何使用 Zeppelin 来执行一些更复杂的数据分析。首先定义问题，然后探索我们将要使用的数据集，最后将运用一些与可视化分析和机器学习相关的技术。

B.2.1 问题定义

在本节，我们将构建一个垃圾邮件分类器，从而将原始文本分类为垃圾邮件和正常邮件，并展示如何评估这一模型。这里将重点使用数据帧 API。图 B.12 展示了垃圾邮件和正常邮件。

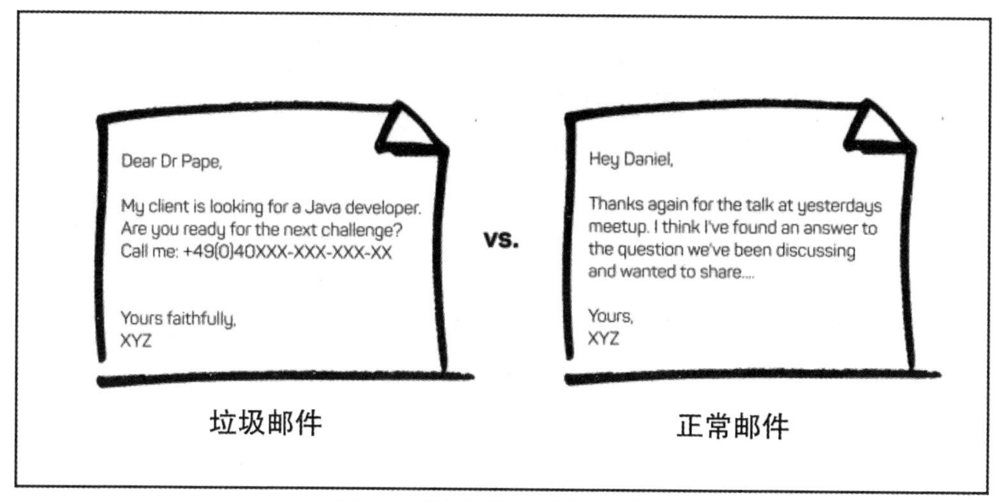

图 B.12　垃圾邮件和正常邮件示意图

我们将使用一些基本的机器学习技术来构建和评估此类问题的分类器。这里将使用逻辑回归算法。

B.2.2　数据集描述与探索

我们可从 https://archive.ics.uci.edu/ml/datasets/SMS+Spam+Collection 下载垃圾邮件数据集。它包含了 5564 条 SMS，如图 B.13 所示。该数据集已被手工分为垃圾邮件和正常邮件。其中只有 13.4%为垃圾邮件，这意味着该数据集是倾斜的。这需要注意，因为它在训练模型时会引入偏差。

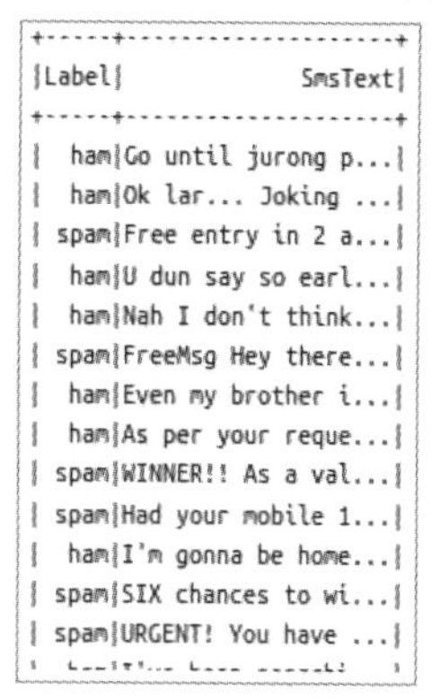

Label	SmsText
ham	Go until jurong p...
ham	Ok lar... Joking ...
spam	Free entry in 2 a...
ham	U dun say so earl...
ham	Nah I don't think...
spam	FreeMsg Hey there...
ham	Even my brother i...
ham	As per your reque...
spam	WINNER!! As a val...
spam	Had your mobile 1...
ham	I'm gonna be home...
spam	SIX chances to wi...
spam	URGENT! You have ...

图 B.13　SMS 数据集样本

如你所见，社交媒体中的文本数据，往往比较脏，它会包含一些拼写错误的单词，可能缺少空格、缩写词(如 u、urs、yrs 等)，并且常常违反语法规则。有时甚至在消息中会包含一些琐碎的单词。因此，我们也需要注意这些问题，在下面的步骤中，我们将处理这些问题。

步骤 1　加载所需的包和 API

在抽取数据之前，让我们在第一个段中加载所需的包和 API，如图 B.14 所示。

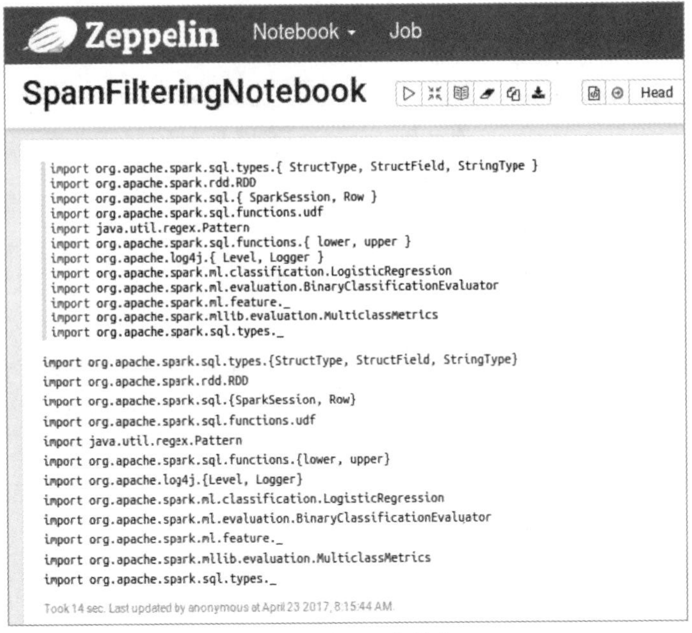

图 B.14　包/API 加载段

步骤 2　加载并解析数据集

这里使用 DataBricks 这一 CSV 解析库(也就是，com.databricks.spark.csv)来读取数据，并创建数据帧，如图 B.15 所示。

```
val data = spark.read.format("com.databricks.spark.csv")
                    .option("inferSchema", "false")
                    .option("delimiter", "\t").
                    schema(customSchema).load("/home/asif/data/SMSSpamCollection")
data.show()

data: org.apache.spark.sql.DataFrame = [Label: string, SmsText: string]
+-----+--------------------+
|Label|             SmsText|
+-----+--------------------+
|  ham|Go until jurong p...|
|  ham|Ok lar... Joking ...|
| spam|Free entry in 2 a...|
|  ham|U dun say so earl...|
|  ham|Nah I don't think...|
| spam|FreeMsg Hey there...|
|  ham|Even my brother i...|
|  ham|As per your reque...|
| spam|WINNER!! As a val...|
| spam|Had your mobile 1...|
|  ham|I'm gonna be home...|
| spam|SIX chances to wi...|
| spam|URGENT! You have ...|
Took 3 sec. Last updated by anonymous at April 23 2017, 8:16:03 AM.
```

图 B.15　数据抽取/加载段

步骤 3　使用 StringIndexer 来创建数值型标签

由于原始数据帧中的标签为分类型，需要对其进行转换，这样就可以将其应用于我们的数据模型，如图 B.16 所示。

```
// string indexer
val indexer = new StringIndexer()
  .setInputCol("RawLabel")
  .setOutputCol("label")
val indexed = indexer.fit(data).transform(data)
indexed.show()

indexer: org.apache.spark.ml.feature.StringIndexer = strIdx_b5f32ee61ef9
indexed: org.apache.spark.sql.DataFrame = [RawLabel: string, SmsText: string ... 1 more field]
+--------+--------------------+-----+
|RawLabel|             SmsText|label|
+--------+--------------------+-----+
|     ham|Go until jurong p...|  0.0|
|     ham|Ok lar... Joking ...|  0.0|
|    spam|Free entry in 2 a...|  1.0|
|     ham|U dun say so earl...|  0.0|
|     ham|Nah I don't think...|  0.0|
|    spam|FreeMsg Hey there...|  1.0|
|     ham|Even my brother i...|  0.0|
|     ham|As per your reque...|  0.0|
|    spam|WINNER!! As a val...|  1.0|
|    spam|Had your mobile 1...|  1.0|
|     ham|I'm gonna be home...|  0.0|
|    spam|SIX chances to wi...|  1.0|

Took 0 sec. Last updated by anonymous at April 23 2017, 9:55:22 AM.
```

图 B.16　StringIndexer 段的输出结果显示原始标签、原始文本和对应的转换后标签

步骤 4　使用 RegexTokenizer 来创建词袋

我们使用它来移除不需要的词并创建词袋，如图 B.17 所示。

```
val regexTokenizer = new RegexTokenizer()
  .setInputCol("SmsText")
  .setOutputCol("words")
  .setPattern("\\d")
  .setPattern("\\W+")
  .setGaps(true)

val countTokens = udf { (words: Seq[String]) => words.length }
val regexTokenized = regexTokenizer.transform(indexed)
regexTokenized.show()

regexTokenizer: org.apache.spark.ml.feature.RegexTokenizer = regexTok_720a32bf1429
countTokens: org.apache.spark.sql.expressions.UserDefinedFunction = UserDefinedFunction(<function1>,IntegerType,Some(List(ArrayType(StringType,true))))
regexTokenized: org.apache.spark.sql.DataFrame = [RawLabel: string, SmsText: string ... 2 more fields]
+--------+--------------------+-----+--------------------+
|RawLabel|             SmsText|label|               words|
+--------+--------------------+-----+--------------------+
|     ham|Go until jurong p...|  0.0|[go, until, juron...|
|     ham|Ok lar... Joking ...|  0.0|[ok, lar, joking,...|
|    spam|Free entry in 2 a...|  1.0|[free, entry, in,...|
|     ham|U dun say so earl...|  0.0|[u, dun, say, so,...|
|     ham|Nah I don't think...|  0.0|[nah, i, don, t, ...|
|    spam|FreeMsg Hey there...|  1.0|[freemsg, hey, th...|
|     ham|Even my brother i...|  0.0|[even, my, brothe...|
|     ham|As per your reque...|  0.0|[as, per, your, r...|
|    spam|WINNER!! As a val...|  1.0|[winner, as, a, v...|
|    spam|Had your mobile 1...|  1.0|[had, your, mobil...|
|     ham|I'm gonna be home...|  0.0|[i, m, gonna, be,...|

Took 1 sec. Last updated by anonymous at April 23 2017, 10:01:13 AM.
```

图 B.17　RegexTokenizer 段的输出包含原始标签、原始文本，还包含对应的标签以及分词

步骤 5　移除停用词并创建过滤后的数据帧

这样做是为了执行可视化分析，如图 B.18 所示。

```
val remover = new StopWordsRemover()
  .setInputCol("words")
  .setOutputCol("filtered")

val tokenDF = remover.transform(regexTokenized)
tokenDF.show()

remover: org.apache.spark.ml.feature.StopWordsRemover = stopWords_33fe2c039849
tokenDF: org.apache.spark.sql.DataFrame = [RawLabel: string, SmsText: string ... 3 more fields]
+--------+--------------------+-----+--------------------+--------------------+
|RawLabel|             SmsText|label|               words|            filtered|
+--------+--------------------+-----+--------------------+--------------------+
|     ham|Go until jurong p...|  0.0|[go, until, juron...|[go, jurong, poin...|
|     ham|Ok lar... Joking ...|  0.0|[ok, lar, joking,...|[ok, lar, joking,...|
|    spam|Free entry in 2 a...|  1.0|[free, entry, in,...|[free, entry, 2, ...|
|     ham|U dun say so earl...|  0.0|[u, dun, say, so,...|[u, dun, say, ear...|
|     ham|Nah I don't think...|  0.0|[nah, i, don, t, ...|[nah, think, goes...|
|    spam|FreeMsg Hey there...|  1.0|[freemsg, hey, th...|[freemsg, hey, da...|
|     ham|Even my brother i...|  0.0|[even, my, brothe...|[even, brother, l...|
|     ham|As per your reque...|  0.0|[as, per, your, r...|[per, request, me...|
|    spam|WINNER!! As a val...|  1.0|[winner, as, a, v...|[winner, valued, ...|
|    spam|Had your mobile 1...|  1.0|[had, your, mobil...|[mobile, 11, mont...|
|     ham|I'm gonna be home...|  0.0|[i, m, gonna, be,...|[gonna, home, soo...|
|    spam|SIX chances to wi...|  1.0|[six, chances, to...|[six, chances, wi...|

Took 1 sec. Last updated by anonymous at April 23 2017, 10:24:41 AM.
```

图 B.18　StopWordsRemover 段的输出包含原始标签、原始文本，还包含对应的标签、分词以及过滤了停用词的分词

步骤 6　查找垃圾邮件消息/单词，及其出现的频率

这里创建一个只包含垃圾邮件词语及其频率的数据帧，以帮助用户理解数据集中的消息文本。在 Zeppelin 中创建的段如图 B.19 所示。

```
val spamTokensWithFrequenciesDF = tokenDF
  .filter($"label" === 1.0)
  .select($"filtered")
  .flatMap(row => row.getAs[Seq[String]](0))
  .filter(word => (word.length() > 1))
  .toDF("Tokens")
  .groupBy($"Tokens")
  .agg(count("*").as("Frequency"))
  .orderBy($"Frequency".desc)

spamTokensWithFrequenciesDF.createOrReplaceTempView("spamTokensWithFrequenciesDF")
spamTokensWithFrequenciesDF.show()

spamTokensWithFrequenciesDF: org.apache.spark.sql.Dataset[org.apache.spark.sql.Row] = [Tokens: string, Frequency: bigint]
+------+---------+
|Tokens|Frequency|
+------+---------+
|  call|      355|
|  free|      224|
|   txt|      163|
|    ur|      144|
|mobile|      127|
|  text|      125|
|  stop|      123|
| claim|      113|
| reply|      104|
|   www|       98|
| prize|       93|
|   get|       86|
|  cash|       76|

Took 1 sec. Last updated by anonymous at April 23 2017, 10:24:58 AM.
```

图 B.19　垃圾邮件分词及其频率段

接下来使用 SQL 查询来生成图形。图 B.20 的查询显示了出现频率超过 100 次的分词信息。然后按照频率对分词进行降序排列。最后使用动态格式来限制返回的记录数量。首先只显示表格式的结果。

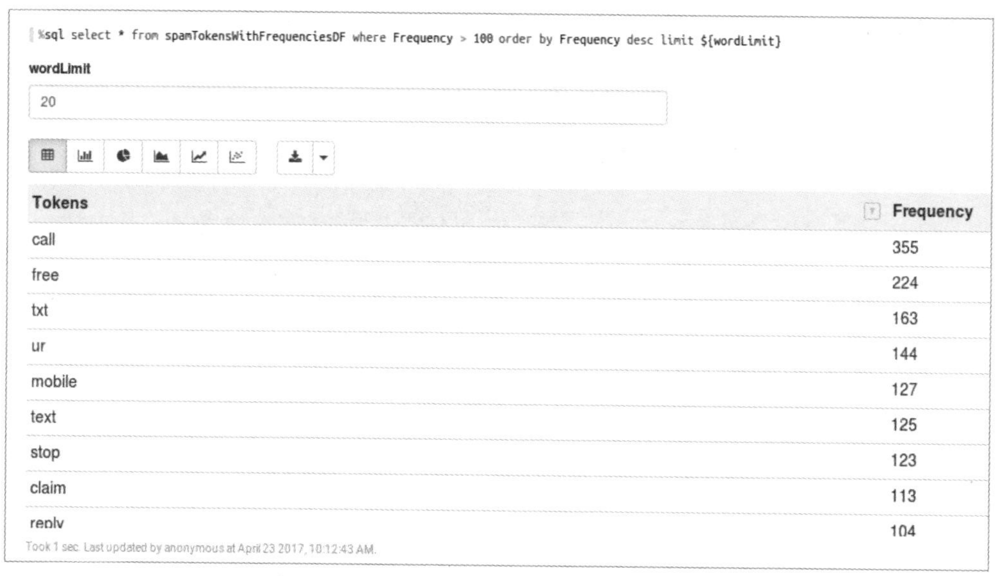

```
%sql select * from spamTokensWithFrequenciesDF where Frequency > 100 order by Frequency desc limit ${wordLimit}
```

wordLimit

20

Tokens	Frequency
call	355
free	224
txt	163
ur	144
mobile	127
text	125
stop	123
claim	113
reply	104

Took 1 sec. Last updated by anonymous at April 23 2017, 10:12:43 AM.

图 B.20 垃圾邮件分词及其频率的可视化段(表格式)

然后使用条形图(如图 B.21 所示)，这能够提供更多的可视化洞察。可以看到，在垃圾邮件中，出现频率最高的单词为 call 和 free，其频率分别为 355 和 224。

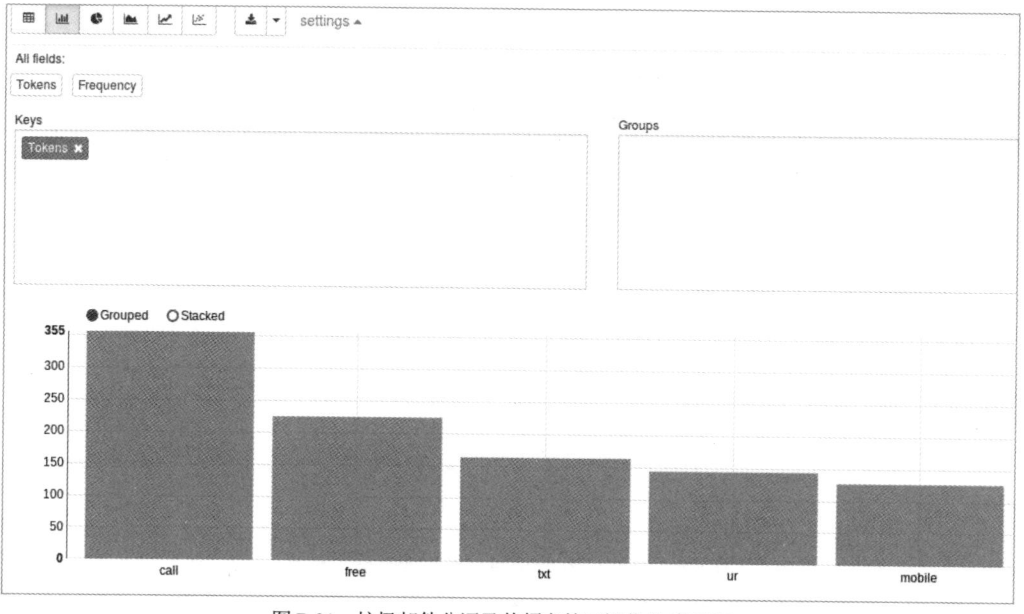

图 B.21 垃圾邮件分词及其频率的可视化段(条形图)

最后，使用饼图来提高可视化效果(尤其是当你指定了列的范围时)，如图 B.22 所示。

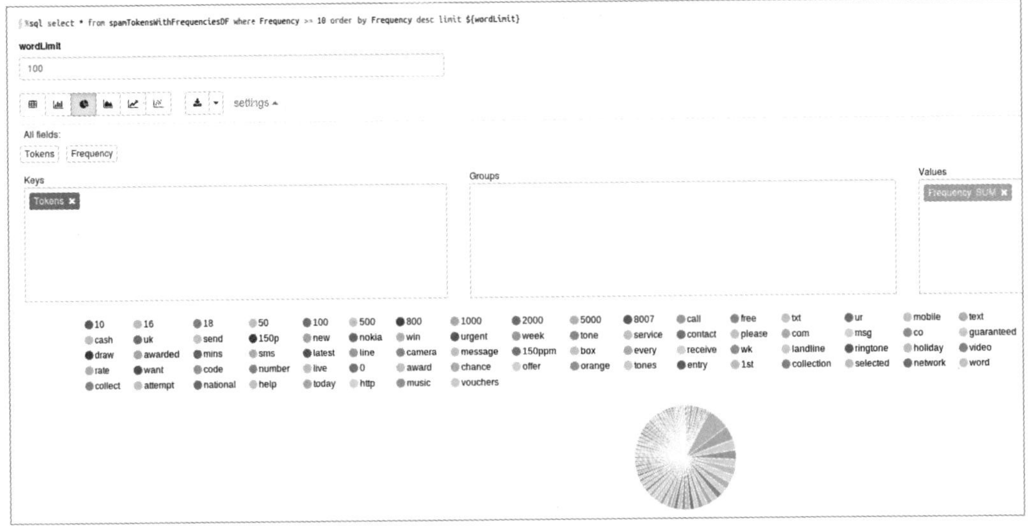

图 B.22 垃圾邮件分词及其频率的可视化段(饼图)

步骤 7 使用 HashingTF 来处理单词频率

针对每个过滤后的分词使用 HashingTF 来生成单词的频率，如图 B.23 所示。

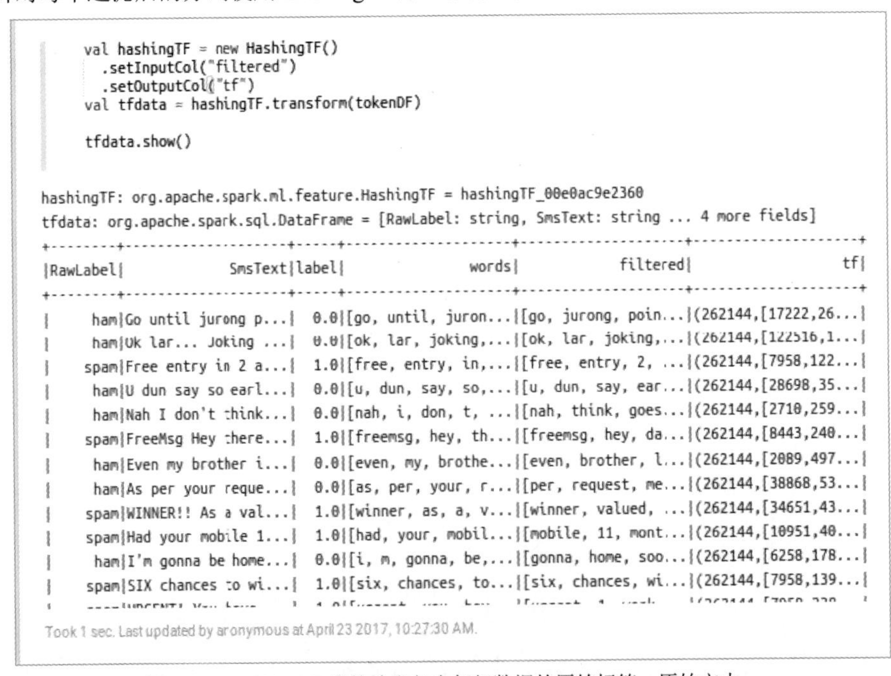

```
val hashingTF = new HashingTF()
  .setInputCol("filtered")
  .setOutputCol("tf")
val tfdata = hashingTF.transform(tokenDF)

tfdata.show()

hashingTF: org.apache.spark.ml.feature.HashingTF = hashingTF_00e0ac9e2360
tfdata: org.apache.spark.sql.DataFrame = [RawLabel: string, SmsText: string ... 4 more fields]
+--------+--------------------+-----+--------------------+--------------------+--------------------+
|RawLabel|             SmsText|label|               words|            filtered|                  tf|
+--------+--------------------+-----+--------------------+--------------------+--------------------+
|     ham|Go until jurong p...|  0.0|[go, until, juron...|[go, jurong, poin...|(262144,[17222,26...|
|     ham|Ok lar... Joking ...|  0.0|[ok, lar, joking,...|[ok, lar, joking,...|(262144,[122516,1...|
|    spam|Free entry in 2 a...|  1.0|[free, entry, in,...|[free, entry, 2, ...|(262144,[7958,122...|
|     ham|U dun say so earl...|  0.0|[u, dun, say, so,...|[u, dun, say, ear...|(262144,[28698,35...|
|     ham|Nah I don't think...|  0.0|[nah, i, don, t, ...|[nah, think, goes...|(262144,[2710,259...|
|    spam|FreeMsg Hey there...|  1.0|[freemsg, hey, th...|[freemsg, hey, da...|(262144,[8443,240...|
|     ham|Even my brother i...|  0.0|[even, my, brothe...|[even, brother, l...|(262144,[2089,497...|
|     ham|As per your reque...|  0.0|[as, per, your, r...|[per, request, me...|(262144,[38868,53...|
|    spam|WINNER!! As a val...|  1.0|[winner, as, a, v...|[winner, valued, ...|(262144,[34651,43...|
|    spam|Had your mobile 1...|  1.0|[had, your, mobil...|[mobile, 11, mont...|(262144,[10951,40...|
|     ham|I'm gonna be home...|  0.0|[i, m, gonna, be,...|[gonna, home, soo...|(262144,[6258,178...|
|    spam|SIX chances to wi...|  1.0|[six, chances, to...|[six, chances, wi...|(262144,[7958,139...|

Took 1 sec. Last updated by anonymous at April 23 2017, 10:27:30 AM.
```

图 B.23 HashingTF 段的输出包含每行数据的原始标签、原始文本，

还包含对应的标签、分词、过滤后的分词以及对应的术语频率

步骤 8　为 TF-IDF 使用 IDF

TF-IDF 是一种特征向量化方法，它被广泛应用在文本挖掘中，用于反应项(单词)对语料库中文档的重要性，如图 B.24 所示。

```
val idf = new IDF().setInputCol("tf").setOutputCol("idf")
val idfModel = idf.fit(tfdata)
val idfdata = idfModel.transform(tfdata)
idfdata.show()

idf: org.apache.spark.ml.feature.IDF = idf_32395389c640
idfModel: org.apache.spark.ml.feature.IDFModel = idf_32395389c640
idfdata: org.apache.spark.sql.DataFrame = [RawLabel: string, SmsText: string ... 5 more fields]
+--------+--------------------+-----+--------------------+--------------------+--------------------+--------------------+
|RawLabel|             SmsText|label|               words|            filtered|                  tf|                 idf|
+--------+--------------------+-----+--------------------+--------------------+--------------------+--------------------+
|     ham|Go until jurong p...|  0.0|[go, until, juron...|[go, jurong, poin...|(262144,[17222,26...|(262144,[17222,26...|
|     ham|Ok lar... Joking ...|  0.0|[ok, lar, joking,...|[ok, lar, joking,...|(262144,[122516,1...|(262144,[122516,1...|
|    spam|Free entry in 2 a...|  1.0|[free, entry, in,...|[free, entry, 2, ...|(262144,[7958,122...|(262144,[7958,122...|
|     ham|U dun say so earl...|  0.0|[u, dun, say, so,...|[u, dun, say, ear...|(262144,[28698,35...|(262144,[28698,35...|
|     ham|Nah I don't think...|  0.0|[nah, i, don, t, ...|[nah, think, goes...|(262144,[2710,259...|(262144,[2710,259...|
|    spam|FreeMsg Hey there...|  1.0|[freemsg, hey, th...|[freemsg, hey, da...|(262144,[8443,240...|(262144,[8443,240...|
|     ham|Even my brother i...|  0.0|[even, my, brothe...|[even, brother, l...|(262144,[2089,497...|(262144,[2089,497...|
|     ham|As per your reque...|  0.0|[as, per, your, r...|[per, request, me...|(262144,[38868,53...|(262144,[38868,53...|
|    spam|WINNER!! As a val...|  1.0|[winner, as, a, v...|[winner, valued, ...|(262144,[34651,43...|(262144,[34651,43...|
|    spam|Had your mobile 1...|  1.0|[had, your, mobil...|[mobile, 11, mont...|(262144,[10951,40...|(262144,[10951,40...|
|     ham|I'm gonna be home...|  0.0|[i, m, gonna, be,...|[gonna, home, soo...|(262144,[6258,178...|(262144,[6258,178...|

Took 2 sec. Last updated by anonymous at April 23 2017, 10:32:02 AM.
```

图 B.24　IDF 段的输出包含每行数据的原始标签、原始文本，还包含对应的标签、分词、过滤后的分词、项的出现频率以及对应的 IDF

词袋(bag of words)：

词袋为句子中每个单词的出现分配一个值 1。当然这可能是不理想的。因为不同类别的句子中，某些单词和/或其他单词可能具有相同的频率。而 viagra 和 sale 之类的词则往往和垃圾邮件相关。

TF-IDF：为词频-逆文档频率的首字母的缩写。该术语实质上是每个单词的文本频率和文本逆频率的合成词。它通常应用于 NLP 或文本分析的词袋处理。

使用 TF-IDF：我们来看一下词频。这里主要考虑单个条目中项的出现频率。计算词频(TF)的目的是要查找出在每个条目中很重要的一些项。但 and 之类的词可能在每个条目中频繁出现。需要降低这些项的重要性，因此，将之前的 TF 与整个文档频率的倒数相乘有助于找到重要单词。不过，由于文本(语料库)的数据集可能很大，因此通常采用逆文档频率的对数。简而言之，我们可以想象到，更高的 TF-IDF 值可能表明这些单词对于确定文档的含义非常重要。创建 TF-IDF 向量要求我们将所有文本都加载到内存中，然后在训练模型之前，计算出每个单词出现的频率。

步骤 9　使用 VectorAssembler 为 Spark MLpipeline 生成原始特征

如之前的步骤中所述，目前只有过滤后的分词、标签、TF 和 IDF，还没有其他相关联的特征可引入 ML 模型中。因此，需要使用 Spark 的 VectorAssembler API 根据之前的数据帧来创建特征，如图 B.25 所示。

```
// Using Vector Assembler for feature creating using TF and IDF
val assembler = new VectorAssembler()
  .setInputCols(Array("tf", "idf"))
  .setOutputCol("features")
val assemDF = assembler.transform(idfdata)
assemDF.show()

assembler: org.apache.spark.ml.feature.VectorAssembler = vecAssembler_46ec0e/a4a8f
assemDF: org.apache.spark.sql.DataFrame = [RawLabel: string, SmsText: string ... 6 more fields]
+--------+--------------------+-----+--------------------+--------------------+--------------------+--------------------+--------------------+
|RawLabel|             SmsText|label|               words|            filtered|                  tf|                 idf|            features|
+--------+--------------------+-----+--------------------+--------------------+--------------------+--------------------+--------------------+
|     ham|Go until jurong p...|  0.0|[go, until, juron...|[go, jurong, poin...|(262144,[17222,26...|(262144,[17222,26...|(524288,[17222,26...|
|     ham|Ok lar... Joking ...|  0.0|[ok, lar, joking,...|[ok, lar, joking,...|(262144,[122516,1...|(262144,[122516,1...|(524288,[122516,1...|
|    spam|Free entry in 2 a...|  1.0|[free, entry, in,...|[free, entry, 2, ...|(262144,[7958,122...|(262144,[7958,122...|(524288,[7958,122...|
|     ham|U dun say so earl...|  0.0|[u, dun, say, so,...|[u, dun, say, ear...|(262144,[28698,35...|(262144,[28698,35...|(524288,[28698,35...|
|     ham|Nah I don't think...|  0.0|[nah, i, don, t, ...|[nah, think, goes...|(262144,[2710,259...|(262144,[2710,259...|(524288,[2710,259...|
|    spam|FreeMsg Hey there...|  1.0|[freemsg, hey, th...|[freemsg, hey, da...|(262144,[8443,240...|(262144,[8443,240...|(524288,[8443,240...|
|     ham|Even my brother i...|  0.0|[even, my, brothe...|[even, brother, l...|(262144,[2089,497...|(262144,[2089,497...|(524288,[2089,497...|
|     ham|As per your reque...|  0.0|[as, per, your, r...|[per, request, me...|(262144,[38868,53...|(262144,[38868,53...|(524288,[38868,53...|
|    spam|WINNER!! As a val...|  1.0|[winner, as, a, v...|[winner, valued, ...|(262144,[34651,43...|(262144,[34651,43...|(524288,[34651,43...|
|    spam|Had your mobile 1...|  1.0|[had, your, mobil...|[mobile, 11, mont...|(262144,[10951,40...|(262144,[10951,40...|(524288,[10951,40...|
|     ham|I'm gonna be home...|  0.0|[i, m, gonna, be,...|[gonna, home, soo...|(262144,[6258,178...|(262144,[6258,178...|(524288,[6258,178...|
|    spam|SIX chances to wi...|  1.0|[six, chances, to...|[six, chances, wi...|(262144,[7958,139...|(262144,[7958,139...|(524288,[7958,139...|

Took 9 sec. Last updated by anonymous at May 15 2017, 5:33:25 AM.
```

图 B.25 VectorAssembler 段显示如何使用 VectorAssembler 来创建特征

步骤 10 准备训练集和测试集

现在该准备训练集和测试集了，如图 B.26 所示。训练集将在步骤 11 中用来训练逻辑回归模型，测试集则将在步骤 12 中用于对模型进行评估。这里，训练集设置为 75%，测试集为 25%。也可以自行进行调整。

```
//Preparing the DataFrame to traing the ML model takes only two columns such as label and features
val mlDF = assemDF.select("label", "features")
// split
val Array(trainingData, testData) = mlDF.randomSplit(Array(0.75, 0.25), 12345L)

mlDF: org.apache.spark.sql.DataFrame = [label: double, features: vector]
trainingData: org.apache.spark.sql.Dataset[org.apache.spark.sql.Row] = [label: double, features: vector]
testData: org.apache.spark.sql.Dataset[org.apache.spark.sql.Row] = [label: double, features: vector]

Took 1 sec. Last updated by anonymous at April 23 2017, 10:42:30 AM.
```

图 B.26 准备训练集/测试集段

步骤 11 训练二元逻辑回归模型

由于该问题本身是一个二元分类问题，因此使用二元逻辑回归分类器，如图 B.27 所示。

```
val lr = new LogisticRegression()
      .setLabelCol("label")
      .setFeaturesCol("features")
      .setRegParam(0.0001)
      .setElasticNetParam(0.0001)
      .setMaxIter(200)
val lrModel = lr.fit(trainingData)

lr: org.apache.spark.ml.classification.LogisticRegression = logreg_1b639fbdf316
lrModel: org.apache.spark.ml.classification.LogisticRegressionModel = logreg_1b639fbdf316

Took 2 min 48 sec. Last updated by anonymous at April 23 2017, 10:47:06 AM.
```

图 B.27 逻辑回归段显示如何使用所需的标签、特征、回归参数、弹性网络参数以及最大迭代次数等来训练逻辑回归模型这里要注意，为获得更好的训练结果，我们将训练迭代了 200 次。我们将回归参数和弹性网络参数都设置得非常小，如 0.0001，以便让训练更有效。

步骤 12　模型评估

使用测试集来计算出原始预测结果。然后，使用二元分类评估器来实例化原始预测，如图 B.28 所示。

```
// predict
   val predict = lrModel.transform(testData)
   predict.show(100)
   // evaluate
   val evaluator = new BinaryClassificationEvaluator()
     .setRawPredictionCol("prediction")

predict: org.apache.spark.sql.DataFrame = [label: double, features: vector ... 3 more fields]
+-----+--------------------+--------------------+--------------------+----------+
|label|            features|       rawPrediction|         probability|prediction|
+-----+--------------------+--------------------+--------------------+----------+
|  0.0|      (262144,[],[])|[9.84946747585520...|[0.99994722749543...|       0.0|
|  0.0|(262144,[1,1232,2...|[10.0013808403117...|[0.99995466477240...|       0.0|
|  0.0|(262144,[10,9079,...|[9.77597275852494...|[0.99994320314235...|       0.0|
|  0.0|(262144,[14,571,9...|[13.9225090128931...|[0.99999910147374...|       0.0|
|  0.0|(262144,[14,666,2...|[10.6197536390013...|[0.99997557193953...|       0.0|
|  0.0|(262144,[14,991,1...|[12.9168072978865...|[0.99999754359032...|       0.0|
|  0.0|(262144,[14,13957...|[10.5912073602959...|[0.99997486457861...|       0.0|
|  0.0|(262144,[14,17222...|[10.7305769262044...|[0.99997813446252...|       0.0|
|  0.0|(262144,[14,17827...|[9.00173417121605...|[0.99987681919956...|       0.0|
|  0.0|(262144,[14,22808...|[10.5448958386448...|[0.99997367317471...|       0.0|
|  0.0|(262144,[14,22860...|[12.2738422086206...|[0.99999532764289...|       0.0|
|  0.0|(262144,[14,27005...|[11.1856777347446...|[0.99998612874169...|       0.0|
|  0.0|(262144,[14,34140...|[10.3019763119368...|[0.99996643443534...|       0.0|

Took 3 sec. Last updated by anonymous at April 23 2017, 10:51:52 AM.
```

图 B.28　模型评估段

接下来，基于测试集来计算出模型的准确度，如图 B.29 所示。

```
   val accuracy = evaluator.evaluate(predict)
   println("Accuracy = " + accuracy*100 + "%")

accuracy: Double = 0.9044943820224719
Accuracy = 90.4494382022472%

Took 3 sec. Last updated by anonymous at April 23 2017, 10:54:12 AM.
```

图 B.29　准确度计算段

这真是令人印象深刻。但如果使用交叉验证对模型进行调整，就可以获得更高的准确性。最后，计算混淆矩阵来获得更多洞察结果，如图 B.30 所示。

```
// compute confusion matrix
val predictionsAndLabels = predict.select("prediction", "label")
  .map(row => (row.getDouble(0), row.getDouble(1)))

val metrics = new MulticlassMetrics(predictionsAndLabels.rdd)
println("\nConfusion matrix:")
println(metrics.confusionMatrix)

predictionsAndLabels: org.apache.spark.sql.Dataset[(Double, Double)] = [_1: double, _2: double]
metrics: org.apache.spark.mllib.evaluation.MulticlassMetrics = org.apache.spark.mllib.evaluation.MulticlassMetrics@25e34d8c
Confusion matrix:
1247.0  0.0
34.0    144.0

Took 4 sec. Last updated by anonymous at April 23 2017, 11:04:59 AM.
```

图 B.30　混淆矩阵段，显示了正确及错误的预测数量，并按照不同的类别进行汇总

B.3　数据与结果协作

不仅如此，Apache Zeppelin 也提供了用于发布笔记本段结果的功能。通过该功能，可在自己的网站上显示 Zeppelin 笔记本的段结果。这很简单，你只需要在页面上使用<iframe>标记即可。如果要共享 Zeppelin 笔记本的连接，那么发布段结果的第一步就是复制段链接(Copy a paragraph link)。在你的 Zeppelin 笔记本中运行完段之后，单击其右侧的齿轮按钮，然后在菜单中单击 Link this paragraph，如图 B.31 所示。

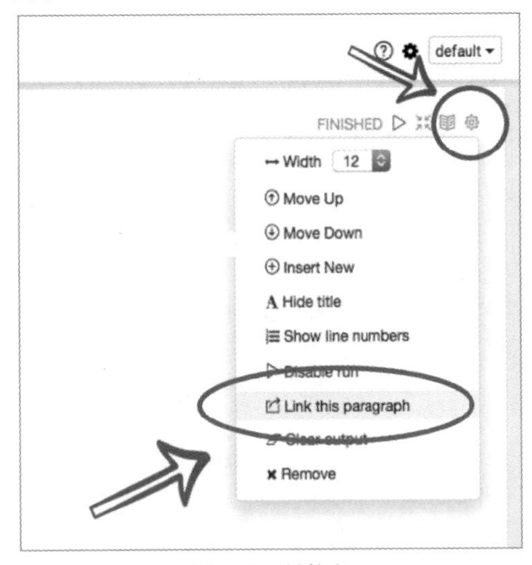

图 B.31　链接段

然后，只需要复制此前的链接即可，如图 B.32 所示。

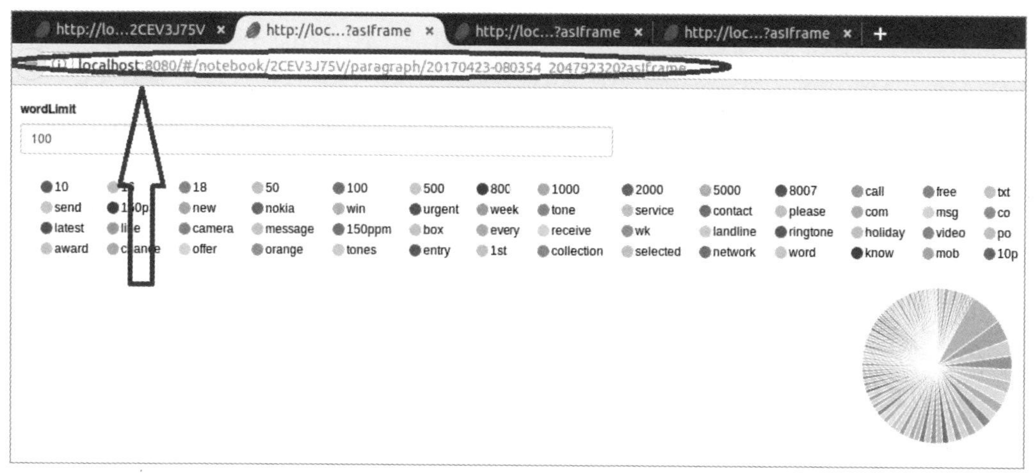

图 B.32　获取段链接以便与合作者共享段

现在，如果想要发布复制的段，可在网站上使用<iframe>标签，如下所示：

```
<iframe src="http://<ip-address >:< port
>/#/notebook/2B3QSZTKR/paragraph/...?asIframe" height="" width=""
></iframe>
```

这样，就可在网站上显示上述这些美观的可视化结果了。至此，Zeppelin 的数据分析之旅也该结束了。要了解更多相关内容，可以访问 Apache Zeppelin 的官方网站，网址为 https://zeppelin.apache.org/。当然，也可订阅 users-subscribe@zeppelin.apache.org。

B.4　本附录小结

Apache Zeppelin 是一个基于 Web 的笔记本，使你能以交互方式进行数据分析。通过 Zeppelin，可使用 SQL、Scala 等制作美观的、以数据驱动的交互式协作文档。并且，越来越多的功能正在被添加到最新版的 Zeppelin 中，因此它正变得日益流行。但由于篇幅限制，为让你更专注于 Spark，我们只显示了部分相关的 Scala 示例。但你也可以使用 Python 来编写 Spark 代码，并以类似方式测试 Zeppelin 的笔记本。

本附录探讨了如何在 Zeppelin 后端使用 Spark 作为解释器来进行大规模数据分析，讲述了如何安装和配置 Zeppelin，介绍了如何提取数据、如何进行可视化设置、如何进行更好的洞察，最后讨论了如何与合作者一起共享 Zeppelin 的笔记本。